工信学术出版基金
Industry and Information Technology Academic Publishing Fund

U0287709

现代电子机械工程丛书

电子设备及系统人机工程设计

（第2版）

童时中　童和钦　编著

電子工業出版社
Publishing House of Electronics Industry
北京 • BEIJING

内 容 简 介

人机工程设计水平已成为产品及系统现代化的重要标志和市场竞争的重要要素之一。

本书旨在将人机工程的原理和准则应用于电子设备及系统的设计中，为工程技术人员和管理者提供一些实用的数据、方法和实例。本书汇集、筛选了国内外近年来的大量资料，并结合作者的某些心得编著而成。其内容涵盖了人的生理、心理特点，显示、控制系统及其界面设计，控制室布局及作业空间设计，软件、通信系统、人机界面及通信网络的仿真设计，以及人机系统总体、人的可靠性和安全性设计等方面。

本书叙述简明扼要、材料丰富、图文并茂，既可作为机电产品及系统设计与应用的工程技术人员培训或自学用书，也可作为高等院校师生和专业研究人员的教学、科研参考书。

未经许可，不得以任何方式复制或抄袭本书之部分或全部内容。
版权所有，侵权必究。

图书在版编目（CIP）数据

电子设备及系统人机工程设计 / 童时中，童和钦编著. —2 版. —北京：电子工业出版社，2022.1
（现代电子机械工程丛书）
ISBN 978-7-121-42658-2

Ⅰ. ①电… Ⅱ. ①童… ②童… Ⅲ. ①人-机系统－应用－电子设备－设计 Ⅳ. ①TN02

中国版本图书馆 CIP 数据核字（2022）第 015162 号

责任编辑：李 洁 文字编辑：刘真平
印 刷：中煤（北京）印务有限公司
装 订：中煤（北京）印务有限公司
出版发行：电子工业出版社
北京市海淀区万寿路 173 信箱 邮编 100036
开 本：787×1 092 1/16 印张：26.75 字数：755 千字
版 次：2010 年 1 月第 1 版
2022 年 1 月第 2 版
印 次：2022 年 1 月第 1 次印刷
定 价：118.00 元

凡所购买电子工业出版社图书有缺损问题，请向购买书店调换。若书店售缺，请与本社发行部联系，联系及邮购电话：（010）88254888，88258888。

质量投诉请发邮件至 zlts@phei.com.cn，盗版侵权举报请发邮件至 dbqq@phei.com.cn。

本书咨询联系方式：lijie@phei.com.cn。

现代电子机械工程丛书
编委会及出版工作委员会

编委会

主　任：段宝岩

副主任：胡长明　王传臣

编　委：季　馨　周德俭　程辉明　周克洪　赵亚维
陈志平　金大元　徐春广　杨　平　訾　斌
刘　胜　赵惇殳　童时中　钱吉裕　叶渭川
黄　进　郑元鹏　潘开林　蒋全兴　周忠元
陈光达　邵晓东　时　钟　王从思　王文利
陈　旭　陈　诚　陈志文　王　伟

出版工作委员会

主　任：刘九如

成　员：黄　进　徐　静　马文哲
李　洁　陈韦凯　杜　强

序

Preface

电子机械工程的主要任务，是进行面向电性能的高精度、高性能电子设备机械结构的分析、设计与制造技术的研究。

高精度、高性能机电装备主要包括两大类，一类是以机械性能为主，将电性能服务于机械性能的机械装备，如大型数控机床、加工中心等加工装备，兵器、化工、船舶、农业、能源、挖掘与掘进等行业重大装备，主要是运用电子信息技术来改造、武装、提升传统装备的机械性能；另一类则是以电性能为主，将机械性能服务于电性能的电子设备，如雷达、通信、计算机、导航、天线、射电望远镜等，其机械结构主要用于保障特定电磁性能的实现，被广泛应用于陆、海、空、天等各个关键领域，发挥着不可替代的作用。

这两大类装备从广义上讲，都属于机电结合的复杂装备，是机电一体化技术重点应用的典型代表。机电一体化（Mechatronics）概念最早出现于 20 世纪 70 年代，其英文是由 Mechanical 与 Electronics 两个词掐头去尾组合而成的，体现了机械与电磁（气）技术不断融合的内涵演进和发展趋势。

伴随着机电一体化技术的发展，相继出现了诸如机-电-液一体化、流-固-气一体化、生物-电磁一体化等概念，虽然说法不同，但实质上基本还是机电一体化，目的都是研究不同物理系统或物理场之间的相互关系，从而提高系统或设备的整体性能。

高性能复杂机电装备的机电一体化设计从出现至今，经历了机电分离、机电综合、机电耦合三个不同的发展阶段。在高精度与高性能电子设备的发展上，这三个阶段的特征体现得尤为突出。

机电分离（Independent between Mechanical and Electronic Technologies，IMET）指电子设备的机械结构设计与电磁设计分别、独立进行，但彼此间的信息可实现在（离）线传递、共享，即机械结构、电磁性能的设计仍在各自领域独立进行，但在边界或域内可实现信息的共享与有效传递，例如，反射面天线的结构与电磁、有源相控阵天线的温度-结构-电磁等。

需要指出的是，这种信息共享在设计层面上仍是机电分离的，故传统分离设计固有的诸多问题依然存在，最明显的有两个：一是电磁设计人员提出的机械结构设计与制造精度的要求往往太高，时常超出机械的制造加工能力，而机械结构技术人员因缺乏对电磁知识的深入了解，只能千方百计地设法加以满足，带有一定的盲目性；二是在工程实际中，有时会出现奇怪的现象，即机械结构技术人员费了九牛二虎之力制造出的产品，电性能又时常出现不满足的情况。相反，机械制造精度未达要求的产品，电性能又是满足的。原因何在，知其然而不知其所以然。因此，在实际工程中，只好采用备份的办法，最后由电调来决定选用哪一个。这两个问题的长期存在，导致电子设备研制的性能低、周期长、成本高、结构笨重，成为长期制约电子设备性能提升并影响未来装备研制的一个悬而未决的瓶颈。

随着电子设备工作频段的不断提高，机电之间的相互影响越发明显，机电分离设计遇到的问题越多，矛盾也就越突出。于是，机电综合（Syntheses between Mechanical and Electronic Technologies，SMET）的设计概念出现了。机电综合是机电一体化的较高层次，它比机电分离前进了一大步，主要表现在两个方面：一是建立了同时考虑机械、电磁、热等性能的综合设计的数学模型，可在设计阶段有效消除某些缺陷与不足；二是建立了一体化的有限元分析模型，如在高密度机箱机柜分析中，可共享相同几何空间的电磁、结构、温度的数值分析模型。

自 21 世纪初以来，电子设备呈现出高频段、高增益，高密度、小型化，快响应、高指向精度的发展趋势，机电之间呈现出强耦合的特征。于是，机电一体化迈入了机电耦合（Coupling between Mechanical and Electronic Technologies，CMET）的新阶段。

机电耦合是比机电综合更进一步的理性机电一体化，其特点主要包括两点：一是分析中不仅可实现机械、电磁、热的自动数值分析与仿真，且可保证不同学科间信息传递的完备性、准确性与可靠性；二是从数学上导出了基于物理量耦合的多物理系统的耦合理论模型，探明了非线性机械结构因素对电性能的影响机理。设计是基于该耦合理论模型和影响机理的机电耦合设计。可见，机电耦合与机电综合相比具有本质不同，有了质的飞跃。

从机电分离、机电综合到机电耦合，机电一体化技术发生了鲜明的代际演进，为高端装备设计与制造提供了理论与关键技术支撑，而复杂装备制造的未来发展，将不断趋于多物理场、多介质、多尺度、多元素的深度融合，机械、电气、电子、电磁、光学、热学等融于一体，巨系统、极端化、精密化将成为新的趋势，以机电耦合为突破口的设计与制造技术也将迎来更大的挑战。

随着新一代电子技术、信息技术、材料、工艺等学科的快速发展，未来高性能电子设备的发展将呈现出两个极端特征：一是极端频率，如对潜通信等极低频段，天基微波辐射天线等应用的毫米波、亚毫米波乃至太赫兹频段；二是极端环境，如南北极、深空与临近空间、深海等。这些都对机电耦合理论与技术提出了前所未有的挑战，亟待开展如下研究。

第一，电子设备涉及的电磁场、结构位移场、温度场的场耦合理论模型（Electro-Mechanical Coupling，EMC）的建立。因为它们之间存在着相互影响、相互制约的关系，需探明它们之间的影响与耦合机理，廓清多场、多域、多尺度、多介质的耦合机制，多工况、多因素的影响机理，并表示为定量的数学关系式。

第二，电子设备存在的非线性机械结构因素（结构参数、制造精度）与材料参数，对电子设备的电磁性能影响明显，亟待探索这些非线性因素对电性能的影响规律，进而发现它们对电性能的影响机理（Influence Mechanism，IM）。

第三，机电耦合设计方法。需综合分析耦合理论模型与影响机理的特点，进而提出电子设备机电耦合设计的理论与方法，这其中将伴随机、电、热各自分析模型及它们之间的数值分析网格间的滑移等难点的处理。

第四，耦合度的数学表征与度量。理论上讲，任何耦合都是可度量的。为深入探索多物理系统间的耦合，有必要建立一种通用的度量耦合的数学表征方法，进而导出可定量计算耦合度的数学表达式。

第五，应用中的深度融合。机电耦合技术不仅存在于几乎所有的机电装备中，而且在高端装备制造转型升级中扮演着十分重要的角色，是迭代发展的共性关键技术，在装备制造业的发展中有诸多重大行业应用，进而贯穿于我国工业化与信息化的整个历史进程中。随着新科技革命与产业变革的到来，尤其是随着以数字化、网络化、智能化为标志的智能制造的出现，工业与信息技术的深度融合势在必行，而该融合在理论与技术层面上则体现为机电耦合理论的应用，由此可见其意义深远、前景广阔。

本丛书是在上次编写的基础上，做进一步修改、完善、补充而成的，共 15 本，较上次有了增加。同时，本丛书的另一特点是，将作者及其团队在电子设备领域的科研与工程实践经验、体会，有机地融入书中，以期对工程技术人员能有较高的参考与借鉴意义。

希望本丛书的出版将对我国电子机械工程技术的发展起到积极的促进作用。

中国工程院院士

中国电子学会电子机械工程分会主任委员

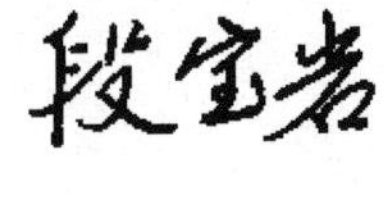

2021 年 10 月

第1版前言

Foreword
(1st Edition)

现代对产品（或系统）的评价，应包括两个方面：技术方面和人机工程方面。人机工程设计水平已成为产品现代化的重要标志和市场竞争的要素之一。

人机工程设计的价值在于，它是一种人性化的设计，是“以人为本”理念在技术上的体现。它从满足人对产品的使用性要求出发，使产品的布局、人机界面、环境和组织等方面，能适合人的生理、心理特点，实现人、机、环境间的协调和整体优化，使人能安全、健康、舒适和高效地进行工作。

“人机工程学”是一门新兴的综合性边缘学科，欧洲称为“人类工效学”；北美称为“人因工程学”或“人体工程学”；日本称为“人间工学”；我国主要采用“人类工效学”，而在工程技术领域则多采用“人机工程学”。

人机工程学的应用面非常广泛，它涉及人类工作和生活的诸多领域。本书的宗旨，则是将人机工程的原理和准则应用于电子设备的设计，为工程技术人员和管理者提供一些实用的数据、方法和实例。

本书根据电子设备设计的实际需要，在广泛汇集国内外有关人机工程设计的资料、数据、研究成果的基础上，并结合作者一些研究心得，整合编著而成。尤其是大量引用近年来GB、ISO、IEC许多标准，力求使本书具有系统性、新颖性、实用性的特点。

本书虽以面向电子设备及系统为主，但其基本原理和方法可通用于各类设备和产品，并且目前各种设备几乎都实现了“机电一体化”，因而，它也适用于其他各行业的设备和产品。

本书叙述简明扼要、材料丰富、图文并茂，既可作为设计与应用手册使用，又可作为工程技术人员培训或自学教材，也可作为大专院校师生和专业研究人员的教学、科研参考书。

本书得以立项和出版，首先要感谢中国电子学会电子机械分会和电子工业出版社以其远见卓识，把人机工程应用的出版问题摆到了应有的位置。本书在编写过程中参阅了许多文献和著作，并引用了其中的许多资料、表格和插图，在此仅向这些先行者致以诚挚的谢意。最后，要特别感谢我的充满爱心和通情达理的妻子，没有她的全力支持，我是难以如期完成本书的编写工作的，我仅将此书献给她。

由于编者水平有限，书中难免有偏颇、欠缺和不妥之处，敬请广大学者、专家及读者指正。

童时中

第2版前言

Foreword
(2st Edition)

《电子设备人机工程设计及应用》的出版，在电子装备的设计和使用中，对提高工作效率，保证人机安全、人的健康和舒适等发挥了积极作用。该书出版至今已有10余年，各方面都发生了很大的变化，为适应新的情况和需求，中国电子学会电子机械分会和电子工业出版社及时决定对该书进行修订。

《电子设备人机工程设计及应用》主要面向电子设备，以满足迅速发展的电子系统和装备（尤其是军用装备）发展的需要。然而，就电子技术而言，近年来发展最为迅猛的是电子信息技术，诸如由光纤通信和移动通信构成的各类互联网和人工智能技术等，不仅广泛应用于电子系统和装备，而且衍生出了品种繁多的电子产品。尤其是家用电器和个人电子产品都是直接供人使用的，产品是否能满足人的生理、心理需求和便于使用，就成为市场竞争的重要因素。并且这些产品都是由硬件和软件组成的机电一体化、人工智能的高技术产品，如现在竞争最为激烈的手机，由最初的移动电话（相对于固定电话）“大哥大”发展成为包含触摸屏，具有独立操作系统，可由用户自行安装软件，具备无线接入互联网功能的智能手机。也就是说，更加突出了人机工程设计对电子产品和系统的重要性。

为了适应上述情况，相比原版，第2版有如下变化。

（1）书名改为《电子设备及系统人机工程设计》。

（2）新增第9章软件的人机工程设计和第15章通信网络的仿真设计。

（3）对电子信息技术方面设计的内容（如第7章、第10章）进行“新陈代谢”。

（4）为延长电子设备或系统的使用寿命，强化属于广义可靠性（第13章）范畴的“维修性设计”内容。

（5）将原书的第12章拆分为两章：第13章人机系统的可靠性和维修性设计及第14章人机系统的安全性设计。全书由12章增至15章。

（6）对第2章的主要人体参数部分做了较大修改。近年来世界各国人的身高平均每10年增加10mm。在GB/T 10000—1988《中国成年人人体尺寸》中，男子平均身高（P_{50}）为1678mm，而2014年中国成年男子平均身高为1697mm，本书对1988年的人体尺寸数据是否还有使用价值，以及如何运用等问题，提出了解决方案。

（7）对其他各章的某些内容做了必要的增删。

本书的第7、9、10、15章由童和钦编写，其他各章由童时中编写并统稿。

由于编者水平有限，书中难免有偏颇、欠缺和不妥之处，敬请广大读者和专家指正。

国家电网公司电力科学研究院
童时中
2021年11月于南京

目录

Contents

Chapter 1

第1章 绪论

1.1 人机工程学概述

1.1.1 学科的概念和定义

人机工程学是一门新兴的综合性边缘学科，它是人类生物科学与工程技术相结合的学科。目前，国际上尚无统一的术语，北美多采用“人因工程学（Human Factors Engineering）”或“人体工程学（Human Engineering）”，欧洲采用“人类工效学（Ergonomics）”，苏联喜用“工程心理学（Engineering Psychology）”，日本则命名为“人间工学”，我国采用“人类工效学”，而工程技术学科领域则多采用“人机工程学”。命名不同，其研究方向也有不同的侧重点，但在大多数实际应用中，可将上述术语视为同义词。从工程设计角度出发，本书主要采用“人机工程学”这个术语。个别之处，按照流行的习惯用语，采用“人类工效学”或“人因工程学”。

目前，对人机工程学的定义有着不同的提法，其含义基本类似。国际人类工效学学会（IEA）的定义：研究人在某种工作环境中的解剖学、生理学和心理学等方面的各种因素，研究人和机器及环境的相互作用，研究在工作中、生活中怎样统一考虑工作效率、人的健康、安全和舒适等问题的学科。国际劳工组织（ILO）的定义：应用有关人体的特点、能力和限度的知识来设计机器、机器系统和环境，使人能安全而有效地工作和舒适地生活。《中国企业百科全书》的定义：研究人和机器、环境的相互作用及其合理结合，使设计的机器和环境系统适合人的生理、心理等特点，达到在生产中提高效率、安全、健康和舒适的目的。

因此可以认为，人机工程学是按照人的特性来设计和优化人、机、环境系统的科学。其主要目的是使人能安全、健康、舒适和有效地工作。其中，系统的安全可靠，尤其是人的安全与健康，应列为首位考虑的问题。

1.1.2 人机工程学的研究对象

1. 人—机—环境系统

人—机—环境系统指由相互作用、相互依赖的人—机—环境三个要素组成的复杂集合体，简称人机系统。人指系统的操作者或监控者；机泛指人所使用和控制的一切工作对象，包括各类硬件和软件。其中，硬件是指系统中的实体设施，包括机械、设备、建筑物、工器具和用品等；软件是相对于硬件的各种程序和过程的总称，包括与系统运行、操作有关的文件和数据等；环境是指对人和机发生影响的环境条件，包括物理、化学环境因素（如温度、照明、噪声、空气质量等）和社会环境因素（如协同作业、工作制度、人际关系等）。人机系统涉及人—机关系、人—环境关系、人—人关系，以及机—环境关系、机—机关系、环境—环境关系等。

2. 人—机关系

电子产品的显示系统和控制系统是否适应于人的生理、心理特点，将对电子产品的可使用性产生很大的影响。其中包含机宜人和人适机两个方面，二者相互依存、相互影响、相互制约，产品设计时需按人机工程的原理和准则，使二者合理匹配。

（1）机宜人是指使机器系统适应人的生理、心理特性。例如，显示的各种信号、字符应有良好的认知度，显示器布置应符合人的视觉生理要求；控制系统的设置和控制器的布置应考虑作业方式、作业空间、作业程序，工具、器具的尺寸、力度、结构、形态适合操作者需要；显示—控制系统安装载体（控制台、模拟屏）的尺寸及作业空间应符合人体尺寸的要求等，使人能安全、舒适地使用机器，能充分发挥人的功能。

（2）人适机是指当机器的结构受种种条件的制约，难以全面适应人的特点、人的习惯或人的一般技能时，需要对人的因素进行限制和训练，让人去适应机的要求，使人机系统发挥最佳效能。

3. 机—环境关系

物理、化学环境对电子设施有不同程度的影响，设备设计时需考虑设备的环境适应性，进行环境防护性设计。

4. 人—环境关系

作业人员所处的物理、化学环境，如噪声、粉尘、电磁辐射，以及微气候、照明、色彩等，对人体会产生不同程度的影响。环境条件若不符合人体的生理、心理要求，则不仅会对人体健康产生影响，而且还会促使作业疲劳的形成，影响作业效率，产生误判断、误操作，甚至导致事故的发生。

5. 机—机关系

一个系统大多由若干设备组成，设备与设备间接口的匹配和协调，对设备本身潜能的发挥及系统运行的可靠性会产生影响。其接口包括机械设备间的接口、机—电接口、电—电接口、各种物理量与电量的接口、电量与信息的接口等。

6．人—人关系

相关人员的协同作业是保证系统正常运行的必要条件，然而，影响作业效率和安全的要素不仅涉及流程，还涉及许多人之间的社会环境因素。例如，管理制度就涉及管理与被管理关系、人际关系、人员选拔与培训等。由于人的个体差异（性格、气质、能力、习惯、文化水平等），人的自由度较大，从而会影响人的可靠性。因而，需要以各种运行规范、安全规范、管理制度、企业文化等，来协调人与人之间的职责和相互关系。

7．环境—环境关系

工作人员和机器所处的局部环境会受周围大环境的影响，例如，邻近工业设施所产生的噪声、振动、粉尘、电磁场及各种辐射；大气污染及雷击等。为保证所期望的微环境相对稳定，必须根据周围大环境的情况采取相应的防护措施。

在上述涉及人—机—环境系统的诸多关系中，机—机关系、机—环境关系、环境—环境关系一般属于技术设计范畴；而人—机关系、人—环境关系、人—人关系则属于人机工程设计需考虑的问题。

1.1.3　人机工程学的研究内容及与相关学科的联系

人机工程学的研究范畴不仅覆盖人—机—环境三个独立的子系统，而且还需要对它们之间的协调性进行综合研究。据此，可将其研究范畴概括为下列几个方面。

1．人的因素

人是人机系统中最重要的子系统，对人的因素进行研究是人机工程学的基础，如人体尺寸（包括静态尺寸、动态尺寸）、人体生物力学、人体信息传递能力、工作负荷（包括体力工作负荷和心理负荷）、作业疲劳、人的可靠性及人的心理行为等。

2．机的因素

研究各类机械、工器具、建筑物的特性，以及运行过程和程序等对人的适应性、效率和可靠性等。

3．环境因素

工作环境的照明、微气候、噪声、粉尘、空气质量等，是人机工程设计中的一项重要内容；作业空间（如场地、布局、心理空间等）也是环境设计中一项不可缺少的内容；社会因素，如人际关系、工作制度、群体行为等对操作者的影响，也日益受到人们的重视。

4．人机界面

人机界面（也称人机接口）泛指人机之间直接或间接发生相互作用的部分或区域。人机工程学主要侧重于系统中直接与人（操作者）构成的界面，即人—机（硬件、软件）界面、人—环境界面，但也涉及其他界面，如人—人界面等。

（1）人—硬件界面。涉及工具性人机界面和显示—控制系统人机界面。前者较为简单，仅要求各种工器具符合人体尺寸和能力，操作方便，舒适和安全；后者较为复杂，其特点是机器通过显示系统将信息传递给操作者，操作者又通过控制系统向机器传递操作指令，它是人与机之间进行信息交换的界面。在设计时，显示系统必须与人接收信息的感觉器官（如眼、耳）的特性相适应；控制系统必须与人的效应器官（如手、足）的特性相适应。

（2）人—软件界面。人与软件之间的界面主要涉及计算机的运行程序，其他还有人的惯例、操作规程、管理制度等。在设计软件时，应考虑使用者的知识、经验、习惯、文化背景等因素。

（3）人—环境界面。人机工程学对物理、化学环境提出的要求不仅是安全与健康，而且还应涉及操作者的效率和舒适的问题；环境因素尤其是社会环境因素对操作者的心理行为进而对系统的安全效率产生影响，其中涉及社会因素的人—环境界面，也称为人—人界面。

5. 人机系统综合性研究

对人机系统进行整体综合性研究，首先在于尽可能地保证系统的安全性和有效性。例如，根据人和机各自的功能特征和限度，合理地分配人、机功能，使其发挥各自的特长，有机配合，以保证系统的功能整体优化；对人机系统的可靠性和安全性进行整体设计等。

6. 新的分支学科和研究领域

随着人机工程学的发展，其研究领域和应用范围越来越广，已覆盖人类生活和工作的一切方面，并且正向纵深发展。在工业领域中，逐步形成 VDT 作业工效学、交通工效学、航空工效学、建筑工效学，以及安全工效学、管理工效学、认知工效学、工作环境工效学等分支学科。目前，工业发达国家在人机工程学研究方面，进一步与计算机技术相结合，并建立数据库，开展应用性服务工作。在人机界面信息理论与技术、人机匹配、人体建模、职业性应激与人的适应能力、复合环境因素和社会因素对事故的影响、人—计算机交互作用、人的行为特征与安全等方面，已深入地开展研究。

7. 人机工程学与相关学科的联系

人机工程学是一门多学科交叉的科学，具有交叉性和综合性特点，它与自然科学和社会科学均具有一定的内在联系。人体生理学、人体测量学、卫生学、心理学（及其分支工业心理学、劳动安全心理学等）、行为科学、系统科学、工程技术科学等均与人机工程学密不可分，并作为设计的重要依据。人机工程学综合相关学科的原理、方法和成果，并应用于各种人机系统的设计之中，已形成一门独特的应用性科学。

1.1.4 人机工程学发展概况

人机工程学作为一门科学，其建立和发展仅 60 余年。但是人类自觉地采用科学的方法，系统地研究人机关系则有百余年历史。

1. 萌芽时期（19 世纪末至第一次世界大战）

19 世纪末 20 世纪初，工业革命促使工厂规模扩大，机械化普遍推广，但劳动生产率却没有相应提高。泰勒提出了“科学管理”原理，认为要选用最适合的劳动工具，要用合理的操作法，并使其标准化；要制定劳动时间的定额，并提倡按标准操作法来培训工人等。这是人机工程学发展史上的第一个里程碑。

2. 初兴时期（第一次世界大战至第二次世界大战）

第一次世界大战期间，由于使用了飞机、潜艇、无线电通信等现代化装备，对人员的素质提出了较高的要求，从而重视兵员的选拔和训练，使人去适应已定型的机器装备的需要。第一次世界大战后，各国纷纷成立了相应的研究机构，研究发现，生产效率的升降主要取决于职工的工作情绪（士气）；影响人的生产积极性的因素，除了物质利益、工作条件外，还有社会和心理因素。到 20 世纪 50 年代，人机关系学说已成为当时企业界占支配地位的思想理论。

3. 成熟时期（第二次世界大战至 20 世纪 60 年代）

第二次世界大战期间，由于复杂的高性能的武器装备的设计不符合人的生理、心理特点，即使是经过严格选拔和训练的人员也难以适应，并经常发生事故，从而促使人们在人机匹配的研究方向，从过去的由人适应机，转向使机适合于人的研究。这是人机工程学发展的又一个转折。在此期间，心理学与工程技术互相渗透，系统的设计成果丰硕。许多学者出版了有关人机工程学专著，并将人机工程学的研究成果整理成汇编、手册或规范，广泛应用于工程技术设计之中，尤其是对有关显示器、控制器设计中的人的因素的研究，取得了显著的成效。各国纷纷成立有关人机工程学研究学术团体或学会，1959 年，国际人类工效学学会（IEA）正式成立，进一步推动了人机工程学的发展。这标志着人机工程学已发展成为一门成熟的学科。

4. 新的发展时期（20 世纪 70 年代之后）

人机工程学的研究领域越来越宽广，已渗透到各个行业及人类生活的各个领域。人机工程学各个分支学科不断涌现，如航空航天、交通、建筑、农业、林业、服装、VDT 等人机工程学。人机工程学的应用，不仅在产品上能满足人类的要求，而且使人类在操作机器设备的过程中也能获得一定的满足，进一步促进人类能较安全、舒适地工作，且不断地提高工作效率。对人机系统中人的因素的深入研究，不仅给人机工程学带来了新源泉，而且促进了管理工效学、安全工效学的进一步发展。

高新技术领域的发展，人机信息交换发展为人—计算机对话的形式，人的作用已由操作者转变为以监控为主，各种专家系统和人工智能技术将逐渐广泛应用。这些均给人机工程学的发展添加新的内容和课题。1975 年，国际标准化组织（ISO）成立了人类工效学标准化技术委员会（TC159），标志着人机工程学的应用进入了一个新阶段。

5. 人机工程学在我国的发展

人机工程学在我国起步较晚，20 世纪 60～70 年代，虽然在铁道、航空、航天等部门做过一些试验性研究工作，但作为一门学科，直至 20 世纪 70 年代末才确立起来，并获得蓬勃发展。1980 年，成立的全国人类工效学标准化技术委员会（与 ISO/TC159 对口），规划和组织人类工效学国家标准和专业标准的制定、修订，促进了我国人机工程学的发展。与此同时，国内的一些大学、研究所建立了工业心理学、人类工效学（或人机工程学）专业和相应研究机构，招收硕士和博士学位研究生；心理、航空、机械工程等学会分别成立了有关工业心理、人机工程等专业委员会，人机工程学的科研队伍不断扩大。1988 年，中国人类工效学学会（CES）成立，并于 1992 年被国际人类工效学学会接纳为正式成员，标志着我国的人机工程学已进入一个新的发展阶段。

1.1.5 人机工程标准化

人机工程标准化是指将人机工程学中带有规律性的概念和限度、参数及科研成果进行标准化处理，为人机系统设计和实际应用提供必要的参数和方法的过程。它是将人机工程学应用于工程设计、产品设计和生产实际的一个重要环节。

1. 人机工程标准化的目的

（1）在产品和工程设计中，引入人机工程学准则和方法，以求优化人机系统设计，进一步提高系统的可靠性水平。

（2）以人为中心，提供人体生理、心理参数系列，为设计工作提供依据，力求保证人机系统中人的安全和健康，并高效地进行工作。

（3）将人机系统中的参数、符号和有关零部件标准化，以利于工程和产品设计的规范化和国际间的交流。

2. 人机工程标准化的特点

（1）人体参数较为复杂，人的能力有较大的弹性和可塑性，而且不同国家、民族及其他因素（如年龄、性别等）的差异较大，因此，在设计应用中应全面权衡。

（2）不同国家的经济水平、科技发展水平及社会认识基准有较大的差异，制定人机工程标准必须符合国情。

（3）人机工程设计标准，尤其是有关信息的输入和输出，还应充分考虑人的心理行为和习惯，以求尽力减少人的失误。

（4）目前，在人机工程标准中，推荐性导则较多，设计应用时，应与技术设计方法相结合，以求完善设计内容和提高设计水平。

（5）人机工程标准不同于一般的职业安全卫生标准，职业安全卫生标准以人体生理耐受限度为前提，以不影响人的安全、健康为目的；而人机工程标准除以人的安全和健康为目的外，还要考虑其他的一些因素，如人的主观舒适性、工作效率等。

3. 国际人机工程标准化机构

（1）1975 年，国际标准化组织（ISO）专门设立了“Ergonomics（人类工效学）”标准化技术委员会（ISO/TC 159），开展了卓有成效的工作。ISO/TC 159 与国际人类工效学学会（IEA）、世界劳工组织（ILO）、世界卫生组织（WHO）、国际照明委员会（CIE）、国际建筑研究会（CIB）等密切联系和协作，制定了一系列标准。

（2）ISO/TC 159 的工作范围包括：①制定与人的基础特点（物理的、生理的、心理的、社会的）有关的标准；②制定对人有影响的与物理因素有关的环境标准；③制定与人在操作中、在过程和系统中的功能有关的标准；④制定人机工程学的试验方法及其数据处理标准；⑤协调与 ISO 其他技术委员会的工作。

4. 我国的人机工程标准化机构

（1）1980 年，我国成立了全国人类工效学标准化技术委员会，与 ISO/TC 159 相对应，设立了 7 个分技术委员会：①SC1：指导原则；②SC3：人体测量与生物力学；③SC4：信号、显示与控制；④SC5：物理环境；⑤SC6：工作系统设计的工效学原则；⑥SC8：照明；⑦SC9：劳动安全。

（2）军用人机工程标准由国家军用标准（GJB）主管部门、国防科学技术工业委员会（简称国防科工委）归口管理。1984 年，国防科工委成立了军用人—机—环境系统工程标准化技术委员会。

（3）人机工程标准除有国家标准外，各行业也有若干适合行业特点的行业标准，尤其是核工业系统的人机工程标准或规范已自成体系。

1.2 以人为中心的设计及产品和工作系统的可用性

1.2.1 以人为中心的设计

在 GB/T 18976/ISO 13407 中提出了以人为中心的设计理念、设计原则、设计过程和设计活动。该标准适用于任何产品与系统的设计，以人为中心的设计活动贯穿于系统的整个生命周期。将人机工程学知识应用于系统设计，可以帮助用户提高工作的有效性和效率，并改善工作条件，减小用户使用过程中可能对健康、安全和绩效产生的不良影响。将人类工效学应用于系统设计，需考虑人的能力、技能、局限性和需要。

1．以人为中心的设计原则

1）用户的积极参与

在开发过程中，用户的参与可提供关于使用背景、任务及用户可能使用产品或系统方式的知识。开发定制产品时，用户的参与可在设计开始时直接影响设计，并使产品容易获得用户的认可和承诺；开发通用产品和消费品时，要让用户或适当的代表参与开发工作，以便能识别有关的用户和任务要求，并纳入系统规范中，通过对设计方案进行测试而提供反馈信息。

2）在用户和系统之间适当分配功能

功能分配是以人为中心设计的最重要原则之一，即指明哪些功能由用户完成，而哪些功能由系统完成。功能分配取决于许多因素，例如，人与系统在可靠性、速度、准确性、力量、反应的灵活性、资金成本、成功或及时完成任务的重要性、用户的健康等方面的相对能力和局限性。用户代表通常宜参与这些决策。

3）反复设计方案

用户积极参与可以有效地将系统不能满足用户和组织要求的风险降到最低。把初始设计方案按“现实世界”设定场景进行测试，并将结果反馈到设计方案，直到系统满足要求为止。

4）多学科设计

以人为中心的设计需要多种多样的技能，宜建立一个小规模的、动态的多学科小组，它仅存在于项目的执行过程中。小组成员包括：①最终用户、用户的管理者；②应用领域专家；

③系统工程师；④市场营销人员；⑤用户界面设计人员、工业设计师；⑥人机工程学专家；⑦技术文档编写人员、培训人员和支持人员。使小组构成具有足够的多样性，以便能对设计方案做出恰当的权衡。

2. 以人为中心的设计活动

在一个系统开发项目期间，宜开展如下所述的 4 项以人为中心的设计活动，宜在项目的最早阶段就开始着手，并进行反复设计。对于一个大型项目、新产品或新系统，可能需要一个较为完整的多学科小组（其每个成员仅担当一个相应的角色）；相比之下，一个小型项目、现存的延续产品或系统，或者目标定位于小范围市场的产品，可能仅需要一个较小的设计小组（其每个成员需担当多个角色）运用较为有限的方法和技术以支持这些活动。

1）了解并规定使用背景

（1）目标用户的特性，包括知识、技能、经验、教育、培训、生理特点、习惯、偏好和能力等。

（2）用户拟执行的任务，包含活动和操作步骤在人与系统资源之间的分配情况，不宜仅从功能或特性方面描述任务。

（3）用户拟使用该系统的环境，包括所用的硬件、软件和材料；有关物理和社会环境的特性，如有关的标准、技术环境（如一个局域网络）、物理环境（如工作场所、家具）、周围环境（如温度、湿度）、立法环境（如法律、法规和规章）、社会和文化环境（如工作惯例、组织的结构和态度）的特征。

2）规定用户和组织要求

（1）明确与使用背景相应的用户和组织要求，包括新系统的目标和绩效要求、用户与有关各方的合作和沟通、人—机间的“功能分配”、用户的工作性质和效率、工作的设计和组织、有关管理要求、操作和维护要求、人机界面和工作站要求等。

（2）宜在适当权衡不同要求的基础上形成用户和组织的要求文件。

3）提出设计方案

宜根据当前成熟的技术水平、参与者的经验和知识及使用背景分析结果提出可能的设计方案。过程可包含下列活动。

（1）综合使用现有知识提出体现多学科考虑的设计方案。

（2）使用模拟、模型、设计原型等手段使设计方案更具体，使设计决策更加直接明了，一个原型可以很简单，如纸、笔勾画的草图，也可以很复杂，如基于计算机的与真实产品几乎无法区分的模拟。

（3）向用户展示设计方案，并让用户使用该方案执行任务（或模拟任务）。

（4）按照用户的反馈反复更改设计，直至满足以人为中心的设计目标。

（5）对设计方案的反复设计进行管理，对上述活动结果予以记录（文件或实物原型）。

4）根据要求评价设计

在系统生命周期内的所有阶段都宜进行评价。在早期，重点是获取指导设计的反馈信息；而在后期已有一个较为完善的原型时，可以检查用户和组织的目标（要求）是否已实现。

1.2.2　产品和工作系统的可用性

欲实现一个能满足人的生理、心理需求的便于使用的工作系统或产品，应符合 1.3 节所述的人机工程学原则，应通过 1.2.1 节所述的以人为中心的设计过程来进行开发，最终达到如本节所述的可用性的目标。

在 GB/T 18978.11/ISO 9241-11 中对可用性进行了定义，阐述了在根据用户绩效和满意度来确定和评估产品（或系统）可用性时需考虑的信息，给出了如何明确描述产品（硬件、软件或服务）使用背景和有关可用性测量的指南。该标准所给出的指南可用于采购、设计、开发、评估和可用性信息的沟通。

1．可用性的框架和目标

1）定义

可用性是指以有效性（实现特定目标的准确性和完备性）、效率（实现有效性相应的资源消耗）和满意度（无不适感并对产品使用持肯定态度）为指标，产品在特定使用背景下，为了特定的目标，可为特定用户使用的程度。它是产品设计中一个重要的考虑因素。

2）可用性框架（组成部分）

为了定义或测量可用性，有必要识别目标，并将有效性、效率和满意度及使用背景各组成部分分解为具备可测量和可证实的属性的子部分。可用性框架如图 1-1 所示。

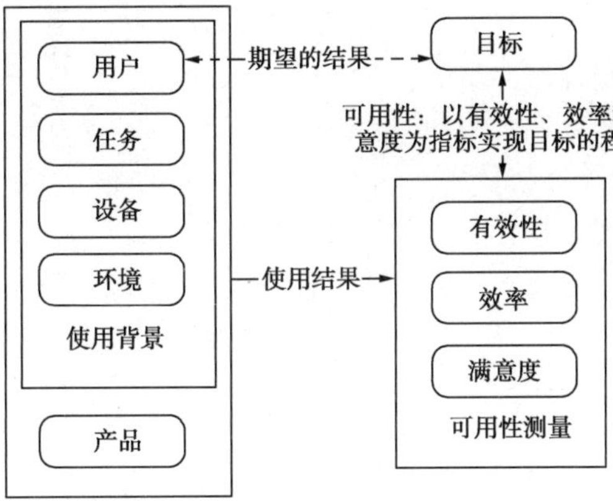

图 1-1　可用性框架

3）所需信息

对预期目标的描述；对使用背景组成部分（包括用户、任务、设备和环境）的描述，其中那些对可用性有重要影响的背景（现有背景或预期背景）描述需足够详细；在预期背景下，有效性、效率和满意度的目标值或实际值。

4）目标描述

目标可分解为子目标，而子目标定义了总目标的各组成部分及满足该总目标的准则。

2. 使用背景

产品的可用性取决于使用背景，所达到的可用性水平取决于产品使用时所处的具体环境。下面所列的具体属性并非均适用于任何特定情况，而有时可能还需要使用其他属性。

1）用户描述

（1）用户类型：主要用户、次要的和间接的用户。

（2）技能和知识：产品技能/知识、系统技能/知识、任务经验、组织经验、培训水平、使用输入设备的技能、资格、语言技能、常识。

（3）个体属性：年龄、性别、生理能力、生理局限和残疾、智力能力、态度、动机。

2）任务描述

任务是为实现目标所开展的活动。例如，对任务的频繁程度和持续时间、对活动和过程进行描述等。为了评估可用性，可有代表性地选取一组关键任务表示总体任务的重要方面。例如，可将任务细分为：①任务名称；②任务使用频度；③任务持续时间；④事件频度；⑤任务灵活性；⑥生理和心理需要；⑦任务依赖性；⑧任务输出；⑨错误导致的风险；⑩与安全有关的需要等。

3）产品描述

对与产品相关联的硬件、软件和原材料，可按照一组产品（或系统组成部分）来加以描述。

（1）基本描述：产品标识、产品描述、主要应用范围、主要功能。

（2）规范（技术要求）：软、硬件，原材料服务，其他项目。

4）环境描述

（1）用户环境：包括组织环境（结构、工作时间、小组工作、工作职能、工作惯例、协助、中断性干扰、管理结构、沟通结构）、态度和文化（有关计算机使用的政策、组织目标、劳资关系）、岗位设计（岗位灵活性、绩效监视、绩效反馈、工作节奏、自主性、判断力）。

（2）技术环境：包括配置、硬件、软件、涉及的原材料。

（3）产品环境：包括物理环境（工作场所条件、大气条件、听觉环境、热环境、视觉环境、环境的不稳定性）、工作场所设计（空间和家具、用户姿势、位置）、工作场所安全（健康危害、防护装置）。

3. 可用性测量

为了确定所达到的可用性水平，必须测量用户使用产品进行工作的绩效和满意度。可用性可通过以下方面进行测量：①预期使用目标的实现程度；②实现预期目标所耗费的资源；③用户认为产品使用的可接收程度。

注：关于以人为中心的设计和可用性，详见 GB/T 18976 和 GB/T 18978.11。

1.3 产品和系统的设计原则

为了完成工作任务，在所设定的条件下，由工作环境、工作空间、工作过程中共同起作用的人和工作设备组合而成的系统，称为工作系统。它包括作业人员、工作设备、工作环境及其交互作用等。工作系统的特性及其复杂程度是不同的，可以是一台机器和一个作业人员、一个控制室和监控人员，也可以是一座工厂及其全体职工。对工作系统进行设计时，传统的方法主要从技术方面进行考核和检验，而现代的评价准则，应包括技术和人机工程学两个方面。在将人机工程学的原理应用到工作系统的设计时，必须充分考虑人的特性，并达到工作系统优化的目的。GB/T 16251（ISO 6385）对工作系统设计的人类工效学原则做出全面概括，可作为任何人机系统设计的一般指导原则。

1.3.1　工作系统设计的基本原则

1．工作条件的优化

工作系统的要求与工作者的能力之间常存在某些不匹配现象。要使此种不匹配现象降至最低限度，应通过修改工作系统要求以适合工作者的能力。此外，也可通过训练和选拔，以提高工作者的工作能力。要优先考虑设计，而不是培训及选择人员，以便使尽可能多的人都有能力胜任工作。

2．工作者与工作系统之间的关系

如图 1-2 所示为工作者与工作系统的关系示意图，给出了影响工作系统设计的各种因素，同时表明了各层次之间如何关联及设计过程的复杂性。图中显示了工作者和机器及工作场所之间的相互作用关系，并给出了完成工作任务所在的总体物理环境。工作系统所在的组织结构可能造成的影响也必须加以考虑（虽然要把它正式并入设计过程非常困难）。另外，社会和文化因素所造成的可能冲击也不容忽视。

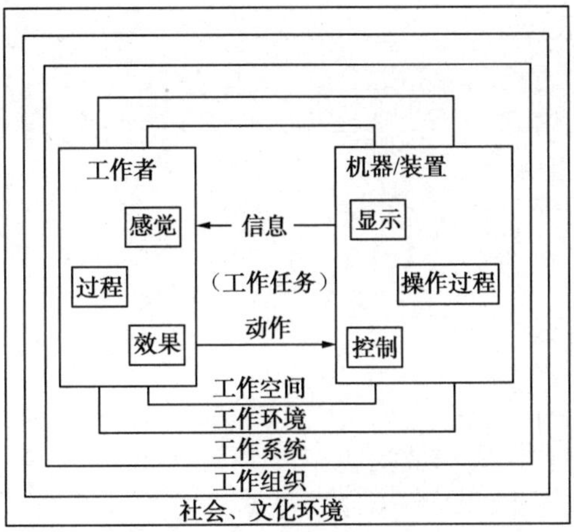

图 1-2　工作者与工作系统的关系示意图（GB/T 16251）

1.3.2　工作空间和工作设备的设计原则

1．与身体尺寸有关的设计

对工作空间和工作设备的设计，应考虑在工作过程中身体尺寸的因素。

工作空间应适合于操作者，特别是下列各点。

（1）工作高度应适合于操作者的身体尺寸及所要完成的工作类型，座位、工作面和/或工作台应能保证操作者适宜的身体姿势，即身体躯干自然直立，身体质量能适当地得到支撑，两肘置于身体两侧，前臂呈水平状。

（2）座位可以调节，适应人的解剖、生理特点。

（3）应为身体的活动，特别是头、手臂、手、腿和足的活动提供足够的空间。

（4）操作器应设置在机体功能可及的范围内。

（5）把手和手柄应适应人手功能的解剖学特性。

2. 有关身体姿势、肌力和身体动作的设计

工作设计应避免肌肉、关节、韧带及呼吸和循环系统不必要或过度的紧张，力的要求应在生理条件所允许的范围内。身体的动作应遵循自然节奏。身体姿势、力的使用与身体的动作应相互协调。

1）身体姿势

主要应注意下列各点。

（1）操作者应能交替采用坐姿和立姿。如果必须两者选择其一，则通常坐姿优于立姿；然而工作过程也可能要求立姿。

（2）如果必须施用较大的肌力，则应通过采取合适的身体姿势和提供适当的身体支撑，使通过身体的力链或力矩矢量最短或最简单。

（3）避免因身体姿势造成长时间静态性肌肉紧张所致的疲劳，应该可以变换身体姿势。

2）肌力

主要应注意下列各点。

（1）力的要求应与操作者的肌力相适合。

（2）所涉及的肌肉群必须在肌力上能满足力的要求，如果力的要求过大，则应在工作系统中引入助力装置。

（3）应该避免同一肌肉群长时间处于静态性紧张状态。

3）身体动作

主要应注意下列各点。

（1）身体各动作间应保持良好的平衡，为了长时间维持稳定，最好能变换动作。

（2）动作的幅度、强度、速度和节拍应相互协调。

（3）对高精度要求的动作，不应要求使用很大的肌力。

（4）如果适当，应设置引导装置，以便于动作的实施和明确其先后顺序。

3. 有关信号、显示器和操作器的设计

1）信号与显示器

应以适合于人的感知特性的方式来加以选择、设计和配置，尤其应注意下列各点。

（1）信号和显示器的种类及数量应符合信息的特性。

（2）当显示器数量很多时，为了能清楚地识别信息，其空间配置应保证能清晰、迅速地提

供可靠的信息。对它们的排列可根据工艺过程或特定信息的重要性和使用频度进行安排，也可依据过程的功能、测量的种类等来分成若干组。

（3）信号和显示器的种类及设计应保证清晰易辨，这一点对于危险信号尤其重要。应考虑强度、形状、大小、对比度、显著性和信噪比。

（4）信号显示的变化速率和方向应与主信息源变化的速率和方向相一致。

（5）在以观察和监视为主的长时间的工作中，应通过信号和显示器的设计及配置避免超负荷和负荷不足的影响。

2）操作器

对操作器的选择、设计和配置应与人体操作部分的特性（特别是动作）相适应，并应考虑技能、准确性、速度和力的要求。

（1）操作器的类型、设计和配置应适合于控制任务。应考虑人的各项特性，包括习惯和本能反应。

（2）操作器的行程和操作阻力应根据控制任务和生物力学及人体测量数据加以选择。

（3）控制动作、设备响应和信息显示应相互适应。

（4）各种操作器的功能应易于辨别，避免混淆。

（5）在操作器数量很多的场合，其配置应能确保操作的安全、明确和迅速，并可根据操作器在过程中的作用和使用的顺序等将它们分组，其方法与信号的配置相似。

（6）关键的操作器应有防误操作保护装置。

1.3.3 工作环境的设计原则

工作环境的设计应以客观测定和主观评价为依据，保证工作环境中物理的、化学的和生物学的因素对人无害，以保证工作者的健康、工作能力及便于工作。

对于工作环境应特别注意以下各点。

（1）工作场所的大小（总体布置、工作空间和通道）应适当。

（2）通风应按下列因素来调节：①室内的人数；②体力劳动强度；③工作场所的大小（考虑到工作设备）；④室内污染物质的产生情况；⑤耗氧设备；⑥热条件。

（3）应按照当地的气候条件调节工作场所的热环境，主要应考虑：①气温；②空气湿度；③风速；④热辐射；⑤体力劳动强度；⑥服装、工作设备和专用保护装备的特性。

（4）照明应为所需的活动提供最佳的视觉感受。对下列诸因素应特别注意：①亮度；②颜色；③光分布；④无眩光及不必要的反射；⑤亮度的对比度和颜色的对比；⑥操作者的年龄。

（5）在为房间和工作设备选择颜色时，应该考虑它们对亮度分布、对视觉环境的结构和质量及对安全色感受的影响。

（6）声学工作环境应避免有害的或扰人的噪声的影响，包括外部噪声的影响，应该特别注意下列因素：①声压级；②频谱；③随时间的分布；④对声信号的感觉；⑤语言清晰度。

（7）传递给人的振动和冲击不应当引起身体损伤、病理反应或感觉运动神经系统失调。

（8）应避免接触危险物质及有害的辐射。

（9）在室外工作时，对不利的气候影响（如热、冷、风、雨、雪、冰）应提供适当的遮掩物。

1.3.4 工作过程的设计原则

（1）工作过程的设计应当保证工作者的健康和安全，改善他们的生活质量，增进其工作绩效。特别是要防止超负荷或负荷不足。超越了操作者的生理和/或心理机能范围的上限或下限，会形成超负荷和/或负荷不足。例如，躯体或感觉的超负荷会使人产生疲劳；相反，负荷不足或使人感到单调的工作，会降低人的警觉性。

（2）生理上和心理上施加的压力不仅有赖于在 1.3.2 节和 1.3.3 节中所考虑的因素，而且也有赖于操作的内容和重复程度，以及操作者对整个工作过程的控制。

（3）应该注意采用下列方法中的一种或几种，以改善工作过程的质量：①由一名操作者代替几名操作者来完成属于同一工作职能的几项连续操作（职能扩大）；②由一名操作者代替几名操作者来完成属于不同工作职能的连续操作。例如，组装作业后的质量检查，可由次品检出人员来完成（职能充实）；③变换工作，如在装配线或在工作班组内，组织工作者自愿变换工种；④有组织或无组织的工间休息。

（4）在采用上述方法时，应该特别注意：①警觉性的变化和工作能力的昼夜变化；②操作者之间工作能力上的差异及其随年龄的变化；③个人技能的提高。

Chapter 2

第2章 基于人体测量数据的设计

2.1 人体尺寸测量及其数据

2.1.1 人体尺寸测量

人体尺寸是人机系统设计的最基本资料。人体尺寸测量应严格遵守规定的测量姿势和测量基准，并裸姿进行。

1．人体尺寸测量分类

1）静态人体尺寸测量

静态人体尺寸测量是被测者静止地在某种姿势下进行的人体尺寸测量，通常简称人体测量。静态测量的人体尺寸可用于设计工作区间的大小。静态姿势可分为立姿、坐姿、跪姿和卧姿 4 种基本形态，而每种基本姿态又可细分为各种姿势。例如，立姿可分为跷足立、正立、前俯、躬腰、半蹲前俯 5 种；坐姿包括后倾、高身坐姿（座面高 60cm）、低身坐姿（座面高 20cm）、作业坐姿、休息坐姿和斜躺坐姿 6 种；跪姿可分为 9 种；卧姿分为 3 种，总共 23 种。

2）动态人体尺寸测量

动态人体尺寸测量是被测者处于动作状态下所进行的人体尺寸测量。其重点是测量人在实施某种动作时的姿态特征。通常是对手、臂、腿、躯干的移动范围（各关节能达到的距离和能转动的角度）进行测量。动态人体尺寸分为四肢活动尺寸和身体移动尺寸两类，四肢活动是指人体在原姿势下只活动上肢或下肢，而身躯位置没有变化，其中又可分为手的动作和脚的动作两种；身体移动包括姿势改换、行走和作业等。

3）人机关系尺寸测量

人机关系尺寸测量是在人实施某特定的作业或活动（如操纵作业、维修作业、行动等）状态下所进行的人体尺寸测量，如人在控制台面上的操作可及范围等。

2. 人体尺寸百分位数

在对人群进行统计性的人体尺寸测量时，各种身材的人的频数分布状态（出现率）用百分位数表示。百分位数是一种位置指标、一个界限值，以符号 P_K 表示。一个百分位数将群体或样本的全部观测值分为两部分，有 K%的观测值等于和小于它，有（100−K）%的观测值大于它。人体尺寸用百分位数表示时，称为人体尺寸百分位数。例如，P_{50} 为第 50 百分位数，表示身材“适中”，即有 50%的人体尺寸值等于和小于此值；P_5 为第 5 百分位数，代表“小”身材，即只有 5%的人体尺寸值等于和小于此下限值；P_{95} 为第 95 百分位数，代表“大”身材，即只有 5%的人体尺寸值大于此上限值。其中 P_{50} 即为中（位）值。

3. 人体身高平均值

在对一定范围内的群体进行人体测量时，所得的数值是离散的随机变量。在对这些人体数据做统计处理时，常用（算术）平均值表示人体数据分布聚中趋势的统计量，用这一概念表示一个被测群体区别于其他群体的独有特征。将人体尺寸应用于产品或工程设计时，在众多的人体测量数据中，最重要的、主导性的参数是人体高度，其中 P_{50} 与平均值非常接近，通常称为平均身高。平均身高是一个标志性的参数。

2.1.2 常用的人体参数

1）GB/T 10000—1988《中国成年人人体尺寸》

标准提供了我国成年人人体尺寸的基础数值，适用于产品设计、建筑设计、工业工程设计及劳动安全保护。

标准共列出 47 项人体尺寸基础数据，分为男、女性别；4 个年龄段：18～60 岁（男）、18～55 岁（女），18～25 岁（男、女），26～35 岁（男、女），36～60 岁（男）、36～55 岁（女）；用 7 幅图分别表示人体尺寸项目部位的示意图，并用表列出其相应的百分位数。

标准给出了人体主要尺寸及部位和人体主要水平尺寸及部位；立姿、坐姿人体尺寸及部位；人体头部、手部、足部尺寸及部位。

GB/T 10000—1988《中国成年人人体尺寸》标准中的中国成年人的主要身高尺寸见表 2-1。

表 2-1 中国成年人的主要身高尺寸（GB/T 10000—1988）

（mm）

测量项目	18～60 岁（男）					18～55 岁（女）				
	P_1	P_5	P_{50}	P_{95}	P_{99}	P_1	P_5	P_{50}	P_{95}	P_{99}
4.1.1 身高	1543	1583	1678	1775	1814	1449	1484	1570	1659	1697

2）GB/T 13547—1992《工作空间人体尺寸》

标准给出了与工作空间有关的中国成年人基本静态姿势人体尺寸的数值，适用于各种与人体尺寸相关的操作、维修、安全防护等工作空间的设计及其工效学评价，包括立姿、坐姿的空间尺寸部位；跪姿、俯卧姿、爬姿的空间尺寸部位。

3）中国成年人的平均身高（2014 年）

为了系统掌握我国国民体质现状和变化规律，推动全民健身活动的开展，提高国民身体素质和健康水平，促进国家经济建设和社会发展，根据《中华人民共和国体育法》《全民健身条例》的规定，按照《国民体质监测工作规定》的要求，2014 年，国家体育总局、教育部、科技部、国家民委、民政部、财政部、农业部、卫生计生委、国家统计局、全国总工会等 10 个部门联合在全国 31 个省（区、市）进行了第 4 次国民体质监测工作，主要包含身体形态、身体机能和身体素质 3 个方面。监测对象为 3～69 周岁的中国国民，采用分层随机整群的抽样原则，从全国 31 个省（区、市）的 2904 个机关单位、企事业单位、学校、幼儿园、行政村中抽取了 531849 人，其中，20～59 岁成年人 146703 人，主要监测结果如表 2-2 所示。

表 2-2　中国成年人的平均身高

（cm）

2014 年全国 20～59 岁成年人平均身高									平均身高
年龄	20～24	25～29	30～34	35～39	40～44	45～49	50～54	55～59	20～59
男	171.9	171.6	170.8	169.9	169.0	168.7	168.3	167.5	169.7
女	159.9	159.6	159.1	158.5	157.8	157.7	157.7	156.8	158.4

4）GB/T 17245—2004《成年人人体惯性参数》

标准规定了成年人人体体段划分的方法，给出了成年人人体各体段的相对质量分布、人体各体段的质心相对位置及整体质心位置。它适用于安全防护设备（如工业栏杆、民用阳台护栏、安全带等）的设计、人体动作分析、运动仿真及人机关系等方面。

2.1.3　国际通用人体尺寸和军标中的人体测量数据

1．ISO 标准中的人体尺寸数据

ISO 15534-3：2000（GB/T 18717.3—2002）《用于机械安全的人类工效学设计　第 3 部分：人体测量数据》给出了国际通用的人体尺寸符号和数据，见表 2-3。它比我国人体尺寸要大，就安全而言，按国际通用的人体尺寸设计是非常必要的。

表 2-3　数据（GB/T 18717.3—2002/ISO 15534-3：2000）

符　号	说　明	数据/mm	符　号	说　明	数据/mm
h_1	身高 P_{95}	1881	b_2	上肢执握前伸长 P_{99}	845
	身高 P_{99}	1944	b_3	掌厚 P_{95}	30
h_8	内踝点高 P_{95}	96	b_4	拇指处手厚 P_{95}	35
a_1	两肘间宽 P_{95}	545	c_1	臀-膝距 P_{95}	687
	两肘间宽 P_{99}	576		臀-膝距 P_{99}	725
a_3	拇指处手宽 P_{95}	120	c_2	足长 P_5	211
a_4	手宽 P_{95}	97		足长 P_{95}	285
a_5	食指近位宽 P_{95}	23		足长 P_{99}	295
a_6	足宽 P_{95}	113	c_3	鼻尖处头长 P_{95}	240
b_1	体厚 P_{95}	342	d_1	上臂直径 P_{95}	121
b_2	上肢执握前伸长 P_5	607	d_2	前臂直径 P_{95}	120
	上肢执握前伸长 P_{95}	820	d_3	拳的直径 P_{95}	120

续表

符号	说明	数据/mm	符号	说明	数据/mm
t_1	操作臂长 P_5	340	t_4	手长 P_5	152
t_2	前臂可及 P_5	156	t_5	至拇指根手长 P_5	88
t_3	臂同侧可及 P_5	487	t_6	食指长 P_5	59

注：P_5、P_{95}、P_{99} 分别为预期使用者群体的第 5 百分位数、第 95 百分位数和第 99 百分位数

2．国军标（GJB 2873－1997）中的人体测量数据

该数据根据男子 18～45 岁、身高 1620mm 以上的 8104 人，以及女子 18～40 岁、身高 1580mm 以上的 4298 人的人体测量资料汇集而成，表中的空格（填“－”线处）表示目前这些测量项目还没有合适的数据，进一步的工作将根据任务要求逐步完善。人体测量中身高的下限按《应征公民体格检查标准》确定。GJB 2873—1997 中给出了立姿人体尺寸、坐姿人体尺寸、人体的厚度和宽度尺寸、围度和体表尺寸、手和脚的尺寸、头面部尺寸等数据。本书仅列出立姿、坐姿、人体的厚度和宽度尺寸。表示人体尺寸部位的图示和其他的人体尺寸可查阅 GJB 2873－1997 文本。

（1）立姿人体尺寸见表 2-4。

表 2-4 立姿人体尺寸（GJB 2873－1997）

（mm）

项目	男子			女子		
	P_5	P_{50}	P_{95}	P_5	P_{50}	P_{95}
体重/kg	50	60	75	45	54	67
身高	1629	1692	1783	1583	1614	1682
眼高	1518	1581	1672	1463	1497	1564
肩高	1318	1379	1461	1272	1309	1371
乳头点高	1171	1220	1292	1121	1146	1201
桡骨的点高	1012	1063	1132	983	1017	1066
中指指尖点高	595	645	699	582	618	657
腰围高	975	1017	1077	968	989	1035
会阴高	750	798	860	721	760	807
臀沟高	720	—	821	703	—	779
胫骨点高	421	448	483	402	425	452
腿肚高	—	—	—	—	—	—
上肢功能前伸长	684	734	791	634	674	717
上肢功能最大前伸长	793	—	881	728	—	826

（2）坐姿人体尺寸见表 2-5。

表 2-5 坐姿人体尺寸（GJB 2873－1997）

（mm）

项目	男子			女子		
	P_5	P_{50}	P_{95}	P_5	P_{50}	P_{95}
上肢上举高（坐姿）	1279	1350	1431	1232	1286	1345
坐高（挺直）	876	915	962	843	675	912

续表

项　目	男　子			女　子		
	P_5	P_{50}	P_{95}	P_5	P_{50}	P_{95}
坐高（松弛）	855	—	941	827	—	900
坐姿眼高（挺直）	766	805	851	727	757	795
坐姿眼高（松弛）	745	—	829	710	—	783
坐姿颈椎点高	626	662	704	602	633	666
坐姿肩高	567	603	643	537	568	602
肩肘距	313	339	366	292	314	338
前臂加手功能前伸长	317	347	378	289	314	338
前臂加手前伸长	424	451	479	400	424	448
坐姿肘高	230	264	300	220	255	287
坐姿大腿厚	114	132	152	115	132	151
坐姿膝高	469	499	534	451	473	501
小腿加足高	391	418	451	373	391	411
臀膝距	526	559	597	517	546	579
坐深	431	461	496	419	446	477
臀足跟距	—	—	—	—	—	—
下肢功能长	1021	1060	1117	—	—	—

3．美国军标 MIL-STD-1472D：1989

该标准给出了地面部队、飞行员、女子 3 种类型人员的人体尺寸，包括立姿人体尺寸、坐姿人体尺寸、人体的厚度和宽度尺寸、围度和体表尺寸、手和脚的尺寸、头面部尺寸等。具体数据可查阅 GJB 2873－1997 的附录 B。

2.1.4　人体主要参数的换算

正常成年人人体各部分之间存在着一定的比例关系。人体测量所需样本量甚大，调查测量过程复杂、周期长，在无法直接获得具体的测量数据的情况下，可通过间接计算得到一些近似值，供产品或建筑设计所用。但是，通过间接计算得到的数据与直接测量所得数据相比会有一定误差。因此，将这些近似值用于设计时，必须考虑它们能否满足设计要求。

1．适应身高增长的人体尺寸的换算

据统计，近年来世界各国人的身高，平均每 10 年增加 10mm。GB/T 10000—1988《中国成年人人体尺寸》中，男子平均身高（P_{50}）为 1678mm，2014 年中国成年男子平均身高为 1697mm，GB/T 10000—1988 中的人体尺寸数据是否还有使用价值？如何用？

工程人体测量学是人机工程学的重要组成部分。GB/T 10000—1988 对中国人的人体形态特征做出了全面的量化描述。这些数据是工作系统中设备、布局、人机接口和作业设计的依据。虽然随着时代的演进，人体身高增加了，但人体各部分间的比例基本保持恒定。可以按 GB/T 10000—1988 所给出的人体各部分间的高度、长度尺寸相对于平均身高的比例值，推导出新的人体高度、长度尺寸值。

例如，由 GB/T 10000—1988 所给出的男子平均身高（P_{50}）1678mm 和眼高（P_{50}）1568mm，

按 2014 年中国成年人男子平均身高 1697mm，求取相应的眼高 h 的值，可按

$$1678:1568=1697:h$$

求得眼高 $h\approx1586$mm。

2. 人体各部分尺寸的计算

中国成年人人体各部分尺寸的计算，以身高作为基本参数。

设中国成年人身高为 H（cm），则人体各部分尺寸见图 2-1 和表 2-6。

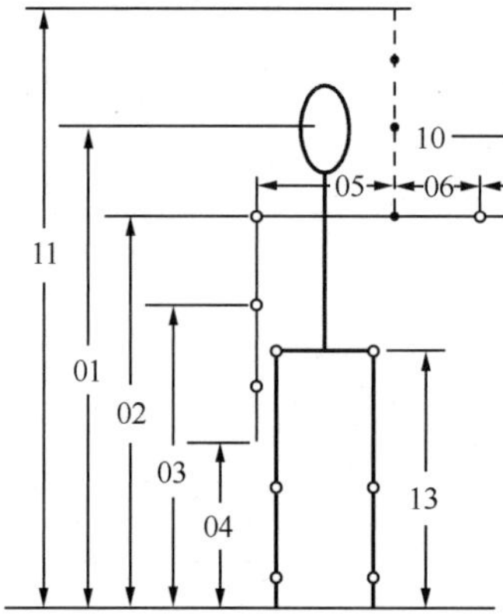

图 2-1 人体各部分尺寸标号

表 2-6 人体各部分尺寸计算

标号	项目	男	女	标号	项目	男	女
01	眼高	0.93H	0.93H	08	手长	0.11H	0.11H
02	肩高	0.81H	0.81H	09	足长	0.15H	0.15H
03	肘高	0.61H	0.61H	10	两臂展宽	1.10H	0.99H
04	中指尖高	0.38H	0.38H	11	指尖举高	1.26H	1.25H
05	肩宽	0.22H	0.22H	12	坐高	0.54H	0.54H
06	上臂长	0.19H	0.18H	13	下肢长	0.52H	0.52H
07	前臂长	0.14H	0.14H				

2.2 人体尺寸在设计中的运用

人体尺寸数据可用于指导工程设计、产品设计及劳动安全保护设计；也可作为评估上述各项设计的依据，以便协调人机关系。

2.2.1 人体尺寸参数选用中的若干问题

1. 测量值与实际使用值的某些差异

为了正确地应用人体尺寸，必须对人体尺寸的名称、定义及测量方法有准确的了解。人体测量是在一种规定的姿态下进行的，某些情况下这种姿态是肌肉比较紧张的状态，但人在作业

时（如控制室中的坐姿作业），身体常会处在比较舒适的放松状态，如图 2-2 中虚线所示（实线为测量态）。立姿的放松态使上肢功能前伸长度的变化超过 100mm，而眼高等要减小 10mm；坐姿时的坐高、眼高可减小 60mm，一般取 44mm。在实践中，测量态和放松态分别适用于不同的使用目的。若涉及工作的一般身体姿势，则以放松态为宜。例如，操作者在一个位置上要持续很长时间，则为其所提供的空间，除应考虑放松态外，还应使其能够完全挺直。

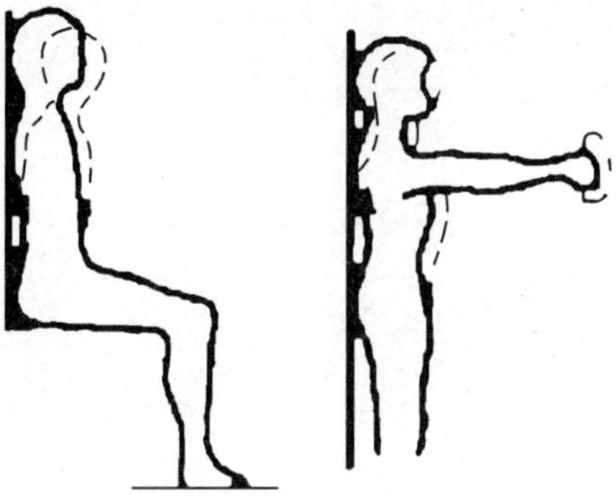

（a）坐姿　　（b）立姿

图 2-2　放松态（虚线）与测量态（实线）的差异

在使用人体尺寸表时会发现，手长、前臂长、上臂长之和大于肩到手指的（实测）长度。出现这种矛盾，是由于人体关节的结构造成的，它们不像机器的铰链那样绕着一根轴旋转，而是有许多不同的活动曲线。因此，当需要把人体尺寸相加（减）时，建议不要根据人体尺寸表上的数值，而要使用人体模板，模板考虑了人体尺寸和关节的结合问题。

2. 性别造成的差异

女子身高比男子矮，但在实践中，有时不宜把女子当作较矮的男子来对待。女子与男子相比，即使在身高相同的情况下，身体各部分的比例也是不同的。同整个身体相比，女子的手臂和腿较短，躯干和头占的比例较大，肩较窄，骨盆较宽，脂肪厚度及其在身体上的分布与男子有明显差异，在腿长度尺寸起主要作用的场合，如坐姿操作的岗位，以及以女子为主的工作岗位，应充分考虑女子的人体尺寸。

3. 年龄造成的差异

体形随年龄变化最为显著的时期是儿童期和青年期，人体尺寸的增长过程，女子在 18 岁结束，男子在 20 岁结束，但直到 30 岁才最终停止生长。此后人体尺寸，尤其是身高，随着年龄的增长而缩减，而成人体重和某些宽度及周长的尺寸却随着年龄的增长而增加。在采用人体尺寸时，必须判断这种工作位置适合于哪些年龄组。在使用人体尺寸数据表时，应注意不同年龄组尺寸数据的差别。

4. 年代造成的差异

随着人类社会的发展、卫生知识的普及、生活水平的提高和体育活动的蓬勃开展，人类的成长和发育也发生了变化。统计资料表明，近 20 年来，世界各国人的身高平均每 10 年增加 10mm。若使用三四十年前的测量数据，将是不适宜的。在使用测量数据时，应考虑其测量年代，并加以适当修正。

5. 地区性造成的差异

不同的国家、不同的地区、不同的民族人体尺寸差异较大，在出口和进口各种设备时，必须充分考虑各个国家人体尺寸上的差异。一般来说，我国与日本和东南亚各国在人体尺寸上比较接近，而与欧美国家相差较大。同一国家不同地区的人体尺寸也有差异，表 2-7 所列数据是我国 6 个区域年龄为 18～60 岁男子和 18～55 岁女子的身高尺寸。随着国际间、区域间各种交流活动的扩大，不同国家、地区、民族的人使用同一设备和设施的情况越来越多，宜使用国际标准或国家标准中所给出的数值。

表 2-7 我国 6 个区域人体的平均身高（GB/T 10000—1988 附录）

项目		东北、华北区	西北区	东南区	华中区	华南区	西南区
身高/mm	男	1693	1684	1686	1669	1650	1647
	女	1586	1575	1575	1560	1549	1546

6. 社会条件造成的差异

从劳动科学和社会医学的调查中得知，不同职业、不同社会阶层的居民，在体型和生长方面有较大区别。尤其是一些人由于长期的职业活动或职业偏爱，身体的某些部分会因受到特殊的锻炼而改变了体型，他们的某些身体特点与人们的平均值不同。例如，体力劳动者与脑力劳动者在体型和身体某些尺寸方面就有较大的差别。除在身高和躯干与腿的比例上有差别外，在头部、腹部、身体各部分周长及全身脂肪的分布上也有差别。由于这个问题的复杂性及所掌握的尺寸差别还不够充分，迄今还不能提供普遍适用的定量的尺寸指标。在为特定职业设计工作岗位、工具和用品时，需从这类人员中抽样进行人体尺寸的测量，以确保设计的适宜性。

2.2.2 使用者群体的满足度

1. 以人为中心的设计类型

在工程和产品设计中，必须考虑“人的因素”，以人为核心的设计类型主要有以下 3 种。

1）专用结构

根据各人的实际身材进行设计，此为“量体裁衣”式，如时装设计、残疾人的个人用具设计等。这种产品为单件式生产，成本高昂，无通用性。

2）局部通用结构

针对某一类型的人或将人群的身材分为若干档次，以某类人或各档次的人通用为原则进行设计。例如，儿童用品可按 1 岁、2 岁、3 岁等划分档次。这类产品或设施供指定的人群使用，或根据各人的实际身材进行选用。

3）通用结构

以统计学的人体测量尺寸为依据，根据设施及产品的功能要求，进行通用性结构设计，如各种公共设施、工作场所、机器设备、工具及生活用具等，它应能适应大多数人的身材特点。

一般所说的人机工程设计，主要是考虑通用结构的设计，也是本节论述的重点。

2．满足度

满足度是指所设计的工程或产品在尺寸上能适合特定使用者群体中多少人的使用，常以百分率表示。人体大小各不相同，设计一般不可能满足所有使用者的需要，若简单地采用平均值作为设计依据是不适宜的。如果用第 50 百分位数设计门的高度，则有一半人会有碰头的危险。那么一项设计究竟以满足多少使用者群体为好？一种观点认为至少应满足 99%的人的需要，即按第 1 百分位数（P_1）和/或第 99 百分位数（P_{99}）设计，使未被照顾到的人尽可能少。此观点适用于安全技术设计。在实际设计中，要顾及全部使用者是困难的，也不一定是必要的。通常以满足 90%的人的需要为设计目标，即最常用的使用者群体范围是 P_5 和 P_{95}，即满足 90%或 95%的人的需要。由人体测量数据分析可知，P_5～P_{95} 仅占身高极限尺寸范围的 1/4，如按此范围进行设计，显然要简易、经济和合理得多。

3．使用者群体范围

使用者群体是指工程或产品的全部使用人员。通过分析男子、女子的人体测量值可以发现，大身材的女子与中等身材的男子身高相近，而小身材的男子与中等身材的女子身高相近。由图 2-3 所示曲线可见，中国 18～55 岁女子 P_{50} 身高为 1570mm，而 18～60 岁男子 P_5 身高为 1583mm；女子 P_{95} 身高为 1659mm，而男子 P_{50} 身高为 1678mm。根据这一情况，可将男女的身高共分为 4 个等级，即矮、小、中等、大，见表 2-8。

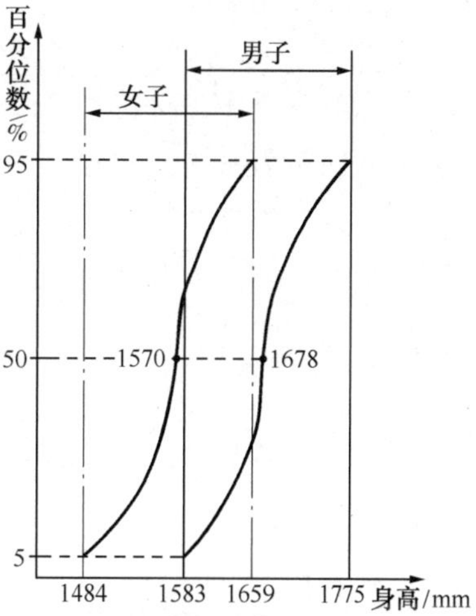

图 2-3　中国女子、男子身高分布图

表 2-8　身高分级

编　号	身 高 等 级		百 分 位 数	说　明
1	矮	小身材女子	女子 P_5	全体女子的 5%低于该百分位身高
2	小	中等身材女子	女子 P_{50}	全体女子的 50%低于或高于该百分位身高
		小身材男子	男子 P_5	全体男子的 5%低于该百分位身高
3	中等	高大女子	女子 P_{95}	全体女子的 5%高于该百分位身高
		中等身材男子	男子 P_{50}	全体男子的 50%低于或高于该百分位身高
4	大	高大男子	男子 P_{95}	全体男子的 5%高于该百分位身高

2.2.3　人体尺寸百分位数在设计中的应用原则

在设备（或工程）设计中，按人体尺寸确定相关实体结构与空间尺寸的原则如下所述。

1．按活动和作业特征确定尺寸

1）包容或被包容范围

包容与被包容是指人与周围空间之间的关系。当以人为中心时，包容人体（或某部分）的空间为包容空间，被人体（或某部分）所包容的空间为被包容空间。

（1）包容空间的设计：应使空间能包容大多数人，并实现指定的功能。这种情况下人体尺寸百分位数应取 P_{95}。其主要矛盾是要求能容得下大身材的人，这样小身材的人也就包括在内了。属于包容空间的结构有：门，各种交通工具的舱室、舱口，床，担架，通道，设备间距，各种姿势的最小作业区域，各种设备及设施的维修空间（使用维修工具，并易于达到设备的故障部位），手臂、腿、身体等的自由活动空间等。

（2）被包容空间（或被包容体）的设计：空间能为大多数人所包容，并实现指定的功能。其主要矛盾是要求小身材的人能包得住这个空间，这时人体尺寸百分位数应取 P_5。例如，桌面高度应能使小身材的人自然地放置前臂，并进行写字等作业；椅子则应保证小身材的人坐下时，脚能着实地踏在地板上，如两足悬空，会使大腿的软组织和坐骨神经过分受压并限制血液流动而导致“麻木”，而高个子坐矮椅子，只需把腿伸向前方即可，是不会感到不适的。需经常跨越的围栏高度应以小身材的人为准。需由两手搬运的转运箱及仪器设备的宽度也属被包容尺寸，如图 2-4（a）所示。

图 2-4（b）所示为工作台、椅子与人之间的包容关系。图中 A 为包容（人）尺寸；B 为被（人）包容尺寸。各尺寸可分别按上述原则处理。图 2-4（c）所示为人钻过作业用窗孔的尺寸关系，孔口需考虑容身空间；而被包容尺寸 B 也可作为设计需跨越的栅栏高度的依据。

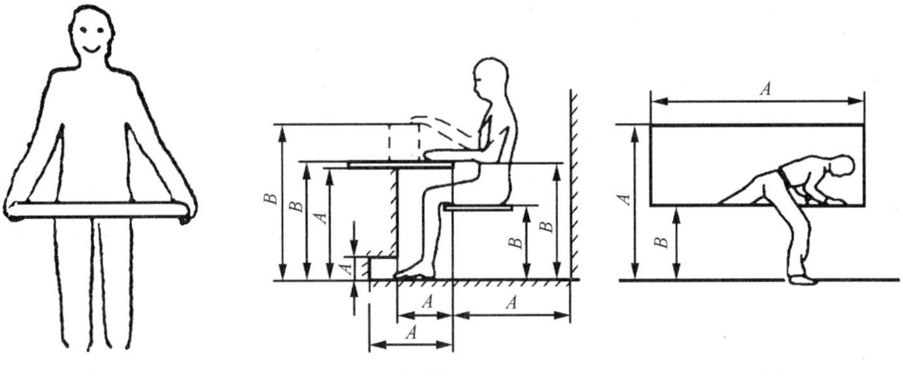

图 2-4　包容与被包容尺寸示意图

2）可及范围

这是指人为了执行工作任务，手及脚的可及范围。控制台上的操作系统需由人在水平方向进行操作、调整与控制，各种操作手柄、按钮、开关应设置在人手（或足）的可及范围之内。为保证大多数人均能进行操作，可及范围应按小身材的人进行设计，即采用 P_5 作为设计依据，这些操作元件当然也落在大身材人的可及范围之内。对于设置在垂直面上的各种操纵机构，手动控制器的最高位置应使 P_5 的人在直立状态下能够触及，最低位置应使 P_{95} 的人不弯腰也能触及。对于像橱柜之类的办公用具或家具，其最上层应考虑小身材的人也能够使用。

可及范围实质上也属于被包容空间范畴。

3）适中操作范围

上述包容空间和可及范围均要求活动空间适应人的极限状态。对于某些频繁使用的操作器，则希望人能在最舒适的状态下进行操作，这样才不易疲劳，并达到准确和高效，这种作业区称作最佳作业区。最佳作业区的设置应采用 P_{50} 作为设计依据，因为在 P_{50} 附近，人的分布频数最高，可使多数人处于舒适、高效的作业状态下。例如，门把手的高度；各种用途柜台的高度；

门铃、插座、电灯开关等的高度；电子产品中仪表板上一些重要的、使用频繁的或需进行精细操作的开关、旋钮、按钮等控制器的位置；各类机械主要操作手柄的位置；一些与安全有关的应急操纵手柄的位置等，均应处于适中作业区之内。

4）可调范围

按 P_{50} 设计的同一种设施对于某个具体使用者来说仍不一定是最舒适和高效的，因为即使对于同一高度的人，也存在身体各部分比例的差异，如有的人各部分比例相对匀称，有的人腿长躯干短，有的人则腿短躯干长。对于工作于流水作业线上的人，为适应长时间、快节奏工作的需要，应使每个工作者都处于一种最舒适和高效的工作状态，有关部位应采用可调式结构。

需使用可调式结构的场合是比较多的，例如，座椅高度应是可调的（相应的踏脚板也应是可调的），让使用者能脚踏实地地踏在地面或脚踏板上，使大腿与小腿间呈 90°～110° 夹角，调节椅子高度也可使人适应固定工作台的高度；绘图作业中，不仅椅子是可调的，而且绘图桌的高度及角度均是可调的，以使人在坐姿或立姿状态下均可使用，对大型图纸的各个图区，人均能以舒适的姿势进行作图；流水线上采用可移动的夹具，可将零部件移到适当位置进行操作，而不至于使操作者手臂动作感到困难或过分疲劳。其他如制动系统、安全装置、控制装置等，为保证操作的安全、准确、高效，也往往设计成可调式结构。

可调式结构的设计一般以 P_{50} 为基准，向两端扩展到 P_5 和 P_{95}，对 90%的人都适用（在调节范围内）。若采用 P_1～P_{99}，虽然适用面展宽了（达 98%），但常常是不经济的。对 P_5～P_{95} 的人适用，椅子调节范围为 71mm；若要对 P_1～P_{99} 的人适用，则椅子调节范围为 96mm，也就是说，为了多满足 8%的人的需要，调节范围需增加 35%，这显然是不经济的。

调节方式可有两种，一是连续可调（带有升降机构的椅子），二是分级可调。

2. 按使用者群体特征确定尺寸

1）按性别确定

（1）使用者以男子为主的场合：按男子尺寸确定，对被包容尺寸可兼顾到女子的 P_{50}。

（2）使用者以女子为主的场合：按女子尺寸确定，对包容尺寸可兼顾到男子的 P_{50}。

（3）男女共用的场合：其百分位数选用原则见表 2-9。其中最佳操作范围可取男子 P_{50} 与女子 P_{50} 的平均值。

表 2-9　男女共用场合百分位数选用原则

人体尺寸等级	矮	小		中　等		大
身高百分位数	女	女	男	女	男	男
	P_5	P_{50}	P_5	P_{95}	P_{50}	P_{95}
包容空间						Y
被包容空间	Y					
可及范围	Y					
适中范围		Y		Y		
可调范围	Y					Y

注：Y 表示“是”。

2）按年龄确定

（1）通用设施：采用男子 18～60 岁和女子 18～55 岁年龄段的尺寸。

（2）士兵用军用设施或以年轻人为主的设施：采用18～25岁或26～35岁年龄段的尺寸。

（3）中、老年人用设施：采用男子35～60岁和女子35～55岁年龄段的尺寸。

（4）儿童（3～10岁）用设施：在这一年龄段，男孩与女孩的人体尺寸差别很小，同一数据对男孩、女孩均适用。

（5）中、小学生用设施：在10～18岁这一年龄段，同一年龄的男子与女子之间的人体尺寸差距开始拉大，其上限可达成人的P_{95}以上。对中、小学生用设施的设计，应充分注意到这一点。如GB/T 3976—2002《学校课桌椅功能尺寸》中，规定了1～9号的几种型号。

3）按国家、民族、地区确定

供某国使用的产品或设施，可按国际标准的数据设计，也可按该国人体尺寸设计；对具有民族特色并主要供某民族使用或纯地区性的产品或设施，若分别按该民族或该地区的人体测量值设计，则会更适中和更经济些。

2.2.4 人体尺寸参数在设计中的修正

1．人体尺寸修正量

人体尺寸测量值（见2.1.2节、2.1.3节）均为裸体测量所得，在产品或工程设计时，人体尺寸百分位数只是一项基准值，需要做某些修正后才能成为有实用价值的功能尺寸。修正量有功能修正量和心理修正量两种。

（1）功能修正量：为了保证实现产品或工程的某项功能，而对作为设计依据的人体尺寸百分位数所做的尺寸修正量。功能修正量可分为静态功能修正量和动态功能修正量。

（2）心理修正量：为了消除空间压抑感、约束感、恐惧感，或为了追求美观等心理需要而做的尺寸修正量。

2．静态功能修正量

1）穿戴修正量

（1）着衣修正量。坐姿时的坐高、眼高、肩高、肘高加6mm，胸厚加10mm，臀膝距加20mm。

（2）穿鞋修正量。身高、眼高、肩高、肘高加25mm。

（3）不同穿戴的（尺寸增大）修正量见表2-10。

表2-10 不同穿戴的（尺寸增大）修正量

（mm）

人体尺寸	轻薄的夏装	冬季外套	轻薄的工作服、靴和盔
身高	25～40	25～40	70
坐姿眼高	3	10	3
大腿与台面距离	13	25	13
足长	13～40	40	40
足宽	13～20	13～25	25
足跟高	25～40	25～40	35
头最大长	—	—	100

续表

人 体 尺 寸	轻薄的夏装	冬 季 外 套	轻薄的工作服、靴和盔
头最大宽	—	—	105
最大肩宽	13	50～75	13
臀宽	13	50～75	13

注：① 25～40mm 为身高尺寸增大的调整值，25mm 为男性的皮鞋底高，40mm 为女性的皮鞋底高。由于皮鞋底高度增加，随之立姿眼高、肩高、肘高也等量增大。

② 在设计或选购鞋时，鞋的内底长应比足长大一些，所超出部分称为“放余量”（静态功能修正量），有了适当的“放余量”，才能保证行走时足趾不会受“顶痛”。各种放余量举例如下：男皮便鞋为 14mm，男橡筋布鞋为 10mm，男胶鞋为 14mm，男前透空塑料凉鞋为 9mm，男布鞋为 10mm。

③ 静态功能修正量通常为正值，但有时也可能为负值。例如，针织弹力衫的胸围功能修正量取负值。

2）姿态修正量

相对于人体测量态，人体比较舒适的放松态立姿时的身高、眼高等减 10mm；坐姿时的坐高、眼高等减 44mm；上肢功能前伸长加 100mm（见图 2-2）。

3）与作业相关的修正量

功能尺寸的确定与作业特点有关。例如，在确定各种操作器的布置位置时，应以上肢前伸长为依据，但这是中指尖的位置，因此，对操纵按钮、旋钮、滑板推钮、按钮开关、手柄等的不同操作功能应做如下修正。

（1）按压按钮减 12mm。

（2）“推”和“拨”类开关，减 25mm。

（3）手三指（拇指、食指、中指）抓捏，如操作旋钮，减 50mm。

（4）手握轴操纵手柄减 100mm。

3．动态功能修正量

这是与作业不直接相关的修正量，通常是指人的必要的活动间隙和活动空间。例如，人在作业中若始终保持一种姿势则很容易感到疲劳，需经常调整姿势、伸展四肢。例如，在确定工作岗位所占面积时，不仅需要考虑与作业相关的空间尺寸，而且需要考虑与作业无关的空间尺寸。每个工作人员在工作岗位上的自由活动面积不得小于 1.5m^2，且自由活动场地宽度不得小于 1m；人行通道及门的设计需考虑人走动时头上方留有动态安全余量（如 40mm），左右晃动量两侧各 50mm；工作台下面要留出膝和脚的活动空间，腿与工作台下边缘之间至少应留出 20～30mm 的自由空间等。

4．心理修正量

由于人的心理因素会影响到工作效率及工作质量，因此在工程及产品设计中必须予以充分考虑。在应用人体测量数据时，应根据实际情况并考虑人的心理因素，留有合理的间隙余量，对包容空间尺寸及安全技术方面尤其如此。除必须充分考虑紧凑性与经济性的场合之外，在可能情况下适当加大间隙余量是有益的。

（1）一些大型建筑的门、过道、安全通道及自由活动空间等，宽敞些能免除空间压抑感，给人以舒展感。

（2）办公桌间的间距除考虑人体尺寸界限和通道外，还应考虑相互干扰因素和心理因素。

（3）在人的前方应适当留出空间，以免使人产生“碰壁”感和压抑感。

（4）许多场合除以人体静态尺寸为基础外，还应考虑人体动态尺寸，并留出一定余量，以免在动作时产生约束感。例如，对于设施的维修空间，除作业必要空间外，适当增大间隙还可以提高维修效率。

（5）安全设施的安全距离在可能情况下适当加大，可提高安全感，有利于提高工作效率。

（6）高空作业的相关设施应充分考虑高空所引起的心理感受，以免因恐惧心理而影响正常作业，如加高周围的栏杆（而不仅是略高于人的质心高）等。

（7）某些情况下还应考虑必要的纯从审美心理出发的造型修正量。

2.2.5 产品（工程）功能尺寸的确定

1．功能尺寸的确定

功能尺寸的确定既需保证产品的性能，又需考虑对人的适应性。功能尺寸可分为两类：最小功能尺寸和最佳功能尺寸。从人机工程学出发，在确定产品或工程的功能尺寸时，需考虑人体尺寸百分位数，并加上必要的修正量。其计算公式如下：

$$\text{最小功能尺寸}=\text{人体尺寸百分位数}+\text{功能修正量} \tag{2-1}$$

$$\text{最佳功能尺寸}=\text{人体尺寸百分位数}+\text{功能修正量}+\text{心理修正量} \tag{2-2}$$

式中，最小功能尺寸是指为了保证实现产品或工程的某项功能，在设计时所确定的最小尺寸；最佳功能尺寸是指为了方便、舒适地实现产品或工程的某项功能，而在设计时所确定的尺寸。

2．人体尺寸百分位数的确定

1）确定尺寸类型

分析该结构的功能尺寸属于包容还是被包容尺寸，确定其可及范围、最佳范围、可调范围、使用者群体范围等（或所属的产品类型），解决结构尺寸的属性定位问题。

2）确定百分位数

对于一般通用结构可采用 P_5、P_{95}；对于安全防护结构采用 P_1、P_{99}；在某些情况下从经济性出发也可采用 P_{10}、P_{90}，但应注意不会导致“大身材人”和“小身材人”的过分不适。是采用人体尺寸的上限还是下限，可参考表 2-9 所示选用原则确定。

3．修正量的确定

功能修正量与心理修正量一般用试验方法求得。对于一些通用要素的修正量，已有试验数据可直接引用，如着衣修正量、穿鞋修正量、姿势修正量等。另外，各行各业都有一些与作业无关及与作业有关的工作岗位尺寸的经验数据可供借鉴（但需进行审核）。然而修正量的项目内容及数据，必须从对具体工程和产品的功能及人的工作或使用方式等的分析出发，运用试验方法，模拟实际情况进行测试，通过对试验结果的统计分析确定修正量；而心理修正量则是通过对被试者的主观评价量表的评分结果进行统计分析而求得的。

4．功能尺寸确定举例

以与人立姿的静态、动态身高有关的空间高度尺寸为例进行介绍。

1）最小空间高度的确定

国际通用的人体作业的最小空间高度尺寸为 1910mm，则适于人走动的通道的最小高度（动态最小功能尺寸）应是最小空间高度尺寸加上 40mm 的动态功能修正量，即通道的最小高度=1910mm+40mm=1950mm。

2）船舶舱室净高的确定

就船舱的高度而论，日本造船学会的问卷调查得出，“低得还可以忍受”的舱室净高为 1950mm，正好与通道的最小高度相符，说明这是动态状态下的最小功能高度。就作为居室的舱室而言，人的心理感受是“还可忍受”，但是比较压抑，如果加上适当的心理修正量则会感到舒畅些。据日本造船学会的调查分析，舱室净高的心理余量是 90mm，由此按式（2-2）可得舱室净高的最佳功能尺寸为 1950mm+90mm=2040mm。

当然，若将 2040mm 作为民居的房屋高度，则又会显得压抑，而需要加高。

2.2.6　人体模板及其应用

人体模板是一种代表人体外形轮廓及运动功能特点的模板。这种模板一般是二维模板，用薄片材料制成人体的几个部分，在关节处连接，构成各关节均可活动的二维人体模板。

人体模板可用于与人体有关的工作空间、操作位置的辅助技术制图、辅助设计、辅助演示及其人机工程的评价，是设计或评价中确定人体主要尺寸的有效辅助手段，应用于人机系统设计中。在某些国家，成套的标准人体模板也已作为一种设计的辅助工具出售。模板尺寸设计宜采用 1 : 10 的通用比例，特殊场合也可采用 1 : 5 和 1 : 1 的比例。GB/T 15759—1995《人体模板设计和使用要求》介绍了立姿模板按身高尺寸的分级和 4 个身高等级立姿模板设计尺寸。

GB/T 14779—1993《坐姿人体模板功能设计要求》给出了坐姿人体模板身高尺寸分级、坐姿人体模板功能尺寸设计、坐姿人体模板关节角度的调节范围。

图 2-5 所示为坐姿人体模板侧视图（GB/T 14779—1993）。

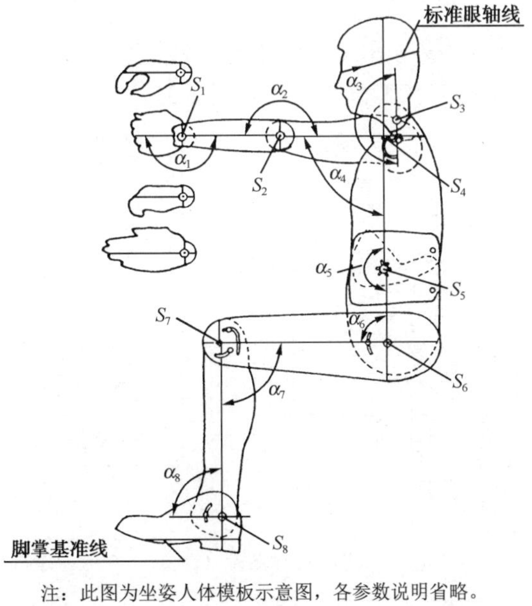

注：此图为坐姿人体模板示意图，各参数说明省略。

图 2-5　坐姿人体模板侧视图（GB/T 14779）

图 2-6 所示为工作台作业岗位的坐姿模板，图 2-6（a）所示为固定工作台上视频作业岗位的坐姿模板，据此可确定显示屏及键盘的合理位置、工作台面高度、脚踏板高度等；图 2-6（b）所示为操作员（第 5 百分位数）在控制台上操作的坐姿模板。

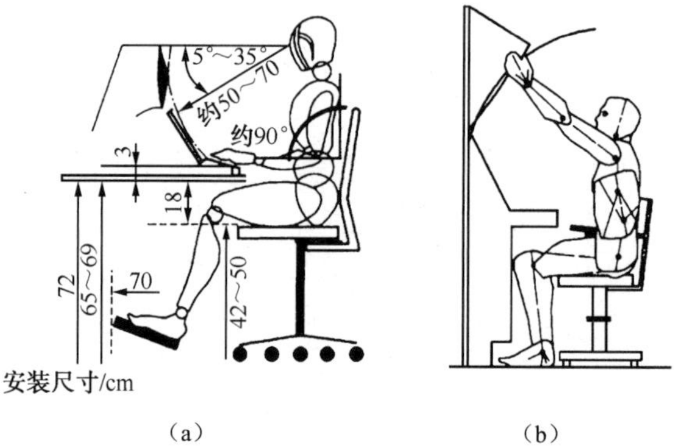

图 2-6　工作台作业岗位的坐姿模板

2.3 工作岗位尺寸的设计原则

在 GB/T 14776—1993《人类工效学 工作岗位尺寸设计原则及其数值》中规定了在生产区域内工作岗位尺寸的人机工程学设计原则及其数值，它适用于以手工操作为主的坐姿、立姿和坐立姿交替工作岗位的设计。这是人体测量尺寸及其使用原则在确定工作岗位尺寸上的一个综合运用，具有一定的普遍意义。

2.3.1 工作岗位尺寸的类型

1. 工作岗位的类型

根据作业时人体的作业姿势，工作岗位可分为 3 种类型：坐姿工作岗位（见图 2-7）、立姿工作岗位（见图 2-8）和坐立姿交替工作岗位（见图 2-9）。

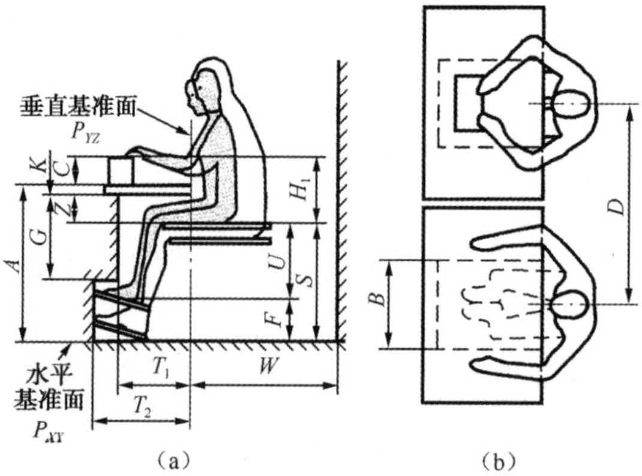

图 2-7　坐姿工作岗位尺寸图示（GB/T 14776—1993）

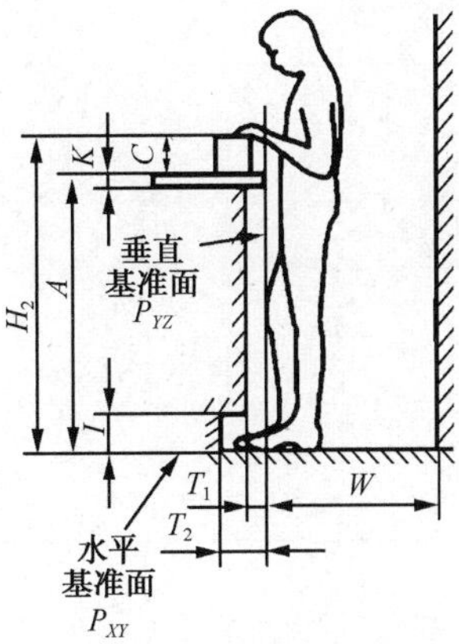

图 2-8　立姿工作岗位尺寸图示（B 和 D 尺寸同图 2-7（b））（GB/T 14776—1993）

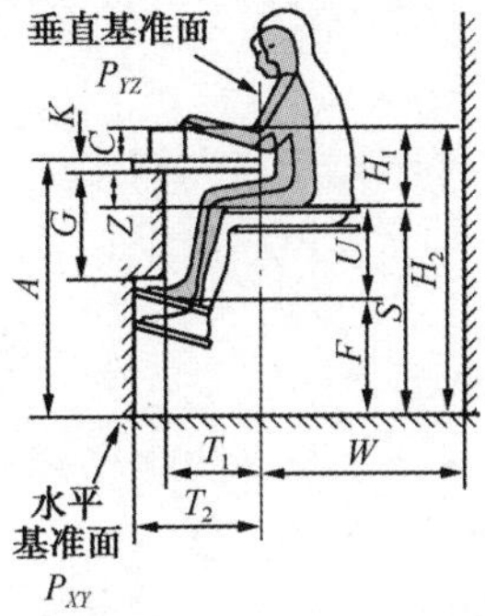

图 2-9　坐立姿交替工作岗位尺寸图示（B 和 D 尺寸同图 2-7（b））（GB/T 14776—1993）

图 2-7～图 2-9 中尺寸说明如下。

P_{XY} 为水平基准面；P_{YZ} 为垂直基准面（通过工作岗位上限制人体向前的点所在的垂直平面）；S 为座位面高度；H_1 为坐姿工作岗位的相对高度；H_2 为立姿工作岗位的工作高度；A 为工作面高度；C 为作业面高度；K 为工作台面厚度；F 为脚支撑高度；U 为小腿空间高度；Z 为大腿空间高度；G 为坐姿工作岗位的腿空间高度；I 为立姿工作岗位的脚空间高度；T_1 为腿部空间进深；T_2 为脚空间进深；B 为腿部空间宽度；D 为横向活动间距；W 为向后活动间距。

2. 工作岗位尺寸

根据是否与作业有关，工作岗位尺寸分为与作业有关和与作业无关两类。

2.3.2　与作业无关的工作岗位尺寸

以作业人员有关身体部位的第 5 或第 95 百分位数值（见 GB/T 12985—1991 和 GB/T 10000—1988）推导出与作业无关的工作岗位尺寸，见表 2-11。

表 2-11　与作业无关的工作岗位尺寸（GB/T 14776—1993）

（mm）

尺寸符号	坐姿工作岗位	立姿工作岗位	坐立姿交替工作岗位
D	≥1000		
W	≥1000		

续表

尺寸符号	坐姿工作岗位	立姿工作岗位	坐立姿交替工作岗位
T_1	≥330	≥80	≥330
T_2	≥530	≥150	≥530
G	≤340	—	≤340
I	—	≥120	—
B	≥480	—	$480 \le A \le 800$
			$700 \le A \le 800$

2.3.3 与作业有关的工作岗位尺寸

1．作业面高度 *C*

（1）通常依据作业对象、工作面上的配置尺寸确定。
（2）对较大的或形状复杂的加工对象，以满足最佳加工条件来确定被加工对象的方位。

2．工作台面厚度 *K*

对原有设备，K 值是已知的；新设计情况下的 K 值，应满足下述关系：

$$K=A-S_{5\%}-Z_{5\%} \tag{2-3}$$

$$K=A-S_{95\%}-Z_{95\%} \tag{2-4}$$

3．坐姿工作岗位

坐姿工作岗位的相对高度 H_1 和立姿工作岗位的工作高度 H_2 见图 2-10 及表 2-12。

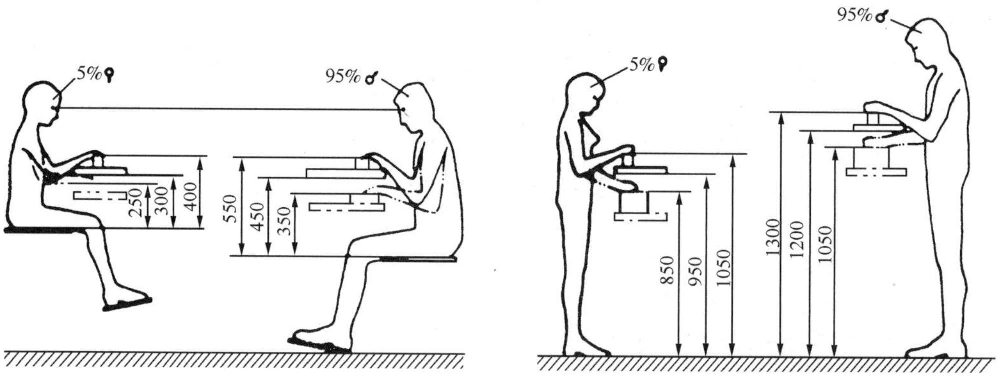

（a）坐姿　　（b）立姿　　单位：mm

图 2-10　坐姿工作岗位的相对高度 H_1 和立姿工作岗位的工作高度 H_2

依作业要求确定的坐姿工作岗位相对高度 H_1 和立姿工作岗位的工作高度 H_2，展示了第 5 百分位数女性（5%）和第 95 百分位数男性（95%）情况，以及对视距和手、臂姿势的影响（GB/T 14776—1993）。

根据作业时使用视力和臂力的情况，把作业分为以下 3 个类别。

I 类：使用视力为主的手工精细作业，分别以 GB/T 10000—1988 中坐姿、立姿的女性与男性眼高的第 5 和第 95 百分位数为参照，并考虑到姿势修正量和经验，确定坐姿工作岗位的相对

高度 H_1 和立姿工作岗位的工作高度 H_2。

Ⅱ类：使用臂力为主，对视力也有一般要求的作业，分别以 GB/T 10000—1988 中坐姿、立姿的女性与男性肘高的第 5 和第 95 百分位数为参照，结合经验，确定坐姿工作岗位的相对高度 H_1 和立姿工作岗位的工作高度 H_2。

Ⅲ类：兼顾视力和臂力的作业，以Ⅰ、Ⅱ两类相应的高度平均值，分别确定坐姿、立姿工作岗位的女性与男性的第 5 和第 95 百分位数的相对高度 H_1 和立姿工作岗位的工作高度 H_2。

表 2-12　坐姿和立姿工作岗位的工作高度（GB/T 14776—1993）

（mm）

类别	举　例	坐姿工作岗位的相对高度 H_1				立姿工作岗位的工作高度 H_2			
		P_5		P_{95}		P_5		P_{95}	
		女（W）	男（M）	女（W）	男（M）	女（W）	男（M）	女（W）	男（M）
Ⅰ	调整作业、检验工作、精密元件装配	400	450	500	550	1050	1150	1200	1300
Ⅱ	分拣作业、包装作业、体力消耗大的重大工件组装	250		350		850	950	1000	1050
Ⅲ	布线作业、体力消耗小的小零件组装	300	350	400	450	950	1050	1100	1200

4．工作面高度 A 的最小限值

（1）坐姿工作岗位（见图 2-7）工作平面高度为

$$A \geqslant H_1 - C + S \tag{2-5}$$

或

$$A \geqslant H_1 - C + U + F \tag{2-6}$$

（2）立姿工作岗位（见图 2-8）工作平面高度为

$$A \geqslant H_2 - C \tag{2-7}$$

5．座位面高度 S

座位面高度 S 的调整范围为

$$S_{95\%} - S_{5\%} = H_{1(5\%)} - H_{1(95\%)} \tag{2-8}$$

6．脚支撑高度 F

脚支撑高度 F 的调整范围为

$$F_{5\%} - F_{95\%} = S_{5\%} - S_{95\%} + U_{95\%} - U_{5\%} \tag{2-9}$$

或

$$F_{5\%} - F_{95\%} = H_{1(95\%)} - H_{1(5\%)} + U_{95\%} - U_{5\%} \tag{2-10}$$

7．大腿、小腿的空间高度

坐姿大腿、小腿空间高度见表 2-13。

表 2-13 坐姿大腿、小腿空间高度（GB/T 14776—1993）

（mm）

尺寸符号	P_5		P_{95}	
	女 性	男 性	女 性	男 性
Z	135	135	175	175
U	375	415	435	480

2.3.4 工作岗位尺寸的设计

1．工作岗位尺寸设计的一般程序

（1）确定工作岗位类型。

（2）根据 2.3.3 节确定作业要求的类别，在表 2-12 中查出和作业人员性别相符的第 95 百分位数的坐姿工作岗位的相对高度 H_1 或立姿工作岗位的工作高度 H_2。

2．坐姿工作岗位

（1）工作面高度 A 被限定、不能升降时，座位面高度 S、脚支撑高度 F 必须可以升降调整，以适应第 5 和第 95 百分位数身材的作业人员。

（2）在设计女性和男性共同使用的坐姿工作岗位时，应选取男性的坐姿工作岗位的相对高度 H_1 计算工作面高度 A；同时座位面高度 S 和脚支撑高度 F 必须有较大的调节范围，以适应女性作业人员。

（3）在用式（2-6）计算工作面高度 A 时，必须使用小腿空间高度 U 和脚支撑高度 F 的第 95 百分位数，保证第 95 百分位数的作业人员有必要的坐姿工作岗位的腿空间高度 G。

（4）按式（2-8）～式（2-10）分别确定座位面高度 S 和脚支撑高度 F 的调节范围。

（5）根据 2.3.3 节中的内容，检验第 5 和第 95 百分位数的大腿空间高度 $Z_{5\%}$ 和 $Z_{95\%}$ 是否大于表 2-13 中的最小限值。如果不符合要求，可参照下述方法进行修改（经修改后的设计，应再做复核）。

① 加大工作面高度 A 的尺寸。

② 减小作业面高度 C，如改变工件、工装夹具安置方位。

③ 减小工作台面厚度 K。

3．立姿工作岗位

（1）在工作面高度 A 被限定的情况下，可使用踏脚台解决作业人员的适应性问题，同时必须注意：

① 踏脚台的设置对立姿工作岗位原有灵活性的限制。

② 踏脚台的设置增加意外伤害的可能性。

③ 踏脚台对不同百分位数身材作业人员的适应性。

（2）在工作面高度 A 未被限定的情况下，可以使用工作面能升降调节的台面，以适应第 5 和第 95 百分位数的作业人员。

（3）在工作面高度 A 必须统一的情况下（如生产流水线），立姿工作岗位的工作高度 H_2 按作业人员性别异同，分以下两种情况确定。

① 作业人员性别一致时，取

$$H_2=[H_{2(5\%)}+H_{2(95\%)}]/2 \tag{2-11}$$

式中，$H_{2(5\%)}$ 和 $H_{2(95\%)}$ 分别为表 2-12 中某一类别作业的女性或男性第 5 和第 95 百分位数立姿工作岗位的工作高度。

② 作业人员性别不一致时，取

$$H_2=[H_{2(W.95\%)}+H_{2(M.5\%)}]/2 \tag{2-12}$$

式中　$H_{2(W.95\%)}$——表 2-12 中某一类别作业的女性第 95 百分位数立姿工作岗位的工作高度；

$H_{2(M.5\%)}$——表 2-12 中该类别作业的男性第 5 百分位数立姿工作岗位的工作高度。

（4）用式（2-7）确定工作面高度 A。同时必须注意：

① 对第 95 百分位数的男性（或女性）作业人员增加了视距，应检查是否影响观察和操作。

② 对第 5 百分位数的女性（或男性）作业人员，应检查作业点是否可及。

（5）当作业点在垂直基准面以外 150mm 以上时，必须保证立姿腿部空间进深 T_1、脚空间进深 T_2 和立姿工作岗位的脚空间高度 I 符合表 2-11 中规定的数值。

4．坐、立姿交替工作岗位

（1）用上述立姿工作岗位设计法，确定立姿工作岗位的工作高度 H_2 和工作面高度 A。

（2）根据作业要求的类别，从表 2-12 中查出工作高度 $H_{1(5\%)}$ 和 $H_{1(95\%)}$；分别按 2.3.3 节中的内容计算座位面高度 S 和脚支撑高度 F 的调整范围；核算大腿空间高度 Z 是否大于表 2-13 中规定的最小限值。

（3）检查在立姿工作时，第 5 百分位数的作业人员能否触及以坐姿为主安排的工装卡具、作业对象等。

Chapter 3

第3章

基于人的生理及心理特点的设计

心理学诞生于19世纪末，100多年来有了很大的发展。“心理学是研究人脑对外界信息的整合诸形式及其内隐、外显行为反应的一门科学”，或者说心理学是研究人的心理现象和活动规律的科学。

人的心理现象包括心理过程和个性心理两个方面。心理过程和个性心理是同一心理现象的两个侧面，两者之间密切相关。

1. 心理过程

心理过程是人的心理活动的基本形式，是人脑对客观事物的反应过程，是人类共有的心理现象。心理过程主要包括：①认识过程，包括感觉与知觉、思维、学习与记忆；②情感过程，是指情绪与情感；③意志过程。三者相互联系、相互影响。

2. 个性心理

这是在个体中所表现出来的各种不同的特征，因人而异。个性心理是通过人的心理活动而逐渐形成的。个性心理一旦形成，又可制约心理活动，并在心理活动中予以表达。个性心理包括：①个性心理特征，它是每个人身上经常、稳定表现出来的心理特点，如性格、气质、技能与能力。个性心理特征是相对稳定的，但当人与环境积极地相互作用时，它又是可以改变的。由于每个人的先天因素和后天条件不同，个性心理特征在不同人身上有着明显的差异。②个性心理倾向，每个人还有需要、兴趣、信念等的差异，这种心理倾向常构成特定条件下的心理状态，包括注意、定势、习惯、态度等。

用自然科学的试验方法来研究心理现象，从而使心理学摆脱了思辨哲学的范畴，进入了现代科学的行列。并且由于其研究工作越来越多地走向与实际应用相结台，而逐步成为应用性学科。心理学与其他学科相结合从而产生了一些新的领域，如普通心理学、工程心理学（研究人与机器的相互作用）、工业心理学（研究生产者选拔和操作合理化）、航空航天心理学、发明创造心理学、生理心理学、环境心理学、管理心理学、社会心理学、教育心理学、体育心理学及犯罪心理学等。有的甚至独立分化出去，形成了新的学科，如仿生学、人工智能、技术美学等。

3.1 面向人机界面监控心理的设计

人机界面设计是人机工程设计的核心问题，对人机界面的监视和控制过程就是人的信息处理过程。它可用行为心理学提出的带有普遍意义的公式来表示，即信息输入、信息处理、行为输出 3 个过程：刺激（S）→意识（O）→反应（R）。人在操作活动中的基本功能如图 3-1 所示。

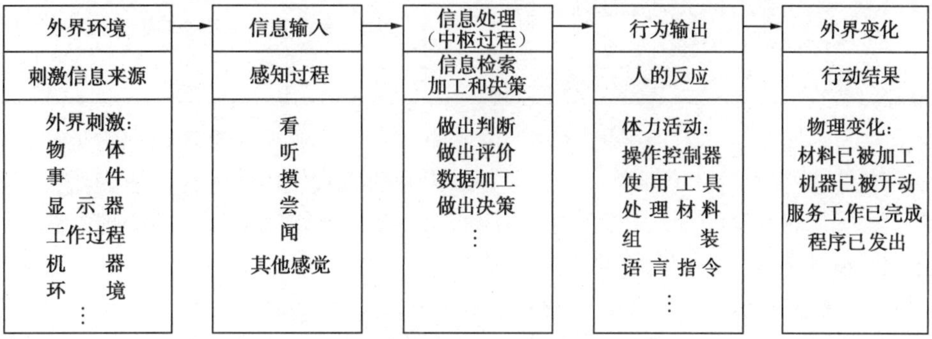

图 3-1　人在操作活动中的基本功能

人既受当前刺激（如仪表的显示、机器运转的声音等）的直接影响，又受过去刺激（如学过的知识、回忆起发生过的事故和排除事故的经验等）的影响，而且往往是当前刺激与过去刺激影响的结合。人的心理活动既调节当前的动作（如马上操作控制器，做出反应等），又调节以后的动作（如等一段时间，判断准确后再操作控制器等），甚至调节很久以后的行为活动（如有些思想观点可能会对人产生长远的影响等）。

3.1.1 感觉与知觉

感觉是最简单和基本的认知过程，如视觉、听觉、触觉等，它是通过人的感觉器官对客观事物的个别属性的反应，如光亮、声音、硬度等。知觉是在感觉的基础上对客观事物的各种属性及其相互关系的整体反应，如控制器的形状、大小，显示器的类别等。感觉和知觉统称感知觉。

人传递信息的通道称为信道，在人机界面上人感知的信号有以下 3 类。

（1）视觉信号：用亮度、对比度、颜色、形状、大小或设备排列所传达的信息。它是由眼睛通过视觉显示器所觉察的信号。

（2）听觉信号：由声音的音调、频率和间隔所传达的信息。它是由耳朵通过听觉显示器所觉察的信号。

（3）触觉信号：用表面的粗糙程度、轮廓或位置所传达的信息。它是由皮肤通过触觉显示器所觉察的信号。

这 3 类信号所传递的信息特征见表 3-1。在人机工程设计中，有效地利用人的感知觉特性是有实际意义的。例如，利用红色光波在空气中传播距离较远，且易于辨别的特点，将红色作为危险信号；在报警系统设计中，恰当运用视觉、听觉和触觉信号的互补作用，提高报警信号的感知效率和减轻视觉通道过重的负荷。

表3-1 3类信号所传递的信息特征

类别	所传递的信息特征	类别	所传递的信息特征
视觉信号	① 比较复杂、抽象的信息或含有科学技术术语的信息； ② 传递的信息很长或需要延迟者； ③ 需用方位、距离等空间状态说明的信息； ④ 以后有可能被引用的信息； ⑤ 所处环境不适合听觉传递的信息； ⑥ 适合听觉传递，但听觉负荷已很重的场合； ⑦ 不需要急迫传递的信息； ⑧ 传递的信息常需同时显示、监督和操纵	听觉信号	① 较短或无须延迟的信息； ② 简单且要求快速传递的信息； ③ 视觉通道负荷过重的场合； ④ 所处环境不适合视觉通道传递的信息
		触觉信号	① 视、听觉通道负荷过重的场合； ② 使用视、听觉通道传递信息有困难的场合； ③ 简单并要求快速传递的信息

人对信号的感知是人体对信号的感受、传递和加工，以致形成整体认识的觉察、识别、解释过程。系统或过程的情况（事物及其变化）以信号的方式作用在人体的感受器上，通过神经系统把信号刺激引起的神经冲动传入大脑进行加工，产生比较完整认知的心理、生理过程。觉察、识别、解释则是信号感知程度的3个层次。

（1）觉察。操作者仅仅是发现了信号的存在。

（2）识别。操作者辨别出所觉察的信号，这是把所觉察的信号与其他信号进行区别或辨认的过程。

（3）解释（或译码）。操作者理解了所识别信号的内容和意义，译码是将信息从信号载体上分离出来，恢复信息原来意义的过程，译码是编码的逆过程。

3.1.2 注意与记忆

1．注意

注意指人的心理活动对一定对象的指向和集中。它不是独立的心理过程，而是存在于感知、记忆、思维等心理过程中的一种共同的特性。

1）无意注意和有意注意

（1）无意注意是指注意某一事物时，事先既没有预定的目的，也不要求做意志的努力，主要是由外围环境中刺激物本身的特点和人的主观状态所引起的。例如，工作环境中的一些突发事件（如突然发生的声响、艳丽的色彩）会引起人的注意。

（2）有意注意是指有预定目的，必要时还需要做一定意志努力的注意。例如，人在从事单调作业或出现疲劳时，仍必须凭意志努力去“注意”。

2）注意的分配和转移

注意的分配是指人在同时进行两种或几种活动时，把注意力指向不同的对象。注意的转移是指人主动地将注意力从一个对象转移至另一个对象上。

3）注意的稳定性

注意的稳定性是指人在同一对象或同一活动上注意力所能持续的时间。例如，人在监视作业中注意的稳定性一般不超过30min。

在人机系统设计中，应充分考虑和利用人的注意特点，尽量消除或避免人的无意注意，加强作业人员的培训，在作业中建立牢固的动力定型，以便将大部分的注意力集中到最主要的活动中去，并能在短时间内对新的刺激做出迅速反应。为解决作业中注意的稳定性问题，一方面可通过作业内容丰富化、定期转换作业内容的方式来解决；另一方面，可设置“预警”信号，以提醒作业人员的注意。

4）不注意

不注意并非注意的对立概念，也不是一种独立的心理现象，它始终是与注意同时存在的。不注意有下列几种类型。

（1）意识水平下降型：其特点是人的意识水平下降。多由于不良的工作环境（如照明不良、高温等）对人的心理、生理活动产生不良的影响，从而使人难以对周围环境保持注意。

（2）意识混乱型：其特点是意识混乱，思维难度增加。多由于人机系统存在缺陷而导致，如显示信号不能给作业人员一个简明、清晰的感知，控制器的操作方向不符合人的心理、生理习惯等。

（3）意识迂回型：多见于注意力过度集中时。表现为注意力的转移缓慢，甚至意识不到周围的情况。

为了预防不注意造成事故的可能，应认真分析导致不注意的原因。在人机系统设计中，应创造一个良好的工作环境，以防止不良工作环境因素对人的心理产生不良的影响。在机器设备设计时，应遵循人机工程学准则，使机器系统符合人的能力和特性，还需要考虑保证操作安全的设计（如安全联锁装置、预警信号）；积极培训，缓和作业人员的心理紧张也是一项有效的措施。

2．记忆

1）概念

（1）记忆是人脑对过去经验的保持和提取，包括识记、保持和再认（或回忆）3 个基本环节。识记是识别和记住事物，从而积累知识和经验的过程；保持是巩固已获得的知识和经验的过程；再认（或回忆）是在不同情况下恢复过去经验的过程。此 3 个环节相互联系、相互制约。

（2）永久或临时识记的材料不能再认或回忆，或表现为错误的再认或回忆称为遗忘。遗忘过程是不均衡的，在识记的最初时间遗忘很快，后来逐渐缓慢。此外，遗忘还受识记材料和识记方法的制约。

2）记忆系统

（1）感觉记忆。感觉记忆也叫感觉登记或瞬时记忆，是指外界刺激以极短的时间一次呈现后，信息被迅速登记并保留一瞬间的记忆。这是未被意识和加工的信息，是记忆信息加工的第一阶段，主要包括图像记忆和声像记忆。其特点是具有鲜明的形象性；感觉记忆中的信息保存时间极短（约 1s）；记忆容量较大；感觉记忆痕迹容易衰退，信息的传输与衰变取决于注意。

（2）短时记忆。短时记忆又称操作记忆或工作记忆，是指信息一次呈现后，保持时间在 1min 之内的记忆。这是操作性的、正在工作的、活动着的记忆。它在操作过后即被遗忘；如果有长期保持的必要，就需在加工编码后，存储在长期记忆中。其特点是信息保持的时间很短，记忆容量有限；信息可被意识到；信息通过复述可转入长时记忆系统。

（3）长时记忆。长时记忆是指学习的材料经过复习或精细复述之后，在头脑中长久保持的记忆。其特点是记忆容量无限大；信息保持的时间很长（在 1min 以上，甚至数年乃至终生）。

长时记忆的提取属于信息的输出过程，有再认和回忆两种形式。再认是指识记过的材料再次出现，有熟悉之感，可以识别和确认；回忆是指过去识记过的材料在头脑中的重新复现。欲“忆”必先“记”，需对信息反复感知、思考，进行组织加工和编码。当信息提取不出来或提取出现错误时就是遗忘，克服遗忘最好的办法是加强复习。

在人机界面设计中，根据人的记忆特点对显示器、控制器进行编码是有效的。在设备使用培训中，应根据遗忘的原因和特点，选择适当的培训材料，注意运用有意义的识记方法，并根据遗忘的时间特点，及时安排适当的复习，强化记忆痕迹等。

3.1.3 思维与联想

思维是在感知觉的基础上产生和发展起来的复杂的高级心理活动。它是指人脑对察觉到的信息加以分析、综合、比较、抽象、概括、系统化和具体化的过程。

思维是一个信息加工的过程，简单的信息加工过程有 3 个重要的组成部分：①信息存储（记忆）：保存信息；②信息加工：按照一定指令，从记忆中提取信息，对它进行解释和运用，一个信息在不同的指令下可以有不同的意义；③信息输入—输出。从思维机制来看，这其中存在一个思维（加工）和记忆（存储与记忆）之间的转换、交替关系。

当操作人员直接注意到显示时，就会察觉到信息，并对信息进行处理或按其特征进行分类，这时就产生联想，通过中枢处理器发出相应的指令，运动系统根据这一指令做出相应的反应。但是，联想并不是一个简单的、明确的过程，至今，心理学家对其定义都尚有争议。在本书中，联想在某种意义上与思维同义，是人的高级的、复杂的心理过程。在人机界面上，操作人员即使非常谨慎，有时也有可能不能完全察觉到所有的信息，甚至对信息做出不准确的、错误的联想。例如，人机界面上的刺激如果缺乏变化或缺少多样性，则容易引起不注意，或不注意出现频繁、时间长。变化的信息、信息的编码和成组布置等均有助于提高思维与联想的效率。

3.1.4 学习与动力定型

1. 概述

学习是一种十分复杂的心理现象，它不仅与感知觉、注意、记忆、思维等认知过程直接相关，而且还涉及人的情绪、动机、个性和社会化等问题。学习者必须凭借反复经验（联系、训练或指导），才能有行为或行为潜能的持久变化。

构成学习活动的主要要素：①学习者；②刺激情境：对人感官施加影响的事件，刺激可来自外部，也可来自内部，这是产生学习活动的动因；③感官反应。

学习是一个极其复杂的过程，涉及面广，形式多样，分类困难。心理学在传统上把学习划分为记忆学习、思维学习、技能学习和态度学习 4 类。

2. 心理学的学习理论

心理学中有关学习的理论很多，总的来说可分为以下两大类。

（1）联结论。认为学习就是刺激情境和反应之间的联合，影响联结强弱（即学习成绩）的因素有 3 点：练习次数的多寡；个体自身的准备状态；主体（学习者）反应后所得到的效果。

（2）认知论。认为学习成绩好坏取决于对符号的知觉与认识能力，认为领悟是指“得到要领”“理解关系”，是“对学习中的整体情境做出反应”。

综合来说，目前，许多心理学家都认为，两种学派各有其优点，必须根据不同的培训目的兼收并蓄、灵活应用。联结论学者强调学习是一种简单的习惯联合，机体的行为反应可以用刺激—反应的联结来解释；认知论学者强调主要的、全部的领悟较部分的累积更为有效，他们认为认知和领悟是环境的刺激发展了知觉、目的、关系和了解。这两种学说均可应用于培训上，如根据培训内容选用不同的学习理论，来设计培训计划，以增进培训效果。

3．动力定型的建立

动力定型是指在学习技能过程中使条件反射系统化。动力定型的建立可分为以下 3 个阶段（以安全技术为例）。

（1）泛化阶段。训练初期，人的大脑皮层对外界刺激所致的各种条件反射处于一种不稳定的、暂时性的状态，表现为操作缓慢，且有时动作不协调，无效动作较多，易于紧张，失误率可能较高。

（2）分化阶段。在反复训练之后，在一定程度上掌握了技术的内在规律性，条件反射由泛化转入分化，初步建立了操作动力定型。表现为操作的动作程序已逐步连贯为完整的操作系统，失误率降低，但遇到特殊情况仍会不知所措。

（3）巩固阶段。经较长期的操作实践，可使条件反射巩固，表现为操作熟练并已达到“自动化”阶段，失误率极低，一旦遇到意外情况，也能采取有效对策。

3.1.5　定势与习惯

1．定势

定势是指一定的心理活动所形成的一种准备状态，并影响其后相类似的心理活动的现象。即人们常按照一种固定的心理倾向对客观事物做出反应，人的各种心理活动均存在定势，尤其对人的思维活动有着明显的影响，因此，定势也称思维定势。定势是倾向于凭自己的经验和习惯方式去考虑和处理问题。定势对思维活动有着积极的影响，也可产生消极的影响。其积极作用在于：它可反映心理活动的稳定性和前后一致性，可借助已有的经验迅速解决问题。其消极作用在于：妨碍人的思维的灵活性，心理活动表现出一种惰性，倾向于按常规方法去解决问题，其结果是因循守旧，甚至形成机械的习惯方式的倾向（习惯定向）。鉴于定势是一种长期学习积累而形成的心理倾向，因此，应充分利用定势的积极作用，并同时重视定势的消极作用，加强对作业人员的培训，有目的地培养思维能力，不仅要扩充思维的广度，还要增强思维的灵活性，能根据客观情况的变化，因时、因情境迅速改变思维的角度和解决问题的方法，以求以最优的方式去解决面临的问题。

2．习惯

习惯是指人在后天形成的一种自动化进行某种行动的特殊心理倾向。它是一种动力定型，是一种已形成的相对稳定的条件反射。人的习惯有生活习惯、工作习惯、安全习惯等，又可分为个人习惯和群体习惯。人们的工作习惯表达了人在工作中的一种特殊的心理倾向。人机工程学着重研究与运用有关的群体习惯。例如，顺时针旋转阀门是减少流量和关闭阀门；向右拨动电气开关或向上移动为接通或增量；顺时针旋动操作器表示增力，仪表指针顺时针移动表示增量等。在人机工程设计中，应注意机具、设备、仪表的设计要符合群体工作习惯，这样不仅可以提高工作效率，而且可以减少误判断、误操作。

3.1.6 技能与能力

人要想顺利地从事某种活动，就必须准确、熟练、可靠、灵活地运用整个躯体，尤其是整个骨骼肌肉系统，这就是技能。人要想准确地把握客观事物，掌握学习经验，解决问题，就必须具备起码的知觉、记忆、思维水平，这就是能力。

1. 技能

技能是在活动中经过练习而获得的、赖以顺利完成活动的动作方式或动作系统。人们从事活动的行动是由一系列动作组成的，当人通过学习、练习掌握了其动作方式后，就形成了一种技能。由于日益熟练，这些动作就可由“有意识”转化为“自动化”。技能的形成过程一般有3个主要阶段：掌握局部动作阶段、动作的交替阶段、动作协调和技能完善阶段。技能动作水平一般可从动作反应时间和动作的准确性两方面进行衡量。

2. 能力

（1）概念。能力是人完成某种活动所必备的个性心理特征，在心理学上也常称为才能。它是影响活动效果的基本因素，是符合活动要求的个性心理特征的综合。它直接影响活动效率，是人顺利完成某项活动的必需条件。人的能力主要是在后天学习和实践活动中通过个人努力发展起来的。能力在活动中得到表现、形成和完善。

（2）人的能力有一定的差异，也有不同的类型。例如，有的人视觉记忆力较强，有的人形象思维能力较强，有的人手足协调性较佳，有的人色彩敏感力较强，有的人善于分配注意力等。不同的作业内容对人的能力要求不尽相同，例如，对集控室操作员的能力要求是：操作必须绝对无差错，善于分配注意力，有足够的作业记忆容量，有处理紧急情况的能力，有高度的责任感。

（3）能力有一般能力和特殊能力之分。一般能力往往是指智力，是指符合许多基本活动要求的能力，如观察力、思考力、记忆力、判断力、想象力等；特殊能力是指完成某种专业活动所需要的能力，如美术能力、数学能力等。从心理与行为着眼，能力可分为认知能力、操作能力、社交能力等；从创造程度上看，可分为模仿、再造性和创造性能力。

（4）能力与知识、技能在概念上是不同的，但有联系，且能相互转化。能力是掌握知识和技能的必要前提，没有最起码的感受力、记忆力，感性知识便无从获得；没有一点比较、抽象、概括的能力，对理性知识也无法领会、理解。即使有了这些能力，其高低不同也会直接影响掌握知识技能的快慢、深浅、难易和巩固程度。另外，掌握知识、技能的过程也可以使能力得到提高。

3.2 预防作业疲劳的设计原则

疲劳是一种相当复杂的生理和心理现象。一般来说，作业疲劳是指人在劳动生产过程中逐渐出现不适感，作业能力下降的一种状态。作业疲劳在本质上是机体的一种正常生理保护机制。疲劳时，人的大脑就会产生一种警觉信号，提醒人需要适当休息，从而使人处于一种自我保护的功能状态。

疲劳可大致分为肌肉疲劳（体力疲劳）和精神疲劳（全身性疲劳或脑力疲劳）。

作业疲劳是人机工程设计中的一个重要问题，它涉及不适当的工作负荷所致的应激，以及由此导致的不良影响。预防作业疲劳是保证人机系统正常运行和安全生产的重要措施。

3.2.1 工作负荷

1. 概述

（1）概念。人在从事各项活动时，所承受的工作数量和质量（包括工作的强度和难度）的状况称为工作负荷。或者说，它是在给定时间内布置给作业人员的职业要求（职业要求可以是身体的、认知的、感知的、语言的、符号的或其某种组合）的总和（工作量）。

（2）工作负荷的两种类型。①体力工作负荷，是指单位时间内人体所承受体力工作量的大小，它与人体耗氧量、肺通气量、能量消耗、心率等明显相关。GB 3869《体力劳动强度分级》中，给出了衡量人体体力劳动中所负荷的工作量的计算方法，以及由此形成的对人体的生理负荷大小。体力劳动强度分为 4 级，用体力劳动强度指数衡量，以能量代谢率和劳动时间率作为权衡体力劳动强度的主要因素，考虑性别系数（男性=1，女性=1.3）和体力劳动方式系数（搬=1，扛=0.40，推/拉=0.05）。②心理负荷，是指单位时间内人体所承受的心理活动工作量的大小。

（3）工作超负荷。人的工作能力有一定的限度，工作要求（或职业要求）超过人体工作能力的现象称为工作超负荷。工作超负荷可使作业人员处于高度应激状态，同时会引起一系列生理和心理变化，从而产生一些不良影响，如疲劳、作业绩效下降、心身疾病等。

2. 现代人机系统中工作负荷的特点

在现代人机系统中，人主要参与监控和做出决策的活动，工作负荷逐渐从体力负荷向心理负荷转移，人所承受的体力负荷越来越少，而面临的心理负荷越来越大。现代人机系统中的工作负荷有下列几个特点。

（1）作业人员面临大量的信息，必须及时、准确地识别和判断。

（2）作业人员必须快速而准确地处理呈现的信息，并做出决策和行为。

（3）由于作业人员的任一操作活动均与整体系统相关联，操作失误可能会带来严重后果。

（4）现代人机系统中的单调作业使作业人员处于一种“心理低负荷”状态，在不同程度上增加了作业人员的应激。

现代人机系统的错综复杂的特点，会给作业人员造成较大的心理压力，使作业人员承受各种不适当的心理负荷；同时，由于心理负荷要求的增加，可能导致其应付突发事件的心理能力不足，进一步又会增强作业人员的心理紧张程度。这些均提示，现代人机系统中可能存在不适当的心理负荷问题，这是工作系统设计中面临的一个值得重视的问题。

3.2.2 心理负荷

心理负荷的大小与人机系统中各种输入信息负荷、环境因素、社会组织因素及个人生理、心理状况有关。这些因素综合作用的结果，可使心理负荷处于不同的水平。心理负荷过高称为“心理超负荷”，心理负荷过低称为“心理低负荷”。心理负荷只有处于中等程度时，才能使人机系统处于优化水平。例如，呈现的信息量过大时，作业人员难以同时完成对全部信息的感知和加工，此时，作业人员处于“心理超负荷”状态；当信息呈现较少，久久得不到信息的强化时，作业人员会处于“心理低负荷”状态。因此，既不要让作业人员的心理负荷过大，也不要一味地降低心理负荷，应使它维持在较佳水平。心理负荷有关因素概括如下。

（1）信息。例如，下列情况可使心理负荷增加：①信息丢失或过多，会导致在不充分的信息基础上做出决策或从过多的信息中过滤出有用的信息；②信息含糊不清时，则需要作业人员对信息进行猜测；③信息相对于背景或不相关信息的可区别性很低时，则需要作业人员付出极大努力去发现信号；④过多的冗余信息易分散作业人员的注意力；⑤信息显示、控制方向或系统的反应等与作业人员的期望和习惯不一致，则会产生信息之间的冲突或迫使作业人员做出额外的努力；⑥信息处理的精确性超过人的能力时。

（2）任务。例如，下列情况可使心理负荷增加：①任务目标模糊会使作业人员不了解不同目标的重要性及应满足什么目标，这会增加决策的困难程度；②任务的复杂性太高时，作业人员在单位时间内不得不做出过多的决策；③作业人员在某一时间内同时完成两项或两项以上的任务，则会迅速达到人的信息处理能力的极限；④在决策会带来意料不到的不同结果时，会增加作业人员的压力感；⑤执行任务取决于他人的工作，对他人的依赖性会增加工作的压力感。

（3）工作时间。例如，下列情况可使心理负荷增加：①轮班作业需要作业人员付出额外的努力来协调自己的生理节律、社交活动；②当工作时间很紧，完成不了任务带来的后果也较严重时，时间压力会使作业人员承受压力。

（4）不良工作环境。例如，下列情况可使心理负荷增加：①高温、照明不良、噪声、振动、有毒有害气体污染；②工作空间狭窄；③人际信息沟通发生障碍时，易产生人际冲突或不满意感；④组织管理中的上下级关系不协调、不公平分配、强化手段不适当等所引起的负面情绪。

（5）单调作业。例如，下列情况可降低心理负荷：①工作任务需要的注意力只在一个很窄的范围内的活动；②工作的困难程度很低或中等，需要重复操作；③没有他人一起工作，社交活动受到限制，会增加单调感。

（6）其他。例如，下列情况可使心理负荷增加：①与工作不相适应的年龄、性别；②人的心理特性的差异，以及身体健康状况不佳，而使控制不良刺激的能力下降；③工作期间个人发生一些重大生活事件（如丧偶、家庭关系不和谐等）。

3.2.3 应激与心理紧张

1. 应激和应激源

应激是为了应付出乎意料的紧迫情况或紧急的特殊环境而引起的紧张状态。在人机系统中，每当系统偏离最佳状态而作业人员又无法或不能轻易地校正这种偏离时，作业人员呈现的状态即为应激状态。

能引起应激现象的因素称为应激源。在人机系统中，应激源多种多样。不适当的心理负荷是产生应激的主要潜在应激源。应激现象几乎存在于与作业人员有关的所有方面，因此，完全清除应激源的设想并不切合实际，适当水平的应激是必要的。可采取某些措施，以降低应激源的强度水平，将其控制在适当范围内。由于个体承受应激能力的显著差异，可通过人员选拔和培训，以求作业人员能适应某些工作岗位的要求。

2. 应激效应——心理紧张

人在心理应激状态下的即时效应称为心理紧张。它取决于个体的情感和个人的习惯、经验及应付应激的方式。心理紧张可导致人体发生一系列的生理、心理反应，并在行为效应上出现一些变化。

1）心理紧张的生理、心理反应

（1）人在应激过程中，心率增快，血压升高。

（2）长期处于应激状态的人，可能会引起一些身心疾病，如神经衰弱综合征、心血管疾病、溃疡病的发病率均会增加。

2）心理紧张对心理过程的影响

心理紧张对人的感知、思维、情绪等心理过程均有不同程度的影响。

（1）人突然处于应激状态下，人的心理过程表现为：①积极的反应，如思维敏锐、反应迅速、行动敏捷等；②消极的反应，如认知混乱、思维迟钝、注意力分散、行动迟缓等，由此导致烦躁不安、焦虑、易怒、失眠、工作动机和满意感降低，容易不正确地评价系统情境，提早出现疲劳。这完全取决于应激源的强度和人的适应能力。

（2）人长期处于应激状态下，可使人的行为出现各种改变，如人际冲突增加，工作效率下降，甚至误判断、误决策等。

（3）中等强度的应激能使人思维判断力准确，增强反应能力。对应激能否做出正确反应，在很大程度上取决于人有无判断和决策能力，有无果断、坚强的意志力。

（4）心理紧张对人造成的损害和影响包括疲劳和类疲劳态。

3.2.4 精神疲劳

1. 概述

精神疲劳是指人的身心机能效率的暂时性降低。这种降低取决于此前心理紧张的强度、持续时间及其临时模式。实际上，它是在人体肌肉工作强度不大时，由于神经系统紧张度过高或长时间从事单调的工作，由不适当的心理负荷所引起的疲劳。

很少变化的情境下，心理紧张引起的个体的心理状态称为类疲劳态。随着工作内容的改变或环境和情境的变化，这种状态会很快消失。类疲劳态包括以下几种。

（1）单调感。它是指在长时间不变的重复性作业中活动能力降低的一种缓慢发展的状态，它将造成人的困乏、疲倦感、效能下降或波动、适应能力和反应能力降低。

（2）警觉性降低。它是指在很少变化的监控作业（如监控雷达显示或监视仪表盘）条件下，出现警觉效能降低的一种缓慢发展的状态。

（3）心理餍足。它是指一种精神不稳定状态，如对重复性的作业有强烈的抵触情绪，或者是感觉“在消磨时间”或“什么也干不成”。心理餍足常表现为发怒、效能下降，或许还有疲倦感和擅离职守的倾向。

精神疲劳易受情绪因素的影响，消极的情绪会使作业人员更多地体验疲劳效应，因此，人的工作态度、期望、动机及情绪状态均对精神疲劳的发生和发展有着重大的影响。精神疲劳的体验与操作绩效并不一定具有对应关系，其中，工作态度和动机起着一定的作用，这也是精神疲劳的一个特征。

2．精神疲劳的原因

过高的心理负荷可导致作业人员高度的心理应激，而单调的长时间操作，会诱发人的消极情绪，也会形成应激，这些均会引起或加速作业人员的精神疲劳。

（1）心理紧张。作业人员长期处于心理紧张状态易导致精神疲劳。

（2）单调作业。一般指在现代化企业中从事简单、重复、跟着设备机械性运动、无精神活动余地的工作，突出表现为人机系统中人的“心理低负荷”现象。单调作业可使大多数作业人员产生不愉快的情绪状态（单调感），其主要特征是枯燥乏味，多发生于那些要求注意但很少有信息传递的场合。单调作业可使作业人员提前出现精神疲劳。

（3）不良的工作环境。不良的物理环境和社会因素可促使精神疲劳的产生。

（4）个体因素。个体心理素质、心理承受力和应变能力较差者易导致精神疲劳（尤其处于不良心境状态更是如此）。注意力需高度集中的作业，由于个人操作技术不熟练易诱发精神疲劳。

作业疲劳的测定方法可参见参考文献。

3.3 有关心理负荷的人机工程设计原则

工作系统设计包括工作任务、工作设备、工作场地及工作环境的设计，强调心理负荷及其产生的影响。心理负荷是人员、技术、组织和安全等因素交互作用的结果。在进行工作系统设计时，必须考虑上述因素及其相互作用产生的影响。GB/T 15241.2《与心理负荷相关的工效学原则　第 2 部分：设计原则》给出了在工作系统设计中，涉及心理负荷及其影响的设计指南。该标准规定了合理的工作系统设计和人的能力的使用，目的在于使工作条件在人的安全、健康、舒适、效率等方面达到优化，避免由于心理负荷过高或过低带来的不利影响。

该标准涉及所有工作系统的设计者和使用者，以及所有有人参与的工作，不仅涉及认知或脑力类型的工作，也涉及体力类型的工作。该标准既适用于新系统的设计，也适用于对已有系统进行重大改造时的重新设计。

3.3.1　一般设计原则

1．应使工作系统适合于人

应考虑：①设计或重新设计的工作系统，应在设计开始就考虑人员、技术、组织等因素及它们的相互作用；②在设计的初期，即在确定系统的功能时就应考虑使用者，确定系统与子系统功能及人机功能分配和各操作者之间的分工，应考虑操作者的特性和能力；③设计新系统时，应考虑系统未来使用者的能力、技巧、经验及他们对系统的期望；④对系统进行重新设计时，应在设计过程中考虑系统使用者的经验和才智，使设计质量达到优化水平。采用使用者参与的方法，可以把使用者的期望融汇在设计过程中，使设计出来的系统能满足使用者的期望，更易于被使用者接受，从而可以提高整个系统的效率。

2. 设计方案的确定原则

在系统设计中应当注意，一项工作是由多项任务组成的，而执行每项任务都需要一定的技术设备、工作环境和组织机构，这些环节均与心理负荷相关。因此，设计原则会涉及设计过程和设计方案的不同层面，具体如下。

（1）工作负荷强度：①在任务和/或工作层面；②在工作设备层面；③在环境层面；④在组织层面；⑤在工作临时组织层面。

（2）工作负荷暴露时间。

不同设计层面避免心理负荷的不良影响的设计方案示例如表3-2所示。

表3-2　不同设计层面避免心理负荷的不良影响的设计方案示例（GB/T 15241.2）

设计层面	心理负荷的影响			
	疲　劳	单　调	警觉性	餍　足
任务和（或）工作	● 工作分配； ● 避免时间共享	● 工作分析； ● 工作变化	避免持续注意	按组丰富工作内容
工作设备	信息显示应清晰	● 避免机器确定节拍； ● 由操作者自定工作节拍； ● 改变信号显示方式	信号显著	使工作具有相对独立性
环境	照明	● 温度； ● 颜色	避免单一的声音刺激	● 避免单一的环境条件； ● 提供变化
组织	避免时间压力	● 作业轮换； ● 工作协作	● 工作扩大； ● 丰富工作内容	丰富工作内容
临时组织	工间休息	工间休息	● 避免轮班制； ● 减少工作时间	工间休息

3. 人机工程学专家应尽早参与设计过程

工作系统的设计是从系统的功能分析开始的，然后进行人机功能分配和任务分析，最终给出任务设计方案并分配给操作者。为了能够根据操作者的最终要求，特别是对心理负荷方面的要求完成这些步骤，从工作一开始就让人机工程学专家参与设计过程是十分重要的，这样可在系统设计的每一层面将相应的要求考虑进去。

4. 动态的作业分配

在设计工作系统时，还应注意环境要求、系统要求，以及人的技能、能力、期望都会随着时间而变化。系统设计应考虑并适应这些变化。解决这个问题可以采用动态的作业分配法等，这种方法可以让操作者根据实际状态给系统或自己分配任务。

5. 人员的选择和培训

应考虑：①人员的因素，如能力、工作效率、动机在一个人身上及不同人之间都有不同，都将影响心理负荷，因此，在工作系统的设计中，应考虑人员的选择和培训问题；②为了实现系统的功能，并使心理负荷保持在适当的水平，设计者应指出使用者所需信息的种类、质量、数量及所需的培训；③应当明确人员选择和培训是用来支持系统设计的，而不是用来弥补设计的过错的。

6. 综合考虑多种心理因素

心理负荷不是一个一维的概念，它由几个性质不同的因素组成，这些因素会产生性质不同的影响。因此，简单地用一维指标来定量描述心理负荷（例如，认为心理负荷从过低到最佳再到过高变化）是不够的。有些心理负荷的不良影响是相同的原因造成的，但绝不能错误地认为这些影响也是相同的。下面的设计原则将帮助设计者采取适当的方法减少心理负荷带来的不良影响。有些设计原则适用于多种情况，因此，在下面论述中会多次出现。

3.3.2 预防心理疲劳的设计原则

1. 一般原则

心理负荷可以用操作者接触工作负荷的强度、持续时间及强度的时间分布来评价。除定量因素外，还应考虑定性因素，例如，感觉—反应性任务与强记忆性任务之间的差别。在工作系统的设计中减少疲劳的主要方法是降低或优化心理负荷的强度，限制脑力工作的时间，通过安排休息来改变强度和时间的分配。应当注意，一味地降低心理负荷并不是保证人的工作效率的最佳方法，心理负荷低于最佳水平之后，会引起相应的不良后果。

2. 心理负荷的强度

心理负荷的强度受各种因素的影响，下面分别进行介绍。

（1）任务目标的明确性。如果任务的目标不明确，操作者需要对任务进行了解，决定哪一个目标是优先的。在进行系统设计时，应明确地给出任务的目标，确定不同目标的优先权，如保证系统安全比提高系统的效率更加重要。如果涉及多个操作者，则每个操作者的任务都应当明确。

（2）任务的复杂性。任务的复杂性太高，意味着在给定的单位时间内操作者不得不做出过多的决策。如果任务的复杂性对于设定的整个使用者群体来说均过高，则应使用决策支持系统。也应避免任务的复杂性太低，因为这会导致产生单调感或心理餍足。

（3）反应策略。在需要对多项要求做出应答的系统中，应明确给出应答这些要求的策略（如先进先出或按规定次序做出反应）。先进先出的方法最简单，而按规定次序做出反应要复杂得多。如果使用有条件的策略，要明确给出在何种条件下采用何种策略，要容易被人理解。

（4）信息适量和信息冗余。①信息不足或信息过量都会让人产生心理负荷，因为这将导致操作者在不充分的信息基础上做出决策或从所提供的所有信息中筛选出有关的信息。因此，应只向操作者提供完成任务所必需的信息。②冗余信息可以帮助操作者对显示的信息进行交叉检验。但过多的冗余信息容易分散操作者的注意力，增加心理负荷。因此，应根据系统的操作要求确定冗余度。如果可能，应让操作者选择完成任务所需的冗余度。

（5）信息的含糊性和可区别性。①信息含糊不清会导致操作者猜测信息，因此提供给操作者的信息应明确无误，如在显示系统状态时，应给出可接收的或不可接收的信息区间。②如果带有信息的信号对于无关信息的背景的可区别性很低，则需要操作者付出极大的努力筛选信号。可以通过下列方式改善信号的可区别性：增加信号的强度，用形状、颜色、持续时间、时间特性对信号进行编码，降低背景噪声的强度，用技术方法进行遮蔽、筛选等。

（6）信息的一致性。如果信息显示、控制方向或系统的反应等与操作者的期望和习惯不一致，则会产生信息之间的冲突或迫使操作者做出额外的努力。特别应当注意控制与系统动态的一致性，如对于零阶系统使用零阶控制器。

（7）信息处理的精度。精度要求超过人的能力会增加心理负荷，可以用技术方法来解决这类问题，如改变信息显示或系统动态控制方式。

（8）并行与顺序处理。顺序处理通常优于并行处理。但对不同来源的信息进行比较，则应优先采用并行方式显示信息。如有方位要求，则并行显示优于顺序显示。

（9）时间共享和时间延迟。①时间共享。如果要求操作者在某一时刻同时做两件或两件以上的任务，则很快会达到人的信息处理能力的极限。因此，应尽量让操作者顺序执行任务。如果自动处理过程产生的错误对系统没有严重后果，则可以用一致性对应训练来减少操作者对注意力的控制，减轻心理负荷。②时间延迟。有时间延迟的系统，要求操作者在控制系统时对系统的未来状态进行预测，因此，应避免时间延迟。如果时间延迟不可避免，则应使用快速或超前显示器。

（10）心理模型。对过程或系统功能的心理映像的不稳定、不完全或缺乏，需要操作者在控制系统时付出额外的努力。在进行系统设计时，就应考虑怎样使操作者能够对操作过程有一个正确的认识，向操作者显示的信息应能表示系统内各子系统之间的关系，这可以通过流程图、记录与时间有关的系统反应、收集系统对人的控制做出的反应等来实现。

（11）绝对和相对的判断。做绝对判断需要把参照标准记在脑子里，而做相对判断只需把参照标准显示出来即可，显然相对判断比绝对判断要容易，因此，应尽量采用相对判断。采用相对判断时，应把参照标准显示出来，以便于比较。

（12）记忆负荷。①工作记忆负荷。工作记忆是信息在存储为将来提取的长时记忆之前，初步且临时以一种不稳定的形式存储的记忆。如果信息显示和更新的速度很快，那么工作记忆的强度很快就过高了。在顺序显示信息时，信息停留的时间应适当，避免操作者在选择和记忆有用信息时短时记忆超载。②长时记忆负荷。应通过提供适当的信息恢复装置，来避免不必要的长时记忆负荷，如计算机在用户的请求下提供的不同层面的帮助功能。这样可以减轻操作者在记忆或回忆不同信息或复杂信息时所产生的心理负荷。③再认与从记忆中回忆。识别已经记忆的信息比回忆更容易也更有效。因此，显示几个可供选择的方案让操作者挑选，比从记忆中回忆某一个方案更有效，对操作者的要求也更低一些。

（13）决策支持系统。在决策的结果不能被完全预测时，操作者的压力会增加，特别是决策会带来几种不同的后果时（如生产损失或人身安全）更是如此。在这些情况下，应提供决策支持系统，以便操作者对操作的后果有所预测。

（14）可控性。动态系统对操作者应是可控的。系统的可控性取决于控制的阶数、控制行为的维数、系统反应的时间延迟、系统的反馈信息、显示与控制的适应性等。心理负荷随着控制动态系统阶数的增加而增加，因此应避免让人控制高于二阶的动态系统。时间延迟也会增加心理负荷，因此也应尽量避免。如果显示与控制之间的适应性不好，则不仅会使操作者在控制时付出额外的努力，而且也会增加错误，所以应使控制与显示对应起来。

（15）运动的维度。人的动作绩效需要多行为维度的协调，如同时移动和旋转。在进行系统设计时，应将维度降到最低水平，特别要注意不同维度之间的协调。

（16）动态控制。系统对操作者的命令的反应，可能需要过于复杂的动态评估，例如，按时间对系统的响应进行综合。在控制高阶动态系统时，应给操作者提供技术支持系统（如积分器、微分器、放大器等）。

（17）追踪行为。不同的追踪方式要求操作者采取不同的行为，如尾随追踪要求操作者同时追踪目标和光标运动，而补偿追踪要求操作者根据记忆中的目标/光标关系来追踪。通常，尾随追踪优于补偿追踪，因为尾随追踪显示的是实际的位置，而不是控制的误差。

（18）容错度。系统应当有容错度，即使操作者发生明显的错误也不会导致严重后果。对关键性的操作系统，在执行命令前，应提示命令可能产生的结果，并要求操作者确认。如有可能，系统应能恢复到最后一步操作前的状态。

（19）错误后果。应通过系统设计使人的操作错误造成的后果降到最低限度，如通过一致性检验、提供冗余信息、引用安全栅等方法，这样既可以把错误的后果降到最低，又减轻了操作者的压力。

（20）环境。良好的工作环境可以降低操作者心理负荷的强度，因为良好的环境（如适宜的照明、较小的噪声等）为信息的接收和处理提供了良好的条件。

（21）社会交往。任务和设备的设计应考虑给操作者提供必要或最低限度的社会交往机会。

（22）对他人工作绩效的依赖。自己的工作依赖于他人的工作会增加操作者的工作压力，因此应当避免。可以通过提供缓冲区和增强工作的自主性，将两个任务的直接联系减弱。

（23）任务要求的改变。通过加入不同的信息处理方式，在一项工作内改变任务要求，能减轻工作负荷强度。

（24）时间压力。时间太紧可能会使操作者在执行任务时走捷径，从而出现差错。对于会造成严重后果的关键性作业，如果时间太紧迫，有可能没完成任务就到了截止时间，这会增加压力，因此应避免。

3. 工作负荷的时间分配

除心理负荷的强度外，工作负荷的时间分配对疲劳的产生也有很大的影响。通常，工作时间与疲劳之间是指数关系。为了避免负荷过高应注意以下几点。①工作期限。由于疲劳是工作时间与强度的共同结果，且成指数关系，因此应根据工作强度的大小，调整工作时间的长短，使操作者无明显疲劳迹象。应当指出，由于疲劳和适应，增加一个小时的工作时间，并不会使产量呈线性增长。②工作日或轮班之间的休息。连续工作日或轮班之间的休息时间应足够长，以使操作者能够从疲劳中完全恢复。③日工作时间。人的作业效率受生理节奏变化的影响。通常，人在夜间的作业效率比白天要差。因此，夜间工作对人的要求应比白天工作对人的要求低，如增加工作人员或增长夜班的休息时间。④轮班。轮班制的操作者需要付出额外的努力，来协调自己的生理变化、作业效率、社交活动等。由于轮班对人的身体健康和生活都是不利的，在可能的情况下应尽量避免采用轮班制。当不可避免时，应根据人机工程学的原则来设计轮班的方法。⑤工间休息。工间休息可以使人的疲劳得到恢复。最好在疲劳刚发生时就安排工间休息。由于连续工作的时间与疲劳之间的关系是指数型的，因此疲劳恢复所需要的时间也是指数型的。较短工作时间以后的短时休息，要好于较长工作时间后的长时休息。例如，每55min休息5min，休息6次，比工作6h后休息30min要好些。夜间工作的人每两次休息的间隔，应比白天工作的人要短些。⑥改变工作要求或心理负荷的种类。改变工作要求或心理负荷的种类，如从监视性工作到手动控制性工作、从逻辑分析到常规操作，可以产生与工间休息类似的效果。为了防止疲劳，应将这种方法引进系统中。

3.3.3 预防类疲劳态的设计原则

1. 避免产生单调感的指南

产生单调感的主要原因是工作延续的时间很长，而工作任务需要的注意力只在很窄的范围，如低到中等困难程度的认知任务、需要重复进行的操作或活动、工作环境的变化很小等。在设计工作任务和工作环境时，应尽量避免上述条件的出现。

（1）如果由于技术或组织上的原因，上述情况不可避免，就应考虑以下几点：①使单调和重复性的工作机械化或自动化；②工作轮换；③工作扩大；④丰富工作内容。

（2）在下列情况下，单调感会增加：①没有他人一起工作；②社会交往受限；③缺乏工间休息；④缺少体力活动；⑤工作内容缺少变化；⑥一天中的某一时段（下午和晚上更容易感到单调）；⑦气候条件（如温度适中）；⑧单一的声音刺激；⑨工作疲劳。

（3）应尽量避免上述情况，在工作设计中可采用下列方法来抵消其不良影响：①在工作中加入认知性的工作内容；②扩大工作中应注意的范围，如增加更复杂的任务；③提供工作变化的机会；④提供体力活动的机会；⑤合理设计以适应气候条件；⑥减少噪声和单调的声音；⑦提供合适的照明；⑧使一起工作的人员之间便于交往；⑨避免节拍性的工作，允许自我控制工作节拍；⑩安排工间休息；⑪如果轮班制不可避免，则按人机工程学的原理设计轮班。

2．避免警觉性下降的指南

人的警觉性下降之后，人对信号的反应和判断能力就会下降，要求人进行信号识别和判断的系统的可靠性也随之降低。为了避免警觉性下降，要合理设计工作任务、设备及工作组织，特别要注意以下几点。

（1）在观察重要信号时，应尽量避免持续高度集中注意力。

（2）避免长时间地集中注意力。这个时间界限取决于事件出现的频率、信号的可识别性、信号的概率、重要信号的概率、无关信号的概率等。通常，在下列条件下，人员的作业效率下降最多：①信号与事件的比率很低；②重要信号的概率很低；③信号的可识别性很低。在上述情况下，作业效率会很快（如 10～20min）明显地下降，应尽量避免。若避免不了，应采取组织方法来缩短连续执行这些任务的时间。安排工间休息、进行工作轮换、改变工作要求等可以达到上述目的。

（3）保证信号有较好的识别性，这可以通过显示设计或改善工作环境条件（采用适宜的照明、降低噪声等）来达到。

（4）对那些需要记住参考标准并同时做出判断的情况，应避免对连续的信号做判断。用适当的设计把参照标准也同时显示出来，这样操作者就可以使用同时判断。

（5）减少信号（时间上、空间上或可见程度上）的不确定性，改善信号的可辨别性。用反馈可以达到这个目标。

（6）给操作者提供一定的技术装置，使其能够对自己的作业效率进行评价或改善。

（7）避免导致单调的条件。

3．避免生理餍足的指南

为了避免操作者的生理餍足，应避免重复性的工作。仅仅用减少完全相同的工作要素来避免重复是不够的，还必须减少任务或子任务结构上的相似性。如果重复性的工作不可避免，应让操作者能够了解其工作的实际进程。

这个目标可通过以下方法实现。

（1）在操作者与机器之间合理地分配各自的功能，如将简单的、重复性的工作由机器来完成。

（2）在操作者之间合理地分配任务，让每一个操作者完成几项不同内容的工作，而不让每一个操作者只完成某一完全相同的工作。

（3）使工作具有一定的意义。给操作者完成某一较完整的工作，而不是一项工作的某一部分。让操作者了解其工作在整个工作或系统中的作用。

（4）使操作者能从工作中提高自己的水平。向操作者提供其不得不通过学习才能掌握的工作，或使操作者可以根据自己的技能采用不同的方法来完成这项工作。

（5）工作丰富化，把不同性质的工作结合在一起，如把装配与检验和维修工作结合在一起。

（6）工作扩大，把同一性质的工作的不同任务要素结合起来，如装配不同的零件或装配一个部件。

（7）工作轮换，即把有特定要求的不同工作系统，轮流让不同的操作者来完成。

（8）通过安排工间休息来临时调整工作过程。

（9）通过安排每一项工作的业绩目标和提供反馈，来定量地调整工作过程。

（10）避免容易让人产生单调感和使人的警觉性下降的工作条件。

应该注意到操作者自身的特性，如所受的教育、培训、经验等，对是否会产生餍足感有非常重要的作用。操作者的认知能力越复杂，就越容易对结构相似的工作产生餍足感。为了避免生理餍足的产生，在进行系统设计时，应考虑未来使用对象的特点。为了避免生理餍足，有关工作要求和工作业绩的信息应有变化。

3.4 产品（系统）设计与创新中的心理学要素

3.4.1 面向用户消费心理的设计

1. 产品设计心理学

产品设计心理学将心理学的规律和研究成果运用于产品设计实践，通过分析和研究产品各构成要素的心理学特点和规律，指导设计师设计出能满足市场和用户心理需求的产品。它既是设计方法学与心理学的结合，又是心理学与产品设计活动相结合形成的新领域。事实上，它是工程心理学、技术美学、创造心理学、消费心理学、环境心理学等的综合运用。

人们从接触产品开始到做出购买行动的过程，可用心理学中带有普遍意义的模型来表示：刺激（S）—意识（O）—反应（R）。人通过感觉器官接收有关产品信息的刺激，经大脑分析、综合处理，形成产品是否实用、美观、经济的判断，并进而做出是否购买的反应。在这一过程中，人的心理活动包括认识和意向这两个过程。认识过程主要是指人的感觉、知觉和思维。人的大脑先形成对产品的感知，然后通过分析、综合、判断等思维活动，形成对产品的认识。意向过程是指人的情感、注意和意志。情感是对产品态度的一种反应，注意是对某种产品的心理指向和集中，而意志则是为了达到既定的目标而自觉努力的心理状态。

从心理活动发展成为购物行为还有一个过程：需要—动机—行为。其间的关系是行为由动机所支配，动机则由需要而引发。“需要”是指人们对某种目标（产品）的欲望，属于一种心理现象。需要是产生行为的原动力。因此，在进行产品设计时，既应研究人的感知、思维和意向心理，又应研究人的需要心理。人的心理活动是客观事物在头脑中的反应，运用现代心理学的研究成果来指导产品设计，就可以使新产品满足（或迎合）人的心理要求。

在当前市场经济的环境下，各企业都面临着激烈的市场竞争的考验，要使产品打开和占有市场，必须使产品适应用户的心理需求。这里不单是以促销为核心的消费心理问题，还有一个所设计的产品的适销性问题，即设计产品时应充分考虑到影响产品进入市场的诸多心理学问题。目前，虽然有种种关于产品设计原则、设计方法、设计技巧等方面的论述，但设计师只有善于从心理学角度来理解并设计产品，才算真正抓住了产品设计的核心问题，才能创造出富有神韵的作品——产品。因而可以说，产品设计心理学是产品设计的基础与核心问题。

产品是具有一定功能的人工制成品。任何产品都是一个由各种材料以一定的结构和形式组合起来的具有相应功能的系统。材料、结构、形式和功能是任何产品都不可缺少的基本属性，它们从不同方面规定并构成了一个个完整的产品。设计必须从产品与人的需要和活动过程（包括销售、使用、维护、修理、运输甚至报废等一系列过程）出发，对产品的材料、结构、形式和功能做出统一的规划和方案，其最终目标是使产品为消费者（用户）所喜爱，并成为畅销商品。然而，消费者的心理是复杂而奇特的，交织着多种复杂的心理活动和情感，并且人们的心理活动及审美观是动态的、发展的，尤其是随着经济的发展、文化教育水平的提高，人们求新、求奇、求美的愿望唤起了多样化的消费心态，加上形形色色的促销手段对人构成的诱惑力，更使市场竞争趋于白热化。所以，在现代，设计师仅凭有限的经验埋头设计是不行的，必须认真研究产品设计心理学，分析人们对产品的功能心理、使用心理、审美心理、环境心理和价值心理，在此基础上发挥自己本身的创造性思维，运用高新技术成果和现代工艺技术，只有这样才能创造出内在质量和外观俱佳的有生命力的新产品。

2. 功能心理

产品是具有物质（实用）功能，并由人赋予一定形态的制成品。在此，物质功能是指产品的用途与功用。产品设计的目标是实现一定的功能，产品的物质功能是产品赖以生存的根本。功能是相对于人们的需要而言的，产品的功能反映了产品与人的价值关系。人们购买产品是为了满足各种物质需要，不为人所需要的产品就是废物，这就是“功能第一性”的缘由。

产品实用功能的价值是以需要和需要的满足为主要标志的。人对产品功能的需要可以分为生活性的需要（如家用电器）和劳动工作性的需要（如各种机器设备、办公用品）。无论是哪种类型的产品，反映其功能属性的主要有以下 3 个方面。

（1）功能的先进性。这是产品的科学性和时代性的体现。运用当代高新技术的产品，能提供新的功能或高的性能，不仅能满足人们求新、求奇的心理需要，而且可以解决工作或生活难题，使人们的某些愿望得以实现，或者能提高人们的生活和工作质量，使人们的生活和工作更轻松、舒适，从而获得心理上的满足。

（2）功能范围。这是指产品的应用范围，现代人们对工业产品功能范围的需求在向多功能发展。例如，手表除计时外，还外加了日历功能、闹时功能、定时功能等，而电子表的功能又与袖珍式收音机甚至钢笔、玩具的功能相结合等；手机除通信外，还附加了许多功能，诸如 MP4、GPS 全球定位、摄像、手机游戏、收音等功能，甚至还可以用作手机电视、应急灯、验钞灯等。多功能可给人带来许多方便，满足多种需要，使产品的物质功能完善而又让人有新奇感。当然，功能范围要适度，过宽的适用范围不仅使设计、制造困难而增加产品成本，而且会带来使用、维护的不便。为此，可从人对功能需要心理的分析出发，针对不同的用户对象，将同一产品系统的不同功能设计成可供选择的系列产品。

（3）工作性能。工作性能通常是指产品的力学性能、物理性能、化学性能、电气性能等在准确、稳定、牢固、耐久、高速、安全等各方面所能达到的程度，它显示出产品的内在质量水平。例如，声响设备的噪声、电视机的图像清晰度等均是消费者首要关心的问题，它是满足功能需求心理的关键因素。

3．使用心理

产品是供人使用的，是人们生产和生活的一种工具，是人的功能的一种强化和延伸。产品的物质功能只有通过人的操作使用才能体现出来。这就要求产品的人机界面能适应人的生理和心理特点；另一方面，现代生活要求有较高的生活质量，人在使用产品时应感到安全、方便、有效和舒适。

设计时应考虑下述各点。

（1）能力的协调。人机间应进行合理的功能分配，人所承担的工作应是人的体力、精力所能胜任的。例如，各种操作器的设计及布置应符合人们的信息传递、加工并做出反应的周期；能防止人的失误并能对失误后果进行控制等。

（2）尺寸的协调。产品的几何尺寸必须符合人体各部分的生理特点及人体的尺寸，这样才能便于使用，使观察和操作及时、方便和省力；否则就会使人感到不适、易于疲劳。

（3）感知的协调。产品的显示系统，如监视系统、听觉系统等的设计应与人的感觉与认知生理特点协调。例如，各种显示信号及字符等应有良好的视认度；声觉显示系统应易于辨别。

（4）生理现象的协调。人在观察事物或进行操作时有一些习惯，产品设计如不考虑这些生理现象，则人在工作中就会感到“别扭”、不适应，影响产品功能的发挥。例如，人的视线习惯于从左向右、从上向下或顺时针移动；人手的动作向前、向右、向下会快点；显示器和控制器等布置的对应性和运动适应性，可改善人的注意力、记忆及反应速度和准确性。

还应考虑心理的协调。上述各因素均会由生理上的不协调而影响到心理上的不适应。另外，产品整体的空间布局、给人的安全感，以及使用上的方便、有效、舒适等，都会对产品的形象产生影响。失误心理也是使用心理的组成部分，例如，简单而重复的操作不能发挥工作者的创造能力，反倒会形成破坏工作情绪的单调心理状态，提前产生心理疲劳，或者行动怠慢、工作分心，导致工作可靠性下降，失误增多。

4．审美心理

产品不仅具有物质功能，而且还通过外在的形式唤起人的审美感受，满足人的审美需要。如果产品的外在形式能够引起消费者的审美愉悦，它便有了一种“效用”或“价值”，即具有了“审美功能”。审美是人类特有的一种社会性需要，是产品价值的重要组成部分。

5．环境心理

产品是在一定环境中供人使用的，人、产品、环境这三者构成一个有机整体。产品必须与环境及处于环境中的人的心理相协调，只有这样才能充分发挥产品的优势。影响人使用产品的环境主要有物理环境、美学环境、空间环境和社会环境。

（1）物理环境。不适宜的微气候环境、照明不足、噪声、振动环境等，都会对人的生理、心理产生不良影响。

（2）美学环境。产品是构成环境的一部分，它或为环境添彩，或形成对环境的“污染”。环境的秩序性能给人清新整齐的简洁感，反之易使人感到心烦意乱。产品设计中应考虑其与周围环境及其他设备之间在“形、色、质”等方面的协调。据日本多个公司的调查，影响控制室内色彩环境的重要因素依次为仪表盘、天花板、灯罩、地板、计算机、桌子和盆景。

（3）空间环境。空间环境主要是指工作空间和维修空间。狭小的工作空间给人以压抑感，将使人采取不良的操作姿势，易于疲劳。因此，产品的设计和安装必须考虑产品使用与维修时的外部空间与内部操作等。

（4）社会环境。这里所说的社会环境是指工作者与其他人之间的关系，这实际上是指设备的功能分割和布局，设备是否便于协同作业并减少相互间的干扰等。

6. 价值心理

价值心理包括价格心理和时尚心理两个方面。

（1）价格心理。产品设计师应善于站在消费者的角度来审视自己的“作品”。一般用户对产品的要求无非是3个方面：实用、美观、经济。实用不仅要求产品具有先进和完善的诸多功能，而且还要安全、可靠和耐用。许多用户在购买产品时往往是“货比三家”，选购经济实惠、物美价廉的产品。当然，物美价廉并非一味追求便宜，而是要物有所值。

（2）时尚心理。产品常有高、中、低档的区别。对高档产品要求具有时尚的特征，即具有较强的时代感，使之具有较为持久的魅力。其特点是功能先进，款式漂亮、新颖，做工精致。高档产品的用户类型包括：①求新、求美型，注重产品功能的多样性，技术的先进性，外观的新颖、奇特、新潮；②自我表现型（显示地位、身份和财富，或与他人攀比、求名争胜），要求产品功能先进，外观豪华、时尚，对产品品质比较挑剔。对低档产品主要要求具备基本功能、价格便宜、经济实惠；对中档产品则要求物美价廉。

3.4.2 产品创新中的心理学要素

创新是社会发展、国际竞争的需要，是时代的标志。有专家认为，科技创新在现代经济发展中具有乘数效应，一个国家的科技创新能力日益成为国际竞争的焦点。

设计并不只是被动地运用现有技术去适应人们的需要心理，设计的创造意义表现在对社会约定俗成的规则的突破和对人的生活方式、劳动方式的改变上。新的劳动工具的出现会改变人的劳动方式，新的生活设施的创立会改变人的生活方式。所以，研究设计心理学不只是被动地研究消费者对产品的一般心理感受，更重要的是运用创造性思维和综合能力，开发出能使人生活得更美好的产品。

1. 创造的内部动因

（1）好奇心是引发创造的窗口。这里的好奇心是人的求知的渴望。科学的好奇是对新事物的敏感与探求，它是以经验和知识为基础的，是在新的经验与原有的理论概念发生矛盾时产生的。发明创造的好奇心不同于儿童的好奇心，它一旦被激起，不到问题被彻底解决是不会平息的。发明家善于好奇而又善于将其转化为不足奇，善于提问而又善于解决问题。好奇心实际上是发明创造的最初动因，也是最基本的创造心理因素。

（2）兴趣是走向发明创造的起点。兴趣是人的一种带有趋向性的心理特征，往往从好奇心发展而来，它与情感有着密切的联系，人们在从事自己感兴趣的工作时，能获得一种满足感。发明家的兴趣一般是比较专一且持久的，它不但伴随着情感，而且还有联想、记忆和想象等各种思维活动。兴趣一旦与事业心相结合，就能转化为志趣。

（3）热爱与迷恋是发明创造的阶梯。兴趣的专一可能发展为热爱与迷恋。热爱表现得比较和平、真挚、深沉，而迷恋表现得比较狂热，由热爱而转化为巨大的热情和可贵的动力。

（4）事业心是发明创造的基石。热爱只有与信念和责任感相结合，才能产生持续的动力和变成自觉的行动。把自己所从事的工作视为一种事业而为之奋斗是创造的最大动因。

2．创造的外部动因

为了满足社会需要而进行发明创造，这是最基本的创造动因。社会需要为发明创造提供了取之不竭的源泉，也是发明创造的归宿，即“需要是发明之母”。新的发明创造只有为社会所需要，才具有价值。应对竞争挑战是创造的一种外部动因。挑战心理在平时一般表现为好胜心，在竞争动因的作用下，感受到存在着一种压力，为了战胜对手，就必须发挥自己的聪明才智。竞争从心理学方面来理解，就是自尊心与进取心的比赛，它能培植人的进取心、毅力和首创精神。好胜心有时可表现为一时的心血来潮，能长久起作用的原动力则是内部动因，只有把外部动因和内部动因统一起来，才能形成较强的创造动力。

3．个性心理品质和创造才能

1）优良的个性心理品质是创造型人才取得成功的重要因素

个性心理品质包括：①主动、好奇，兴趣广泛，对任何事物都有一种强烈的好奇心；②对环境有敏锐的洞察力，能从平凡的事例中透视出问题的症结所在，找出实际存在与理想模式之间的差距；③思路流畅，善于举一反三、触类旁通，能想出较多的点子和办法；④不迷信、不盲从，不为思维定势所左右，善于独立思考，敢于大胆发问，挣脱一般观念的束缚，不因循守旧，敢于弃旧图新；⑤平时喜欢研究哲学、社会学和人生价值之类的抽象问题，生活活动范围大，思维活跃，对自己的未来有较高的抱负；⑥求知欲旺盛，博览群书，喜欢思索；⑦自信心强，深信自己所做事情的价值；⑧具有百折不挠、持久不懈的毅力和意志，锲而不舍，没有结果决不罢休；⑨想象力丰富，新观点、形象来自合理的联想，有时甚至来自幻想或偶然的机遇；⑩工作严谨，深思熟虑，精细推敲。

2）创造才能源于个体的智力品质范畴

创造才能主要包括：①培养探索问题的敏感性，以及善于建立新概念的思维能力；②控制思维活动的能力；③预测、评价、决策能力，这是创造活动中一种重要的、高层次的能力。

4．创造的心理障碍

人的创造活动会受到许多条件的制约，从创造的“三要素”（创造者、创造对象、创造环境）角度来看，不良的环境可妨碍创造，但影响创造的主要因素来自创造者本身（包括前两个因素），并且创造环境要素往往通过创造者主体要素的感受才能起作用。而对设计师来说，克服自己身上的创造障碍远比改造环境要容易得多，并且，即使有良好的创造环境，不克服自身的障碍也将一事无成。研究创造障碍，可以提高克服创造障碍的自觉性。

人们对自身品质、能力方面的薄弱点应有意识地进行培养、训练，但一般并不需要着意去找出自己在品质、能力方面的薄弱点，而只需在解决问题的过程中，针对所发生的障碍采取特定的措施，来促进具体的创造活动即可。最常见的创造障碍表现为以下几个方面。①缺乏创造的自信心和决心，不肯动手去干；怕冒风险、怕失败，不求有功，但求无过；喜欢追悔过去、忧虑未来，将挫折怪罪于客观条件或他人，将失败归咎于命运。②喜欢引经据典，追求可靠和秩序，爱做出是非判断，这与判断性障碍有关。③对创造活动缺乏兴趣，遇到困难就退缩，或者相反，老想标新立异，容易见异思迁、急于求成，遇到挫折就泄气，怨天尤人，这与志趣性障碍有关。④对事物想当然，过于自信，以权威自居，不肯去认真听取意见，墨守成规，属知觉性创造障碍。⑤不会多角度、多层次、动态地看待问题，不善于分析事物要素间的有机联系和相互作用，喜欢罗列现象，将问题简单化或复杂化，缩小或扩大问题的范围与难度，不善于找出问题的症结所在，想当然地误解问题。⑥不会放松，认为苦干大干胜于巧干，认为工作是严肃的，应当紧张、郑重其事；认为应当依赖理性、服从规则，不相信直觉。⑦不敢触犯禁区、戒条或拂逆领导、权威、尊长和他人的意愿；过于相信书刊及专家和外国人的看法，不愿提出不一致的意见；喜欢随大流，害怕孤立，拘于习俗，满足于赢得人们的一般赞许。⑧自以为是，只愿实行自己的主张而不肯接受他人的指导和批评，对他人缺少合作的信任，轻率否定他人意见，嫉妒他人的成功，这种人不仅造成自身的创造障碍，而且会造成他人的环境性创造障碍。⑨个人的素质、条件和智力方面存在不足却无自知之明，眼高手低、志大才疏，急于投入力不胜任的课题，表达、记忆、推理能力过弱，思维不够灵活，不能及时转换思路。⑩缺乏必要的知识、技能和训练，缺乏估计、动手、判断、说服、交流的能力，思路不顺，未能领略时代潮流和社会需求，致使好的设想或创造成果得不到支持和实施等。

上述创造障碍常是叠加和综合表现的，了解创造障碍，有助于我们自觉地采取正确措施，推动创造力的发挥。

3.4.3　创新思维技法

1. 再造性思维（改良性设计）技法

对已知的或现成的原理和产品，运用创新思维，进行改造和/或重组，获得新方案。

（1）参照创新法。①模仿创造法。在模仿基础上的创造，包括原理模仿、结构模仿、功能模仿。②摄视设计法。对图片、样本等反复进行观察、分析，摄取其原理、结构作为设计依据。③反求工程法。这是以某先进产品为研究起点，反向探求该产品技术的一种综合性工程。④品种延伸法。延伸产品品种规格，形成系列化新产品系统。

（2）组合创新法。①组合法。将两个或两个以上的技术要素进行结构性的排列重组，形成新产品方案，包括主体附加、重组组合、同物组合、异类组合。②综合法。通过多学科技术思想的综合运用和交叉渗透，实现创新。③模块法。这是通过对产品族的分析获得共性模块，再由模块（包括改型模块和新模块）的不同组合获得新产品的过程。

（3）问题清单创新法。针对创新对象特点，开列一系列指导性问题清单，帮助设计师系统地搜寻有创意的发明思想。①检核目录（检核表）法。针对某一领域工业技术特点，把对它的创新思路归纳成一系列条目（问题），据此逐条检核（设问）思考，如著名的奥斯本法。②5W1H（5W2H）法。通过 Why、What、Who、When、Where 和 How（或 How to、How much）几个方面的提问，形成创造方案。③分解—列举法。将分解思考法（将大问题分解为小问题）与列举思维法（展开问题）相结合，寻找创造发明思路。

2. 创造性思维（开发性设计）技法

突破原有心理定势和传统（产品）框架，采用一些创新的观念和思路，对产品进行超常的巧妙构思。

（1）集思广益思维法。运用集体讨论的方式，激发集体成员的智慧，启发彼此联想，使想法更丰富、更大胆、更出乎意料，以期有效地形成新方案。①智力激励法。它是用集体（小组）

讨论形式，采用思维激励、发散思维，在短时间内形成大量创意的方法。其特点是平等、自由地发表自己的意见，不质问、争论和批评。其中典型的有奥斯本的“头脑风暴”法。②综摄法。又称提喻法、群辨法，以小组会形式，利用类比和提喻，启发（综合）群体思维，进行创新。特点是进行互相启发、互相补充的讨论，产生奇妙的创造性设想。

（2）发散思维法。在思考问题时，从不同的方向、不同的方面进行思考，从而寻找解决问题的正确答案。①联想法。通过不同事物之间的关联、比较，扩展人脑的思维活动以获得更多创造设想，可分为接近联想、相似联想、对比联想、因果联想。②仿生法。研究和模仿生物的某些功能原理、结构原理和作用机理，以此为原型进行技术创新思考。③黑箱法（输入—输出法）。将设计对象作为一个黑箱，将其内部结构与功能看成一个未知的技术系统，以给定的输入为前提，寻找能实现输出目标并满足制约条件的办法。④多维思维法。其特点是思路的多角度性和多层次性。所谓的纵向思维、横向思维、辐射思维、立体交叉思维、求奇思维、扩展思维、开放式思维等，都是多维思维法的组成部分或不同的表现形式。

3.4.4 创新思维的实现途径

“思想要奔放，工作要严密”，这是我国著名生物学家童第周在接受记者采访时送给青年的两句话（《中国青年报》，1979 年 3 月 10 日）。这是他对毕生创新生涯的最简洁的归纳，也是他被誉为“克隆先驱”，取得科学成就的秘诀和法宝。细细品味起来，这 10 个字富含哲理，是一个深入浅出、简明扼要、普遍适用的创新思路和方法。

只有“思想奔放”才可能触发创新的火花。“奔放”要以最新的知识和信息的积累为起点，要不倦地博览群书，了解国内外的有关动态，要“知己知彼”，才能打开局面。他经常说：“研究成果的水平与基础知识（包括最新信息）之间的关系犹如金字塔，有广阔的知识面才能使研究成果具有更高的水平”。他强调“年轻人要有扎实的基础知识，否则就不可能深入地开展研究工作，就不可能发现问题和抓住机会”。年轻时，他以“科学救国”为己任，这是他克服种种困难、持续创新的不竭动力；要创新需克服心理障碍，他说，“要赶上和超过国际水平，第一要消除我们的自卑感，树立起人家能做，我们也能做，人家没有做过的，我们也要敢于做的精神；第二要解脱思想上旧学术体系的束缚，使思想奔放，在广阔的科学领域中，能驰骋自如。这样，我们的工作就会大大地前进一步，便有可能走在世界的前面。”

只有“工作严密”才可能促成创新的实现。实践出真知这是尽人皆知的道理。他常说：“世界上没有天才，天才是用劳动换来的。”“科学是老老实实的学问，科研工作一定要做到精确，来不得半点马虎和虚假。”“做一个科学家一定要诚实，工作一定要严格、严密和严肃，绝不能有一分的夸大。”“要少讲话，多做事，要亲自动手，不要夸夸其谈，要懂得科研成果是靠双手做出来的，不是靠嘴喊出来的。”他 70 多岁仍战斗在科研第一线，他说：“我自己不动手，就弄不清问题的实质和症结所在，怎么去指导人家？不亲自实践，就不能获得真知。”“不读书，脑子要僵化；不动手，胳膊要生锈。”“一定要注意，不能好高骛远、眼高手低，工作一定要一步一个脚印，踏踏实实，有些要多次重复。”“搞科学研究不能投机取巧，取得一点成绩也不要沾沾自喜，要把目光放远一点。”

在创新过程中，奔放和严密之间是一种辩证关系，即不应把奔放和严密割裂开来，而应奔放中寓严密，严密中寓奔放。这是一个反复迭代的循环过程，直至创新目标的实现。奔放要以严密的实践为基础，“同样一种现象，有人能发现，有人就看不到，而且还会有不同见解，不亲自实践，那就很难有所发现。”

从理论上来说，创新是一个“逻辑思维→发散思维→逻辑思维”的思维过程。逻辑思维方式用于分析、认识事物的细节及规律是有效的，但欲突破陈见、创新，则需运用发散思维（非逻辑思维）。发散思维是指在思考问题时，从不同的方向、不同的方面进行思考，寻找解决问题的正确答案。其特点是思路广阔，敢于求异，思考问题不拘一格，多方设想，摆脱习惯思维的束缚，去寻找开拓前进的新途径和解决问题的新方法。

要创新就需扩展思维的广度和深度，进行横向思维、纵向思维、辐射思维、逆向思维。眼睛只盯着一个问题领域，在思维惯性的作用下，很容易陷入围绕特定论点做循环思索的处境，而难以突破。进行广泛思索，找到问题所在的方位之后，再运用纵向思维，进行深入思考（横向、纵向思维常交替进行），直到找到问题的症结所在，即创新点。创新往往是一个漫长的过程，当你全身心、执着地投身到创新中去时，常常会迸发出“灵感思维”，使困境瞬间出现转机。

发散思维可以产生创新观念，但必须与收敛思维结合应用，才能形成创新性成果。收敛思维是运用已有知识和经验（包括试验），把众多的信息和新的思维心得逐步引导到条理化的逻辑序列中去，逐步推导出一个正确的方案或解决办法。这就是由“逻辑思维→发散思维→逻辑思维”模式构成的发明创造思维的一个全过程。

童第周把这一创新成功的历程归纳为“思想要奔放，工作要严密”的创新之道。通过“严密”的工作（试验）发现问题，运用“奔放”的思维（发散思维）提出创新思路，又通过“严密”的工作（试验）证实新的论点。他把比较抽象的“逻辑思维→发散思维→逻辑思维”的思维过程，具体为“严密→奔放→严密”的创新之道。

Chapter 4

第4章 人机系统总体设计

4.1 人机系统的设计原则和程序

4.1.1 人机系统设计的基本方法

1. 系统工程方法的运用

系统论认为，系统是由两个以上相互区别和相互作用的单元有机地结合起来，完成某一功能的综合体。人机系统则是由人、机、环境 3 个子系统有机结合构成的综合体。人机系统也应具有整体性、相关性、层次性、动态性、目的性等的系统特征。

系统或产品的设计和评价，应包括两个方面：技术方面和人机工程方面（见 GB/T 13630/IEC 60964）。人机工程的对象是人—机—环境系统，其目的是按照人的特性来设计和优化系统。系统工程是为合理进行规划、研究、设计、建造、试验和应用系统而采用的思想、步骤、组织和方法等的总称。系统工程学是实现系统最优化的一门科学，适用于系统开发、建成、运行、改进的全过程。系统工程方法是人机系统设计的基本方法。

从系统工程着眼，一个复杂的大型工程往往包括两个并行的过程：一是工程技术过程（如功能设计和布局设计）；二是对工程技术的控制过程。后者包括规划、组织，控制工作进度，对各种方案进行分析、比较和决策，评价选定方案的技术经济效果等，即技术管理工作，这是实现工程技术过程的组织保证。

2. 人机工程设计基本方法

人机系统设计与工程技术系统设计的不同之处在于，前者强调人是系统的一个组成部分，设计需以人为核心，并应特别考虑人在系统中的主导地位。人机工程设计方法是指，在设计中把与人有关的各种因素协调地融合在一起。这些因素包括硬件、软件、环境、管理和操作实践等。在设计过程中应特别注意认知因素，它对解决问题、做出决策非常重要。

1）人机工程设计

人机工程设计方法须与传统的功能导向设计方法有机地结合起来。特别是人的特性，这是设计规则的基础。人的特性不仅应包括人的基本能力或限度（如感知能力），还应包括操作员如何掌握“设计对象”及其交互作用的知识。其中设计对象包括机器（硬件和软件）、环境、运行和管理。

高度自动化和大型系统对人的因素的要求更高，因此，还要考虑人的心理需求，包括工作负荷、自我实现需要、动机和文化背景等。

在整个设计过程中，还应全面考虑各功能目标之间及各子系统之间的联系，以及人机工程要求，包括：①使用者群体；②操作员素质；③工作组织；④工作辅助设施；⑤人员选拔；⑥培训计划；⑦协同作业；⑧来访者参观；⑨安全。

2）系统功能设计

系统功能设计包括功能分析、任务分析、人机功能分配、作业分析与设计。

3）容错设计

人的失误和认知的局限无法避免，因此，有必要进行容错设计。容错设计是指以适当的方式给使用者提供信息，使其了解自己所面临的情况；或提供冗余、互锁、自动操作和操作员支持系统。

4）迭代修正过程

实际应用中，设计有其固有的迭代过程，需要重复核准，直至操作员与设计对象之间通过交互作用实现预定的目标要求。应注意，设计中各个单元的有效性并不能保证由这些单元组成的系统是有效的。有时一个很小的修正也可能导致意想不到的副作用，即使这个修正本身是合理的。虽然使用者可以有意或无意地改变其行为，以适应这些修正，但从人机工程角度来衡量，这些行为的改变并不一定都是最佳的。来自运行经验（运行反馈）的信息在迭代过程中特别重要。

4.1.2　系统的功能和任务分析

功能分析是根据可利用的人力、技术和其他手段，研究系统的各项功能目标，以便提供确定功能如何分配与执行的依据。功能与任务分析步骤如下。

1. 功能的确定

1）确定目标

任务系统的基本功能目标（或最终目标）有两项：使用性目标和安全目标。

（1）设计者应首先将这两个目标中的每一项分解为各层次的若干子目标，然后确定每项子目标的基本功能。这些功能通常称为重要的功能，这些功能的丧失将改变系统运行的连续性或安全屏障的完整性。

（2）这个目标系统构成一个层次目标结构，即将目标系统分解为功能目标和子功能目标，构成分层次的目标结构，以表明它们之间的关系。层次目标结构一般可分为 3 个层次：其顶层是概括的高级功能，中间层是系统级功能，底层是具体的控制功能。根据一组“终止规则”分解功能，并达到足够详细的程度。

2）总目标系统

总目标系统包括：①工程项目和目标系统的名称；②所有者或用户（国有、集体或民营企业）；③位置和场所条件（如气候、地理资料）；④社会影响和社会背景；⑤基础设施及公用设施条件；⑥目标系统的类型及其总体规格（如大小、容量）；⑦控制目标（如原材料、信息、人员）；⑧系统描述（如功能、运行方面的描述）；⑨工程项目的框架（如组织、程序、预算）；⑩时间进度；⑪计划修订及程序更新。

3）使用性目标及事件分析

（1）使用性目标（主要是指运行和控制目标）包括：①运行类型和过程特征（如连续、分批、分散、间歇）；②控制的目标（如原材料、能源、运输、车辆、信息、人员）；③任务（如控制、监视、加工、指令）；④控制类型（如稳态控制、程序控制、序列控制）；⑤实时要求（如动态过程、火警测报点）；⑥在线要求（如网络、人的干预）；⑦控制模式（如综合式、集中式、分布式）；⑧备份模式（如冗余、混合、硬件）；⑧人员配备；⑨作业制度（轮班制度、作息制度）；⑩应急设施。

（2）事件分析包括：①对可能遇到的异常工况、紧急工况和事件进行分析，并细化系统的控制和监测功能；②引起系统失效的故障形式；③系统的设备故障运行史。

4）安全目标

安全目标主要是指安全及防护目标，包括：①防危险或污染源（如可燃气体/液体、有毒气体/液体、电磁辐射、放射等）；②防火系统；③安全报警系统；④防爆措施；⑤防地震措施；⑥设备和/或系统的诊断系统；⑦紧急情况停机系统；⑧事故处理；⑨防敌意活动（保安措施）；⑩规程/法规。应将上述各项再向下分解为具体的基本功能。

2. 每项功能的信息和信息处理要求

（1）一般方法。分析并确定：①指示功能状态的可观察参数；②完成功能所要求的控制过程和性能测量；③如何确定功能在正确执行；④如果功能不能正确执行，可用哪些替代功能，如何选择替代功能。例如，依据系统的某一工况，应有几种冗余的途径可供选择。

（2）确定一组有代表性的事件。该事件包括：①鉴于数据的解释与控制的复杂性、控制速度等，操作员难以就要求的操作做出主观判断的事件；②要求操作员确信无疑地做出正确反应的事件，如某些事故工况；③在概率风险评价中属重要的事件；④除非及时采取纠正动作，否则很可能导致系统停运的事件；⑤出现的概率很高的事件。可把与安全和使用性有关的事件作为一种典型的选择，设计者应该知道某个功能的丧失相当于某一事件的发生，并能估计到它如何沿着层次结构从底部向顶部扩散，影响较高一级的功能。

（3）性能测量。为了保证功能的实现，直接的物理测量是理想的方法。但是，不是所有的性能测量都可以用这种方法来决定。有时不得不利用设计基准事件下所获得的信息。

3. 系统任务分析

1）任务分析内容

（1）详细描述操作员的工作（为实现某个功能目标，由人或机器所执行的一系列动作），根据任务的组成，确定人的活动细节，以及这些活动的功能与时间的关系。

（2）设计者使用功能分析（信息流与处理要求）中制定的基本数据进行任务分析。这种任务分析的目的是确定所需执行的任务的详细内容及其特性要素，以满足系统的性能和功能要求。这些任务应根据定量测量、逻辑性或任何其他的描述来确定，它将成为概念设计阶段拟定设计规范的依据。

（3）在任务分析中，还要描述一系列预计的系统工况下所可能采取的行为。

2）系统工况分析

（1）子功能的组合。设计者将密切相关的各子功能组合为一体，以便将它们作为一个单元来处理。它们也可以具有层次结构。

（2）各项子功能（任务）的内容：①要求它实现的逻辑（为什么要求它实现）；②实现它所需的控制动作（怎样才能实现）；③控制动作所需的参数；④评价控制动作结果的准则；⑤评价所需的参数；⑥评价准则；⑦选择替代功能的准则。

（3）确定各项特性要素：①工作负担；②准确性；③时间因素（如速率、时间裕度和限制）；④动作逻辑的复杂性；⑤做判断的类型和复杂性（如模式识别）；⑥由于功能丧失和相关的时间因素所产生的后果。

4.1.3　人机系统功能分配准则

功能分配以任务分析为基础，以便确定哪些功能分配给人，哪些功能分配给机器。

1．人与机器的特性分析

人机功能分配是一个复杂的问题，人和机器都有各自的长处和短处，在进行人机功能分配之前，必须对人和机器的特性有深刻的了解。表 4-1 所示为人和机器的特长。概括地说，机器适合承担笨重的、快速的、精细的、规律性的、单调的、高阶运算的、操作复杂的工作；人适合承担监控、维修、设计、创造、故障处理及应付突然事件等工作。

表 4-1　人和机器的特长

适合人的	适合机器的
① 确定非常低的功率水平的形式；	① 监测（人或设备）；
② 对非常广泛的刺激因素敏感；	② 执行日常的、重复的或非常精确的操作；
③ 具有察觉能力，并能做出归纳；	③ 对控制信号反应非常快；
④ 能发现噪声水平很高的情况下出现的信号；	④ 平稳而精确地施加大的力；
⑤ 具有长期储存大量信息的能力，并在适当的时候输出相应信息；	⑤ 短期储存和输出大量信息；
⑥ 可对不能完全确定的事件做出判断；	⑥ 以高度的准确度执行复杂而快速的计算；
⑦ 修改和采用灵活的规程；	⑦ 对超出人的感觉的因素敏感（亚声波和无线电波等）；
⑧ 能对未预见的低概率事件做出反应；	⑧ 同时做许多不同的事情；
⑨ 在解决问题时具有独创性（如选择解决方案）；	⑨ 能用演绎法处理；
⑩ 能执行细微操作，特别在出现未预见的失调的地方；	⑩ 能长期以同一方式快速、连续、准确地进行重复操作；
⑪ 当超负荷时还能继续工作；	⑪ 可以在对人不利或超出人的极限的环境中运行
⑫ 能诱导推理	

2．人机功能分配的基本原则

1）功能分配的一般原则

功能分配在任务分析和人机特性比较的基础上，主要考虑系统的效能、可靠性和成本。

2）功能分配需要考虑的事项

功能分配考虑的事项包括：①人与机器的性能、负荷能力、潜力及局限性；②人进行规定操作所需的训练时间和精力限度；③对异常情况的适应性和反应能力的人机对比；④使用者群体的特点：年龄、性别、技术水平、文化背景、教育水平、心理因素（如注意力、厌倦）和协同作业等，人的个体差异的统计；⑤机械代替人的效果和成本等。一般认为，用机器代替人，在等效等质条件下，符合下列公式才是经济可行的。

设备原值×（折旧率+大修率）+设备能耗+设备维修保养费+设备原值的银行利率<人工工资+工资附加费+社会保险费

4.1.4 作业分析与设计

1．作业分析的基本方法

作业分析（又称作业研究或工作研究）是作业设计的基础。它以作业系统为对象，对各项作业和工作方法进行系统分析，找出一种合理的、经济的作业方法，达到有效利用资源、增进系统功效的目的。作业分析包括方法研究和时间研究两大类技术，方法研究与时间研究二者互为因果，前者以后者为依据，后者则以前者为基础。作业分析是一种适用范围相当广泛的科学管理技术。尽管作业分析起源于制造业，但其观点和方法不仅适用于制造业，也适用于其他行业乃至行政管理部门。作业分析常是确定工作组织、协同作业、操作规程（尤其是处理紧急工况）和人员培训的基础。

（1）方法研究。寻求经济合理的工作程序和操作方法，其主要研究内容为：工作程序分析、操作分析、动作分析。将优化后的作业方法形成作业规范。

（2）时间研究。根据方法研究所确定的作业方法、作业顺序（作业规范），运用一些技术来确定操作者按规定的作业规范完成作业所需的时间，并形成相应的时间规范。时间研究着眼于减少与作业无关的无效时间。

2．系统的人机联系分析

欲提高系统的工作效率与安全，应使人的工作位置与设备的安装位置布置合理，以使操作简便、准确，视线无阻碍，走动距离最短，动作最经济，尽量减轻人的体力和精力的消耗。绘制和分析人机联系（连接）图，包括操作连接、视觉连接、听觉连接和行走连接。人机联系图有助于做出科学的布局，也是评价系统布局合理性的有效方法。

3．作业设计要求

作业设计的目的，是在明确系统和操作人员之间关系的基础上，确定分配给每个操作员的工作任务；确定控制室工作人员结构、操作规程和培训大纲的基本要求。作业设计应明确下述问题：①工作组织（如操作员的组织结构、人数和操作人员之间的关系）；②通信要求：操作员之间的通信要求、操作员与系统各方面的通信要求；③对操作员的技能要求；④操作员的操作职责、操作员之间的操作配合及操作程序要求（包括紧急工况处理程序）；⑤操作员的非操作任务（如汇报）。

4. 重要工作分析

对可能影响系统安全运行的工作和方法应重点进行分析，以确定以下内容：①操作员要求的信息及可利用的信息；②信息评估过程及得出的决策；③采取的行动及所要求的身体运动和工作空间范围；④可利用的工作空间；⑤工作环境位置和条件；⑥行动频率和容许极限；⑦时间基础和时间裕度（时间裕度必须足以考虑人的反应变化）；⑧向操作员指明已采取的行动的适当的反馈信息；⑨工具和设备要求及工作辅助手段或参考资料要求；⑩人数及其专业和经验要求；⑪通信及其类型要求；⑫有关的特别危害；⑬在涉及一个以上操作员时，操作员间的相互影响；⑭人员运行限值；⑮机械和系统运行限值。重要工作分析也应包括异常（运行恶化）的工况和事故工况。

5. 操作顺序分析

应对系统的操作顺序、决策流程、数据和信息的传送、信息的接收和储存、系统监测、运行班组成员间的相互影响、工作站和系统等进行分析和评价。分析的目的是从时间和空间两方面证实系统具有成功实现设计功能的能力。这种分析是复杂的，但是对于几乎同时出现几件工作的分析特别有用。

6. 工作负荷分析

（1）为了评价操作员的工作负荷程度，对所有重要的功能都要进行工作负荷分析。分析应基于工作时间的顺序累积。如果证实了运行人员的能力，就可以确定硬件的工作要求。如果分析暴露了局限性，就要修改相应设计，如进行新的功能分配或新的工作分析。

（2）操作员的工作负荷定义为对工作人员的职业要求的总和。要求的行动可能是体力上的、认识上的、感知上的、语言上的、具体的或抽象的，也可能是所有这些的结合。

（3）剩余智力分析。剩余智力是指操作员的总的工作负荷能力与执行某项工作所需的能力之差。分析如下：①对于所有预期的或潜在的系统运行方式，操作员应具有剩余智力；②为了发现并对新的紧急情况做出反应，需要剩余智力。假设操作员获得和处理信息的能力有一个上限。操作员的工作负荷增加，剩余智力减少，直到达到超负荷点，在这一点处理信息要求的工作量超过了操作员总的工作负荷能力。如果存在这种情况，就应考虑通过增加操作员、工作辅助装置或提高自动化程度的方式，来重新设计操作员与工艺过程之间的接口。对于许多与军事有关的工作，已成功地用试验方法进行了智力工作负荷的度量。

7. 人的失误分析

对于每一个工作负荷，如果分析所得出的感官通道的工作负荷等于或大于 75%，则都要进行人的失误分析。关于人的失误分析可详见第 13 章。人的失误分析的目的是研究高工作负荷情况下人的失误概率，并评估这些失误引起的后果。对于那些人的失误概率很高，并且人的失误具有不可容许的后果的情况，应采取诸如增加机器、人员、培训，或修改规程这样的改进，以降低操作员的工作负荷。

8．规程和大纲要求

上述人因工程分析得出的源于人因的工效、功能和工作，应用于发现、记录并验证控制室紧急运行规程和培训大纲的内容。

4.1.5 人机工程设计过程

控制中心的设计过程应由下述 5 个阶段组成，每一阶段又包含一个或若干个步骤。设计中的所有步骤（包括迭代过程）都应形成文件并存档备案，以便查询。应成立一个由多学科（所包括的学科应根据目标系统而定）专家组成的设计组，以便对设计项目进行组织及指导。

1．第一阶段——阐明问题

目的是阐明运行目标，并确定与控制中心设计有关的限制条件。一个控制中心是主控制室与其配套设施及就地控制站的集成，它们共同控制一个或一组目标系统。一个目标系统应由若干子系统构成。

步骤①：阐明目的和基本要求

明确目标系统各功能目标之间及各子系统之间相关的联系，并形成文件，对构成目标系统的各个子系统做出清晰的描述。确定控制中心设计过程中要予以考虑的要求或限制条件：①功能目标；②安全和保安要求；③操作和控制要求；④人机工程要求；⑤作业和组织要求；⑥公司的政策；⑦公司的标准；⑧技术上的限制；⑨资源限制；⑩操作经验；⑪信息缺乏或不足；⑫国家或地方的法规及标准。由其他工程项目得到的反馈信息也应予以综合考虑（步骤⑪）。在所列要求出现矛盾时，应提供有关文件，做出评价和判定。步骤①结束后应提出系统描述及系统技术条件等文件。

2．第二阶段——功能设计

根据系统性能要求确定任务要求，进行人机功能分配，确定操作员的作业（分配给人的任务），确认作业规范。

1）步骤②：确定系统性能要求

为完成总的运行目标（第一阶段）及其子目标，应进行功能分析，以确定系统性能要求。在不同的运行模式下，目标系统的性能要求也会产生相应的改变。应加以考虑的运行模式为：①稳态运行；②正常瞬变运行：启动、停机、负荷跟踪；③紧急（异常）运行；④应急情况后的运行；⑤有计划的维护。步骤②结束后应提出系统功能分析及描述和性能要求等文件。

2）步骤③：确定任务要求

进行任务分析，详细描述操作员的工作（由人或机器所执行的一系列动作），根据任务的组成确定人的活动细节，以及这些活动的功能与时间的关系。步骤③结束后应提出系统要求及分析文件。

3）步骤④：人机功能分配

在确定分配给操作员的任务时，应满足表 4-2 中给出的人机功能分配的基本程序，并考虑使用者群体的特点，如年龄、能力、性别、民族、国籍、经验、体型、心理因素（如注意力、厌倦）和协同作业等。任务分配应有一定灵活性，使主要使用者有选择余地，能按自己的设想进行动态调整。在这一阶段，还应确定分配给操作员支持系统的任务。表 4-2 给出了将任务分配给人或机器的基本程序，其主要目的是在任务分配中，能充分考虑人的能力、特点、价值，以及与人机工程有关的问题等。此外，还应对使用者群体的范围、技术水平、文化背景、教育水平、专业知识等进行综合考虑。这一过程应不断重复（至少 3 次），直至所有任务分配达到预期目的。

表 4-2　人机功能分配的基本程序（DL/T 575.5/ISO 11064）

步　骤	程　序
1. 第一次分配： 在确保系统的性能、安全和可靠性的前提下，根据人的性格、能力和特点，进行初步分配①	（1）以下任务分配给机器： ① 从负荷、时限、速度、动作复杂性、决策等观点出发，不适合于人的任务②； ② 涉及系统安全的任务。 （2）将那些机器无法胜任的任务分配给人③。 （1）和（2）中无法进行分配的任务在下一步中进行分配
2. 第二次分配： 从人机工程和系统效率观点出发，完成补充的或灵活的分配	（1）调整第 1 步中（1）中已完成的分配，并考虑补充分配。 ① 当以下条件满足时，把最初在（1）—①中分配给机器的部分任务重新分配给人： ● 能使操作员全权负责； ● 能使操作员更好地了解机器的状态； ● 能体现操作员的自我价值。 ② 当以下条件满足时，把最初在（1）—②中分配给人的部分任务重新分配给机器： ● 任务高度重复和乏味； ● 有助于提高系统效率。 （2）用系统的准则对那些在第 1 步中无法分配的任务进行分配。在任何时候，只要发现条件适当，就考虑进行补充或灵活的任务分配，并让使用者有主动改变任务分配的能力
3. 第三次分配： 基于容错方法，给操作员提供支持手段	（1）在信息收集和处理过程可以简化时⑤，把以前分配给人的部分任务分配给操作员支持系统④； （2）当由于人的错误引起的功能性故障危及系统安全时，应有相应的容错手段，如互锁、冗余、系统备份、系统缓冲等⑥

注：①在管理导则和标准中经常会有这样的情况，需要把某些任务自动分配给机器。

②人难以胜任的任务可以有如下特征：负荷过大或过小；时间裕量太短或太长；动作逻辑复杂。

③把任务分配给人，可以给他们提供更好的在职培训环境，这样的环境通常能有效地提高他们的技能及思维模式。

④当选择操作员支持系统支持的任务时，应考虑以下因素：人的权限；对情况的了解；教育或培训效果。

⑤本步骤中确定的操作员支持系统应在步骤⑨D（显示器和控制器的设计）中实现。

⑥本步骤中确定的容错手段应当在机器方面提出要求。

4）步骤⑤：作业设计

作业设计的目的在于确定分配给每个操作员的作业。在这一步骤中，还应确定以下要求：①工作组织（如操作员的组织结构和人数）；②操作员之间的通信要求及控制室和就地控制站之间的通信要求；③操作程序要求；④培训要求。工作组织应从人机工程角度考虑，使作业与操作者的特点、培训水平和能力相适应。为满足这些要求，除需建立一套符合人机工程的作业分配准则外，还应确定一个临时性的工作组织，因为作业分配的迭代，会使工作组织不断改变。

作业分配准则和工作组织应满足步骤①所述的对使用和管理的要求。若需协同作业来完成某项任务，则在作业设计中应明确操作员需要交换或共享的信息。作业设计的结果应纳入操作规程、培训系统和功能规范的要求之中。

5）步骤⑥：功能设计的验证和确认

对所制定的作业分配（包括人机功能分配）应进行验证和确认。应制定一套确认准则，其中包括作业分配准则和其他相关的要求（如平行作业、频繁通信的需求）。应使用核查表来检查这些准则是否得到满足，并可用计算机模拟（如等时线分析）作为确认手段。

3．第三阶段——概念设计

目的在于制定一套初步设计规范，它应基于前述步骤的结果，如使用者要求，法规要求，标准、作业分配及相关的性能要求，工作组织等。

1）步骤⑦：控制中心的概念设计

应从系统性能出发，系统地对前述各步骤所取得的结果重新进行组织，形成整套的概念设计规范。例如，把工作组织要求（如操作员的组织结构和数目）和作业设计结果作为工作场所要求的基础。在制定设计方案之前，应确定设计准则（包括设备选择方案）。准则应符合使用者要求、法规、指南、标准等。为确保所制定的概念设计规范的系统性，应进行物质和信息（如通信）方面的任务分析。概念设计规范包括：①空间分配；②功能联系；③控制室布局；④工作站布局和尺寸；⑤显示器和控制器；⑥环境条件；⑦运行和管理系统。

2）步骤⑧：概念设计的验证和确认

对所制定的概念设计规范应进行验证和确认。应制定一套确认准则（包括设计准则及比步骤⑥中更为详尽的其他类似准则），使用核查表来检查这些准则是否得到满足，并可用计算机模拟来作为确认手段。

4．第四阶段——详细设计

1）步骤(9A)：系统的总体布局

（1）系统总体布局设计规范的要求：确定构成系统的功能区域；估算每个功能区域所需空间；确定功能区域之间的工作联系；拟定初步布局方案。

（2）制定总体布局规范：应以步骤③和步骤⑤作为本步骤的基础。此外，与文化因素和环境条件有关的人机工程学、建筑学要求也应予以考虑。

2）步骤(9B)：控制室的布局

所提出的布局应保证支持先前确定的操作联系（包括面对面交流、设备共享和协同作业）。控制室布局设计的具体要求见第11章。

（1）控制室布局应确定下列内容：可使用空间，控制室内所需的办公家具和设备，控制室中人及设施之间所需的工作联系，工作人员、参观者及维修的通道要求。

（2）布局应充分考虑前述步骤所提及的任务要求和作业设计，以及使用者群体的特性。任何详细布局均须考虑：工作站、设备结构、工作站内外的存放物品空间、入口和出口、工作站外共享显示器（屏）。

3）步骤⑨C：工作站的布局和尺寸

工作站布局的详细要求见第 12 章。

（1）制定工作站布局和尺寸的设计规范，需完成下列工作：分析并明确工作站所需完成的任务（操作和维护），确定组成工作站所需的部件，制定工作站布局和尺寸的规范。

（2）工作站的布局需考虑与下列装置和工作站特点有关的详细的人机工程要求：显示器，控制器，书写空间，通信设施，座椅、扶手和搁脚板。

4）步骤⑨D：显示器和控制器的设计

制定所使用的显示器和控制器的设计规范，并保证能满足先前确定的功能目标要求。显示器和控制器设计的步骤和详细要求见 8.1 节。显示器和控制器涉及许多硬件和软件的选择问题，包括：①常规装置：主要有仪表、录音装置、报警器、共享显示器、旋转开关、按键等；②屏幕显示器：主要有显示器或监视器、相关软件、触摸屏、闭路电视（CCTV）显示器。除人机工程的基本要求外，还须特别注意使用者的认知特性，而信息的密集度、内容、质量和它的及时显示是至关重要的。此外，选择适合操作的装置也很重要。

5）步骤⑨E：环境设计

制定控制中心的环境条件规范，内容包括：①热环境；②空气质量；③照明环境；④声环境；⑤振动。详细要求见 4.3 节。

6）步骤⑨F：运行和管理的要求

（1）制定具体的运行和管理要求时应考虑以下因素：先前设计阶段中确定的人机功能分配，已提出了主要使用者的要求；系统的总体布局、控制室的布局、工作站的布局，以及显示—控制系统，适合于工作组织的要求；设计已适当反映了使用者的具体要求及与控制室外其他班组联系的要求；易于满足通信要求；已适当考虑了次要使用者的特性和要求。

（2）向系统的相关使用人员提供有关管理和组织工作的资料，以免超越设计所提供的条件，进行错误的甚至是冒险的操作。这些资料包括：①设计者的设想；②设计者的意图；③正确的使用方法；④显示目的和具体的显示内容；⑤与以往控制中心设计的差异。

7）步骤⑩：控制中心（详细设计）的验证和确认

详细设计规范应进行正式验证和确认。应制定一套确认准则（设计准则及包括操作效能在内的其他准则），并使用核查表来检查这些准则是否得到满足。确认时，必须特别注意与时间相关的动态特性。可由操作员的动态模拟来确认动态特性。

5. 第五阶段——运行反馈

目的是在控制中心的使用寿命期内不断地检查其有效性。在目标系统开始运行后，收集并检查运行反馈信息。这些信息有益于未来的工程项目和现有控制室的改造。

步骤⑪：运行经验的积累

为发现和确定系统设计中不符合人机工程准则之处，应系统地积累运行经验。运行经验的收集可运用现场观察、采访或其他系统方法。任务分析法可用于分析运行反馈信息。分析结果可用于新系统的设计或现有装置的更新。在任何阶段，若出现不符合人机工程准则之处，应使用本节的设计程序作为补救措施。在本步骤中，应制定详细的运行和管理要求。

4.2 运行和管理系统设计

4.2.1 运行和管理系统中的人机工程问题

1．运行和管理系统中人机工程问题的实质

在完成人机接口和有关设备及设施的人机工程设计后，在运行和管理方面的人机工程设计的实质就是解决人在系统中如何发挥作用的问题。这涉及两个方面问题：①确保人与人之间的关系适应系统运行的需要：解决人员的配备、工作组织、工作安排和协同作业等问题；②保证人对系统运行的有效监控：通过严密的操作规程和对作业人员严格的培训，实现对系统正确无误的监视和控制。

2．工作岗位和工作组织方面的人机工程问题

工作岗位和工作组织设计以系统的功能设计、人机功能分配和作业分析为依据，在人员配备、工作安排等方面，需考虑下述问题。

（1）人的能力限度。考虑工作负荷、精确性、速率和时间等因素，包括人的体能、认知能力、感觉能力、反应能力、应变能力、高级思维处理能力、个体差异等。

（2）工作量的均衡。避免忙闲不均，以最少的人员配备，保证系统的正常运行，包括对各项工作任务工作量的估计；工作任务的合理组合，使各个工作岗位的工作量基本均衡。

（3）工作环境的制约。应考虑各种不良工作环境对人能力发挥的制约。

（4）工作的协调。通过协调提高工作的效率和安全性，包括理顺和协调各项任务间的横向联系和协同作业的要求、应急工况处理的人员组织和场地的考虑、分工和监督的安排、来访者的接待和参观的安排。

（5）工作安排。合理的工作安排，包括对工作时间与休息时间、作息制度和轮班组织、定点监控和巡视的安排。

（6）人际关系，包括员工的激励问题、员工的群体凝聚力问题。

3．操作规程设计中的人机工程问题

操作规程设计中的人机工程问题包括：①规程文本的易认读性；②文本的易理解（解释）性；③文本陈述的正确、完整和一致性；④规程与人机接口和预期的系统响应要求的适应性；⑤规程的易取得性。

4．人员选择和培训大纲方面的人机工程问题

人员选择和培训大纲方面的人机工程问题包括：①人员素质应与其所承担的职务相适应；②培训大纲应与操作规程和人机接口的要求相符；③培训大纲应为操作员提供系统安全与可靠运行所需的技能与知识（包括处理非预期事件）；④应有完善的培训计划。

4.2.2 运行和管理系统设计需要考虑的要素

1. 组织与人员配备

（1）在作业设计和工作岗位设计的基础上，进行组织与人员配备设计。

（2）工作组织应能明确体现出职责的分工和监督的要求，使作业与操作者的特点、培训水平和能力相适应。

（3）紧急（异常）运行的考虑。紧急运行是指在异常工况下，用以实施短期恢复措施或缓解措施的一种运行模式，在控制中心的运行和管理中，要特别注意这一运行模式。应对最坏的情况做出充分估计，列出具体处理方法，包括操作员人数、工作岗位数、装备情况、对策、合作者及所在的工作岗位等，并形成相应的临时应急处理组织。

2. 操作规程设计

1）规程的重要性

规程是指为设备、结构或产品的设计、制造、安装、维修或使用而规定的操作或方法文件。操作规程是人正确操作“机”（包括多人的协同作业）的一个指导性文件，是人—机间的桥梁，它源于功能分配、作业分析和作业设计，它又是编写培训大纲、教材的基础，作业人员必须按照操作规程的规定进行操作。尤其当系统出现故障而进入应急状态时，操作员必须遵循应急运行规程来进行处理，使系统返回并保持在安全状态。具体来说，一个运行中的系统就是一个“人—规程—机”的接口体系。规程是企业的技术法规，必须严格遵照执行。

2）规程体系的构建

（1）规程体系的要求：由于规程对企业的正常运行和安全的重要性，要求规程形成一个系统的、完整的、完善的规程体系。规程体系应具有整体性、协调性、层次性、配套性、动态性和明确的目的性。

（2）操作规程一般可分为 3 大类：①运行规程，是用以规定稳态运行、正常瞬变运行（启动、停机）中的操作或方法的标准化文件；②维修规程，是规定各类设备的维修操作或方法的标准化文件；③紧急（运行）规程，是用以规定紧急（异常）运行、紧急情况运行中各类设备的操作或方法的标准化文件。

3）操作规程设计要求

操作规程是用以表达为完成功能目标所需操作任务的一组文件。操作规程记录了作业设计的结果，它包括控制室的全部预期任务和功能序列，是运行和管理的重要依据。

（1）操作规程应与人机接口和预期的系统响应要求相适应，规程应对操作做出严格规定，操作规程的陈述应正确、完整和一致，并易于解释。

（2）能在规定时间内完成规程中所规定的动作，并且有替代的有效途径。

（3）操作规程中描述的显示—控制界面和系统工况应与控制室和工厂的实际情况相一致，操作员可根据规程提供的内容进行正确的操作。

（4）规程使用中，应不要求操作员承担过重的记忆负荷。

（5）应急规程应与其他规程相区分（颜色、外形、位置）。

3. 工时制度的安排

工时制度的安排是指对作业人员的作息制度做出合理安排。

（1）工时制度的安排直接影响生产效率和安全，应顾及工作人员心理、生理的承受能力。

（2）工时制度的安排内容：工作持续时间与工间休息时间、轮班工作、值班制度的安排。

4. 人员选拔与培训

应考虑：①人员选拔与任用需综合考虑作业人员的年龄、性别、能力、特点、技能、文化背景、教育水平、专业、经验、心理因素（如注意力、厌倦和协同作业）等；②应为作业人员提供系统安全与可靠运行所需的技能与知识，包括处理非预期事件等。

5. 保洁和有计划的维护

应考虑：①应全面考虑整个工作系统的保洁措施，包括工作场所和非工作场所等处的环境和设施的保洁；②制定设备和设施的定期或不定期检查、维护、修理的管理制度及维修规程，并充分考虑它对系统运行的影响，一般而言，工作系统的作业不应被中断。

6. 整个工作系统的安全和保安安排

目的在于保证系统的可靠运行。安全和保安工作需由相应工作组织和管理制度来保证。

（1）合理安排人员流动通道。应考虑在工作系统各部分之间（或其一部分）、与工作人员出入通道有关的其他设施之间设置屏障的需要。

（2）应对进出工作区的人员进行控制，应设置来访者（区分专业来访者和一般来访者）的接待处和合理安排参观流动路线。妥善安排控制与监视信息的保密性，包括与公众的接近程度、特种安全检查和门的控制等。设置事故管理区：考虑设置安全设施（包括防火设施和个人防护设备等）的存放区，在遇到紧急情况时，应考虑动用专门的通信设备和器材。

7. 文件管理

应考虑：①在工作站上应能方便地储存（存放）和显示（使用）所需的参考文件；②文件信息的储存应进行分类，以便于查找，应急程序资料应使用计算机辅助管理。

4.3 室内工作系统环境条件要求

在人机系统设计中，必须考虑人操纵机器所处的环境，即应将人机系统视为人－机－环境系统。因为不良的作业环境可以严重降低人的工作效率和危害人的身体健康。在某些情况下，机器在运行中出现故障，常常不是因为机器设计不良或结构不佳，而是因为对作业环境的条件，尤其是作业环境对操作人员的影响考虑不周。系统设计师应考虑机器对环境的适应性，还应充分考虑优化人的工作环境（工作系统环境），以确保人员的安全、健康、舒适和提高工作效率。

工作系统环境条件主要涉及照明、噪声、振动、热环境和空气质量。目前，研究尚未充分揭示电磁场辐射对人的影响，所以，电磁场辐射通常不包括在控制室的环境条件内。此外，控制室的环境条件尚应考虑与之有关的轮班作业、群体、协同作业、沟通等社会环境。

作业环境也是一个色彩的环境。正确、巧妙地选择色彩，可以改善劳动条件、美化作业环境，合理的色彩环境可以激发作业人员的积极性，消除不必要的紧张和疲劳，从而提高工作效率和舒适感，有利于安全。进行控制室设计时，宜利用色彩创造最好的视觉条件，使人的注意力更加集中；显示控制系统宜使用色彩编码；促进工作场所整洁等。色彩的运用必须非常谨慎，色彩选择不当，同样能造成大的危害。欲创造美好的工作环境色彩，需靠人对色彩美学法则的理解并善于根据不同使用对象的特点灵活运用，需有美学设计师参与设计。

在进行控制室的环境设计时，设计人员必须意识到，某种环境设计可能对环境的其他方面产生不利的影响，如照明系统会发热、空调系统会产生噪声等。因此，应考虑各种环境因素的相互关系，必须把各个环境因素的作用视为叠加作用，单一环境因素达标，并不能保证综合环境条件达到要求。

考虑到各环境条件要素分属不同的专业范畴，本节主要分析各环境要素对人机系统的影响，提出对工作系统的环境要求，而不涉及达到这些要求的具体的专业性设计技术。

4.3.1　照明环境要求

合适的照明（有足够的照度、布局合理、稳定均匀、无眩光）能改善人眼的调节能力，减少视觉疲劳，使人感到视觉舒适和满意，从而提高工作效率和保证安全。反之，不良的照明，除令人感到不适、工作效率下降外，还因操作人员无法清晰地辨认呈现的信息而导致错误的判断，很容易发生事故。所以说控制室的照明对提高工作效率和保证安全具有非常重要的意义。照明环境应以提高工作效率、保证安全、健康、视觉舒适为原则，并注意节能和降低费用。

1．照明的基本原则

1）照明要求

采光和照明应为完成作业提供适宜的照明条件，以及为休息和在改变作业而离开本作业区时，创造适宜的视觉环境。

（1）作业照明。作业照明是为使工作者看清楚视觉对象，并将注意力集中于作业而设置的照明。作业照明的有效性主要由视觉功效来判定。适宜的作业照明应满足下列要求：①在作业位置能清楚识别作业对象的必要细节；②作业对象与背景间有足够的对比度；③视野内无影响作业的眩光。

（2）环境照明。环境中各表面间的亮度和颜色的关系应满足室内功能、视觉舒适和消除眩光的需要。应防止在视野内出现干扰因素、难以适应的和不舒适的因素。适宜的环境照明应满足下列要求：①给空间以适当的明亮感；②有利于加强安全和易于活动；③有助于将注意力集中在工作区上；④为一些区域提供比作业区亮度较低的亮度；⑤借助光线的方向性和漫射性的正确平衡，可使人脸有自然立体感和柔和的阴影；⑥采用良好显色性的光源，可使人和陈设显现出满意的自然本色；⑦在工作室内应形成一种愉快的亮度和颜色变化，以促进工作人员的健康和减轻工作的心理负荷；⑧应选择适宜的地面、墙面和设备的颜色，以增强清洁、明快感。

2）照度要求

（1）照度范围值。各种不同区域作业和活动的照度值应符合表 4-3 的规定。一般采用每一照度范围的中间值。当采用高强气体放电灯作为一般照明时，在经常有人工作的场所，其照度值不宜低于 50lx。

表 4-3 各种不同区域作业和活动的照度（GB/T 13379）

照度/lx	区域、作业和活动的类型	照度/lx	区域、作业和活动的类型
3～5～10	室外交通区	300～500～750	中等视觉要求的作业
10～15～20	室外工作区	500～750～1000	相当费力的视觉要求的作业
15～20～30	室内交通区，一般观察、巡视	750～1000～1500	很困难的视觉要求的作业
30～50～75	粗作业	1000～1500～2000	特殊视觉要求的作业
100～150～200	一般作业	>2000	非常精密的视觉作业
200～300～500	一定视觉要求的作业		

（2）照度范围的高值。凡符合下列条件之一及以上时，工作面的照度值应采用照度范围的高值：当眼睛至识别对象的距离大于 500mm 时；连续长时间紧张的视觉作业，对视觉器官有不良影响时；识别对象在活动的面上，且识别时间短促而辨认困难时；工作需要特别注意安全时；当反射比特别低或小对比度时；当作业精度要求较高时，由于生产差错造成损失很大时。

（3）照度范围的低值。凡符合下列条件之一及以上时，工作面上的照度值应采用低值：临时性完成工作时；当精度和速度无关紧要时；当反射比或对比度特别大时。

（4）照度分布。工作区域内的一般照明的照度均匀度不宜小于 0.7；工作区域内走道和其他工作区域的一般照明，不宜低于工作区照度值的 1/5。

3）照射光的方向性

为了容易辨认物体及其表面构造，必须考虑光的入射方向和角度，以免光线被物体遮挡；对合适的照明而言，直射光和漫射光应保持一个平衡的、适当的比例，光线的方向性不宜太强，以免在工作面上形成显眼的阴影，光线也不宜于过分漫射，以使物体呈现立体感；应采用低入射角度的光投射到工作面上，以利于识别其表面的状态和质地。

2. 眩光类型及其对视觉的影响

1）按眩光形成的方式分类

眩光是指当部分视野中的亮度相对于总的环境亮度过分亮，或视野中亮度分布不适当时，视觉感受到的不舒适或损害。按眩光形成的方式可分为以下 3 种眩光。

（1）直接眩光（直射眩光）：眩光源（如窗、灯等）的光直接射入观察者的眼内所产生的眩光。

（2）反射眩光：一般是指由视野中的光泽表面的镜面反射所引起的眩光。如果光泽的表面反射出的光源的亮度较低，且不能清楚地看出光源的像，即由漫反射和镜面反射重叠出现而形成的反射眩光，则称为光幕反射或模糊反射。光幕反射降低了作业与背景之间的亮度对比，致使部分或全部看不清它的细节。

（3）对比眩光：视野内亮度极不均匀所引起的眩光。

2）根据眩光对视觉的影响分类

（1）不舒适眩光。眩光所产生的效应引起视觉上的不舒适。不舒适眩光一般会随着时间的推移而加重人们的不舒适感，但不一定降低目标的能见度。影响视觉不舒适的因素有：眩光源的亮度；眩光源的立体角；眩光源与观察者视线的夹角；眩光源的背景亮度。

（2）失能眩光。与不舒适眩光的主要区别在于，它能使观察者视野中观察对象的能见度下降，从而影响视觉作业绩效。失能眩光也常让人有不舒适感。影响失能眩光效应的主要因素有：年龄越大，失能眩光效应越大；眩光效应与进入眼内的光量大小成正比，而与眩光源表观面积大小无关；眩光源与视线夹角越小，眩光效应越大。

（3）失明眩光。失明眩光是指在一定时间内完全看不到视觉对象的强烈的眩光。它常由强闪光引起，又称闪光盲。

3．减少眩光的措施

1）减少窗户眩光的措施

通过窗户的天然采光，可提供与外部的视觉联系和室内工作区有益的照度。应避免直射阳光射入工作区域内。侧窗或天窗的最佳尺寸和形式，应根据具体情况综合考虑加以确定。减少窗户眩光的措施有：①可采用室内遮挡措施降低窗口亮度或减少天空视域；②工作人员的视线不宜面对窗口；③在不降低采光窗数目的前提下，宜提高窗户周围表面的反射比和亮度。

2）减少人工照明直接眩光的措施

直接眩光与眩光源（照明灯具）的位置、亮度有关。图 4-1 所示为不同角度眩光源对视觉效能的影响。眩光源与视线夹角越小，眩光效应越强。当光源的仰角θ（或灯座的遮光角α）小于 45° 时，就会产生影响作业的不适应眩光（直射眩光）。防止和降低直接眩光效应的措施有：①选用眩光指数小的灯具；②用较多的低亮度光源来代替少数高亮度光源；③提高眩光源周围环境的亮度，减小亮度反差；④眩光源尽可能远离视线；⑤用挡光板、灯罩等遮挡眩光源；⑥使光线转为散射：将光线经灯罩或天花板、墙壁漫射到工作场所。

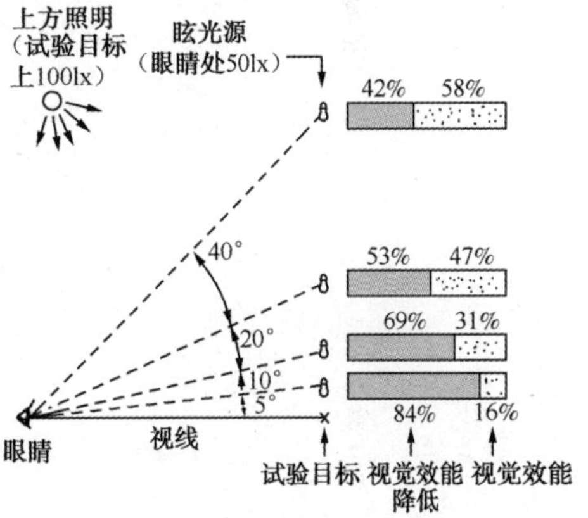

图 4-1 不同角度眩光源对视觉效能的影响

3）减少工作面和工作设备反射眩光的措施

照明工作场所的视觉显示系统应处于良好状态，应减少视觉显示器及其他工作设备的反射眩光。应采取下列措施。

（1）工作台表面、工作设备的表面光洁度不宜过高，宜采用低光泽度和漫反射的材料。

（2）合理安排工作台、工作设备和光源的位置，或对工作台位置重新定向，务必避免反射光射向操作人员的眼睛。如不能满足此要求，应采用适当的照明（如局部照明）以改变光的入射方向。

（3）减小光源的强度和亮度，采用大面积和低亮度的灯具；可采用发光顶棚，如图 4-2 所示。

（4）使用漫反射、非直射照明系统，采用高反射比的无光泽饰面的顶棚、墙壁和地面，顶棚上可安装带有上射光的灯具，以提高整个顶棚的亮度。

（5）在源和屏之间设遮挡物或隔板以阻挡直射到屏上的光线，如图 4-3 所示，用遮挡法对眩光源进行限制。图 4-3（a）中γ是避免反射眩光的临界角，图 4-3（b）、（c）所示为防止反射眩光的遮挡措施。其中图 4-3（c）同时防止了窗口和灯光形成的反射眩光。

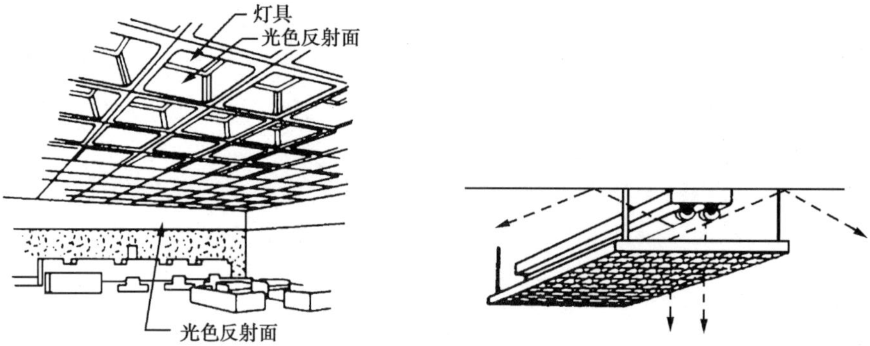

图 4-2 发光顶棚及其灯具

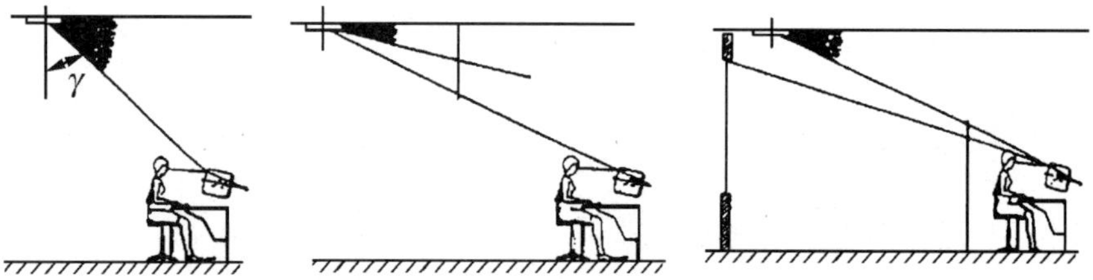

图 4-3 眩光的遮挡（DIN 66234）

4）选择灯具以限制眩光

对于直接眩光，可通过选择灯具来限制。其方法是限制灯具亮度和灯具的遮光角α（见图 4-4）。可采用嵌入式（嵌入天花板）顶灯，增大灯座的遮光角，遮光角α最好大于 45°，至少应不小于 30°（30°～45°间属中等眩光区）。

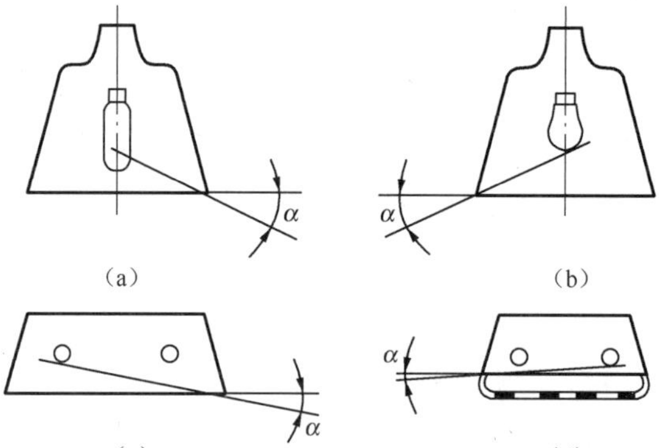

图 4-4 各种类型灯具的遮光角（ISO 8995）

4. 工作场所照明类型的选择

1）基本准则

照明类型的选择应考虑上述诸要求及下列基本准则。

（1）日间采用天然光或人工照明与天然光的混合照明。

（2）对于不能采光的地方或视觉任务有特殊要求者，宜采用人工照明。

（3）根据视觉任务的要求采用局部照明加一般照明。

（4）照度可根据工作场所（房间）的特点、工作站空间大小、工作任务需要随时调节。

（5）根据照明工程的质量标准和经济节约原则选择直接照明或间接照明，或两者联合。

2）一般照明

基本要求如下。

（1）一般照明的功能是使整个工作场所获得适宜的照明条件。必须考虑良好对比的需要、亮度比例平衡、合适的色表和其他直接眩光或反射眩光干扰因素。

（2）照度范围值应根据完成视觉作业的工作场所（房间）、区域而定，应保证任何一个工作点都能获得适合的一般照明或局部照明加一般照明。

（3）局部照明的照度应超过一般照明的照度两倍以上。

（4）整个工作室和每个工作点都应保证同样适宜的视觉条件。

3）直接照明

（1）照度和光源的亮度分布是视觉舒适要考虑的主要因素。位于光源旁边的工作点，采用直接对着工作平面的光线（直射光），因为反射眩光和直接眩光最少，所以视觉条件最好。

（2）如果所有的视觉对象都有不光滑的表面，则直接照明是适宜的。

4）直接—间接照明

（1）如果工作点处于照明装置直接照明亮度不足的位置，则允许采用直接照明加上间接照明，该种照明方式对工作点的尺寸和位置限制较少。

（2）大幅减少光源对天花板的直接照射，可使工作空间亮度更平衡。天花板的最大亮度不应过高，否则，它会变成一个眩光光源。

5）间接照明

（1）间接照明的特点是光源的直射光对着天花板，没有直射光射到工作面。工作场所的位置如果无法达到照明要求，可以考虑采用这种特点的光源。

（2）照明效率与房间的特点有关，特别是天花板的反射性和房间的高度。

（3）照明的照度分布均匀，工作区域一般照明的照度均匀度不小于 0.7。天花板应具有弥漫反射的特性。

6）工作点的照明

（1）除一般照明外，工作点还必须根据特殊工作场所的需要或工作任务的特点提供适宜的局部照明。

（2）工作点照明的功能是提供操作者工作环境所需的照明。工作点的照明要求为：操作者可对光的亮度和方向进行调节；照明条件可满足操作者的习惯和工作任务的要求，以及操作者视力个体差异的要求。

（3）必须根据操作者完成的特定任务的需要提供局部照明，以提高工作点的照度。工作点照明应和一般照明分开控制，工作点照明应没有直接眩光和反射眩光或对比过大，同时应不受其他邻近工作点不利的影响。

4.3.2 微气候环境要求

1．气温环境概述

（1）影响作业环境中热环境的基本因素主要包括：气温、相对湿度、风速、热辐射、服装隔热值、活动产热值等。为了保持恒定的体温，人体通过热交换，使体内产生的热量及从外界所得热量的总和，与人体向外界散热的热量总和，大致保持平衡。影响热交换的 4 个主要的环境因素为：人体周围的空气温度、空气湿度、空气流动（风）和辐射温度（人体周围一定区域内的墙体、天花板和其他物体表面的温度）。

（2）有效温度。有效温度是考虑了温度、湿度、风 3 方面因素的一个综合性指标。在任何微气候环境条件下，若人体的温度感觉与风速小于或等于 0.1m/s（自然对流）、相对湿度为 100%条件下的某温度引起的感觉相同，则这个温度就是有效温度。

（3）有效温度的组成。同一有效温度值可由不同的气温值、相对湿度值和风速值组合产生。例如，在下述 3 种微气候条件中，人们产生了相同的温度感觉（有效温度相同），都是 17.7ET：①气温 17.7℃，相对湿度 100%，风速 0.1m/s；②气温 22.4℃，相对湿度 70%，风速 0.5m/s；③气温 25℃，相对湿度 20%，风速 2.5m/s。

通常可根据温度（摄氏温度或华氏温度）、湿度（相对湿度）和风速 3 个因素，从有效温度图（也称温湿图）中直接查得有效温度值。

2．气温环境的生理效应及对作业的影响

1）高温的生理效应

（1）人在高温环境下工作，新陈代谢速度加快，人的产热量增加，散热过程落后于产热过程，体内积蓄过量的热，导致体温升高，呼吸和心率加快。若长时间处于这种状况，将出现失水、失盐、头晕、恶心、极度疲乏等症状。严重时，甚至会昏厥（中暑）以致死亡。

（2）在高温情况下，出汗蒸发是人体散发热量的主要途径，在安静状态下，相对湿度为 22%、气温达 30℃或相对湿度为 60%、气温达 25～26℃时，人体开始知觉出汗。相对湿度增加，人体因散热困难，而增加出汗；劳动强度增大，机体的代谢产热量增大，会增加出汗。

（3）人们在热环境下工作，周围温度对心血管应力的总影响可用工作能力来描述。在温度为 24～40℃时，周围温度每提高 1℃，增加的生理学应力相当于最大工作能力的 1%。

（4）人虽能暂时忍受在不舒适的热环境中工作，但会产生不希望的生理反应和降低生产能力，在此情况下推荐的最大工作负荷见表 4-4。

表 4-4　推荐的最大工作负荷

空气温度/℃	相对湿度/%			
	20	40	60	80
27	VH	VH	VH	H
32	VH	H	M	L
38	H	M	L	NR

续表

空气温度/℃	相对湿度/%			
	20	40	60	80
43	M	L	NR	NR
49	L	NR	NR	NR

注：① 假设在暴露时间内（包含 2h 连续暴露）人的出汗量不超过 2L，人的出汗率不大于最大出汗率的 60%；服装隔热值为 0.6clo；气流速度低于 0.5m/s，较高的工作负荷能持续的工作时间较短。

② 工作负荷缩写的含义：VH 表示非常重，为 350～420W（300～360 kcal/h）；H 表示重，为 280～350W（240～300 kcal/h）；M 表示中等，为 140～280W（120～240kcal/h）；L 表示轻，低于 140W（120 kcal/h）；NR 表示连续暴露 2h，不推荐。

2）高温对作业的影响

（1）在高温环境下，操作者知觉的速度和准确度及反应能力均有不同程度的下降，会注意力不集中、烦躁不安、易于激动、对工作满意感大为降低。

（2）高温对操作效率的影响。温度达 27～32℃时，肌肉用力的工作效率下降；温度高达 32℃以上时，需要注意力集中及精密工作的效率也开始下降。

（3）高温带来潜在的不安全性。用汗湿的手抓握物体或控制器比较困难，增加了工具失控或负荷失控的可能；在热和潮湿环境中，因潮湿的地板或工作物表面，会增加潜在的滑倒风险；汗液流入眼睛，引起眼睛疼痛并干扰目视作业，会导致监控失误；降低皮肤的阻抗，会增加人们遭受电击的危险。

3）低温的生理效应

（1）在低温条件下，皮肤毛细血管收缩，使人体散热量减少，通过肌肉收缩（表现为肌肉紧张、颤抖），使人体产热量增加，当产热量小于散热量时，机体体温下降。当体温降到 35℃以下时，机体就会出现各种不同的功能紊乱现象，甚至造成死亡。

（2）环境温度过低或在寒冷环境下暴露时间过长，都会发生冻痛、冻伤和冻僵现象。冻痛往往是冻伤的先兆，冻痛后若持续在低温下暴露则会继发冻伤、冻僵。

（3）最常见的是局部过冷，如手、足、耳及面颊等外露部分发生冻伤，严重时可导致肢体坏疽。此外，长期在低温、高湿条件下劳动，易引起肌痛、肌炎、神经痛、神经炎、腰痛和风湿性疾患等。

4）低温对作业的影响

（1）低温环境即使不足以引起机体过冷，但仍会对工作效率产生不良影响，主要表现为触觉辨别准确率下降、手的灵活程度和操作的准确性下降、视反应时延长。

（2）当环境温度（干球温度）为 15℃时，手的柔韧性开始下降；当进行操作的手部皮肤温度为 15℃时，就会影响打字或追踪操纵能力；在 8℃时，手的触觉能力下降；在 7℃时，手工作业的效率仅为最舒适温度时的 80%；到 4℃时将影响握力。低温还会降低要求有较高注意力和良好短时记忆作业的绩效。

3．气温环境设计

（1）代谢产热值。体内产生的热量是热负荷的一部分，不同活动（典型作业）的代谢率见表 4-5。代谢率的单位是 met，$1\text{met}=58.15\text{W/m}^2=0.83\text{kcal/(min}\cdot\text{m}^2)$。

表 4-5 不同活动（典型作业）的代谢率（GB/T 18049，ANSI/ASHRAE 55）

活动（水平）	代谢率		
	W/m^2	met	kcal/（min·m^2）
斜倚	46.6	0.8	0.67
坐姿、放松（安静）	58.2	1.0	0.83
坐姿活动（办公室、居所、学校、实验室）	69.78	1.2	1.00
立姿、放松	69.8	1.2	1.00
立姿、轻度活动（购物、实验室工作、轻体力作业）	93.04	1.6	1.33
立姿、中度活动（商店售货、家务劳动、机械工作）	116.30	2.0	1.66
重度活动（重型机械工作、汽车修理厂工作、时间加权平均值大过 2met 者）	174.45	3.0	
平地步行			
2km/h	110.49	1.9	1.58
3km/h	139.56	2.4	2.00
4km/h	162.82	2.8	2.33
5km/h	197.71	3.4	2.83

注：① 代谢率较详细的信息见 GB/T 18048。
② 1kcal/h 相当于 1.1645W。

（2）服装隔热值（热阻）。服装隔热值用以衡量衣着的温度效应，它也是评价热负荷的一个重要组成部分，单位是 clo。1clo 是指在一个 21℃的房间内，当风速不超过 0.1m/s，相对湿度不超过 50%，代谢产热值为 1met 时，为维持舒适和 33℃平均皮温所必需的隔热值，简称热阻。1clo=0.155(m^2·℃)/W。部分成年男女单件服装的隔热值见表 4-6。

表 4-6 部分成年男女单件服装的隔热值（GB/T 5701）

（clo）

服装		男	女
内裤	三角裤	0.04	0.03
	短布裤	0.06	0.05
内衫	背心	0.03	0.03
	汗衫	0.05	0.04
外衬衣	短袖	0.05	0.05
	长袖	0.07	0.06
	厚	0.10	0.10
针织衣	薄	0.1	0.1
	厚	0.15	0.15
单衫（春装）	薄	0.15	0.12
	厚	0.20	0.15
长裤	薄	0.12	0.09
	中	0.15	0.12
	厚	0.20	0.15
帆布工作服	大	0.25	0.25
	中	0.20	0.20
	小	0.15	0.15
拖鞋		0.10	0.10

服装		男	女
裙子	半身薄		0.09
	半身厚		0.12
	全身		0.20
长白大衣		0.25	0.20
毛线衣	背心	0.16	0.14
	薄	0.2	0.18
	厚	0.3	0.25
绒衣	大	0.4	0.4
	中	0.35	0.35
	小	0.3	0.3
绒裤	大	0.4	0.4
	中	0.35	0.35
	小	0.3	0.3
毛线裤	薄	0.2	0.18
	厚	0.25	0.2
线裤		0.1	0.08
帆布工作裤	大	0.25	0.25
	中	0.20	0.20
	小	0.15	0.15

（3）计算温度（作业温度）。计算温度也称作业温度（t_o），它把气温（干球温度 t_a）、风速、辐射热（黑球温度 t_g）3 个因素综合起来，衡量微气候环境对机体热平衡的影响，是评价热环境的重要综合指标，也是进行工作设计（如室内的空调工程设计）的指标。一般可用如下公式计算（GB/T 5701）：

$$t_o=At_a+（1-A）t_g$$

式中，系数 A 按括号内风速大小取值：0.5（<0.2m/s）、0.6（0.2～0.6m/s）、0.7（0.6～1.0m/s）。

（4）至适温度。至适温度也称舒适温度，通常是指主观至适温度，即指 85%的人主观感觉至适的温度，至适温度取决于作业环境的微气候条件、人的衣着、劳动强度。我国各季节室内空调至适温度（轻劳动强度）见表 4-7。不同劳动强度的至适温度见表 4-8。

表 4-7　室内空调至适温度（GB/T 5701）

季　节	干球温度/℃	计算温度/℃	服装隔热值/clo	风速/（m/s）	至适人数/%
夏季	26.2±2.4	26.5±2.4	0.25～0.55	<0.6	90
秋（春）季	24.9±2.5	24.7±2.2	0.50～0.85		99
冬季	20.5±1.5	20.6±1.2	1.20～1.80	<0.15	99.3

表 4-8　不同劳动强度的至适温度（GB/T 5701）

劳动强度（能耗 kcal/h）	轻（120～190）	中（190～260）	重（260～330）
至适温度（有效温度/℃）	23～19	19～16	16～14

（5）高温作业允许持续接触热时间限值。在不同工作地点温度、不同劳动强度条件下，允许持续接触热时间不得超过表 4-9 中所示限值。①持续接触热后必要休息时间不得少于 15min。休息时应脱离热环境。②凡高温作业工作地点空气湿度大于 75%，则空气湿度每增加 10%，允许持续接触热时间相应降低一个档次，即采用高于工作地点温度 2℃的时间限值。

表 4-9　高温作业允许持续接触热时间限值（GB 935）

（min）

工作地点温度/℃	30～32	>32～34	>34～36	>36～38	>38～40	>40～42	>42～44
轻劳动	80	70	60	50	40	30	20
中等劳动	70	60	50	40	30	20	10
重劳动	60	50	40	30	20	15	10

4. 改善气温环境的措施

（1）改善热不舒适措施。①降低温度。合理布置热源和疏散可移动的热源。②降低湿度。可加快汗液蒸发，在设计时，应在通风口设置去湿器。③增加气流速度（如提供风扇）。干球温度 25℃以上时，增加气流速度可显著提高舒适度；当周围温度升高到 35℃以上时，尤其是相对湿度高时（>70%），其作用减弱；在中等强度到重体力劳动情况下，当气流速度大于 2m/s 时，散热效率不再提高。④降低工作负荷，可减少人体产热，以利保持人体的热平衡；放慢工作速率，尽可能缩短连续工作时间，如实行小换班、增加工间休息次数、延长休息时间等（休息时应离开热和潮湿环境）；采用辅助工具，减轻体力劳动强度。⑤调节衣服。穿着防护服，特殊高温作业需佩戴隔热面罩、穿热反射服（镀铝夹克）或冰背心、风冷衣。⑥提供对辐射热的防护层。在人和辐射表面之间放置防护屏（隔热板），隔热板可用泡沫塑料（也可用木质或织物）和镀铝反射层组成。⑦舒适的休息场所。提供工间休息场所，该处有适度的流动空气和凉爽的环境（20～30℃），并提供座椅和饮水。

（2）改善冷不舒适措施。①降低气流速度。用挡风板、防风罩或防风衣降低风对人的影响。②增加或超出工作负荷。调节工作负荷，使动静作业合理结合调配。③增加服装隔热值。不舒适程度一般是相对于肤温而言的，增加服装隔热面和隔热层，提高服装的隔热值，例如，穿着御寒服（由热阻值大、吸汗和透气性强的衣料制成），且尺寸不宜过紧。④增加辐射热。提供加热器，可提高小范围内的舒适度。

5．气体环境

（1）气体污染源及其对身体的影响。①普通室内气体污染源主要来自 3 个方面：建筑材料本身的污染；装饰装修带来的污染（尤其是低档材料）；家具带来的污染。②室内气体污染对人体健康的影响。上述 3 大污染源中含有挥发性有机化合物达 300 多种，其中最主要、最常见、危害最大的 5 种污染物质是甲醛、VOC（苯及其同系物）、氨、氡及石材本身的放射性。这 5 种物质被称为五大“健康杀手”。研究表明，68%的人体疾病均与室内污染有关，其中最常见的症状是头痛、胸闷、易疲劳、烦躁、皮肤过敏等，WHO 称此现象为“致病建筑综合征”。③工业区气体污染源。在化学、轻工、冶炼、机械加工和交通等作业场所会逸出有害气体、蒸汽和气溶胶。当其达到一定剂量时，会引起职业中毒，但许多毒物在尚未达到中毒剂量前已可影响工作效率。

（2）气流质量要求。①厂房的最低层高不应低于 3.0m，每个工作人员所占厂房的建筑容积不小于 $20m^3$。对新鲜空气量的要求如下：人均所占容积为 $20～40m^3$ 时，应保证每人每小时不少于 $20m^3$ 的新鲜空气量；人均所占容积超过 $40m^3$ 时，可由门窗渗入的空气来换气。②任何有人的封闭环境，为保持空气新鲜，都应提供足够的通风。如果环境容积小于或等于人均 $4.25m^3$，则至少应向该部位提供人均 $0.85m^3/min$ 的通风，其中室外的新鲜空气应占 2/3 左右。对容积较大的封闭环境，人均供气量应按图 4-5 所示曲线的数据提供。③室内空气质量要求：在 GB/T 18883《室内空气质量标准》中，对室内空气质量的主要控制指标做了明确的规定。

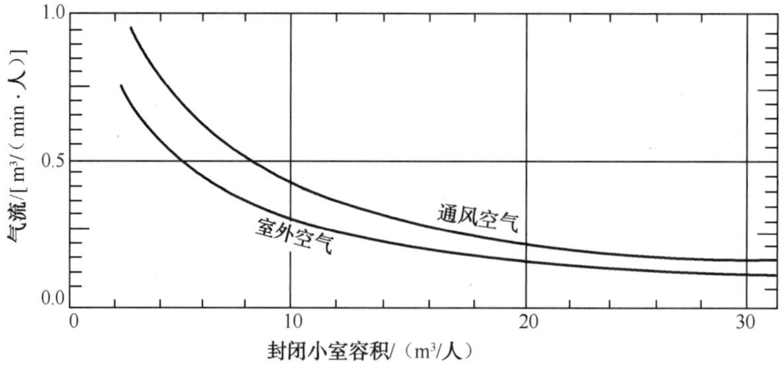

图 4-5 封闭环境的通风要求（GJB 2873）

（3）保证空气质量的防护措施。①常用的防护措施。选择无毒的建筑装修材料，污染环境的设备（如可产生臭氧的复印机等）应与操作人员的活动区域隔离，换气率必须适当，既不能换气过度，使操作人员感到不适，又不能过少，致使污染物蓄积。②应在工厂和工艺流程中，杜绝任何有毒气体的泄漏，控制有害废气的排放。③严格执行有关国家标准和建设部的有关建筑标准，以保证室内空气质量不致损及人的健康。④通风空调系统应定期保洁，以避免由于通风空调系统的污染影响室内空气的质量。

4.3.3 噪声和振动环境要求

1. 噪声对生理和心理的影响

从心理学的观点来看，凡是人不喜欢或不需要的声音统称噪声。作业环境中由于机械的转动、撞击、摩擦、气流的排放、运输车辆的运行、生产信号的发放等情况产生的声音统称工业噪声。此外，还有环境噪声（交通噪声）、生活噪声等。长期接触高强度的噪声，除会引起听力下降、噪声性耳聋外，还会引发一系列的生理、心理效应。

（1）听力损伤。这是噪声可能产生的最严重影响。①在较强的噪声环境下，人会感到刺耳的难受，离开后仍感到耳响，然后听力复原，这种“听觉疲劳”是暂时性的生理现象，不损害听觉器官；噪声小于 80dB（A），不会引起噪声性耳聋。②当持续经受噪声达 85dB（A）（40 年）或 90～95dB（A）（10 年）或 100dB（A）（5 年），就会对约 10%的人造成听力损伤（耳聋）。③当人们突然暴露在 140～150dB（A）的噪声环境中时，可导致鼓膜破损，形成“声外伤”，即爆震性耳聋。

（2）生理效应（健康危害）。①对神经系统的影响。长期暴露在噪声中，会使人大脑皮层的兴奋和抑制平衡失调，产生神经衰弱症候群，如头痛、脑胀、昏晕、耳鸣、多梦、失眠、嗜睡、心慌、记忆力减退和全身乏力等症状。②对心血管系统的影响。使交感神经紧张，从而使人出现心跳加快、心律不齐、心电图改变、血管痉挛、血压变化等现象。③对消化、内分泌系统的影响。使人出现胃功能紊乱、食欲不振、恶心、乏力、消瘦、体质减弱等现象，并可能影响体内物质（如胆固醇）代谢。④对视觉功能的影响。高强度噪声可降低眼对光的敏感性，130dB（A）以上的噪声，可引起眼睛振颤和眩晕。

（3）心理效应。在噪声刺激下，会引发人的烦恼，出现焦急、烦躁、讨厌、生气等不愉快的情绪。

2. 噪声对作业的影响

噪声对作业的影响与噪声的生理效应密切相关，一是影响作业者的听力或对听觉信号的辨别；二是生理、心理效应影响作业者的知觉水平或信息传递。

（1）噪声对信号识别的影响。①干扰目标信号。当干扰声足够强时，不仅听不到目标信号，而且信号与噪声相互作用后会感受为不同于两者的声音信号。分辨不出危险（报警）信号，则易导致事故。②干扰语言交流。噪声对语言通信具有掩蔽作用。人的语言频率范围为 0.5～2kHz，在此范围内的噪声对语言通信干扰最大。在噪声环境中只有当信号强度比噪声大 10dB 时，才可获得正确的信号。③干扰电话通信。信号强度应至少高于噪声 5dB（A）。一般语言强度为 60～70dB（A），因此，当噪声为 55dB（A）时，通话清晰可辨；当噪声为 65dB（A）时，通话稍有困难；当噪声为 75dB（A）时，通话会很困难；而当噪声为 85dB（A）时，则几乎不可能通话。

（2）噪声对操作的影响。①噪声对简单的、日常的操作影响不大，适度的噪声能使人的大脑维持一定的兴奋水平，有时反而对工作有促进作用。②持续稳态噪声强度大于 95dB（A）时，可使操作水平降低。③间歇、非稳态、突发的噪声，比强度相同的持续稳态噪声危害更大。④高频噪声（大于 2000Hz）对操作的干扰比低频噪声更大。⑤噪声往往不影响作业的速度而影响作业的质量，使差错增加。

（3）噪声对复杂作业的影响。①噪声的负效应往往出现在高难度的作业中，这些作业要求有高水平的知觉或信息处理过程参与，如长期的警觉作业。②噪声带来的烦恼、精神疲劳，造成作业者反应迟钝、注意力分散，影响精细的、非重复性的工作和脑力劳动的工作效率，干扰需要高度集中注意力的工作，使差错增加。

3. 工作场所的噪声限值

（1）复杂和困难的作业，噪声级应低于 40dB（A）或 50dB（A）。

（2）根据不同作业的声学要求，背景噪声级应不超过表 4-10 中规定的值。

表 4-10 推荐的背景噪声级范围（GB/T 17249.1）

房间类型	会议室	教室、个人办公室	多人办公室	工业实验室	控制室	工业工作场所
L_{pA}/dB	30～35	30～40	35～45	35～50	35～55	65～70

（3）如果工作场所需进行语言交流，并能清晰听清对方，以及需保证音响效果、信号–噪声比（信噪比）良好者，工作场所的噪声级应不超过表 4-11 中规定的值。一般来说，距声源（讲话人）的距离每增加一倍，语言声级下降 6dB，更大距离的语言交谈可以此类推。

表 4-11 工作场所不同的说话方式、语言交谈质量和交流距离推荐的 L_{Aeq} 限值（ISO 9241-6）

说话方式	推荐的 L_{Aeq} 限值/dB（A）											
	语言交谈质量											
	非常好			良好			好			尚满意		
	交谈距离/m											
	1	2	4	1	2	4	1	2	4	1	2	4
大声说话	48	42	36	54	48	42	59	53	47	64	58	52
正常说话	42	36	30	48	42	36	53	47	41	58	52	46
低声说话	36	30	24	42	36	30	47	41	35	52	46	40

（4）为避免干扰输入的声学信息，麦克风的 A 计权信噪比应等于 30dB。保证工作场所电话通信质量良好所允许的最大噪声级推荐值见表 4-12。

表 4-12 工作场所电话通信质量与干扰噪声级关系（ISO 9241-6）

噪声级 L_{Aeq}/dB（A）	<40	40～45	45～50	50～55	55～65	65～80	>80
电话通信质量	非常好	良好	好	尚满意	轻度干扰	困难	不满意

4. 工作场所的噪声控制

形成噪声干扰过程的主要因素是声源、传播途径到接收者。噪声控制主要也从这 3 个方面入手。

（1）控制噪声源。①改进设计。采用低噪声结构（如改善风机叶片）。②改善生产工艺和操作方法。③使用各种减振装置和消声器。④在机器内外表面装上各种消声材料。

（2）控制噪声传播。控制噪声源，但又难以完全消除时，可在传播途径上采取防噪、降噪措施。①噪声级与距噪声源的距离的平方成反比，远离噪声源是减少噪声的措施之一。②合理布局。包括噪声源在机器内的布局和在场地中的布局，使噪声源尽量远离人。③利用噪声源的指向性控制噪声，如使排气口朝向野外或向上空。④在噪声源周围、工作点周围或噪声传播途径上，采用消声、隔声、吸声、隔振、阻尼等局部措施，如设置各种屏、栅栏、围栏、消音板等。⑤天花板、墙、地板等采用吸声材料。

（3）控制室内混响。混响是指声源停止后，声音由多次反射或散射而延续的现象。①为使工作环境能很好地进行语言交流和有适当的“听觉舒适”，混响应尽可能低，在语言音频范围（250Hz～4kHz）混响时间应为 0.5～1.0s。②混响时间是指当切断声源，房间内的声压级自初始稳定状态衰减 60dB 的时间。混响时间可用来表述具有扩散场条件房间的声学特性，房间的容积必须考虑进去。混响时间与频率有关。房间容积小于 200m^3，混响时间允许 0.5～0.8s，或更低；房间容积为 200～1000m^3，允许的混响时间为 0.8～1.3s。

（4）噪声的个人防护。若噪声控制措施还不足以将噪声级降低到听力保护噪声以下，而操作人员又必须在现场工作，则必须采取必要的个人防护措施。使用个人防护用具，是减少噪声对接收者产生不良影响的有效方法。①防护用具。常用的有用棉花、橡胶或塑料制的耳塞、耳罩、头盔等。耳塞隔声量大、体积小，便于携带和保存，价格便宜；耳罩是将整个耳郭封闭起来的护耳器，在硬外壳内衬以泡沫塑料、海绵橡胶等吸声材料构成，其特点是舒适，但体积较大。②防护用具的选用。不同材料的防护用具对不同频率噪声的衰减作用不同（见表 4-13），应根据噪声的频率特性选择适宜的防护用具。

表 4-13　不同材料对人耳的防护作用

[dB（A）]

防护用品	125Hz	250Hz	500Hz	1000Hz	2000Hz	4000Hz	8000Hz
干棉毛耳塞	2	3	4	8	12	12	9
湿棉毛耳塞	6	10	12	16	27	32	26
玻璃纤维耳塞	7	11	13	17	29	35	31
橡胶耳塞	15	15	16	17	30	41	28
橡胶耳套	8	14	26	34	36	43	31
波封耳套	13	20	33	35	38	47	41

（5）控制人的暴露时间。合理安排工作时间，采用适当的轮换作业和轮班制度，设置清静的休息区，缩短人在噪声环境中的暴露时间，也是噪声防护的有效措施。

5．减少控制室噪声的措施

控制室位置应尽可能远离高噪声设备和常用的交通通道。在人经常活动的区域（如办公室、会议室、休息室等）应使用结构设计技术隔离噪声。①双墙结构。采用双层墙壁，在内、外墙之间留出 50～100mm 宽的间隙，在其中填充诸如玻璃纤维、矿渣棉之类的吸声材料。②小窗户结构。如果需要窗户，采用具有 100mm 间隙的双层玻璃结构，并且窗的面积尽可能小。③双门结构。采用能自行关闭的两个门，双门之间有一个能保证双门同时打开的 1～3m 长的入口区域（通道）。④低噪声地面。采用木质地板和/或铺地毯。⑤采用吸声材料制作天花板。⑥使用木质台面或在台面上加盖吸声的铺垫物。

6．振动环境要求

（1）振动对人的影响。①振动可分为全身振动和局部振动，全身振动是传递给全身，而不是仅对某一个器官的机械振动，它能引起前庭器官、内分泌系统、循环系统、消化系统和植物神经功能等一系列的变化，并使人产生疲劳、劳动能力减退等主观感觉。全身振动的生理反应与振动的强度、暴露的时间有关。1Hz 以下的低频振动往往会引起头痛、头晕、恶心、呕吐或食欲不振之类的症状（振动消除后会自然减轻或消失）。②振动对视觉的影响。当振动频率较小（低于 2Hz）时，由于眼肌的调节作用，使视网膜上的映像相对稳定，对视觉干扰不大；当振动频率大于 4Hz 时，视觉作业效率将受到严重影响；当频率为 10～30Hz 时，对视觉的干扰最大。③振动对操作精确度的影响。振动降低了手（或脚）的稳定性，从而使操作的精确度变差，振幅越大，影响越大。

（2）全身振动特点。①振幅。15Hz 以下的低频大幅振动，主要引起人体前庭功能紊乱，如晕车、晕船等；高频小幅振动，主要影响组织内的神经末梢。一般来说，频率相同时，振幅越大，对人体越有害。人体系统具有一定的阻尼，立姿状态下，由于人的大腿富有弹性，可对振动起衰减作用（5Hz 以下时，坐姿状态的人体对振动起放大作用）。②体位。人体受到垂直振动和前后向振动时，坐姿抗振性能比立姿差，特别是脊柱更易受到损伤，胸腹系统中体积和质量比较大的胃也易受到损伤，故而拖拉机驾驶员最容易产生脊柱损伤和胃病这两种职业病。坐姿水平左右振动与立姿相同，其传递率随频率的增高而下降，没有共振点。

（3）全身振动的允许值界限。在国际标准 ISO 2631《人体承受全身振动评价指南》中，将人体承受的全身振动分为 3 种不同的感觉界限。①疲劳—效率降低界限。超过该界限，将引起人的疲劳，导致工作效率下降。它主要应用于对拖拉机、建筑机械、重型车辆等振动效应的评价。②健康界限。相当于振动的危害阈或极限，超过该界限，将损害人的健康和安全。它是疲劳—效率降低界限的 2 倍，即它比相应的疲劳—效率降低界限的振动级高 6dB。③舒适性降低界限。超过该界限，将使人产生不舒适的感觉。它主要应用于对交通工具的舒适性评价。疲劳—效率降低界限为舒适性降低界限的 3.15 倍，即舒适性降低界限比相应的疲劳—效率降低界限的振动级低 10dB。

（4）全身振动控制。降低全身振动对人的不良影响的措施如下。①减小或消除振动源。改变设备的速度、进料或运转，或者增加质量、提高刚性，并注意避开设备的共振频率；对设备或部件的安装采用减振措施（如减振器），增加其阻尼；换掉损坏的部件，使其保持均衡。②阻止振动的传播。隔离振源，如在振源设备周围挖减振沟。③缓冲振动对人的影响。用减振座椅、弹性垫或软垫作为坐姿作业的隔振体；对于立姿作业，可用微孔橡胶垫或泡沫塑料等的地板垫。④缩短作业人员暴露于振动环境的时间，如采用轮换作业。

4.4 人机系统的评价

4.4.1 评价要点和工作程序

1．评价内容和要点

（1）人机特性评价内容包括：①功能分析；②人机功能分配；③任务分析；④作业分析；⑤系统的布局；⑥工作站的布局和尺寸；⑦控制—显示系统的设计及布局（包括报警系统）；⑧视觉显示终端工作站；⑨通信系统；⑩环境与防护；⑪人员配备和组织结构；⑫操作规程和培训大纲；⑬软件及显示格式。

（2）评价的基本程序。评价是验证和确认相结合的过程。确认应在验证后进行，验证结果是确认的重要依据。①验证。验证是对照人机工程准则、操作和功能要求，对系统的组成要素（如显示器、控制器、其他设施等）进行一系列分析检查的过程。②确认。确认是指对检验结果进行评审，进而分析设计是否有利于运行人员最大限度地发挥其能力，并最后对评价对象认可的过程。确认可以有通过、不通过或修改设计后通过 3 种结果。

（3）评价规模的选择。①评价的繁简与规模可根据实际情况进行取舍。对一些次要的、小型的、辅助系统的评价和对改进型设计的评价，允许对评价内容与程序进行合并和简化。②改进型设计与以往系统相比，只是做了一些适当的改变，对它的验证与确认主要集中在改变部分及其系统集成，以及与现有设计的接口部分上。③类似判定。重复先前成功的设计，除少冒风险外，还有一个节约的效果，不但可减少设计的工作量，还可减少重复验证与确认。类似判定是一种论证（包括验证和确认），可用于与原有系统（已成功运行）有相同设计（或相同的功能和任务分配、自动化水平、信息通道、维护程度）的新系统。通过比较参数可判定新老系统（或设备）之间的差异，即性能的改变情况。为实施类似判定，有必要对原有系统进行一次系统运行评审，以表明没有重大运行问题。

2. 评价时机的选定

（1）主要评价阶段。在功能设计、概念设计和详细设计之后，均有一个评价的程序。一般情况下，功能设计与概念设计阶段的评价可合并进行，即仅对概念设计和详细设计进行评价。①概念设计的评价。审查系统的设计是否完整和适当。②详细设计的评价。对详细设计的最终评价，一般是在工程项目完工，并试运行一段时间之后进行。

（2）设计过程中的评价。这是为保证设计质量，由工程设计部门内部所进行的评价。应考虑下列几点。①对 4.1.5 节所述的每个设计步骤的结果，均应以适当的方式进行评价，并与设计过程融合在一起，以保证设计质量。②日常的评价工作可在一定范围内进行（一个设计组内或若干设计组联合），也可邀请相关专家参加。③设计过程中的评价重点是对功能设计的评价和对详细设计技术文件的评价。功能设计的评价应吸收相关专家和用户参加，力求评价具有较高的客观性；详细设计技术文件的评价应检查技术要求的正确性。由于工程项目的不同部分之间的进度不同，评价可以分别进行。验证与确认过程可以延续一段时间。

3. 评价的一般工作程序

（1）准备阶段。①制定评价准则，为评价和判定提供依据。②审定原始文件，对设计部门提供的全部可用的原始文件（同时评价工作组应主动收集有关文件）进行审定。③组建评价工作组，工作组成员应包括相关学科的专家，并与系统设计者无关，操作员应参与试验和讨论。④确定给评价工作组及临时参加讨论的人员和专家提供的工作场所和相关设备。⑤拟定评价计划和进度表。对于文件的完整性和评价工作组的独立性应予以特别注意。

（2）评审阶段。评审应是系统的，它的工作程序应形成文件。①确定评审的方式和方法。根据评价内容和评价准则，确定相应的验证和确认的工具和手段，选择适当的评价方法。②评审过程。按评价准则和相关原始文件进行验证和测试。③拟定报告文件。记录评审过程中所获得的各类信息，同时列出评价准则的各项要求；报告文件宜使用标准的格式，包括系统（各组成部分）或设计特点的记录检查表、不符合人机工程原则记录表（鉴定其缺陷和描述其性质，以供改进需要）、专门测量表格、操作员问卷表或调查表等。然后，将评审资料输入数据库，使用计算机进行辅助分析和管理。

（3）判定阶段。①对在评审中鉴别出来的不符合人机工程准则之处，必须分别地做出评价，并反复予以修正（设计或评价准则的修改），直至实际功能满足全部评价准则为止。②如有下列情况，应对相关部分重新进行判定和确认：选择了替换的设计；改进功能要求或功能分配；改进设计；修订操作规程；改进培训。③如果发现了重大缺陷，应细致地进行判定，并做好记录，使那些在先前的评价中已认为是适当的设计概念不致受到不利的影响。

4.4.2 评价方法和设计改进

在核行业标准 EJ/T 798《核电厂控制室人机特性评价》中，规定了对核电厂控制室及其他控制点安全有关人机特性进行评价的指导原则。其原则具有普遍适用性。它适用于控制室及其他控制点人机特性的评审，也适用于在确定设计、修改和替换方案时，对人机特性评价方法的选择和应用。在对系统进行评价及其后对系统进行修改时，重点应放在最容易影响系统运行状态的系统特性上。

1．一些常用的评价方法

（1）书面评价法。不需要实际观察，不需要模型类的硬设备，给出的结果可能只是可接收的或不可接收的简单结论、等级的排列或质量指数。①人机工程核查表法。用核查表来鉴定设计是否符合相应的人机工程准则。②追溯性评价法。考查已建成的具有相同或类似特性的系统，并查阅有关的性能记录。③任务分析法。在使用者与被评价系统相互作用时，确定并检查需由使用者完成的任务。④逻辑（事件）树法。用于评估某一特定系统人的失误率或概率，或对事件序列可信度进行比较。

（2）观察法。其特点是要求评价人员观察操作员在被评价系统上的操作情况。①演习法。由操作员演习完成系统一个或多个任务，再进行评价。②时间进程分析法。用于确定完成任务所需时间和各任务之间的相互依赖关系。③性能自动跟踪法。综合了上述两种分析法的某些特性。当使用者与被评价系统相互作用时，用自动系统和计算机系统记录全部控制和转换操作及它们发生的时间。

（3）专家意见法。向有关专家和部门征求意见。在不给专家的判断强加限制的情况下，经多次重复可获得一致的评价结论。缺点是有效性不真实、不够精确和对专家素质的依赖性。①表格法。规定一个标度，用来衡量系统所有的人机特性，如失误概率、信息显示的易读性和易理解性等。用调查表或问题表来征集意见，并整理出结果，然后进行第二轮调查或征询、整理分析。如此继续下去，直至获得一致结论。②讨论法。在面对面的会议上通过对话获得一致意见。③成对比较法。给出一种特性的两种可能，由每个专家判断何者更大、更亮或更可能发生等。反复配对比较，根据判断的标准和尺度最后决定。④比例估计法。判断一个特性是否是整套规定标准中某项指标的 1/2 或 1 倍（或其他比例），只要求做比例估计。

（4）试验法。用试验手段统计、测量各种人机系统的设计数据。对一个系统的评价可采用多种评价方法。分析人员必须综合使用各种方法。

2．人机工程不符合项的评估和设计改进

（1）不符合项的记录和改正目标。①不符合项的记录。应把审查和检验中发现的不符合项记录下来，并做出较详细的描述，说明不符合项所在的部件位置、名称及部件数量。②不符合项的汇编。可按系统和工作台、专题或与特定情况有关的不符合项进行汇编。③不符合项处理目标。须对不符合项进行分析和解释。

（2）不符合项的评估。不符合项会是潜在的操作失误源。评估过程包括找出须做改正的不符合项；对不必完全改正的不符合项的建议和决定做出判断。①安全影响的评估。操作员的失误可能超出系统安全限值，应列出这些重要的人机工程不符合项一览表，供设计改进时分析之用。②其他不符合项的评估。从系统可用性出发，对操作的有效性和可靠性进行评估。

（3）设计改进。这是一个从分析不符合项到对修改程度进行评估并文件化的过程。①改善分析。许多不符合项可以通过表面改善技术做相对简单的改进。建议对所有选用改进分析的不符合项都进行这样的初步筛选，然后提出表面改善的解决方案。②设计变更分析。不能通过表面改善来纠正的不符合项，通常需要在设计改进上努力。设计变更分析步骤：重新进行功能分析、人机功能分配、分配验证、选择最佳设计修改方案、确认设计（由各专业专家参与）。任何一个修改都不是孤立的，应充分考虑修改对系统内已符合项的影响。设计修改方案应作为一个统一的整体，应包括对有关的技术规程进行修改。

4.4.3　核查表及访问和问卷法的应用

1．核查表的目的及其作用

核查表（checklist）是一种用以检查某一事或物是否符合规定要求的文件。核查表已广泛用作对事或物进行检验、审查、鉴定、评价的一种有效工具。例如，作为核安全法规（HAF •Y0011）的《控制室设计审查导则》全面采用了“核查表”结构。它由人机工程“准则”和“符合性核查表”两部分组成。每项准则的内容在核查表中都有对应的一行空格，空格分为“不适用”“符合”“不符合”“说明”4 栏，以打钩（√）的方式来记录对每项准则的核查结果。在该审查导则中，就控制室人因工程准则共列出了 10 个方面。核查项目多达 1100 项（仅“标牌”的核查项目就有 98 项），其中许多项目还附有图和数据表，内容极其详尽，全面覆盖了控制室设计中所应考虑的人机工程因素。对于审查中发现的“不符合”“不适用”的项目，要求采取纠正、修改措施。“人机工程核查表法”是书面评价法中最常用的评价方法。

一份已成为标准的核查表（如上述的美国核安全技术法规）是按标准化程序制定的。它是由高水平的专家起草，并广泛征询意见，所形成的一个具有权威的专家知识库。

2．核查表的类型和适用范围

（1）类型。为减少人的失误，常见的核查表（广义的）有下列几种类型。①评审性核查表，鉴定系统的设计是否符合相应的准则，如人因核查表、维修性核查表等多用于系统的设计、评价和验收。②程序性核查表，核查工作是否按规定的程序进行，多用于流程的控制，如工作流程、工艺流程、测试流程等。③列项性核查表，核查有关的事项是否都已完备，多用于管理工作，以避免必要事项的疏漏，如交接班事项核查表。④问卷性核查表，核查使用者对系统使用性的反映，多用于对现有系统效果的调研，调研者按核查表特点设计问卷（调查表），由被调查人在问卷上做出回答。⑤设问性核查表，根据解决问题的需要，列出一系列提纲式的问题，然后逐项加以核对和讨论，从中获得解决问题的办法和设想。这是一种激发人的创造性思维的方法，常用的有“5W2H”（What、Why、Where、When、Who、How、How much）核查表和奥斯本检核表等。奥斯本的检核问题表包括 75 个激励思维活动的问题，它启示人们考虑问题要从多角度出发，要从问题的多方面考察、分析。使用这种检核表，能使人有意识地按步骤思考问题，正确、有效地把握解决问题的方向。这种设问性核查表可用于上述各种核查表的设计，尤其适用于解决管理方面的问题。核查表可有多种表现格式。

（2）适用范围。①用于系统的评审。可采用两种类型的核查表，一种由评审人员根据已有的核查表对对象系统进行评审；另一种是制定问卷性核查表，由系统运行人员进行回答，以验证和评价系统的适用性。②用于指导设计，使设计更加周全。③提高组织管理工作的可靠性。把组织管理中的各要素列入核查表，可避免个人考虑不周的弊端。例如，列出交接班中各项事、物及运行参数的核查项目和要求，可减少人为失误。④用于故障或事故的分析和核查。⑤作为可靠性定量计算的基础。若对核查表各栏进行赋值（或加权），再根据不同人因准则项目的重要性进行加权，则其计算结果可作为同类控制室或不同方案相互评价的依据。⑥核查表法不适用于紧急或应急事项，这时需借助个人的业务水平与应变能力。但若事先能列出种种处理应急事项的程序和方法（核查表），并加以培训，则有助于提高人处理应急事件的能力。

3. 访问和问卷（调查表）法

（1）访问是用采访方法与作业人员交谈，收集有关资料的过程。访问可面向个人或班组。

（2）问卷是为了弄清某一问题而设计的一种文件，其中列出若干题目，由被调查者或被试者填写或回答，然后对收集的答卷进行评定，并用统计学方法得出某种结论。问卷法是调查人机系统设计合理性的较为有效的一种方法。

Chapter 5

第 5 章 视觉和显示界面的设计

5.1 视觉系统及其机能

5.1.1 视觉

在人们认知世界的过程中，80%以上的信息是通过视觉系统获得的，因此，视觉系统是人与外界联系的最主要的途径。

视觉是指由进入眼睛的辐射所产生的光感觉而获得对于外界的认识，即眼睛在光线的作用下，对物体明暗（光觉）、形状（形态觉）、颜色（色觉）、运动（动态觉）和远近深浅（立体知觉）等的综合感觉，是物体的影像刺激视网膜所产生的感觉。人的视觉是由光刺激、眼睛、神经纤维和视觉中枢共同作用的结果。

1. 视觉刺激

1）光觉

人眼视觉功能中最重要的是光觉。人眼能感受到可见光的波长为 380～780nm 之间的电磁波。光波具有波长和振幅两个基本特性，光的能量（振幅）大小表现为人对光的明暗（明度）感觉；光波的长短表现为人对光的颜色感觉。不同波长单色光混合，既能改变色调感觉，又会影响色调的纯度——饱和度。人的视觉只能分辨明度、色调和饱和度 3 种颜色性质。

2）间歇光刺激

视觉器官对间歇光刺激的时间辨别，主要表现为对稳定光刺激和不同频率的闪光刺激的分辨能力。当光刺激的闪动频率较低时，容易看成闪光。随着闪动频率的增加，观察者感觉的闪光连续，进而产生稳定光的感觉。刚刚能引起稳定光感觉时的闪光频率称为闪光融合频率。人眼的闪光融合频率（临界频率）受刺激的强度、刺激面积、波长等因素的制约及个体因素的影响。人对闪光频率的绝对辨认能力较低，只能分辨 4 种不同的闪光频率。闪光频率高而产生稳定光的感觉是由“视觉暂留”引起的，外界的形象刺激消失后，在一定时间内形象感觉依然存在，这种现象也称残像。

2. 色觉

1）人眼对色的感受

不同波长的光能引起不同的颜色感觉。光波波长只相差 3nm，人眼即可分辨，人眼可分辨出 180 多种颜色。各种颜色的波长见表 5-1。

表 5-1　各种颜色的波长

颜　色	紫	紫蓝	蓝	青（蓝绿）	绿	黄绿	黄	橙	红
波长/nm	400	450	480	500	540	570	600	630	750

2）色盲和色弱

对红、绿、蓝三原色辨认的缺陷称为色觉缺陷。缺乏辨别某种颜色的能力称为色盲（红色盲、绿色盲、蓝色盲、全色盲）；辨别某种颜色的能力较弱则称为色弱。

由于各种颜色对人眼的刺激不同，人眼对不同颜色的色觉视野也不同。

3. 视觉适应

人眼的感受性随环境光亮度的变化而发生变化的过程称为视觉适应。

1）暗适应

人由明亮环境转入黑暗环境时，开始时视觉感受性很低，随后逐渐提高，约 30min 后趋于稳定，这个过程称为完全暗适应过程。整个暗适应过渡过程较长。

2）明适应

人从黑暗环境转入光亮环境时，视觉感受性迅速下降，经 1min 后完成明适应，明适应过程较短。

3）明暗适应引起的眼疲劳

人眼在明暗急剧变化的环境中，因受适应性的限制，视力会出现短暂下降。若频繁出现这种情况，则会产生视觉疲劳，并容易引发事故。为此，在需要频繁改变亮度的场所，可采用缓和照明或戴一段时间有色眼镜，以避免眼睛频繁地适应亮度变化，而引起视力下降和视觉过早疲劳。

4. 视觉过程

当物体发出的光射入眼睛后，由于眼睛的折光作用而在视网膜上形成物像，视网膜上的感受细胞使光能转换为生物电能，产生电脉冲信息，经视神经纤维传送到大脑的视觉域进行综合处理后，形成视觉映像。这些映像一部分将存储在脑细胞中，另一部分则消失或刺激其他脑细胞，引起某种行为。在此过程中，眼睛为了看清位于给定距离处的目标而改变聚焦，即眼睛自动地进行视觉调节（调视）。

5. 视觉特征

（1）眼睛沿水平方向扫视比沿垂直方向要快，而且不易疲劳，幅度也宽，一般先看到水平方向的物体，后看到垂直方向的物体。因此，很多仪表外形都设计成横向长方形，面板上元器件喜欢采用水平方向排列。

（2）视线习惯于从左到右、从上到下和顺时针方向运动。所以，仪表的刻度方向设计应遵循这一规律。

（3）人眼对水平方向的尺寸和比例的估计比对垂直方向的尺寸和比例的估计要准确得多，因而水平式仪表的误读率（28%）比垂直式仪表的误读率（35%）低。

（4）当眼睛偏离视中心时，在偏离距离相等的情况下，人眼对左上象限的观察最优，依次为右上象限、左下象限，而右下象限最差。视区内的仪表布置必须考虑这一特点。

（5）两眼的运动总是协调的、同步的，在正常情况不可能一只眼睛转动而另一只眼睛不动；在一般操作中，不可能一只眼睛视物，而另一只眼睛不视物。因而，通常都以双眼视野作为设计依据。

（6）人眼对直线轮廓比对曲线轮廓更易于接收，因而面板用的拉丁文字采用大写印刷体，汉字则不宜采用行书。

（7）颜色对比与人眼辨色能力有一定关系。当人从远处辨认前方的多种不同颜色时，其易辨认的顺序是红、绿、黄、白，即红色最先被看到。所以，停车、危险等信号标志都采用红色。当两种颜色配在一起时，则易辨认的顺序是黄底黑字、黑底白字、蓝底白字、白底黑字等。因而，公路两旁的交通标志常用黄底黑字（或黑色图形）。

6．双眼视觉和立体视觉

双眼视觉的意义在于，双眼视野有很大部分重叠，可补偿单眼视野的部分盲区；可扩大平面视野，增加深度感，产生立体视觉。当用单眼视物时，只能看到物体的平面（高度和宽度）；当用双眼视物时，则具有分辨物体深浅、远近等相对位置的能力，形成立体视觉。

立体视觉的效果并不全靠双眼视觉，如物体表面的光线反射情况和阴影等，均会加强立体视觉的效果。此外，生活经验对感受立体视觉也有作用，例如，近物色调鲜明，远物色调变淡，极远物似乎是蓝灰色。工业造型设计与工艺美术中许多平面造型设计颇具立体感，即源于生活经验。

7．中央视觉和周围视觉（边缘视觉）

视网膜中央部位的视锥细胞感色力强，并能清晰地分辨物体，用这个部位视物的称为中央视觉。视网膜上视杆细胞多的边缘部位感受色彩能力较差或不能感受，分辨物体的能力差。但由于这部分的视野范围广，可用于观察空间范围和正在运动的物体，称为周围视觉或边缘视觉。

在一般情况下，既要求操作者的中央视觉良好，同时又要求其周围视觉正常。对视野各方面都缩小到 10° 以内者称为工业盲。两眼中心视力正常而有工业盲视野缺陷者，不宜从事对视野范围有较大要求的工作。

5.1.2　视线和视野

1．视线

视线指眼睛中最敏锐的聚焦点（黄斑中心）与注视点之间的连线。几种常用的典型视线如图 5-1 所示，这几种视线的特征及应用见表 5-2。

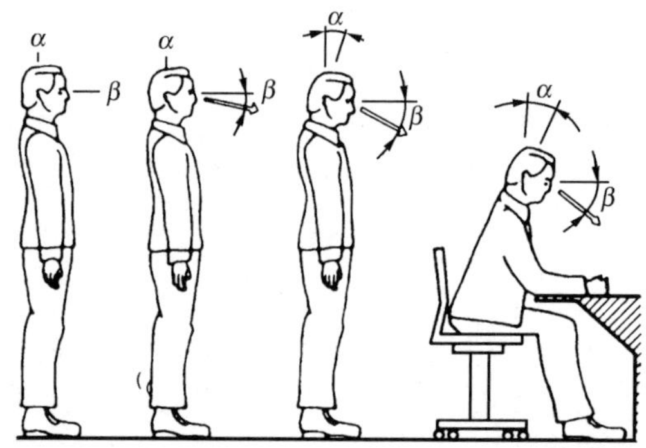

（a）**水平视线**（b）**正常视线**（c）**自然视线**　（d）**坐姿操作视线**

注：图（a）～（c）所示的视线为立姿状态，也适用于坐姿状态。

图 5-1　几种典型的常用视线示意图（DL/T 575.2）

表 5-2　几种视线的特征及应用（DL/T 575.2）

视线名称	姿　势	头轴线的前倾角/（°）	视线对水平线的下倾角/（°）	放松部位	应用举例
水平视线	立正	0	0	—	垂直方向的基准视线
正常视线	立正	0	15	眼	坐姿、立姿观察常用视线
自然视线	放松立姿	15	30	眼、头	坐姿控制台、坐姿阅读、立姿操作常用视线
坐姿操作视线	放松坐姿	25	40	眼、头、背	坐姿操作常用视线

注：如设眼睛放松状态下视线的下倾角为θ（θ=15°），则有$\beta=\alpha+\theta$，即眼睛放松状态下，由头部和背部的放松而导致视线下倾角增大。

1）水平视线

水平视线为头部保持垂直状态、双眼平视时的视线。水平视线是人体矢状面内的基准视线，见图 5-1（a）。在水平视线状态下，头部与眼睛均处于一种比较紧张的状态。

2）正常视线

正常视线为头部保持垂直状态、双眼处于放松状态时的视线，如图 5-1（b）所示。正常视线在水平视线之下约 15°（−15°）。

3）自然视线

自然视线为头部和双眼都处于放松状态时的视线，如图 5-1（c）所示。自然视线在水平视线之下约 30°（−30°）。

4）坐姿操作视线

坐姿操作视线为坐姿作业中双眼、头部和背部均处于放松状态时的视线，如图 5-1（d）所示。坐姿操作视线在水平视线之下约 40°（−40°）。

2．视野

头部和眼睛在规定的条件下，人眼可觉察到的水平面与垂直面内所有的空间范围称为视野。

当头部和双眼静止不动时，人眼可觉察到的水平面与垂直面内所有的空间范围称为双眼的直接视野（自然视线状态），如图 5-2 所示。

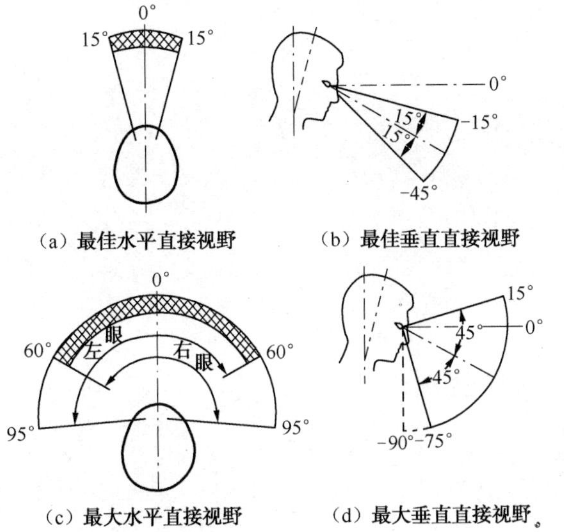

图 5-2 直接视野（▩处为双眼）（DL/T 575.2）

3. 眼动视野

头部保持在固定的位置，眼睛为了注视目标而移动时，能依次地觉察到的水平面与垂直面内所有的空间范围称为眼动视野，可分为单眼与双眼眼动视野。实际上，眼动视野是在上述姿势下转动眼球所可能观察到的注视点的范围，叠加以注视点为中心的相应直接视野而构成的空间范围。双眼的眼动视野（自然视线状态）如图 5-3 所示。

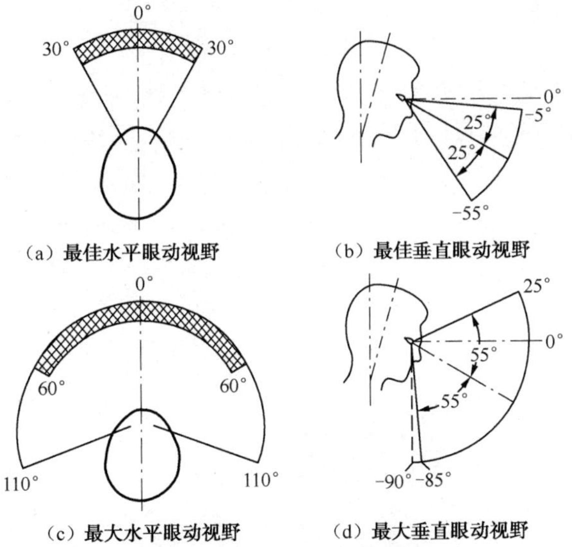

图 5-3 眼动视野（▩处为双眼）（DL/T 575.2）

4. 观察视野

身体保持在固定的位置，头部与眼睛转动注视目标时，能依次地觉察到的水平面与垂直面内所有的空间范围称为观察视野，可分为单眼与双眼观察视野。实际上，观察视野是在上述姿势下所可能观察到的注视点的范围，叠加以注视点为中心的相应直接视野而构成的空间范围。

双眼的观察视野如图5-4所示。

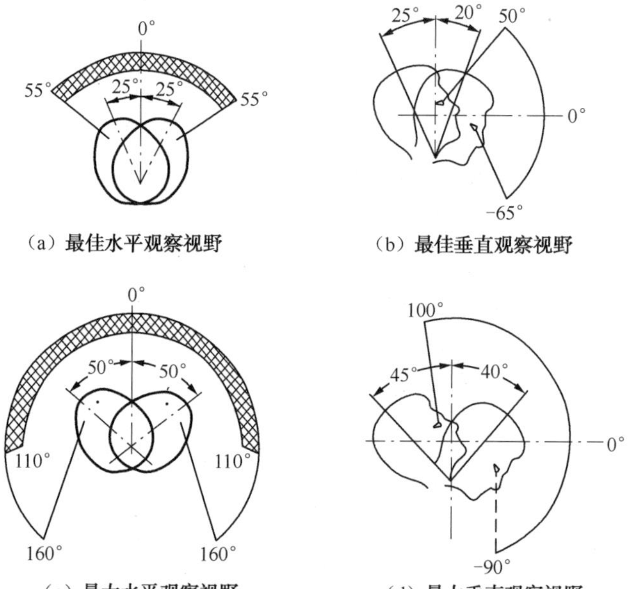

（a）最佳水平观察视野　（b）最佳垂直观察视野

（c）最大水平观察视野　（d）最大垂直观察视野

图5-4　观察视野（▩处为双眼）（DL/T 575.2）

5.1.3　视角、视距和视力

1. 视角

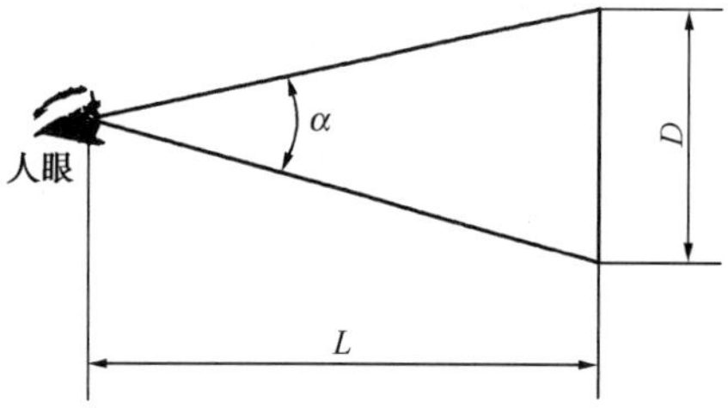

图5-5　视角

视角是由瞳孔中心到被观察对象两端所张开的角度。如图5-5所示，视角α（用“′”表示）与视距L及被观察对象的两端点直线距离D有关，即

$$\alpha=2\arctan（D/2L）$$

在一般照明条件下，正常人眼能辨别5m远处两点间的最小距离，其相应的视角为1′，定义此视角为最小视角。此时视网膜上所形成的物像相当于一个视锥细胞的直径。当视角小于1′时，人眼对观察对象就难以分辨了。不过，如果物体很亮，或者当物体与背景的对比极为明显时，则能看清被观察对象的最小视角可略小于1′；而如果照明不良，即使视角为1′或略大于1′也不易看见。显然，人眼辨别物体细部的能力是随着照度及物体与背景的对比度的增加而增大的。

人正确识别物体的视角为10′～15′。

2. 视距

视距为识别对象与操作者眼睛之间的距离或距离范围，如图5-5中所示的L。而能正确地识别观察对象的视距称为识别视距。实际上，是否能正确识别观察对象的决定条件是视角。当观察距离增大时，应增大相应字符的尺寸。一般来说，设计视距在560mm处较为适宜，小于380mm会发生目眩，超过760mm时细节会看不清。视距过远或过近都会影响认读的速度和准确性，而且视距与工作的精确程度密切相关，应根据具体任务的要求来选择最佳视距。

3．视力（视敏度）

1）视力的概念

视力是指眼睛辨认物体的能力，其定义为临界视角的倒数：视力=1/临界视角。

在实用上是指识别非常接近的两点的能力，若两点处在刚能识别与不能识别的临界状态，此时所视的两点与人眼之间连线所构成的夹角即为临界视角，其倒数即等于视力。

人眼的视力也可用字母“E”的开口方向进行测定。按标准规定，人站在离视力检查表 5m 处，观看表中第十行“E”字，若能分辨清楚，则视力为 1.0，即视力正常，此时临界视角为 1′。视力高达 1.5 时，临界视角则仅为 0.67′。

2）影响视力的主要因素

（1）照明对视力的影响。视力随观察对象的亮度、背景的亮度及两者之间的亮度对比度等条件的变化而变化。照度越小，所要求的分辨视角越大，照度越大，则所需的分辨视角越小。

（2）运动速度对视力的影响。观察者与目标间的相对运动会引起视力的下降。目标速度越快，所需分辨的视角越大。

（3）年龄对视力的影响。随着年龄的增长，人眼的瞳孔孔径变小，晶状体的透明度减弱，因而视力逐渐下降。所以，作业环境的照明应考虑工作者年龄的特点。

5.1.4　各视觉器官机能要素间的相互关系

1．注视点、视线与视野的关系

注视点是指需观察的目标。直接视野、眼动视野及视区划分等均是以这些观察目标（注视点）为中心展开的。在一个控制台或一个控制室的显示屏上可有若干个主要观察目标，在确定注视点时，应考虑相应的视野或视区范围。例如，主要视觉信号（主要观察目标）应置于相关视觉信号的中心位置。

在视野内，仅在围绕注视点的一个很狭窄的范围内视觉信号是清晰的。随着与注视点偏离距离的增加，视觉信号的觉察效果逐渐减弱，若在注视点处对图像的视敏度（视力）为 1.0，在偏离注视点 2.5° 处则可能仅为 0.5。在视野边缘上，人只能模糊地觉察到是否有信号存在，而不可能进行识别。

在本节中，视线是水平方向和垂直方向的视野（直接视野、眼动视野）或视区（良好视区、有效视区）的中线。如把这些视野或视区近似地视作以视线为中心线的圆锥体，则视线移向何处，这个圆锥体也随之移向何处。

图 5-6 所示为操作者在注视一个主要目标（主要显示器）的同时，也可粗略地观察到围绕注视线约 30° 的圆锥体（最佳直接视野）内相关显示器的变化。

对于一个包括模拟屏和控制台在内的显示系统，操作者需面对众多的显示器。在一般情况下，可将 30° 的锥角覆盖于大部分显示器上，进行一般性的、全面的、持续的观察。此时的视觉中心只是一个名义上的注视点，而可能没有实质性的内容，人的注意力不是在某一“点”上，而是在整个“面”上，如图 5-7 所示。

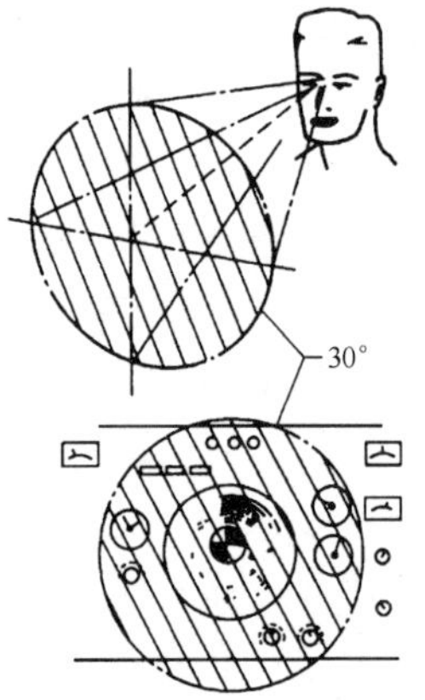

图 5-6　视线与最佳直接视野

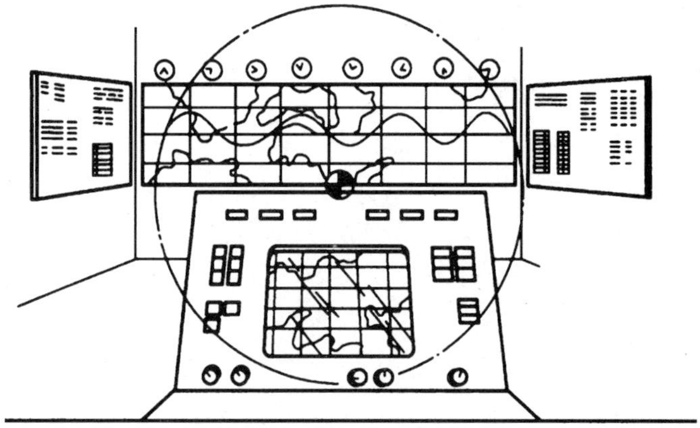

图 5-7　操作者对显示系统的观察

2．视线、视野与坐姿的关系

视线、视野（或视区）还与坐姿有关，它们与 3 种典型坐姿的关系如下。

（1）正直坐姿：躯干线笔直，臀角为 85°～90°的一种坐姿（见图 5-1），其状态与坐姿工作及写字时的姿势基本吻合。

（2）前倾坐姿：躯干线前倾，臀角小于 85°的一种坐姿。当用手操作前方远处（在手功能可及范围之外）的控制器或进行精确监视时，就会暂时出现这种前倾坐姿。前倾坐姿对视野及视区不产生显著影响。

（3）后倾坐姿：躯干线后倾，臀角为 100°～105°的一种坐姿，它与身体在放松状态下观察周围事物时所采取的坐姿相吻合。在头部与身体相对位置不变的情况下，当由正直坐姿改为后倾坐姿时，视线随之上旋，所观察到的视野（或视区）范围也随视线上移。

控制室中立式屏上的显示信号的位置大多高于水平视线，常采用后倾坐姿进行监视；在坐姿工作台作业中，人们也常采用间歇性的后倾坐姿，来改善长时间正直坐姿所带来的疲劳。

3．眼动视野、观察视野与直接视野的关系

视野（包括直接视野、眼动视野、观察视野）为人眼能觉察到信号的空间范围，反映人的视觉生理机能。直接视野为眼球本身能直接觉察到信号的空间范围；眼动视野为人观察事物的基本方式；只有在不得已时，才辅以转动头部去观察事物，此时能觉察到信号的空间范围就是观察视野。直接视野是视野的基础；眼动视野和观察视野为直接视野叠加眼球和头部转动后，所能观察到的空间范围。

5.2 视觉信号

5.2.1　视觉信号的分类和要求

1．视觉信号的分类

（1）按信号的表现形式分类。①文字信号，以文字方式表达的信息，如指明相应功能的各

种标牌和标志上的文字。②数字信号，以数字方式表达的信息，如显示各种运行参数的数值。③符号信号，以形象化的图形符号表达的信息，如安全标志上的各种图形符号。④图形信号，以图形表达的信息，如用曲线来表达波形，以框图表达流程等。⑤图像信号，以图像表达的信息（也包括动画、照片、图片等）。

（2）按显示信息的时间特性分类。①动态信号，所显示的信号随时间而变化，如仪表和显示屏上显示的信号。②静态信号，所显示的信号在一定时间内是保持不变的，如各种形式的印刷符号等。

（3）按信号是否消耗能源分类。①有源信号，由可以迅速改变状态的器件提供信息，该信息指示系统（或设备）运行状态的改变或对危险性进行报警。②无源信号，由给出系统（或设备）或其环境永久性信息的器件所提供的信息，如标牌、标志等。有源、无源信号的功能与特点见表 5-3。

表 5-3　有源、无源信号的功能与特点（GB 18209.1）

信　号	视　觉	听　觉	触　觉
有源	① 以下各项的通/断或变化： ● 颜色 ● 视亮度 ● 对比度（反差） ● （视觉）饱和度 ② 闪光； ③ 位置改变	① 以下各项的通/断或变化： ● 频率 ● 强度（声级） ② 声音类型	① 振动； ② 位置改变； ③ 定位销/按扣； ④ 刚性制动器定位
无源	① 安全标志； ② 辅助标志； ③ 做标记； ④ 形状、颜色	安静	① 形状； ② 表面粗糙度； ③ 凹凸； ④ 相对位置

2．视觉信号的基本要求

欲感知视觉信号，应满足如下要求。

（1）将物体放置在人们的视野内，并且从所有需要观察的位置都可以看到。

（2）与背景相比有合适的视亮度和颜色反差。

（3）图形符号应简单、明晰、合乎逻辑，便于理解且释义明确。

3．视觉信号的感知要求

（1）视觉信号的觉察要求。①信号应根据其重要性和使用频次布置在适当的有效视区之内。②根据信号与人之间的功能关系，选用适当的信号类型并进行合理布置。③适宜的视觉环境，尤其是应具有良好的照明环境（充足的照度，无反光、眩光）和避免振动影响。

（2）视觉信号的识别要求。①信号质量高，易于认读，字符、指针、线条应清晰，与背景和环境间的对比度充分，并满足感知速度与精度的要求。②不同功能的显示信号之间应运用编码技术，使之易于区别。

（3）视觉信号的解释要求。任一给定的信号，都应使作业者能够做出迅速、准确的理解和判断。例如，运用信号的状态、临界值标志，以及成组布置等手段。

5.2.2 信号与操作者之间的位置关系——视区划分

操作者的视野范围是有限的，只能随时依次地注意有限的显示器，应根据操作者的生理和功能的要求，决定视觉信号相对于操作者的位置。

1. 信号与操作者之间的功能关系

（1）觉察作业。系统中那些需要引起操作员注意的信息，是显示信号本身要求操作员的注意（闪光报警或音响报警），或一种、多种显示信号向操作员发出警报（视觉和听觉显示器结合），或系统状态提醒操作员注意检查显示器。

（2）监视作业。监视作业是操作员主动寻找信息的作业，操作员找出并注视显示信号，如各种运行工况信号。

2. 视区的划分

从使用功能出发，在头部静止、眼睛正常活动状态下，根据人眼对视觉信号的觉察效果的优劣，可分为 3 个视区：良好（推荐）视区（A 区）、有效（容许的）视区（B 区）、条件（不合适）视区（C 区），如图 5-8、图 5-9 中所示。

1）觉察作业的视区划分

觉察作业的视区划分如图 5-8 所示。在觉察作业中，视线取决于主要注意中心（由视觉作业所要求）。图中 S 是对注视点（注意中心）的视线。

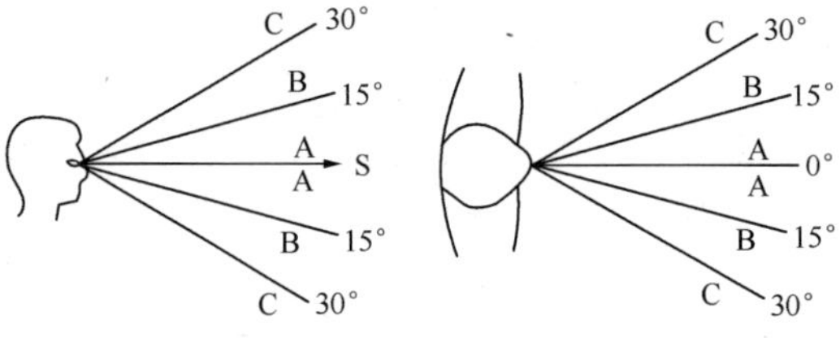

（a）垂直方向觉察视区　　（b）水平方向觉察视区

图 5-8 觉察作业的视区划分（ISO 9355-2）

2）监视作业的视区划分

监视作业的视区划分如图 5-9 所示。在监视作业中，显示器可以布置在水平线以下，这对操作员来说是比较舒适的。图中 S_N 是正常视线（水平线以下 15°～30°）

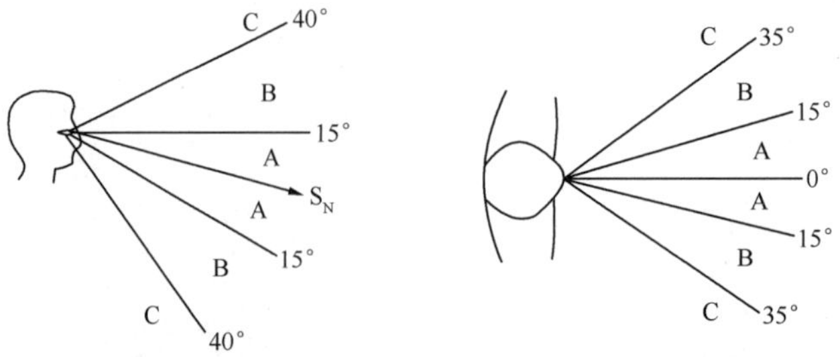

（a）垂直方向监视视区　　（b）水平方向监视视区

图 5-9 监视作业的视区划分（ISO 9355-2）

3）色觉的视区划分

人的视觉对不同颜色的敏感范围小于对白光的敏感范围。色觉的视区划分如图 5-10 所示。

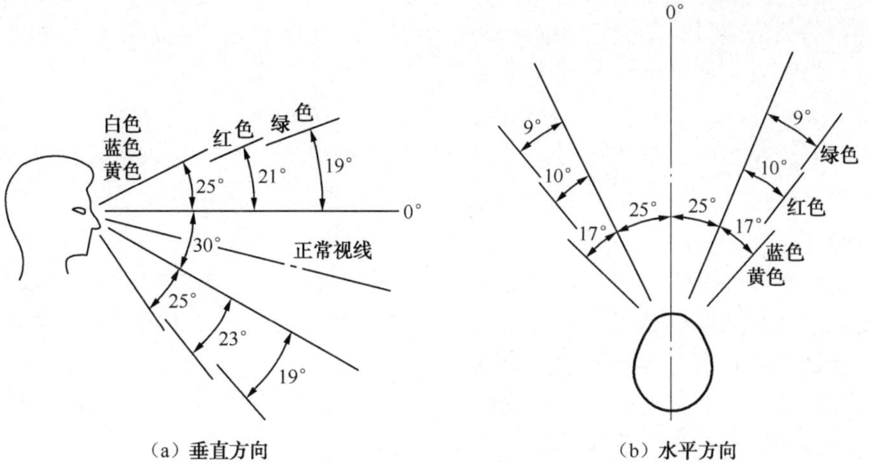

图 5-10　色觉的视区划分（DL/T 575.2）

3．视觉信号的布置

视觉信号一般应尽可能布置在 A 区，当信号较多时，则依次由 A 区向 B 区（如有必要甚至向 C 区）扩展。视觉信号布置的建议见表 5-4。

表 5-4　视觉信号布置的建议

视　　区	适宜的信号
A 区：良好视区	最重要或需频繁观察的显示信号。这是信号的优先布置区
B 区：有效视区	不常观察的或次要的信号；如不能使用 A 区，可用这个区域
C 区：条件视区	仅在不得已的情况下才使用，是一些与安全无直接关系的信号

视觉显示器一般不应布置在 C 区，除非设计者已提供了一些适当的辅助手段，如附加的听觉显示器或其他不需要操作者大幅改变姿势的装置（如转椅）。C 区仅用于对安全运行来说不起关键作用的显示器。

视区（良好视区、有效视区、条件视区）是从视觉信号易于觉察的程度出发，对眼动视野范围内视觉信号布置区（位置）所进行的划分。在视觉显示系统设计中，应以视区划分的数据作为布置视觉信号的主要依据，同时辅以直接视野和观察视野的数据，进行综合运用。对于以色觉识别为主的视觉信号，应注意色觉视区。

5.2.3　信号的对比度和视（认）度（可见度）

眼睛要能辨别某一背景上的某一信号（目标），必须使背景与信号有一定的对比度。它可以是亮度对比度（背景与信号在亮度上有一定的差别），也可以是配色对比度（背景与信号具有不同的颜色）。

人们看信号（目标）的清楚程度，除与人们的视力条件有关外，主要还与该物体的物理条件及其所处的物理环境有关。为了定量地表示这种清楚程度，引进了视（认）度（Visibility）的概念。视度也称可见度或能见度。

1．信号（目标）的亮度对比度

若被观察的信号或目标的亮度为 L_0，其背景或周围环境的亮度为 L_b，则它们之间的亮度差 ΔL（$=L_0-L_b$）与背景亮度之比称为亮度对比度，用 C 表示，即

$$C=\Delta L/L_b=(L_0-L_b)/L_b$$

对比度的概念是比较混乱的，仅在 IEC 技术词典中就给出了 3 种表达式。但近年来的研究结果及 CIE（国际照明委员会）第 19 号出版物中，均逐渐统一采用这一公式。

当信号与背景间的亮度差 ΔL 使信号刚好可见，则称为临界亮度差 ΔL_p。若 $\Delta L \geqslant \Delta L_p$，则这个信号就能够被看见，亮度差越大，越容易看见。临界亮度差 ΔL_p 与背景亮度 L_b 之比，称为临界亮度对比度 C_p（可以观察到信号的最小对比度）。在理想情况下，视力好的人，其临界对比度约为 0.01，也就是说，其对比敏感度达到 100。

需要强调的是，一个信号或目标要能被看见，一定要满足 $\Delta L \geqslant \Delta L_p$ 或 $C \geqslant C_p$。但是临界亮度差或临界对比度并不是固定不变的，它与一定的观察条件，特别是与信号（目标）的视角和背景亮度的大小有关。

2．信号（目标）的配色对比度

1）色彩对比

当将两个或两个以上的色彩放在一起时，通过观察、比较，可辨别出它们之间的差异。这种差异关系称为色彩对比。差异越大，对比效果越明显。色彩对比只能在同一色彩面积内，进行明度与明度、色相与色相、纯度与纯度的比较。实际色彩设计中，往往是两项或两项以上的要素参加对比，这种对比称为综合对比。色彩在色立体上距离越远，对比越强；距离越近，对比越弱。不论是单项对比还是综合对比都是如此。

2）配色视认度

在色彩设计中运用色相对比、纯度对比、明度对比、冷暖对比、面积对比、形状对比、综合对比等对比手段，达到美的视觉效果。然而在信号设计中，关心的是配色对比度，或者说是配色的视认度，以便使底色上的图形色更易辨认。试验证明，配色视认度一般与下述因素有关（其中以图形与底色的明度差别对视认度的影响最大）：①照明光线太弱，视认度差；光线太强，有炫目感，视认度也差；②图形与底色色相、纯度、明度对比强时，视认度高，对比弱时视认度低；③ 图形面积大时，视认度高，图形面积太小时，图形色会被底色“同化”，其视认度就低；④ 图形简单而集中时，视认度高，图形复杂而分散时，视认度低。

一般认为黑白搭配最清晰，其实不然，最清晰的配色是黑与黄，表 5-5 所示为配色的清晰程度（易辨性）的高低次序。

表 5-5 配色的清晰程度（易辨性）的高低次序

次 序	1	2	3	4	5	6	7	8	9	10
底色	黑色	黄色	黑色	紫色	紫色	蓝色	绿色	白色	黄色	黄色
图形色	黄色	黑色	白色	黄色	白色	白色	白色	黑色	绿色	蓝色

表 5-6 所示为配色的模糊程度（视认度低）次序。

表 5-6　配色的模糊程度（视认度低）次序

次　序	1	2	3	4	5	6	7	8	9	10
底色	黄色	白色	红色	红色	黑色	紫色	灰色	红色	绿色	黑色
图形色	白色	黄色	绿色	蓝色	紫色	黑色	绿色	紫色	红色	蓝色

在远距离（30m 以上）、同样粗细的笔画条件下，白色数字比黑色数字更好辨认，而近距离情况则相反。在微光条件下观察时，以白色数字为优，认读黑暗背景上的白色数字比认读明亮背景上的黑色数字的出错率小，且不易疲劳，因而在微光条件下，以采用深底色上的白色数字为佳。

3）配色关注感

视认度高的色未必就是关注感高的色，因为容易被识别辨认的色，不一定会对人有吸引力而引起关注。色的关注感主要取决于该色的独立特征和它在周围环境中惹人注目的程度。例如，以红色作为警戒色而不是用黑、白、黄等色。因此，视认度高的色的搭配是关注感高的一个必要条件，但并非充分条件。一般来说：①有彩色比无彩色关注感高；②纯度高的暖色比纯度低的冷色关注感高；③明度高的色比明度低的色关注感高。

3. 信号的视（认）度

一个信号（目标）之所以能够被看见，是因为它有一定的大小（视角）、一定的照度，以及一定的对比度（信号与背景之间的亮度对比）。当上述条件之一恶化到一定程度，使该信号达到刚刚能被看见又刚刚看不见时，称信号处在临界可见条件。一个信号的可见条件高于其临界可见条件，则可看清楚，高出程度越大，视认度越大。当视角、对比度及背景亮度这 3 个变量之一有较明显的变化时，视认度值就有相应变化。当信号的大小和照度一定时，信号的实际对比度越大，视认度越大。

5.2.4　视觉信号表面色和灯光信号色

海、陆、空交通是国际性的，为确保对各种交通工具的信号颜色进行适当引导和控制，CIE 制定了视觉信号用颜色的国际标准。GB/T 8416《视觉信号表面色》和 GB/T 8417《灯光信号颜色》采用了 CIE 的相应国际标准。它不仅适用于各类交通工具，而且适用于一般的报警信号设备和颜色编码。

1. 视觉信号表面色

（1）普通色。材料表面的普通色是通过入射其表面的光线，有选择性吸收后显示的颜色。信号用普通色包括红色、橙色、黄色、绿色、蓝色、紫色、白色、灰色、黑色、棕色等。

（2）荧光色。视觉信号表面采用昼光荧光色的有色材料（如油漆、颜料或染料等在昼光下具有光致发光性质的材料）制作的颜色。信号用荧光色包括红色、橙色、黄色、绿色等。

2. 表面色的使用

（1）在所有使用表面色的视觉信号系统中，尽可能地减少颜色的数量。易于辨认的颜色是红色、黄色、绿色、蓝色、黑色和白色。橙色、紫色、灰色和棕色可用作辅助色，使用时应避免发生任何混淆。

（2）当信号标志只用于为近距离和中等距离提供信号时，如公路交通信号标志，则可使用对比色组合，采用有特色的符号和不同形状来帮助辨认信息。

（3）当信号标志用于为远距离提供简单信息时（如海上信号装置），不应将光标表面分割成不同的颜色区域，以免由于视觉锐度的限制可能会造成颜色的混淆。但如果每个光标只使用一种颜色，则整个系统的颜色一般应不超过3种，首选颜色应是红色。

（4）为特殊的信号系统选择颜色时，通常是给每种颜色规定比本标准确定的范围更小的色品范围和亮度因素界限，以使系统内部各种颜色更加一致。当系统中的信号标志相距较近而连续出现时更应如此。还应避免同一系统的不同信号标志间颜色纯度发生大的波动。

（5）在选择信号系统使用的颜色时，探测信号标志及辨认它的形状，都需要信号标志与其所处环境的亮度和色品形成鲜明对比。同样，文字和符号是否可读也取决于它们和背景色之间的对比度。

（6）信号标志应适时检查，并进行清洁处理，以解决积垢、烟熏变黑、盐的沉积等造成的颜色变化问题。

（7）颜料和其他材料的颜色可能会因露天放置、污染和积垢、烟熏造成的老化而发生变化。一些材料，尤其是塑料材料和荧光色材料在日照作用下会发生颜色的改变。为确保一旦颜色不再符合标准的范围能够及时更换表面色材料，应有必要的定期检查。

3．影响表面色效果的因素

（1）光源变化的影响。光源的变化总会造成表面色的色品和亮度因素的变化。应在实际应用中的光源下核查信号标志颜色。必要时应在信号标志附近安装专用的照明设施。

（2）异常色觉。考虑到大部分色觉异常者混淆颜色的情况，一般应选择红、蓝、黑和白色作为信号标志颜色。如在一个信号系统中，需同时使用绿、黄、红色，应避免使用色品区域上靠近黄色区域一边的绿色。可采用其他措施，如形状、图形和对比度，作为防止颜色混淆的辅助保证。

（3）表面状态对普通色的影响。材料的反射性质受其表面状况的影响。即使同一材料，测量到的颜色也会因其表面是否有光泽而不同，无光泽的表面的亮度因素要高一些。应对一些有代表性的样本进行测量，这不仅包括一个信号系统中信号标志所用材料的颜色，还包括其表面的状况。

（4）荧光色的褪色。①应特别注意日照、恶劣天气和磨损会使荧光色迅速褪色，即使只是几天不对其进行维护，颜色的色调和亮度因素也会发生很大的变化。②特殊的保护层可减缓褪色的速度，将颜色的寿命至少延长至两年。这些颜色在不同的使用环境下的正常寿命并不十分确定，应经常对荧光色进行检查。如果选择在同一信号系统中同时或轮流使用荧光色和非荧光色，就需要特别谨慎，因为不同颜色褪色速度不同，会使它们的色品出现差异，给使用造成困难。

4．灯光信号（包括闪光信号）色

灯光信号色为红色、黄色、白色、绿色和蓝色，不得使用其他颜色。

注意：①橙色不宜用作光信号，因为它容易与红色和黄色混淆；②信号系统所用颜色通常不超过4种。

5.3 视觉显示器的类型和选用

5.3.1 视觉显示器的分类和设计原则

1. 视觉显示器的分类

在信息交往过程中，利用人的视觉通道向人传递信息的装置称为视觉显示器。视觉显示器的形式多种多样，可按不同原则进行分类。

（1）按显示形式分类。①模拟显示器，用标定在刻度上的指针来显示信息，如各类仪表。其特点是，能连续、直观地反映信息的变化趋势，使人对模拟值在全量程范围内一目了然。②数字显示器，直接用数字形式（非连续值）来显示信息，如各种数码显示器（屏）、机械和电子的数字记录器等。其特点是，认读过程简单、迅速，读数准确、精度高。③状态显示器，显示离散状态的信息，通常为指示设备开、关状态的信号灯，也称二进制显示器。它所表达的信息简明、扼要、稳定、易于感知。④屏幕显示器，用屏幕显现由计算机驱动的图像，如 CRT（阴极射线管）、LCD（液晶显示器）等。这类显示器不仅显示空间小、显示格式灵活多变，而且具有综合显示多种信息的独特优点。

（2）按显示信息的精度分类。①定量显示器，以具体的数值来显示信息变化量，它既可显示动态信息（如电流、电压的变化），又可显示静态信息（如用标尺指示长度）。②定性显示器，只能显示某种信息变化的近似值、变化趋势等，如用红绿灯指示通断，用箭头标明运动方向等。

（3）按显示的时间特性分类。①动态显示器，显示的信息随时间而变化，如温度计、电流表等。②静态显示器，显示的信息在一定时间内保持不变，如标牌、安全标志等。

（4）按显示器的结构特点分类。①机械显示器。②电致发光显示器，包括 CRT（阴极射线管）显示器、发光二极管（LED）显示器、液晶显示器（LCD）、等离子显示器（PDP）、场致发光（EL）显示器、电致变色显示器（ECD）和电泳显示器（EPID）等。③透射照明显示器，用灯泡作为光源。

（5）按显示功能分类。①读数用显示器，用具体数值显示系统或设备的有关参数，常用数字显示器。②检查用显示器，用以显示系统状态参数偏离正常值的情况，一般无须读出其确切数值。③警戒用显示器，用以显示系统或设备是处于正常还是异常运行状态。如用模拟显示器，则在仪表盘上设有分区标志；如用状态显示器，则以黄色光表示预警，以红色光表示告警（如控制室中常用的“光字牌”）。④跟踪用显示器，根据显示器提供的信息，进行跟踪控制，以便使系统或设备按照所要求的动态过程运行。这类显示器可用模拟显示器，若用屏幕显示器可能更佳。⑤调节用仪表，只用以显示控制器调节的值，而不显示系统或机器运行的动态过程。

2. 视觉显示器的设计原则

1）对视觉显示器的基本要求

视觉显示器必须满足以下 3 个基本要求。①能见性，即显示的目标易被觉察。②清晰性，即显示的目标不易被混淆。③可懂性，即显示的目标意义明确，易被迅速理解。

2）视觉显示器设计应遵循的原则

为了实现以上3方面的要求，视觉显示器的设计必须遵循以下原则。①根据使用要求，选用最适宜的视觉刺激维度作为传递信息的代码，并将视觉代码的数目限制在人的绝对判别能力允许的范围内。②使显示精度与人的视觉辨认能力相适应。显示精度过低，不足以提供保证人机系统正常运行的信息；显示精度过高，有时会提高判读难度和增大工作负荷，导致信息接收速度和正确性下降。③尽量采用形象直观和与人的认知特点相匹配的显示格式。显示格式越复杂，人的认读和译码时间越长，越容易发生差错。应尽量加强显示格式与所表示意义间的逻辑关系。④对同时呈现的有关联的信息尽可能实现综合显示，以提高显示效率。⑤目标与背景之间要有适宜的对比关系，包括亮度对比、颜色对比和形状对比等。一般认为，目标要有确定的形状、较高的亮度和明亮的颜色，必要时还要使目标处于运动状态。背景相对于目标应较为模糊、颜色深暗、亮度较低，并尽量保持静止状态。⑥具有良好的照明质量和适宜的照明水平，以保证对目标的颜色辨认和目标辨认。⑦根据任务的性质和使用条件，确定视觉显示器的尺寸和安放的位置。⑧要与系统中的其他显示器和控制器在空间关系和运动关系上兼容。

5.3.2 模拟显示器

1. 模拟显示的特点

（1）由于各种物理参量之间有着一定的运动规律性，因而可以将一些不能直接或不能精确地直接感受的物理量（如温度、压力、磁场等），用人们易于观察的物理量（如线位移、角位移等）来表示。这种处理方法在工程上称为物理模拟法，而用物理模拟法的原理来显示被测信息量的仪表称为模拟显示仪表，如常见的电流表、电压表、温度表等。

（2）模拟显示仪表可靠性高、稳定性好、价格低廉，特别是指针移动式模拟显示仪表，能连续、直观地反映被测信息的变化趋势，这是模拟显示的最大特点。模拟显示应用于显示与定性信息（如运动趋势和方向）结合的定量信息，以及在只显示定量信息而不要求使用打印机或计数器的场合（如反应的速度和精度）。

2. 模拟式仪表的类型

包括：①指针（活动）式仪表，度盘固定，指针运动。其刻度方式有圆形、扇形、水平直条形和垂直直条形。②度盘活动式仪表，指标（针）固定，度盘运动，有圆形、扇形、水平直条形和垂直直条形。③发光式模拟显示，以光柱的长短变化来显示信息的变化，通过刻度读取数值，常用的有水平直条形和垂直直条形。

3. 对仪表显示性能的基本要求

仪表显示除需满足5.3.1节中的设计原则外，还应满足下列要求。①显示的精确度与人的视觉辨认特性及系统要求相适应，保证最少的认读时间，避免认读时因临时插补而降低效率、增加差错的可能。②信息种类和数目不宜过多，同样的参数应尽量采用同一种显示方式。③仪表设计（尤其是仪表盘面的设计）应符合人的视觉特性，以保证操作员迅速而准确地获得所需要的信息，减少培训时间和受习惯干扰造成解释不一致的错误。④不使用容易引起误解或干扰对信号认读的装饰（如色彩鲜艳或光亮的壳体），一切装饰都必须以有利于对信号的认读、减少差错、提高效率为目的。⑤刻度盘的盘面、标记和指针间的亮度对比度至少应为 3.0。⑥推荐使用具有运动的指针和固定的刻度（度盘）的显示器。

4．模拟式仪表的编码

需考虑：①刻度盘面的编码可用来传递期望的操作范围、危险操作的程度、不正常状态或无效状态等信息；②当某些操作条件始终处于刻度盘的给定范围时，这些部位应该借助仪表盘的图案编码或颜色编码使其容易辨认；③可采用红色、黄色和绿色，条件是其含义与有关标准所规定的意义一致，并且在预期的照明条件下都能分辨。

5．发光式模拟显示

这是一种以发光信号的连续变化来代替指针运动的模拟显示，其形似温度计（但以发光的光柱代替水银柱），光柱实际上由若干发光点组成，显示值可由旁边的刻度读出，可进行连续的定量信息的显示。这种发光式模拟显示具有指针式模拟显示的全部优点，既能连续、直观地反映信息的变化趋势，使人对模拟值在全量程范围内一目了然，又可以在刻度处做出上、下限值标记或以颜色标出正常/警戒/危险区的标记。其刻度大多采用线性刻度，既可竖放又可横放。光柱较指针更为醒目，在相同的显示清晰度下，视距可以较大，并利于在环境照明较弱的场合使用，也适于在振动场所使用。

5.3.3　光电显示器

1．透射照明显示器

透射照明显示器是用灯泡作为光源的显示器，包括：①单个和多个图例灯；②简单的指示灯；③透射照明的仪表板组件。其特点和功能如下。

（1）用途。①向操作者显示定性、定量信息；要求操作者立即反应或注意重要的系统状态。这样的显示器偶尔也可用于维修和调试功能。②设备响应。指示灯，包括那些照明按钮，应显示设备的响应，而不仅仅显示控制位置。③信息。指示灯和有关指示器的使用应节制，应只显示系统有效操作所需的信息。

（2）明确的反馈。显示器状态改变应表示其功能状态的变化，而不仅仅表示操作动作的结果，表示没有信号或视觉指示，或者它们消失，不应用来表示“失效”“运行失常”或“超差”等状态。

（3）亮度。透射照明显示器的亮度应与预期的环境照明亮度相适应，至少应高出背景亮度 10%。在必须降低眩光的场合，透射照明显示器的亮度最多是背景亮度的 300%。

（4）灯泡。①指示灯应含有备用灯泡或装双灯泡。当一个灯泡失效后，光的强度应明显下降以表明需要更换灯泡。但此时的光强度仍不能下降到损害操作者工作效率的程度。②在可能的场合，应能从显示仪表板前面更换灯泡。灯泡的更换过程应不需要工具，容易且可迅速完成。③显示器的电路设计，应允许带电更换灯泡而不引起显示器电路元件故障或危及人员安全。

（5）颜色编码。军用设备透射照明显示器应使用航空用色，并遵循以下颜色编码规则。①闪烁红光应只能用来指示要求操作者刻不容缓地采取行动的应急情况，或用来防止造成人员伤害、设备损坏或两者同时发生等情况。②红色应用来警告操作者注意，系统或系统某部分已不运行，或在采取适当纠正或补偿措施之前，不能成功地执行任务。使用红色编码的指示器有显示“运行失常”“错误”“故障”“失效”“武器准备完毕，准备发射”等信息的显示器。③黄色应用来提示操作者存在某一临界状态。黄色也可用在提醒操作者必须注意、重新检查或意外延误的场合。④绿色应用来指示被监视设备不超差或情况良好、运转正常（如“准许”“不超差”“准备”“起作用”）。闪烁为“故障”。⑤白色应用来指示不具有“正确”或“错误”含义的系统状态，如可供选择的功能（如选择启动某装置等）或短暂状态（如启动或测试正在进行中，功能有效等）。这种指示并不意味着操作成功或失败。⑥蓝色应用于提示灯，但避免优先使用蓝色。

（6）闪光信号。①闪光信号比稳定光更引人注意，因此，警告信号宜采用闪光信号。但应尽量减少闪光信号的使用。②只有在需要唤起操作者注意，并要求立即采取措施的情况下，或用来避免即将到来的人员伤害、设备损坏时，才使用闪烁指示灯。③指示灯闪烁频率应为2～4次/s，亮和暗的时间大致相等。能同时亮的闪烁指示灯应同步闪烁。如果闪烁指示灯通电而闪光装置发生故障，则指示灯应一直发光。④信号灯的闪烁频率可为0.67～1.67Hz。亮与暗的时间比为1∶1～1∶4。亮度对比较差时，闪烁频率可稍高。

2. 点阵/线段（笔画）显示器（数码显示器）

下列设计准则可用于显示字母、数字和符号信息的显示器。①用途。点阵、14线段或16线段的显示器可用于相互作用的计算机系统、仪表、航空电子设备、导航和通信设备，它们均要求用字母、数字、矢量图、符号或实时信息显示。7线段显示器只适用于数字信息的显示。②符号的分辨率。点阵符号的最小分辨率为5×7个点，最好是7×9个点。如果系统要求符号旋转，最少要求8×10个点，最好为15×21个点。③字母、数字和符号大小。字母、数字和符号所对的视角不应小于16′。必须在飞行环境下判读的飞行显示器上的字符，其视角不应小于24′。④大写字母的使用。字母应大写。⑤观察角。最佳观察角度是视线与显示器垂直。点阵或线段显示不得在偏离轴线大于35°的观察角呈现。⑥光颜色。单色显示器按优先次序使用下列颜色：绿色（555nm）、黄色（575nm）、橙色（585nm）和红色（660nm）。应避免使用蓝色发光体。⑦亮度控制。应设置亮度控制器，以保持合适的清晰度和操作者的暗适应水平。⑧红色字母、数字发光二极管/线段显示器，不应与红色警告灯组合在一起或与其邻近。

3. 图例灯（符号灯）

应用图例灯应考虑以下几点。①用途。除要求用简单指示灯的场合外，应优先使用图例灯。②图例信号的形状。图例信号的形状最好能与其所代表的意义有逻辑上的联系，例如，用“→”指示方向，用“×”或“(-)”指示禁止，用“!”指示危险等。③颜色编码。图例灯颜色编码应与上述一致。用来指示人员灾难或设备毁损（闪烁红色）、注意或迫近危险（黄色）、一切运行正常（绿色）或运行失常（红色）的图例灯，应明显地比所有其他的图例灯大，最好更亮。④正/反图例。当操作者必须保持暗适应时，或在高环境照明下的清晰度又非常重要的场合，应该采用亮标记/暗背景的格式，亮背景/暗标记的格式只用于关键的告警指示器（即主警告灯）。当操作者不需要暗适应时，应该采用亮背景/暗标记的格式。在这种情况下，可利用对比度反转来设计同一面板上与图例开关外形相似的显示器。⑤多功能图例。所设计的可以交替显示图例的指示器，应一次只显示一个图例，即只有正在用的图例可见。如果指示器装置使用“重叠的”图例，它应设计成当后继图例出现时，不应被前面的图例遮蔽；视差尽量小；后继图例的亮度大致等于前面图例的亮度，并且后继图例与背景的对比度和前面图例与其背景的对比度相等。

4. 简单指示灯

应用时应考虑以下几点。①用途。当设计排除使用图例灯时可用简单指示灯。②间距。简单的圆形指示灯组件的相邻边缘之间的间距，应足以允许清楚地加标记、信号解释，并便于更换灯泡。③编码。简单指示灯的编码应与表 5-7 所示一致，但是表中所列的不同尺寸只有引起注意的作用。在亮度相等的情况下，重要的指示灯尺寸应大于次重要的指示灯尺寸。

表 5-7　简单指示灯的编码（GJB 2873）

类　型	颜　色			
	红　色	黄　色	绿　色	白　色
直径 13mm 或以下/常亮	失效、已停止的运行、故障、停止运行	延迟、检查、重检	准许、不超差、可接收的、准备	功能或物理上的位置，在过程中运行
直径 25mm 或以上/常亮	总警告（系统或子系统）	极端注意（迫近危险）	总状态（系统或子系统）	—
直径 25mm 或以上/闪烁（2～4 次/s）	应急状态（迫近人员伤害或设备毁损）	—	—	—

5. 发光二极管显示器

发光二极管常用作数码显示器（屏），具有亮度高、字型清晰、可在低电压（1.5～3V）下工作、体积小、寿命长、响应速度快等优点。应用发光二极管应考虑以下因素。①要求。一般来说，除下面规定外，发光二极管的标准应与透射照明显示器的要求相同。②用途。发光二极管只有在预定的使用环境（封闭、阳光直射、低温）中具有足以满足判读要求的亮度，它才能用于包括图例灯和简单指示灯在内的透射照明显示器及矩阵（字母、数字）显示器。③亮度控制。应像白炽灯的亮度调节一样，发光二极管的亮度也应能满足调节要求。④颜色编码。除红色字母、数字的显示外，发光二极管的颜色编码与透射照明显示器相同。但红色发光二极管不应位于其中所指红灯的附近。

6. 电致发光显示器

（1）用途。电致发光显示器可用于要求使用透射式显示器的任何系统。此外，它们还可以替代现有的机械仪表。它具有质量小、节省仪表板空间、功耗低、发热少、照明分布均匀、寿命较长、消除显示器的视差和灵活等优点。电致发光显示器也可用于灯的突然故障会导致灾难性后果的场合。

（2）字母、数字和符号的大小。字母、数字、几何符号和图形符号的高度所对的视角不应小于 15′。字母应由大写字母组成。飞行显示器的字母、数字的视角不应小于 24′，以保证飞行环境条件下有足够的清晰度。

7. 透射照明面板组件

（1）用途。透射照明（整体照明）面板组件可用于：为控制板提供照明标记；为透射照明的控制旋钮提供光源；为控制板上的相关标记提供照明，如控制器间的连线，功能相关的控制器组、显示器组或控制器与显示器组合的框线；产生系统过程、通信网络或其他信息/部件组合的图像显示。

（2）单一大图像、图形显示板。单一大图像、图形显示板用来显示系统过程、通信网络或类似用途，它应符合上述可见度、清晰度、颜色和照明的要求。

（3）多灯照明。当用可更换的白炽灯作为整体照明面板组件的照明光源时，应在不拆开面板的情况下就能很容易地进行照明灯的转换。应设置足够数量的灯，做到一个灯损坏时，不会导致不能判读显示器的任何部分。

（4）亮度。被照明的标记和透射照明的控制器的亮度应与周围环境和操作条件（暗适应要求）相适应。在要保持适当的可见性和操作者的暗适应水平的场合，应设置由操作者调节的亮度（明暗调节）控制器。

5.3.4 屏幕显示器

用屏幕显现图像，屏幕显示直观、速度快、显示空间小，并可综合显示多种信息，显示格式灵活多变，对显示内容可进行实时加工和处理，使人机联系更加密切、方便，因而发展迅速、应用广泛，已成为自动控制和办公自动化应用中最重要的视觉显示器而在人机系统中发挥作用。屏幕显示器可实现下述 3 种显示：①字符显示：数字、字母、汉字、符号；②图形显示：显示各种线条和图形；③图像显示：显示各种图像，来自客观世界的图像称为“客观图像”，人为制作的计算机图像称为“主观图像”，主观图像可使许多显示内容更加形象、更易感知。

1．平板显示器

1）平板显示器的类型

（1）按用途可分为：①手机视觉显示屏；②电脑视觉显示屏；③大型平板显示屏；④其他用途的视觉显示屏，如家电、办公用品、公共设施用的视觉显示屏等；⑤触摸屏。

（2）按显示媒质和工作原理分为：液晶显示器（LCD）、等离子显示器（PDP）、发光二极管（LED）显示器、有机电致发光显示器（OLED）、场发射显示器（FED）、真空荧光显示器（VFD）、投影显示器（微机电系统显示器 DMD/DLP）等。不同显示技术采用不同材质。即便是同一种显示技术（如液晶显示）也有不同的材质，并且由材质主导显示质量等级。

（3）按质量等级可分为：低端（普及型、通用型）、中端、高端显示器。

2）平板显示器的要求和用途

详见 10.3.1 节。

2．大屏幕光学投影显示器

（1）用途。如果能适当地控制环境照明，光学投射显示器适合于要求组合显示、图像信息和空间信息、先前过程与实时显示、人工产生图像、外景模拟及叠加多源数据等应用。当前方投影受物体遮挡使可见性差，或工作区因其他活动需要高环境照明时，应采用后投影。

（2）座位设置区。视距/图像宽度之间的关系，以及观察供群体观看的光学投影显示器时的视线对中心的偏离，应符合表 5-8 中的优选极限，并且不超出允许极限。个人从某一固定位置上观察时，其视线对中心线的偏离不得超过 10°。

（3）图像亮度和照明分布。图像亮度和照明分布应符合表 5-8 中的优选极限，不得超过允许极限。总之，在最大视角中屏幕中心的亮度应至少是其最大亮度的 1/2。

表 5-8　光学投影显示器的群体视线（GJB 2873）

因　素	最 佳 值	优 选 极 限	允 许 极 限
视距与屏幕对角线之比	4	3～6	2～8
偏心角/（°）	0	20	30
图像亮度（在操作投影器过程中无胶片）[①]/（cd/m^2）	35	27～48	17～70
整个屏幕的亮度变化（最大亮度与最小亮度之比）	1	1.5	3.0
作为观察位置函数的亮度变化（最大亮度与最小亮度之比）	1	2.0	4.0
环境亮度与图像最亮部分之比	—	0.002～0.01	最大值 0.1[②]

注：①幻灯放映可用最大值。

②显示无灰度或彩色（如线条图、表格），可用 0.2。

（4）投影数据的清晰度。①字体：数字和字母应使用简单字体。除扩展的复制或长文体信息外，使用大写字母而不用小写字母。②大小：字母和数字的高度（除单笔画字符和数字 1 外）应不小于 15′视角（物体的视在高度需用视角表示）。在任何情况下不得小于 10′。上述高度均在预定的最大视距处测定（见 5.1.3 节）。

（5）投影数据的对比度。①亮度比：在最佳环境照明条件下，光学投影显示器的亮度比应为 500∶1。观察图表、印刷体文本和其他的通过幻灯片放映机或投影显示的线条图所要求的最小亮度比为 5∶1。在阴影和细节方面受限制的投影，如亮度范围有限的动画片和照片，其最小亮度比应为 25∶1。全色图像（或有灰度的黑白照片）的最小亮度比应为 100∶1。②对比度极性：当不采用叠加时，对比度可以是暗背景上的亮目标或反之。对于减色叠加（在光源上），数据应以暗标记在透明背景上的方式呈现；对于加色叠加（在屏幕上），数据应以亮标记在不透明的背景上的方式呈现。彩色标记应避免用比较明亮的彩色做背景。③对准：叠加上的字母、数字资料或其他符号的位置偏移应该降至最小。

（6）梯形畸变效应。投影仪屏幕的布置应使“梯形畸变效应”降至最小，即应使由于投影仪与屏幕不垂直所引起的投影资料比例的畸变降至最小。

5.3.5　机械显示器

在适用的情况下，可针对不同的用途选择直读计数器、打印机、绘图仪等。

1. 计数器

（1）应用需考虑以下因素。①用途：当不需要指示连续趋势，但要求迅速、精确地呈现定量数据时，可使用计数器。②安装：计数器应尽量靠近仪表板面安装，以便使视差、阴影减至最小，而使观察角增至最大。③数字间的间隔：数字之间的横向间隔应在数字宽度的 1/4～1/2 之间，不应使用逗号。④照明：当在由环境照明提供的显示器亮度低于 3.50cd/m^2 的区域内使用计数器时，计数器应自备照明。⑤涂层：计数器鼓轮的表面及其周围区域应涂无光泽涂层，使眩光减至最小。⑥对比度：数字和背景的颜色应具有高对比度，按应用要求选取白底黑字或黑底白字。

（2）运动。应按需要选择如下运动方式。①跳动：改变数字最好用跳动而不用连续运动。②速率：当要求观察者连续判读数字时，数字应逐个出现，速率不高于 2 个/s。③方向：计数器复位旋钮旋转，应按顺时针旋转增加计数指示或复位。④复位：用来指示设备顺序的计数器，应设计成完成程序后自动复位，也应提供手动复位。手动复位的机械计数器使用按键时，其触动压力不应超过 16.7N。

2．打印机

应用打印机应考虑以下因素。①用途：当需要或希望保持视觉记录数据时，应使用打印机。②可见性：打印的材料不应有覆盖、遮掩和模糊不清，以免妨碍直接阅读。③对比度：打印材料与其背景之间的最小亮度对比度应不小于 3.0。④照明：如果打印件在为操作而设计的环境照明下不清晰，则应给打印机安装内部照明。⑤卷纸装置：应配备打印材料的卷纸装置。⑥注释：在适用场合，打印机的安装应使打印材料（如纸、镀有金属薄膜的纸）仍在打印机上，操作者便可容易地注释。⑦清晰度：打印机输出不应有字行不齐、字符倾斜或涂污等现象。⑧打印的纸带：打印在纸带上的信息，应是从机器上直接接收到的信息，该信息不需将纸带拼接便能直接判读。

3．绘图仪和记录仪

应用绘图仪和记录仪应考虑以下因素。①用途：当需要或希望有一种可见的连续图形数据时，可使用绘图仪和记录仪。②可见性：被打印的内容不应被遮挡及影响直接阅读。③对比度：绘出的函数与它的背景之间的亮度对比度不应小于 1.0。④卷纸装置：当需要时，应安装送出绘图材料的卷纸装置。⑤工作辅助设备：为了正确标明某些图形数据，应配备对其有重要作用的图形覆盖片，但这样的辅助设备不应使数据难以辨认或畸变。⑥弄脏/涂抹：操作使用时，绘图仪应耐脏或耐涂抹。⑦注释：绘图仪和记录仪的设计和设置，应便于操作者对仍在绘图仪/记录仪中的纸书写或做标记。

4．告警旗标

应用告警旗标应考虑以下因素。①用途：旗标可用来显示定性的、非紧急的状态。②安装：旗标应尽可能紧贴仪表板面安装，不限制它们移动或不遮蔽必需的信息。③跳动：旗标应跳动操作。④对比度：在所有预期的照明条件下，旗标与其背景之间的亮度对比度不应小于 3.0。⑤故障指示：当用旗标指示视觉显示器的故障时，旗标的位置应遮蔽操作者所能看见的故障显示器的部分，且在所有预期的照明水平条件下，操作者应能明晰地看到旗标。⑥字符标识：当在旗标上加有字符标识时，无论旗标处于起作用还是运行失常位置，文字都应直立。⑦测试设备：应提供测试告警旗标运行的简便方法。

5.3.6 显示器的信号解释设计

显示器所显示的信号的意义，应易于为操作员判读理解（译码）。显示器给出的信号可以不同的方法解释，这取决于操作员所执行的任务、他们观察显示器的原因（如紧急状态或正常状态）及其经验和培训。显示器应尽可能在任务分析的基础上进行设计。

设计者帮助操作员以下述方法迅速、安全和正确地判读显示器是很重要的。

（1）显示操作员所需要的最简单的信号，以做出正确判断（如二状态显示：开/关）。

（2）当不可能采用二状态显示器时，显示最简单的定性信息将是充分的（如空/低/正常/高/满）。

（3）只有当上述（1）和（2）不能提供充分信息时，才选用连续的定性信息。

（4）当（3）被采用时，在保持有效控制的限度内，显示器刻度尺上的分度数应尽可能少。

（5）在（3）被采用的情况下，使用着色刻度、参考标记或可调标志，以帮助辨认临界显示值。例如，利用上、下限标志表示正常运行的极限。

（6）彼此相关的显示器（如根据功能或过程）应成组布置，以强调它们的联系。

5.3.7　显示器的选用

目前，显示器的设计、制造均已专业化。在系统和设备设计中，设计师的主要任务不是设计显示器而是选用显示器，即使需用一些特殊功能的显示器，也是以现有显示器为基础进行改进性设计。由系统设计师提出对新的改进型显示器的技术要求，与专业厂协作，由专业厂进行具体显示器的设计和制造。对系统和设备设计师来说，其主要任务就是在充分了解各种显示器的原理、功能、特点的基础上，根据系统的技术性功能和人机工程要求选用适用的显示器方案。

1．根据不同的任务选用显示器

（1）感知显示信号的任务类型。应该选用哪种显示器，取决于其使用目的，特别是主要识别任务。在使用中对显示器的观察任务有 3 种基本类型。①读取数据。这是一项感知任务，其目的是要确定显示的数据或距规定值的差。为此，要求显示值的变化率较低，以便进行准确的观察，数字显示的数码变化应每秒不快于 2 次。②检查数据。检查是通过短暂一瞥的方式进行的，看显示值与规定值是否相同，或看显示值是否在允许的范围内。③监视数据变化。观察者注意数据变化的方向和速率。

（2）各种显示器对任务的适用性。①不是所有的显示器都能适合上述各项识别任务，表 5-9 概要地介绍了各型显示器对不同识别任务的适用性。这是根据避免出现感知错误、快速识别和便于识别的原则归纳出来的。按此选用显示器将减少感知错误，并有助于快速辨认，从而正确地实现感知任务。②选择水平还是垂直的线性刻度将取决于相应的控制运动的协调性。例如，对于液面的高度，建议使用垂直的线性刻度尺。当控制运动在水平方向（左、右）进行时，应采用水平的线性刻度尺。

表 5-9　显示器对各种感知任务的适用性（ISO 9355-2）

显示类型		读取数据	检查数据	监视数据变化	感知任务组合
数字显示		推荐	不适用	不适用	不适用
模拟显示	90° 刻度	容许	推荐	容许	容许
	180° ～360° 刻度	容许	推荐	推荐	推荐
	水平刻度、垂直刻度	容许	容许	容许	容许

2．几种显示形式的选用

1）数字显示与模拟显示

（1）模拟显示与数字显示的功能比较。模拟显示与数字显示的功能比较见表 5-10。为同时发挥数字与模拟两种显示器的优点，可以把数字显示（计数器）放在模拟显示器内部，设计成混合式显示器，试验表明，只要设计适当，比分别用两个仪表更为有效。

表 5-10 模拟显示与数字显示的功能比较

功　能	模拟显示	数字显示
定量显示	① 读数不要求十分精确时可用； ② 兼有预测或检查作用时选用； ③ 动态显示时选用	① 对较慢渐变值可精确显示； ② 不宜用于兼有预测或检查的场合； ③ 不宜用于快速动态显示
定性显示	① 对警告、预测和检查较好； ② 可用视觉编码	差
趋势和轨迹	好	差

（2）数字显示与模拟显示的特点比较。数字显示仪表的显示速度、灵敏度、精度等均比模拟显示仪表高；数字显示清晰、醒目，便于远距离视读，又无插补误差；在数字显示的同时，还能输出代码，可供打印和计算机联机应用；数字显示还可以通过数/模转换装置输出模拟量。

在高速度与高精度的显示方面，数字显示仪表已在相当广泛的范围内取代了模拟显示仪表，但目前还只能适用于单台显示仪表或选点显示中；对于高度密集安装的仪表屏来说，大量数字的罗列还不如模拟显示那样清晰和便于操作者掌握系统全面情况。所以，通常是选用模拟显示与数字显示并存的形式。数字显示仪表不能完全取代模拟显示仪表，因为模拟显示仪表可进行连续的倾向性显示，并具有对许多干扰不灵敏和稳定性能较好等优点。

2）机械显示器的各类应用比较

机械显示器的各类应用见表 5-11。

表 5-11 机械显示器的各类应用（GJB 2873）

用途	刻度盘		计数器	打印机	告警旗标
	活动指针	固定指针			
定量信息	中 指针运动情况下可能难以判读	中 表盘运动情况下可能难以判读	好 以最少的时间和最小的误差判读精确数值，但对迅速变化的数据难以判读	好 以最少的时间和最小的误差判读精确数值，提供参考记录	不适用
定性信息	好 指针容易定位，数字和标度不需要判读，位置变化容易察觉	差 不读出数字和标度便难以判断偏差的方向和幅度	差 必须判读数字，位置变化难以察觉	差 必须判读数字，位置变化难以察觉	好 容易察觉，节省空间
调整	好 指针运动与调整旋钮运动的关系简单而直接，位置变化有助于监视	中 与调整旋钮的运动关系可能含糊，无助于监视指针的位置变化。快速调整时不能判读	好 最精确地监视数值的调整定位，对调整旋转运动的关系不如活动指针直接，快速调整时不能判读	不适用	不适用
跟踪	好 指针位置容易控制和监视，与手控运动的关系最简单	中 无助于监视位置的变化。与控制运动的关系有些含糊	差 无助于监视粗略位置变化	不适用	不适用

续表

用途	刻 度 盘		计 数 器	打 印 机	告警旗标
	活动指针	固定指针			
一般	要求在仪表板上有最大的外露和照明区，除非使用多个指针，标度盘长度受限	节省仪表板空间，仅需外露和照明一小部分标度盘（长标度宜使用标度带）	空间和照明最节省，标度长度只受计数鼓轮数字的限制	应用受限制	应用受限制

3）屏幕显示器与传统显示器

计算机系统有其弱点，某些计算机甚至某一台计算机的故障，有时便会使系统瘫痪。因此，系统中要有一套备用的计算机控制系统。对于某些重要的控制系统，仅有一套备用的计算机控制系统还远远不够；而由传统的显示器和控制器（如仪表、按钮、旋钮等）组成的监控系统，由于其具有直观和可靠的特点，恰好能够满足这一要求。这些传统的显示器和控制器直观易懂，可使不熟悉计算机控制系统的人员也能迅速通过它们了解系统的状况并对其进行控制。在大型复杂系统（如核电厂、火电厂等）的控制室中，显示系统运行状态的大型共享模拟屏，仍是其重要的冗余显示系统，传统显示器则是模拟屏的重要组成部分。

3. 显示器的选择步骤

（1）步骤 1。确定待设计显示器的功能要求：①必须显示什么信息；②是否需要动态显示，如果需要，对显示信息的速度有何要求；③采用何种信息编码形式；④有哪些类型的信息编码需要同时显示，以什么格式呈现；⑤在工作空间安排方面对视觉显示器位置有什么限制；⑥是否有环境条件和使用电源条件的限制；⑦围绕环境照明有什么特点。

（2）步骤 2。确定各显示器的具体设计要求：根据步骤 1 确定的各显示器的功能，考虑操作员的作业特点和显示器的物理特性，确定各显示器的具体设计要求。

（3）步骤 3。选定适用的显示器：根据设计要求与各种显示器的物理特性的比较，选定符合要求的显示器。当没有完全符合要求的显示器，而用近似的显示器代用时，需进行全面分析或提出改进型设计方案。

5.4 字符和图形符号的应用

符号是传递视觉信息的重要手段，它是由书写、绘制、印刷等方法形成的可表达一定事物或概念，具有简化特征的视觉形象。符号主要可分为 3 类：文字符号、图形符号和图形标志（标志用图形符号）。

5.4.1 文字符号的应用

文字符号的视觉效果取决于字符的尺寸、照度水平、字符与背景之间的对比度（反差）和字符形体的易读性。

1．字符的视觉识别要素

（1）字符识别视角α。字符大小常以字高所对应的视角来度量（见图5-5）。与此相关的视觉识别要素有字符宽、字符笔画宽度。α值如下：①推荐值：α=18′～22′；②可接受的值：α=15′～18′；③不适宜的值：α<15′；④汉字识别视角：α≥20′。

汉字的判读效果随字高的增加而提高，汉字高增到20′视角时，可达到完全正确辨认的水平。

（2）字符高度h。①对于仪表屏和仪表面板设计，当正常亮度高于3.50cd/m^{2}时，在不同的观察距离条件下，字符高度可取表5-12中的数值。②对于数字显示而言，由于数字所需要的空间较小，应优先选用大尺寸的数字。

表5-12　字符高度和观察距离的关系（GJB 2873）

观察距离 D/mm	<500	500～1000	1000～2000	2000～4000	4000～6000
字符高度 h/mm	2.3	4.7	9.4	19.0	38.0

（3）其他要素。对于字符宽度、字符笔画宽度、字间距离等，已有标准字库和排版格式。

2．字符与照明及背景亮度的关系

（1）字符大小与照明亮度。字符、数字的高度取决于观察距离和照明亮度。观察距离为710mm时，在“低”和“高”亮度条件下，数字和字符的高度应在表5-13规定的数值范围之内。表5-13所示是在视距为710mm时的字符高度值，对于非710mm的视距，字符高度可用表中数值乘以下述比率算出，即

$$增减的比率=实际视距\ d/710$$

表5-13　字符、数字大小与亮度关系（GJB 2873）

标　　记	字符、数字的高度/mm	
	≤3.50cd/m^2	>3.50cd/m^2
位置可变的关键标记（如计数器上的数字和可设置或活动的标度盘）	5～8	3～5
位置固定的关键标记（如固定标度盘、控制器上的数字和开关标记或应急指令）	4～8	2.5～5
非关键性标记（如识别标记、常规指令或注释性标记）	1.3～5	1.3～5

（2）字符与背景的关系。为使仪表面板的字体色彩与底色或背景有较大的对比度，使字迹突出易认，设计时应注意以下几个问题。①一般情况，即在观察者不需要暗适应的条件下，用亮底暗字为好；仪表在暗处，观察者在明处，在观察面板需要暗适应的情况下，用暗底亮字为好。②字体的色彩明度与底色的明度差，应在孟塞尔色系2级以上，以保证视力稍弱者、照明稍差时或在稍有振动的条件下也能易于认读。字形越复杂，字与底色的明度对比应越大些。③一般不采用像玻璃那样反射性很大的材料制作字符或底板，以免强反光使字迹闪烁炫目。有的仪表为避免眩光而设置遮光罩。

综上所述，不同照明条件下字与底的颜色搭配方案见表5-14，供设计时参考。

表 5-14 不同照明条件下字与底的颜色搭配方案

条 件	比较	字 体	底 色	条 件	比较	字 体	底 色
有较好的照明	优 ↑ ↓ 可	黑色	白色	照明较差	优 ↑ ↓ 可	黑色	白色
		黑色	黄色			白色	黑色
		白色	黑色			黑色	黄色
		深蓝色	白色			深蓝色	白色
		白色	深红色、绿色、棕色			黑色	橙色
		黑色	橙色			深红色、深绿色	白色
		深绿色、深红色	白色	需暗适应的条件	优 ↑ ↓ 可	白色	黑色
		白色	深灰色			黄色	黑色
		黑色	浅灰色			橙色	黑色
						红色	黑色
						蓝色、绿色	黑色

3. 字形设计与字体的标准化

（1）字体设计的基本原则。显示器上的数字和字母形状对认读效率影响很大。字符的形状应尽量简明易认，并采用人们熟悉的形式，以免误读或延长判断时间。应加强字符本身的笔画，突出其“形态”特征，对字体的基本要求如下。①采用大写字母。大写字母比小写字母更易认读，特别是字形较小的情况下更是如此，对于告示与信号，当内容较多时，大写或小写均可使用，缩写不用句号。②采用正体字。正体比斜体易于辨认。③不得采用草体、艺术体和画有阴影的艺术字体。④字体笔画应粗细一致，汉字应使用粗黑体字。

（2）易混淆的字符。易混淆的字符有 B、R 与 8；G 与 C；0（数字）与 O、Q、D；Z 与 2；3、5、8 与 S；8、6 与 3、9；I 与 1（数字）等，这些字如处理不当，则极易混淆。

5.4.2 图形符号的应用

1. 图形符号的由来和作用

1）图形符号的由来

图形符号以符号编码作为传递信息的方法，它用清晰易懂的形象表现事物与形态，已得到越来越广泛的应用，并日趋成为国际间的一种标准化的通用语言。人类最早使用图形符号可以追溯到象形文字，但作为标志使用，还是 19 世纪的事。它首先应用于公路标志系统，并逐步发展为国际通用的图形符号。国际标准化组织 ISO/TC 145 负责图形符号的制定与管理，业务范围涉及产品技术文件用图形符号、设备用图形符号和标志用图形符号。各种专业图形符号则分别由各专业技术委员会分头制定。

2）图形符号的作用及意义

（1）不受文化知识和语言差异的限制，是一种全球性的视觉语言。

（2）产品技术文件用和设备用图形符号已成为技术文件的基础，是国际通用的工程语言。

（3）在交通管理上，醒目的路标不仅使交通运行井然有序，而且是十分有效的安全措施。

（4）标志用公共信息图形符号等为人们在公共场所的自我管理提供了方便，为良好的社会秩序创造了条件。

（5）可敏捷地传递醒目的安全警语，以防各种事故的发生。

3）图形符号的设计程序和设计原则

图形符号往往是国际（或国家、行业）间的一种标准化的通用语言，不应随意自行设计，而应采用相应标准中的图形符号。当各类图形符号都不能满足工程需要时，则应先行制定有关标准，以便在一定范围内作为标准化的通用语言使用。制定新图形符号时应遵循 GB/T 16901 系列标准规定的设计程序和设计原则。

2. 产品用图形符号

1）产品技术文件用图形符号

产品技术文件用图形符号是用于产品技术文件上，用以表示对象和（或）功能，或表明生产、检验和安装的特定指示的图形符号。

（1）产品技术文件用图形符号标准：GB/T 16901《图形符号表示规则　产品技术文件用图形符号》系列标准。

（2）电气简图用图形符号标准：GB/T 4728《电气图用图形符号》系列标准。

2）设备用图形符号

设备用图形符号是用于各种设备上，作为操作指示或显示设备的功能、工作状态的图形符号。它设置在设备的各有关部位（如维修部位），而在设备的显示操作面板上用得最多。设备用图形符号标准包括以下内容。

（1）设备用图形符号的基本标准：GB/T 16902《图形符号表示规则　设备用图形符号》系列标准。

（2）各行业特定的设备用图形符号标准：例如，GB/T 5465《电气设备用图形符号》系列标准和 GB/T 16273《设备用图形符号》（机械）系列标准，是比较通用的，其他有 GB/T 3894《船舶布置图图形符号》系列标准等。

3. 标志用图形符号

1）标志用图形符号的功能

标志是给人以行为指示的，由符号、颜色、几何形状（或边框）等元素组合形成的视觉形象。标志用图形符号是用于表示公共、安全、交通、包装储运等信息的图形符号。这些图形符号有以下功能。

（1）禁止。禁止人们将要做的某种动作。

（2）警告。提醒人们当心可能发生的危险。

（3）指令。强制人们必须做某事。

（4）限制。对人们的行为进行限制。

（5）提示。对人们提供某种信息，如标明某设施、场所，或指明其方向。

2）标志用图形符号标准

（1）标志用图形符号的基本标准：GB/T 16903《图形符号表示规则　标志用图形符号》系列标准。

（2）其他还有 GB 2894《安全标志》、GB 5845《城市公共交通标志》系列标准、GB 10001《公共信息标志用图形符号》，以及 GB 190、GB 191、GB 1836、GB 6388、GB 7058 等的运输包装图形符号等。

5.5 作业的视觉工效

视觉工效是指对人的视觉器官完成给定作业的评价，视觉工效既取决于系统中作业固有的特性（作业面的大小、形状、位置、作业和背景的反射率），又与环境条件（照明、气候、振动等）和个体功能状态有关。

视觉的形成有赖于光线对眼睛的刺激，都是在光线的作用下，眼睛对被看到对象（外界物质图像）的反应。光、对象、眼睛是构成“看见”的视觉现象的三要素，视觉工效则取决于这三要素之间的匹配与协调。

影响视觉工效的具体因素很多，主要包括：①工作场所和设备布局对视觉机能的适应性；②视觉信号的质量；③视觉显示器的合理选择；④作业环境对视觉的干扰；⑤作业者的个体因素，如视功能、培训程度和作业者当时的生理、心理状态等。

5.5.1 信号因素对视觉效果的影响

1. 信号的呈现形式

（1）信息的编码。①编码是区别不同类别信息的重要方法，各个编码之间应有明显的特征，并便于辨别和识别。一个系统中编码体系应是一致的，并符合有关的标准和习惯，否则会引起对信号识别的混乱，降低信号识别和解释的效率；②编码方式的选择也影响信息传输绩效，例如，对“辨认”任务来说，数码是一种好的编码方式；但对“搜索”任务来说，则是颜色编码最优。

（2）信号的编组。在现代控制中心，需监视的信息众多，将显示的信息（并常与控制器一起）按一定的逻辑关系进行编组，可大大提高视觉工效。但编组必须与使用者的思维方式的规律一致。众多信号杂乱无章地排列，或采用不符合逻辑与习惯的编组，都将严重影响视觉工效。应根据作业任务合理选用编组方式。在编组中，必须特别注意避免编组出现矛盾现象，尤其当同时使用几种不同编组技术时，更要精心设计。

2. 字符的可读性

字符的可读性将直接影响到视觉效果，这涉及字符的大小、形状、笔画的粗细、字符的间距等因素，应根据作业特点选用适当的字符。

3. 信号的传递速度

需要人进行复杂的“信息加工”（思考、计算、分析、考虑、判断、选择等）之后才能做出反应的工作，以及需运用记忆（尤其是复杂记忆）搜索的工作，信息传递效率一般较低。为此，在选择、设计表达信息的显示器时，应尽可能采用简明、直观和符合习惯的信息表达方式。例如，对需准确读取的参数用数字信号；需理解参数变化趋势时则采用模拟（趋势）显示器，并设上、下限标志和声光报警装置；对需做出高级思维处理（对若干信息进行归纳、概括，并做出判断与解释）的相关信息，则应借助操作员支持系统（由计算机自动处理）。

人能同时感知的信息数量是极其有限的，信号数量过多，尤其是如果存在“剩余”，则会使信息传递速度降低，应选择必须显示的信息予以显示，并在信息空间位置布置时将重要信息置于良好视区。

4. 信号的对比度

信号与背景的对比度越大，信号越清晰。就亮度而言，如果小于临界亮度差，就难以辨别寻呼。另外，应根据色觉原理进行信号色与背景色的适当搭配，形成可辨别的色对比。

5. 显示面的空间方位——入射角

视线与显示器表面的法线之间的夹角θ（入射角）不大于 40°。

5.5.2 视觉生理因素对视觉效果的影响

1. 视觉生理因素的影响

（1）识别时间与识别速度。识别时间是视觉工效所要求的一个参量。所谓识别时间就是将信号（物体）辨认清楚所需的最短时间，识别时间的倒数称为识别速度。识别速度与对比度、视角、照度（背景亮度）有关。在保持视觉效果相同的情况下，识别速度随照度、对比度和视角的增大而加大。

（2）视觉损伤。①在生产过程中，除粉尘、火花、飞溅物、热气流、烟雾、化学物质等有形物质会造成对眼的伤害之外，强光、有害光（紫外线、红外线）也会造成对眼的伤害。②低照度、低质量的光环境会引起各种眼的折光缺陷或使其提前形成老化。③眩光或照度剧烈而频繁变化的光可引起视觉机能的降低。

（3）视觉疲劳。下述视环境条件会妨碍视觉效果：①从事近距离工作和精细作业；②照度分布不均匀，人眼频繁地在不同亮度间进行视觉适应活动；③长时间在光照不足的环境下工作。长时间在上述环境下工作会引起眼部疲劳或全身疲劳。眼部疲劳表现为眼痛、头痛、视力下降等；全身疲劳表现为疲倦、食欲不振、肩上肌肉僵硬发麻等自律神经失调症状。长期如此，还可能形成近视。

2. 视错觉的影响

1）视错觉的成因

视错觉（简称错视）是人在视物时得到的视觉印象与物体的实际状态存在差异的现象。具体地说，形态和颜色要素及它们之间的编排和组合关系（方向、位置、空间等）通过人双眼的观察会产生与实际不符或奇特的感觉。产生视错觉的成因主要有两个，即生理和心理上的“诱导场”。

（1）生理上的“诱导场”。在生理上，视错觉与眼的构造有关。当人眼视网膜受到光刺激时，光线不仅使神经系统产生相应的反应，而且由光刺激视网膜形成的网膜电流对网膜上形成的像的周围有扩大的影响，光线对人眼的这种影响，从生理角度称为视网膜诱导场。

（2）心理上的“诱导场”（也称感应场）。当我们观察物体时，一面用眼睛看，一面敏捷地用大脑判断，并与已有知识和经验进行比拟和联想，从心理学的范畴将其称为感应场或心理上的诱导场。

事实上生理和心理因素往往是一起发挥作用的。

2）克服视错觉

视错觉有时是有害的，它能严重歪曲形象，使人上当受骗，在工作中达不到预想的目的，收不到应有的效果，甚至造成浪费和事故。视错觉是无法排除的，在人机工程设计中应予以矫正，利用视错觉规律，在设计中适当改变某些量及某些比例关系，使受视错觉影响的视觉“补偿”或“还原”成正常的视觉效果。

3）利用视错觉

在人机工程设计中可以利用和夸大视错觉现象，使实际上比较笨重、呆滞、生硬的形象和不调和色彩，看上去显得轻巧、精细、新颖和协调，以获得满意的心理效应。

4）形象错觉

形象错觉包括长度错觉、分割错觉、面积错觉、对比错觉、光渗错觉、对比错觉、位移错觉、高低错觉、透视错觉（远近错觉）、变形错觉、残像错觉等。

5）色彩错觉

色彩错觉包括色彩的对比错觉、大小错觉、温度错觉、质量错觉、距离错觉、疲劳错觉、照明错觉等。

5.5.3　环境因素对视觉效果的影响

1. 照明环境与视觉效果

照明质量是视觉环境中影响视觉效果的最重要因素。

（1）照度分布。照度不足将直接影响对信号的视认，并易引起视觉疲劳；照度分布的均匀度也直接影响视觉效果。

（2）反射光幕。人们经常遇到的工作面、书面或纸面等，在某些场合下并非完全是漫反射的。当光源在前上方时，可能在视线方向形成反射光幕，造成观察目标的亮度对比下降，使能见度降低，从而降低了照明质量，增大了视觉疲劳。

（3）眩光。不论是直接眩光、反射眩光还是对比眩光，都可导致人的视力下降、视觉模糊，使眼睛不舒服、疲劳和分散注意力，直接影响视觉效果，应尽力加以避免和限制。

（4）照明方式。在相同照度条件下，可以定性地认为，单独一般照明比混合照明效果好，混合照明（一般照明与局部照明组成的照明）比局部照明效果好。

（5）光的质量。光的质量是形成良好照明的先决条件。①光色：暖色型光源应用于居住场所、寒冷地区及特殊需要的视觉作业中；中间色型光源应用于最普遍的工作场所和房间；冷色型光源应用于高照度水平场所、炎热地区及有特殊要求的场所。②光谱分析：人工光如果与天然光光谱分布接近或基本相同（并且只有一个峰值），则视觉效果好，否则易引起视觉疲劳。③红外线与紫外线：光谱中的红外线、紫外线成分应减少，因二者是不产生视觉效果的，甚至是有害的。④光的频闪：会使人感到烦躁不安，甚至书上的字也看不清。当频闪在50Hz以上时，可完全感觉不到，如正常的荧光灯。

（6）光源色。物体本色只有在白色光（天然光）照明的条件下才不会失真。物体的颜色会依照光源色的不同而发生变化。有颜色的照明将影响人对信号的正确判断，一般不宜使用，它只用于有特殊需要的场合。

2．振动、噪声与视觉效果

（1）显示器、操作者或二者同时受到持续的振动或峰值振动，会影响操作者对显示信号的视认度；数字显示器的低频（1～3Hz）垂直振动会影响视认度；操作者和显示器同步受到垂直振动，在频率低于3Hz时，对认读性能影响尚小，但当频率较高时，视认性能将大大降低。认读错误和认读时间将随振动频率而上升。

（2）噪声不仅对听觉信号有掩盖作用，而且由于感觉器官的相互作用，还会造成视力模糊和视力下降。

（3）对振动环境的补偿措施：①提高显示亮度，提供一个超出通常水平的对比度；②加大文字、符号的高度和线条的粗度；③提高面板和显示器的结构刚度和安装刚度，以减小抖动对视认的影响；④使显示器的振动频率与操作者的振动频率相匹配。

3．微气候环境与视觉效果

（1）由空气温度、湿度、风速、热辐射等因素构成的微气候环境中，温度是主要因素，温度偏低会分散人的注意力，温度过高易使人疲劳。

（2）恶劣环境易引起人烦躁、疲劳、分心，影响人的视力和判断分析能力，因而对恶劣环境中的信号设计，宜加大文字、符号的高度，以及线条的粗度和配色对比度，不致因视认困难而出现紧张和疲劳，可减少视认的失误。

4．环境色与视觉效果

由于色彩对人的心理、生理有很大影响，形成色彩对工效和情绪的特殊作用。若能利用颜色的生理、心理功能，如色彩的冷暖感、进退感、轻重感、软硬感、知觉感等，以及色彩的联想和情感象征，构造一个良好的色彩环境，则不仅能美化环境，使人感到舒适，而且可减少紧张和失误，使工作兴趣增加，提高工作效率。

5.5.4 视觉效果的评价

1．评价方法

光环境是影响视觉工效的最重要因素，照明质量不同所产生的视觉效果也不同。所以研究照明质量的视觉效果，或者说对照明质量的评价是一个重要课题。当前国际上用来评价照明质量不同而引起视觉效果变化的方法有以下 3 种。

（1）能见度法：主要用于短时间的辨认。例如，评价展览馆、陈列室等的照明质量时，要使人们在不太长的时间内能充分地辨认清楚，达到良好的视觉效果。这种评价指标可借助视度仪测量观察目标的能见度，可应用于照明的数量和质量的评价中。

（2）视觉疲劳法：对于长时间的视觉作业，用视觉疲劳来衡量。视觉疲劳低，就是照明质量好，反之照明质量差。在工业企业生产及阅读、绘图等精细视觉作业中，应尽量采用视觉疲劳低的照明条件。

（3）满意度法：借助评价问卷，通过对使用者心理满意度的统计分析，得出照明质量优劣的评价。一般情况下，不论是能见度、视觉疲劳还是视觉心理满意度，所反映出来的照明质量都应该是一致的。如果照明质量不好、能见度不高、视觉疲劳严重，则视觉心理满意度也就不高；反之，也是一样。

2．视觉心理满意度

视觉心理满意度属心理度量范围，它依据人们心理的主观感觉，加上定量化的科学数据，来描述照明的视觉效果。确定心理满意度的指标有以下两种方法。

1）满意百分数法

统计对某种照明效果满意的人数的百分数。例如，CIE 在《室内照明指南》中给出的荧光灯照明条件下视觉满意度曲线，就是用这种方法评价出来的。

2）视觉心理量表法（问卷法）

设计一种定量的视觉心理量表（问卷）作为评价的依据。

3．视觉环境的评价

在 GB/T 12454《光环境评价方法》中规定了评定室内视觉环境质量的基本方法和步骤。它适用于启用后的建筑设施室内以阅读、书写或类似活动为主要作业内容的工作场所视觉环境的评价。

该方法借助评价问卷，考虑视觉环境中多项已知的影响人的工作效率与心理舒适的因素，确定各个项目偏离满意状态的程度，进而通过评分系统算出各个项目评分及一个视觉环境指数，用以指示视觉环境存在的问题及总的质量水平。

该标准的评价问卷涉及视觉环境中 10 项已知的影响人的工作效率与心理舒适的因素：照度、眩光、照度分布、光影、光色、颜色显现、室内装修、室内空间与陈设、同室外的视觉联系、整体印象；每个项目包含“满意”“不太满意”“不满意”3 种可能状态，由评价人使用问卷进行现场观察与判断，投票确定各个评价项目所处的条件状态。

Chapter 6

第 6 章 触觉和操作界面的设计

6.1 操纵作业和触觉显示

6.1.1 操纵动作和作业姿势

1. 操纵动作

（1）动作。动作指人体或其一部分的移动变化及其所伴随的形态变化。作业中所进行的动作称为作业动作，动作内容是由作业目的及作业内容确定的。

（2）作业动作的类型。作业动作可分为手指、手腕、手肘、肩膀、下肢、躯体 6 组，动作复杂性由前向后递增。

（3）人体动作耗能等级。作业动作应利用低的等级（见表 6-1），以减少不必要的体力消耗。

表 6-1 人体动作等级

等级	枢轴	身体动作部位	说明
1	指节	手指	手动作中等级最低、速度最快的动作
2	手腕	手和手指	上臂和前臂保持不动，仅手指和手腕产生动作
3	肘	前臂、手和手指	手指、手腕和前臂的动作，即肘部以下的运动，是一种不易引起疲劳的有效动作
4	肩	上臂、前臂、手和手指	手指、手腕、前臂及上臂的动作，即肩以下的运动
5	躯体	躯干、上臂、前臂、手和手指	手指、手腕、前臂、上臂及肩的动作。该动作速度最慢、耗费体力最多，并产生身体姿势的变化

（4）动作按操作情况分类。①定位动作：为达到目标所执行的动作，分为视觉定位动作（在目视情况下执行）、盲目定位动作（不在目视情况下执行）。②反复动作：不断重复相同的动作。③连续动作：在人的控制下连续进行的动作，也称追踪动作。④逐次动作：按一定顺序进行操作的动作。

2．作业姿势

作业姿势是指人的身体在空间里的表现形态。它可以展现人的静息状态、活动状态和作业状态。作业状态的姿势，应综合考虑作业效率最高、人机之间最协调，而且作业者能轻松、舒适、自然、持久地进行作业。

（1）姿势的基本类型。人在日常生活和生产中，基本姿势为 3 种，即立姿、坐姿和卧姿，如果进一步细分，可划分为 34 种。①立姿：分为步行、举臂、垂臂、前倾、后仰、直立、弯腰共 7 种。②坐姿：分为端坐、蹲坐、横坐、盘腿坐、靠背盘腿坐、单腿跪立坐、伸腿坐、靠背伸腿坐、支单肘俯坐、支双肘俯坐、蹲坐弯腰、支单腿坐、支双腿坐、跪坐共 14 种；靠椅坐姿：按椅子靠背支撑部位不同又可分为 10 种坐姿。③卧姿：分为仰卧、侧卧和俯卧 3 种。

（2）决定作业姿势和体位的因素。①工作空间的大小和照明条件。②工作负荷的大小、频度及用力方向，以及作业要求的准确性与速度等。③工作场所的布置，工具、设备、材料及工作对象的尺寸和安放位置。④作业的方式方法和操作者的习惯。

（3）确定作业姿势的一般原则：为保证作业者的健康和提高作业效率，确定作业姿势时宜遵循下述原则。①一般以坐姿为佳，其次为立姿。只有当工作过程非立姿不可时，才采用立姿。②尽可能使操作者采取平衡姿势，避免因姿势不当而给关节、肌肉和心血管系统造成不必要的负担。③作业过程中，应允许作业者自由地变换多种体位，尽可能使作业者的身体处于舒适状态。当必须保持某种姿势时，应设置适当的支撑物。④确定作业姿势应与肌力的使用及作业动作相联系，三者应互相协调。

6.1.2　操纵力

1．肌力

肌力是指肌肉收缩产生的力。肌力的大小取决于肌纤维的数量、肌纤维的长短、年龄、性别、训练程度及参加施力肌肉的数量。一般而言，20～35 岁的人，其肌力都能达到峰值，随着年龄的增长，肌力逐渐下降，到 35 岁之后，肌力可降到峰值的 75%～85%；女性的肌力通常比男性小，为男性的 2/3～4/5；受过训练的人，其肌力显然比未受过训练的人要大；体格好的人比体格差的人的肌力要大。对于用力较大的作业，人体活动的方式应尽量与肌肉产生肌力的方式一致。人在进行作业时所付出的力来自肌力。肌肉施力分为静态和动态两种。

（1）静态肌肉施力。静态肌肉施力是依靠肌肉等长收缩所产生的静态性力量。较长时间维持身体的某种姿势，持续收缩的肌肉压迫血管，阻止血液进入肌肉，肌肉无法通过血液得到充足的氧气，引起肌肉疲劳，造成肌肉酸痛，因而使静态作业的持续时间受到限制。

（2）动态肌肉施力。动态肌肉施力对物体交替进行施力与放松，使肌肉有节奏地收缩与舒张，舒张时进入肌肉的血液量比平常提高几倍。只要选择合理的作业节律，动态作业可以延续很长时间而肌肉不易产生疲劳。

2．施力的原则与规律

设计设备的控制器时，必须考虑机体用力的限度，宜小不宜大，否则会发生操作困难，甚至发生事故。

出力的大小取决于人体的姿势、着力部位及力的作用方向。

在作业中，无论采取何种人体姿势，都有一部分肌肉静态受力。所以，一般作业中既有动态施力又有静态施力，此时应首先处理好静态作业。常见的静态作业包括：长时间或反复地向前或向两侧弯腰；长时间手持或抓握物体，手或臂长时间前伸或抬起；长时间站立或一只脚承重，另一只脚控制机器；推拉重物；长时间、高频率使用一组肌肉（如敲击键盘）。长期受静态肌肉施力的影响，有可能损伤肌腱、关节和其他组织，引起永久性疼痛。

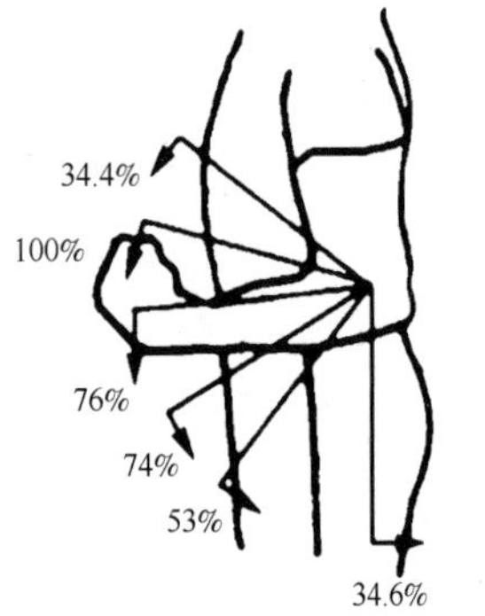

图 6-1 立姿手臂弯曲时各角度施力大小的比值

指、腕、肘和肩关节依次活动时，指关节力量最小，但精确性最高；肩关节力量最大，但精度最差。

用脚施加压力时，动作的精确性是通过踝关节而不是用足跟来控制的。人体发出的力，以坐在带固定靠背的椅子上，两脚蹬踩时所产生的力为最大。

图 6-1 所示为立姿手臂弯曲时各角度施力大小的比值。

3．手的施力

人手施力的限度数据是设计操作器的重要依据，以避免操作器阻力太大而出现操纵不动的现象。图 6-2 所示为立姿操作时手臂在不同方位角度上的拉力和推力，手臂的最大拉力产生在肩的下方 180° 的方向上；手臂的最大推力则产生在肩的上方 0° 的方向上。因此，以推拉形式操纵的控制装置，安装在这两个位置时将得到最大操纵力。

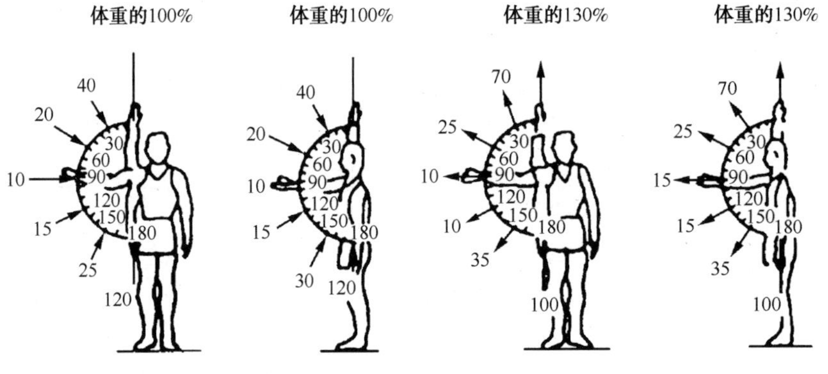

图 6-2 立姿操作时手臂在不同方位角度上的拉力和推力（以体重的百分比表示）

一般人平稳动作时，手臂所产生的最大操纵力可达 800N；而当人猛烈动作时，所产生的最大操纵力则可达 1000～1100N。实际使用的操纵力是最大力的 15%。

4．握力

握力是指手握住物体时手肌所施的力。它与手的姿势和持续时间有关。握力的特点为：右手的握力大于左手；瞬间握力大于持续握力。年龄在 30 岁以上时可用下式计算操纵的握紧强度。握紧强度是指人能够施加在手柄上的最大握紧力，可以用测力计测量，即

$$\text{握紧强度（GS）}=608-2.94A\text{（N）} \quad \text{（}A\text{ 为年龄）}$$

5．臂、手及拇指与其他手指的控制力

在需要使用大控制力的场合，臂、手及拇指与其他手指的控制力的最大力的要求应不超过

图 6-3 和表 6-2 中的规定值。对女子可取表中值的 2/3。

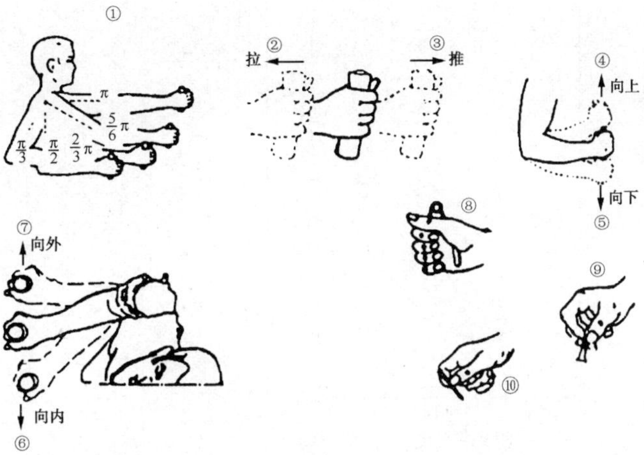

图 6-3　臂、手、手指施力示意图（GJB 2873）

表 6-2　臂、手、手指的控制力（GJB 2873）

手臂力量/N												
①	②		③		④		⑤		⑥		⑦	
肘屈度/rad	拉		推		向上		向下		向内		向外	
	左	右	左	右	左	右	左	右	左	右	左	右
π（180°）	222	231	187	222	40	62	58	76	58	89	36	62
5π/6（150°）	187	249	133	187	67	80	80	89	67	89	36	67
2π/3（120°）	151	187	116	160	76	107	93	116	89	98	45	67
π/2（90°）	142	165	98	160	76	89	93	116	71	80	45	71
π/3（60°）	116	107	98	151	67	89	80	89	76	89	53	76

手及拇指与其他手指力量/N				
	⑧		⑨	⑩
	手抓握		拇指与其他手指抓握（手掌）	拇指与其他手指抓握（指端）
	左	右		
瞬时保持	250	260	60	60
持续保持	145	155	35	35

注：表中①～⑩的含义见图 6-3。

6．脚控制力

在需要使用大控制力的脚控制器的场合，腿施加的推力大小取决于大腿的角度和膝的角度。图 6-4 提供了膝和大腿构成不同角度时的平均最大推力（第 5 百分位数男子数据），最大推力的角度约为 160°，称为限制角。图 6-4 中的值只适用于男子，对女子则需进行修正（取值的 2/3）。

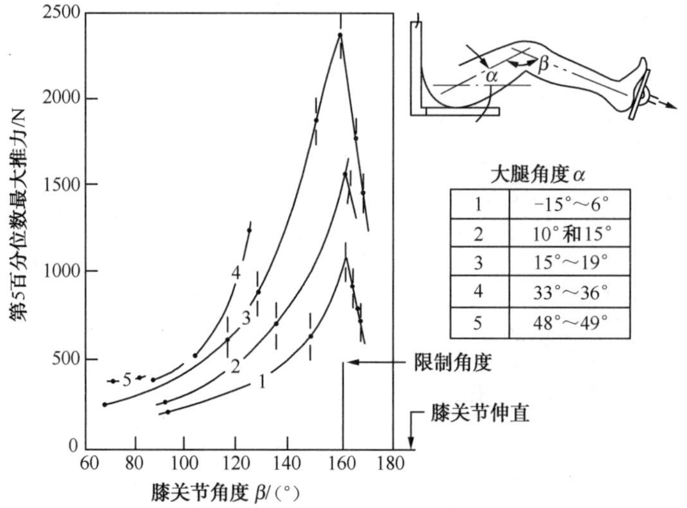

图 6-4　在各种膝和大腿角度下腿的力量（GJB 2873）

6.1.3　触觉显示

人体皮肤上一般认为有 3 种感受器：触觉感受器、痛觉感受器和温度觉感受器。触觉是皮肤受到刺激而引起的一种感觉。

触觉信道可以在一定程度上代替视觉功能，通过手的主动触摸，可以精确地传递被触摸客体的形状、大小和质地等信息。基于对这些特征信息的区别来识别控制器。触觉的精确度低于视觉，且分辨时间较长，并有可能导致错误结果，有一定局限性，只适用于视觉通道负荷过重时的减负。图 6-5 所示为仅用触觉可识别形状的示例。为了提高手柄的辨认速度和准确性，在手柄的形状之外，还可增加手柄的大小、表面特性（如光滑程度、花纹）等编码维度，以提供信息裕度。

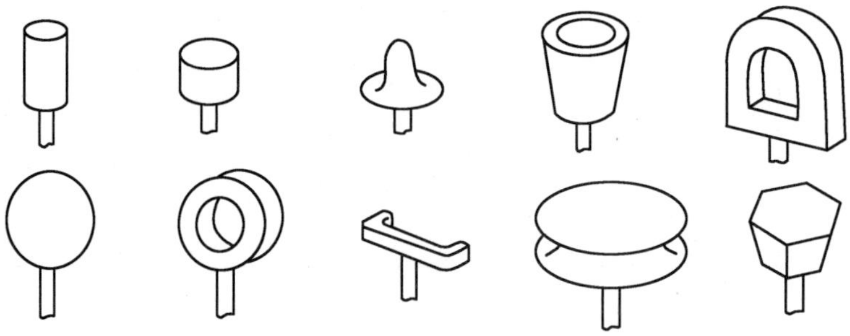

图 6-5　仅用触觉可识别形状的示例（GB/T 18209.1）

6.2　操纵作业的作业区

操作者在采取立姿或坐姿作业时，移动身体的运动器官，在水平面上和垂直面内所能触及的最大功能范围，其包络线为“作业范围”。人操作机器（包括控制台、设备、工具）及所需的活动空间的总和称为“作业空间”。

6.2.1　坐姿操作手功能可及范围

1．矢状面内坐姿手功能可及范围（见图 6-6）

在控制台台面上方和某些设备上操作，坐姿手功能可及范围有以下 3 种。

（1）手最大可及范围：手中指所能接触到的所有点构成的三维空间，即手中指指端动作可及点（按压键或开关）。

（2）手抓捏（功能）可及范围：手 3 指（拇指、食指、中指）抓捏状态（抓捏开关、旋钮），抓捏中心所能达到的三维空间。

（3）手握轴（功能）可及范围：手握轴状态（握住操纵杆），轴中心所能达到的三维空间。

本节的手功能可及范围，是指手抓捏（功能）可及范围。

在控制台台面上方，手功能可及范围取决于臂长。当肘关节处于 180° 位置时，以肩关节为中心，进行旋转，可用作图法近似地确定，如图 6-7 所示。手抓捏（用 3 个手指抓捏控制器）功能可及范围，以第 5 百分位数男子尺寸数据为例：①坐姿肩关节中心高（以椅面为基准）：530mm；②躯干线距控制台台面前缘距离：100mm；③臂（手）功能最大旋转半径：r_A=610mm；④前臂（手）功能最大旋转半径：r_{UA}=350mm。

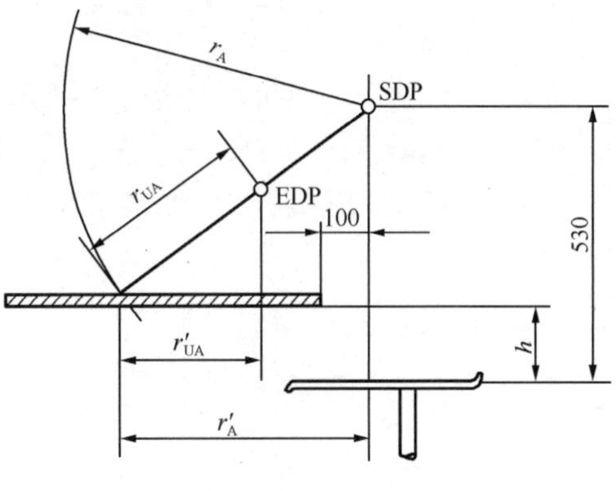

SDP—肩关节中心；EDP—肘关节中心

图 6-6　矢状面内坐姿手功能可及范围（DL/T 575.3）

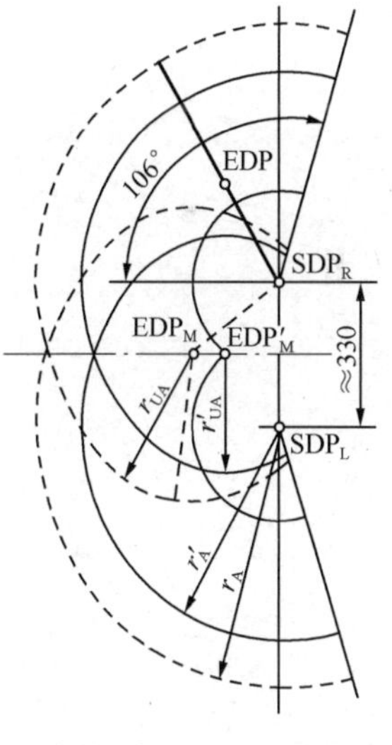

SDP_R—右肩关节中心；SDP_L—左肩关节中心

图 6-7　水平面内坐姿手功能可及范围（DL/T 575.3）

2．水平面内坐姿手功能可及范围

若无活动人体模板，可用作图法近似确定水平面内正直坐姿手功能可及范围。图 6-7 所示为图 6-6 的俯视图。图中：①肩关节中心间距：330mm（即 SDP_R 与 SDP_L 的间距）；②EDP_M：肩关节水平面内，位于正中矢状面上的肘关节中心；③EDP'_M：手在控制台台面上时，位于正中矢状面上的肘关节中心。

肩关节水平面内手功能可及范围如图 6-7 中的虚线所示。它是以 EDP_M 为中心、r_{UA} 为半径的圆弧与以 SDP_R 或 SDP_L 为中心、r_A 为半径的圆弧相切处连接所构成的。其上臂转动角度为臂内侧 36°至外侧 106°。

控制台台面上手功能可及范围如图 6-7 中的实线所示。它是以 EDP'_M 为中心、r'_{UA} 为半径的圆弧与以 SDP_R 或 SDP_L 为中心、r'_A 为半径的圆弧相切处连接所构成的。

由于肩关节位置高于桌面，因而 $r'_A<r_A$，控制台台面上的手功能可及范围的 r'_A 和 r'_{UA} 取决于控制台台面与椅面的高度差 h，其值可由图 6-6 推算而得。若椅面高度为 420mm，控制台台面高度为 680mm 或 770mm，则 r'_A 和 r'_{UA} 的尺寸见表 6-3。

表 6-3　r'_A 和 r'_{UA} 的计算值（DL/T 575.3）

椅 面 高 度	控制台台面高度/mm	r'_A/mm	r'_{UA}/mm	椅面与控制台台面的高度差 h/mm
420	770	583	335	350
	680	547	314	260

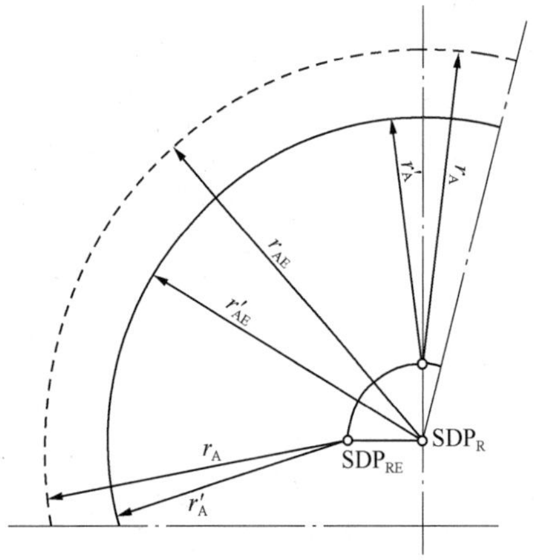

SDP_{RE}——延伸后的右肩关节中心；SDP_R——右肩关节中心

图 6-8　延伸后的手功能可及范围（DL/T 575.3）

3．坐姿手功能可及范围的延伸

人在操作时，如果躯体短时间向前、向左、向右倾斜或弯曲，则可使手功能可及范围有所延伸。此种延伸是指肩关节随着躯体的倾斜或弯曲所产生的相应移动。图 6-8 所示为延伸后的手功能可及范围，当右肩关节向前、向右移动时，其延伸的可能长度 E 为 150～200mm。延伸后：

肩关节水平面内的可及半径 $r_{AE}=r_A+$（150～220mm）。

控制台台面上的可及半径 $r'_{AE}=r'_A+$（150～220mm）。

表 6-4 所示为坐姿 3 种手功能可及范围与延伸量。

表 6-4　坐姿 3 种手功能可及范围与延伸量

动 作 类 型	操 作 功 能	上臂转动角度/（°）	上肢功能可及长度 rA/mm	功能延伸可增长度/mm	前臂功能可及长度 rUA/mm
手最大可及范围	中指指端按压最远的按钮与按键	内侧 36 外侧 106 （见图 6-7）	610^{+50}	150～200	350^{+50}
3 指抓捏可及范围	3 指抓捏最远的开关或旋钮		610		350
手握轴可及范围	手握最远的操纵杆		610_{-50}		350_{-50}

6.2.2　控制台上坐姿操作区的划分

此种划分可按水平面和矢状面分别表述。

1．控制台台面上坐姿手操作区划分

水平面上手的操作区一般可划分为 3 个部分，即舒适操作区、有效操作区和可扩展操作区。在一般情况下，坐姿操作时，控制台台面上手操作区的划分如图 6-9 所示（椅面与控制台台面高度差为 260mm）。如果考虑到椅面高度与控制台（工作台）台面高度差的影响，可运用图 6-6 推算而得。

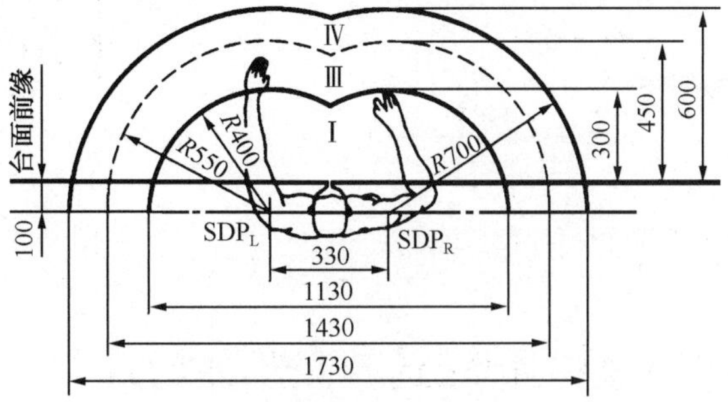

图 6-9　控制台台面上手操作区的划分（DL/T 575.3）

（1）舒适操作区（Ⅰ）：上臂靠近身体，曲肘，前臂平伸做回转运动，手所包络的范围，也称正常操作区。

（2）有效操作区（Ⅲ）：正直坐姿下，手臂伸直，手能达到的操作区。其范围相当于手功能可及范围。

（3）可扩展操作区（Ⅳ）。坐姿情况下，身体改变姿势，手伸展能达到的操作区。其范围相当于延伸的手功能可及范围。

2．矢状面内的坐姿手操作区划分

矢状面内坐姿手操作区的划分（按第 5 百分位数男子尺寸）如图 6-10 所示。

（1）舒适操作区（Ⅰ）：手功能可及范围内，坐姿肩关节中心的高度与控制台台面之间所包括的空间。

（2）精确操作区（Ⅱ）：手功能可及范围内，坐姿眼高与控制台台面之间所包括的空间。

（3）有效操作区（Ⅲ）：坐姿眼高以上，手功能可及范围内的空间。

（4）扩展操作区（Ⅳ）：坐姿情况下，当人的躯干前倾，肩关节中心前移 150～200mm 时，手功能可及范围向前扩展可达到的空间，如图 6-10 中虚线所示。

3．脚的作业区域

脚的作业区域可为设计脚踏控制装置提供依据。由于脚的生理特征，脚的作业范围不可能很大。这个范围通常由脚的水平移动尺寸、脚的出力大小、动作频率、操作姿势、机械形式等因素，经过综合分析来确定。图 6-11 所示为脚的作业区域，黑影部分为精密作业范围，点影部分为一般作业区。

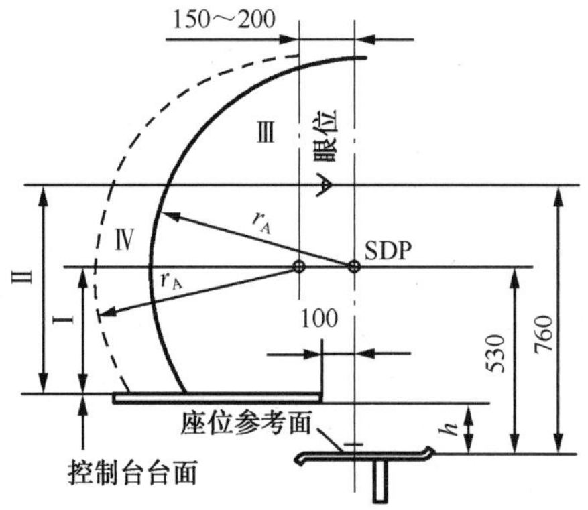

图 6-10 矢状面内坐姿手操作区的划分（DL/T 575.3）

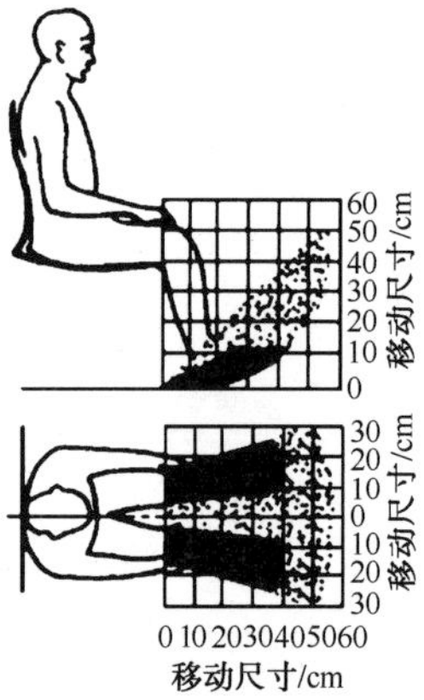

图 6-11 脚的作业区域

6.2.3 立姿手功能可及范围和立式屏操作区划分

1. 矢状面内立姿手功能可及范围

（1）立姿操作手功能可及范围尺寸。一般可使用第 5 百分位数男子人体模板确定。如无活动人体模板，则可用作图法近似确定。具体尺寸如下。

立姿肩关节中心高 1270mm。

臂（手）最大功能旋转半径 r_A=610mm。

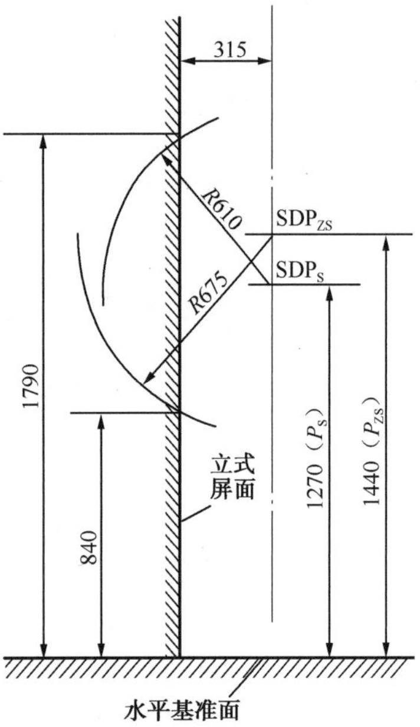

图 6-12 矢状面内立姿手功能可及范围（DL/T 575.3）

（2）立式屏前双手最大功能可及高度的上限、下限。当操作者站在立式屏前（见图 6-12，鞋尖距屏约 150mm）时，双手最大功能可及高度的上限、下限如下。

上限：1790mm（按第 5 百分位数男子双手上伸）；

下限：840mm（按第 95 百分位数男子双手下伸）。

2. 立式屏手操作区划分

立姿（矢状面内）操作区的划分，需综合考虑人体结构尺寸、人的视野范围、人肢体的有效活动范围、肢体最适宜的用力范围、操作速度和精度要求等。对于以立式屏或机柜为代表的立姿操作而言，手的操作区可分为 4 个部分，如图 6-13 所示。

（1）舒适操作区（Ⅰ）：介于立姿肩高与立姿肘高之间的空间范围。在此范围内，肌肉活动程度和能量消耗率最低。舒适操作区尺寸按第 50 百分位数男子的尺寸（加鞋跟高 25mm）确定，其尺寸范围为 1400～1050mm。

（2）精确操作区（Ⅱ）：精确操作区也是立式屏前作业的最佳显示区。其尺寸按下述因素确定：①以第 50 百分位数男子的尺寸（加鞋跟高 25mm）为基准；②设定眼与立式屏面的距离为 400mm，综合考虑眼与立式屏的观察距离及手操作的易行性；③精确操作区尺寸为视平线以上 15° 至视平线以下 30° 的空间范围，其尺寸范围为 1350～1690mm。

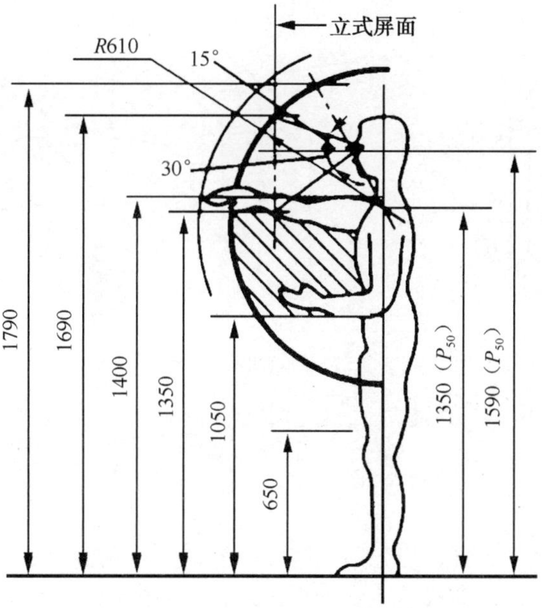

图 6-13　立式屏的手操作区划分（DL/T 575.3）

（3）有效操作区（Ⅲ）：以立式屏前、第 5 百分位数男子双手最大功能可及高度尺寸作为上限尺寸，取 1790mm；以第 95 百分位数男子的单腿跪姿的肘高尺寸作为下限高度尺寸，取 650mm。

6.3 控制器的几何定向与操作方向

GB/T 14777《几何定向及运动方向》和 GB/T 4364《电信设备人工控制机构操作方向的标记》对控制装置设计的方向问题，以及控制运动方向与设备运动方向、显示器运动方向之间的关系做了原则规定。它符合国际惯例，可防止和减少操作失误。

6.3.1 三维运动方向和操作方向

1. 对象物三维方向的确定

观察对象物一般有两种方式，即外视式和内视式。对交通工具和建筑物等人可进入内部的对象物，既可采取外视式，又可采取内视式；对电子设备和仪器仪表、控制装置，一般采取外视式。因此，内视式不在此详述，可参见 GB/T 14777。外视式的三维方向和运动方向如图 6-14 所示。

（1）前后方向（见图 6-14（a））。①前。以左右方向平面 P_{YZ} 为中心界面，在视方向 X 相反的方向。②后。以左右方向平面 P_{YZ} 为中心界面，在视方向 X 相同的方向。

（2）左右方向（见图 6-14（b））。①左。以前后方向平面 P_{XZ} 为中心界面，在视方向 Y 相反的方向。②右。以前后方向平面 P_{XZ} 为中心界面，在视方向 Y 相同的方向。

（3）上下方向（见图 6-14（c））。①上。以基础平面 P_{XY} 为中心界面，在视方向 Z 相反的方向。②下。以基础平面 P_{XY} 为中心界面，在视方向 Z 相同的方向。

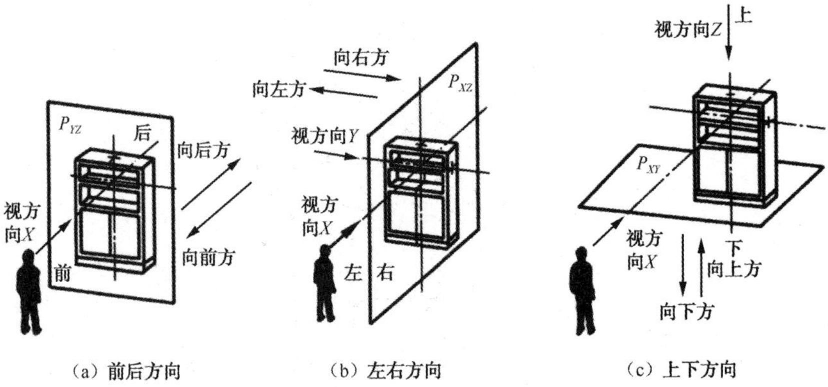

图 6-14　外视式的三维方向和运动方向（GB/T 14777）

2．运动方向

（1）直线运动的方向（见图 6-14）。①前后运动。按外视式观察时，平行于前后轴（*X* 轴），与视方向 *X* 相反方向的运动，为向前运动；反之，为向后运动。②左右运动。平行于左右轴（*Y* 轴），沿着与视方向 *Y* 相反方向的运动，为向左运动；反之，为向右运动。③上下运动。平行于上下轴（*Z* 轴），沿着与视方向 *Z* 相反方向的运动，为向上运动；反之，为向下运动。

（2）旋转运动的方向。确定旋转运动的方向，应假定观察者的视方向与对象物或其某部分的旋转轴相一致，顺时针的旋转方向为正（+），逆时针的旋转方向为负（−）。

（3）圆周运动的方向。沿旋转轴透过圆心观察基准平面时，对象物沿顺时针方向的运动为正（+）；反之，为负（−）。

（4）螺旋运动的方向。按视方向向前的直线运动与顺时针的旋转运动的合成运动，为右螺旋运动；反之，为左螺旋运动。

3．控制器的操作方向

控制器的操作方向应与上述运动方向一致，但控制器的结构和操作方式多种多样，应使控制的操作方向与控制效果相协调。

人在处理某些控制运动方向及系统反应时，具有一些习惯模式。当顺时针旋转、向上、向右运动时，一般表示增加、上升或开启；反之，则为减少、下降或关闭。控制器的操作方向最好与设备运动方向、显示器运动方向相一致，只有按此种运动模式设计，才能做到相互协调，保证系统的高效和安全。例如，操纵杆向右移动，对象物应向右做直线运动，手柄做顺时针旋转，对象物应顺时针旋转，或向右做直线运动；反之亦然。

此外，也存在与常规不同的设计，如液化气罐和自来水开关的操作正好与上述方向相逆。用左、右手分别同时操作两个阀门开关，可按以下方法设计：①向操作者动作，使流量增加；②采用镜像操作，即双手做出同样的动作，如右手向左，左手向右。由于这种运动关系的掌握在大脑中还不够牢固，因此要训练一个时期才能熟悉；否则，操作时，仍可能犯方向混淆的错误。在一个系统中，这些非常规操作的方向应是相同的。

表 6-5 所示为使对象物变化与控制器一致的成组词汇。表中的两个组是相反的。

表 6-5　使对象物变化与控制器一致的成组词汇（GB/T 14777）

特　征	第　一　组	第　二　组	特　征	第　一　组	第　二　组
位置	右、上、顶部、前[①]、前端	左、下、底部、后[①]、末尾	运动方向	向右、向上、离开操作者、顺时针旋转	向左、向下、接近操作者、逆时针旋转
动作	合闸、接通、启动、开始、拧紧、开灯、点火、充入、推	拉闸、切断、停止、终止、松开、关灯、熄火、排出、拉	状态	明、暖、噪、快、加(+)、加速、效果增加[②]	暗、冷、静、慢、减(−)、减速（制动)、效果减小[②]

注：① 本表中不包括“向前”“向后”。这两个词在两种观察方式（内视式和外视式）中，其含义不同。

② 效果增加或减小是指亮度、速度、动力、压力、温度、电压、电流、频率、照度等物理量的变化。

6.3.2　手动控制机构操作方向的标记

GB/T 4364《电信设备人工控制机构操作方向的标记》中，规定各种电信设备面板部分、手动控制机构的操作性质、操作方向和最终效应，都应该用文字、数字或符号，标出其用途、指示范围及操作注意事项。某些控制机构的设计，如果不能与规定的标记一致，则对其操作方向的最终效应必须清楚地在控制件上或其附近予以标明。

（1）手动控制机构应与显示机构的显示位置尽可能靠近。布局应合理，使用要方便，能适应操作者的生理、心理特征。表 6-6 所示为手动控制机构最终效应的表示方法。

表 6-6　手动控制机构最终效应的表示方法（GB/T 4364）

最终效应	文　字	图形符号	英文译名	最终效应	文　字	图形符号	英文译名
准备	准备		Ready	由低到高可调	可调	◿	Variability
注意	注意	!	Look	由小到大		⌒	
危险	危险	ϟ	Danger	由−到+		−+	
调整	调		Tune	打开	打开		Open
闭合	闭合		Close	向前	前	⊕	Forward
开启	开	⊓	On	向后	后	⊙	Backward
接通（电源）	通	|	On（Power）	升起	升		Lift
关闭	关	⎍	Off	降低	降		Lower
断开（电源）	断	○	Off（Power）	顺转	顺	↷	Veering
启动	动	◈	Start	逆转	逆	↶	Reverse
停止	停	⊜	Stop	复原	复原		Return
正常运转	转	▷	Normal run	保持	保持		Holding
快速运转	快转	▷▷	Fast run	调到最大	大	⌂	Adjustment to max
锁定	锁	⍑	Locking	调到最小	小	⌵	Adjustment to min
松开	松	⍡	Untie	快	快		Fast
零位	零	0	Zero	慢	慢		Slow
…到…	到	—	…to…	高	高		High

续表

最终效应	文　字	图形符号	英文译名	最终效应	文　字	图形符号	英文译名
向上	上	↑	Up	中	中		Medium
向下	下	↓	Down	低	低		Low
向左	左	←	Left	无穷大		∞	
向右	右	→	Right				

注：图形符号的绘制应按相关国家标准的规定。

（2）手动控制机构按操作方向和最终效应的不同，可分为如表 6-7 所列几种（控制机构和显示机构面向操作者）。

表 6-7　手动控制机构操作方向与效应关系（GB/T 4364）

操作方向	最终效应	组　别	操作方向	最终效应	组　别
向上、向右、向前（推）、顺时针转动	通、开、工作或（+）	第一组	由下向上连续可调，由左向右连续可调	由小到大，由低到高，由（-）到（+）	第一组
			由上向下连续可调，由右向左连续可调	由大到小，由高到低，由（+）到（-）	第二组
向下、向左、向右（拉）、逆时针转动	断、关、停止或（-）	第二组	顺时针转动，由上向下	锁定	第一组
			逆时针转动，由下向上	松开	第二组

注：特殊结构的推拉开关，拉出为开，推入为关。

（3）在一般情况下，手动控制机构的停止位置可以在操作件的一端，即当从停止位置开始运动时产生第一组的效应，当回到停止位置时产生第二组的效应；停止位置也可置于操作件的中间，此时操作件从停止位置向相反方向运动而产生相反的效应，如图 6-15 所示。

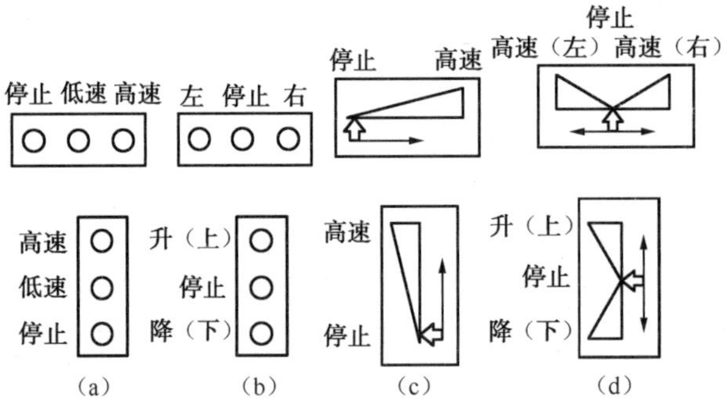

图 6-15　手动控制机构的停止位置（GB/T 4364）

6.4 控制器的设计原则

控制器是操作者用来向工作系统发送指令信号的装置，它是人机界面上的重要媒体和信息转换件。控制器的设计原则也是控制器的选用原则和评价方法。

6.4.1　控制器设计的工效学因素

1．控制器设计的指导思想

显示器和控制器构成人机界面，是相互匹配的两种组件。控制器（又称操作器）是在操作者了解显示器信号之后，用来向机器发出指令的装置，既要使人机相互通信变得省时省力，又要防止出现差错和发生意外事故。因此，采用以下指导思想。

（1）在人机系统中，人永远是主体，是决定系统运行、停止或改变状态的主宰，机器只是一种辅助人达到某种目的的工具，听命于人的指令。即使在紧急状态下，机器的保护系统自动发挥作用，也是人预先设定的程序。

（2）在设计控制器时，既应考虑人的能力、特性、技能、任务与心理需要，又要考虑控制器的受力与材料强度，以确保安全和可靠。

（3）控制器要求针对某一功能充分有效、易于识别、反应敏捷，并与显示器、设备的运动方向一致。

2．控制器设计的宜人性

（1）控制器必须与人手相拟合，在与手接触的部位应为球形、梨形、圆柱形、环形或其他便于握持的形状；与手指接触的部位应有适合指形的波纹或凹形；需手抓握部分应有较大的接触面，而又不超出手适宜抓握的限度；接触面应有助于提供更多的触觉反馈信息。控制器应有充分的可靠性，便于用力而不出现扭曲变形或脆性断裂。手接触的表面不得有缺口、棱边、尖角和毛刺，保证操纵舒适。

（2）控制器应根据人体测量数据、生物力学及人体运动特征进行设计，使操作者操作时不易迅速引起疲劳，防止不自然姿势和手脚的过度屈曲。控制器的作用力应使大多数人的体力强度都能胜任；其操纵精确性是大多数人的能力都能达到的。

（3）一般要求。①需用大力气来操纵的控制器，其布置位置必须考虑力学效应，因为在不同位置上的控制器，人对其用力的大小是不同的。在适宜的位置，人可以使出更大的力。②用于分级调节的控制器，从一个位置调到另一个位置时，其阻力应逐渐增大，一旦到位，则有明显的手感或声响，不允许在两个工位之间发生停滞不动的现象。③与手接触的操作器的表面温度应控制在 11～36℃，应选用导热系数低的材料制造或包覆。④脚控操作器不应使踝关节在操作时过分弯曲，在操纵时，脚掌应与小腿近似垂直，踝关节活动范围不大于 25°，并应在蹬踏力消除后，保证操作器能自动复位。在踏板开关中，踏板的冲程通常是由脚的前部来完成的，用力小，冲程短。脚踏板的用力大小取决于踏下的时间和频率。立姿作业不宜使用脚踏板；坐姿作业最好只使用一个踏板。如果双脚不停地踏动两个控制件（如弹风琴），就会感到很疲劳。⑤有定位或保险装置的操作器，其终点位置应有标记或专门的止动限位装置。分步调节的操作器还应有中间各挡位置标记和定位与自锁、连锁装置，必须保证在作业过程中不会由于意外触动和振动而产生误动作。⑥控制器的尺寸和安装位置的确定，要从人的用力机能、操作方便性、作业的准确性、缓解疲劳的可能性、舒适性等几个方面进行综合考虑，再做出决定。⑦控制器应易于识别，相互之间应有明显标志，无论在明处还是暗处，都能为人的感觉器官（特别是触觉）所识别，避免错用控制器而引起事故。控制器的运转方向应与人的习惯、显示器和设备的运转方向一致。⑧尽可能将控制器安置在操作者最容易接触到的区域，操作范围不能超过操作者的可及范围。⑨控制器数量宜少不宜多，启动控制器的动作应简单易行。圆形旋钮可制成“同心分层”旋钮，一组旋钮可控制多个显示器，既节约了面积，又方便了操作。但要注意上下层旋钮的误触与干扰。⑩如果必须用一只手或一只脚轮回操作几个控制器，则这些控制器的安装排列应以手或脚能沿弧线连续移动为佳。需做准确或高速动作时，必须用手控，而且置于右手操作最方便的位置（因 90%的人习惯用右手）。如果只有一个主控制器（其他为辅控制器），可将其置于两手之间。非频繁操作的控制器应置于离常用控制器较远的地方。

（4）有些控制器必须按非常规设计，例如：①起重机的操纵杆，远离操纵者身体的运动表示减小或下降；朝向身体的运动表示增加或上升。②将节流阀从控制板上拉出，表示启动或接通；将其推入表示关闭。③控制液体（如水）和气体（如液化气）的阀门，逆时针旋转表示开启或增大，顺时针旋转表示关闭或减小。对绝大多数管道螺纹来说，顺时针旋转是旋紧接口，逆时针旋转是松开接口。④各国的常规可能与中国的不同，如美国和德国，开关位置的“上”和“下”分别表示“接通”和“断开”，但英国的开关恰好相反。中国的民用电器电源电压为 220V，而美国却为 110V，为了外贸的需要，必须按进口国的常规设计。

6.4.2 控制器设计的一般原则

1．控制器的外形结构与尺寸

控制器外形结构与尺寸的设计，应考虑其使用目的、使用方式、安装条件等诸多因素。这里仅从便于使用出发，讨论控制器操作部位的尺寸、形状和表面质地。

（1）控制器操作部位的尺寸。①与人身体相应部位的尺寸相适应。②与操作方式相适应，取决于用手的哪个部位进行操作。对于手指接触（按钮）、手接触（操纵球）、双指捏住（钥匙）、3 指捏住（旋钮）、手抓住（操纵杆）、手握住（手柄）等不同的操作方式，应采用不同的控制器尺寸。例如，手握手柄进行操作，手柄直径太小，易引起肌肉过度紧张，而直径太大，则难以握牢，因而直径为 50mm 较为适宜和舒适。

（2）控制器的形状。应考虑手的生理特点，有利于人对控制器施力。①使用手指指尖按压的控制器，其按压面应呈凹形；用手掌按压的，则应呈凸形，使之适合手指或手掌的操作。②操纵控制器过程中，手腕与前臂尽可能在纵向形成一条直线，即保持手腕的挺直状态，避免手腕弯曲。

（3）控制器的表面质地。①与手接触的表面不宜过分光滑，以免打滑，不利于增强手的握执力；采用不反光的表面，以免干扰操作者的视觉作业。②根据不同的操作要求，在与手接触的部分可制作适当的有规则的纹理，但纹理不宜太深，以免影响操作的舒适感。

2．操纵控制器的依托支点

操纵控制器，在特殊条件下（如振动、冲击或颠簸等）进行精细调节或连续调节时，为保证操作平稳、准确，应考虑肢体有关部位的支撑作用，并提供相应的依托支点。①肘部作为前臂和手关节做大幅度运动时的依托支点。②前臂作为腕关节运动时的依托支点。③手腕作为手指运动时的依托支点。④脚后跟作为踝关节运动时的依托支点。

3．制作控制器的原材料要求

要求如下。①摩擦系数不得造成手的皮肤损伤。②热传导性能不得造成手部高温或低温。

③有足够的强度，在操作过程中不会引起控制器弯曲、扭转或折断。

4. 控制器的操纵阻力

操作者操纵控制器时，需克服一定的阻力才能启动。控制器阻力的设计包括阻力类型和阻力大小两个要素。阻力有以下 4 种类型。

1）弹性阻力

这种阻力通常是由控制器内所装弹簧产生的。其特点是阻力的大小随控制器的位移而变化，可作为位移量的反馈源。当操作者放开控制器时，弹性阻力能推动控制器返回原位或零位，因此，常用作瞬时触发键。这种阻力的方向一般向着零位，它可帮助操作者辨识零位，以利于快速改变控制器运动方向。如果在零位设置足够的阻力，则操作者的手或脚放在控制器上不施力，就不会启动。通过改变力的变化率，弹性阻力能向操作者提供控制器处于临界位置的信息。

2）静摩擦力和滑动摩擦力

控制器在滑面上移动或围绕转轴移动，都存在不同程度的静摩擦和滑动摩擦。这种摩擦力阻止初始启动，可引起略微延时。但一旦超过摩擦阈，阻力便会减小，操作者只要用很小的力就能快速移动控制器。它不能向操作者提供操作反馈信息，同时，它还增加了辨认控制器的精确位置或小的位置变化的难度。控制准确率变低，宜做不连续控制。如果控制器有足够的静摩擦，则它也允许操作者将手或脚放置在其上而不启动。

3）黏滞阻尼

黏滞阻尼多用于液压门控制系统，它随控制速度而变化，可阻止快速运动，有利于平滑控制，有助于运动的方向变化。

4）惯性力

由于物体的惯性引起的力称为惯性力。它与控制装置的质量和控制运动的加速度有关。具有惯性的控制器，在开始大幅度移动前必须有一会儿加速度作用，一开始移动就难以停下来，这有助于平滑的控制，但增加了精确调节的难度，很容易产生过调。

以上 4 种阻力都能减少由于意外碰撞、重力或振动等引起的偶发启动，对安全操作是有利的。人操作时，克服控制器的阻力便可使控制器启动。

控制器的阻力不允许按人的用力极限来设计，因为在用力极限条件下，操作者会很快感到疲劳。通常，对频繁或连续使用的控制器，其阻力不应超过最大肌力的 15%。如果驱动时间极短（小于 5s），阻力也可以放大到最大用力的 50%。为了保证力量弱的人也能驱动，控制器阻力应按第 5 百分位数设计。

控制器阻力小，可以减轻操作者负荷，并提高操作速度，但阻力过小也有弊病，即操作者会失去触觉和本体感觉提供的反馈信息，无法掌握控制的程度，还会引起无意触发。因此，建议触发开关的操纵力一般不应小于 5N。

5. 控制器的操作反馈

设计控制器时应考虑操作反馈，使操作者获得关于操纵控制器结果的信息，以提高操纵的准确性。机器反馈的主要形式有视觉显示、音响显示、振动变化和操纵阻力。

（1）视觉显示。①观察模拟式仪表的指针，以及数字式仪表的数字是否到位。②按钮显示：

将按钮做成透明体，内有指示灯，操作到位按钮即发光，具有向操作者提示的作用。③直接观察机器上相应部件的运动是否到位。

（2）音响显示。①控制器上设置操作到位音响声（如“咔嗒”声），声音可由控制器定位机构发出，也可装设专门的联动音响装置。②从机器运行噪声的变化，凭经验做出判断。

（3）振动变化。机器的振动变化反应在控制器上，传达到体觉（如机动车辆），振动也常转化为噪声形式传递给操作者。

（4）操纵阻力。①操纵阻力是设计控制器的重要参数。阻力小，无反馈信息，使操作者对操作情况做不到心中有数；阻力过大，操作不灵敏，难以控制，且易使操作者提前产生疲劳。②阻力大小与控制器的类型、位置、移动距离、操作频率、力的方向等因素有关。操纵力需控制在该施力方向的最佳施力范围之内。③阻力变化作为反馈信息作用于操作者，有两种情况：操纵到位时，操纵阻力突然变小；操纵到位时，操纵阻力突然增大。

6．控制器的布局原则

应考虑：①控制器的布置区域。经常用的或重要的控制器，应布置于手（脚）活动最方便、反应最灵敏、用力最适宜、视觉最有利的空间区域；控制器应尽量布置于视野内的空间，不需要视觉辅助的控制器，可以布置在人的触觉功能能辨认的地方；控制器应充分考虑坐姿、立姿的各个操作范围。②控制器的排列。应依照人的习惯、操作顺序、逻辑关系进行安排。当控制器沿竖直方向排列时，操作顺序应从上到下；当控制器按横向一字形排列时，操作顺序应从左至右。③控制器的编组。当控制器数量较多时，应成组布置，编组应与使用者思维方式的规律一致；紧急控制器应与其他控制器分开，并布置在显眼而又操作方便之处，标志要显眼。④控制器之间的间距。控制器之间要保持足够的距离，避免操作时误触。其最小间距如图 6-16、表 6-8 和表 6-9 所示。

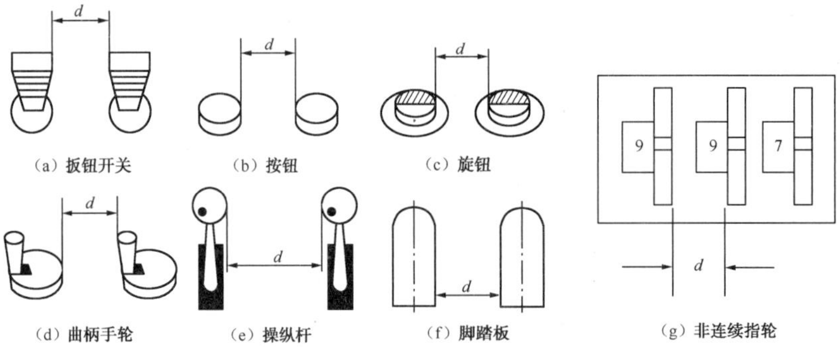

图 6-16　控制器之间的最小间距（GB/T 14775、GJB 2873）

表 6-8　控制器之间的最小间距（GB/T 14775、GJB 2873）

操纵形式（见图 6-16）	操 纵 方 式	间隔距离 d/mm	
		最　小	推　荐
（a）扳钮开关	● 单（食）指操作	20［19］	50
	● 单指依次连续操作	12［13］	25
	● 各手指都操作	15［16］	20［19］
（b）按钮	● 食指操作（单指）	12［13］	50
	● 单指依次连续操作	6	25［13］
	● 各手指都操作	12［6］	12［13］

续表

操纵形式（见图 6-16）	操 纵 方 式	间隔距离 d/mm	
		最 小	推 荐
（c）旋钮	● 单手操作	25	50
	● 双手同时操作	75［50］	125
（d）曲柄手轮	● 双手同时操作	75	125
（e）操纵杆	● 单手随意操作	50	100
（f）脚踏板	● 单脚随意操作	100［75］	150
	● 单脚依次连续操作	50	100
（g）非连续指轮	● 食指操作（单指）	［10］［连续指轮为 25］	—

注：① 表内 d 值主要按 GB/T 14775 列出，方括弧内是 GJB 2873 中的差异值。

② 以上数据仅适用于裸手应用，对于戴手套的操作，最小值应适当调整，见 GJB 2873。

表 6-9 最小控制器间距（GJB 2873）

（mm）

	扳 钮 开 关	按 钮	旋 钮	手指旋转（选择）开关	非连续指轮
扳钮开关	见图 6-16（a）	13	19	19	13
按钮	13	见图 6-16（b）	13	13	13
旋钮	19	13	见图 6-16（c）	25	19
手指旋转（选择）开关	19	13	25	—	19
非连续指轮	13	13	19	19	见图 6-16（g）

注：所有值都适用于单手操作。

6.5 常用控制器的类型及其选用

6.5.1 各类常用控制器的类型和特点

1．非连续调节的旋转控制器

（1）旋转选择开关。①用途。可用于需要两个以上独立锁定调节功能之处（不用于二位置功能）。②应设计成指向针转动、标尺固定的形式。③开关以呈两边平行的长条形为佳，以便于手指的抓捏。④调节位置。正常操作情况下，对操作者看不到的旋转选择开关，其调节位置不超过 12 个；时常能看到的不超过 24 个。⑤开关的阻力应有一定弹性，在接近每个调节位置时，阻力先增大而后逐渐减小，然后一下到位，不会停留在两个调节位置之间。⑥视差。旋钮的指向针应尽可能贴近标尺，其视差引起的误差不超过标尺刻度间距的 25%。

（2）钥匙操作开关。①用途。用来防止未经批准的操作，一般以通与不通两种状态来控制系统工作。②参数。位移角为 30°～90°，高度为 13～75mm，力矩为 115～680mN·m。③锁的定向。钥匙在垂直方向状态为关的位置，齿尖朝上插入锁，顺时针方向转动为开，钥匙只有在关的状态才能从锁上拔下。

（3）非连续调节的指轮控制器。①应用。这是一种小型数字输入装置，并可核对读出数字，锁定的指示部位应标有 10 个数字或用二进制输出表示。②运动方向。向前、向上或向右转动指轮轮缘应为增加调节量。③照明。环境照度低于 3.5cd/m^2，应采用内部照明（黑背景上的亮数字）；不需内部照明时，在白色（或浅色）背景上的粗黑体字，字高笔画宽之比应当接近 5 : 1。④间距。两片指轮间的最小间距为 10mm。

2．连续调节的旋转控制器

（1）旋钮。①用途。用于以很小的力精确地调节一个连续变量。②大多数情况下，应采用标尺不动而旋钮动的方式，如果必须辨别调节位置，应在旋钮上加指向针或指示装置。

（2）同轴连接的控制旋钮。①应用。控制板空间有限时，可有选择地使用，最好用两旋钮组件，尽可能避免三旋钮结构。②下述情况不宜应用：要求非常准确和快速的操作，要求经常变化的操作，戴厚手套的操作，设备露天放置或在现场条件下。③阻力。两旋钮组件阻力矩为 32～42mN • m，旋钮的边应有凹凸齿，细调旋钮用细齿，粗调旋钮用粗齿。④标志。每个旋钮上都应具有标记或指向针，使用时应易于区别不同旋钮的指示。

（3）连续调节的指轮控制器。①用途。运用其占据空间小、可连续调节的优点，代替旋钮使用。②定向与运动方向。向前、向上、向右转动，指示增值。③关闭位置。在关闭位置应提供锁定装置。

（4）曲柄（单手操作手轮）。①用途。需要多圈旋转的控制，尤其用于高速和大力量的场合。对需大回转加小幅细调的作业，可在旋钮或手轮上安装一个曲柄把手。曲柄用于大回转，旋钮或手轮用于小幅细调。涉及数字选择或其他过程中使用曲柄的场合，每一转应对应于 1、10、100 等的倍数。②抓握把手。可绕其轴任意转动，如怕碰撞，可使用折叠型把手，这种压簧式把手在使用时弹出。③曲柄的平衡。防止因把手自重引起曲柄转离最终调节位置。

（5）手轮（双手操作）。①用途。单手操作力量不足时，用双手操作手轮。②运动方向。顺时针转动是开机或增加调节量（阀门除外），应在适当的地方用箭头或标志字符指示转动方向。

3．非连续调节直动式控制器

（1）按钮（用手指或手操作）。①用途。瞬时接通或启动锁定电路中一个或一排控制器时，应当使用按钮。在使用频次高的地方尤应如此。②启动指示。启动时应有明确的指示（如“咔嗒”声或内装灯亮）。③护槽或护盖。用以防止意外启动，护盖处于打开位置时，应不干扰受保护或相邻控制器的操作。

（2）脚操作的开关（踏钮）。①用途。双手负荷已饱和，或出于对上、下肢负荷的分配，可采用踏钮。使用踏钮时，由于脚的触觉灵敏度差，易发生误操作，故只限用于非关键的或不经常的操作。②操作。应安装在由脚趾或脚前掌操作的位置上，而不能用脚后跟操作。在安装位置周围不能有妨碍脚操作的障碍物。可用踏板盖在按钮上以帮助安装和操作。

（3）键盘。①用途。用于将字母、数字或特殊功能的信息输入系统。②多键盘。在一个系统中具有一个以上的键盘，则各键盘上的字母键、数字键和特殊功能键等应保持同样的构造和布局。

（4）扳钮（钮子）开关。①用途。用于要求有两个或 3 个离散调节位置的功能或空间严重受限制的场合。②阻力。小开关为 2.8～4.5N，大开关为 2.8～11N。操作时阻力应逐步增大，在开关到位时迅即减小，开关应不会停留在两个调节位置之间。③定向。垂直方向安装，向上为开；水平方向安装，向前为开。

（5）标字开关。①特点。标字开关大多矩阵排列，每个按键左右两侧有高为 5～6mm，宽为 3～6mm 的隔板，键上标明控制功能的字，键内有指示灯。②开关启动。应有明确指示，按压到位应有卡销或产生“咔嗒”声的装置；使用触敏开关，应在开关内或上方装指示灯。③无论有无内、外照明，标字都应是清晰可见的。④标字牌的标字最多不应超过 3 行。⑤带灯标字开关内的灯泡应可用手从控制板的正面更换，标字罩盖用卡销锁住。

（6）摆动（摇臂）开关。①用途。要求有两个离散调节位置功能的扳钮开关可用摇臂开关来替代。它具有不会钩住衣袖或电话线、占用空间小（可横向成排排列）等特点。3 个调节位置的摆动开关只用于不能使用转动式控制器和标字开关等的场合。②明确的指示。摆动开关的启动或关闭应有明确的指示，如指示灯或内装灯。开关不会停留在两个调节位置之间。③定向。通常应沿垂直方向安装，向上应该是启动、增量，或设备、系统组件向前、顺时针、向右或向上移动。若为了与受控功能或设备安装位置相容，开关也可沿水平方向安装。

（7）滑动开关。①用途。要求有两个非连续调节位置功能的控制器，可用（滑动片接触）滑动开关。滑动开关也可用于要求有多个非连续调节位置功能的控制器，在这种情况下，开关可排列成一个矩阵，以容易识别相对的开关位置。②定向。通常应沿垂直方向安装，向上、向离开操作者的方向移动是启动、增量，或设备和系统部件向前、顺时针、向右或向上运动；若为与受控功能或设备安装位置相容，也可沿水平方向安装或采用水平启动。③明确指示。具有两个以上调节位置的滑动开关应提供明确的位置指示，最好将指向针放在滑动片把手左侧。开关应不会停留在两个调节位置之间。

（8）非连续调节的推拉式开关。①用途。用于需对两个独立功能加以选择的场合。这类开关应有选择地使用，仅用于特别希望采用这种结构的场合，如操作简单或控制板有限的场合。3 位推拉式开关只用于错误选择调节位置不会产生严重后果的场合。②旋转。这类开关是推拉与旋转的组合结构（如旋转把手以脱离制动器），如果键钮是圆柱形的，其轮缘应该是齿形的。③钩绊与无意触动。推拉式开关的安装位置，应保证在运作过程中不致碰到开关，或钩住操作者的衣服、通信电缆等。④运动方向。向操作者方向拉为启动或接通；组合式推拉/旋转开关的顺时针旋转为启动或量值增加。

（9）印制电路开关。①用途。用于印制电路板系统，要求手工编程功能的场合。②尺寸。容许使用某种通用的尖笔（如铅笔和钢笔），可无误地进行操作，而不需专用工具；滑动片型的控制器，其行程是驱动器长度的 2 倍；摇臂型控制器，其揿下的臂翼应与该模件的表面齐平。③形状。控制器表面应该是凹形的，凹穴应深到足以在操作时避免笔尖滑出。

4．连续调节的线性控制器

（1）操纵杆。①用途。用于需要大的力或位移时，或要求多维度控制的场合。②肢体支撑。用于精细或连续调节时，应为相应肢体段提供支撑：对于大的手运动，用肘支撑；小的手运动，用前臂支撑；手指运动，用腕支撑。

（2）位移操纵杆。①用途。用于要求在两个或两个以上相关维度中精确和连续控制的场合。②手操作的位移操纵杆。移动偏离中心位置不超过 45°；控制比、摩擦和惯性应满足快速的粗定位和细定位两个要求；握柄长 110～180mm，握柄直径不大于 50mm；具有前臂支撑。③手指操作的位移操纵杆。特别适用于自由绘图制表，设有弹回中心的机构，但其阻力足以保持其调节位置。杆长 75～150mm，直径 6.5～16mm，具有前臂或腕支撑，其他同上。④拇指尖/手指尖操作的位移操纵杆。操纵杆安装在一个握柄（固定支架）上，具有腕或手支撑。

（3）球形控制器（跟踪球）。①用途。可用于各种控制功能，比如在显示器上拾取数据，它不能自动返回起点。球体能向任何方向无限地转动，非常适用于可向给定方向累积行程的应用场合。它只用作位置控制器（即给定圆球运动，使显示器上的跟随器成比例地运动）。②动力特性。控制比和动力特性应满足快速的粗定位与平稳而精确的细定位要求。③肢体支撑。用来进行精确或连续的调节时，应提供腕支撑或手臂支撑或两者均有。球形控制器最好安装在机壳或台面上。

（4）图形输入板（网格与铁笔装置）。①用途。可从显示屏（阴极射线管）上拾取数据、输入数据、产生自由绘制的图表，以及类似的控制应用。它在屏幕上建立 *X*、*Y* 网格，运用铁笔（电压敏感）在输入板上控制跟随器（游标、标记、钩形符）在屏幕坐标网格上的位移。②尺寸与安装。控制用输入板（上有网格）应接近显示器的尺寸，宜安装在显示器下，并与屏幕网格保持方向上的对应关系。

（5）自由移动式 *X*—*Y* 控制器（鼠标）。通过在任何平坦表面上的移动，控制与之相联系的显示器上的跟随器的 *X* 与 *Y* 坐标，并可拾取或输入坐标值，但它不生成自由绘制的图表。

（6）光笔。可用作面向轨迹的读出装置，将光笔放在显示器屏幕的适当位置上，可使屏幕上的跟随器追踪光笔的移动，从而使光笔起到两轴控制器的作用，用来达到图形输入板同样的目的。应在显示屏的右下侧装设一个夹持器，以供不使用时夹持光笔。

（7）踏板。①用途。在双手已被占用、要求操纵力较大（手难以适应）和某些固定用途（如车辆上的踏板控制器）的场合使用。②位置。在不改变体位和人的体能限度之内，用脚操作踏板达到最大位移，其位置应使操作者的脚能够“休息”和“稳定”。踏板在操纵后应能自动返回原（零）位，应给脚跟提供搁脚的地方或踏板能提供充分阻力，以防脚意外触动控制器。③施加大力量的辅助手段。提供座椅靠背；使踏板处于与座椅基准点同一高度，使大腿与小腿形成约 160° 角；不打滑的踏板表面。

5．特殊控制器

（1）大力量控制器。通常，不应使用超过大多数操作者预计力量限度的控制器；在操作者正常工作位置上，如不能提供适宜的身体支撑或肢体支撑，则不应使用大力量控制器；应避免持续地（持续时间超过 3s）使用大力量控制器。

（2）小型控制器。只有在空间受到严重限制时，才可使用小型控制器。当可利用的空间允许使用标准大小的控制器或需戴厚手套操纵控制器时，都不应使用小型控制器。

6.5.2 常用控制器的主要参数

各类控制器的控制方式及其主要参数（尺寸、阻力）见表 6-10～表 6-20。

表 6-10 非连续推拉式控制器的推荐参数

种类	图例	尺寸	优选范围	
			最小	最大
按钮（指压触发）	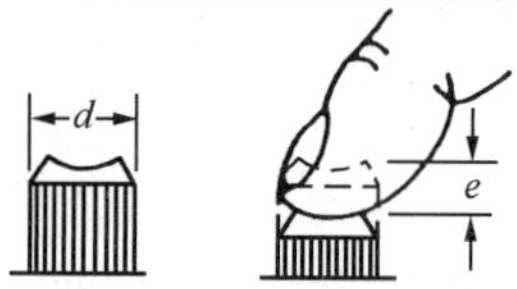	直径 *d* 位移量 *e* 阻力 *F*	9.5mm 1.6mm 1.4N	25.4mm 6.4mm 5.6N

续表

种　　类	图　　例	尺　　寸	优选范围	
			最　　小	最　　大
带灯标字开关	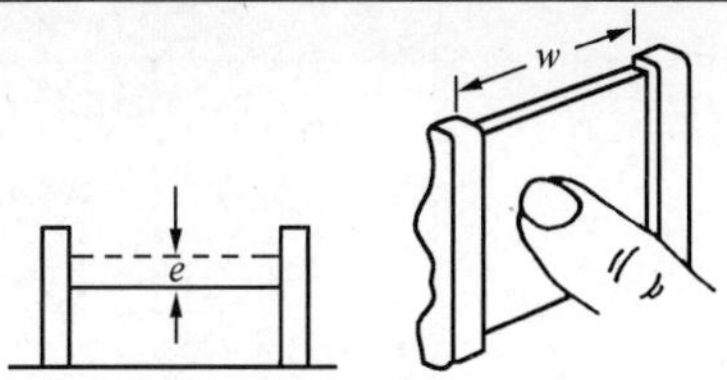	宽 w 位移量 e 阻力 F	19mm 3.2mm 2.8N	38mm 6.4mm 16.7N
手掌推压开关	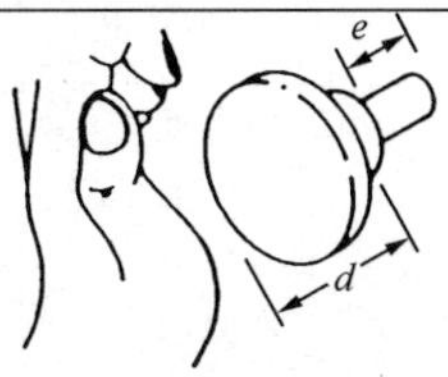	直径 d 位移量 e 阻力 F	19mm 3.2mm 2.8N	102mm 12.7mm 11.1N
低力推拉开关	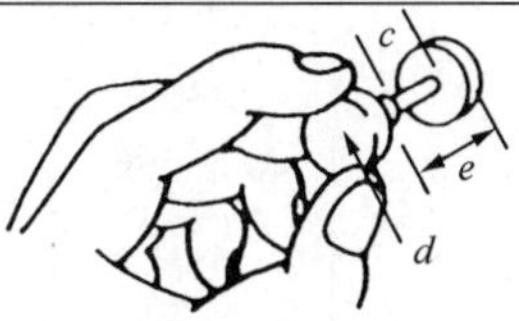	直径 d 间隙 c 位移量 e 阻力 F	19mm 25.4mm 12.7mm 2.8N	50.8mm 38mm 19mm 11.1N
高力推拉开关	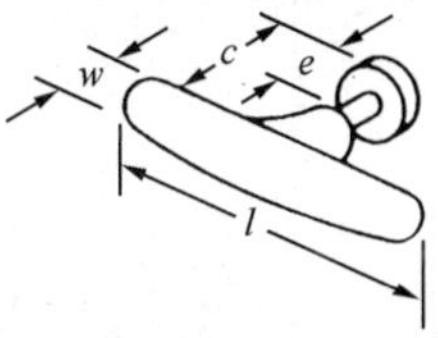	手柄宽 w 手柄长 l 间隙 c 位移量 e 阻力 F	15.9mm 102mm 38mm 12.7mm 5.6N	38mm 152mm 76mm 19mm 22.2N

表 6-11　非连续水平或垂直作用式控制器的推荐参数

种　　类	图　　例	尺　　寸	优选范围	
			最　　小	最　　大
扳钮开关 （钮子开关）	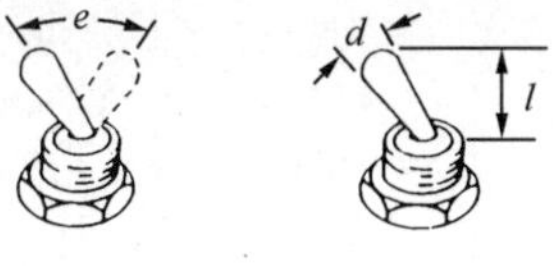	臂长 l 臂直径 d 位移量 e 阻力 F	12.7mm 3.2mm 30° 2.8N	50.8mm - 60° 11.1N
滑动开关	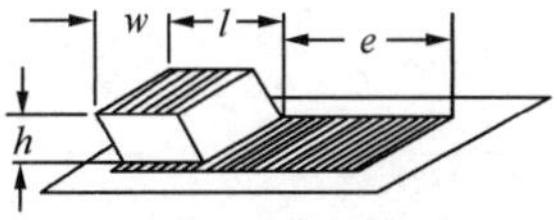	宽 w 高 h 长 l 位移量 e 阻力 F	6.4mm 3.2mm 9.5mm 6.4mm 2.8N	12.7mm 6.4mm 15.9mm 12.7mm 11.1N
摆动开关 （摇臂开关）	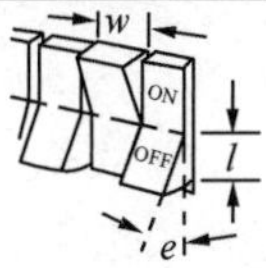	宽 w 长 l 位移量 e 阻力 F	6.4mm 12.7mm 30° 2.8N	38mm 19mm 120° 11.1N

表 6-12　非连续旋转式控制器的推荐参数

种　类	图　例	尺　寸	优选范围	
			最　小	最　大
中等力矩手指旋转（选择）开关	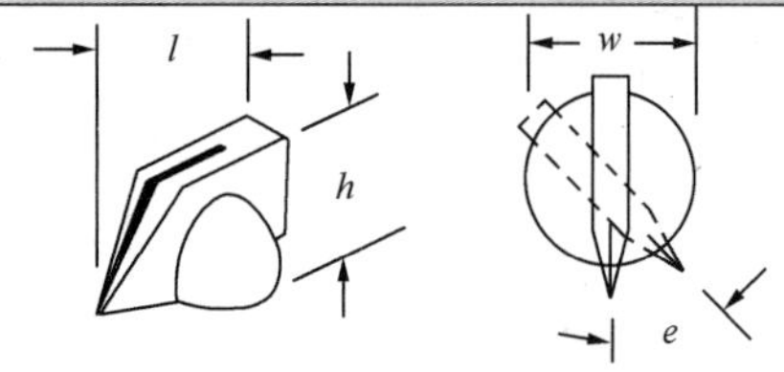	宽 w 高 h 长 l 位移量 e 力矩 M	12.7mm 15.9mm 38mm 15° 0.113N·m	25.4mm 76.2mm 101.6mm 60° 0.678N·m
低力矩手指旋转（选择）开关	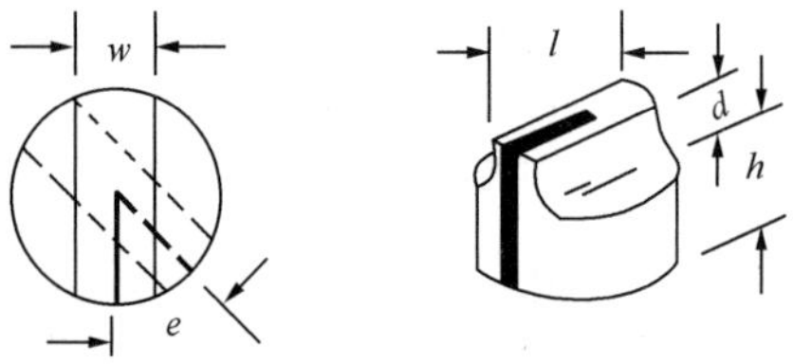	宽 w 高 h 长 l 深 d 位移量 e 力矩 M	6.4mm 15.9mm 19mm 12.7mm 24° 0.028N·m	12.7mm 25.4mm 50.8mm 19mm 60° 0.038N·m
钥匙旋转（选择）开关	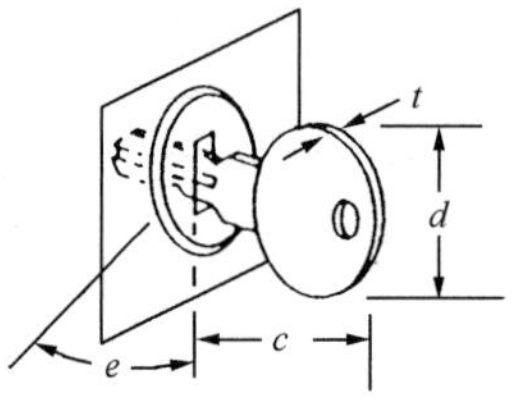	钥匙尺寸 直径 d 厚度 t 间隙 c 位移量 e 力矩 M	 12.7mm 1.6mm 19mm 30° 0.113N·m	 76.2mm 3.2mm 44.5mm 90° 0.678N·m
高力矩手旋转（选择）开关——J 形手柄	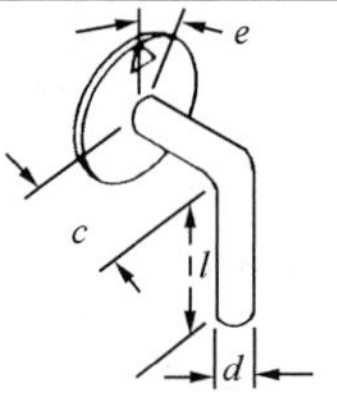	手柄直径 d 手柄长 l 间隙 c 位移量 e 力矩 M	15.9mm 101.6mm 31.8mm 24° 0.678N·m	25.4mm 152.4mm 50.8mm 60° 1.356N·m
高力矩手旋转（选择）开关——旋钮	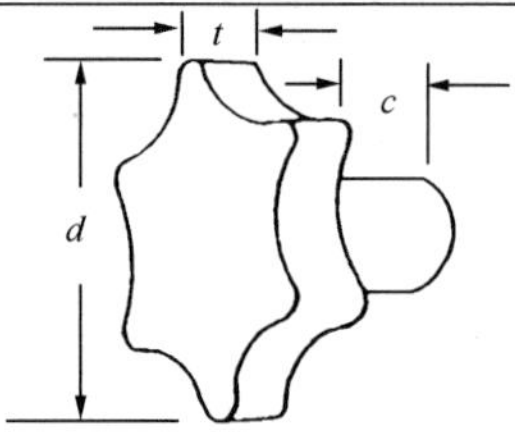	直径 d 厚度 t 间隙 c 位移量 e 力矩 M	50.8mm 9.5mm 12.7mm 24° 0.452N·m	101.6mm 19mm 38.1mm 90° 1.356N·m

表 6-13　连续调节式控制器的推荐参数

种　类	图　例	尺　寸	推 荐 值
单层旋钮	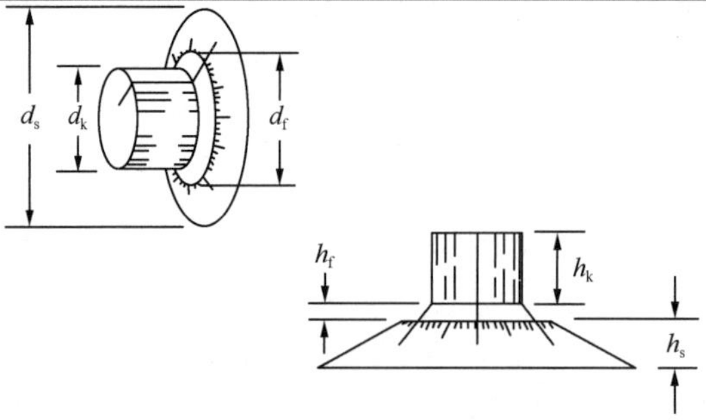	旋钮直径 d_k 旋钮高 h_k 指示端直径 d_f 指示端高 h_f 外缘直径 d_s 外缘高 h_s 刻度单位长度 g 力矩 M	19mm 12.7mm 31.8mm 6.4mm 50.8mm 6.4mm 6mm 0.028N·m

续表

种　类	图　例	尺　寸	推 荐 值
手指控制杆 （平移式）	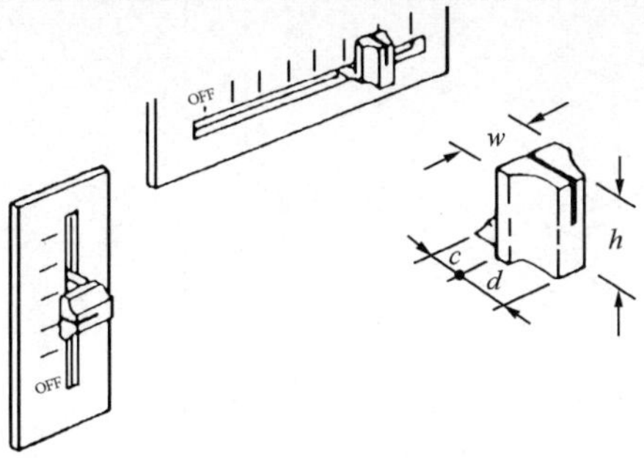	头高 h 头宽 w 头深 d 间隙 c 刻度单位长度 g 阻力 F	12.7mm 6.4mm 12.7mm 6mm 6.4mm 2.8N
手控制杆	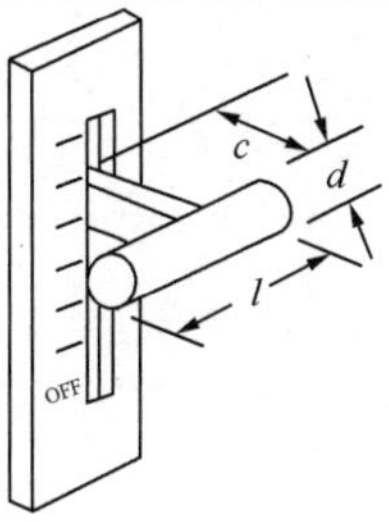	手柄直径 d 手柄长 l 间隙 c 刻度单位长度 g 阻力 F	15.9mm 76.2mm 38mm 12.7mm 5.6N
连续操纵指轮	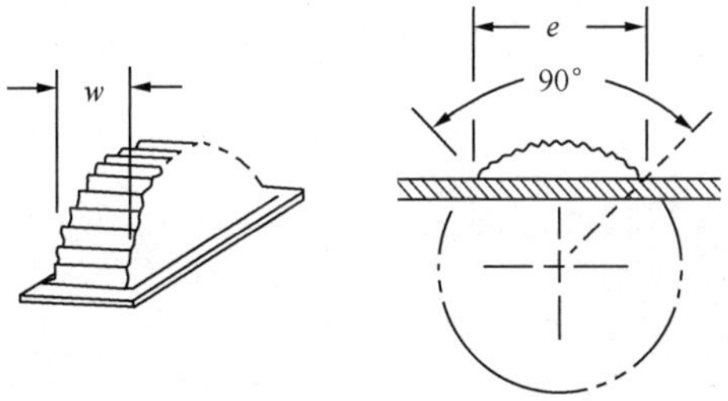	轮缘宽 w 轮缘暴露部分 e 力矩 M	3.2mm 25.4mm 0.028N · m

表 6-14　显示器光标定位控制器的推荐参数

种　类	图　例	尺　寸	优选范围	
			最　小	最　大
球形 控制器	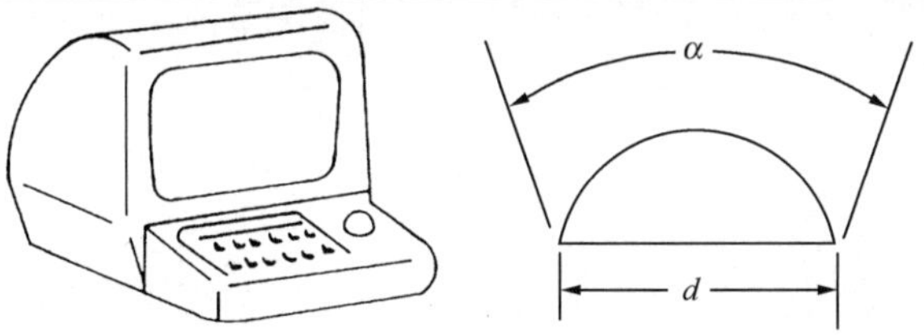	直径 d 表面暴露量 α 阻力 F	76.2mm 100° 0.28N	152.4mm 140° 1.1N
位移 操纵杆	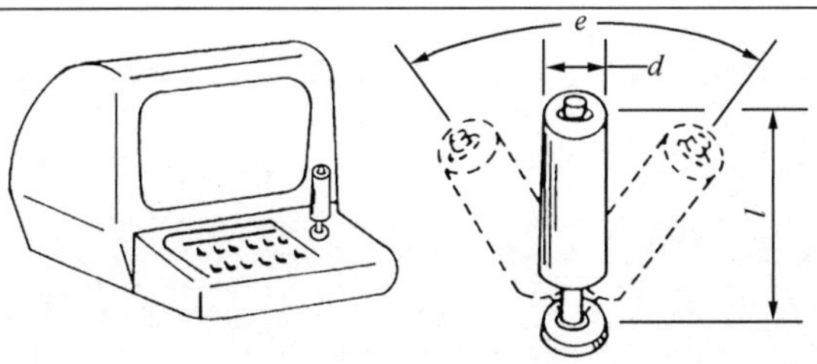	直径 d 长度 l 位移量 e 阻力 F	6.4mm 76.2mm — 3.3N	15.9mm 152.4mm 45° 8.9N

续表

种类	图例	尺寸	优选范围	
			最小	最大
自由移动式 *X-Y* 控制器（鼠标）	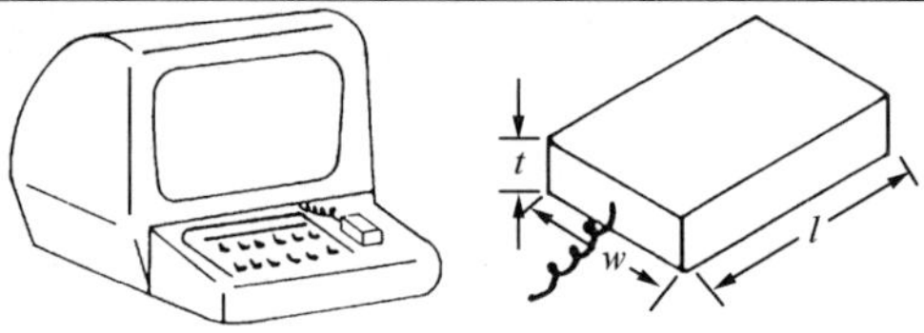	宽度 *w* 长度 *l* 厚度 *t*	38.1mm 76.2mm 25.4mm	76.2mm 127mm 50.8mm
光笔		直径 *d* 长度 *l*	6.4mm 127mm	19mm 177.8mm

表 6-15　数字和字母输入装置的推荐参数

种类	图例	尺寸	优选值
十进制输入键	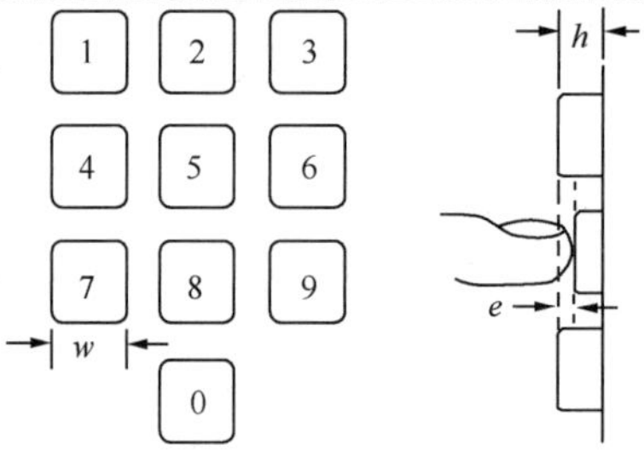	键宽 *w* 键高 *h* 位移量 *e* 阻力 *F*	9.5～12.7mm 6.4～9.5mm 1.6～3.2mm 0.28～39N
非连续指轮	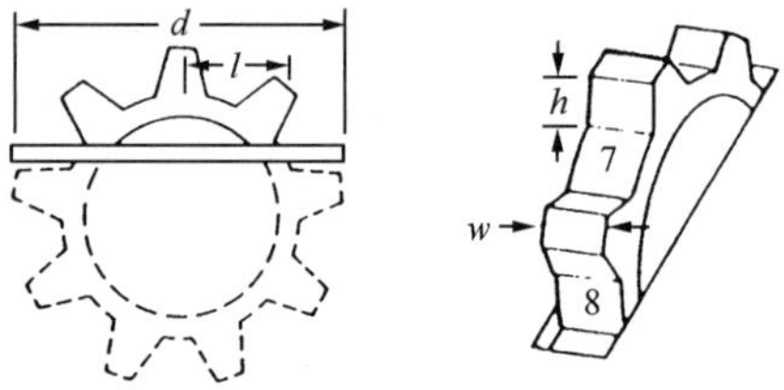	外径 *d* 槽距 *l* 槽深 *h* 边缘宽 *w* 阻力 *F*	31.8～63.5mm 9.5～19mm 3.2～12.7mm 3.2～6.4mm 1.7～5.6N
字母键盘	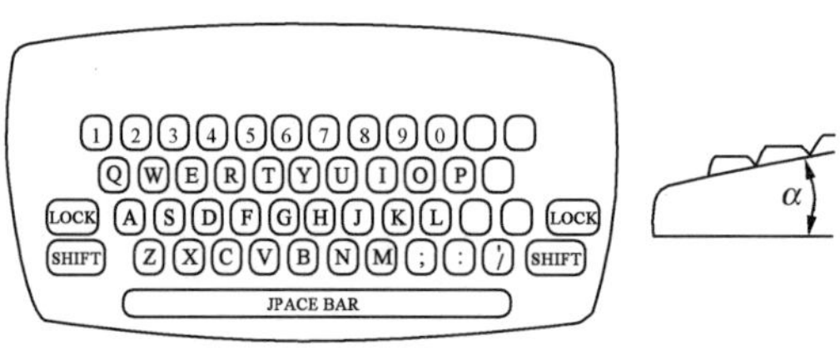	键宽 *w* 键高 *h* 字母键间隙 *c* 字母键阻力 F_w 数字键间隙 *C* 数字键阻力 F_a 键盘倾斜度 α	9.5～12.7mm 9.5～12.7mm 1.6～6．4mm 0.5～1.5N 0.8～4.8mm 1～3.9N 15°～20°

表 6-16　手轮（包括带柄手轮）和曲柄的基本尺寸（GB/T 14775）

操纵方式	手轮直径 *D*/mm		轮缘直径 *d*/mm		阻力/N
	尺寸范围	优先选用	尺寸范围	优先选用	
双手扶轮缘	140～630	320～400	15～40	25～30	20～220
单手扶轮缘	50～125	70～80	10～25	15～20	20～130

续表

操 纵 方 式	手轮直径 D/mm		轮缘直径 d/mm		阻力/N
	尺 寸 范 围	优 先 选 用	尺 寸 范 围	优 先 选 用	
手握手柄	125～400	200～320			
手指紧握手柄	50～125	75～100			

注：① 手轮和曲柄的结构形式多种多样，如图 6-17 所示。

② 手轮和曲柄的操纵力（矩）与其安装位置（高、低）和方位（转轴朝向）有关。

③ 双手操纵的手轮，一次连续转动角度不应大于 90°，最大不得超过 120°。

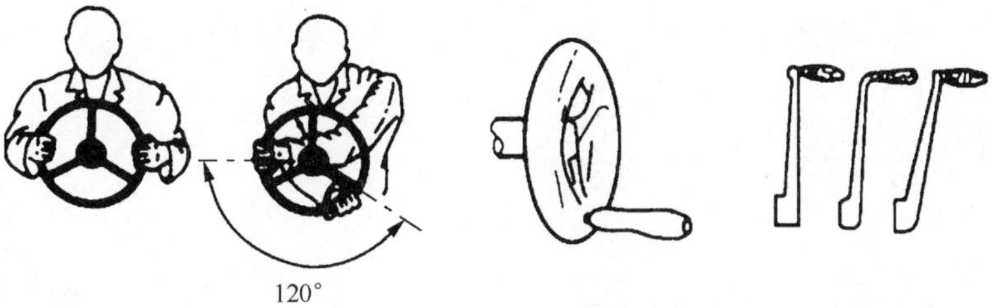

（a）手轮　（b）节板手轮　（c）曲柄摇把

图 6-17　手轮和曲柄

表 6-17　带柄手轮和曲柄的手柄基本尺寸（GB/T 14775）

操 纵 方 式	手柄直径 d_s/mm		手柄长度 L/mm	
	尺 寸 范 围	优 先 选 用	尺 寸 范 围	优 先 选 用
手掌握手柄	15～35	25～30	75～150	100～120
手指捏握手柄	10～20	12～18	30～75	45～50

注：手柄要能自由转动，不应固定。

表 6-18　操纵杆柄部的基本尺寸

柄 部 形 状	直径 d/mm				长度 l/mm			
	指　握		手　握		指　握		手　握	
	尺寸范围	优先选用	尺寸范围	优先选用	尺寸范围	优先选用	尺寸范围	优先选用
球形、梨形、锥形	10～40	30	35～50	40	15～60	40	40～60	50
锭子形、圆柱形	10～30	20	20～40	28	30～90	60	80～130	100

注：① 操纵杆的结构简图如图 6-18 所示。

② 球形或梨形柄适用于摆动角度大于或等于 30°的操纵杆；圆柱形或锭子形适用于摆动角度小于 30°的操纵杆。

表 6-19　操纵杆的最大操纵阻力

（N）

动 作 类 型	单　手	双　手	说　明
前后推拉	132	—	手把设置在离座位基准点前 25cm
前后推拉	221	—	手把设置在离座位基准点前 40～60cm
前后推拉	—	397	手把设置在离座位基准点前 25～48cm
左右推拉	88	132	手把设置在离座位基准点前 25～48cm

注：① 用手指操纵时，最大操纵阻力为 9N。

② 操纵杆的最小操纵阻力：用手指操纵时为 3N，用手操纵时为 9N。

表 6-20　脚踏控制器优选尺寸

踏钮开关	选用值	踏板	选用值
最小直径 d	13mm	最小长度 l	25mm
位移量 e	13～65mm	最小宽度 w	75mm
踏钮高度 h	80mm	移动量 e	13～65mm
阻力 F：脚不搁在踏钮上 脚搁在踏钮上	18～90N 45～90N	阻力 F：脚不搁在踏板上 脚搁在踏板上	18～90N 45～90N

注：① 仅踝关节运动（以鞋跟为转轴）的脚踏控制器的结构如图 6-19 所示。

② 操纵力较小且不需连续控制时，宜选用踏钮；操纵力较大或操纵力较小但需连续操作时，宜选用踏板。

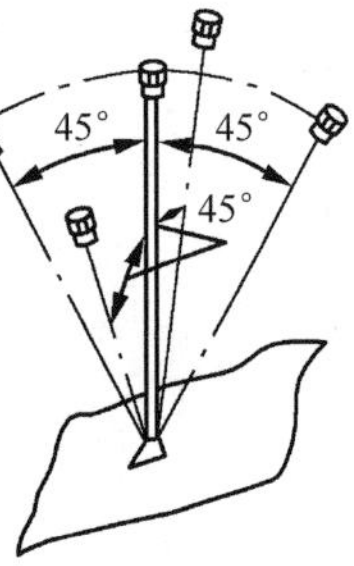

图 6-18　操纵杆

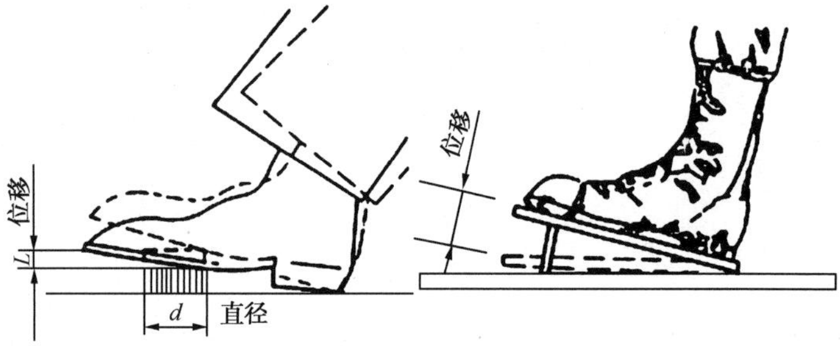

图 6-19　脚踏控制器

6.5.3　控制器的选用要点

1. 手动控制器的基本要素

1）手动控制器的操纵类型

手动控制器的操纵类型如图 6-20 所示。

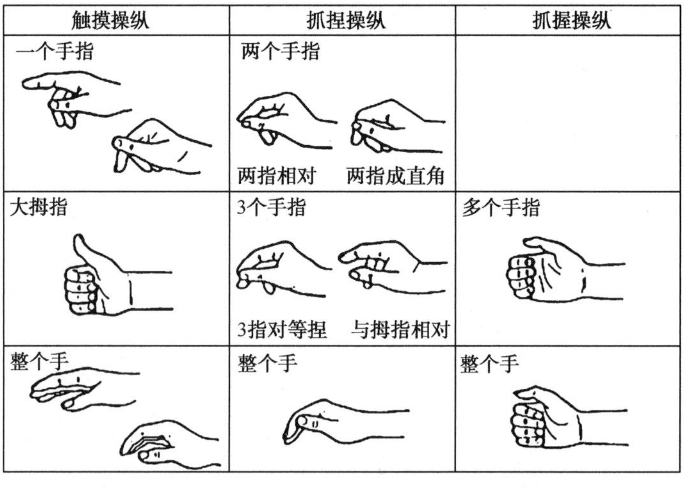

图 6-20　手动控制器的操纵类型（ISO/CD 9355-3）

2）手动控制器的尺寸

表 6-21 给出了手动控制器的尺寸。

表 6-21　手动控制器的尺寸（ISO 9355-3）

操纵方式	手的施力部位	控制器的宽度 w 或直径 d/mm	控制器轴向运动或绕轴运动长度 l/mm
触摸式	食指	≥7	≥7
	大拇指	≥20	≥20
	整个手	≥40	≥40
抓捏式	食指/大拇指	$7 \leqslant w（d）\leqslant 80$	$7 \leqslant l \leqslant 80$
	大拇指/其他手指	$15 \leqslant w（d）\leqslant 60$	$60 \leqslant l \leqslant 100$
抓握式	多个手指/整个手	$15 \leqslant w（d）\leqslant 35$	≥100

3）手动控制器的最大操纵力/转矩

手动控制器的最大操纵力/转矩见表 6-22。表中给出的数据不是肌肉的最大出力值，而是最大肌力的 15%，以保证能适应频繁或连续的操纵。

表 6-22　手动控制器的最大操纵力/转矩（ISO 9355-3）

操纵方式	手的施力部位	其他因素	最大直线操纵力/N	最大操纵转矩/（N·m）
触摸式	手指	任何方向	6.9	0.3
	拇指		6.9	0.3
	手		16.9	0.3
抓捏式	手指/一只手	任何方向	6.9	0.9
		X 轴方向	6.9	1.9
		Y 轴方向	16.9	1.9
		Z 轴方向	6.9	1.9
抓握式	一只手 两只手	X 轴方向	—	—
		Y 轴方向	32.9	—
		Z 轴方向	51.9	—
		0.25m 半径	32.9	20
		0.25m 半径	—	29

注：为防止无意误触，手动控制器的最小操纵力不宜低于 5N。

2．按速度、精度和施力大小选择

需要考虑：①凡要求快速而精确的操作，应选用手控或指控装置；②凡须用较大力气的操作则采用手臂与下肢控制；③手揿按钮、开关和旋钮适用于施力小、移动幅度不大或连续式调节的操作；④长臂杠杆、曲柄、手轮与蹬板则适用于费力、移动幅度不大和低精度的操作。

3．按功能选择

需要考虑：①启停控制：选用各类开关，见表 6-10、表 6-11；也可选用钥匙开关、踏钮等。②变换系统工作状态或进行多级快速调节：选用非连续旋转式控制器，见表 6-12；也可选用多位操纵杆。③稳定地改变系统的工作参数：选用旋钮、控制杆、连续操纵指轮等，见表 6-13，也可选用操纵杆、手轮。手轮一次连续转动角度大于 120° 时，应选带柄的手轮。④紧急状态的快速启停：选用紧急开关，如按键开关。⑤数据输入：选用键盘、非连续指轮。⑥移动幅度大而精度要求不高的调节：选用曲柄、小手轮。⑦简单而要求力大的调节：可选用坐姿有靠背的足控制器、长臂曲柄或操纵杆。

4．手动控制器的选用步骤

手动控制器（下面简称控制器）有多种类型，每种类型适合于不同工作任务的需要，并与操作者的能力相适应，正确选用适当的控制器是非常重要的。在 ISO 9355-3 中对手动控制器的选用程序做了详细说明，简述如下。

1）任务要求

① 控制器的动作类型：直线运动或旋转运动。
② 要求做轴向运动或绕轴运动。
③ 相对于轴的运动方向：正向或负向。
④ 运动的连续性：连续的或非连续（分步）的运动。
⑤ 所施加的操纵力或力矩的大小。
⑥ 控制器定位精度要求。
⑦ 所要求的调整速度。
⑧ 需要用视觉核查控制器的定位。
⑨ 需要用触觉核查控制器的定位。
⑩ 需要避免无意中触动或误操作。
⑪ 避免手在控制器上打滑。
⑫ 操作者需戴手套。
⑬ 易于保洁。

2）控制器的选用步骤

（1）步骤 1。对任务要求中第①～⑦项进行评估。

（2）步骤 2。应用步骤 1 的结果，确定合适的控制器类型。如果没有合适的控制器，则应对任务要求和设备的相关部分重新进行设计。这一步还应考虑操作者的能力是否能适应第①～⑦项的任务要求。

（3）步骤 3。对任务要求中第⑧～⑬项进行评估。

（4）步骤 4。应用步骤 3 的结果，判定在步骤 2 中选出的控制器的适用性。如果没有合适的控制器，则应对任务要求和设备的相关部分重新进行设计。这一步还应考虑操作者的能力是否能适应第⑧～⑬项的任务要求，证实所选定的控制器将能满足规定的任务要求，是适用的。

Chapter 7

第 7 章

听觉和通信界面设计

7.1 听觉信号系统

听觉通道是人获得外部世界信息的又一个重要通道，具有反应速度快、方向性不强、受纳信息范围广、易引起人的随意注意，以及不受照明条件限制等特点。听觉信号是由声音的音调、频率和间隔所传达的信息。听觉信号的缺点是，它可能干扰语言通信；当用于报警时，不能指出故障的性质，不能为应采取的行动提供指导；对复杂信息模式的短时记忆保持时间较短；信道容量低于视觉等。

7.1.1 听觉信号的感知

1．声音和听觉

声音有纯音和复合音之分。纯音是最简单的声波，有频率和振幅两个最基本的特性。由两种或多种纯音混合而成的声音称为复合音，它可分为乐音和噪声。乐音是周期性振动的声音。其频率最低和振幅最大的声波成分称为基音（第一谐波）。基音的频率决定乐音的音高，频率为基频两倍的纯音成分称为第二谐波。高次谐波的命名可按其与基频的倍数关系类推。各谐波成分的结合引起人的音色感。噪声是非周期性振动的声音。

2．声音的感知

感知是人体对信息的感受、传递、加工，以至形成整体认识的过程。按对听觉信号的感知程度可分为 3 个层次：觉察、识别、解释。

（1）听觉信号的觉察条件。主要影响因素是相对于环境噪声的声压水平。另外，音质的因素也很重要，如频率变化的速度（分级或连续）、频谱、瞬时特性、循环和持续时间等。

（2）听觉信号的识别条件。识别主要由下述因素确定：相对于噪声的声压级、相对于噪声信号的频谱、振幅和/或频率按某些特定模式的变化、声源位置和现场的声学特性。一个听觉信号识别的基础是对觉察的综合判断，但也取决于信号给出的紧急程度。

（3）听觉信号的解释条件。听觉信号的解释取决于许多因素，主要是在工作范围内的监听职责，通常受作业者的训练程度和后来所获得的经验的制约。

3．声音的度量

1）声音的物理度量

（1）声压。声压是声波引起介质振动产生的压力与静压之差。它是影响人听觉的重要因素。正常人耳刚能听到声音的声压称为听阈声压，其值为 2×10^{-5}Pa。

（2）声压级。人对声音大小的感觉并不与声音变化的绝对数值有关，而与其相对大小有关，即采用声压级来表示。为了计算方便，常采用对数量（级）来表示其大小，单位为分贝（dB）。国际上统一把 1000Hz 纯音的听阈声压定为 0dB，并把它作为测量声音的参考基准。人耳的听觉具有对高频声较敏感、对低频声不敏感的特性，为使噪声测量仪测得的结果能与人耳的听觉特性相符，噪声计都配有“A”“B”“C”计权网络，其测量值分别记为 dB（A）、dB（B）、dB（C）。其中 A 计权网络测得的声压级（A 声级）最接近人的直观感觉，用得最多。

（3）声强。在垂直于声级传播的方向上，单位时间内通过单位面积的平均声能称为声强（单位：W/m^2）。某个声源在单位时间内辐射出去的声能称为声功率（单位：W）。

2）声音的主观度量

声音给人的主观感觉并不完全取决于客观度量值，而最主要的是声响的大小。声压或声强越大，声音越响，但它们之间不成正比；人耳对低频声的敏感性较差。能描述人主观感觉的评价指标有两个，即响度和响度级。

（1）响度。响度为人耳判断声音强弱的主观感觉，单位为宋（Sone）。一个 1000Hz 的纯音在绝对阈限以上 40dB 的响度定义为 1 宋。如果另一个声音听起来比这一个声音大几倍，就说另一个声音的响度为几宋。

（2）响度级。响度级指声音响度的相对值。将 1000Hz 纯音声压级的分贝值定义为响度级的数值，单位为方（Phon）。这也是一个表示声音强弱的主观量。40 方相当于 1 宋，响度级每增加 10 方，响度增加 1 倍，即人的主观感觉上声音要响 1 倍。

在一定范围内，频率和强度的不同组合能产生相同的主观响度。

例如，强度 120dB（A）、频率 100Hz 的纯音与强度 1000Hz 的纯音响度相等。

4．人的听觉特性

1）绝对阈限与可听范围

绝对阈限是人的听觉系统感受最弱声音和痛觉声音的强度，它与频率和声压有关。听觉的绝对阈限包括频率阈限、声压阈限、声强阈限。人耳的可听范围就是听阈和痛阈之间的全部声音。人耳的听觉感受性随频率不同而变化，最灵敏处为 1000～4000Hz。听觉的绝对阈限受时间积累作用的影响，一般识别声音所需的最短持续时间为 20～50ms，欲缩短识别时间，需提高声压与声强。个体的年龄因素对听觉阈限的影响甚大，高音部分的感受性随年龄增大而降低。

（1）听阈。频率：20Hz；声压：2×10^{-5}Pa；声强：$10^{-12}W/m^2$。

（2）痛阈。频率：20000Hz；声压：20Pa；声强：$10^2W/m^2$。

2）听觉的辨别阈限

听觉的辨别阈限是指人耳对两个声音的某一特性（如强度、频率等）可觉察的最小差异。

声音的频率和强度对辨别阈限都有影响。

3）辨别声音的方向和距离

通常情况下，人双耳的听力是一致的，当声源偏离正前方时，声音与双耳间的距离差会形成双耳听音的时间差；而头对较远侧耳朵接收声音的障碍作用，形成双耳听音的强度差，因而，双耳能根据声音到达的时间差和强度差判断声源方向。一般对头部左、右声源的辨别较好，而对前、后和上、下声源的辨别很差。判断声源距离主要依靠声压和主观经验。一般在自由空间，距离每增加 1 倍，声压将损失 6dB。人们对熟悉的声源距离估计要准确一些，反之则差一些。

5. 声音的掩蔽效应

一个声音由于其他声音的干扰而使听觉发生困难，需提高声音的强度才能产生听觉，这种现象称为声音的掩蔽。一个声音的听阈因另一个声音的掩蔽作用而提高的现象，称为掩蔽效应。

1）掩蔽效应的规律

（1）掩蔽声越强，掩蔽效果越大，即被掩蔽声需要增加更多的分贝数才能被听到。

（2）掩蔽声与被掩蔽声的频率相近时，掩蔽效应最大。400Hz 的掩蔽声，对频率为 300～500Hz 的声音掩蔽效应最大，频率低于 300Hz 或高于 500Hz，则掩蔽效应渐趋减小。

（3）低频对高频的掩蔽效应较大，而高频对低频的掩蔽效应则较小。

（4）掩蔽声越强，受掩蔽的频率范围也就越大。

2）残余掩蔽

将掩蔽声去掉后，掩蔽效应并不立即消逝，人的听阈恢复，即回降到原来没有掩蔽声时的阈值需要一段时间，这种现象称为残余掩蔽，或称听觉残留（在声音刺激结束后，人耳中余下的“嗡嗡”声）。

3）掩蔽对工作的影响

掩蔽声也称疲劳声，它对人耳刺激的时间与强度影响着人耳的疲劳持续时间和疲劳程度。

6. 对听觉信号的要求

1）清晰可听性

信号必须清晰可听，超过掩蔽阈。

（1）频率。听觉信号频率应为 200～5000Hz。最佳的频率范围为 500～3000Hz，应该运用 200Hz 左右的宽频带的听觉信号。

（2）信号强度。听觉信号的强度应使信号清楚、明白，并引起操作员的注意。①一个信号频率为 200～5000Hz、至少一个倍频带内产生 20dB（A）信噪比的系统，可适用于所有的控制室环境，应运用于整个主操作区。②通常（如频率特性或瞬时分布与环境噪声显著不同）高于平均环境噪声 10dB（A）就够了，并非所有的信号和所有的环境都要求 20dB（A）的差额。③听觉信号的强度不应引起耳朵不舒适或产生“回响”。④听觉信号的强度应不超过 90dB（A），但紧急撤离信号除外，它可以达到 115dB（A）。

2）可分辨性

声级、频率特性和瞬时分布是影响听觉信号的 3 个声学参数。在信号接收区内，听觉信号至少有两个声学参数与环境噪声相比有显著区别。

3）含义明确性

每个听觉信号的意义都应该是明确的和单一的，不能与用于其他目的的听觉信号的意义相似或有矛盾。报警用听觉信号必须不同于日常的信号。移动性的听觉信号的运动，应不致影响对其的识别和理解。

7.1.2 听觉显示器

听觉显示器是利用声音，通过人的听觉通道向人传递信息的装置。

1. 听觉显示器的适用场合

听觉显示器适用于：①视觉通道负荷过重时；②声音本身是信号源的场合；③需迅速做出反应、及时处理，并立即采取行动的信号；④使用视觉受到限制（如照明水平或观察位置）的场合；⑤显示某种连续变化而不需要短时存储的信息。

2. 听觉显示器的设计原则

为使听觉显示器的设计与人的听觉通道特性相匹配，设计时应遵循以下原则。

（1）听觉刺激所代表的意义一般应与人们已经习惯的或自然的联系相一致。例如，雾角（雾中信号笛）声大多同紧急情况相联系；高频、低频声音应分别同“高速”与“低速”、“向上”与“向下”等意义相联系。选用的信号应尽量避免与已习惯的信号在意义上相矛盾。在用新信号系统代替旧信号系统的场合，将两种信号系统同时并用一段时间，是帮助人们对新信号系统形成习惯的有效策略。

（2）采用声音的强度、频率、持续时间等维度作为信息代码时，应避免使用极端值。代码数目不应超过使用者的绝对辨别能力。

（3）信号的强度应高于背景噪声的强度，要保持足够的信噪比，以防声音掩蔽效应带来的不利影响。

（4）尽量使用间歇或可变的声音信号，要避免使用稳定信号，使对声音信号的听觉适应减至最小。

（5）不同声音信号尽量分时呈现，其时间间隔不宜短于 1s。对必须同时呈现的信号，可将声源的空间位置分离，或按其系统的重要程度提供显示的不同优先权。

（6）显示复杂的信息时，可采用两级信号，第一级为引起注意的信号，第二级为精确指示的信号。

（7）对不同场合使用的听觉信号尽可能标准化。

3. 听觉显示器及其选用

听觉显示器分为声音听觉显示器和语音听觉显示器两大类。由于人听觉系统的特点，特别适合把听觉信号用于告警显示（现代人机系统中，也常使用语音告警信号）。

常用声音听觉显示器如下。

（1）蜂鸣器。这是一种低声压级、低频率的声音柔和的音响装置。在较宁静的工作环境中，蜂鸣器与信号灯同时使用，可提请操作者注意，提示操作者去完成某种操作或者指示某种操作正在进行。

（2）铃。随用途的不同，铃的专用声压级和频率也不同。例如，电话铃声的声压级和频率只略高于蜂鸣器，而提示上下班的时间或报警的铃声，其声压级和频率则较高，可用于较高强度噪声环境中。

（3）角笛和汽笛。角笛有吼声（声压级 90～100dB，低频）和尖叫声（高声强，高频）两种。汽笛的声强高，频率也高，可做远距离传送，适用于紧急状态时报警。

（4）警报器。警报器是一种高强度、频率由低到高的报警装置，发出的声调富有上升和下降的变化，可排除噪声干扰，而强制性地使人接收。它适用于高强度噪声环境中，可用于危急状态时的报警。

表 7-1 所示为听觉报警显示的基本形式及其效能。表 7-2 所示为几种听觉显示器的参数及应用举例，可作为选用听觉显示器的依据。

表 7-1　听觉报警显示的基本形式及其效能

类　型	典 型 特 征	效　能
蜂鸣器	低的强度和频率	在安静环境中，有良好的提醒，不吃惊
铃	中等强度和频率	穿透低频噪声良好；突然启动，有高的提醒价值
喇叭	高强度，低到中等频率	对噪声环境有高穿透
汽笛	高强度，变化的频率	高穿透和长距离传递
谐音	中等强度和频率	在安静环境中良好，不令人吃惊
哨声	可变强度和高的频率	如果频率选择适当，穿透性能好；如果是断续的，有高的提醒价值
纯音	中等强度和有限的频率范围	便于内部通信系统传送；如果是断续的，有高提醒价值

表 7-2　几种听觉显示器的参数及应用举例

<table>
<tr><th rowspan="2">使 用 范 围</th><th rowspan="2">报警器的类型</th><th colspan="2">平均声压级/dB</th><th rowspan="2">可听到的主要频率/Hz</th><th rowspan="2">应 用 举 例</th></tr>
<tr><th>距装置 3m 处</th><th>距装置 1m 处</th></tr>
<tr><td rowspan="5">用于较大区域或高噪声环境</td><td>100mm 铃</td><td>65～77</td><td>75～83</td><td>1000</td><td rowspan="3">用作工厂、学校、机关上下班的信号及报警的信号</td></tr>
<tr><td>150mm 铃</td><td>74～83</td><td>84～94</td><td>600</td></tr>
<tr><td>255mm 铃</td><td>85～90</td><td>95～100</td><td>300</td></tr>
<tr><td>角笛</td><td>90～100</td><td>100～110</td><td>5000</td><td rowspan="2">主要用于报警</td></tr>
<tr><td>汽笛</td><td>100～110</td><td>110～121</td><td>7000</td></tr>
<tr><td rowspan="6">用于较小区域或低噪声环境</td><td>低音蜂鸣器</td><td>50～60</td><td>70</td><td>200</td><td>用作指示性信号</td></tr>
<tr><td>高音蜂鸣器</td><td>60～70</td><td>70～80</td><td>400～1000</td><td>可用于报警</td></tr>
<tr><td>25mm 铃</td><td>60</td><td>70</td><td>1100</td><td rowspan="3">用于提请人们注意的场合，如电话铃、门铃，也可用作小范围内的报警信号</td></tr>
<tr><td>50mm 铃</td><td>62</td><td>72</td><td>1000</td></tr>
<tr><td>75mm 铃</td><td>63</td><td>73</td><td>650</td></tr>
<tr><td>钟</td><td>69</td><td>78</td><td>500～1000</td><td>用于报时</td></tr>
</table>

4. 语音听觉显示器

随着计算机技术和语音合成技术的发展，语音显示技术得到越来越广泛的应用。其应用之一就是语音报警。语音报警是一种新型的报警系统，它虽然也属于听觉信号系统，但不是以简单的音响，而是用人们说话的语音作为信号。当出现故障时，它会用语言及时地告诉作业者故障的地点、位置、性质，甚至还可告知消除故障的方法。语音报警系统一般与计算机监控系统相连，当发生故障时，由上位计算机发来的命令代码触发语音报警系统做出相应反应。语音报警装置可具有多种功能：报警内容及报警语言可由用户自行设定；音响可根据现场环境噪声进行调节；报警语言可由语音合成技术自动提供（如将存储的语音回放），有紧急需要时可转换为传声器口播；可外接多个扬声器，并行设置在需要的地方。从人机工程角度来看，语音报警除具有听觉危险信号的全部优点外，由于它能直接报出故障的性质和位置，人的反应时间可以更短；作业者不必时时盯住视觉报警显示器，可使人在更为放松的状态下进行工作，并可减轻仰视姿态（光字牌等报警信号一般设在视平线以上）引起的疲劳；由于必要时可转换为传声器口播，增加了应急处理的手段。

语音报警可在很大程度上取代听觉危险信号，但应与视觉报警信号配合使用，因为语音报警在提醒作业者注意后应自动停止（可由人设定报警遍数），而保留视觉报警信号。语音报警的语言应采用标准的普通话；语音应清晰、易辨，并应注意音质和音色，使之悦耳；语音的类型应是与众不同的和成熟的语音；应当以正式的非个人的方式发出语音报警信号；在选择报警用语时，优先顺序应该是可懂度、适合性和简明性。报警用语应采用规范化的语言。

7.2 通信系统的人机工程问题和设计步骤

7.2.1 人—机系统中的通信系统

1. 人—机系统中的信息传递系统

在人—机系统中的信息传递系统有以下3个。

（1）机—机之间的信息传递，自动控制系统。

（2）人—机之间的信息传递，显示—控制（人机界面）系统，包括机→人信息传递的显示系统；人→机信息传递的控制系统。

（3）人—人之间的信息传递，通信系统。

在上述3个系统中，自动控制系统纯属技术工程范畴，而人机界面系统和通信系统则既有技术方面的问题，又有人机工程方面的问题。在人—机系统中，整个通信系统是一种特殊的“机”，一般机器设备的功能和目标是为了完成一定的生产任务，而通信系统是专供人使用、专为人服务的。如果通信系统所传递的信息不能或不易为人准确感知，则这个通信系统就是无效的。因而，在通信系统设计中，人机工程准则占有至关重要的位置。通信系统所传递的信息不仅应易于为人的感官（听觉、视觉）所接收，而且其效率还应满足人完成工作任务及心理的需要。

2. 现代通信系统对人—机系统的重要性

通信系统可视为整个人—机系统的神经网络。在人—机系统中，人是主导因素，通信系统的故障将造成人—人间通信不畅，会给系统运行带来严重影响，而人—人之间联系的中断，甚至会导致整个系统的瘫痪。

一个良好的通信系统将会提高人—机系统的运行质量和效率，尤其在系统日趋庞大和复杂的今天，通信系统的水平已是系统活力的重要标志。正因如此，通信系统已成为当今世界技术发展最迅速、市场竞争最激烈的产业。各行各业的人—机系统也竞相更新自己的通信设施，以提升系统运行的水平和效率。

在现代通信系统中，除传统的电话网在不断推陈出新外，更涌现了诸如人—机语音通信、数据通信和多媒体通信等新的通信手段及相应的通信网络。新技术的发展和应用将引起人—机系统中人—机界面和人—人界面的深刻变化。因而，全面了解现代通信系统，并在人—机系统中适时引入全新的通信手段，是系统设计师和人机工程设计师的重要任务。

7.2.2 通信系统人机工程设计的若干问题

通信系统设计影响人之间信息交换的效率和效果，对系统的安全、有效和经济运行是至关重要的。一个设计良好的通信系统有利于减少用于通信活动的平均时间。

1. 人机工程设计的目标与任务

1）目标

（1）保证所提供的通信网（包括设备），在系统的各种运行方式下均能满足执行任务的需要。

（2）能保证系统中的控制中心、各工作站、辅助工作站、就地控制点和其他控制点之间人员快速、有效的信息交换。

（3）满足其他通信需要，如与生产部门、安全部门、急救站、管理部门、政府部门、公用事业部门之间的信息交换。

2）人因工程师的任务

人因工程师应参与通信系统设计组和评价组的工作，主要有以下几点任务。

（1）与系统工程师合作，分析系统通信网络层次、各功能室和各工作站的通信需求，参与确定通信网络结构。

（2）与通信工程师合作，分析信息交换需求，信息类型、信号、传输质量及可靠性，环境对信号传输的影响等。

（3）与设备设计（选型）工程师合作，选择并确定适于人生理、心理特点的设备。

（4）与控制系统工程师合作，确定并绘制通信设备（包括交换或中继设备及终端设备）的配置位置图。

（5）与通信工程师、标准化人员、培训教员合作，参与制定企业通信规范（标准）和培训教材。

（6）参与评审工作组工作。

2. 企业通信系统常见人机工程问题

1）缺乏严密的系统设计和设备的集成化

在许多情况下，通信系统不是有意识地作为一个重要课题来进行系统的设计，而是在整个设计中作为一个辅助环节加入系统中，导致通信系统整体质量不高、设备缺乏集成化的考虑，使设备使用不均衡，即在一种信道上过载，而有些信道闲置。

2）通信方式选用不当

设计师对人的听觉系统知识欠缺；对各种现代通信方式缺乏全面分析、对比，对其利弊了解不深；对特定的通信系统的特征及需求未做充分分析，对设计方案未做深入、认真的论证，而是凭借有限的经验，参照被认为是较先进的通信系统进行设计，致使：①未充分和恰当地选用最新的、成熟的现代通信方式；②选用的新通信方式不切合特定系统的特点和需求，新通信方式未能充分发挥作用；③企业的通信网规划设计不合理；④各通信终端配置不当，不能满足正常或紧急工况的需要；⑤信息类型选用不当。音响信息、语言信息和文本信息特性比较见表 7-3。

表 7-3　音响信息、语言信息和文本信息特性比较

项　　目	音 响 信 息	语 言 信 息	文 本 信 息
信息内容	意思单纯	复杂而多变	规范、准确
信息的时间性	表示动作的某一时刻	可表示动作的现在和将来	实时性较差
信息的交换性	不易交换	可迅速交换	可全面交换
最大传递速度	30 音/min	250 音/min	—
周围条件的影响	不易接收	易接收	基本不受影响
收信者的条件	需要事先掌握信息代码意义	不需要	有的需要，有的不需要
对收信者的要求	要立即行动	经过判断再行动	需行动或仅备案

3）异常运行时设备与线路容量不足

正常运行时，线路容量通常是有富余的，但在异常运行状态下，控制中心的话务量急剧增加，由于线路不足，会形成阻塞；某些延时的通信可能会对异常工况的处理产生影响。对这种常规通信容量不足缺乏相应的措施，例如，网内话务流量的合理分配机制和通信优先权机制不完善，“热线”不足或“热线”太多等。

4）通信人机界面设计考虑不周

某些设计有损于使用的舒适性，或未充分考虑与监控作业的兼容性。

（1）电话听筒连线长度不当。线太短，未给操作员提供一个合理的活动范围，甚至需放下听筒才能读取仪表或进行操作；线太长，遮挡面板上的显示器或妨碍操作活动，宜采用自动伸缩型连线。

（2）某些工作人员（如值长）工作台上的电话太多，且具有相同的铃声，也没有指示灯指明哪个受话器在呼叫，没有编码或标志指明其范围与功能。

（3）电话机位置设置不当，导致不同操作员交错进行通信；或电话相距太近，形成几个人同时通话时的语音干扰或影响通信。

（4）按键的设置未充分考虑左、右手均可操作。

（5）电话铃声音量不可调，导致增加现场的背景噪声。

5）某些场合由于噪声导致通信失效

未对现场噪声状况进行测量，在高噪声区按一般方式设置通信设施，以致不能进行有效的通信。

6）缺乏严密的企业通信规范

例如，控制操作无标准的规范用语，由于接收方对语音的理解错误，导致工作失误。

7）缺乏或进行不认真的通信培训

对通信系统的使用缺乏定型的方法和规范，工作人员很少或根本没有接受过通信培训，或通信培训不严密，形成对通信系统的误用和滥用，对系统的正常运行造成干扰；对专用线路、广播系统的应用未加严格控制等。

7.2.3　通信系统的组成和分类

通信系统的任务是克服信息源与收信者之间的地理（距离）上的障碍，迅速而准确地传送信息。传送信息的方式是多种多样的，而且取决于社会生产力的发展水平，现代通信是以电信号的形式传递语言、数据、图像和文本等信息的。

1. 通信系统的一般模型

通信系统是传送信息所需设备的总和，粗略地可分为信息源、发送设备、传输媒介、接收设备和收信者。

1）信息源

信息源输出的信号可以是电话机、摄像机送出的语音、图像信息，也可以是计算机送出的脉冲（符号）序列。

2）发送设备

信息是通过传输媒介进行长距离传输的，发送设备的任务是将信息源与传输媒介匹配起来，即对信息源发送过来的信号进行处理，将其转换为适合于传输媒介的信号形式。

3）传输媒介

传输媒介是用于传送信息的媒介，其特性决定了发送设备采用的信号变换方式。

从物理特性来分，传输媒介可分为有线（光纤或电缆）和无线（可利用的频段从中、长波到激光）两大类。

在不同的频段，利用不同性能的设备和配置方法，可组成不同的通信系统。例如，短波、微波中继、卫星和移动通信系统，均是媒介为无线的通信系统。

通信系统中，信号通过传输媒介一般要经过长距离传输。传输损耗将使进入接收设备的信号十分微弱，极易受到噪声的干扰。系统的噪声来自各个部分，如热噪声（它总是存在的，除非环境温度达到绝对温度的零度，即−273℃）、发出和接收信息的周围环境、各种设备的电子元器件、系统受到的外部电磁场干扰等，都会对信号形成噪声影响。为了分析问题的方便，可以认为系统的干扰是由传输媒介引入的，即将系统内所存在的干扰均折合到传输媒介中，用噪声源表示。

4）接收设备

接收设备的作用有以下两个方面。

（1）对接收信号进行与发送设备相反的变换处理，以便恢复信息源送出的信号。

（2）由于接收的信号已叠加有噪声干扰，接收设备应尽可能地抑制干扰，使所恢复的信号尽可能准确。

5）收信者

收信者可以是人，也可以是机器。

上述通信系统的一般模型也称基本系统，可表达为由信源（发送端设备）、信宿（接收端设备）和信道（传输媒介）等组成。信源、信宿和信道称为通信的三要素。

2. 通信系统的分类

1）按传输信号特征分类

信号在时间上是连续变化的，称为模拟信号（如电话）；在时间上离散，其幅度取值也是离散的信号称为数字信号（如电报）。模拟信号通过模拟/数字变换（包括采样、量化和编码过程）也可变成数字信号。通信系统中传输的基带信号为模拟信号时，这种系统称为模拟通信系统；传输的基带信号为数字信号时，称为数字通信系统。

由于数字通信系统具有抗干扰能力强，电路易于集成，可靠性高，易于采用各种数字处理技术，易于与计算机接口，便于将电话、图像和数据等结合起来实现综合业务通信等优点，它正在不断取代模拟通信系统。

2）按传输媒介和系统组成特点分类

实用的通信系统都是针对特定的传输媒介，并遵循有关国际标准组成的。实用的通信系统有下述几类。

（1）短波通信系统：它工作在2～30MHz的短波波段，传输带宽窄，系统容量小。由于电离层对电波的反射，信号可以传送很远的距离，但传播特性随时间变化。短波通信系统主要用于特殊业务和军事通信。

（2）微波中继通信系统：采用微波波段（2～13GHz）进行通信，传输带宽宽，系统容量大。由于微波的视距传播特性，需相隔几十千米设置一个中继站，以实现长距离通信。

（3）卫星通信系统：主要由通信卫星、地球站、测控系统和相应的终端设备组成。它是以卫星作为中继站的微波通信系统。利用三颗同步卫星可以覆盖全球，是越洋通信的主要手段之一。

（4）光纤通信系统：光纤通信是利用光波（激光）作为载体，以光纤作为传输媒介将信息从一处传送至另一处的通信方式，被称为“有线”光通信。构成光纤通信的基本物质要素是光纤、光源和光检测器。

光纤通信的原理：在发送端首先要把传送的信息（如语音）变成电信号，然后调制到激光器发出的激光束上，使光的强度随电信号的幅度（频率）变化而变化，并通过光纤发送出去；在接收端，检测器接收到光信号后把它变换成电信号，经解调后恢复原信息。

当今，光纤以其传输频带宽、抗干扰性高和信号衰减小的特点，而远优于电缆、微波通信的传输，已成为世界通信中主要的传输媒介。

（5）移动通信系统：移动通信技术是 4G、5G 通信技术，移动通信系统适应了现代社会人们活动频繁，并随时随地都要进行通信的要求。目前已发展成无线、有线融为一体，移动、固定用户互联的通信网。移动通信技术的广泛应用也表明了在不久的将来，语音通信将会逐渐被数据通信所取代。

（6）量子通信系统：量子通信是利用量子纠缠效应进行信息传递的一种新型通信方式，其最大优势就是绝对安全和效率高，具有较强的抗干扰能力、很好的隐蔽性能及较低的噪声比。量子通信技术发展成熟后，将广泛地应用于军事保密通信及政府机关、军工企业、金融、科研院所和其他需要高保密通信的场合。

（7）电力线载波通信系统：利用电力线作为传输媒介的载波通信，它不需另外架设通信线路。这是电力系统特有的一种通信方式，可用于电话、数据、电报和传真的传送。

3）按语音信号通信方式分类

（1）听觉信号系统：可提供音响信息，主要用于监控系统的报警，提供吸引操作员的注意力并不受操作员位置或注意方位限制的信息。

（2）电话系统：包括①公用电话系统；②专用直通电话系统，独立于公用电话系统，只用于向控制室工作人员传送异常和事故报告；③集群移动通信系统，由多个部门或单位共用一组动态分配无线频道的移动通信系统，它主要用于调度通信。

（3）广播系统：用于在任何工况下，通知信息或寻找厂内人员。广播系统也常与应急系统结合使用，但应急系统有优先权。

4）按非语音信号通信方式分类

（1）文本通信系统：将信息源组织成文本文件，通过适当的通信媒介传递给收信者。

（2）闭路电视系统：用以连续监督影响系统安全运行的部位和紧急工况。

（3）电话传真系统：紧急状态下用于传送系统状态和运行建议，电话传真系统应与相应应急设施连接。

（4）计算机数据通信系统：通过计算机网络传送数据（数字和字符），如电子信箱。

5）多媒体通信系统

多媒体通信系统是指能实现不受时间、地点约束，任何人与任何人之间进行文字、数据、静态或动态的图形或图像、声音等多媒体信息传递的系统。此过程通过计算机将各种类型的多媒体信息进行数字化的再现、存储、传送和处理，并通过通信网进行传输。它是多媒体信息技术与通信技术的交互和集成。

7.2.4　通信网的构成及其发展

1. 多用户间的通信

1）单向通信

例如广播、无线寻呼系统、视频广告等，即为单向的通信系统。

2）双向通信

一般来说，作为信息交流的通信系统通常是双向的，如电话。此时通信的两端都设置有收、发信设备。当然，传输媒介也应当是能双向传输的。

3）多用户的通信——通信网

作为通信系统，信息在各用户之间的交换是必不可少的，要实现多用户间的通信，必须将多个通信系统有机地组成一个整体，使它们协同工作，即形成通信网。

为实现多用户间的通信，若在任意两用户之间均用线路相连，则由于用户众多，会造成用户线路的巨大浪费。为此需引入“交换机”，即每个用户都通过用户线与“交换机”相连，通信网用户间的通信都要经过交换机的转接交换。实际应用中使用的通信系统常是由多级交换机构成的通信网。

对信息源和收信者均为计算机的通信系统，通常由通信系统的发、收设备（接口）和传输媒介将众多的计算机、终端设备连接起来，并配以相应的网络软件，使计算机、终端之间按一定的规程交换信息，共享网络资源，这就是计算机通信网。

2. 通信网的构成

1）通信网的基本结构

通信网是由一定数量的节点（具有交换功能的“交换中心”）和连接节点的传输链路（电缆、光缆、陆地无线电和卫星）相互有机地组合在一起，以实现两个或多个规定点间信息传递的通信体系。网中节点分为终端节点（各种终端设备）和交换节点（各交换设备）。

通信网络拓扑结构主要有五种（见图7-1），这五种拓扑结构各有其优缺点，因此有不同的适用范围。

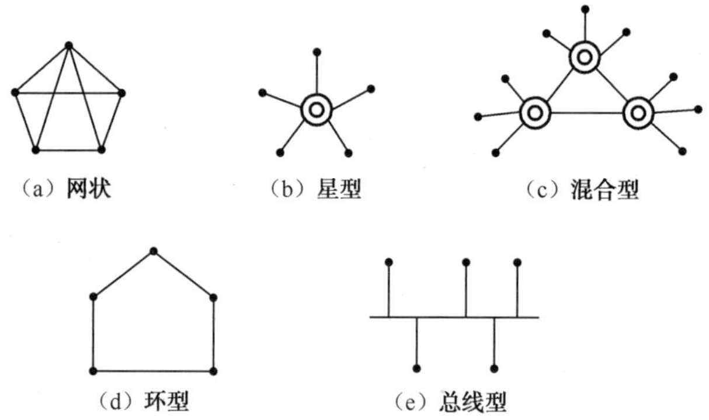

图7-1 通信网络拓扑结构

2）通信网的构成要素

通信网是由相互依存、相互制约的许多要素组成的有机整体，用以完成规定的功能。通信网的功能是适应用户呼叫的需要，以用户满意的方式，传输网内任意两个或多个用户之间的信息。通信网在设备方面的构成要素是终端设备、传输链路和交换设备。为使全网协调、合理地工作，还要有各种规定，如信令方案、各种协议、网络结构、路由方案、编号方案、资费制度与质量标准等。

（1）终端设备：是用户与通信网之间的接口设备，其主要作用是将待传送的信息与在传输链路上传送的信号进行转换。它包括信源、信宿、变换器和反变换器。终端设备需要具备三个功能：①感受信息和恢复信息的功能，由发送传感器和接收传感器完成；②将信号与传输链路相匹配的功能，由信号处理设备完成；③信令（信令信号）的产生和识别功能，用来产生可识别网内所需的信令信号或协议，以便相互联系和应答。常见的终端设备有电话机、电报机、数据终端机、传真机、移动电话机、屏幕显示器等。

（2）传输链路：是信息的传输通道，为连接网络节点的媒介。它一般包括信道和变换器与反变换器中的一部分，因为除了简单的传输链路，如用户线，只用一条电缆作为传输通道，其他都要加一些必要的设备才能构成传输链路，尤其是多路信号复用时。传输链路可以分为不同的类型，它们各有不同的实现方式和适用范围。

（3）交换设备：基本功能是完成接入交换节点链路的汇集、转接接续和分配，实现一个呼叫终端（用户）与其所要求的另一个或多个用户终端之间的路由选择的连接。它是现代通信网的核心。交换设备包括各种电话交换机、电报交换机、数据交换机、移动电话交换机、分组交换机、宽带异步转移模式交换机等。

3．通信网的功能和分类

1）各种功能通信网

（1）电话通信网：电话通信网是进行交互型语音通信、开放电话业务的电信网，简称电话网。它是一种电信业务量最大、服务面积最广的专业网，可兼容其他许多种非话业务网，是电信网的基本形式和基础，包括本地电话网、长途电话网和国际电话网。

（2）移动通信网（mobile communications）：移动通信是沟通移动用户与固定点用户之间或移动用户之间的通信方式。通信网是一种使用交换设备、传输设备，将地理上分散的用户终端设备互连起来实现通信和信息交换的系统。移动通信网是通信网的一个重要分支，由于无线通信具有移动性、自由性，以及不受时间地点限制等特性，广受用户欢迎。在现代通信领域中，它是与卫星通信、光通信并列的三大重要通信手段之一。移动通信网可分为公共移动通信网（蜂窝网）和专用移动通信网（集群系统）。

（3）智能网：智能网（IN）是在通信网上快速、经济、方便、有效地生成和提供智能业务的网络体系结构。它是在原有通信网络的基础上为用户提供新业务而设置的附加网络结构，它的最大特点是将网络的交换功能与控制功能分开。由于在原有通信网络中采用智能网技术可向用户提供业务特性强、功能全面、灵活多变的移动新业务，具有很大的市场需求，因此，智能网已逐步成为现代通信提供新业务的首选解决方案。

（4）计算机通信网：将若干台具有独立功能的计算机通过通信设备及传输媒介互连起来，在通信软件的支持下，实现计算机间的信息传输与交换的系统。

计算机通信网的功能和任务：数据传输；提供资源共享；提高系统（网络）的可靠性；能进行分布式处理；对分散对象提供实时集中控制与管理功能。

（5）数据通信网：数据通信是通信技术和计算机技术相结合而产生的一种新的通信方式。①数据通信网是为提供数据通信业务组成的电信网。由某一部门建立、操作运行，为本部门提供数据传输业务的电信网为专用数据通信网；由电信部门建立、经营，为公众提供数据传输业务的电信网为公用数据通信网。②要在两地间传输信息必须有传输信道，根据传输媒介的不同，有有线数据通信与无线数据通信之分。但它们都通过传输信道将数据终端与计算机连接起来，而使不同地点的数据终端实现软、硬件和信息资源的共享。

（6）综合业务数字网（ISDN）：综合业务数字网是一个数字电话网络国际标准，是一种典型的电路交换网络系统。ISDN 不仅支持数字交换和数字传输，而且要在用户终端之间实现端到端的双向数字传输，并把各种信息源的电信业务（电话、电报、传真数据、图像）采用一个共同的接口，综合在同一网内进行传输和处理，统一计费，并可在不同的业务终端之间实现通信，使数字技术的综合和电信业务的综合互相结合在一起构成综合业务数字网。

（7）同步数字体系（SDH）：同步数字体系是一种光纤通信系统中的数字通信体系。它是一套新的国际标准化协议，使用由发光二极管发出的激光或高相关光束，通过光纤同步传输复用数字码流。

SDH 技术与光纤技术或微波技术结合起来形成的同步数字传输网是一个集复接、线路传输及交换功能于一体，由统一网管系统管理操作的综合信息网络，可实现网络有效管理、动态网络维护、业务运行时的功能监视等，有效地提高了网络资源的利用率，因此是当今世界信息领域在传输技术方面的发展和应用的热点，受到人们的广泛重视。

（8）ATM 通信网：ATM 是异步传输模式的缩写，是实现 B-ISDN 业务的核心技术之一。ATM 是以信元为基础的一种分组交换和复用技术，ATM 集交换、复用、传输于一体。它是一种为了多种业务设计的通用的面向连接的传输模式。它适用于局域网和广域网，具有高速数据传输率，并支持声音、数据、传真、实时视频、CD 质量音频和图像等的通信。

（9）支撑网：①支撑网是指能使通信业务网络正常运行、起支撑作用的网络。它能增

强网络功能、提高全网服务质量，以满足用户要求。在支撑网中传送的是相应的控制、监测等信号。支撑网包括 No.7 信令网、数字同步网、网络管理信息网。

传统的通信网由交换设备、传输设备和终端设备组成，随着通信技术的发展，现代通信网的构成有了很大的变化，其结构越来越复杂，功能也越来越细化。按功能的不同，现代通信网可以分为业务网、传输网和支撑网。一个完整的通信网络除应有传递各种消息信号的业务网络之外，还需要有若干起支撑作用的支撑网，以支持业务网络更好地运行。现代通信业务网络需要先进的技术支撑和自动化管理手段，建立通信支撑网和采用现代化管理手段已势在必行。

（10）接入网：接入网由业务节点接口（SNI）和用户-网络接口（UNI）之间的一系列传送实体（如线路设备和传输设施）组成，为供给电信业务而提供所需传送承载能力的实施系统，可经由管理接口（Q3）配置和管理。原则上对接入网可以实现的 UNI 和 SNI 的类型和数目没有限制。接入网不解释信令。接入网可以看成与业务和应用无关的传送网，主要完成交叉连接、复用和传输功能。

接入网概念的核心就是把整个电信广域网分为核心网、接入网和用户驻地网三部分，接入网和核心网构成电信公网，接入网是业务节点接口（Service Node Interface，SNI）和与其关联的每个用户网络接口（User Network Interface，UNI）之间，由提供电信业务的传送实体组成的系统。

接入网支持的业务有语音类业务、数据类业务、图像通信类业务、多媒体业务等。

2）现代通信网的分类

（1）按通信的业务类型进行分类，可分为电话通信网、电报通信网、电视网、数据通信网、计算机通信网（局域网、城域网和广域网）、多媒体通信网和综合业务数字网等。

（2）按通信的传输手段进行分类，可分为长波通信网、载波通信网、光纤通信网、无线电通信网、卫星通信网、微波接力网和散射通信网等。

（3）按通信服务的区域进行分类，可分为市话通信网、农话通信网、长话通信网和国际通

信网或局域网、城域网和广域网等。

（4）按通信服务的对象进行分类，可分为公用网、专用网、军用网等。

（5）按通信传输处理信号的形式分类，可分为模拟通信网和数字通信网等。

（6）按通信的活动方式分类，可分为固定通信网和移动通信网等。

4. 通信系统的发展

1）通信设备的发展

（1）终端设备：正在向数字化、智能化、多功能化发展。

（2）传输链路：正在向数字化、宽带化发展。

（3）交换设备：已广泛采用数字程控交换机，并发展适合宽带 ISDN（综合业务数字网）的快速分组交换机。

此外，还加强使用了以计算机为基础的各种智能终端技术和数据库技术。

2）通信网的发展

通信网正在向着数字化、综合化、智能化、个人化方向发展。

（1）数字化：就是在通信网上全面使用数字技术，包括数字传输、数字交换和数字终端等。由于数字通信具有容量大、质量好、可靠性高等优点，数字化成为通信的发展方向之一。在传输设备方面，除在对称、同轴电缆上开通数字通信外，还广泛采用微波、卫星、光纤、量子等技术进行数字通信。

（2）综合化：把来自各种信源的业务综合在一个数字通信网中进行传送，为用户提供综合性服务。目前已有的通信网一般是为某种业务单独建立的，如电话网、数据网、传真网、电缆电视网等。随着多种通信业务的出现和发展，建立一个能有效地提供多种服务的统一的通信网，为人们提供电话和各种非话业务，满足未来人们对信息服务的更高要求，这就是综合业务数字网（ISDN）。

（3）智能化：在通信网中更多地引进智能因素建立智能网。其目的是使网络结构更具灵活性，使用户对网络具有更强的控制能力，以有限的功能组件实现多种业务。智能网以智能数据库为基础，不仅能传送信息，而且能存储和处理信息，在网络中方便地引进新业务，并使用户具有控制网络的能力。

（4）个人化：实现个人通信。任何人在任何时间，都能与任何地方的另一个人进行通信，提供任何形式的业务。它采用与网络无关的唯一的个人通信号码，是一种理想的通信方式。

7.2.5 通信系统和通信网的性能指标及评估

1. 衡量通信系统和通信网优劣的原则

1）通信系统和通信网的主要性能指标

（1）有效性指标：指给定信道和时间内传输信息的多少，即信息传输的速率。

（2）可靠性指标：可靠性是通信系统传输信息质量上的象征，指的是接收信息的准确程度。衡量数字通信系统可靠性的重要指标是错误率，即误码率或误信率。

2）有效性和可靠性是一对矛盾的指标

有效性和可靠性是互相矛盾但可以交换的，即可通过降低有效性的方法来提高系统的可靠性，或反之。两者需要一定的折中。信息传输的速率越快，有效性越好。但信息传输快了，出错的概率也就越高，信息的传输质量就不能保证，也就是可靠性降低了。

2．说明系统有效性和可靠性的指标

对于模拟通信系统来说，有效性是用系统的带宽来衡量的，可靠性则是用信噪比来衡量的。如果一路电话占用的带宽一定，那么系统的总带宽越大，就意味着能容纳更多路电话。而当系统的带宽一定时，要想增加系统的容量，则可以通过降低单路电话占用的带宽来实现，因此单路信号所需的带宽越窄，说明有效性越好。但降低单路信号的占用带宽后，由于两路信号之间的频带隔离变窄，势必会增加相互间的干扰，即增加噪声，使信号功率与噪声功率的比值降低，从而降低了系统的可靠性。

对于数字通信系统来说，有效性是通过信息传输速率来表示的，可靠性则是通过误码率或误信率来体现的。误码率是指接收端接收到的错误码元数与总的传输码元数的比值，即传输中出现错误码元的概率。误信率是指接收到的错误比特数与总的传输比特数的比值，即传输中出现错误信息量的概率。

数字信号在信道中传输时，为了保证传输的可靠性，往往要添加纠错编码，而纠错编码是要占用传输速率的。当一个信道每秒能传输的总码元数或比特数一定时，如果不要纠错编码，显然每秒传输的信息量比特会多些，效率提高了，但没有了纠错码，可靠性则无法保证。这些为了提高可靠性而增加的编码，也被称为传输开销，原因是传输这些码元或比特的目的是检错纠错，而它们是不携带信息的。

在通信系统中，频率是任何信号都具有的特征，即使是数字信号也不例外，传输它们是要占用一定的频率资源的。带宽和数字信号的传输速率成正比。理想情况下，传输速率除以 2，就是以这个速率传输的数字信号所占用的频带宽度。所以速率越高，所占用的频带也会越宽，因而高速通信往往也可以称为“宽带通信”。

3．评估通信系统质量的标准

通信网是为用户服务的，应能迅速、准确、安全、经济地传递信息。为此，必须规定某些技术标准。技术标准一般包括传输标准、接续标准和稳定标准三种。

（1）传输标准（准确性）：表示通信的再现质量，电话通信用清晰度等指标来度量，电报、数据通信用误码率来度量。

（2）接续标准（迅速性）：表示接通的难易程度，用呼损率和延迟时间来度量。

（3）稳定标准（安全性）：表示在发生故障和异常现象时维持通信的程度，用可靠性、可用性等指标来度量。

7.2.6 通信系统人机工程设计步骤

通信系统是一个典型的分布式系统，通信中心（或通信网监测系统）通常设置在控制中心，通信终端则分散在控制中心和系统的各个地方，其分布状况必须依据它们使用期间现场环境的需要来设计。通信系统人机工程设计共分三个阶段 12 个步骤。

（1）第一阶段——任务分析：包括步骤 1、步骤 2。

（2）第二阶段——概念设计：包括步骤 3～步骤 5。

（3）第三阶段——详细设计：包括步骤 6～步骤 12。

1．步骤 1：对象系统分析

企业通信系统的服务对象是控制中心和企业系统，没有对对象系统的深入了解和分析，就设计不出先进、适用、经济的通信系统。或者说，对对象系统的分析，是通信系统设计的基本条件。为此需充分掌握对象系统的如下信息。

1）控制中心功能设计信息

控制中心功能设计信息是通信网络设计、通信节点安排、节点呼叫密度等设计的依据，具体包括：①系统性能及目标信息；②人机功能分配信息；③作业设计信息；④工作组织和运行及管理信息。

2）控制中心布局设计信息

该信息是通信系统布局设计的依据，具体包括：①总体布局及功能区域间的工作联系信息；②控制室布局信息，包括控制室的空间及场地分配；③工作人员与显示控制系统间的工作联系。

3）工作站面板和显示器及控制器的设计信息

据此分析通信工作时的人机界面，作为确定通信终端设备安装位置的依据，使其能有效地使用。

4）报警系统设计信息

通过对预期使用的报警信号的数量、强度、频谱、持续时间的分析，确保报警声不降低通信系统效率。

5）环境信息

主要是环境的噪声信息，需要了解各通信地点的噪声频谱特性和控制室的建筑结构对声音的混响效应，作为降噪设计的依据。

6）人的听力信息

对人员听力分辨能力要求的信息，是建立通信系统性能规范的基础。在缺少这种数据时，应使用听力分辨能力的一般数据来制定设计规范。对于许多工业企业来说，由于工作人员经常处于较大噪声环境中，在确定通信系统设计规范时，宜在通常听力水平（听力损失为 0dB）上最少增加 5～10dB。

7）有关法规信息

应考虑当前政府有关通信的法规及标准，以确定特定条件下所要求的最小声音通信能力，尤其是有关安全通信的要求，以应付紧急状态之需。

2．步骤 2：通信需求分析

为了改善系统的可用性与安全性，在控制室内必须提供通信系统，包括语言通信系统、非语言通信系统及多媒体通信系统。

在通信技术方面，考虑到现代化复杂系统技术密集、设备繁多、人员众多、组织庞大的特点，为保证系统的安全、高效运行，需以通信的时效性为基础，全面分析各种新通信技术的功能及特点，并将其恰当地运用于企业的通信系统。例如，对集群通信系统、人—机语音通信技术、计算机数据通信、各种形式的多媒体通信及如何适当利用各种公用的局域网、广域网等，均应认真进行分析论证及合理选用，以提高整个通信手段的技术和营运水平。

在通信范围方面，以核电厂控制室为例，其厂内外通信要求如下。

1）厂内通信

对于正常运行工况下的一般联络，必须提供分机数目足够的电话系统。在控制室内必须提供一台额外的专用电话分机，公用电话系统不能与它接通。这台电话机具有一个为人熟知的应急电话号码，该号码标记在所有电话分机上。这台电话分机必须只用于向控制室人员传送异常和事故报告。

为了在事故或紧急工况下，与重要的安全辅助操作设施和控制点通信，应安装一个独立的直通专线电话系统。专线系统必须做到：①使控制中心人员能与选定的任一控制室和数台电话分机，在同一时间进行单一或并行通信；②由不间断电源系统供电；③在控制室外需要的地方提供电话机的插孔；④可扩展。

为了在任何系统工况下寻找厂内人员，必须提供广播系统。

在维护、试验或修理期间，对于其他通信系统不能可靠到达的地点，必须提供便携式无线电对讲机，以无线电方式与控制室通信。

2）厂外通信

为了与厂外的营运单位、急救站、政府和公众机关通信，必须设计一种专用的通信系统。该系统的类型和规格应按当地的条件确定。某些电话分机的号码，尤其是控制室的分机号码必须保密。

为了能与必要的机构和人员及时联络，必须提供最低数目的电话外线。重要的联系必须具有冗余和多样的系统，可以由一个电话系统和一个无线电系统组成。最低限度的电话外线应是：①机组工作人员中的待命和随叫随到的人员，在紧急或事故工况中支援的专家；②在厂址外面执行有关安全工作的辐射监测工作队；③有关的消防站；④当地公安局；⑤政府、公众或代理机关等。

3. 步骤 3：确定通信网络图

在需求分析的基础上，绘制通信网络图和总体布局图。需要考虑下述因素。

（1）通信网络图需按通信类别绘制。例如：①行政电话网络图；②调度电话网络图；③直通专线电话网络图；④移动无线电通信（集群移动通信）系统网络图；⑤计算机通信网络图；⑥多媒体通信网络图（可根据不同通信手段，分画成几个网络图，如多媒体培训网络图）；⑦内部广播网络图，应将企业分成 3～10 个广播区域，既可统一呼叫，又可分区呼叫，以便呼叫时能有目的地选择一个广播区，而免于干扰其他区的人员；⑧电传、传真系统网络图（可考虑与电话网络图合并）；⑨闭路电视网络图；⑩微波通信网络图；⑪通信网监测系统（通信网管理系统）网络图；⑫与公用通信网的连接网络图等。

（2）网络图连接点以功能、部门或房间为单元。

（3）网络图可分为若干层次绘制，如单位间的网络图、一个单位内的网络图等。

（4）绘制通信系统总体布局图，如计算机主机、移动通信的基站和调度台等的安装地点。

4．步骤 4：确定通信系统的性能要求

通信系统的性能是设计和评价通信系统及选用通信设备的基础。

（1）语言通信系统。应对系统的接续质量要求、传输质量要求和稳定质量要求做出规定。

（2）多媒体通信。应确定对通信的实时性、时空的同步性、图像的质量和分布环境下协同工作的要求。

（3）文本通信。应确定对文本的格式和质量要求。

（4）选用和确定相应的信息编码。

5．步骤 5：概念设计的验证和确认

应以满足系统的功能和作业特点的需要作为评审的基本出发点。应制定一套验证和确认准则，作为评审依据，应使用核查表来检查这些准则是否得到满足。

6．步骤 6：制定企业通信规范

（1）在全面搜集、消化、分析国内外相关通信标准的基础上，确定企业通信系统的各项技术指标（也可作为企业标准），为企业通信系统的技术设计提供依据。

（2）为改善所传输信息的正确接收和理解的概率，应制定企业通用的通信规范用语。用语应准确、科学、简练（一般用短语表达）、标准，以利于系统的安全、可靠运行。

（3）制定文本通信用的标准文本模板，以提高文本通信的效率。

（4）制定其他有关通信系统技术和管理方面的企业标准。

7．步骤 7：确定通信节点

通信节点是指通过通信设备来接收和/或发送信息的任何点。通信节点的确定应以通信需求分析、通信网络图、通信系统总体布局图及工作人员的作业分析为依据。节点的确定还应考虑使用时的现场环境条件。

8．步骤 8：预测节点通信密度

预测节点通信密度以确定每个通信节点需要的信道数量，一个信道如通信密度过高就会产生阻塞。例如，某节点一个信道在 1h 内发出和/或接收 12 个通话，每个通话至少 5min，则信道就会饱和。通信密度在电话网中称为话务量。单位时间的话务量（称为话务量强度，简称话务量）为

$$\alpha=\lambda s$$

式中，λ 为单位时间内的呼叫次数（次/h）；s 为呼叫的平均占用时长（h/次）。

由于电话呼叫的随机性，一天中话务量强度的数值是不同的。通常所说的话务量和工程设计中使用的话务量，都是指系统在 24h 内最繁忙的 1h 的平均话务量，也称为忙时话务量。话务量强度反映了用户占用通话设备（信道）的程度，也反映了用户对通话设备的需求程度。节点通信密度的预测需以对该节点的任务和作业的分析为基础。

9．步骤 9：确定减小噪声干扰的措施

1）确定每个通信节点的噪声特征

对于已建成系统，可通过现场测量获得节点噪声的特征数据；对于未建成系统，可通过对有代表性场所的测量、环境设计资料或对周围环境的分析获得节点噪声的特征数据。应测量噪声频率特性、噪声级和间歇性噪声（10Hz 以上的中断率，会降低对语言的可理解性）。这些是采取减小噪声干扰措施的依据。

2）减小噪声干扰的措施

（1）适当使用峰值削波技术。峰值削波包括削去语音波形的波峰，然后放大，形成一种更能抗噪声但可懂的语音。

（2）适当使用自动增益控制技术，用于调整扬声器音量。由于设备的间歇性运行而使该区域的噪声级呈现周期性，如果扬声器的响应不变，则会在环境安静期间显得声音太大，而在有噪声期间显得声音太小。自动增益控制技术可用来调整扬声器的音量，可根据周围环境噪声改变输出声级。

（3）适当使用滤波技术。通过频率选择，截住语言信号的某些频率，以提高语言可懂度，同时滤去若干噪声。

（4）使用特种防护物屏蔽噪声。将麦克风和耳机装在一个类似于面具的防护物（或防护服）中，用衬垫紧贴在嘴边和耳朵边屏蔽噪声。衬垫应是舒服的，没有强制性、不舒服的压力。

（5）采用消噪麦克风。这种麦克风通过比较前后膜片的声级，识别来自远处（背景噪声）和近处（语音）的声音。讲话者在讲话时将麦克风贴近嘴唇，使麦克风前后膜片间形成一个大的压力差，来自背景噪声的声压在前后膜片处几乎相等而基本抵消。

10．步骤 10：选用通信设备

一个通信系统可能混合使用各种不同类型的设备，每一种通信功能可由几种设备来实现，每种设备具有各自的特性，涉及收发信的手段及用于信息交换的线路类型。设备的选用在上述各步骤的基础上还应考虑：①充分分析各种通信设备的功能、性能，比较它们的优缺点，论证它们对对象系统的适用性。②从系统工程角度出发，全面考虑各通信设备集成为一个通信系统时，如何满足通常是相互矛盾的一些要求，如运行要求、管理业务、命令传递、紧急事件反应程序和工厂安全性等。③尽可能简化通信系统的组成，讨论几种通信功能共用一套通信设备的可能，或者一套设备用于几种通信功能的可能。例如，通过对计算机、电话网、公用局域网、广域网、计算机通信网、微波通信网、广播网之间的关系及接口的分析，考虑相互借用或独立使用的关系；又如，考虑多媒体系统与哪一种网络相结合的问题等，以便最大限度地降低成本。④应考虑通信系统的容量和功能的可扩展性问题，以及备用线路的预置问题。⑤考虑在某些通信设备出现故障时的备份设备、迂回线路和负载切换能力等问题。⑥绘制在每个通信节点所选用设备的配置图，提出通信设备清单。

11．步骤 11：确定通信设备布置图和通信控制台设计图

1）设备的现场布置原则

（1）控制室可以当作正常运行和事故初期的工厂通信中心。

（2）与厂外通信的绝大多数设备，最好安放在一个专门的通信桌上，也可以安装在主控制台和控制屏中带有电话分机的屏或台上。

（3）在设有技术支援中心或应急控制设施的地方，设备必须设计成允许按照这些岗位特有的任务来传输信息。

（4）系统必须依据它们在使用期间现场环境的需要来设计。

2）设备布置图

设备布置图属于位置布局图范畴，设备在图上的位置应反映其实际相对位置。其位置应符合人机工程要求，应易于接近、相互干扰少，并便于对系统运行工况的观察和操作。设备布置图包括以下两种。

（1）设备平面安装图：表示各节点上设备（除主设备外，还包括电话机、传真机、打印机等终端设备）平面安装位置的图。安装位置可以（控制）室为基础，也可以（工作）台为基础，图中应标出安装尺寸，在工作台上的安装图有时还需考虑留出书写面积。

（2）设备立面安装图：表示某些安装在面板（或屏）上的通信设备（或其部件）的实际位置的图。应标出其位置的尺寸。

3）设计通信网监测系统用控制台

控制台一般置于控制室中，控制台的形式及尺寸应与控制室中其他的控制台相协调。

12. 步骤 12：通信系统的验证和确认

详细设计应进行正式验证和确认：①应制定一套评价准则，并使用核查表来检查这些准则是否得到满足；②验证和确认的一般原则和方法可参考 4.4 节；③可在试运行时进行综合评价，也可在进行控制中心最终评价时作为其中的一个子系统，同时进行评价；④语音质量、非语言通信和多媒体通信的评价原则及方法与相关专家协商确定。

7.3 人—人间语言通信系统

7.3.1 语言通信系统的组成要素

一个语言通信系统和过程涉及由说（产生语言）到听（接收语言）两个方面。由发音器官产生的声波传到听话人的耳中，经听话人的听觉神经传播到大脑中，使讲话人想表达的语言信息被对方理解。语言波不仅传到对方的耳中，同时也传到讲话人本人的耳中。讲话人边听自身反馈的声音，边不断地对发音器官进行调节。以上所说的语言的形成和接收紧密相连，称为语言通道。

语言通信系统由信文、讲话人、语言传递系统和听话人等部分组成。

（1）信文。信文是指需传递的信息，影响信息传递的主要因素有：①词和信文的可懂度和信息量；②构成信文词汇的语音特点；③采用标准的术语，可提高紧急条件下语言通信的安全性并改善不良条件下的通信绩效。

（2）讲话人。语言可懂度部分取决于讲话人的语音特点或发音特征，例如，语言告警一般采用女性语音为好；通过对讲话人的选拔和训练，可提高语言可懂度。

（3）语言传递系统。它是指从讲话人到听话人之间传递语言信号的媒介和/或电声系统。它由传声器，放大、传递和接收装置，扬声器或耳机组成。

（4）听话人。听话人应具备在特定噪声条件下收听语言信文的能力。

7.3.2 噪声环境下的语言通信

1. 工作位置上的语言通信

在有噪声干扰的作业环境下，为保证工作位置上的讲话人与听话人之间能进行语言通信，必须按正常嗓音和提高了的嗓音，定出极限通信距离。在此距离内，在一定语言干涉声级或噪声干扰声级下，可期望达到充分的语言通信，如表 7-4 和图 7-2 所示。在图 7-2 中，各条线均为临界线，它表示给定的嗓音强度可达到的距离及可克服的干扰噪声。虚线标出的是能听懂正常嗓音语言的范围。

表 7-4 语言通信与干扰噪声之间的关系（DIN 33410）

干扰噪声的 A 计权声级 L_A/dB	43	48	53	58	63	68	73	78	83
语言干涉声级 L_{SIL}/dB	35	40	45	50	55	60	65	70	75
认为可以听懂正常嗓音下口语的距离/m	7	4	2.2	1.3	0.7	0.4	0.22	0.13	0.07
认为在提高了的嗓音下可以听懂口语的距离/m	14	8	4.5	2.5	1.4	0.8	0.45	0.25	0.14

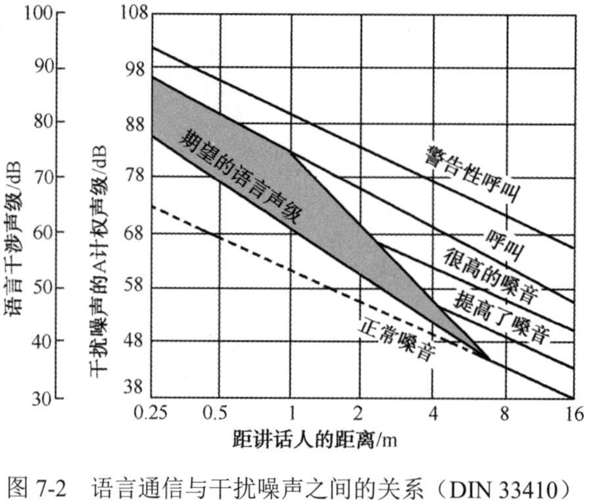

图 7-2 语言通信与干扰噪声之间的关系（DIN 33410）

对于工作位置上的语言通信，应考虑：①上述充分的语言通信是指通信双方的语言可懂度相当于 75%的单字可懂；②距声源（讲话人）的距离每增加 1 倍，语言声级下降 6dB，这相当于声音传至 5m 远；③在有混响的房间内，若混响时间超过 1.5s，语言可懂度将会降低；④在噪声环境中作业，为了保护人耳免受损伤而使用护耳器时，护耳器一般不会影响语言通信，因为它不仅降低了语言声级，也降低了干扰噪声。戴着护耳器是否降低语言可懂度，取决于经它衰减后语言信号的各频带分量是否降至低于听阈水平。

2. 打电话时的语言通信

使用语言传达装置进行通信（如电话通信）时，对方的噪声和传递过来的语言音质（响度、听筒和线路噪声的影响）可能会有起伏。尽管如此，表 7-5 给出的关系仍然是有效的。

表 7-5　在电话中语言通信与干扰噪声的关系（DIN 33410）

收听人所在环境的干扰噪声	A 计权声级 L_A/dB	55	55～65	65～80	80
	语言干涉声级 L_{SIL}/dB	47	47～57	57～72	72
语言通信的质量		满意	轻微干扰	困难	不满意

需要注意的是，当听话人处的干扰增强时，首先受到影响的是另一方的清晰度。这时听话人根据经验会提高自己的嗓音。此外，当噪声通过传声器和另一只耳朵同时到达时，会互相抵消一部分，这对于传声器的收听是有利的。例如，给另一只耳朵戴上护耳器，并同时盖住传声器，对语言通信是有利的。

7.3.3　语言通信网和广播系统

1．电话网

电话网用于完成电话用户之间的通话的接续和转接。对电话网的要求是迅速、清楚逼真和可靠地传送语音信号，它们分别反映了电话通信网的接续质量、传输质量和稳定质量。

2．本地网

电话网具有等级结构，即把全部交换局划分为两个或两个以上的等级。我国国土面积大，采用五级结构。电话网可分为长途网和本地网，长途网可设置四级长途交换中心。

3．集群移动通信系统

移动通信系统由若干载于移动体的移动台（也可包括小业务量的固定台）和固定基站组成。

集群移动通信系统（简称集群系统）指由多个部门或单位共用一组动态分配无线频道的移动通信系统，主要用于调度通信。

各行业部门、大型企业迫切需要建立用于生产、调度的无线通信系统，但各自建立专用网不经济，而趋向于建立公用的无线调度网（集群系统），然后分块租给各行业、部门、企业，构成各自的公用调度网。这种系统有利于频率资源的充分利用，并节省投资。

该系统对通信可靠性要求较高，对通信质量要求比公用网低。

4．广播系统

为了在任何工况下寻找企业内人员和处理应急状态，须提供广播系统。广播系统由放大器、扬声器（喇叭）和话筒组成。对系统的要求如下。

（1）必须向所有的需接收广播信息的地方迅速提供清晰的信息，在 200～6100Hz 范围内达到较高的清晰度。

（2）工作人员应该掌握正确的说话方式，以保证说话的清晰度。

（3）优先权。控制室向受控的企业广播系统的输入，应该优先于任何其他的输入，控制室输入应该能中断正在进行的广播或者越过等候着的广播；当广播系统与应急声系统是同一个扩声系统时，应急信号及应急通知应自动拥有优先权。

7.4 人—人间非语言通信系统设计

语言通信是通过听觉通道接收信息，而非语言通信是无声的，它通过视觉通道接收信息。非语言通信主要是指以文字、符号、图形为基础的一种通信方式（本节讨论的内容）。广义的非语言通信还应包括身体信号（如点头表示同意，摇头表示否定）、手势语言、灯语、旗语，以及通过触觉通道接收的信息（如盲文、具有触觉编码的控制器等）。

非语言通信系统包括书面通信系统、计算机通信系统、闭路电视系统、电话传真系统等。

7.4.1 文本通信基础

1. 文件的基本要求

对文件的基本要求如下。

（1）准确性。内容应准确无误。

（2）完整性。任一篇文档都应是完整的、独立的，内容应能覆盖所述问题的各个侧面或层次。

（3）可读性。易于可靠地理解信息和读取信息。

（4）文件的规范性。对各类文件应分别规定或采用统一的内容、结构和格式；如能根据文件类型制定相应规范化的“模板”，将有利于提高文件拟制和阅读的效率。

（5）文件的时效性。文件需根据实际情况的变化及时修改或修订，实际应用的文件必须是该文件的最新版本；文件还有其生命周期，对过期的文档应及时做出标记并予以隔离。

（6）文件的保密性。有些文件具有保密性，对其生命周期内的扩散范围应有严格的控制。

2. 字符信息的要求

对文字、数字、图形符号等信息的要求见 5.4 节。

3. 文字性文件要求

对文字性文件的要求如下。

（1）文件的标题及其编号。标题可使读者提高理解力，并加强记忆。标题编号可帮助读者了解各节的联系和在索引中查找某一特定内容，标题编号用阿拉伯数码较好。

（2）文件的结构。文件的结构是指文件各个组成部分的搭配和排列，即处理材料的分、合、先、后，安排文件的段落和层次。文件结构的中心问题是如何组织材料来直接表达论点，应分辨材料的主次，按事物本身固有的条理性来安排材料的顺序。

（3）文件的版面格式。文件的版面格式可影响阅读能力（阅读量和理解程度）。可局部采用不同的字体，如黑体字、斜体字等，在计算机屏幕上可采用红色字体。一般来说，采用这些措施，将有助于提高读者的阅读效率和增强记忆。

（4）影响文字信息确切性的几种因素，如意义含混、信息不全、信息冗长等。

（5）编制文字信息的一些原则。文字应简明、扼要、确切，尽量使用短句、主动句、肯定句，使用熟悉的词来组成语句，按顺序组织语句。

4．图形文件

（1）图样。图样通常指按比例描述零件或组件的形状、尺寸等的图示形式，如零件图、装配图、安装图、施工图等。

（2）简图。简图指采用图形符号和带注释的框，来表示包括连接线在内的一个系统或设备的多个部件或零件之间关系的图示形式，如概略图、框图、流程图、网络图、功能图、逻辑图、电路图、程序图、布置图、接线图、原理图等。

（3）表图。表图指描述系统的特性的图示形式。

（4）静态图形与图像。①静态图形：由计算机图形编辑器或程序生成，可修改；②静态图像（图片）：如印刷品及其扫描品，也可由静态视频摄像机捕捉，不可修改；③合成静态图像：由计算机绘图程序创建或生成的静态图像，这种图像是可编辑、可修改的。

（5）动态图形与图像。①由计算机生成的动态图形（计算机动画），可修改；②用电视摄像机捕捉的真实动态图像，可编辑，但不能修改；③由计算机把捕捉的动态图像与动画结合在一起，成为“合成动态图像”，可编辑和做部分修改。

5．表格型文件

（1）表格的特点。表格是对信息各个项目的系统安排，它可以是数字的，也可以是非数字的。表格是表示信息最常用的方法，其主要优点是简明、直观、准确，读取时间短。

（2）表格的类型。①线性式：读者需在一个很长的表格中去查找所需的信息，如电话号码表、书的目录等；②方阵式：可在行与列的交叉点找到所需信息。二维表格表达两个要素结合所产生的信息；多维表格表达多个要素结合所产生的信息。

（3）方阵式表格的构成。由表头和表列项组成。

（4）表格的层次。对于复杂事物，一个表格难以表达其全部内容，可将事物分成若干层次，分别列表表达，如产品系统中的成套设备明细表、产品总明细表、组件明细表、零件明细表等。

（5）表格文件的编制。

① 附加要素：作为一个表格文件，除表格体外，还应包括许多作为文件必不可少的要素，如表格的名称、文件种类代码、更改标志、表格起草者或归口者、表格的处理、检查和发送的路线等，对于空白表格通常还需有表格填写说明。

② 合理选择与编排表头的栏目。

③ 表中项目应按逻辑和容易跟踪的方式排列，项目和栏目的排列应与原文件或实际工作过程一致，并应考虑书写惯例。

④ 空间和容量：应保持最小的书写量；为每一项目的数据提供足够的空间；力求将表格保持在一页上，若指定空间不够，应提供溢出或接续页，接续页应保留表头，以便于阅读。

⑤ 多维表格的设计：多维表格往往可使信息更为集中，并节约空间。图 7-3 所示为四维（四个变量）表格示意图，其中图 7-3（a）比图 7-3（b）好，查看更迅速。若图 7-3（b）中的 E、F、G、H 为多数据项目和栏目，则以图 7-3（b）所示的形式更简洁明了，其中的“1”“2”可用集合名称代替。

	E1	E2	F1	F2
G1	—	—	—	—
G2	—	—	—	—
H1	—	—	—	—
H2	—	—	—	—

（a）

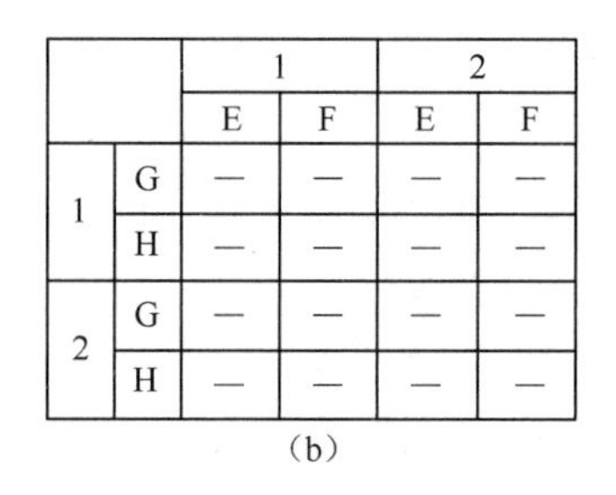

		1		2	
		E	F	E	F
1	G	—	—	—	—
	H	—	—	—	—
2	G	—	—	—	—
	H	—	—	—	—

（b）

图 7-3　四维（四个变量）表格示意图

7.4.2　文件体系和文件模板化

1．文件体系的重要性和复杂性

（1）文件是产品或系统的构成要素，是产品或系统的表述形式，是产品或系统不可分割的组成部分。

（2）文件体系与产品体系、系统一样复杂，甚至更复杂，例如，描述系统内物体的信息可从以下三个方面入手。

① 功能方面：以系统的用途为基础而形成的功能性文件，如概略图、框图、网络图、功能图、逻辑图、电路图、程序图、时序图等。

② 产品方面：以系统的实施、加工或交付使用中间产品或成品的方式为基础而形成的产品文件，如零件图、装配图、包装图、元件表、设备表、安装说明书、使用说明书、试运行说明书、维修说明书、文件清单、样本等。

③ 位置方面：以系统内物体的位置布局和/或系统所在环境为基础而形成的各种位置文件，如总平面图、安装图、布置图等。

（3）文件体系的生命周期长于产品或系统的生命周期，它往往作为历史资料而保存相当长的一段时间，某些文件（或归纳改写后）还将作为历史档案而长期保存。

（4）文件体系的树状结构。为使系统的设计、制造、维修或营运高效率地进行，往往将系统及其信息（文件）分解成若干部分和层次，可以用结构树来表示。一个产品对应的文件结构树可有三个，即功能文件结构树、产品文件结构树和位置文件结构树。

（5）文件的分类及代码。在 IEC 61355《成套设备、系统和设备文件的分类和代号》中，规定了一个企业的文件分类和代码编制的规则和指南。其特点包括：①该标准涵盖一切技术领域，并为成套文件（系统）的进一步发展留有余地；②该标准也包括非技术领域的文件；③文件种类的分级以信息内容为依据。

2．文件体系开发业务流程

文件体系开发也称信息开发。在产品或系统开发中，各类文件构成了一个庞大的文件体系，不经周密考虑的、残缺不全的文件体系，必然会给产品或系统的开发、营运、维修、培训带来消极影响，不仅影响到开发效率，而且会影响到产品或系统的生命周期。所以，在产品或系统开发之初，就应把文件体系的开发列入议事日程，按并行工程方法与产品与系统的开发同步进行。

1）文件体系开发的工程化原则

文件体系开发采用工程化的方法，将产品或系统的特征及其开发过程，以文字、图形和表格的形式记录下来，用以支持产品或系统的设计、实现、营运、维护和培训，它贯穿于产品或系统生命周期的全过程。文件体系的开发流程与产品或系统的开发流程相同。

2）制定文件体系开发计划

从产品概念决策评审通过，到计划决策评审通过，这一阶段为计划阶段，在此阶段任命资料项目组经理，介入并跟进参与开发全过程的活动。在了解市场需求、参与总体方案评审的基础上，提出对文件的要求；制定该产品或系统的文件体系规划和文件体系开发计划。

3）文件编写

（1）任命文件项目开发组。计划决策评审通过，在确定产品或系统研发人员的同时，确定文件项目开发组。文件编写人员需跟进产品或系统的开发进程。

（2）在产品研发阶段，文件经过编写、内部审核或组织评审、修订，形成试用稿，提供给下游部门。

（3）开始编写前，要确定编写规范，采用已有的文件模板或对模板进行相应的修改。

4）文件验证

（1）对产品，通过试制或小批量生产验证文件；对系统，通过试运行验证文件。

（2）根据验证反馈意见修改文件，并进行审核及评审，形成文件终稿。

（3）正式发布前，要全面检查文件完成情况及文件的齐套性。

5）文件出版

（1）文件出版存档。包括文件编码、上网、印刷出版、光盘制作等，并存档（电子件、纸件）。

（2）文件升级。硬件一般不会做大改动，软件可能会不断升级，如果确认需升级，则编写相应的升级文件。

（3）根据用户反馈意见，不断完善文件，对做了较大修改的文件，需及时将新文件提供给相应用户；对于产品或系统的使用效果信息，应以文件形式记录在案，供开发新产品或新系统参考。

3. 文件模板及其作用

文件模板是一种可以反复使用的文件框架，全面采用文件模板可使各类文件的内容、结构和格式统一化、规范化。使用文件模板的意义如下。

（1）文件模板是对前人经验的总结，可为新文件的编制提供指导。

（2）文件模板全面、具体地规定了该文件所应包含的内容，按模板来编制文件，使内容（以至细节）不致遗漏，可避免由于文件内容不周全而带来的后续影响。

（3）文件模板提供了该类文件相同或相似的外观和格式，并有如下好处。

① 避免文件格式的重复设计和相同文字的重复输入，可节省时间和精力，提高工作效率。

② 大家都按一个模板写作，查阅文件信息时不用通读全文就能快速定位，极大地提高了文件的使用效率。

③ 模板化的文件有严格的格式规定，适用于以数据通信手段或者交换存储媒体手段实现的文件交换，是计算机和多媒体通信的基础。

④ 使用文件模板可提高文件质量，可“一次就把事情做好”。

4．文件的内容模板

文件的内容模板主要用于各类文字性文件，如各种说明书（技术说明书、使用说明书、维修说明书等）和手册（操作手册、运行手册等）。内容模板不是为了限制作者的写作思路，而是提供一种写作规范。其内容包括：①写什么，给出文件的整体结构和目录或大纲；②怎么写，给出文件每一部分包含的几个要素，每个要素写什么内容、写到什么深度，并给出写作范例。

5．文件的表格模板

文件的表格模板用于各类表格型文件。其规范内容包括：①确定表头内容，按表列项所要求的数据元素确定；②确定表列项主题及所要求填写的内容；③最好能在表格下方简要注明表格填写方法等事项；④对于由多种表格组成的复合式表，可将其中通用的表格作为单独的模块，由这种表格模块与其他表格或文字块组合成新的文件。例如，产品明细表中有标题栏，这是一个可通用于图样或零件表的通用表格模块，可独立入库存储，并用于组合新的文件。

6．文件的排版模板

使用统一的排版模板，可体现一个企业的风范，减少烦琐的排版工作量。排版模板主要用于规范下述内容：①开本，即版面（或页面）大小，如 16k、32k 等；②页面布局，包括页眉、页脚、页边距、版面设计等；③1～4 级标题、正文（首页和续页）、插图题注、表格题注等的字体、大小及间距；④目录、封面、封底、书脊、版权页格式。

7．文件模板的使用和管理

（1）编制模板使用说明书。可根据文件复杂程度而定。

（2）模板是一种企业标准级的文件格式，是评价文件质量的依据之一。使用者不得任意更改模板，如需更改，需由相应主管部门批准。

（3）新模板开发可采用类似于标准制定的程序，即提出制定模板申请→起草文件模板草案→向有关部门征求意见→修改→报主管部门审批→发布实施。

（4）表格型模板的开发程序。表格型模板应用最为广泛。为控制表格型模板的开发，美国政府记录管理局曾公布了一本表格分析手册，为表格的编制和评价问题提供了指南。开发一种表格时，需回答下面一些问题：①是否需要此表格，是否已存在相似的表格；②表格中的各项都需要吗，在别处适用吗；③表格的每种复制（双份、3 份）都需要吗；④这种表格能并入其他表格吗；⑤办公室或商店是否制定了使用各种表格的定期分析；⑥是否制定各种表格的功能性文件检查新表格；⑦在新表格设计中是否征求了操作人员的意见。

7.4.3 文本通信（数据通信）系统

1．文本通信与计算机网络

（1）文本（数据）通信。通过计算机网络传递文本信息，这时，文本通信也可称为数据通信。数据通信是通过某种类型的介质（如电话线）从一个地点向另一个地点传递数据。

（2）计算机（通信）网络。将地理位置不同，并且具有独立功能的多个计算机系统（包括计算机、终端及其附属设备），通过通信设备和线路连接起来，以网络软件（即网络通信协议、网络操作系统等）实现网络中资源的共享。它在功能上可以看成是由通信子网和资源子网两部分组成的。从用户角度看，计算机网络则是一个透明的数据传输机构，网上的用户不必考虑网络的存在，就可访问网络的任何资源。

2. 计算机网络的功能

（1）资源共享。网络上的用户可以共享分散在各个不同地点的软、硬件资源及数据库。

（2）均衡负荷及分布处理。当某个主机的负荷过重时，可通过网络将其送至其他主机系统进行处理，减轻局部负担，提高设备利用率；对于综合性的大问题，可将任务分散到各个计算机上进行分布处理。

（3）信息的快速传递和集中处理。

（4）综合信息服务。可提供各种信息的咨询服务。正在发展的综合业务数字网（ISDN），将电话、传真机、电视机和复印机等办公设备纳入计算机网络，可提供数字、声音、图形图像等多种信息的传输。

3. 计算机网络的应用

除直接利用上述功能外，还可以用于执行远程程序，访问远程数据库，传递电子邮件，进行电子数据交换及联机会议等。

7.5 人—机语音通信和多媒体通信系统应用

7.5.1 人—机间的语音通信

语音是语言的声学表现。人与机器之间用语音直接进行对话，是人类长期追求的理想。由于计算机和集成电路技术的发展，推动了语音信号处理的实用化，已开发出了许多产品。现在有很多专用的语音处理芯片，这些芯片和微型计算机或微处理器相结合，可以组成各种复杂的语音处理系统，使人和机器之间以语音信息进行通信成为可能。

1. 人—机语音通信的意义与展望

语音信号是人们最自然、最方便的交互工具，不需再做专门训练，而且反应速度可以达到毫秒量级；语音信号无严格方位限制，且可以在黑暗中传播，是图片、文字或按钮等其他视、触觉信息无法替代的。人—机语音通信有如下特点。

1）人—机间传递信息量大

在复杂的监控系统中，人—机间需要传递大量信息，经常使人的眼-手通道出现超负荷状态。

（1）声控技术可为人机接口提供一个可供选择的监控手段，为减轻或重新分配人的工作负荷提供一种新的可能。

（2）语音对话的一个特点是，对收听者头部的位置要求不像接收视觉信息那样有严格的限制。不仅如此，人—机语音通信还可不受时间、地点的限制，甚至在人的行进中也可进行信息的自动检索、咨询和实施对机器或安全系统的遥控。

（3）在某些特定环境下，需要将操作者的双手解放出来。例如，在汽车和飞机行驶中、维修工作进行中，人可以用语音进行电话拨号或发布命令。

2）数据库的检索

各种业务部门都需要经常对庞大的数据库进行频繁的检索和查询。运用语音识别技术，可把人工查阅各种书面文字资料的操作，变为口呼自动查阅，还可以通过电话直接用语音查阅，而免除操作人员的大量重复劳动。

3）文字处理

（1）可以应用语音自动识别技术，使手写文稿和手工打印文本变成自动听写机操作。

（2）运用语音合成技术，将存储的语音或文字资料转化为语音，高质量地回放，甚至自动翻译成另一种语言的语音回放或进行文字显示。

4）人工神经网络在语音信号处理中的应用

20世纪80年代中后期，兴起了人工神经网络在语音信号处理和语音识别方面的研究。受到动物神经系统的启发，人工神经网络是利用大量简单处理单元互联，而构成的一种复杂、独具特点的信息处理系统，以便用来解决一些复杂模式识别与行为控制问题。这些问题利用常规计算机的软件设计来解决则存在很多困难，如汽车自动驾驶、手写体文字识别、与说话人无关的连续语音识别及多目标识别等。人工神经网络在语音处理领域中可用于语音识别、说话人识别、语音合成、关键词识别、语音增强、语种识别等。目前，许多国家都有大规模的开发计划，通过开展跨学科的研究，进一步寻求具有高性能的人工神经网络。高性能体现在：①有实时处理能力；②具有听觉系统的功能特征；③具有合理的模块化结构；④能够与常规语音处理系统结合，以构成性能更好的混合系统；⑤具有对外界条件变化的良好自我修正能力；⑥对于特定的任务能够形成一套策略，以发展出优化的系统。

5）实现多种语言通信

更有一项宏伟的计划，要实现两种语言之间的直接国际通信，即通过“语音识别—机器翻译—语音合成”，将一种语言直接转换成另一种语言。

2. 人—机语音通信的局限性

（1）人的语音通道是单通道，人或机器都不可能在同一时间既听又说，欲同时处理多条语音信息是困难的。并且在人机间进行语音信息传递时，如有其他语音信息、声音信号或噪声，则所传递的语音信息就可能被人或语音识别器误解。

（2）语音交流需花费一定时间，不适用于处理需做出快速反应的信息。

（3）对同一事物的语言表达方式因人而异，并具有随机性，会影响人或语音识别器的准确理解，因而需设计简短而又达意的标准的对话语言。

（4）在多人一起工作的场所，某一人机对话将使其他人也不得不接收不需要的语言信息，而对各自当前的工作任务产生干扰。

3．实现人—机语音通信的途径

人—机语音通信技术包括语音合成（语言生成）和语音识别两个方面，语音识别和语音合成相结合，即构成一个“人—机通信系统”。借助于电话网即可实现远距离的人—机通信。

7.5.2　语音合成

1．语音合成原理

由人工制作出的语音称为语音合成。语音合成研发的目的是制造一种“会说话的机器”，使一些以其他方式表示或存储的信息能转换为语音，让人们能通过听觉而方便地获得。语音合成系统是一个单向系统，由计算机向人输出口语。

2．文—语转换系统

文—语转换系统是将文字串形式的输入文本转换为语音形式的输出系统。就汉语而言，输入的文本以汉字串形式出现，如果使用计算机排版系统，输入文本就是屏幕上正在显示的一行行文字。这些文字可用某种编码方式从键盘输入，也可以是扫描后得到的文本，甚至是通过语音输入得到的。

3．语音合成的应用

由于计算机和集成电路技术的发展，推动了语音合成的实用化。目前语音合成的应用领域已十分广泛。

（1）用于办公信息处理，如数字语音留声机可用作电话留声机；邮电部门使用的微机响应系统；公共汽车、地铁的自动报站，电话授时台的自动报时，查号台的自动报号；机场、车站的问讯系统；信息检索系统，如股票行情系统等。

（2）用于工业自动化系统中的报警。音响报警只能告知系统运行的某一局部有异常，但不能告知在何部位、是什么问题，需通过视觉显示系统来获取这些信息。而采用语音报警，则可同时告知故障部位及故障性质，如用于设备故障报警、火警、盗警、各种交通警号等。

（3）用于命令传达与指挥及其响应系统，如机器人应答器等。

（4）用于文—语转换系统。可用于编辑或文本校对中的语音提示，电子函件及各种电子出版物的语音阅读，以及计算机辅助教学等方面，以减轻人的视觉负荷。

7.5.3　语音识别和语音增强

1．语音识别的特点

语音识别的研究目标是让机器“听懂”人类口述的语言，“听懂”有两种含义：将口述语言逐词（字）逐句地转换为相应的书面语言（文字）；对口述语言中所包含的要求和询问做出正确的响应，而不一定将所有的词正确地转换为书面文字。

语音识别有如下优点。

（1）能输入声音，这与使用打字机和按钮等方法相比，操作简单，使用方便。计算机语音输入系统用口述代替键盘操作，实现向计算机输入文字的目的，这会给办公室自动化带来革命性的变革。

（2）语音信息输入速度比打字快3～4倍，比人工抄写文字快8～10倍。

（3）可以同时使用手、脚、眼、耳等器官，在进行其他工作的同时兼顾周围动作，来输入信息。

（4）在输入终端可使用话筒、电话机等，非常经济，还可直接利用现有的电话网，并能遥控输入信息。因此，语音识别装置有重要的应用价值。

2. 关键词检出（确认）

关键词确认的目的是在说话人的连续话语中辨认和确定少量的特定词。一般说话人的话语中会有许多其他的词，以及非话语的咳嗽声、呼吸声、关门声、音乐声、多人共语声、背景噪声和传输噪声等。关键词检出就是把需要的词从包含它的连续语句中提取出来。关键词确认系统大多用于非特定人、连续语音的情况。

（1）通信。用于电话接听，在一些信用卡认证、代替接线员实现自动转接等类任务中，机器只要根据少量的关键词，即可判断要执行的任务。

（2）监听。从两人或多人的交谈中确认一些关键词，这些词在谈话中一般会多次出现。军事上或安全部门用此技术来检验所获得的录音资料情报。

（3）自然（自发的）发音方式的语音录入系统。用于计算机语音输入系统等。

3. 说话人识别

与语音识别一样，但它并不注意语音信号中的语义内容，而是希望从语音信号中提取出说话人的个性因素，即要能区分不同人之间的语音特征差异。其主要应用领域包括以下几方面。

（1）说话人核对。包括电话预约业务的声音确认，转账、汇款余额通知，股票行情咨询，以及未来可能出现的Internet信息服务中的声音身份确认；用特定人的声音实现机密场所的出入人员检查；用工厂职工的口令实现职工签名管理。

（2）用于语音控制。使“说话人识别系统”响应特定人（可以是一个或几个操作员）的命令对机器进行控制，可避免无关人员滥用语音控制技术控制系统带来的问题。对残疾人，可实现对机器假肢的控制等。

（3）搜索罪犯。判断现场记录的罪犯的声音是多个嫌疑人中的哪一个人的声音，有时可能嫌疑人中不包含真正的罪犯，此时，常常需要将说话人辨认与确认结合起来。

4. 语种识别（语言辨识）

语种识别指通过分析、处理一个语言片段，以判别其所属语言的语种，即尽可能找出不同语种间的差别特征。对多语种进行辨别主要是为每个语种建立一个相应的“语言模板”和“语言匹配”，在识别时逐一搜索。

语种识别在信息检索及军事领域都有很重要的应用，主要包括以下几方面。

（1）多种信息服务。很多信息查询中可提供多语种的服务。这类典型服务的例子包括应急服务、电话信息和转接、旅游信息，以及购物和银行、股票交易。

（2）机器或人翻译的前端处理。在直接将一种语言转换为另一种语言的通信系统中，必须先确定使用者的语言；在对大量录音资料进行翻译分配时，需预先判定每一段的语种。

（3）军事上，可用于对说话人的身份和国籍进行判别或监听。

5. 语音增强

在语音通信过程中会受到多方面的干扰，使接收者接收到的语声已非纯净的原始语音信号，而是受噪声污染的带噪语音信号。语音增强则可改善语音质量，提高语音的可懂度。语音增强的一个主要目标是，从带噪语音信号中提取尽可能纯净的原始语音信号。但由于干扰通常都是随机的，从带噪语音中提取完全纯净的语音几乎是不可能的。在这种情况下，语音增强的目的主要有两个：①改进语音质量，消除背景噪声，使收听者乐于接收，不感到疲劳，这是一种主观质量；②提高语音可懂度，这是一种客观度量。

7.5.4　多媒体通信系统

1. 概述

媒体就是媒介表达的手段。媒体可分为五类，即感觉媒体、表示媒体、显示媒体、存储媒体、传输媒体。多媒体技术是集计算机的交互性、通信的分布性和视听技术的实现性于一体的技术。数字化多媒体是一个与被计算机控制的文本、图形、静态或动态的图像、动画、声音及其他有关领域媒体的集成。在那里各种类型的信息都能够被数字化地再现、存储、传递和处理。数字化多媒体简称多媒体。

2. 多媒体应用的类型

1）人—人间和人—系统间的应用

将网络化的多媒体应用分成以下两大类。

（1）人—人之间的应用：改善人和人之间的通信，包括协同工作的复杂群体通信和个人（专业的与私人的）社会关系通信。

（2）人对系统或人对信息服务器的应用：个人或群体与一个远程系统通信，以访问、接收或相互发送多媒体信息。这类应用又称人与多媒体信息服务器之间的通信。

2）在计算机支持下的协同工作（CSCW）

CSCW 是与以计算机为基础的系统设计相关的领域，它可以支持和改善执行共同任务或目标的群体用户的工作，并使其理解使用这种系统所产生的影响。在协同工作领域使用 CSCW 的价值是：提高群体决策与会议支持的效率；用于投票机制；出谋划策；合作著书；协作设计制图或插图（在 CAD 中）；协作开发工程；改善在机构中非正式通信（事先无计划或组织的讨论）的频度与自发性；用于教育（讲学、培训）。

3）人—人间的多媒体应用

根据所提供的服务是实时的还是异步的，可分为以下两大类。

（1）同步应用（实时应用），包括：人对人的个人间应用；个体对群体的分布式应用，将多媒体信息以单向方式传送给多个接收者（如一个报告）；两个或多个群体间的群体远程会议（双向通信）。

（2）异步应用，有时也称信息传递应用，包括：多媒体电子邮件，交流的不仅是普通文件，也包括一整串声音或图像片段；多媒体异步计算机会议，人们通过主题栏或公告板非同步地保持或进行交谈的应用。

4）人对系统的多媒体应用

其最终目标是促进或提供人与信息源的通信新模式。也可定义为人与多媒体信息服务器之间的通信，依据对服务器的访问类型，可分为以下两大类。

（1）交互式应用有两种类型，一是检索应用，其任务是定位、访问和显示多媒体信息；二是面向事务的应用。

（2）分布式应用也称广播应用或多点播送应用，有两种类型，一是向封闭群体播送（只面向被选中的用户）；二是向开放群体播送（网上的用户均可接收到多媒体信息）。

5）专用室模式与桌面模式

专用室模式与桌面模式适用于专业环境下所有的网络多媒体应用，研究的是在什么地方将服务发送给终端用户，这个特点与远程会议应用有关。

（1）专用室模式也称演播室模式。机构内专门配备了一个或几个专用多媒体房间，如音视频会议室、视频投影室、远程讲学或教学教室等。

（2）桌面模式。服务被直接传递到用户工作台上，桌面音视频会议或共享白板工具属于这类应用，还可在普通的个人机或工作站上接收视频广播事件。

Chapter 8

第 8 章 显示—控制系统界面设计

8.1 显示—控制系统要求

人机系统可视为一个闭环系统，通过机器上的显示系统，把机器或工作系统的运行工况和状态（过程状态、设备状态等）等物理信息传递给操作者的感知系统，经过操作者大脑对信息的认知处理（综合分析、做出判断和决策），以神经冲动形式通过人的运动系统输送给手、足、躯体及语言发声等效应器官，做出不同形式的运动输出，操纵“机”上的控制器，实现对机器或工作系统的控制。然后，调整后的机器工况又通过显示器向人提供反馈，如此反复循环，使对象系统的运行和状态始终符合预定的要求。在此过程中，要求人—机之间、显示系统与操作系统之间实现最佳的协调与匹配，即要求设计一个良好的人机接口（显示—控制系统）。显示—控制系统示意图如图 8-1 所示。

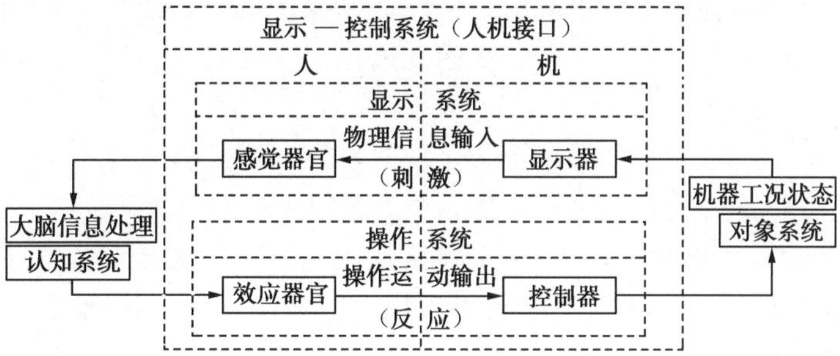

图 8-1　显示—控制系统示意图

8.1.1　显示器、控制器及其相互作用

1. 指导原则

显示器和控制器构成人机界面，其目标是使人机相互作用变得容易（用力较小）、快速（用时较少），并且差错最少。指导设计的基本思想有以下几种。

（1）在人机系统中，人应始终处于主导地位，因为系统的运行是由操作人员判定和执行的，仅在危及人员或设备安全，要求迅速、可靠地做出明确的反应时，才由保护系统来完成这种反应（如终止运行过程以避免危险或损失）。

（2）在设计人机界面时，应考虑人的能力、特性、技能、任务及生理、心理需求。

（3）人机界面应提供各种信息和手段，以使操作员能完成其控制任务。

2. 表达要求

区分信息（或数据）与其表达形式的差别。先确定显示内容，再考虑表达形式。

必须让操作员觉察到需由其做出反应的事件。为避免操作员负荷过重，显示的事件应按其优先次序进行分类，以有助于操作员做出决定。越是需要操作员做出紧急反应的事件，其优先次序就应越靠前，其显示方式也应更加醒目。

显示的信息应确保真实性。不正确的信息会导致错误的决定，可能会引发故障，甚至事故。真实的信息是指信息所提供的时间、地点、数值、状态、事件过程及前后关联等都是正确的。信息的显示有如下要求：①及时更新，显示实时信息；②凡是关键信息，应显示足够的冗余信息，以便操作员能够对所显示的信息进行验证；③对不符合以上要求的显示应加以说明。

表达应明确、一致。①明确性。在解释表达内容时，使用已知的代码或操作者熟悉的代码；避免出现例外代码。②一致性。同一工作地点，不论代码在何处显示，均应采用相同的编码；同一类信息，其表达方式应相同，即对于相同的设备、事件、状态等，应使用相同的术语、名称、颜色和拓扑结构（布局）；不同的信息，其表达方式的差别应明显；对于等同的不同层次的对象，在显示的图像中应尽可能相似，它可通过保持高层次对象的基本显示图像（如符号），并在需要时为较低层次对象的图像增加细节来解决。

3. 控制动作与系统反应的要求

（1）控制动作与系统反应之间的相互关系。①操作者的每一个输入都应能引起系统的反应。②一个特定的控制动作应只能引起系统的一个与之对应的反应，否则（如由于故障的原因），应将异常告知操作者。③控制动作所引起的反应应当是操作者所预期的。④注意显示器与控制动作之间的协调性。⑤系统的反应应在规定的时间内出现，否则应有一个提示，通知操作者：系统此时正忙于处理这一任务。

（2）恰当选择显示对象。①在屏幕上显示的只是应加以控制的对象。②屏幕上应显示控制动作引起的直接反应，并可觉察到由被控制对象引起的进一步的间接反应。

由以上要求可以得出结论：人机界面的设计取决于使用显示器和控制器所要完成的任务，以及操作者的特性、所处环境和可利用的技术。因此，如果对任务不了解，就不可能对显示—控制系统做出正确的设计。

8.1.2 显示—控制系统设计原则

在 ISO/DIS 9355-1《人与显示器、控制器交互作用》中，从人与机的交互作用出发，规定了在进行显示器和控制器设计时，为减少操作者的失误而需遵循的一些可用原则及实现这些原则的方法。

1. 对任务的适合性

一个显示—控制系统如能有效并安全地支持操作者完成任务，就是适合于这个任务。

（1）功能分配原则。①要求。操作者与机器之间有最适合的功能分配，应考虑并满足任务的要求和不超过操作者的生理极限。②运用。确保机器不对操作者发出不可接受的要求，如人的速度和准确性、操作控制器所需要的力量、对显示器状态微小改变的警戒。

（2）复杂性原则。①要求。就适合任务要求而言，应尽量降低复杂性。对任务的结构、类型的复杂性及由操作者处理的信息量，应给予特殊的考虑。②运用。在设计人机交互作用时，速度和准确性是需要考虑的主要变量，需要确定影响这些变量的因素。

（3）编组原则。①要求。在布置显示器和控制器时，应按一定方法组合编组为单元，以便使它们易于使用。②运用。对显示器和控制器，按操作顺序、（对安全的）重要性、使用频次、功能关系等原则进行编组和布置。

（4）识别原则。①要求。控制器和显示器应易于识别。②运用。标记、信号或其他文字符号信息应位于或接近其有关的控制器和显示器。当操作控制器时，可以明显地看到它们，通常是将这些识别标记置于控制器或显示器的上面或旁边。

（5）操作关系原则。①要求。相对应的控制器和显示器应该布置得能反映它们的操作关系。②运用。控制器应置于相关的显示器附近，以使操作者能明显地知道它们的关系；控制器的操作方向应与有关系统相应的显示器运动方向一致。

2. 自描述性——信息有效性原则

人—机接口应设计得便于自描述，以便使操作者能易于辨别显示器和控制器，并理解基本的作业方法。①要求。关于系统状况的信息应在操作者需要时能容易地得到，而不妨碍其他活动。②运用。证实操作者的行动已被系统接受，应及时呈现给操作者；如果执行动作被拖延，应告知操作者；在适当时候，系统应立刻并同时对操作者操纵有关控制器做出响应；中断大于 1s 时，感觉联系减弱，应做出预定的反应。

3. 可控制性

操作者应能支配系统，在操作者的直接控制下执行整个任务期间，系统及其部件应引导操作者，操作者不应被系统固有的工作周期节奏所支配。

（1）冗余原则。①要求。应该备有附加的显示器和控制器，这种冗余对整个系统的安全是有利的。②运用。在某些场合下，系统的效率和安全取决于系统向操作者提供冗余信息的能力。重要的信息应能从不同的来源得到。关于控制器，一些系统可以要求给定的功能可通过不同的位置或地点进行操作，以保证速度、精度、健康和安全。

（2）可达性原则。①要求。信息应易于迅速接近。②运用。设计应确保将显示器置于操作者的视野内，有关安全和频繁观看的重要信息应置于人眼最频繁扫描的中心区域。此外，一般还应考虑由于操作者手臂的位置而可能导致信息被遮蔽。

（3）运动空间原则。①要求。操纵控制器所需要的人的运动不应引起操作者的不适。②运用。各个控制器之间的空间应进行优化，以确保有效的操作。空间太大，可能要求做出不必要的运动；空间太小，可能会导致意外的误操作。为了优化空间，应考虑各个控制器的特定性能，以及控制操作的全部范围。例如，某些系统由操作者戴手套进行操作。

4. 与使用者的期望一致

公认惯例和其他关于人—机界面操作的期望，对确定操作者怎样使用一个特定的控制器或显示器将有很大影响。鉴于此，控制者可能期望符合公认惯例，尽管他们可能已受过一种以相反方式行动的训练。

（1）与知识协调性原则。①要求。控制器和显示器的功能、运动和位置应符合操作者的经验及所接受的培训。②运用。在运用这个原则时，重要的是弄清楚什么是操作者所期望的公认惯例。

（2）与实践协调性原则。①要求。控制器和显示器的功能、运动和位置应以正在使用的系统和相关手册中的实践经验为基础。②运用。经过一段时间后，操作者习惯了由系统呈现的特定响应时间，并由此发展为与它们有关的一种期望的方式，从而就响应时间而论，类似的运行方式就表现为这种相同的通用模式。如果系统的响应时间背离了通常的期望模式，应告诉操作者。

（3）一致性原则。①要求。显示—控制系统中的类似部件应该以一致的方法使用。②运用。系统的控制器、显示器和其他装置的布置、功能和操作运动应保持一致，而在整个系统或几个系统中不应变换。例如，有关的控制器和显示器应以相同的次序布置；应使用一整套统一的代码和符号。

5. 容错性

如果一个系统是容错的，尽管操作中有明显错误，但不论是否采取纠正动作，系统仍能保持原定的结果。

（1）错误纠正原则。①要求。系统可自动检查错误，并向操作者提供处理这些错误的手段。②运用。如果系统能以几种方法纠正操作错误，则操作者将有从这些可能的方法中选择的机会。当然重要的是，随后应告知操作者纠正错误的步骤。在关键场合应提供足够的信息，以保证最佳的错误处理。如果系统发生故障，应尽快让操作者识别，出错信息应易于理解，应能在不需要操作者进行许多信息处理和手册帮助的情况下，提供简短和详细的处理错误的信息，供操作者选用。

（2）错误处理的时间原则。①要求。系统应提供足够的时间，使操作者能可靠地纠正错误。②运用。保证操作者有足够的时间识别错误，并在发生危险后果之前采取恰当的纠正措施。

6. 对个体差异和知识的适应性——柔性原则

系统如能调节个体的需要，就应能适应个体和知识的差异。①要求。系统应具有足够的柔性，以适应个体需求的差异。这些差异一般是生理和心理功能、知识技能和文化差异。②运用。在可能的场合，操作者应能影响交互作用的速度；有实践经验的操作者应能建立适合于专门技术范围的数据资料，而且还应能将其设置在一个恰当的范围内；在复杂系统中，系统应提供简短或详细的信息，供操作者选用；关于操作，大多数控制器应两只手都能操作。然而，对要求精确、快速操作的控制器，应可以用任一只手操作，或者设计成允许用非优势手进行精确、快速操作。

8.1.3 显示—控制系统设计步骤

1. 基本要求

要求如下：①设计人机界面首先要进行任务分析，其中包括确定人所要完成的活动及操作人员在每一工作地点所要进行的活动；②设计小组的人员构成应包括人机工程学专家、控制工程师、计算机专家及未来的使用者（运行管理人员，尤其是操作人员）等多个学科的人员；③显示—控制系统的设计可按下列步骤（以控制室设计为例）进行，在实际工作中，各步骤间往往出现反复迭代过程。

2. 概念设计

（1）第 1 步：确定控制室操作人员及其在工作岗位的任务。明确：①每一个工作岗位必须完成的任务的种类；②在正常运行模式下，每一项任务需要的人员数目；③在发生故障的情况下，一个工作岗位上应有的共同处理问题的人员数目。

（2）第 2 步：列举每个工作岗位分配给人的各项活动，并考虑应对最坏的情况。内容如下：①要求给出的视觉显示信息；②应在屏幕上显示的视觉信息（其他信息可通过观察其过程来获得）；③需在屏幕上同时显示的信息；④切实可行的控制动作；⑤需用语言来表达的信息，并以此来确定工作岗位的布局（具体见第 11 章）。

（3）第 3 步：将收集的信息组织成图像（包括全部设备工况的概貌图），列出设备上的显示器、控制器的位置，给出每幅图像的名称。

3. 详细设计

（1）第 4 步：确定屏幕显示器和传统显示器的数目，必须保证能够为操作人员同时提供足够多的信息，以便处理设计中所能预见的最恶劣的工况。

（2）第 5 步：为各工作岗位选择显示器和监视器，包括大屏幕显示器或台式显示器。

（3）第 6 步：各工作岗位屏幕显示器和传统显示器的布置。

（4）第 7 步：各类显示信息在屏幕上的分配。一般情况下，每一个屏幕都可配以任何类别的信息（如概貌图、曲线、模拟图、报警清单、表格等）。这将有利于用另一台显示器去替换发生故障的显示器，以提供重要信息（如概貌图），包括将信息分配于立式屏、将屏幕分成若干区域，以及使用专用屏幕来显示报警清单及曲线图表等。

（5）第 8 步：确定图像内容。对操作人员执行任务所需的所有数据进行编绯（第 2 步）和组织（第 3 步）之后，就要确定每个图像的内容；在信息和数据之间建立适当的联系；应避免使用过于拥挤的图像。第 8 步的任务必须和第 9 步紧密协同来完成。

（6）第 9 步：确定代码字符表。把显示的要素（如名称、符号、颜色等）分配成若干个信息类别（如操作模式、所要处理的媒体的类别），并赋以编码。

（7）第 10 步：拟定控制规程。以第 2 步和第 3 步所得的结果为基础，根据目的、控制语句（即对象、操作和量化指标的给出顺序）及对话方式（命令语言、相互问答对话、菜单、填空方法）来拟定。除此之外，还应制定减少失误的措施。

（8）第 11 步：窗口的应用规定。必须认真、明确地考虑两个事实，过程控制或命令与控制都是实时性任务；重大事件的发生迫使操作人员及时做出反应，他们必须立即得到通知。

（9）第 12 步：选择适当的输入装置。输入作业有两种类型，即数据输入和点选。

4. 系统评价

（1）第 13 步：实物模型及可用性检查。在设计方案开始实施之前，应根据评价结果对设计方案进行修正。

（2）第 14 步：选择系统并检查设计方案。检查经过配置后的显示—控制系统，在质量、数量上是否处理好所有的显示格式和相互作用问题。

8.2 显示—控制界面的布局设计

8.2.1 基本原则

1．视觉显示器布置的一般原则

1）考虑人眼的视野和视区

面板上显示器的布置应考虑人眼的视野和视区。显示器应根据其使用的频数和重要性，依次布置在良好视区、有效视区和条件视区中。

2）考虑人眼的视线流动特点

（1）人观察物体习惯于从左到右和从上到下（如人的看书习惯）；观察圆形结构，以沿顺时针方向看最为迅速。眼睛做水平方向运动比垂直方向运动要容易和迅速，因此，先观察水平方向的东西（或形体），后注意垂直方向的东西（或形体），所以，许多机器设备（包括面板）一般设计成横向长方形。

（2）根据上述视觉的运动规律，面板上连续数字的排列采取从左到右或从上到下的顺序；需顺序操作的元器件，其排列顺序从左到右或从上到下；面板上的装饰线条和色带采用横向走向，显得平展、流畅。

（3）人眼观察速度和认读有效性的优先次序依次为左上、右上、左下、右下象限，所以台式仪器面板上的主要显示器件一般都装在中间或左上角。

（4）由于人眼水平方向的扫视比垂直方向要快、不易疲劳、幅度也宽，并且对水平方向的尺寸比例和节拍的估测要比垂直方向的更为准确、迅速和省劲，所以面板上的元器件在水平方向上的排列应多于垂直方向上的排列，较长的数字排列（如收录机的频率选择指示）则采用水平的从左到右的布置。

（5）人眼对直线的感受比对曲线的感受更容易，因而面板上的拉丁字母采用大写印刷体，而汉字则不宜采用行书。

2．控制器布置的一般原则

1）考虑手的可及范围及操作区

面板上控制器的布置应考虑人体手臂的活动范围。控制器应根据其使用频数和重要性，依次布置在舒适操作区、有效操作区和扩展操作区中。

2）考虑人的操作习惯

（1）面板上控制器的布置，本应使操作人员两手的工作量适当平衡，但由于人体机能的不对称，一般右手比左手灵活，即右手是优势手（少数人是左手为优势手）。因而，在面板操作器布局中，在考虑最佳区域时，人的操作习惯与视觉习惯相反，对于小型面板，最优操作区是右下方。需进行精密而准确调整的旋钮、主要控制器、紧急操作开关或按钮、频繁操作的元件等，应尽可能布置在右下方或中下方的位置。

（2）人手的动作习惯是从左向右操作比从右向左快；从上向下比从下向上快；向前伸展比向后快；顺时针操作比逆时针操作方便；水平操作比垂直操作速度快；手在水平面内动作比在垂直面内动作准确。这些都是在面板空间位置布置和控制器布局中应考虑的因素。一般对于有顺序操作要求的元件，其排列次序应是由左向右、由上向下。紧急开关的关断方向应是由上向下。

（3）在面板的布局设计中，应充分考虑上述人的生理特点所形成的动作习惯，违反这一习惯将引起人心理上的别扭感，不仅会降低效率，而且可能增加差错。遵循这些习惯，则有利于提高动作的速度和准确性。

3．显示—控制系统布置的一般原则

1）考虑显示—控制的相应性

显示与控制功能是密切相关的，应该考虑显示—控制的逻辑位置相应性、运动相应性和信息相应性。这有利于提高效率和减少差错。

2）考虑使用顺序和使用逻辑

（1）显示器与控制器的布置应考虑与工作顺序的一致性，依次从左至右（或从上至下）进行布置。例如，反映工业流程的指示灯或控制工业流程的控制器，应自左向右依次布置；具有相似交互作用的功能组，在一个系统中应具有相似的布置，应避免使用顺序的改变。

（2）众多显示器与控制器的布置，应根据使用逻辑遵循观察与操作路线最短原则。

3）考虑功能组的构成

（1）视觉功能的考虑。通常，看一眼仅能立刻感觉到 5 串或更少的对象。当把大量的元件集成布置在一个矩阵中时，应避免连续均匀排列，这种排列会造成对元件功能辨识的混淆，易产生失误；应将元件的排列分割为若干区块，可提高辨识的效率和准确度。

（2）使用功能的考虑。把具有内在联系的元件结合成功能组按区布置，有利于提高观察控制的效率，减少差错。

4）考虑布局与构图的艺术性

面板设计不仅应具有物质功能，还应具有精神功能，合理的布局和具有形式美的构图，有利于提高作业的安全性、舒适度和效率。

4．面板构图中运用视觉诱导改善和增强视觉效果

人们对形态的感知，不仅与人的生理因素有关，还与人的心理因素有关，其中包含了人们已有的知识和经验。在面板设计中如能巧妙地利用生理和心理上的“诱导场”及视线流动习惯，则能取得良好的视觉效果。

1）错觉诱导

在面板设计中常利用错觉效应的诱导来改善面板的形象和比例。例如，利用长度错觉和分割错觉，改善长宽比；利用光渗错觉，改善大小和厚薄感；利用横向分割，增加平稳感；利用远近错觉，增加层次感和立体感。详见 5.5.2 节。

2）惯性诱导

通过增强某一要素的视觉效果，利用视觉惯性的诱导作用，可取得良好的效果。

（1）以水平线（或垂直线）为主调的产品，将引导人的视线沿水平（或垂直）方向迅速移动，即使到了线的端点，视觉惯性仍将诱导视线向长度方向延伸，产生了加长（或加高）感。在面板设计中，常通过增加横向色带或线条来形成横向的开阔、平展、流畅感。

（2）斜线与其他线相交时，远离交点有引导视线向前扩展的效果；而指向交点的一端，会引导视线向内收缩。在面板用的图形符号中，大量利用这一引导效能，如箭头、三角形、减强和减弱符号等作为指示标志。利用斜线形成的收缩感，对矩形零件削角，或以梯形代替矩形，形成轻巧或小巧感。

（3）色的视觉残像会构成色彩惯性。纯度高的过亮、强烈的色的刺激所留下的残像会妨碍我们去迅速辨别其他的颜色。因而面板的基色喜欢采用低纯度的亚光（或无光）的浅色调或暗色调，以便减少疲劳及提高对其他颜色和标志的视认度。

3）焦点诱导

（1）通过焦点诱导可使人迅速地捕捉产品上的重点部位，形成视觉中心或趣味中心，如精致、醒目的商标具有良好的宣传效果；电源的关断按钮采用红色，以便在出现故障时能迅速诱导操作者找到按钮，并切断电源；高压危险标志采用红色，以便引起人的警惕。

（2）对焦点的位置及造型与色彩应进行细致的艺术处理，以使其显示出较高的艺术表现力。形成焦点的线型、体量及色彩应引人注目。焦点可采用对比强烈的色彩和明度、纯度较高的色彩，但面积不宜大，以免刺激太强。焦点也可通过物体上斜线（或射线）和立体感的诱导而形成。

4）联想诱导

人们观察事物时，常依据已有的经验或印象，进行心理上的比拟与联想。将比拟与联想运用于造型设计，通过各种形态与色彩的诱导可产生艺术印象的延伸效应，给产品增加一定的艺术魅力。例如，各种形象化的图形符号，不加文字说明就能为人所理解；商标图案的寓意可让人对厂家产生深刻的印象；合理利用人们对色彩形成的大量感受及联想，可诱导人们获得心理上的平衡和满足，不仅具有良好的艺术效果，而且可保持饱满的工作情绪和效率。

5. 面板的视认度要求

对面板视认度的综合要求是，面板上所采用的各种显示器和文字、符号、标记等，应在各种不利的视觉条件下（光线暗、判读快、符号密、干扰多等），都能保证清晰易辨。所有标记等均应保证视力为 0.4 的人都可以分辨。面板的视认度具体应考虑以下几点。

（1）信号因素的影响。应考虑信号的编码、信号的组合、信号的多余性、“信息加工”的复杂程度等对视认度的影响。

（2）文字符号视敏度和认读性的影响。考虑视角、视距、入射角、文字符号的形体等对视认度的影响。

（3）配色的影响。考虑字符、标记颜色与底色的对比与协调性等对视认度的影响。

（4）环境因素的影响。考虑微气候、噪声、振动、色彩环境，以及光环境（照度、均匀与稳定性、眩光、亮度对比、光色效果等）对视认度的影响。

（5）个体因素的影响。考虑个体差异及疲劳等因素对视认度的影响。

6．面板本身的要求

（1）面板的材料。小型面板可用铝板或塑料面板，大型面板可用钢板；塑料拼块镶嵌式面板用作大型模拟屏，模拟图可由特定拼块的组合获得，仪器仪表及控制器等可安装在取掉的某些拼块处。

（2）面板的刚度。面板应有足够的刚度，以避免变形或受振动而发生抖动。大的面板可通过背面的加强提高刚度。

（3）面板表面肌理要求。面板表面宜呈低光泽或无光泽的漫反射状态；一般采用微粒纹理，由微粒均匀分布形成的精细纹理对光线呈漫反射光感；为了获得微粒纹理，对于铝板，可进行喷砂处理，对于钢板、铝板，可以涂细纹橘纹漆，塑料通过模压得到，铝板和钢板的面板还常通过刷丝形成平顺、细腻、柔和的同向纹理。

（4）面板的颜色。面板的颜色是显示器和文字符号的底色，一般采用深色或浅色，以便与浅色或深色的显示器或文字符号形成必要的配色对比。如果面板采用较深的颜色，则还可减少无用亮光对眼的刺激，减轻眼的疲劳。

8.2.2　显示—控制的相应性

通常显示器与控制器在功能上不是孤立的，一个控制器一般由相应的显示器反馈其操作的正确性。因此，显示器与控制器的应用不仅应使其各自的性能最优，而且应使它们彼此之间的配合最优。在布局设计中，相关的显示器与控制器之间应相互对应和适应，即应具有相应性。显示器与控制器在布局中搭配得当的好处如下。①减少信息加工和操作的复杂性，缩短反应时间，提高操作速度；②易于学习掌握，降低人员培训难度，缩短人员培训时间；③可减少人的失误，尤其在紧急情况下，操作者易于做出正确判断和操作，避免事故的发生。

1．显示—控制的逻辑位置相应性

当一个显示器可通过一个控制器进行调节时，对这些直接相关的显示器和控制器进行布局，应使其位置关系具有一定的逻辑规律。

控制器应位于相关显示器的附近，但应避免用手操作控制器时遮挡显示器而影响对反馈的显示信息的读取。一般将控制器置于显示器的正下方为宜，当置于正下方有困难时，可考虑置于显示器的右侧（用右手操作）或左侧（用左手操作），如图 8-2 所示。控制器不宜置于两个显示器的正中间，以免使控制、显示间的关系产生混淆。

当若干控制器与相关的若干显示器分别成组布置时，应使控制器组与显示器组具有相似的易于理解的排列模式，并一一对应，如图 8-3 所示。其中图 8-3（a）所示为控制器组与显示器组在同一平面上，图 8-3（b）所示为在不同平面上。

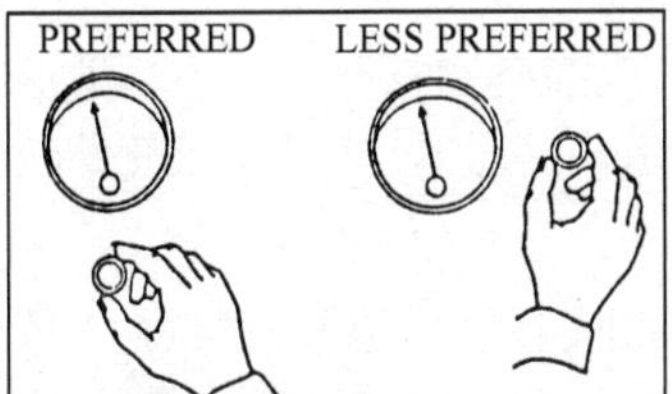

图 8-2　控制器置于显示器附近

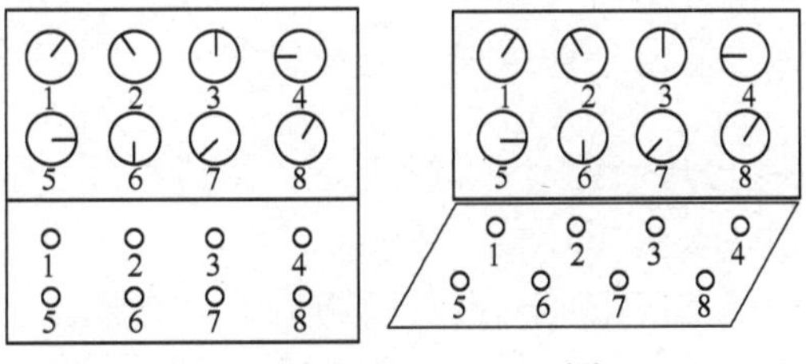

图 8-3　控制器组与显示器组的相应性

若控制器为同轴多层旋钮，则显示器可布置成沿顺时针方向排列的圆弧形或由左向右的直线形，顶部旋钮与最左端显示器对应，底部旋钮与最右端显示器对应，如图 8-4 所示。

面板上控制器与外部的对象物（如发动机）之间的位置对应关系如图 8-5 所示。在此，好像发动机就在它们所面对的方向（不管发动机实际上是在什么地方）。

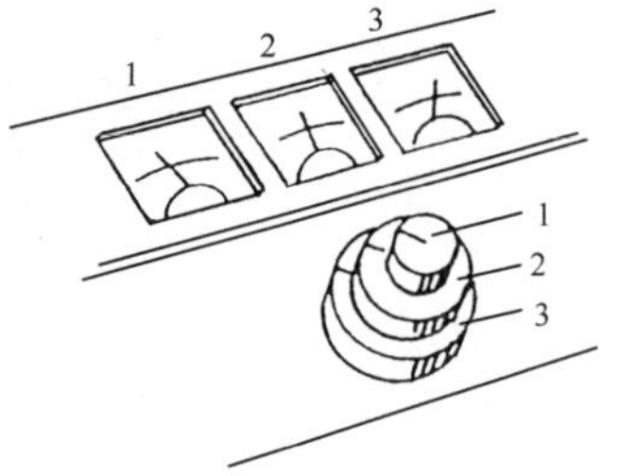

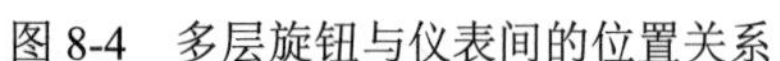

图 8-4　多层旋钮与仪表间的位置关系

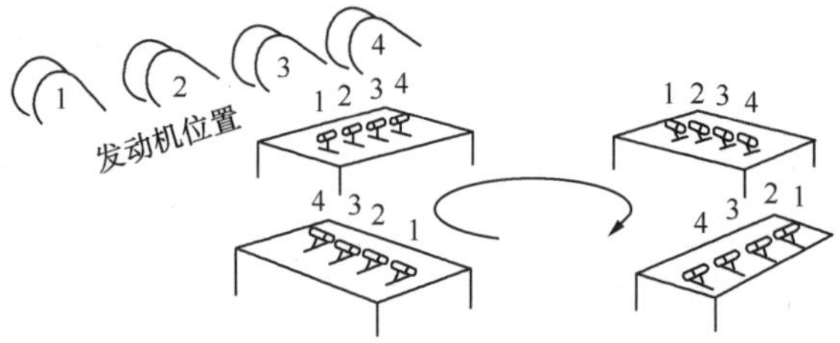

图 8-5　控制器与外部对象物的位置关系

当按上述方式布置相关的显示器和控制器有困难时，即二者不能靠近，甚至分离在两台装置上，则可采取下述补救措施：①相关显示器和控制器之间标以连线，在大型面板上，连线法可使差错减少 95%；②相关显示器和控制器之间采用相同的色彩编码，使用色彩编码，反应速度约可提高 40%；③在相关显示器和控制器之间采用相同的文字标记，且其相对位置相同，如一律位于显示器或控制器的上方或下方。

听觉显示器与相关控制器的空间位置也应考虑相应性问题。例如，对于右耳接到的声音，用右手操作控制器会快一些；应急控制装置的安装方向应与警笛发声方向相同。

2．显示—控制的运动方向相应性

控制器的运动与相应显示器的运动方向间应建立比较直观的联系，使其相互运动关系与人们的心理状态、习惯和经验相符合。即操作控制器的运动方向，在显示器上将出现人们所预期的运动方向，这有助于缩短操作的潜伏和反应时间，以及对运动方向的形象记忆，操作者能以比较轻松的心情工作，易于获得较高的操作效率和准确性。尤其对减少紧急情况下的失误有重要意义。根据人的习惯模式，控制器与相应显示器（或机器部件）间的运动方向的相应性如图 8-6 所示。运动方向的相应性包含两个含义：运动方向一致；运动方向所表示的增或减与观念上对增、减的理解一致。控制器与对应显示器的运动方向相应性体现于以下三点。

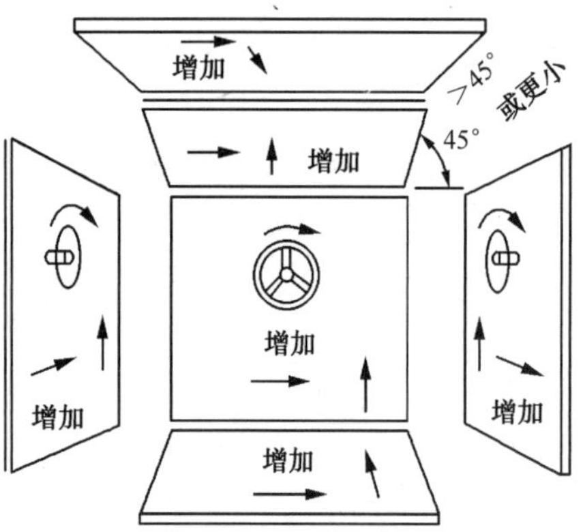

图 8-6　递增运动方向

（1）显示器与对应控制器具有相同的运动形式，在同一平面上，显示器指针的旋转方向应与旋钮的旋转方向相同，且均是顺时针表示被控量增加，如图 8-7（a）所示。

（2）显示器与对应控制器具有不同的运动形式，一个做直线运动，另一个做圆周运动。当两者运动的轨迹具有相切的形式时，应使贴近侧的运动方向一致，如图 8-7（b）、（c）所示。

（3）当显示器与对应控制器不在一个平面上而分离设置，或一个控制器可引起外部空间中的物体（如一个天线）运动时，其运动方向相应性应符合图 8-6 所示情况。车、船之类的方向盘的运动方向（如左转、右转）应与车、船的实际方向的改变一致。

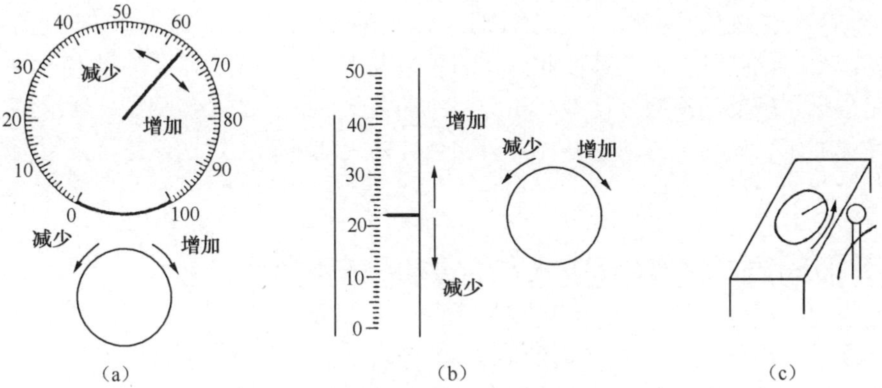

图 8-7　控制器与显示器的运动方向相应性

3．显示—控制的运动动程相应性（控制—显示比）

在考虑控制器与对应显示器的运动相应性时，还应考虑两者位移量大小的比例（也称位移量相应性），即控制—显示比（简称 C/D 比）。位移量可以用距离、转角或转数来度量。控制—显示比表示系统的灵敏度，如图 8-8 所示。

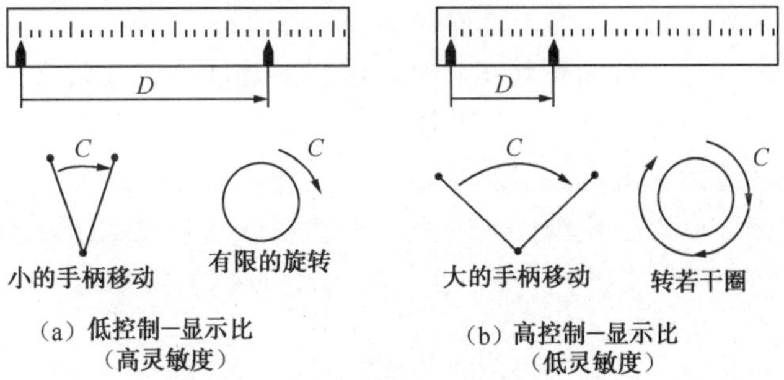

图 8-8　控制—显示比

（1）若微小的控制运动可引起大的显示位移，即 C/D 比低，则表明系统灵敏度高；若大的控制运动引起小的显示器位移，则表明系统的灵敏度低。

（2）在连续定量控制中，C/D 比将直接影响人的操作效率和控制精度。例如，用一个旋钮进行此类控制，一般先进行粗调，即先大幅度地移动控制器，迅速将被控部件移到理想位置附近，然后再进行精调，即仔细调节控制器使之精确达到理想位置。

（3）粗调和精调对 C/D 比要求不一致，C/D 比小，粗调时间短，精调时间长；C/D 比大，则粗调时间长，精调时间短。

所以，在选择最佳 C/D 比时，应综合考虑粗调时间和精调时间，当二者之和为最小时，则系统的控制—显示比最佳。旋钮的最佳 C/D 比一般为 0.2～0.8，手柄的最佳 C/D 比一般为 2.5∶1～4∶1。一般系统的最佳 C/D 比可根据系统性能要求，通过试验来确定。对于有些精密仪器，粗调与精调是由两个控制器分别完成的，则粗调应取小的 C/D 比，精调取大的 C/D 比。

4．显示—控制的运动时间相应性

设备和仪器的时间滞后，会影响显示器和控制器之间的关系，这里有一个控制操作与设备状态呈现变化之间的滞后问题，作业人员必须对将要产生的变化量做出预计。时间滞后应当是可以预知的，并且与所期待的相符。例如，由控制调节所引起的温度变化，一般不会期望是即时的，0.05～

0.3s 的响应时间不易为人所觉察，并且对性能影响很小。然而人往往难以适应时间滞后，当滞后是非线性的或长时间持续时，尤其如此。在这种情况下，一些显示器能够引入一种预测功能，预测功能是根据系统的动态数字模型（相对简单的公式）设计的。预测显示器能够使作业人员摆脱对滞后的显示所做的经验的估计，并且比估计的更加精确。当然，是否采用预测显示器，需以成本与效益的分析为依据。

8.2.3 面板布局中的编组技术与功能区域表达

面板的布局应当符合视觉功能和操作活动的逻辑。面板上的显示、操作等元件应按其功能和用途分组，即把具有内在联系的元件结合成组，按区布置，使面板布局显得简洁、明确、条理分明，可以提高观察、操作的效率和准确性。

1．显示器和控制器的编组技术

显示器和控制器按逻辑关系编组是很重要的。编组方法应与使用者的思维方式的规律一致。在选用编组技术时，必须特别注意避免编组出现矛盾现象，尤其当同时使用几种不同的编组技术时，更要精心设计。在设计中，应权衡各种编组技术的相对重要性，排除那些不适用的编组技术。每个组的规模必须适当，以便于迅速、准确地寻查。

（1）按功能编组。信息和控制按其在一个系统内的功能或相互关系来编组。应依据信息在完成系统目标中扮演怎样的角色来鉴定其功能，而不是根据信息的来源或测量的方法。

（2）按使用的顺序编组。既可把显示当作一个整体，又可将其分为几个部分。这两种情况都可以按顺序组织。在显示上应反映因果关系。在一组或一个显示内，历史的信息应置于较新信息的上游。使用自然的编组方法是符合使用者的公认惯例的，如 1,2,3 或 a,b,c 等。由于同一理由，显示应按相应方法来组织，如从左至右、从上至下。

（3）按使用的频数编组。将最常用的信息集中在一起。把最常使用的显示置于上部，把较少使用的显示置于下部，使用最多的控制器最靠近操作人员。确定使用频数最通用的方法是链分析法，以便决定信息或控制设备与操作顺序之间的联系。由于这种类型的编组方法在显示上有明显不合逻辑的风险，对其应用是有限制的。

（4）按优先性（重要性）编组。依据信息或控制对系统完成功能的重要性编组，重要物项应置于一组之内的主要位置上。

（5）按操作程序（正常或紧急）编组。显示器和控制器应根据操作顺序编组，在紧急工况下，被使用的显示器与控制器等专用设备应与正常运行的显示与控制设备分别编组。

（6）模拟图式的编组。如果使用模仿工艺过程的模拟图，一定要注意避免跟所用的其他准则相矛盾；如果将来需要变更或增加流程或仪表与控制器，则一定要注意保持相同的模拟原理。

2．面板功能区域的表达方法

（1）分离法。把有内在功能联系的元件相对集中成组，不同的功能组之间不用任何几何元素来表达，而仅是分开较大的距离，以此来区分和形成功能区域，如图 8-9 所示。当面板的面积比较充分时，以空间的分离来表达功能区域是有效的，这是一种优先的方法。在电力系统调度室的模拟屏上，各电厂、各变电站分别有一组功能模拟图，各组模拟图间以较大间隔划分区域，当系统出现异常时，可马上找出其源头在哪个地点（电厂或变电站）。

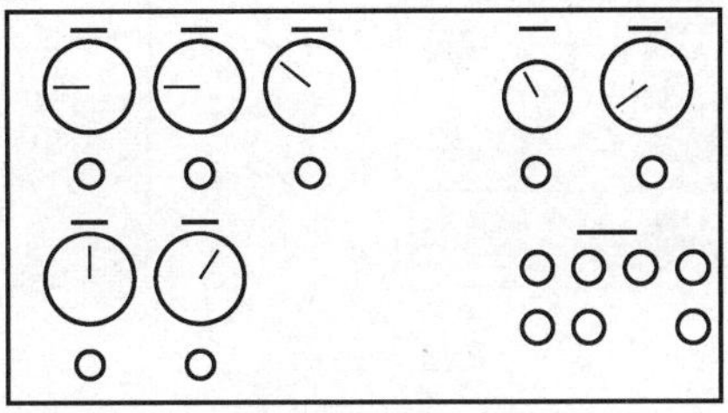

图 8-9　分离法

（2）括线法。用直线或弧线把有内在功能联系的元件括在一起，其间可以标注表示其功能的文字（对显而易见者，也可以不予标注），如图 8-10 所示。括线大多采用水平线条，这是因为人的视觉习惯于水平方向扫描，也易于与面板（大多呈横向矩形或用水平线分割）的造型风格相协调。括线常与面板的水平分割线配合使用。

（3）线框法。用线框把有内在功能联系的元件围起来构成一个功能区域，如图 8-11 所示。用线框可把整个面板分割为若干区（只可用于部分元件），可以断开线框的上侧或下侧，标注表示其功能的文字，线框也可只包围一个较大或较重要的元件（包括其有关的刻度和文字），这是为了突出这个元件功能或满足装饰的需要。

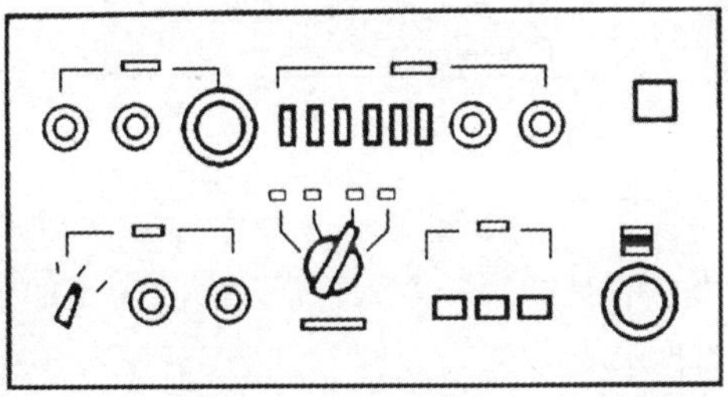

图 8-10　括线法

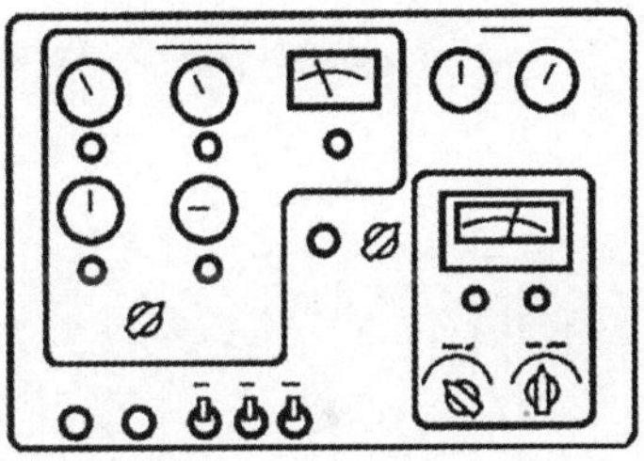

图 8-11　线框法

（4）空格法。把面板根据需要等分成若干空格，将有内在功能联系的元件放在相邻的空格中，不同功能的元件之间隔开一格以上，形成不同的功能区域，实际上是运用元件在空格中布置的聚与散来进行功能区域的分割的。空格法布局匀整，易于规范化，如图 8-12 所示。其中图 8-12（a）所示为仪表面板，以按键的外形尺寸作为划分空格的基础；图 8-12（b）所示为大控制台的控制面板，上面画有隐现的网格，按键依空格法分区布置于网格内。

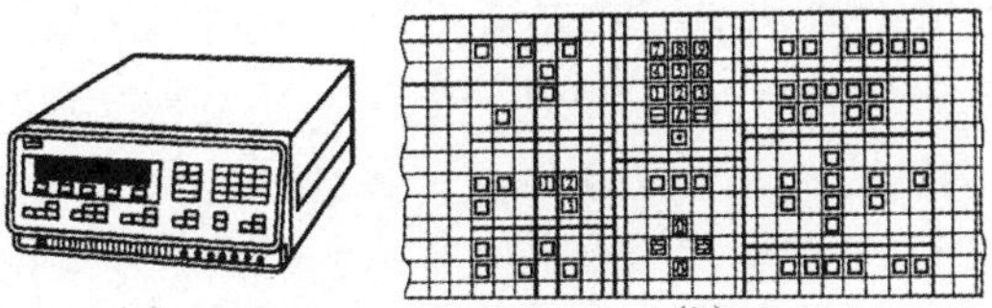

（a）　（b）

图 8-12　空格法

（5）色块法。色块法是将功能区域分别用不同颜色的色块或同一颜色明度不同的色块来表示，如图 8-13 所示。通常用不同的色块将整个面板分割成若干个色区，如图 8-13（a）所示；也可在一定底色上设置局部色块表示功能区域，如图 8-13（b）所示。

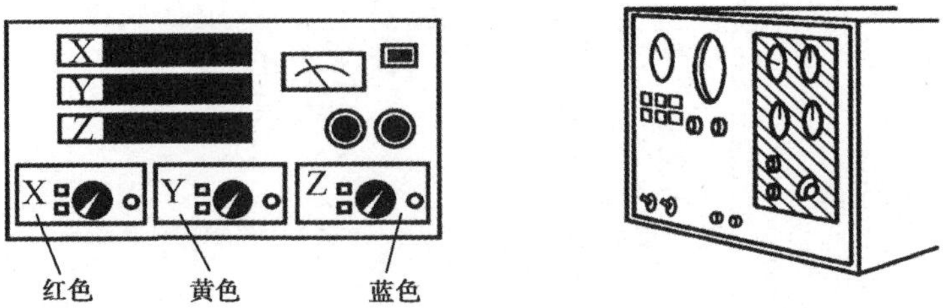

（a）　（b）

图 8-13　色块法

（6）隔线法。在面板的深底色上，用浅色线条将整个面板分割成若干个功能区域，如图 8-14 所示。

（7）元件外形归类法。把形状或尺寸相同（相似）的元件有规则地布置在一起，形成不同的功能区域，如图 8-15 所示。电厂控制室中集中布置于模拟屏上部的报警用的光字牌即是一例。

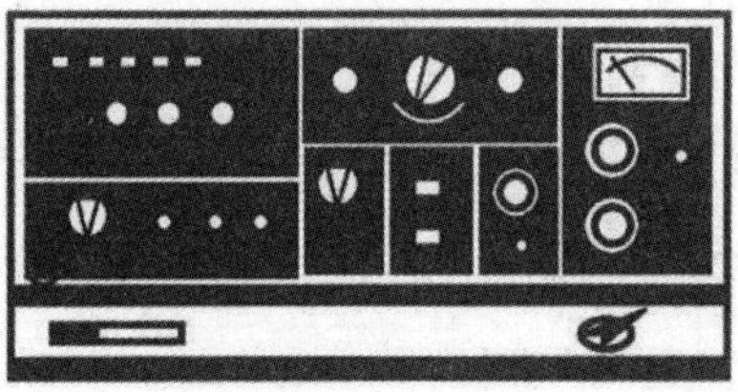

图 8-14　隔线法

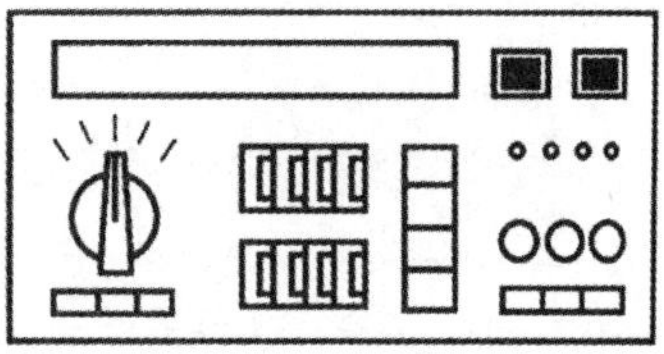

图 8-15　元件外形归类法

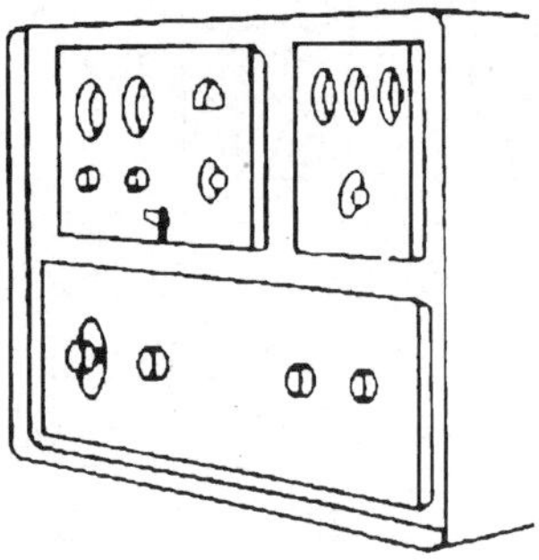

图 8-16　分面法

（8）分面法。各功能区域不是设置在同一个整平面上，而是分别置于不同的平面上的，这些平面之间的关系如下。①互成直角的平面，如收录机外部的元件分别置于前面、顶面和侧面；②控制台上的面板有立面的、平面的和呈倾角的面板；③用凹缝或凸筋分割的平面；④凸起或凹入的平面。在分面法中各功能组元件的分布具有层次性，面板具有立体感，图 8-16 所示为元件分装在三块小面板上。

上述几种功能区域的表达方法（以及其他表达方法）可单独使用，也可配合使用，应根据面板使用要求、元件形体及尺寸、拥有的面板加工工艺手段和造型需要等灵活运用。①分离法、括线法、线框法设计简单，效果不错，特别适用于表达不规则的功能区域。②空格法适用于元件尺寸和形状相同或相近的情况。③括线法除可单独使用外，还常与其他方法配合使用，尤其当一个功能区域中元件数量较多时，在线框法、色块法、隔线法、分面法、元件外形归类法中，常加括线对功能做进一步的分割。④色块法、空格法尤其适用于采用触摸式开关的情况。

8.2.4　标记（标牌）设计要求

标记是用以标明控制器、显示器和其他设备功能的一组字符、图例或其组合体。

1．一般准则

（1）标记的适用范围。在所有需要人们识别、解释、按程序操作或避免危险的地方（除那些对观察者而言是显而易见的以外），都应提供标记（或标牌）、图例、告示、符号或其组合体，以便操作人员能迅速而准确地找到、识别或操作设备。

（2）标记的层次。为了防止混淆，减少操作人员的查找时间和避免重复，应分层次加标记。层次应以标记的尺寸大小，而不是不同的颜色、外形或排字方法来表达。如图 8-17 所示，标记的字体按下述顺序逐渐增大：控制、显示部位的标记（图中④）；设备（控制屏或控制单元）的标记，比图中④大 25%（图中③）；系统/功能群组的标记，比图中③大 25%（图中②）；主系统/工作台的标记，比图中②大 25%（图中①）。

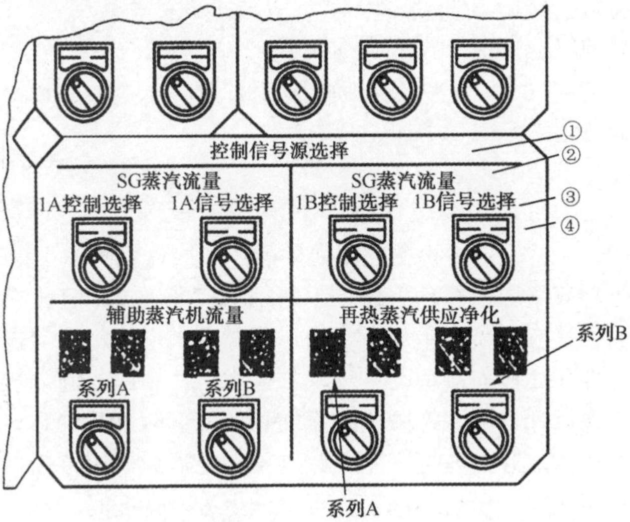

图 8-17　标记的层次

（3）标记特征。任一标记的设计均应考虑下列要素。①具有所要求的识别精度；②辨认或其他反应所需的时间；③阅读标记需要的距离；④照明的亮度和颜色；⑤所标记的功能的重要性；⑥系统内部和系统之间标记设计的一致性。

（4）样品和产品的标记方法。标记可印制在有关部位，也可做成标牌（标签）固定（如粘贴）于有关部位。样品标记应易于粘贴、更改和消除，以便于设备样品频繁的改动。产品的标记应满足设备使用阶段的要求。

（5）出入口、危险、警告和安全须知标记。①主控室出入口均应有出入口标牌，并标出通过该进出口能接近的物项的功能；②危险、警告和安全须知标记应符合相应标准。

（6）一致性。在控制屏内和各控制屏间，以及控制室之间的标记应保持一致。①内在一致性，标记中所用的词、术语、缩写和部件/系统编号，在设备之间及设备的各部件之间应一致；②与规程一致，有关标记上的术语应与规程中所用的术语一致。

（7）标记的管理。①在某些情况下，可能需用临时性标记（如样品、设备改造后的试运行），以便验证标记的有效性。应控制临时性标记的使用；当以永久性的正式标记取代时，应彻底清除临时性标记，对临时性标记的要求与正式标记相同。②清洗。应定期清洗标记，并把清洗纳入管理规程。③为保持标记的统一性，应有一份记录标记名称、简称、缩写和部件系统编号的文件（表格）。

2．标记的方向和位置

（1）方向。标牌取向不当可能会引起混淆，延迟对显示器、控制器状态和位置的确定和判明。①标记及其信息排列应取水平方向，以便于人们从左到右快速而轻松地阅读。②只有在标记对于人员的安全和作业不十分重要，且空间受到限制时，才使用垂直方向排列，并且采用自上至下阅读的方式。③应避免采用弯曲形的标牌和信息排列。

（2）位置。①贴近。标记应设置在（或非常贴近）被说明项目的地方，以避免与其他项目和标记混淆。②正常位置。应把标记放在它们所说明单元的上面。③可见性。标记不应遮掩别的信息，也不应被设备的其他部件覆盖或遮挡。系统使用时应不致遮住标记，不应把标记放在控制器自身上，以免在操作时遮住标记。④相邻标记间距。相邻的标记应相距足够的距离，以免把它们作为一个标记读出。

（3）标准化。标记的定位方式在整个设备和系统中应是统一的。

（4）控制器的位置方向标记。①状态。描述功能控制器状态的标记应易于区别。②方向。应标出连续运动控制器的运动方向（增加、减少）。

3．标记的内容

（1）设备功能。标记应首先描述设备的主要功能，其次可以考虑工程特征。

（2）用词选择。①打算采取的行动。标记中的用词应准确说明打算采取的行动。②清楚。说明应是清楚的，词的含义应为所有用户所接受，应避免采用不常用的技术术语。说明的用词或用语应与工厂正式文件（如操作规程、培训教材）中所使用的相同。③类似性。应避免采用可能出现误会的词和缩略语，当相邻标牌出现意义相似的词时，其中之一应换成其他的词或采用编码方法，以免可能在读取和操作上产生差错。④功能群组。应该用标记指明按功能分组的控制器或显示器，应把标记放在所表明的功能群组的上方。⑤缩写。标记的缩写应符合有关标准的规定，如需采用新的缩写，则其含义对操作者来说应是明白易懂的。缩写词应省略句号，以防误解。缩写词应易于联系其全称。缩写应使用大写字母（包括汉语拼音）。⑥应使用规范化的汉字（不能用非规范化的简化字、繁体字和异体字）。⑦无关信息。商标及其他无关信息不应出现在标记或告示上。

4．标记的性能要求

（1）简洁性。标记应尽可能准确、简洁，而不歪曲预期的意义或信息，而且不能模棱两可。在一般功能很明显之处，只需区分出特殊功能即可。

（2）通俗性。尽量采用操作者熟悉的词语，如果是不熟悉的，就不必强调简洁性，对维修技师等特殊操作者，也可使用一些通用技术术语（即使对新手来说是不熟悉的），通用的有意义的符号（如%和+）可随意使用，但对于抽象符号（如希腊字母和方块图等）则只有在预期的操作者能够理解时才能使用。

（3）可见性和易读性。标记和告示的设计，应保证操作者在规定的操作距离、振动/运动环境和照明条件下，能轻松地阅读。

（4）标记的寿命。标记在设备规定的储存期和使用期内应保持清楚、明显，具有高对比度，色彩久不褪色，可抗环境因素（如液体、气体、气候、盐雾、温度、光）引起的损坏，不致由于附着物或油脂、污垢、尘垢而暗淡下来。

（5）背景明显。标记的颜色应与设备背景相区别，一般标记应避免无明显背景。

（6）字符的可读性。在识别控制器、显示器的过程中，识别速度和准确性受标牌字符的书写字体和大小等因素的影响，对标记的文字、符号应有良好的视认度。

8.3 显示器和控制器的编码原则

8.3.1 编码的基本方法

人机界面由显示器和控制器组成，其中有三大类信号：视觉信号、听觉信号、触觉信号。为使操作人员能从众多的信号中进行迅速、准确的识别，避免相互混淆，应以不同的、适当的刺激（视觉的、听觉的、触觉的）为代码，对信息进行编码，即用编码信号代替信息。

编码的意义：①区分各个信号；②辨认和指示与功能相关的信号；③辨认显示画面中的有关信息（尤其是关键信息）。

1. 信号编码的基本方法

（1）尺寸编码法。用绝对尺寸进行区分，被使用的尺寸应不多于三种。

（2）外形编码法。用装置的近似外形进行区分，外形的数目应受到限制。

（3）颜色编码。用于编码的颜色数目必须保持最少，以便提供必需的信息。颜色数目少于 8 种是较好的，不得多于 12 种，包括黑色和白色。颜色编码应遵循下列规则：①应以冗余（辅以其他编码）的方式使用颜色，以适应照明条件的变化和有色觉缺陷者使用显示器；②颜色的选择应允许所有使用者在各种使用条件下都能区分开每种颜色；③选用的颜色应与底色或相邻颜色间具有适当的对比度；④给每种颜色规定的含义应始终如一，不论是用于显示仪表、屏幕显示、控制器还是报警显示及其符号，均必须保持一致；⑤对于屏幕显示器，背景颜色应是纯正的，而且没有噪声干扰；⑥屏幕显示格式中的固定部分所使用的颜色数目必须限于从规定的 8 种颜色中取 4 种；⑦白色只用于正常范围内的变量数据；⑧对于增强编码有 4 种颜色就够了，而且必须一致地使用这 4 种颜色。在选择颜色编码时，应考虑颜色含义方面的公认惯例、与现有设备的协调，以及工业标准的规定。

（4）音响编码法。以音响的频率编码是许可的，但使用的不同频率信号应不多于 3 种。

（5）强度编码法。强度编码应不用于音响编码中，也不用于目视显示器上。

（6）信息编码法。①显示器的编码应易于理解和消化，所应用的编码必须有助于信息从生产过程向使用者传递，不应要求使用者转译信息；②编码的最重要因素是增强识别能力；③必须避免纯粹抽象的编码，如物项与数据的随意结合，因为难于记忆和使用。

（7）位置编码（结构编码）法。除用指针、字母、字母组或符号传输信息外，将信息置于不变的相对位置能增强所期望的寓意。例如，显示器、控制器的成组布置；显示器、控制器布置中的位置相应性；听觉信号的位置安排等。

（8）文字编码法。①文字编码是指利用数字、字母和文字作为代码的信息编码；②文字编码的主要用途是形成缩写，用于显示和控制系统时，应制定一个严密的简写词和缩写词的词汇表；③可以标牌或标记的形式标明面板（屏）上控制器、显示器的功能。

（9）增强编码法。增强编码法可用来加强被传输的数据，可利用的技术包括屏幕显示器上的负像显像和 3～5Hz 闪烁，以及各类显示器上的符号大小与字体亮度。

2．显示器和控制器编码的一般原则

在 GB/T 4025/IEC 60073《人机界面标志标识的基本和安全规则 指示器和操作器件的编码原则》中，对视觉、听觉和触觉信号的编码及应用做了具体规定。其主要目的为：①通过对设备或过程的可靠监视和控制，提高对人身、资产和/或环境的安全性；②便于对设备或过程进行正确的监视、控制和维护；③便于对控制状态和控制器的位置进行快速识别。一般应用于：从一些简单的事例（情况），如单一的指示灯、按钮、机械指示器、发光二极管或图像显示屏，直到用来控制设备或过程的、由多种装置组成的控制站；涉及人身、资产和/或环境安全的场合，以及为便于设备的正确监视和控制，而使用上述代码的场合；需使用某种特定编码的场合，这种编码是为某一特殊功能而由标准化部门赋予的。

建议：①在系统设计的初期，就确定编码原则。②在整个系统内，编码体系应一致。显示器和相关的控制器所使用的编码形式应完全一致。这个原则适用于位置、信息、颜色和亮度编码。③鉴于各类编码方法的相对优点，在设计中必须确定一种实际应用的编码方法。④编码方法应与国内其他同类工厂和培训模拟器的编码方法一致。⑤某种代码的选择取决于作业人员的任务和相关工作条件。⑥使用一种或多种表 8-1 给出的编码方法，所选择代码的含义应明确无误，还应在特定的设备和/或工厂的相应文件中做出解释。

表 8-1 编码的方法（IEC 60073）

方法		特性
视觉代码	颜色	色调、饱和度、视亮度、对比度
	形状	图形（字母数字、几何形状、图形符号、线条）、形态（字体、大小、线宽）、图素（线型、阴影、网点）
	位置	定位（绝对的、相对的）、取向（有或无参考系）
	时间	随时间变化（闪烁）的：亮度、颜色、形状、位置
听觉代码	声音类型	音调、噪声、语言
	纯音	所选择的频率
	时间	声频成分随时间的变化、音量随时间的变化、总持续时间的变化
触觉代码	形状	形态、表面粗糙度
	力	幅度
	振动	振幅、频率
	位置	定位（绝对的、相对的）、取向（有或无参考系）
	时间	力随时间的变化、振动随时间的变化

8.3.2 视觉代码

1．颜色编码

1）编码原则

（1）一般原则。①对某些特定的颜色给出了特定的含义（见表 8-2），这些颜色应易于从底色和其他给定色中辨认和识别出来。某些颜色应留给安全专用。②为了清晰明了，在给定应用

中所用的颜色的数目应尽可能保持最少。③为了清晰明了，IEC 60073 中所涉及的显示器和控制器只包含下列颜色：红色、黄色、绿色、蓝色、黑色、灰色、白色。④除以色调作为基本的颜色编码外，也可用饱和度、视亮度或对比度来表达某种颜色的更多的扩充信息。⑤当颜色是唯一的编码方法时，显示器和控制器在规定的工作条件下和预期的寿命内，其特定颜色的配置数不应超出所建议的范围。

（2）颜色编码的运用原则。①颜色和各要素随时间的变化（闪烁），是吸引注意力的最有效的视觉方式。为此，这些代码应具有一致的含义；优先使用颜色，为引起注意而使用闪光。②当可能使用有色觉缺陷的操作人员时，建议不把颜色作为唯一的编码方法。③当颜色代表的含义涉及人身或环境安全时，应辅以其他代码。④如果某种工作条件不允许使用有规定含义的颜色，则应提供可替代的代码。⑤使用安全色的场所，照明光源应接近天然色光，安全色不能用有色的光源照明。

（3）颜色的选择。颜色编码的含义——总则见表 8-2。①如果将同一信息源的若干个并联的显示器安装在不同的地方可有不同的含义，则这些显示器可能使用不同的颜色。②如果对操作者不会引起混淆，白色可用气体放电灯和黄色发光二极管（LED）来显示。③在同一时间、同一工作场所使用 LED 显示白、黄、绿中至少两种颜色时，应特别注意避免引起混淆。④显示器所显示的颜色，应根据其所传递的信息进行选择。应根据下列监视要求的先后次序来确定颜色的含义：人身或环境安全；过程状况；设备状态。⑤应按照表 8-2～表 8-9 所给出的含义，根据上述要求之一来选择颜色编码，在不致引起这些表中含义之间发生混淆的情况下，可明确地做出决定。

表 8-2　颜色编码的含义——总则（IEC 60073）

颜　色	含　义		
	人身或环境的安全	过 程 状 况	设 备 状 态
红色	危险	紧急	故障
黄色	警告/注意	异常	异常
绿色	安全	正常	正常
蓝色	指令性含义		
白色、灰色、黑色	未赋予具体含义		

（4）视频显示器屏幕上的颜色。①用来传递信息的颜色应遵循上述颜色编码一般原则和表 8-2 的规定。②信息的颜色与相邻颜色和显示屏背景色应有足够的对比度。③在一套显示器内，赋予每种颜色的含义应一致，也应与其他相关仪表、控制器及报警显示器一致。④与安全相关的含义，其颜色应当明亮、饱和、对比度大。⑤对次要的信息，颜色可以暗淡些，饱和度也可小些。

2）*颜色编码工程应用示例*

（1）安全色的含义及用途见表 8-3。

表 8-3　安全色的含义及用途（GB 2893）

颜　色	含　义	用　途
红色	禁止 停止	①禁止标志；②停止信号：机器、车辆上的紧急停止手柄或按钮，以及禁止人们触动的部位
	红色也表示防火	

续表

颜　色	含　义	用　途
蓝色	指令必须遵守的规定	指令标志：如必须佩戴个人防护用具，道路上指引车辆和行人行驶方向的指令
黄色	警告/注意	①警告标志；②警戒标志：如厂内危险机器和坑池边周围的警戒线；③行车道中线；④安全帽
绿色	提示；通行安全状态	①提示标志；②车间内的安全通道；③行人和车辆通行标志；④消防设备和其他安全防护设备的位置

注：① 蓝色只有与几何图形同时使用时才表示指令。

② 为了不与道路两旁绿色行道树相混淆，道路上的提示标志用蓝色。

（2）安全色的对比色是使安全色更加醒目的反衬色。但是，对于红色的紧急—停止控制器，对比色可用黄色（见表8-4）。

表8-4　安全色的对比色（GB 2893）

安　全　色	红色	蓝色	黄色	绿色
相应的对比色	白色	白色	黑色	白色

注：黑、白色互为对比色。

（3）安全色光是表达安全信息含义的色光（带有颜色的光线），是为防止灾害和事故所使用的色光。共有红、黄、绿、蓝四种色光，白色光为辅助色光（见表8-5）。

表8-5　安全色光的含义及用途（GB/T 14778）

颜　色	含　义	用　途
红色光	禁止；停止 危险 紧急 防火	①危险区禁止入内标志的色光；②一般信号灯停止的色光；③施工中的红色标志灯的色光；④一般车辆尾灯的色光；⑤指示紧急停止按钮所在位置的色光；⑥通报紧急事态及求救时用的发光信号的色光；⑦表示消防栓、灭火器、火警警报设备及其他消防用具所在位置的色光
黄色光	表示注意事项	一般信号的“注意”色光
绿色光	安全；通行 救护	①一般信号的“通行”色光；②表示急救箱、担架、救护所、急救车等位置标志的色光；③避险处所悬挂的标志灯的色光
蓝色光	表示引导事项	表示停车场的方向及所在位置的色光
白色光	指示方向和所到之处	用白色光标志的文字、箭头以达到“指引”的目的

注：不适用于航空、航海、内河航运所用的色光。

（4）电工成套装置中的导线颜色。GB/T 2681是电工成套装置中用来标志电路，或依电路去选择导线颜色的统一规定。依导线颜色标志电路时，各颜色导线的用途见表8-6。

表8-6　电工成套装置中各颜色导线的用途（GB/T 2681）

颜　色	用　途
黑色	装置和设备的内部布线
棕色	直流电路的正极
红色	三相电路C相；半导体三极管的集电极；半导体二极管、整流二极管或晶闸管的阴极
黄色	三相电路A相；半导体三极管的基极；晶闸管和双向晶闸管的控制极
绿色	三相电路B相

续表

颜　色	用　途
蓝色	直流电路的负极；半导体三极管的发射极；半导体二极管、整流二极管或晶闸管的阳极
淡蓝色	三相电路的零线或中性线；直流电路的接地中线
白色	双向晶闸管的主电极；无指定用色的半导体电路
黄和绿双色	安全用的接地线（每种色宽 15～100mm 交替贴接）
红色、黑色并行	用双芯导线或双根绞线连接的交流电路

（5）电工成套装置中的指示灯和按钮的颜色见表 8-7 和表 8-8。依按钮被操作（按压）后所引起的功能，或指示灯被接通（发光）后所反映的信息来选色。

表 8-7　指示灯的颜色及其含义（GB/T 2682）

颜　色	含　义	说　明	用　途
红	危险或告急	有危险或须立即采取行动	①润滑系统失压；②温度已超（安全）极限；③因保护器件动作而停机；④有触及带电或运动的部件的危险
黄	注意	情况有变化，或即将发生变化	①温度（或压力）异常；②仅能承受允许的短时过载
绿色	安全	正常或允许进行	①冷却通风正常；②自动控制系统运行正常；③机器准备启动
蓝色	按需要指定用意	除红、黄、绿色之外的任何指定用意	①遥控指示；②选择开关在设定位置
白色	无特定用意	任何用意	例如，不能确切地用红、黄、绿三色时，以及用作“执行”时

表 8-8　按钮的颜色、含义及用途（GB/T 2682）

颜　色	含　义	用　途
红色	处理事故	①紧急停机；②扑灭燃烧
	停止或断电	①正常停机；②停止一台或多台电动机；③装置的局部停机；④切断一个开关；⑤带有停止或断电功能的复位
黄色	参与	①防止意外情况；②参与抑制反常的状态；③避免不需要的变化（事故）
绿色	启动或通电	①正常启动；②启动一台或多台电动机；③装置的局部启动；④接通一个开关装置（投入运行）
蓝色	上列颜色未包含的任何指定用意	凡红、黄和绿色未包含的用意，皆可采用蓝色
黑色、灰色、白色	无特定用意	除单功能的停止或断电按钮外的任何功能

（6）间隔条纹（等宽、倾斜 45°）构成的安全标志是常用的、较为醒目的标志。间隔条纹标示的颜色和含义见表 8-9。

表 8-9　间隔条纹标示的颜色和含义（GB 2893）

标　志				
颜　色	黄色与黑色	红色与白色	蓝色与白色	绿色与白色
含　义	指示危险位置	指示禁止或消防设备位置	指示指令	指示安全环境

2．形状和位置编码

形状编码指利用几何形状特征作为代码的信息编码。例如，用“→”指示方向，用“×”指示禁止，用“!”指示危险等。①形状和/或位置的视觉编码可用于下列情况：作为主代码；作为所使用主代码的辅助代码。例如，形状编码是对颜色编码的补充，它可以避免由于人的色觉缺陷引起的失误。②对特定形状所赋予的含义见表 8-10。③位置编码主要适用于过程状况或设备状态的指示（见 GB/T 4205）。④建议使用图形符号（按照 IEC 27、GB/T 5465、GB/T 4728 或 GB/T 16273.1），补充标识有关设备的状态。⑤在形状是唯一编码方法的地方，图形的大小及其与背景的对比度，应充分满足所规定的使用情况。

表 8-10　形状编码的含义——总则（IEC 60073）

形　状	含　义		
	人身或环境的安全	过 程 状 况②	设 备 状 态②
⬡①	危险	紧急	故障
△①	警告/注意	异常	异常
□▭▯①	安全	正常	正常
○	指令性含义		
□▭▯	未赋予具体含义		

注：①仅对与安全有关的情况使用醒目的形状边框。

②过程状况或设备状态应当按照 GB/T 5465、GB/T 4728 和 ISO 7000 中的符号进行编码。

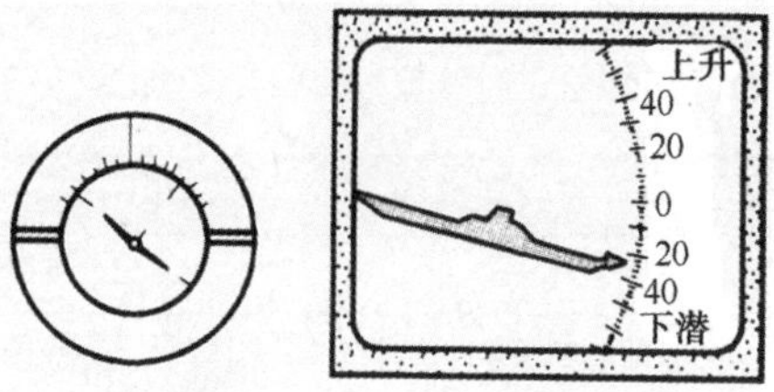

（a）飞机状态仪表　（b）潜艇升降仪表

图 8-18　形象化的形状编码

可采用形象化的图案作为特定显示对象的形状编码。如图 8-18 所示，图 8-18（a）所示为飞机状态仪表，由一形状似飞机的图标显示飞机的飞行姿态；图 8-18（b）所示为潜艇升降仪表。

3．随时间变化的特性的编码

1）一般要求

稳定光用于表示稳定的信息。为吸引注意力，尤其为进一步强调信息，可以使用改变信息特性的方法，如用于下述用途：①要求采取紧急动作；②指示相关设备的命令状态（或指示状态）和实际状态之间的差异；③指示状态的变化（在状态过渡期间内闪光），例如，一个闪光信号由操作者认可后，则变成稳定光。

2）闪光频率的视觉特性

（1）可辨别两种闪烁频率 f_1 和 f_2，最优先的信息应选用高闪光频率（如 f_2：给出报警信号；f_1：明确报警的原因）。

（2）闪光频率的允许范围如下：① f_1 为慢的闪烁频率，f_1=0.4～0.8Hz（每分钟闪动 24～48 次）；② f_2 为正常的闪烁频率，f_2=1.4～2.8Hz（每分钟闪动 84～168 次）。

（3）在仅使用一个闪光频率的地方，应使用 f_2。

（4）对于一个给定的应用场合，闪光频率 $f_1 : f_2$ 的比值应是不变的，至少应为 1 : 2.5，但不超过 1 : 5，推荐比值为 1 : 4（如频率是 0.5Hz 和 2Hz）。

（5）推荐的脉冲与间歇之比大约为 1 : 1，即发光时间约等于不发光时间。对 f_1 而言，发光时间可能长于不发光时间；而对 f_2，发光时间可能短于不发光时间。但是，对 f_1，“脉冲 : 间歇”之比不得超过 2 : 1；对 f_2，“脉冲 : 间歇”之比不得超过 1 : 2。

注意：对于闪光的文本信息串，推荐使用背景闪光，以代替文本串本身闪光，如果不可能实现，推荐使用发光时间等于不发光时间的 2 倍。

8.3.3 听觉和触觉代码

1. 听觉代码

（1）下列情况可使用听觉代码：①有必要吸引作业人员的注意力；②被编码的是简短的、简单的、瞬间的信息；③所表达的信息要求即时或基于时间的响应；④视觉代码的应用受限；⑤危急情况，有必要使用附加或冗余信息。

（2）听觉信号的运用。①听觉信号包括纯（单）音或复合音、噪声或语音信息，听觉信号可以指示危险情况的开始和持续时间或危险即将来临的警告。②对处于预定的接收区或预期环境噪声条件下的人员，听觉信号应是听得见和易于辨别的。各听觉信号应与紧急撤离信号有明显的区别（GB/T 12800）。③不同的听觉信号应有明显的区别。④应考虑有听力障碍的人员和因佩戴护耳器及耳机使听力受限的情况。⑤信息编码中听觉代码含义的总则见表 8-11。⑥为了防止操作者承受过多的声音信号，要求在设定的应用场所中，限制不同声音的数目，以达到最少的使用量。⑦连续声代码只应用于某些受严格限制的情况（如在从危险或异常状态向安全状态转变的过程中）。⑧对于正常安全状态，不使用声音（无声）。听觉信号的应用示例见表 8-12。

表 8-11　听觉代码的含义——总则（IEC 60073）

代　码	含　义		
	人身或环境的安全	过 程 状 况	设 备 状 态
扫频声；短促脉冲声	危险	紧急	故障
恒定音调的断续声	警告/注意	异常	异常
恒定声级的连续声	安全	正常	正常
交变的声音	指令性含义		
其他声音	未赋予具体含义		

表 8-12　听觉信号（GB 18209.1）

信 息 分 类	声 音 信 号
危险 用于救援或警戒的紧急行动	可用特性： ● 扫频声； ● 猝发声； ● 交变的音调，用于必须遵守或优先采取的动作（两个或三个频程）
注意 必要时用作按指示采取行动的警告	固定音调片段图，最短的至少 0.3s，瞬时图中最大的两个不同片段长度最好第一个长。当所有的片段相等时，重复频率至少为 0.4Hz
警报解除；安全	连续声，固定音调至少持续 30s
有线广播；通知信息	双音谐音，高低不循环（随后有通知或电文）

2. 触觉代码

触觉代码为通过触觉向操作者传递信息的代码，仅在有限的情况下使用，例如，对设备运行期间的危险情况加以注意。

在操作者按规定方法操作仪器/设备时，触觉信号应是易于辨别的；触觉代码是供熟练/受过训练的人员使用的；如果在操作器和人体一部分之间能保持直接和持续的接触，则对给定的信息可以仅使用触觉代码。

表 8-13 给出了信息的触觉代码的含义——总则。

表 8-13　触觉代码的含义——总则（IEC 60073）

代　码		含　义		
振动或力	位　置	人身或环境的安全	过 程 状 况	设 备 状 态
高	未赋予代码	危险	紧急	未赋予含义
中		警告/注意	异常	
低		安全	正常	
未赋予代码		指令性含义		

注：① 用连续的振动可表示与安全的相关程度，或可根据听觉代码（见表 8-11）对振动进行编码，以提供特定含义，如危险、注意或安全。

② 可以用其他触觉代码代替振动或力。

（1）形状编码。将不同用途的操作器设计成不同形状（见 6.1.3 节）。如能使操作器的形状与功能相联系则更好，例如，飞机的起落架操作器像轮子，副翼操作器像机翼，在紧急情况下，可减少因摸错操作器而造成飞行事故的可能性。对形状编码的要求为：①形状尽可能反映功能要求；②操作者容易用触觉进行区分；③使用起来方便易行。

（2）大小（尺寸）编码。如对圆形旋钮做尺寸大小的相对辨认，大旋钮比小旋钮的直径至少应大 20%。操作器的大小编码数一般不超过三个。紧急操作器宜单独采用一种尺寸编码。

（3）表面质地编码。以不同的表面质地对操作器进行编码，在触摸时，可产生不同的手感。人通过触觉反馈，能辨认光滑、齿边、滚花、凸槽、凸棱等表面质地。操作器表面不宜反光，以免干扰视觉作业；也不宜太光滑，以免操作时手打滑。

（4）操作方式编码。通过不同的操作方式和阻力大小等方面的变化进行编码，通过手感和运动觉的差异进行识别。例如，通过按压、旋转、推拉、滑移等不同方式操纵操作器。它不宜用于时间紧迫或准确性高的场合。

8.3.4　应用要求和示例

在 GB/T 4025/IEC 60073《人机界面标志标识的基本和安全规则　指示器和操作器件的编码原则》中规定了在工程中综合应用上述编码原则的方法和注意事项，给出了显示模式、操作模式代码的含义，以及某试验站显示操作系统中全面应用视觉代码、听觉代码和触觉代码的示例。

1. 显示模式

对于给定的信息，可用下述模式：①报警，引起操作人员注意或指示其应该完成某项工作；

②指示，提供状态信息；③确认，确认指令或指令所引发的结果，或确认变化或过渡期的终止。

表 8-14 所示为有关人身、财产和/或环境方面安全的指示代码的含义。

表 8-14　有关人身、财产和/或环境方面安全的指示代码的含义（IEC 60073）

1	2	3	4	5	6	7	8	9	10
代码									
含义	视觉		声音	触觉		说明	下列人员的操作		应用示例
	颜色	形状		振动、力	位置		操作人员	其他人员	
危险	红色	⬡	扫频声、短促脉冲声	高	未赋予代码	危险状态或紧急指令	立即对危险状态进行处理	撤离或停止	禁止进入
注意/警告	黄色	△	恒定音调的断续声	中		—异常 —故障状态 —长期或短期的 —危险（如接近危险区域）	采取措施防止危险情况发生	撤离或限制接近	限制接近
安全	绿色	□ ▯ ▭	恒定音调的连续声	低		—指示安全状况 —安全运行 —道路畅通	无须采取具体动作	无须采取具体动作	撤离路径
指令性	蓝色	○	交变的声音	未赋予代码		表示需要采取指令性动作	指令性动作	指令性动作	指令性路径
无具体含义	白色 灰色 黑色	□ ▯ ▭	其他声音			一般信息	无须采取具体动作	无须采取具体动作	路径说明

注：其他人员指在工厂或操作现场附近的人员，但不是操作人员。

有关过程状况方面的显示代码的含义和有关设备状态方面的显示代码的含义及相关应用要求详见 IEC 60073。

2．操作模式

对给出的手动指令，操作器可使用下述操作模式：①报警，引起操作人员注意某种情况，如危险；②干预，手动发出指令，以操作设备或干预过程；③确认，确认报警信号或某个给出的信息（例如，当一个闪光信号被认可时，它就变成稳定光信号）。

操作代码的含义见操作器代码的一般含义及相关应用要求，详见 IEC 60073。

Chapter 9

第 9 章 软件的人机工程设计

9.1 软件设计的心理因素

9.1.1 概述

计算机的普及应用有赖于软件的发展，其中重要的一面是它把计算机技术“傻瓜化”了，使深奥复杂的计算机（工具）变得易于使用和控制。这是由于广大设计者在面向用户思想指导下，对软件进行了“人机工程学”设计的结果。

“人机工程学”设计的实质是以人为中心的设计，使设计的产品符合人的生理、心理特点，易于掌握和使用维护。对软件产品而言，易于学习、便于使用、出错率低和用户满意度是最要紧的，如果用户不能迅速取得成功，就会对使用高科技的计算机产生焦躁、忧虑和害怕等情绪，从而失去信心，他们将放弃使用计算机或试用与之竞争的软件包。

人—计算机软件界面主要包括两个方面：人机交互界面、软件维护界面。软件的设计者应认真研究和分析人的特性和使用需求，在程序、文档、维护性和人机交互界面的设计中，将“人机工程学”原则与软件特点相结合，这样才能设计出符合人的生理、心理特点的高效的、“令人满意”的软件系统。

人使用计算机的过程是一种人机交互（human-computer interaction）的过程，交互的功能和效率取决于软件的设计，与软件设计相关的人的因素包括：人的反应速度，习惯，逻辑思维方式，记忆容量和短时记忆的限度，由心理负荷引起的心理疲劳，人的情绪，人因失误，人的学习能力、工作水平与经验等。

软件心理学的作用是，在照顾机器效率、软件规模及硬件限制的条件下，着重考虑人工的方面，如便于使用、易于学习、提高可靠性、减小差错率、使用户更满意等。软件工程是高强度的人工脑力劳动。

9.1.2 程序结构的心理因素

（1）层次结构的意义：层次结构符合人的逻辑思维规律，它结构清晰，可理解性好，从而使可靠性、可维护性和可读性都得到提高。

（2）模块化结构的意义：模块化把一个复杂的任务断开成几个较小与较简单的子任务。模块化可降低软件的复杂性，使程序易于为人理解和处理，使软件的设计、测试、维护等操作变得简易，并可提高软件的可靠性、可扩充性和可管理性。

（3）面向对象方法的意义：面向对象的软件技术以对象（Object）为核心，用这种技术开发出的软件系统由对象组成。它模拟人类习惯的思维方式，使开发软件的方法与过程尽可能接近人类认识世界、解决问题的方法与过程。设计结果清晰、易读、易懂，易于扩充和修改，提高了软件系统的可维护性和可重用性。

9.1.3　程序语言的心理因素

编程语言设计的结果包含一些心理特性。虽然不能用定量的方法来测量这些特性，但在所有的编程语言中我们都能识别它们的表现。这些特性的主要表现如下。

1．心理上的混淆导致出错

（1）一致性：确定在一种语言中符号的用法是否一致，是否任意规定了限制，是否支持语法及语义的例外。例如，一个符号有多种用法，这就会引起不少难以觉察的错误。

（2）歧义性：编程语言的歧义性是程序员的主观理解。一个编译器对一个语句只有一种解释，但人却会对一个语句做出不同的解释。这里有心理上的混淆。例如，①当算术运算的优先次序不明显时，就会引起心理上的混淆。对于“X=X1/X2*X3”，可能解释为 X=(X1/X2)*X3，而另一个人却可能理解为 X=X1/(X2*X3)；②允许默认说明的标识符的非标准用法可能引起混淆；③缺乏一致性通常与心理上的混淆同时存在。

（3）紧凑性：用来表示为了用程序语言编写程序，人脑必须记忆的关于程序的信息量。信息量过大，增加运用的复杂性，易于混淆而出错。用来表示紧凑性的语言属性有：①该种语言是否便于构造逻辑“块”及结构化的程序；②有多少种关键字及缩写；③有多少数据类型及默认说明；④有多少算术运算符及逻辑运算符；⑤有多少内部函数。

2．记忆特性的影响

人的记忆特性对我们运用语言的方式有很大的影响。人的记忆力可以分为综合记忆力与顺序记忆力两类。综合记忆力把事物作为一个整体来记忆及识别。例如，我们一下就能认出某个人的脸，在认出之前我们并没有分别去辨认它的各个部分。顺序记忆力可帮助回想起在序列中的下一个元素。两种记忆特性都会影响叫作“局部性及线性”的程序语言特性。

（1）“局部性”是编程语言的综合特性。当语句可以组合成程序块、结构化构造可以直接实现，以及设计流图及编写的程序是高度模块化和内聚时，“局部性”就比较显著。

（2）“线性”是一种心理特性，它会影响软件的维护工作。也就是说，当遇到逻辑操作的线性序列时，人们将易于理解。很多的分支（以及在某种程度上，多个大循环）就违反了处理的线性。如果编程语言直接实现结构化的构造，则该语言就有较高的“线性”。

9.1.4　软件人机交互界面要求

将人机工程学原理和方法应用于人—计算机对话式系统的设计，可使系统功能大大扩展。

就系统性能看，在学习时间、运行速度、出错率和用户满意度等方面都得到了极大的改善。

对用户界面的基本要求是直观性和响应性，为用户提供通俗易懂的信息，帮助用户理解信息，并为用户使用信息提供指导；使用户精神集中于当前任务，并指导用户进入下一部分。

（1）直观性。①简明性。防止人的信息超载，提高工作效率。输出信息应简洁和易于理解；需输入的信息尽量简单，保持默认设置，减少击键频度和难度，最大限度地减少用户短时记忆和操作负担。②一致性。整个系统用统一的风格与用户对话；所有的命令语言有相同的结构，命令语言用词所代表的意义相同；应保证数据输入处理的一致性，数据输入与显示兼容。③完整性。用尽可能少的文字给出必需的信息，文字应切中主题。

（2）响应性。用户界面应对用户的所有输入都能立即做出响应。当用户输入后，等待计算机响应的时间是有限度的：正常的人机对话，系统延迟不要超过 2s；延迟为 2～4s，用于松散方式会话；延迟大于 4s 时，用户界面应提供等待信息及运行状态信息。

9.2 软件体系结构要求

软件的体系结构是指软件的总体组织，是指系统各部件之间的结构和关系，各部件又有它自身的体系结构。软件体系结构是设计过程中研究整体结构和描述方法的一个层次。

9.2.1 软件体系结构的层次化

1. 软件的层次结构

软件结构是软件元素（模块）间的关系表示，而软件元素间的关系是多种多样的，如调用关系、包含关系、从属关系和嵌套关系等。但不管是什么关系，都可以表示为层次结构。层次间由关系（接口）连接、受关系制约。

图 9-1 所示为软件结构的层次表示，图中每个方框代表一个模块，此图也可表达对软件结构的度量。①深度：表示软件结构中的控制层数。例如，图 9-1 所示是 5 层软件结构。深度往往能粗略地表示一个系统的大小和复杂程度，软件结构的深度和程序长度之间存在着某种对应关系。②宽度：表示软件内同一层次上的模块总数。一般来说，结构的宽度越大，则系统就越复杂。③扇出：扇出是由一个模块直接控制的其他模块数的一种度量。扇出过大，表示模块过分复杂，需要控制和协调的下级模块太多。扇出的上限一般为 5～9，平均一般为 3 或 4。④扇入：扇入表示有多少个上级模块直接控制一个给定的模块。扇入过大，意味着共享该模块的上级模块数目多，这有一定的益处，但是绝不能违背模块的独立性原则而片面追求高扇入。

2. 结构化设计

其特点是：①软件系统设计主要由概念（总体）设计和详细设计两部分组成，软件的概念设计是结构化设计（表现各模块之间的组成关系）；软件的详细设计是软件模块内的过程设计。②结构化设计方法适用于软件系统的概念设计，它是从整个程序的结构出发，突出程序模块的一种设计方法。这种方法用模块结构图来表达程序模块之间的关系。由于数据流程图和模块结构图之间有着一定的联系，结构化设计方法便可以和需求分析中采用的结构化分析方法（SA）很好地衔接。同时，它为软件结构质量的评价提供了一个指导原则。③使用结构化设计方法的关键是恰当地划分模块，采用试探方法处理好模块之间的联系问题，以逐步达到较好的设计效果。此外，这一方法还能和结构化程序设计（SP）相适应。因此，结构化设计方法得到了广泛应用，它尤其适用于变换型和事务型结构的数据处理系统。④系统（程序）结构图是采用结构化设计方法进行软件概要设计的重要手段，它是描述系统结构的主要工具。它能十分简明、清楚地表达模块之间的联系，表示模块间调用与控制的关系。⑤以模块为软件元素的层次结构是一种静态的层次结构，将系统自顶向下逐层分解、求精，通过对“问题”的逐步定义并转化为模块，就构成系统结构图。⑥这种层次结构的概念已成为各类软件结构的一种表示形式，并获得广泛应用。因为它结构清晰、可理解性好，从而使可靠性、可维护性和可读性都得到提高。

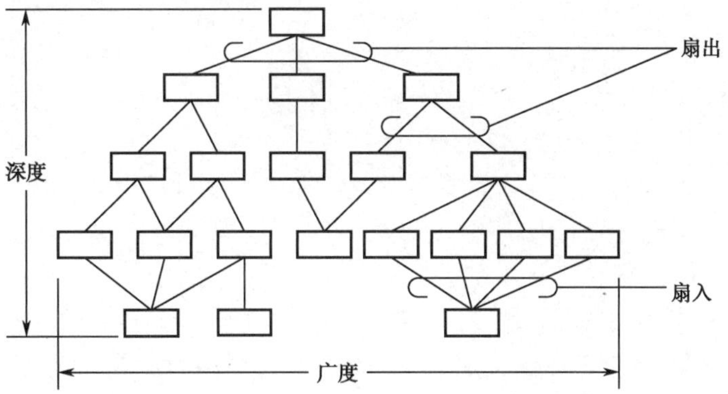

图 9-1　软件结构的层次表示

9.2.2　软件程序的模块化

模块化是软件开发的一种重要技巧，它是把系统或程序作为一组模块集合来开发的一种技术。其特点是把一个复杂的任务断开成几个较小与较简单的子任务，模块化是软件的重要属性，它使得一个程序易于为人理解、处理和维护。

（1）软件模块化的价值。软件模块化的价值在于可降低软件的复杂性，使软件的设计、测试、维护等操作变得简易，并提高软件的可靠性、可扩充性和可管理性。①便于软件设计：根据结构化的设计思想，将软件系统设计成由相对独立、单一功能的模块组成的结构。每一个模块可以独立地被理解、编码、测试、排错和修改，因而使复杂的软件设计工作得以简化。②便于软件测试：软件测试是保证软件质量的关键。软件测试是为了找出错误，并能发现未知错误。若不能及时查出和排除软件中潜在的错误和缺陷，会造成严重后果。据统计，系统测试的开支占整个软件开发阶段预算的 50%左右。通常，系统越大，错误越微妙，越难发现所怀疑的错误属于系统的哪一部分。在模块化软件系统中，软件被分解为较小的具有独立性的模块，而使测试首先局限于模块级（模块及它们之间的接口）。所以，模块化使得软件测试和调试变得容易。③提高软件的可维护性：软件的可维护性是指软件能够被理解、校正、修改和完善的容易程度。这就要求软件具有明显的层次，各段程序的功能和目标明确，软件结构的清晰度和可读性好；软件应能分解成若干个容易管理的部分，每一部分可以被单独加工，使维护工作变得简单；必须保证每部分的相对独立性，对系统 A 部分进行修改，不会在 B 部分引起意想不到的任何副作用。只有这样才能使可维护性的成本最小。也就是说，从可维修性出发，必须“强调模块概念及模块独立性的设计方法，否则软件的修改将是困难的，并且容易出错”。④建立公用（标准）程序库，实现程序共享：在应用软件中，有一些程序段具有较普遍的使用范围。将它们编写成适应面较广的标准（子）程序（标准模块），供编制应用软件时直接调用。由这些程序可构成一个庞大的标准程序库，可实现成果共享，提高应用软件编制和维护的质量及效率。⑤有助于提高软件的可靠性：模块的相对独立性能可有效防止错误在模块之间扩散蔓延，将错误的影响控制在最小的范围内，从而提高系统的可靠性和可维护性。⑥有助于提高软件的可扩充性：软件的变动往往只涉及少数几个模块，因此模块化使修改软件和扩充功能变得容易。⑦有助于软件工程的组织管理：模块化可使一个复杂的大型程序降低复杂性，程序可以由许多程序员分工编写，有助于简化软件设计、调试、维护等的组织管理工作。

（2）软件模块的独立性。有效的模块化可以通过定义一组“独立的”模块来实现。模块的独立性是通过制定具有单一功能，并且和其他模块没有过多联系的模块来实现的。即希望每个模块只涉及该软件要求的一个具体的子功能，而且与软件结构其他部分的接口是简单的。提高模块的独立性，可使软件的设计、调试、维护等过程变得简单和容易。独立性是用“内聚度”和“耦合度”这两个定性指标来度量的。

（3）模块的内聚度（模块强度）。内聚度从功能角度来度量模块间的联系，即度量一个模块完成一项功能的能力，所以又叫模块强度。内聚可以看作把模块的成分结合在一起的黏合剂。一个内聚的模块（理想情况下）只完成软件过程的一项单一的任务。模块的内聚度按其强弱可分为七种类型：偶然内聚、逻辑内聚、时间内聚、过程内聚、通信内聚、顺序内聚和功能内聚。顺序内聚指模块中一个成分的输出数据是下一个成分的输入数据，它由数据流图中相继（顺序）的部分组成。它与过程内聚的区别在于，前者强调的是数据的顺序，而过程内聚强调的是加工处理的先后。功能内聚包括了完成一个功能所必需的全部成分，或者说模块中所有成分结合起来是为了完成一项具体的任务，如“计算平方根”这样一个单项功能。功能内聚模块的优点是更易排错和维护，因为它们的功能是明确的，模块间的耦合是简单的。

上述七种内聚的内聚度依次增强。一般把前三者视为低内聚，后二者视为高内聚。设计模块时一般内聚度越大越好，但不能绝对化。提高模块内聚度是为了获得模块的透明性、可编程性，易于排错和维护。为了追求设计目标，如节省存储空间和处理时间，可以降低内聚度。在实践中，没有必要去确定精确的内聚度等级。反之，重要的是要力争高的内聚度并能够识别出低的内聚度，通过适当调整软件设计，得到更好的模块独立性。

（4）模块的耦合度（模块结合度）。耦合度是程序中模块之间相互依赖的量度。模块间的耦合方式从耦合的机制上可归纳成七类：内容耦合、公共耦合、外部耦合、控制耦合、标记耦合、数据耦合和非直接耦合。数据耦合指一个模块访问另一模块时，被访问模块的输入和输出都是数据项参数。非直接耦合指两个模块没有直接关系，它们之间的联系完全是通过主程序的控制和调用来实现的，独立性最强。

上述七种耦合，按耦合松紧程度依次减弱，这可为模块设计提供一种决策准则。在实际设计中，起初模块之间的耦合不只是一种类型，而是多种耦合类型的混合，这就要求设计者反复改进，以提高每个模块的独立性。原则上讲，希望模块之间表现为非直接耦合方式，但常常很难做到这一点。耦合类型的选择，必须依据实际情况，全面权衡，综合地进行考虑。

（5）高内聚和低耦合。①内聚与耦合是相互关联的。在系统中各模块的内聚越大，模块间的耦合将越小。也就是说，内聚度和耦合度要说明的是同一内容，即模块的独立性，它们是衡量这种独立性的两个不同方面。②在软件设计中，应该追求高内聚、低耦合的系统，在这样的系统中，可以研究、测试或维护任何一个模块，而不需要对系统的其他模块有很多了解。此外，由于模块间联系简单，发生在某处的错误传播到整个系统的可能性很小。因此，模块间的耦合程度强烈地影响着系统的可理解性、可测试性、可靠性和可维护性等性能。当然，在实际应用中，要做到所划分的模块都具有功能内聚，模块间的连接都为数据耦合是很困难的，只是要求尽可能地提高模块的内聚，减小模块的耦合。

9.2.3　软件模块的设计和评价

1．软件模块划分的方法

根据模块间的结合方式，可以把模块划分的方法分为以下两种。

（1）控制流结合的模块划分法：按功能调用关系（控制流）划分模块。它设有一个主模块，这个主模块通过调用关系将各处理模块组织起来，同时用参数等形式进行数据传递。控制流结合的模块划分法又分两种情况。①时间结合的功能调用划分法：被分解的模块只处理一种业务，具有时间执行顺序。因此，可以以时间为基础来考虑模块的划分。例如，将模块分解为“初始化”“处理”“结束”或“输入”“处理”“输出”形式的模块。②功能结合的功能调用划分法：这种情况下，被分解的模块通常要处理多种业务。因此，可以按业务类型（每一类业务执行某一个功能）来划分模块。例如，可以设置一个接受业务代码并检查其类型的调用模块，它根据不同的业务类型分别调用相应的下层模块。

（2）数据流结合的模块划分法：简单地说，它运用“黑箱”原理，逐次将问题进行功能分解。也就是说，按数据变换的阶段划分模块，其中每个模块都看成一个“黑箱”，对这个“黑箱”进行输入、输出及输入、输出间的变换的考察。根据考察的结果，又划分成若干更小的模块，然后将这些模块作为新的“黑箱”，再进行考察，最后细分到每个“黑箱”都能用简单程序实现为止。这种模块划分法在管理信息系统中用得很多，它常用来解决批处理系统的模块划分问题。

在实际工作中，上述划分方法是交替使用的，在这一层次采用这种划分方法，在另一层次又可能采用另一种划分方法。而选择这两种划分方法的主要参考原则包括：研究系统的主要输入、输出数据的结构，如果它们之间存在某种对应关系，则进行与该对应关系相符的控制流模块划分，这相当于功能结合的功能调用划分；如果主要的输入、输出数据之间没有明确的对应关系，则可引入中间数据，并通过这些中间数据进行数据流划分，以使输入、输出数据能逐次对应；如果从输入到输出，整个处理存在着明显的数据变换过程，那么可以考虑采用数据流划分。

2．实现软件模块化的有效途径

（1）评估程序结构的“第一次迭代”以降低耦合并提高内聚。为了增强模块独立性，可以对模块进行向外或向内的突破，一个向外突破后的模块变成最终程序结构中的两个或多个模块，一个向内突破的模块是组合两个或多个蕴含待处理产物的模块。

（2）合理安排模块的扇出和扇入。用高扇出使结构最小化；当深度增加时争取提高扇入；避免模块都“平铺”在单个控制模块下，而采用更合理的层次式控制分布，以及低层的高度实用性的模块。

（3）将模块的影响限制在模块的控制范围内。某一模块的控制范围是其所有从属及最终的子模块，它做出的决策应不影响其控制范围之外的其他模块。

（4）评估模块接口以降低复杂度和冗余，并提高一致性。模块接口太复杂是软件错误的首要原因，接口应该设计成可以简单地传递信息并且同模块的功能保持一致，接口不一致是低内聚的表现。

（5）定义功能可以预测的模块，但要避免过分限制的模块。当模块可以作为“黑箱”对待时就是可预测的，即同样的外部数据可以在不考虑内部处理细节的情况下生成。将处理限制在单个子函数中的模块体现出高内聚，但不宜任意限制局部数据结构大小、控制流内选项或外部接口模式。

（6）力争“受控入口”模块，避免“病态连接”。这条设计原则针对内容耦合提出警告，模块接口受到约束和控制时，软件易于理解，因而易于维护。病态连接是指指向模块中间的分支或引用。

（7）根据设计约束和可移植性需求，对软件进行打包。打包是指用来为特定处理环境组装软件的技术。设计约束有时要求程序在内存中“覆盖”自己，此时应根据重复的程度、访问的频率和调用的间隔将模块分组；此外，可选的或只用一次的模块可以从结构中分离出来，以便有效地覆盖它们。

3. 软件模块化设计的评价

（1）模块可分解性。如果一种设计方法提供了将问题分解成子问题的系统化机制，它就能降低整个系统的复杂性，从而实现一种有效的模块化解决方案。

（2）模块可组装性。如果一种设计方法使现存的（可复用的）设计构件能被组装成新系统，它就能提供一种不必一切从头开始的模块化解决方案。

（3）模块可理解性。如果一个模块可以作为一个独立的单位（不用参考其他模块）被理解，那么它就易于构造和修改。

（4）模块连续性。如果对系统需求的微小修改只导致对单个模块而不是整个系统的修改，则修改引起的副作用就会被最小化。

（5）模块保护。如果模块内出现异常情况，并且它的影响限制在模块内部，则错误引起的副作用就会被最小化。

9.2.4 软件系统的面向对象设计方法

面向对象的软件技术以对象为核心，用这种技术开发出的软件系统由对象组成。把现实世界的实体抽象为对象，它是由描述内部状态表示静态属性的数据，以及可以对这些数据施加的操作（表示对象的动态行为）封装在一起所构成的统一体。对象之间通过传递信息互相联系，以模拟现实世界中不同事物彼此之间的联系。对象是不固定的，由所要解决的问题决定。

1. 面向对象设计的准则

面向对象设计技术最充分地发挥了模块化设计的优势，其主要特点如下。

（1）模块化：在面向对象方法中，对象是最基本的模块。它是把数据结构和操作实现数据的方法紧密结合在一起所构成的模块。

（2）抽象：抽象是对某一问题的概括，抽取本质的内容而忽略非本质的内容。面向对象方法不仅支持过程抽象，而且支持数据抽象。

（3）信息隐蔽：使对象的私有信息尽可能少地在接口处暴露，隐蔽通过对象的封装实现。

（4）弱耦合：主要指不同对象之间相互关联的紧密程度。①交互耦合：对象之间的耦合通过消息连接来实现。为使交互耦合尽可能松散，应遵循下述原则：尽量降低消息中包含的参数的个数，降低参数的复杂程度；减少对象发送（或接收）的消息数。②继承耦合：与交互耦合相反，应该提高继承耦合程度。应使子类尽可能多地继承并使用其父类的属性和服务，使其更紧密地耦合到其父类。

（5）强内聚：设计时应该力求做到高内聚，在面向对象设计中存在下述三种内聚。①服务内聚：一个服务应该完成一个且仅完成一个功能。②类内聚：一个类应该只有一个用途，它的属性和服务应该是高内聚的。如果某个类有多个用途，通常应该把它分解成多个专用的类。③一般—特殊内聚：这种结构应该是对相应的领域知识的正确抽取。一般来说，紧密的继承耦合与高度的一般—特殊内聚是一致的。

（6）可重用：软件重用是提高软件开发、维护效率和质量的重要途径。重用有两方面的含义：①尽量使用已有的类（包括开发环境提供的类库，以及以往开发类似系统时创建的类）；②如果确实需要创建新类，在设计新类协议时，应考虑将来的可重复使用性。

2. 面向对象方法的主要优点

（1）与人类习惯的思维方法一致。面向对象的设计方法与传统的面向过程的方法有本质不同，它尽可能模拟人类习惯的思维方式，使开发软件的方法与过程尽可能接近人类认识世界解决问题的方法与过程，把描述事物静态属性的数据结构和表示事物动态行为的操作放在一起构成一个整体，完整、自然地表示客观世界中的实体。面向对象方法可以先设计出由抽象类构成的系统框架，随着认识深入和具体化再逐步派生出更具体的派生类。这样的开发过程符合人们认识客观世界解决复杂问题时逐步深化的渐进过程。

（2）稳定性好。传统的软件开发过程基于功能分析和功能分解，当功能（用户需求）发生变化时将引起软件结构的整体修改。面向对象的软件结构是根据问题领域的模型建立起来的，而不是基于对系统应完成的功能的分解，所以，当对系统的功能需求变化时并不会引起软件结构的整体变化，往往仅需要做一些局部性的修改。由于现实世界中的实体是相对稳定的，因此，以对象为中心构造的软件系统也是比较稳定的。

（3）可重用性好。对象所固有的封装性和信息隐藏等机理，使得对象内部的实现与外界隔离，具有较强的独立性。因此，对象类提供了比较理想的模块化机制和可重用的软件成分。继承性机制使得子类不仅可以重用其父类的数据结构和程序代码，而且可以在父类代码的基础上方便地修改和扩充，这种修改并不影响对原有类的使用。

（4）可维护性好。面向对象软件的可维护性好，是由于：①稳定性比较好。当对软件的功能或性能的要求发生变化时，通常不会引起软件的整体变化，所需做的改动较小且限于局部，比较容易维护。②比较容易修改。作为对象的“类”是理想的模块机制，它的独立性好，修改一个类通常很少会牵扯到其他类。如果仅修改一个类的内部而不修改其对外接口，则可以完全不影响软件的其他部分；它特有的继承机制，使得对软件的修改和扩充比较容易实现，通常只须从已有类派生出一些新类，无须修改软件原有成分。③比较容易理解。在维护已有软件时，首先需要对原有软件与此次修改有关的部分有深入理解。面向对象的软件技术符合人们习惯的思维方式，软件结构与问题空间的结构基本一致，软件系统比较容易理解。并且派生新类时通常不需要详细了解基类中操作的实现算法，使了解原有系统的工作量可以大幅下降。④易于测试和调试。测试和调试是影响软件可维护性的一个重要因素。对面向对象的软件进行维护，主要通过从已有类派生出一些新类来实现，维护后的测试和调试工作也主要围绕这些新派生出来的类进行。类是独立性很强的模块，对类的测试通常比较容易实现，如果发现错误也往往集中在类的内部，比较容易调试。

（5）面向对象技术的优点并不是减少了开发时间，相反，初次使用这种技术开发软件，可能比用传统方法所需时间还稍微长一点。但这样做换来的好处是，提高了目标系统的可重用性，减少了生命周期后续阶段的工作量和可能犯的错误，提高了软件的可维护性。

9.2.5 系统软件资源要求

系统软件资源是软件系统的策划者在系统开发之初就规划好的，是软件系统产品交付用户（或售后服务部门）使用时应提供的信息；也是用户在接受软件产品时的主要验收项目。

1. 完整和正确的系统软件资源

拥有完整和正确的系统软件对系统运行和维护是至关重要的，否则系统的运行和维护将失去依据。

（1）软件资源的完整性。系统软件资源应包括维护所需的可支援软件生存周期全过程的软件系统（一般由环境数据库、接口软件和工具组构成）和相应的文档。①环境数据库：是软件开发环境的核心，开发人员通过环境数据库存储数据并相互交流信息。环境数据库中存储两类数据信息，一类是关于被开发的系统信息，如过程描述和模型说明、数据库设计、界面和报告设计及控制逻辑等；另一类是关于系统开发过程的信息，如任务计划、文档及文档模板、配置情况及项目管理注释等。环境数据库的意义在于集中的信息管理，使数据的完整性、一致性及安全性易于实现。②各类接口软件：包括系统与用户的接口、子系统和子系统之间的接口。开发环境要求所有的接口都具有统一性。例如，为了实现用户和各种系统的通信，要求有统一的调用方式。交互式的人机界面是高质量软件开发环境的重要标志。③各类软件工具：包括语言工具，分析、设计、测试工具，配置管理工具等。④当要开发一个计算机控制系统（集成特定的硬件及软件）时，系统软件资源还应包括由其他工程小组开发的软件成分。例如，在某一类机械工具上使用的数控（NC）软件，办公自动化中的自动排版软件等。⑤完整的用户文档：用户文档是指软件开发人员为用户了解软件的功能、性能、使用、操作和维护所提供的详细资料。一项软件的用户文档的种类由供应者与用户之间签订的合同规定。

（2）软件资源的正确性。①尽量减少程序错误：软件故障归因于程序错误，诸如无效的输出结果、缺乏数据编辑检验、性能差、违反程序设计标准等，程序错误会增加改正性维护的工作量。②软件文档正确无误：对可执行软件的修改应反映在用户文档上，设计文档如不能正确地反映软件的当前状态，就没有任何价值，甚至可能比完全没有文档的情况更糟。③复审：在软件开发的每一阶段和维护中的每一次修改，都应进行复审。每次复审都应审查软件的可维护性。④认真进行软件移交和用户验收：验收内容应包括文档验收、程序验收、演示、验收测试与测试结果评审等几项工作。

2. 可复用软件资源

如果没有对可复用性的认识，任何关于软件资源的讨论都将是不完整的，可复用性是指软件构件的创建及复用。这类软件构件必须被分类，才能方便查找；被标准化，才能方便应用；被确认，才能方便集成。

可复用软件资源的分类如下。

（1）可直接使用的构件：已有的，能够从第三方厂商获得或已经在以前的项目中开发过的软件，这些构件已经经过验证及确认，且可以直接用在当前的项目中。

（2）具有完全经验的构件：以前类似于当前要开发的项目建立的规约、设计、代码或测试数据。当前软件项目组的成员在这些构件所代表的应用领域中具有丰富的经验。因此，对于这类构件进行所需的修改其风险相对较小。

（3）具有部分经验的构件：以前建立的构件与当前要开发的项目相关，但需做实质上的修改。当前软件项目组的成员在这些构件所代表的应用领域中仅有有限的经验，因此，对于这类构件进行所需的修改会有相当程度的风险。

（4）新构件：软件项目组为满足当前项目的特定需要而必须专门开发的软件构件。

当可复用构件作为一种资源时，以下的指导原则是软件计划者应该考虑的。①如果可直接使用的构件能够满足项目的需求，就采用它。获得和集成可直接使用的构件所花的成本一般低于开发同样的软件所花的成本。此外，风险也相对较小。②如果具有完全经验的构件可以使用，一般情况下，修改和集成的风险是可以接受的。③如果具有部分经验的构件可以使用，则必须详细分析它们在当前项目中的使用。如果这些构件在与软件中其他成分适当集成之前需要做大量修改，就必须小心行事。修改具有部分经验的构件所需的成本有时可能会超过开发新构件的成本。

值得注意的是，可复用软件构件的使用在计划阶段经常被忽视，仅在软件过程的开发阶段才变成最主要的关心对象。最好能够尽早说明可复用软件资源需求，这样才能进行可选方案的技术评估，并及时获得所需的构件。

9.3 软件编码原则与要求

软件编码或称程序设计，是在软件详细设计的基础上进行的，它是问题分析、程序结构图设计、程序规范化和程序编码的过程，是软件设计的必然结果。编码原则提供了一种提高系统可维护性的结构和框架，它使得系统以一种共同的、更易理解的方式进行开发和维护。编码应遵循下列基本原则。

9.3.1 编码的一般原则

源程序代码的逻辑简明清晰、易读易懂是好程序的一个重要标准，为做到这一点，应该遵循下述规则。

1. 具有程序内部的文档

所谓程序内部的文档包括恰当的标识符、适当的注解和程序的视觉组织等。选取含义鲜明的名字，使它能正确地提示程序对象（或模块）所表示的实体，这对于帮助读者理解程序是很重要的。注解是程序员和程序读者通信的重要手段，正确的注解非常有助于对程序的理解。合理的程序代码清单的布局将方便读者阅读、分析和理解程序。

2. 单一高级语言

尽可能只用一种符合标准的高级语言。为了一个特定的设计课题要选用一种编程语言时，必须既要考虑工程特性又要考虑心理特性。然而，如果仅有一种语言可用，或者需求者指定要用某种语言，那就不用挑选了。当评价可用语言时应考虑下列方面：①一般的应用领域（考虑最多）；②算法及运算的复杂性；③软件运行的环境；④性能；⑤数据结构的复杂性；⑥软件开发组成员对该语言的熟悉程度。在选择语言时，“新的更好的”编程语言较有吸引力，但在一般情况下，还是选用一种“较弱的”（老的）、有可靠文档支持的语言为好；或选用软件开发组中每个人都熟悉的，并且过去已有过成功经验的语言。

3. 程序的结构化和模块化

应采用自顶向下的程序设计方法，使程序的静态结构与执行时的动态结构一致。模块化是指用一组小的层次结构的单元或例行程序构成程序，模块的结构必须遵循下列设计原则：①一个模块应只完成一个主要功能；②模块间的相互作用应最小；③一个模块应只有一个入口和一个出口。

4. 标准数据定义

一定要为系统制定一组数据定义的标准。这些数据定义可汇集于数据字典。字典项定义了系统中使用的每个数据元素名字、属性、用途和内容。这些名字要尽可能具有描述性和意义。正确、一致地定义数据标准，会大大简化阅读和理解各模块的难度，并确保各模块间的正确通信。

5. 使用鲜明、确切的命名表示对象实体和模块

要求：①使用标准术语。应该采用在应用领域中人们习惯的标准术语作为类名（或模块名），不要随意创造名字。例如，“交通信号灯”比“信号单元”这个名字好，“传送带”比“零件传送设备”好。②使用具有确切含义的名词。尽量使用能表示类（或模块）一对象含义的日常用语作为名字，不要使用空洞的或含义模糊的词作为名字。例如，“库房”比“房屋”或“存物场所”等确切。③必要时用名词短语作为名字。为使名字的含义更准确，必要时用形容词加名词或其他形式的名词短语作为名字。例如，“最小的领土单元”“储藏室”“公司员工”等都是比较恰当的名字。④不要过多地使用缩写形式。缩写形式不易理解，还有可能会造成误解，过多地使用缩写形式将使程序的可读性降低。如果使用缩写，应该使缩写的规则保持一致，并且给每个名字加上注解。总之，命名应该富于描述性、简洁且无二义性。

6. 使用成熟的代码

应尽量采用能够复用的别人写好并调试过的代码。把所有的代码都写成可移植的，以便将来可以重用和共享代码。

7. 提高程序的可维护性

就维护性而言，除应遵守上述各项原则外，还应考虑下述各项。①对于数据处理系统尽量全部采用数据库技术。②采用数据库管理系统、程序生成器及能够自动生成可靠代码的应用开发系统，从而减少纠错性维护的需要。③采用防错性程序设计，即写出有自检能力的程序。④采用改进系统可读性的工具（如自动格式化程序、结构生成程序、交叉引用生成程序及文档工具等）。⑤采用现代化工具，如设计良好的操作系统、文档生成程序、测试数据发生器、联机诊断程序、文档比较实用程序、资源及文档管理系统、联机调试程序等。

9.3.2 程序编写风格

写出源程序以后，应能从源程序本身明显地看出模块的功能，而不需要参考设计说明书。

换句话说，程序必须是可以理解的。程序的风格应该强调简单与清晰，这是编写程序的原则。影响程序风格的因素有源程序（源程序级）文档化、数据说明、语句构造及输入/输出等。下面就介绍这些因素。

1. 源程序文档化

要求：①选择好标识符（变量和标号）的名字：包括变量名、标号名和子程序名等的命名。变量名应易于识别和理解，是否选择了适当的变量名，也许是影响程序可读性的一个关键因素；②安排程序中的注释行：夹在源程序中的注释行能帮助读者理解程序；③程序清单的布局对于程序的可读性也有很大影响：应该利用适当的阶梯形式使程序的层次结构清晰明显，例如，使用空行（在自然的程序段间）和缩格（避免所有的代码行都从某一列开始）。

2. 数据说明

虽然在设计期间已经确定了数据结构的组织和复杂程度，数据说明的风格却是在编写程序时确定的。为了使数据更容易理解和维护，应遵循下述原则。①数据说明的次序应该标准化（例如，按照数据结构或数据类型确定说明的次序）。有次序就容易查阅，因此能够加速测试、调试和维护的过程。②当多个变量名在一个语句中说明时，应该按字母顺序排列这些变量。③对于一个复杂的数据结构，应该用注释说明实现这个数据结构的方法和特点。

3. 语句构造

构成语句时应该坚持的重要原则如下。

（1）每个语句都应该简单直接，不应该为了提高效率而把语句搞复杂了。很多编程语言允许一行写多个语句，这样可以写得紧凑，然而程序却变得难读了，因而是不合适的。

（2）单个源程序语句应注意简化如下：①尽量避免采用复杂的条件语句；②尽量减少“否定”条件的条件语句；③避免大量使用循环嵌套和条件嵌套，避免多重的循环嵌套或条件嵌套；④用括号使逻辑表达式或算术表达式更为清晰；⑤用空格及有意义的符号使语句内容清晰明确；⑥反问自己“如果这个程序不是我编写的，我能看懂它吗？”

总的来说，不要去牺牲程序的清晰性、可读性或正确性去追求效率的非本质的提高。

4. 输入/输出

在设计和编写程序时应该考虑下述有关输入/输出风格的规则：①对所有输入数据都进行检验；②检查输入项重要组合的合法性；③保持输入格式简单；④使用数据结束标记，不要要求用户指定数据的数目；⑤明确提示交互式输入的请求，详细说明可用的选择或边界数值；⑥当程序设计语言对格式有严格要求时，应保持输入格式的一致；⑦设计良好的输出报表；⑧给所有输出数据加标志。

9.3.3　源代码文档编写

源代码文档可以提供某些额外的信息来提高可读性，使程序的意思表达得更清楚。源代码文档给出了理解程序的三个级别，即概貌（综合）、程序组织和程序指令。对于程序维护来说，这三级文档内容都是不可缺少的。如果对程序的功能及其在代码中的实现没有一个整体的了解，程序员要想有效地估价扩充或缩减这些功能的可能性是十分困难的；如果不知道程序的各个部分是怎样装配在一起的，也就不可能正确地判断对某一部分程序的修改会给程序其他部分带来什么影响；如果不了解程序的各条指令，也就很难找到程序出错的真正原因，从而也就无法彻底纠正错误。

1. 综合文档

综合文档向读者介绍程序的概貌。在程序的整个生存周期内，综合文档极少需要修改，因为它反映的是程序总的功能和原来的设计思想。

（1）对综合文档的要求：综合文档本身应简明扼要，具有通用性。①综合文档应该包括在程序代码中，以注释形式出现在源程序清单的开头。②一般宜采用文字叙述形式，因为文字叙述比流程图更容易记忆。另外，一张流程图可能会很大，不太容易为非专业人员所理解。③应该在编写头一行源代码之前先写出综合文档。即使在有自动文档生成器的情况下，综合文档也应由人工建立。④综合文档应当言简意赅，具有概括性，且无论是专业人员还是非专业人员都能读懂。

（2）综合文档的各项内容如下。①一个综合的功能概述，说明各基本功能部分及其相互关系。②一个综合的数据库概述，描述整个系统中数据的作用，其中包括主要的文件、数据结构和群集。③简要说明基本设计思想和所采用的程序设计风格。给出逻辑数据模型，绘出相应的逻辑存取映像图。④指明史料文档的存放处，包括设计备忘录、问题报告、版本说明、新公布的注意事项及错误统计等。⑤说明如何得到更详细级别的内部源代码文档、操作说明及用户手册。

2. 图示文档

图示文档用于表示程序的过程结构、数据结构及控制结构。图示文档以一个单线条图框来代表系统流程图或结构框图中的每个程序模块，从而将程序代码中的模块间的相互关系及控制结构清楚明了地描绘出来。源代码中的自动流程图绘制程序可以用来生成规范的程序的过程、数据和控制结构。

一般来说，用图示文档来描绘程序结构并不很合适。因为图上包含的信息太多，有时反而降低了文档的清晰度。但是，通过图示文档，可以较为直观地理解程序。这对提高程序的可测试性和可维护性是非常有用的。

3. 注释（程序组织文档和程序指令文档）

源程序代码的程序组织文档和程序指令文档一般通称为注释。良好的注释可增强源代码的可理解性。除提高程序可读性外，注释还有两个重要用途，即提供程序的用途和历史信息、它的起源（作者、生成和修改日期）、子程序名和个数，以及输入/输出需求和格式；其次也提供操作控制信息、指示和建议来帮助维护人员理解代码中不清楚的部分。大多数程序设计语言允许使用自然语言来书写注释。

（1）注释的一般原则。①注释必须清晰、简洁，能够让其他读者理解这段程序的含义。②注释必须与程序保持一致。如果开发者修改了某段程序，他也必须相应修改这段程序的注释。③注释信息应该用空格、空行或不同的颜色清楚地与程序区分开来。④通常在每一个模块开始处有一段序言性的注解，简要描述模块的功能、主要算法、接口特点、重要数据及开发简史。⑤插在程序中间与一段程序代码有关的注解，主要解释包含这段代码的必要性。⑥程序指令中应尽量少用注释。只用于某些特殊情况，例如，说明某个少见的或复杂的算法，指出最容易出错的程序段及有可能混淆之处。⑦着重写出“是什么”和“为什么”这种高级注释，而不是一行接一行的“怎么做”这一类低级注释，以确保文档清晰、全面和满足今后维护的需要。

（2）注释块的运用。对每一程序模块及数据结构，可以采用“成块”理论来编写释义明确的程序注释。理解一个程序如同理解一种自然语言，是将句法内容组合成人们能够保持短期记忆的信息“块”。人们对这些信息块的短期记忆保留能力是有限的，每次大约只能记住七“块”。通过把信息重新组织成适当的“块”，能有效利用人们的短期记忆，并有助于人们理解信息。①在源代码中，注释块应该放在每一模块之前。其目的是向读者介绍该模块，说明该模块的作用。模块的具体操作不在注释中描述，而最好是通过阅读代码来了解。②当模块编码工作完成时，程序员就要写出注释块。每一次修改模块后，还要进行相应的注释块更新。

（3）模块注释块应包含的内容如下。①模块目的：用一两句话说明模块的作用；②有效期（最后修订本）；③有效范围、使用限制和算法特异性；④精确度要求；⑤输入/输出；⑥假设；⑦错误恢复类型和过程；⑧说明对模块的修改会给程序其他部分带来什么影响（特别是对公用模块）。

9.4 软件程序的错误控制

9.4.1 错误控制的目的

在编写代码过程中，要一次性生成无错的代码几乎是不可能的。这是由于：①软件项目所经历的各个阶段都渗透了大量人的手工劳动，这些劳动十分细致、复杂，很容易出错；②工作人员的业务水平、工作经验，以至心理素质、人际关系及其工作环境，对软件项目任务完成的好坏都有直接的关系。

在开发过程中不断产生的错误严重影响着后续工作的开展，或给用户造成麻烦。因此，在工作中应想办法去控制错误的产生及减小其影响，尽可能防止将错误引入最终产品中。

修改软件的过程中易产生错误。修改软件是很危险的，如果在复杂的逻辑过程中做了一个修改，则潜在错误的可能性将增加，而错误常常导致各种问题。在修改代码和数据时，下述的各项修改会比其他修改更容易引入错误。①修改代码可能引入错误：对一个简单语句进行简单的修改，有时也可能导致灾难性的结局；②修改数据可能引入错误：在维护期间，经常要对数据结构的个别元素或数据结构本身进行修改，当数据改变时，软件设计可能不再适合这些数据，并且可能出现错误。

9.4.2 控制错误的方法

（1）发现错误就应该立即修改它。应在完成某一功能或复杂结构后，立即检查错误，并修改发现的错误。

很多人习惯把错误修正工作延迟到项目要结束时再做，而这将产生许多的问题。①在项目的最后阶段难以估计修正残留错误要花费的时间，更不用说程序员在修正错误时可能引入的新错误了。②在修正一个错误时，往往会暴露出一些潜在的错误，这些错误被先前的错误掩藏起来了，而在测试中又没有被发现。③在项目快要完成时再修改错误会更浪费时间。因为几天前写的代码比很长时间以前写的代码更容易理解和修改。最糟糕的是不能预料项目什么时候可以完成。

立即修改错误有很多优点。①能有效控制危害，越早知道错误，重复这些错误的可能性就越小。②阻止人们编写带有错误的新功能，防止错误在整个项目中扩散（由于很多的新功能将会被其他功能所引用）。③可以较快地判明造成错误的真正原因是什么，利于从根本上改正错误。④让错误数目趋于零，可以容易地预测什么时候完成项目。例如，不需要估算完成40个功能和改正1000个错误所花费的时间，只需估算完成40个功能所花费的时间就可以了。⑤随时可以放弃未实现的功能并交付已经完成的东西。

（2）写完代码后，在调试器中追踪调试。在调试器中设置断点，判明哪个数据出了问题，然后往回追溯出错数据的源头。程序员在编写代码的同时单步执行这些代码和进行单元测试，虽然这种方法麻烦而且乏味，但它却是一种非常有效的控制错误的方法。

（3）将不能满足质量要求的非必需的功能去掉。交付给用户的产品应该保证一定的质量标准，对于一些看似有用，但没有经过充分测试，或运行起来影响整体性能（如速度、存储空间、输入/输出的限制要求等）的功能，就要考虑去掉。根据用户的使用情况，再来决定是否将其做好后，放在下一个版本中交付用户。

（4）编写易于调试和阅读的代码。编程人员应该放弃自己喜爱的但易出错的编程小技巧，采用小组或公司通用的命名和编程风格。这将有利于测试人员和维护人员理解程序，并易于发现编程人员未能发现的错误。另外，编写易于调试和阅读的代码，也有助于编程人员日后调试时发现潜在的错误。

（5）加入调试代码（防错性程序）。如果某一功能较为复杂或包含数字表，就需要加入调试代码，对该功能进行调试。另外，需注意区分源代码的版本和加入调试代码的版本，防止将调试代码带入总源代码中。

（6）检查程序的边界条件。程序发生错误经常是在“临界”的数据值上。在调试过程中，应加入对边界值的调试代码，或在程序中设置断点，检查程序取边界值时的运行状态。

（7）把代码编写成可移植的；编程时，调用可移植的代码。在应用软件中，有一些功能具有较普遍的使用范围。将它们编写成为适应面较广的标准（子）程序（标准模块），供编制应用软件时直接调用。

（8）在修改代码时，应特别注意可能在此过程中产生错误。其中，在修改语句时，应注意：①删除或修改一个子程序；②删除或改变一个语句标号；③删除或改变一个标识符；④为改进执行性能所做的修改；⑤改变文件的打开或关闭状态；⑥改变逻辑运算符；⑦把设计的修改翻译成主代码的修改；⑧对边界测试所做的修改。

另外，在对数据进行修改时也可能产生错误。①重新定义局部或全局的常量；②重新定义记录或文件的格式；③增大或减小一个数组或高阶数据结构的大小；④修改全局数据；⑤重新初始化控制标记或指针；⑥重新排列I/O或子程序的自变量。

（9）不要轻易改变函数或共享代码的名称。如果在维护函数或共享代码时修改了函数或共享代码的名称，将造成其他调用该函数或共享代码的程序发生错误，而且这些错误不易被发现，这将造成不必要的维护工作量。

（10）进一步思考是否已经将错误一直追踪到源头；思考是否别的地方还有相关的错误没有暴露出来；思考如何才能使错误更容易地被查出来，以及如何使它在第一次出现时就被避免。

9.4.3 调试

调试也称排错，在完成代码的编写或修改后，先要检查这段代码是否正确，排除其中的错误。当检查完成，没有发现错误后，再交由专门的测试人员进行测试工作。一般的调试过程分为错误侦查、错误诊断和改正错误。

1. 调试与测试的关系

调试与测试有联系又有区别，调试与测试的关系体现在以下几个方面。①测试的目的是暴露错误，评价程序的可靠性；而调试的目的是发现错误的位置，并改正错误。②测试是揭示设计人员的过失，通常应由非设计人员承担；而调试是帮助设计人员纠正错误，可以由设计人员自己承担。③测试是机械的、强制的、严格的，也是可预测的；而调试要求随机应变，需具备一定的联想、经验和智力，并要求自主地去完成。④经测试发现错误后，可以立即进行调试并改正错误；经过调试的程序还需进行回归测试以检查调试的效果，同时也可防止在调试过程中引入新的错误。⑤调试用例与测试用例可以一致，也可以不一致。

2. 调试技术

常用的调试技术有以下五种。①输出存储器内容。②在程序中插入调试语句，常用的调试语句有设置状态变量、设置计数器、插入打印语句。③利用调试用例，迫使程序逐个通过所有可能出现的执行路径，系统地排除“无错”的程序分支，逐步缩小检查的范围。④经过静态分析、动态测试或自动测试，都会得到大量与程序错误有关的信息，这些信息都可在调试时加以利用。⑤借助调试工具。

3. 调试方法

除在调试器中设置断点或单步执行，检查程序运行状态的方法外，还主要有以下五种常用的调试方法。

（1）试探法：首先分析错误征兆，猜测发生错误的大概位置，然后利用有关的调试技术进一步获得错误信息。这种策略往往是缓慢而低效的。

（2）回溯法：首先检查错误征兆，确定最先发现错误的位置，然后人工沿程序的控制流往回追踪源程序代码，直到找出错误根源或确定故障范围为止。回溯法对于小程序而言是一种比较好的调试策略，但是对于大程序而言，其回溯的路径数目会变得很大，以至使彻底回溯成为不可能。回溯法的另一种形式是正向追踪，即使用插入打印语句的方法检查一系列中间结果，以确定最先出现错误的地方。

（3）对分查找法：在程序的中点附近输入某些变量的正确值（利用赋值语句或输入语句），然后观察程序的输出。若输出结果正确，则说明错误出现在程序的前半部分；否则，说明程序的后半部分有错。对于程序中有错的那部分再重复使用这个方法，直到把错误范围缩小到容易诊断的程度为止。

（4）归纳法：所谓归纳法，是从个别推断全体，即从线索（错误征兆）出发，通过分析这些线索之间的关系找出故障。这种方法主要有以下四个步骤：①收集已有的使程序出错与不出错的所有数据；②整理这些数据，以便发现规律或矛盾；③提出关于故障的若干假设；④证明假设的合理性，根据假设排除故障。

（5）演绎法：从一般原理或前提出发，经过删除和精化的过程，最后推导出结论。用演绎法排错时，首先要列出所有可能造成错误的原因和假设，然后逐个排除，最后证明剩下的原因确实是错误的根源。演绎法排错主要有以下四个步骤：①设想所有可能产生错误的原因；②利用已有的数据排除不正确的假设；③精化余下的假设；④证明假设的合理性，根据假设排除故障。

9.4.4 回归测试

回归测试是指选择性重新测试，目的是检测系统或系统部件在修改时所引起的故障，用以验证上述修改未引起不希望的有害效果，或证明修改后的系统或系统部件仍满足规定的需求。回归测试是软件维护管理流程中不可缺少的环节，它属于集成测试的范畴。

1. 集成测试

集成测试是通过测试发现和接口有关的问题来构造程序结构的系统化技术，其目标是把通过了单元测试的模块拿来，构造一个在设计中所描述的程序结构。当把测试合格的模块组装在一起时，有可能不能正常工作，所以需要进行集成测试。模块组装时出现问题是因为：①数据可能在通过接口时丢失；②一个模块可能对另外一个模块产生无法预料的副作用；③当子函数被连到一起时，可能不能达到预期的功能；④在单个模块中可以接受的不精确性，在连起来之后可能会扩大到无法接受的程度；⑤全局数据结构可能也会存在问题等。

2. 回归测试对维护的意义

在对运行中的软件进行改正性维护、适应性维护或完善性维护时，需对已有的软件模块进行修改或增添新模块，由此可能引起系统的故障。为此，需对修改部分和整个系统的有关部分进行测试，这类测试就是回归测试。

每当一个新的模块被当作集成测试的一部分加进来时，软件就发生了改变，建立起了新的数据流路径，可能出现新的 I/O 操作，激活新的控制逻辑。这些改变可能会使原本工作得很正常的功能发生错误。在集成测试策略的环境中，回归测试是对某些已经进行过的测试的某些子集再重新测试一遍，以保证上述改变不会产生无法预料的副作用。

任何种类的成功测试结果都是发现错误，而错误是要被修改的，每当软件被修改时，软件配置的某些方面（程序、文档或者数据）也被修改了，回归测试就用来保证（由于测试或者其他原因）改动不会带来不可预料的行为或者另外的错误的活动。

回归测试可以通过重新执行所有的测试用例的一个子集人工地进行，也可以使用自动化的捕获回放工具来进行。通过捕获回放工具可以捕获测试用例，并进行回放和比较。

回归测试集（要进行测试的子集）包括三种不同类型的测试用例：①能够测试软件所有功能的具有代表性的测试用例；②专门针对可能会被修改影响的软件功能的附加测试；③针对修改过的软件成分的测试。

回归测试集应当设计为只包括那些涉及在主要的软件功能中出现的一个或多个错误类的测试，每当进行一个修改时，就对每一个程序功能重新执行所有的测试是不实际的，而且效率很低。

9.4.5 防错性程序设计

防错性程序用来自动检查程序中的错误，它有助于对程序的测试和维护。当把防错性程序设计加到设计上去时，应考虑附加资源的大小、运行时间、存储空间和程序设计成本。防错性程序设计技术分为主动或被动两类。

（1）被动的防错性技术。被动的防错性技术可以是当到达某个检查点时，检查一个计算机程序的适当点的信息；而主要的防错性技术可能是周期性地搜查整个程序或数据库，或者在空闲时间内寻找不寻常的条件。在防错性程序设计中需要检查的典型项目如下：①从外部设备输入的数据（范围、属性）；②由其他程序提供的程序；③数据库（数组、文件、结构、记录）；④操作、输入（顺序、性质）；⑤栈深；⑥在 DO CASE I 中，I（以及计算型 GO TO）的范围；⑦数组限制；⑧在表达式中被除数的取值范围；⑨是不是所要求的程序版本正在运行（最后系统重新配置的日期）；⑩到其他程序或外部设备的输出。

（2）主动的防错性技术。①内存范围检查：如果在内存某些块中仅存放某种类型和范围的数据，则可以经常检查这些内容；②标签检查：如果标签用来指出系统的状态，通常可独立地检查它们；③反向转换：如果数据或变量值必须从一种代码或系统转换成另一种，则可以利用逆向转换来检查原始的值；④状态检查：在许多情况下，一个复杂的系统有许多操作状态，可能是用某些存储值来表示状态的，如果这些状态能独立地验证，则可以做检查；⑤链接检查：如果使用键表结构，可以检查链接；⑥其他技术：通常要小心地考虑使用的数据结构、操作的顺序和时间分配，以及程序的功能等，可组织能执行的其他主动检查。

9.5 软件文档的编写要求

9.5.1 概述

1. 软件文档的作用

软件文档对于软件研制、维护和使用是至关重要、必不可少的，这是因为文档具有以下功能。

（1）管理的依据：软件文档向管理人员提供软件开发、使用、维护过程中的进展和情况，将一些“不可见的”事物转换成“可见的”文字资料，是管理者跟踪和控制项目的重要依据。

（2）任务之间联系的凭证：大多数软件开发项目通常被划分成若干个任务，并由不同的小组去完成。这些人员需要的互相联系是通过文档资料的复制、分发和引用而实现的。因而，任务之间的联系是文档的一个重要功能。大多数系统开发方法为任务的联系规定了一些正式文档。

（3）质量保证：软件文档向质量保证人员和审查人员提供程序规格说明、测试和评估计划、测试该系统用的各种质量标准、测试规程和测试报告、关于期望系统完成什么功能和系统怎样实现这些功能的清晰说明，以及进行评估安全、控制、计算、检验例行程序及其他控制技术等工作所需的各种资料。

（4）培训与参考：软件文档可使系统管理员、操作员、用户、管理者和其他有关人员了解系统如何工作，以及为了达到他们各自的目的，如何使用系统。

（5）软件维护支持：维护人员需要软件系统的详细说明以帮助他们熟悉系统，找出并修正错误，改进系统以适应用户需求或系统环境的变化。

（6）历史档案：软件文档可用作未来项目的一种资源。通常文档记载系统的开发历史，可使有关系统结构的基本思想为以后的项目所用。系统开发人员通过审阅以前的系统文档以查明哪些部分已试验过了，哪些部分运行得很好，哪些部分因某种原因难以运行而被排除。良好的系统文档有助于把程序移植和转移到各种新的系统环境中。

2. 软件文档及内容

软件文档是指与软件研制、维护和使用有关的材料，是以人们可读的形式出现的技术数据和信息，是计算机软件的重要组成部分，如打印在纸上或显示在屏幕上的工作表格、技术文件、设计文件、版本说明文件等。没有软件文档的程序，将不可能成为软件产品。

文档是软件维护的依据和基础，没有合适的文档资料、文档资料太少或文档质量不高，将给软件维护带来很大困难，甚至会出现严重问题。

文档提供了有关软件特性与功能的全部信息，一个良好设计的文档软件一般包括：①记录开发过程的技术信息；②提供对软件的有关运行、维护和培训信息；③向用户报导软件的功能和性能；④提供软件综述与对根据需求组织分类的功能解释的用户指南（如数据录入或打印报表）；⑤以特定的顺序囊括全部指令与特性的参考指南（以功能名的字母顺序或以功能类型分类）；⑥一种概述关键命令、代码与菜单选项的快速参考卡；⑦安装指南。

3. 软件文档编写的步骤

编写文档需要进行研究、计划与细致的写作，一般要经过如下一些步骤。①学习研究软件：创建文档，必须先学会软件，对软件有系统的了解。②辨别用户需求：文档的作者必须了解用户的背景，不仅要考虑写给维护人员的文档，还要考虑写给用户的文档，考虑文档读者对这个专业的熟悉程度。对有经验的用户做到足够简练，对初学者做到足够详细。③开始组织题目：在决定文档应包含的内容以后，就需要确定文档应提供多少细节。带有关键要点和简短解释的简捷索引卡片比厚重的参考手册更适合于日常工作。标题排列应具有逻辑性。④写作正文：分辨出主题后，写作人员则需要为完成的文件定义需求。同时也构思出一条主线，写出正本，并给出图表与例子。完成的文本需经过审核，以确定其可理解性、准确性及文字的正确性。⑤评估与测试文档。⑥修改文档。⑦发表文档：文档发表以后就进入实用阶段，同时也标志着一个新的文档编写过程的开始。

9.5.2 文档编写的原则和要求

1. 文档编写的基本原则

（1）文档的布局：应遵循以下两个原则。①清晰：布局应条理清晰。例如，用循序渐进的指令使各个解释简单、易懂。②连贯：连贯的布局可帮助用户更快地查找信息。如果文档包含几个手册（安装指南、参考指南、课程软件），则全部用一种布局（页格式、打印格式与物理格式）。

（2）文档的格式：文档的格式应规范化；文档内容的叙述要以对每个主题（特性或功能）的综合性说明开始，然后说明各项工作如何运行。这些综合性说明描述各主题包含的内容，以供读者快速查阅信息之用。

2. 编制文字信息的一般原则

（1）文字简明、扼要、确切：应避免意义含混、信息不全或信息冗长的现象，避免容易引起歧义或多解的说明。

（2）使用短的句子：可使读者在接收其他信息之前有一理解、回味的瞬间，因为人的信息处理能力有限，读者在阅读长句时，或者忘了句子前面部分的内容，或者掺入了自己的想法；人在阅读长句时，往往会不自觉地将其分解为若干短句，若断句不当，就会导致对原意的歪曲和误解。因此，为使句子易于理解，应尽可能采用短句，而不用复杂句和长句，或者将长句分解为短句。

（3）尽量使用主动句：主动句比被动句更容易理解和记忆。

（4）尽量使用肯定句：肯定句比否定句更易于理解。在有的句子中虽然没有否定标志词，如“不”“非”“没有”等，但由于使用了具有否定含义的词，如“减少”“下降”“更差”等，同样会增加理解难度。

（5）尽量使用熟悉的词来组成句子。

（6）按顺序组织句子：对于需按顺序进行的活动，表达的句子应按此顺序组织，使文字排列和动作一致。

3. 文档的一般结构

文档一般应包含以下几个部分。①目录。②结构描述：对目录的各个主题的简要描述。③介绍（正文之前）。④正文。⑤词汇表：许多应用程序都引入了许多新的、不熟悉的术语，这些术语在文档中的解释十分重要，词汇表则可提供对这些术语的简短、实用的定义。⑥附录：为避免对文本正文信息的分割，可以用附录来放置某些重要信息。它将一些特殊的资料，如错误信息、排除故障介绍等集中在一起。另外，附录将深层次的资料或只有能力强的用户所喜欢的信息分割出来，它取消了技术细节，使得缺少经验的用户不至于被吓倒；⑦索引：索引是手册中的最后一个，也是十分重要的环节。在索引的帮助下，可迅速找到所需的信息。在现实中，索引往往有缺陷，最常见的错误是条款太少——往往不会列出同义的条款。索引要将用户指引到包含有价值的那部分信息的页面上，而不是指引到所有涉及该条款的页面上。

4. 文档的基本要求

（1）准确性：内容应准确无误，具体要求如下。①科学性要求：所述内容或提供的信息应科学、可行。②正确性要求：所述内容正确无误，不致产生歧义；避免产生不易理解和不同理解的可能性；使用标准的术语、图形符号和标记；文字符号无差错。③一致性要求：内容与所述对象保持一致，相关文件的内容及术语应保持一致。

（2）完整性：任一篇文档都应是完整的、独立的，内容应能覆盖所述问题的各个侧面或层次。对于一个系统或子系统，应对相关文档做出全面的安排，以保证系统文档的完整性，能反映系统的全貌。

（3）可读性：易于可靠地理解信息和读取信息。①文字、符号和图像清晰，形状、大小、对比度适中，易于鉴别、区分和读取，并应顾及环境对清晰度的影响。②文件应表达明晰、逻辑严谨、条理分明。③表现形式通用，行文组织符合一般人的阅读习惯。④信息应简明、扼要。⑤语言简洁，用词和句型恰当，避免含糊的词汇，应易于理解，避免产生不同的解释。⑥适合读者的特点和需要，例如，作为技术性文档，可使用简练的专业性字符和语句；但面向用户的说明书，则应根据用户的特点，使文档易于理解、通俗易懂。⑦合理选用文档的表现形式，可根据情况使用自然语言或形象化语言，表达力求简明，如有可能，采用适当的图、表，以增强其明晰性，并避免自然语言的二义性。

（4）文档的规范性：对各类文档应分别规定或采用统一的内容、结构和格式。提高文档的规范性是保证文档准确性、完整性和可读性的重要保证。如能根据文档类型制定相应规范化的“模板”，将有利于提高文档拟制和阅读的效率。

（5）文档的时效性：文档一般具有很强的时效性，每份文档需要在适当的时候产生，否则它只起到部分作用或根本不起作用。文档需根据实际情况的变化及时修改或修订，实际应用的文档必须是该文档的最新版本；文档还有其生命周期，过期的文档应及时做出标记并予以隔离。

5. 文档编写的一些具体要求

（1）文字信息的确切性。①文字准确：文档的表达文字应该准确。如果文字不准确或有错误和遗漏，将使用户丧失对本系统的信心。②意义明确：对一个信息含义的理解应是唯一的，而不应有多种理解或根本不理解。③信息准确、全面：如果信息中的某些要素未表达出来，将影响信息的确切性。例如，省略了部分以为是读者熟知的文字信息，或者信息中使用了读者不熟悉的词汇而又未加解释，这些都可能导致严重后果。④信息精练：若信息太冗长、字太多或太难懂，常常会使读者读一两遍也不能弄清原意。⑤仔细选择用词，例如，避免用“打”这个词，如“打键盘F1键”，有些用户是从字面上理解指令的，更好的词是“按”或“敲”。

（2）说明的编写。如果可能，将一个过程的各个部分开列出来，并给每条编号排序，或使用指针。编号不仅代表了一系列事情，还标明了一个特定的顺序。要尽量缩短每步的文字长度，不要超过20个字。说明越简单，用户越容易掌握与使用。

（3）增加清晰度。①将文档按所叙述的主题分成多个段落。如果叙述某一主题的段落篇幅较大，则还要考虑细分主题。②在文档中，直接表达相关信息，不要拐弯抹角地说明问题。经常使用“你”，使读者感到是在直接与他对话。

（4）关于图表的原则。演示图表不仅可以有条理地划分全文（使其不至太枯燥），还节省了空间。在阐明数据录入过程时，尽可能地使用说明图表演示。

9.5.3 软件文档的类型与内容

1. 概述

在GB/T 8567《计算机软件产品开发文件编制指南》中，提出了软件生存周期可以分成以下六个阶段：可行性与计划研究阶段、需求分析阶段、设计阶段、实现阶段、测试阶段、运行与维护阶段；提出了一项软件的生存周期中，应产生的文件有14种，并提供了这些文件的内容要求，作为文件编制的技术标准（模板）。

2. 软件文档的类型及用途

下面给出软件文档主要类型的大纲，这个大纲不是详尽的或最后的，但适合作为主要类型软件文档的检验表。而管理者应规定何时定义他们的标准文档类型。软件文档归入如下三种类别。①开发文档：描述开发过程本身；②产品文档：描述开发过程的产物；③管理文档：记录项目管理的信息。

1）开发文档

开发文档是描述软件开发过程，包括软件需求、软件设计、软件测试、保证软件质量的一类文档，开发文档也包括软件的详细技术描述（程序逻辑、程序间的相互关系、数据格式和存储等）。开发文档起到如下五种作用。①它们是软件开发过程中包含的所有阶段之间的通信工具，它们记录生成软件需求、设计、编码和测试的详细规定和说明。②它们描述开发小组的职责。通过规定软件、主题事项、文档编制、质量保证人员及包含在开发过程中任何其他事项的角色来定义做什么、如何做和何时做。③它们用作检验点而允许管理者评定开发进度。如果开发文档丢失、不完整或过时，管理者将失去跟踪和控制软件项目的一个重要工具。④它们形成了维护人员所要求的基本的软件支持文档。而这些支持文档可作为产品文档的一部分。⑤它们记录软件开发的历史。

基本的开发文档是：①可行性研究和项目任务书；②需求规格说明；③功能规格说明；④设计规格说明，包括程序和数据规格说明；⑤开发计划；⑥软件集成和测试计划；⑦质量保证计划、标准、进度；⑧安全和测试信息。

2）产品文档

产品文档规定关于软件产品的使用、维护、增强、转换和传输的信息。产品文档起到如下三种作用。①为使用和运行软件产品的任何人规定培训和参考信息；②供那些未参加开发本软件的程序员维护之用；③促进软件产品的市场流通或提高可接受性。

产品文档用于下列类型的读者。①用户：他们利用软件输入数据、检索信息和解决问题；②运行者：他们在计算机系统上运行软件；③维护人员：他们维护、增强或变更软件。

产品文档包括如下内容。①用于管理者的指南和资料：他们监督软件的使用；②宣传资料：通告软件产品的可用性并详细说明其功能、运行环境等；③一般信息：对任何有兴趣的人描述软件产品。

基本的产品文档包括：①培训手册；②参考手册和用户指南；③软件支持手册；④产品手册和信息广告。

3）管理文档

这种文档从管理的角度规定涉及软件生存的信息。它建立在项目管理信息的基础上，诸如：①开发过程的每个阶段的进度和进度变更的记录；②软件变更情况的记录；③相对于开发的判定记录；④职责定义。

3. 历史文档的类型及用途

由于系统开发者与维护者往往是分开的，了解系统开发和维护的历史，对维护人员来说是非常有用的信息。利用软件历史文档可以简化维护工作。例如，理解原设计意图将指导维护人员如何修改代码而不破坏系统的完整性。历史文档有以下三类。

（1）系统开发日志：记录了项目的目标、开发的原则、优先考虑的问题、实验技术和工具、每天发生的问题、项目成功的原因与失败的教训等。系统开发日志对维护人员理解系统是如何开发的和开发中发生了什么问题是非常必要的。

（2）出错历史：记录程序的出错历史能帮助维护人员分析程序在将来可能出现的错误类型和频率，帮助维护人员确定最麻烦的程序和模块，从而提高维护人员的工作效率。

（3）系统维护日志：记录了在维护阶段系统如何改变和为什么进行改变。它包括的信息有改变的原因、改变的策略、问题所在的位置等。此外，它还包括问题报告信息和问题解决的办法、改变要求和说明、新版本说明等。例如，程序测试历史起始于开发阶段，当产生一个新的程序版本时，程序测试历史就被修改一次。程序测试历史的内容有：在开发和修改期间测试的模块数；在开发和修改期间发现的错误数；每个模块发现的错误平均数；发现和纠正错误的平均时间；发现的错误类型和频率；硬件故障；受硬件故障影响的软件错误；代码错误；设计错误；说明书错误；列出具有较多错误的模块名；列出复杂的模块名。

9.5.4 软件文档编写中需考虑的因素

文档编制是一个长期的工作过程，是一个从形成最初轮廓，经反复检查和修改，直到程序和文档正式交付使用的完整过程。其中每一步都要求工作人员做出很大努力。要保证文件编制的质量，要体现每个开发项目的特点，也要注意不要花费太多的人力。为此，编制中要考虑如下各项因素。

1. 文档的读者

每一种文档都具有特定的读者。这些读者包括个人或小组、软件开发单位的成员或社会公众、从事软件工作的技术人员、管理人员或领导干部。他们期待着依据这些文档的内容来工作，如进行设计、编写程序、测试、使用、维护或进行计划管理。因此，这些文档的作者必须了解自己的读者，这些文档的编写必须注意适应自己的特定读者的水平、特点和要求。

2. 重复性

如上所述，一项软件将列出 14 种文件，其内容要求中显然存在某些重复。较明显的重复有两类。引言是每一种文档都要包含的内容，以向读者提供总的梗概。第二类明显的重复是各种文档中的说明部分，如对功能性能的说明、对输入和输出的描述、系统中包含的设备等。重复是为了方便每种文档的阅读，每种产品的文档应该自成体系，尽量避免阅读一种文档时又不得不去参考另一种文档。当然，在每一种文档里，有关引言、说明等同其他文档相重复的部分，在行文、所用术语、详细程度上，还是应该有一些差别，以适应各种文档不同读者的需要。

3. 灵活性

鉴于软件开发是具有创造性的脑力劳动，也鉴于不同软件在规模上和复杂程度上差别极大，在文件编制工作中应允许一定的灵活性。这种灵活性具体表现为以下几点。

（1）应编制的文档种类：尽管要求一项软件的开发过程中应产生的文档有 14 种，然而针对一项具体的软件开发项目，有时不必编制那么多的文档，可以把几种文档合并成一种。一般来说，当项目的规模、复杂性和成败风险增大时，文档编制的范围、管理手续和详细程度将随之增加；反之，则可适当降低。为了恰当地掌握这种灵活性，要求贯彻分工负责的原则，这意味着一个软件开发单位的领导机构应该根据本单位经营承包的应用软件的专业领域和本单位的管理能力，制定一个对文档编制要求的实施规定，其内容包括在不同的条件下，应该形成哪些文档和这些文档的详细程度。

对于一个具体的应用软件项目，项目负责人应根据上述实施规定，确定一个文档编制计划，其中包括：①应该编制哪几种文档，详细程度如何；②各个文档的编制负责人和进度要求；③审查、批准的负责人和时间进度安排；④在开发时期内，各文件的维护、修改和管理的负责人，以及批准手续。

（2）文档的详细程度：由同一份提纲起草的文档的篇幅大小往往不同，可以少到几页，也可以长达几百页。对于这种差别是允许的。详细程度取决于任务的规模、复杂性和项目负责人对该软件的开发过程及运行环境所需要的详细程度的判断。

（3）文件的扩展：当被开发系统的规模非常大（如源码超过一百万行）时，一种文档可以分成几卷编写，可以按其中每一个系统分别编制，也可以按内容划分成多卷。例如：①系统设计说明书可分写成系统设计说明书、子系统设计说明书；②程序设计说明书可分写成程序设计说明书、接口设计说明书、版本说明；③操作手册可分写成操作手册、安装实施过程手册；④测试分析报告可分写成综合测试报告、验收测试报告；⑤详细的扩展文档类型实例见 GB/T 16680—1996 附录 D。

（4）节的扩张与缩并：对于所提供的各类文件模板，章条都可以根据实际需要扩展、细分；反之，也可以缩并。此时章条的编号应相应地改变。

（5）程序设计的表现形式：可以使用流程图、判定表的形式，也可以使用其他表现形式，如程序设计语言（PDL）、问题分析图（PAD）等。

（6）文件的表现形式：未做出规定或限制，可以使用自然语言，也可以使用形式化语言。

（7）文件的其他种类：可以根据需要，建立一些特殊的文件种类，包含在本单位的文件编制实施规定中。

9.6 软件设计质量评估

9.6.1 软件质量特性

软件质量的优劣直接影响到维护工作量的大小。软件质量特性是用以描述和评价软件产品质量的一组属性。一个软件的质量特性可被细化成多级子特性。GB/T 16260 给出了评价软件质量的软件质量特性和子特性。

1. 功能性（functionality）

功能性是与一组功能及其指定的性质有关的一组属性。这里的功能是指满足明确或隐含的需求的那些功能。这组属性以软件为满足需求应做些什么来描述，而其他属性则以何时做和如何做来描述。

（1）适合性（suitability）：与规定任务能否提供一组功能及这组功能的适合程度有关的软件属性。适合程度的例子是面向任务系统中由子功能构成的功能是否合适、表容量是否合适等。

（2）准确性（accuracy）：与能否得到正确或相符的结果或效果有关的软件属性。例如，此属性包括计算值所需的准确程度。

（3）互操作性（互用性，interoperability）：与同其他指定系统进行交互的能力有关的软件属性。为避免可能与下述的“易替换性”的含义相混淆，此处用互操作性（互用性）而不用兼容性。

（4）依从性（compliance）：使软件遵循有关的标准、约定、法规及类似规定的软件属性。

（5）安全性（security）：与防止对程序及数据的非授权的故意或意外访问的能力有关的软件属性。

2．可靠性（reliability）

可靠性是与在规定的一段时间和条件下，软件维持其性能水平的能力有关的一组属性。软件不会老化。可靠性的种种局限是由需求、设计和实现中的错误所致。由这些错误引起的故障取决于软件产品使用方式和程序任选项的选用方法，而不取决于时间的流逝。

或者说，可靠性是指一个程序按照用户的需求和设计者相应的设计，执行其功能的正确程度。一个可靠的程序应是正确、完整且一致的。①成熟性（maturity）：与由软件故障引起失效的频度有关的软件属性；②容错性（fault tolerance）：与在软件故障或违反指定接口的情况下，维持规定的性能水平的能力有关的软件属性，指定的性能水平包括失效防护能力；③易恢复性（recoverability）：与在失效发生后，重建其性能水平并恢复直接受影响数据的能力，以及为达此目的所需的时间和努力有关的软件属性。

3．易用性（usability）

易用性是与一组规定或潜在的用户为使用软件所需付出的努力和对这样的使用所做的评价有关的一组属性。“用户”可按最直接的意思解释为交互软件的用户。用户可包括操作员、最终用户和受使用该软件影响或依赖于该软件使用的非直接用户。易用性必须针对软件涉及各种不同用户环境的全部，可能包括使用的准备和对结果的评价。

注意：软件产品的易用性与人类工效学中的定义不同，后者的易用性还包括效率和效果等。

易用性也称可适用性。从用户观点出发，可适用性定义为程序方便、实用及易于使用的程度。一个适用的程序是易于使用的，能容许用户出错和改变，并尽可能不使用户陷入混乱状态。可适用性是软件系统控制维护成本的一个重要因素。①易理解性（understandability）：与用户为认识逻辑概念及其应用范围所付出的努力有关的软件属性；②易学性（learnability）：与用户为学习软件应用（如运行控制、输入、输出）所付出的努力有关的软件属性；③易操作性（operability）：与用户为操作和运行控制所付出的努力有关的软件属性。

4．效率（efficiency）

效率是与在规定的条件下，软件的性能水平与所使用资源量之间关系有关的一组属性。资源可包括其他软件产品、硬件设施、材料（如打印纸、软盘）及操作服务、维护和支持人员。

或者说，效率是指一个程序能执行预定功能而又不浪费机器资源的程度。机器资源包括内存容量、外存容量、通道容量及执行时间。①时间特性（time behaviour）：与软件执行其功能时的响应和处理时间及吞吐量有关的软件属性；②资源特性（resource behaviour）：与在软件执行其功能时所使用的资源数量及其使用时间有关的软件属性。

5．维护性（maintainability）

维护性是与进行指定的修改所需的努力有关的一组属性。修改可包括为了适应环境的变化，以及要求和功能规格说明的变化，而对软件进行的修正、改进或更改。①易分析性（analysability）：与为诊断缺陷或失效原因及为判定待修改的部分所需努力有关的软件属性；②易改变性（changeability）：与进行修改、排除错误或适应环境变化所需努力有关的软件属性；③稳定性（stability）：与修改所造成的未预料结果的风险有关的软件属性；④易测试性（testability）：与确认已修改软件所需的努力有关的软件属性。

6．可移植性（portability）

可移植性是与软件可从某一环境转移到另一环境的能力有关的一组属性。环境可包括系统体系结构环境、硬件或软件环境。

或者说，可移植性是指一个程序可以容易并有效地在各种各样的操作环境中运行的程度。可移植性程序结构良好、灵活，不依赖于某一具体的计算机和（或）操作系统的性能（即软件的设备独立性）。①适应性（adaptability）：与软件无须采用有别于为该软件准备的活动或手段就可能适应不同的规定环境有关的软件属性；②易安装性（installability）：与在指定环境下安装软件所需努力有关的软件属性；③遵循性（conformance）：使软件遵循与可移植性有关的标准或约定的软件属性；④易替换性（replaceability）：与软件在该软件环境中用来替代指定的其他软件的机会和努力有关的软件属性。为避免可能与"互操作性（互用性）"的含义相混淆，此处用易替换性而不用兼容性。易替换性可能包含易安装性和适应性这两个属性。由于此概念的重要性，它已被用作一个独立的子特性。

9.6.2　质量特性使用指南

1．用法

质量特性用于对软件质量需求进行定义和对软件产品进行评价（测量、评级和评估）。包括：①定义软件产品的质量需求；②评价软件规格说明在开发期间是否满足质量需求；③描述已实现的软件的特征和属性（如用户手册）；④对开发的软件在其未交付使用以前进行评价；⑤在软件验收前对其进行评价。

在对上述质量特性无合适的度量可供使用又不能确定的情况下，有时也可采用语言或"经验准则"。

为了使用质量特性来定义和评价，还必须制定组织或应用所特有的，或者两者共同特有的等级和准则。

在告知评价结果时，应该说明进行质量评价时的度量、等级及准则。

对于不同的软件，各个质量特性的重要性是不同的。例如，可靠性对于任务关键型系统软件是最重要的；效率对于时间关键型的实时系统软件是最重要的；而易用性对交互终端用户软件是最重要的。

2．软件质量的观点

下面对其中某些观点进行论述。

（1）用户观点：GB/T 6583 中的质量定义反映了用户观点，上述质量特性也反映了此观点。用户感兴趣的主要是使用软件的性能和使用软件的效果。用户对软件内部的各方面及软件的开发情况一无所知。用户的问题包括：①软件是否具有所需要的功能；②软件的可靠程度如何；③软件的效率如何；④软件使用是否方便；⑤该软件转移到另一环节是否容易等。

（2）开发者观点：①由于软件质量特性对需求和验收均适用，用户和开发者使用同样的软件质量特性。在软件开发时，隐含的需求必须反映在质量需求中。②由于开发者负责生产满足质量需求的软件，故对中间产品和最终产品质量均感兴趣。为了在各开发阶段评价中间产品，需对特性使用不同的度量，因同一度量不适用于生存周期的所有阶段。一般而言，适用于产品外部接口的度量被适用于它的结构的度量所取代。③开发者的观点还必须体现维护软件者需要的质量特性观点。

（3）管理者观点：①管理者也许更注重总的质量而不是某一特性，为此需根据商务需求对各个特性赋予权值。②管理者还需要从管理的准则，诸如在进度拖延或成本超支与质量的提高之间进行权衡，因为他希望以有限的成本、人力和时间使质量达到最优。

9.7 软件维护要求

9.7.1 软件维护的特点和内容

1．软件维护的概念

软件维护是指已完成开发工作，交付使用以后，对软件产品进行的一些软件工程活动。软件的维护性可定义为：①阅读软件时，易于理解的程度；②在运行中发现其中的错误和缺陷时，准备加强其功能、改善性能，而需对它做修改、变更的难易程度。

它包含可测试性、可理解性和可修改性三个方面的内容。充分认识软件维护工作的重要性，并在技术、管理和资金上给予足够的支持，将有利于软件效益的发挥。

2．软件维护的特点

软件维护的概念是从硬件维护的概念中借用来的，由于两者的性质不同，其含义有着很大的区别。①软件是一个完整的产品：软件是逻辑的系统部件而不是物理的系统部件，因此不应根据多个实体部件的质量来衡量软件的成败，而应该把软件作为一个完整的产品来衡量。②软件维护就是要修改软件：软件不会磨损，如果有了故障，则很有可能是软件开发时的疏忽造成的，而且这个毛病在软件测试中并没有发现。在软件维护过程中要换掉有毛病的部分，但是我们几乎没有什么备件。换句话说，维护往往意味着要校核或修改设计。③正确的软件维护可增强功能、提高性能：对硬件来说维护意味着维修，它表示更换已损坏的零部件或对零部件进行保养。其作用仅是恢复设备的功能和延长其使用期限。而软件的维护不仅可以改正原来设计中的错误或不当之处，而且还可以增强软件的功能，提高其性能。④维护工作量大于开发：一个中等规模的软件，如果其开发阶段需要 1～2 年的时间，则在它投入使用以后，其运行或工作时间可能持续 5～10 年之久，而它的维护阶段也正是在其运行的 5～10 年期间。软件维护的工作量和花费可以占一个开发机构全部工作量和花费的 67%。因此，一个优秀的软件应不易出错，又容易维护，即维护性好。

3．软件维护工作的类型

软件维护是在软件产品交付使用之后，为纠正故障、改善性能和其他属性，或使产品适应改变了的环境所进行的修改活动。软件维护工作通常分为以下四类。

（1）改正性维护：纠正软件在使用中出现的错误。这些错误在软件开发的末期所进行的测试中未能发现，而在使用中逐步暴露出来。统计表明软件交付使用时，仍然有占总代码行数的 3‰ 的含有缺陷的代码行未被发现。需改正的错误包括设计错误、逻辑错误、编码错误、文档错误、数据错误等。例如，改正原来程序中未使开关复原的错误；解决开发时未能测试各种可能条件带来的问题；解决原来程序中遗漏处理文件中最后一个记录的问题。

（2）适应性维护：使运行的软件适应外部环境变化。外部环境主要包括计算机的硬件、操作系统、数据环境（数据库、数据格式、数据输入/输出方式、数据存储介质的改变等）的升级，以及有关标准、规则的变化等。适应性维护的例子有：为现有的某应用问题实现一个数据管理系统；对某个指定编码进行修改，从三个字符改为四个字符；缩短系统的应答时间，使其达到特定要求；调整两个程序，使其可以使用相同的记录结构；修改程序，使其适用于另外的终端。

（3）完善性维护：扩充或增强软件的功能，提高原有软件性能。这些新功能和新性能都不是在原有的软件需求规格说明书中规定的，而是用户在使用软件一段时间后提出的新要求。例如，修改计算工资程序，使其增加新的扣除项目；在已有的性能分析程序中增加包含若干属性的新报告；把现有程序的终端对话方式加以改造，使其具有方便用户使用的界面；增加注释，改进易读性；改进图形输出；增加联机求助命令；为软件的运行增加监控设施等。

注意： *据统计，上述三类维护工作在实践中所占的比例分别为 20%、25%、55%左右，可见大多数维护工作是用来改变或加强软件，而不是纠错。*

（4）预防性维护：为了进一步改进可维护性和可靠性而对软件进行更改。目前这一类的维护比较少。它采用软件工程的方法，完全或部分地重新设计、编写和测试要修改的那部分软件，这样可以使将来的维护工作更方便。

4．软件维护内容

软件维护包括数据维护、编码维护及程序维护。

（1）数据维护：对数据文件或数据结构和内容的修改、增删、更改及异常现象的处理等操作，也包括数据库的备份与转录工作。

（2）编码维护：在业务情况发生变化或从安全保密方面考虑，对原系统中使用的编码做必要的修改或增删。同时对用户使用的手册做相应的更改，使新的编码能被确认使用。

（3）程序维护：一般是在原有程序的基础上进行必要的修改，尽量避免涉及全局，并注意对修改的程序保留相应的文件资料备查。

9.7.2　软件维护界面要求

1．软件维护界面的人机工程学基本要求

据统计，软件维护的工作量和费用占整个软件寿命周期的 67%，因此优秀软件设计的一个主要特点就是容易维护。软件的可维护性是指纠正软件系统出现的错误或缺陷，以及为满足新的要求进行扩充或压缩的容易程度。考虑以下因素就可以减少修改或易于修改。

（1）可理解性：人们通过阅读源码和相关文档，了解程序功能及其如何运行的容易程度。一个可理解的程序主要应具备如下特性：结构化、模块化、风格的一致性，不使用令人捉摸不透或含糊不清的代码，使用有意义的数据名和过程名。

（2）可适用性：从用户观点出发是指程序实用及易于使用的程度。

（3）可修改性：指修改程序的容易程度。可修改的程序是可理解的、通用的、灵活的，而且是简单的。

（4）易分析性：易于诊断缺陷或失效原因，并判定待修改的部分。

（5）可测试性：指论证程序（包括对程序的修改）正确性的容易程度。

（6）可移植性：一个程序可以容易并有效地在各种各样的操作环境中运行的程度。可移植性程序结构良好、灵活，易安装、易替换，不依赖于某一具体的计算机和（或）操作系统的性能（即软件的设备独立性）。

2．程序编码的维修性要求

（1）单一高级语言：尽可能只用一种符合标准的高级语言。

（2）编码约定：维护人员首先必须克服的困难是编码本身，开发人员和维护人员编写大量源码时很少考虑到以后的维护人员，结果使得源码的可读性很差。源码一定要加注解并用结构化格式编写，采用标准的程序语言版本。

（3）结构化和模块化：应采用自顶向下的程序设计方法，使程序的静态结构与执行时的动态结构相一致；模块化是指用一组小的层次结构的单元或例行程序构成程序，其中每个单元或例行程序集完成特定的单一功能。模块化不是仅仅将程序分段，模块的结构必须遵循下列设计原则：①一个模块应只完成一个主要功能；②模块间的相互作用应最少；③一个模块应只有一个入口和一个出口。

（4）标准数据定义：一定要为系统制定一组数据定义的标准。正确一致地定义系统中使用的每个数据元素名字、属性、用途和内容，会大大简化阅读和理解各模块的难度，并确保各模块间的正确通信。

（5）良好注释的代码：好的注释可增强源码的可理解性。除提高程序可读性外，注释还有两个重要用途，即提供程序的用途和历史信息、它的起源（作者、生成和修改日期）、子程序名和个数，以及输入/输出需求和格式；其次也提供操作控制信息、指示和建议来帮助维护人员理解代码中不清楚的部分。

（6）编译程序扩展：应限制语言的扩展和保留语言基本特征的一致。如果需要使用编译程序扩展，应编制良好文档加以说明。

3．文档界面的人因学要求

一个系统的文档是良好维护的基础，文档合格的关键是将必需的信息记录下来，以保持文档的及时更新和一致，并使维护人员能很快地找到所需的信息。

1）文档的要求

（1）文档的准确性和完整性：所述内容或提供的信息应科学、可行、正确无误，不致产生歧义，避免产生不易理解和不同理解的可能性；使用标准的术语、图形符号和标记；内容与所述对象保持一致，相关文件的内容及术语应保持一致。应保证系统文档的完整性，能反映系统的全貌。

（2）文档的可读性：易于可靠地理解信息和读取信息。文档的布局层次清楚，字符和图像清晰，文件应表达明晰（可采用适当的图、表）、逻辑严谨、条理分明；表现形式通用，符合一般人的阅读习惯等，以利读者快速查阅信息。

（3）文档的规范性：对各类文档应分别规定或采用统一的内容、结构和格式。提高文档的规范性是保证文档准确性、完整性和可读性的重要保证。如能根据文档类型制定相应规范化的“模板”，将有利于提高文档拟制和阅读的效率。

（4）文档的读者：文档的编写必须注意适应自己的特定读者的水平、特点和要求，要能适应全体读者中知识水平最低者。每种文档应自成体系，尽量避免阅读一种文档时又不得不去参考另一种文档。

2）文字信息的要求

（1）文字简明、扼要、确切：应避免意义含混、信息不全或信息冗长的现象，避免容易引起歧义或多解的说明。

（2）使用短的句子：人的信息处理能力有限，为使句子易于理解，应尽可能采用短句或者将长句分解为短句。

（3）尽量使用肯定句和主动句：肯定句比否定句更易理解；主动句比被动句更容易理解和记忆。

（4）按顺序组织句子，使文字排列和动作一致。尽量使用熟悉的词来组成句子。

9.7.3　软件生存周期和维护过程

1. 软件生存周期

一项计算机软件，从出现一个构思之日起，经过软件开发成功投入使用，直到最后决定停止使用，并被另一项软件代替之时止，被认为是该软件的生存周期。一般来说，软件的生存周期可以分为以下六个阶段。

（1）可行性研究与计划阶段：确定该软件的开发目标和总的要求，进行可行性分析、投资—收益分析、制定开发计划，并完成文件的编制。

（2）需求分析阶段：由系统分析人员对被设计的系统进行系统分析，确定对该软件的各项功能、性能需求和设计约束，确定对文件编制的要求。作为本阶段工作的结果，一般来说，软件需求说明书、数据要求说明书和初步的用户手册应该编写出来。

（3）设计阶段：系统设计人员和程序设计人员应该在反复理解软件需求的基础上，提出多个设计方案，分析每个设计能履行的功能并相互进行比较，最后确定一个设计方案，包括该软件的结构、模块的划分、功能的分配及处理流程。在被设计系统比较复杂的情况下，设计阶段应分解成概要设计阶段和详细设计阶段两个步骤。在一般情况下，应完成的文件包括概要设计说明书、详细设计说明书和测试计划初稿。

（4）实现阶段：要完成源程序的编码、编译（或汇编）和排错调试，得到无语法错误的程序清单；要开始编写模块的开发卷宗，并且要完成用户手册、操作手册等面向用户的文件的编写工作；还要完成测试计划的编制。

（5）测试阶段：全面地测试程序，检查、审阅已编制的文件。一般要完成模块的开发卷宗和测试分析报告。作为开发工作的结束，所生成的程序、文件及开发工作本身将被逐项评价，最后写出项目开发总结报告。

（6）运行和维护阶段：软件将在运行使用中不断地被维护，根据新提出的需求进行必要且可能的扩充和删改。在维护中，对于软件较大的改进应进入开发过程的步骤（即前五个阶段）实施修改。

2. 软件维护与软件开发的关系

软件生存周期中的维护阶段通常起始于软件产品交付给用户、用户验收之时。软件维护活动通常可定义为软件生存周期中前几个阶段的重复，可以看作一个简化了的软件开发周期。软件维护与软件开发有许多相同的活动，但也有其独特之处。

（1）维护活动限定在已有系统的框架之内完成。维护人员必须在已有的设计和编码结构的约束下做出修改。一般系统越旧，软件维护就越困难和越费时。

（2）通常软件维护阶段的时间比软件开发的时间长得多，但一项具体的软件维护一般比该软件的开发时间短得多。

（3）软件开发必须从无到有产生所有的测试数据，而软件维护通常可以使用现有的测试数据进行回归测试。有时还要产生新的数据，对软件修改及修改后的影响进行必要的测试。

3. 软件维护过程

计算机软件的维护过程几乎与开发过程一样复杂。下面按顺序列出完成一项软件维护过程的步骤：确定修改类型→确定修改的需要→提出修改请求→需求分析→认可或否决修改请求→安排任务进度→设计→设计评审→编码修改和排错→评审编码修改→测试→更新文档→标准审计→用户验收→安装后评审修改及其对系统的影响。

其中有几个步骤会经常发生循环，但并不是每次修改都要执行所有的步骤。

9.7.4 影响软件维护的因素及解决方法

1. 影响软件维护的因素

增加维护工作量和维护工作难度的因素包括：软件计划及开发方法方面的缺陷；如果在软件生命周期的前两个阶段缺乏控制，则几乎总会转化为最后阶段的毛病。下面是一些与软件维护有关的老问题。

（1）编制程序的人不可能经常对软件加以说明。软件人员的流动是经常的，当需要维护时，不能指望由开发人员仔细地说明软件；由于维护阶段持续的时间很长，因此，当需要解释软件时，往往原来写程序的人可能已经不在附近了。

（2）没有合适的文档资料和文档资料太少。软件必须有与之相应的文档资料，而且文档资料必须是可以理解的，并与源程序一致，否则就没有任何价值。

（3）绝大多数软件在设计时没有考虑将来的修改。除非使用强调模块化概念及模块独立性原则的设计方法，否则修改软件既困难又容易发生差错。

（4）人们并不把维护看作有吸引力的工作。这是因为维护工作很困难，常会受到挫折。理解别人编写的程序通常非常困难，文档资料越少困难就越大。如果仅有程序代码而没有说明文字，就会出现严重的问题。

（5）软件的规模偏大，复杂性较高。

（6）要维护的软件系统开发时间较早。

（7）软件的应用领域经常改变。

2. 软件维护可能产生的副作用

软件维护的副作用指的是由于修改软件而造成的错误和其他不希望发生的情况。弗里德曼与温伯格定义了三类主要的副作用。

（1）修改程序的副作用：简单地修改一个语句有时会产生灾难性的后果。

（2）修改数据的副作用：在维护时常常要修改数据结构的各部分，或者要修改数据结构本身。数据改变了，它就有可能不再与原先的软件设计相适应，而产生错误。

（3）文档资料的副作用：修改了源程序而没有修改相应的设计文档资料及用户手册，造成软件与相关文档的不一致。

3．解决软件维护困难的方法

针对上述维护工作中存在的一些矛盾，提出以下解决对策。①在软件开发的开始阶段应建立维护的观念。②使程序结构的复杂性降到最低。③开发中坚持按结构化方法进行设计。④开发中努力提高软件的可靠性，以减少改正性维护的工作量。⑤开发时最好能预计到未来使用中可能的变动，使设计具有可修改、可扩充的灵活性。例如，设计中，在做模块划分时，把固定不变的和可能变动的部分分开。⑥应注意提高文档编制的质量。⑦加强维护的管理，确保维护中对变更的控制和对变更的审查。

4．软件维护与软件重新设计

维护是一种不断进行的过程，但有时也应考虑是否要重新设计一个软件系统。当一个软件已变得易出差错、效率降低和耗费增大，再对其继续维护的成本/效益比可能会超出重新设计一个系统时，应考虑是否重新设计一个软件系统。下列特征可帮助管理人员决定是否应重建软件。

（1）一般原则。①软件经常出错与性能恶化：代码越久，则经常的更新、新的需求和功能增强就越会引起系统的故障和性能恶化。②过时的代码：过时的代码会严重影响新系统性能的发挥。③在仿真方式下运行：采用仿真方法，常阻止系统发挥全部能力和所有功能。仿真系统往往在功能上尚可实用，但效率较低。④模块或单个子程序非常大：此时，大模块结构应重新构造，分成较小的、功能上相关的部分，这样可增强系统的可维护性。⑤过多的资源需求：需要过多资源的系统会成为用户的沉重负担，因此需考虑是增加更多的计算机设备还是重新设计和实现该系统。⑥将易变的参数编入代码中：尽可能对程序进行更新，以使它们能从输入模块或一个数据表中读入参数。⑦难以拥有维护人员：用低级语言，尤其是汇编语言编写的程序，需要大量的时间和人力去维护。一般这类语言不为人们广泛了解，因此要寻找了解这类语言的维护人员日益困难。⑧文档严重不全或失真：文档不全、过时或失真，将使维护工作极其困难。

（2）程序结构和逻辑流过分复杂：具有部分或全部下列属性的软件通常很难维护，需重新设计。①过多使用 DO 循环；②过多使用 IF 语句；③使用不必要的 GOTO 语句；④过多使用嵌入的常数和文字；⑤使用不必要的全程变量；⑥使用自我修改的代码；⑦使用多入口或多出口的模块；⑧使用相互作用过多的模块；⑨使用执行同样或相似功能的模块。

5．软件维护工作的标准化

解决软件维护困难的根本办法是，对生存周期全过程的各个环节实施标准化。标准化是对重复性事物和概念，通过制定、发布和实施标准达到统一，以获得最佳的秩序和效益。

（1）软件维护工作标准化的意义。①软件维护工作的各个环节的技术、方法已典型化和比较成熟，它们是软件开发、维护和管理人员所共同遵循和反复使用的，将其标准化有助于保证软件开发、维护的质量和效率。②通过对软件工作的各个环节的标准化，对工作内容做出具体规定，使这些工作有章可循，使工作有序有效，避免遗漏和差错，是企业治“乱”的重要手段。标准化是质量管理的基础，是企业生存、发展的基础。

（2）软件维护标准化的基本方法。①通过制定标准，使各项工作有序化、规范化，并形成诸如标准、规范、规约、规定、规程、章程、法规、准则、导则、指南、规章制度之类的文件。这些文件是在一定范围内经充分协调，得到一致（或大多数）同意，并经有关机构批准，具有约束力、需共同遵守的准则，从而在给定范围内达到最佳有序化程度。②建立“软件开发、维护标准体系表”，对软件开发、维护全过程所需的标准做出统一规划，使所需规范化的要素既无遗漏又无重复。③这些“企业标准”的内容，可以现有的相关国家标准和行业标准为基础，结合企业的具体情况，汇编而成。④应指定专人管理标准体系，适时对相关人员进行培训；及时修订标准，使各个标准保持其先进性、实时性和有效性。

Chapter 10

第 10 章 人—计算机界面设计

10.1 人—计算机界面的人机工程要求

10.1.1 人—计算机界面的要求

1．人—计算机界面设计的一般准则

人—计算机界面（包括软件和硬件两个方面，简称人机界面）设计的总要求是，要在计算机系统和用户（操作人员/维修人员）之间提供一个充分与人相适应的功能界面，以提高人的工作绩效，减小人产生错误的可能性。一般包括以下设计准则。①数据输入功能设计应保证数据输入处理的一致性，减少用户的输入活动和记忆负担，保证数据输入与显示的兼容，并使用户拥有控制数据输入的灵活性。②用户的每个输入在计算机上都应产生与之相对应的、可知觉的响应输出。③为指导用户选择或构建数据或命令输入项，应向用户提供在线的数据和命令索引或词典，而且能在用户要求下，显示所选项的定义、系统性能、程序及数值范围。④有关操作方式、有效性、负荷等系统状态的信息应在任何时候都能自动地或在用户要求下提供给用户。⑤在部分软件或硬件失效的情况下，计算机程序应能顺序关机并设立检查点，能在不丧失当前计算结果的前提下完成恢复。⑥当两个或两个以上用户必须同时从多个人机界面访问计算机程序、阅读数据处理结果时，任一用户的操作均不应干扰其他用户的操作，除非该任务是优先占用，而优先占用的用户则能在干扰点继续其操作，且无信息损失。⑦应对数据加以保护，以防止被越权使用，或由于设备故障、用户失误而可能造成的数据丢失。⑧计算机响应时间应与操作要求一致，不超过有关应用的允许值，如果计算机响应时间太长（如超过 15s），则应告知用户系统正在响应。⑨要求用户响应的时间也应和系统的响应时间相适应。

2．硬件界面的开发

硬件开发者和系统制造厂家正在提供新式的键盘设计或非键盘输入装置，以及研制新的指示设备和大型高分辨率彩色显示器，以便对日益复杂的作业提供快速反应，使显示系统有更快的显示速率和平稳转换功能。例如，平行结构能支持快速的人—计算机对话；语言输入和输出

技术、手势输入技术、触觉和力反馈输入技术（例如，以触摸屏和/或输入笔与图形输入板作为输入装置），都将提高使用的方便性。

3. 软件界面的开发

软件设计者一直在探索如何最好地提供选单选择和表格填充的方式，开发命令、参数、询问的语言工具，以及输入、搜索、输出用的自然语言工具。而诸如直接操纵、远距离显示和虚拟现实等技术的发展，又必将大大改变人—计算机对话的方式。对防止出错和提供出错信息的技术的研究与开发，也会使用户更有效地与系统对话。

10.1.2 视觉显示屏的基本要求

显示应尽量简单、明晰、易于理解。必须显示复杂或十分详细的内容时，显示格式就得有好的组织和结构。当安全准则要求在处理过的信息之外，还要提供原始的、未经处理的或不受事故损害的数据时，该显示格式的组织和标志就必须能够区分各类信息。

（1）可用性。①无论什么时候提出要求，都必须立即将所需要的信息显示给操作员；②应具有必要的冗余，例如，报警除以模拟图格式显示外，还可以用其他显示格式；③关于专用失效准则见 10.2.2 节。

（2）清晰性。①表达在屏幕上的信息，必须在任何运行工况下都能被操作员清楚地理解；②应适当使用文件形式及图示，如图标；③为获得屏幕显示必需的清晰性，信息显示格式的技术要求必须依据人机工程学数据给出，见 10.3 节有关部分。

（3）精确性。①显示格式必须向操作员传送预期的信息，而不能含糊或丧失意义；②图形和直方图的标尺必须使操作员能读出并恰当地理解；③指示和最大值或当前值应以数字值注明；④对于数字显示，测量值的表达应选择适当的分辨率，以便获得足够的精确度，并同时保证稳态工况下数字在每一适时修正中变更的字数很少；⑤如果数字适时修正率快于每秒数字总数的 3/10，则改变中的数值的最后有效数字通常就不能读出。

（4）兼容性。视觉显示器的显示格式应与其他人机界面兼容。

（5）一致性。①显示画面的标准化是有益的，但它必须不优先于本章规定的更重要的准则；②在一组显示画面内表达同一个信息，所有项目的命名均应相同；③在不同的显示画面上使用同一个项目，可能时应将它们放在每个显示画面的相同位置上；④应一致地运用编组技术并采用标准化的标题和字体。

10.1.3 人—计算机界面设计的标准化

硬件和软件两方面的特性均能极大地影响用户的工作绩效。人机工程学的主要任务之一是确保产品和系统适合用户使用，也即使产品或系统（包括显示器、输入/输出设备、软件、工作场所、工作环境和任务）的设计与目标用户的特性、能力和局限性相匹配。系统的人机工程学特性的改善将会减少失误和不适感，并最大限度地降低对健康和安全带来危害的风险，提高工作效率。为此，ISO/TC 159（人类工效学标准化技术委员会）已发布了一系列有关标准。这些标准规定了一系列详细的设计要求和方法。本章仅概要地介绍这些标准中对硬件和软件的人机工程设计，以及所涉及的有关概念、基本设计要求和方法。更具体的内容请直接参阅以下相关标准。

（1）GB/T 18978 /ISO 9241《使用视觉显示终端（VDTs）办公的人类工效学要求》系列标准。该系列标准的内容涵盖硬件和软件，共有 17 项标准，包括：①概述；②任务要求指南；③视觉显示要求；④键盘要求；⑤工作台布局和姿势要求；⑥工作环境指南；⑦带反射的显示要求；⑧显示的颜色要求；⑨非键盘输入设备要求；⑩对话原则；⑪可用性指南；⑫信息显示；⑬用户指南；⑭菜单对话；⑮命令对话；⑯直接操作对话；⑰填表对话。

由于 GB/T 18978 对应的国际标准 ISO 9241 进行了调整和扩充，标准名称由《使用视觉显示终端（VDTs）办公的人类工效学要求》改为《人—系统交互工效学》，为了与 ISO 9241 相协调，GB/T 18978 标准名称也改为《人—系统交互工效学》，各部分的编号和名称也将与最新的 ISO 9241 各部分的编号和名称保持一致。该系列标准正在陆续制定中。

（2）GB/T 20528/ISO 13406《使用基于平板视觉显示器工作的人类工效学要求》系列标准，包括：第 1 部分概述；第 2 部分平板显示器的人类工效学要求。

（3）GB/T 20527/ISO 14915《多媒体用户界面的软件人类工效学》系列标准，包括：第 1 部分设计原则和框架：建立了多媒体用户界面的设计原则，提供了多媒体设计的框架和设计过程的建议；第 2 部分多媒体导航和控制：提供了多媒体应用软件中的媒体控制和导航的建议；第 3 部分媒体选择与组合：提供了与通信目的或任务有关的媒体选择和组合不同媒体的指南。

10.2 视觉显示屏的人机工程要求

10.2.1 视觉显示屏的类型和显示质量要求

1．视觉显示屏的类型

（1）按用途分类：①手机视觉显示屏；②计算机视觉显示屏；③平板显示器屏幕；④其他用途的视觉显示屏，如家电、办公用品、公共设施用的视觉显示屏等。

（2）按尺寸大小分类：大型、中型、小型视觉显示屏。

（3）按材质分类：不同显示技术采用不同材质。即便是同一种显示技术（如液晶显示）也有不同的材质，并且由材质主导显示质量等级。

（4）按质量等级分类：低端（普及型、通用型）、中端、高端视觉显示屏。

2．显示屏的主要性能参数

主要参数有六个：亮度、对比度、分辨率、可视角度、响应时间、色域。分辨率与色域决定屏幕的清晰度；亮度与对比度是判断液晶显示器质量的最基本条件。

（1）亮度：指画面的明亮程度。通常屏幕只有拥有较高的亮度值，才能让画面更为亮丽。亮度值越高，代表性能越好，色彩还原越准确，画面也更鲜艳。亮度不能一味地高，显示器画面过亮也会让人感到不适，容易产生视觉疲劳，也会降低显示器的对比度。亮度的均匀性也非常重要。

（2）对比度：指黑白颜色之间的亮度对比（即最亮与最暗之间的亮度对比）。拥有高对比度的液晶显示器能够显示出更丰富的色彩层次。这项指标当然也是值越高越好。静态对比度就是通常所说的对比度，而动态对比度指的是液晶显示器在某些特定情况下测得的对比度数值。

（3）分辨率。分辨率可以细分为显示分辨率、图像分辨率、打印分辨率和扫描分辨率等。①显示分辨率（屏幕分辨率）指屏幕图像的精密度，是指显示器所能显示的像素有多少。由于屏幕上的点、线和面都是由像素组成的，显示器可显示的像素越多，画面就越精细，同样的屏幕区域内能显示的信息也越多，所以分辨率是一个非常重要的性能指标。可以把整个图像想象成一个大型的棋盘，而分辨率的表示方式就是所有经线和纬线交叉点的数目。在显示分辨率一定的情况下，显示屏越小图像越清晰；反之，当显示屏大小固定时，显示分辨率越高图像越清晰。②图像分辨率指单位英寸中所包含的像素点数，其定义更趋近于分辨率本身的定义。通常情况下，图像的分辨率越高，所包含的像素就越多，图像就越清晰。例如，一张分辨率为 640 像素×480 像素的图片，其分辨率就达到了 307200 像素，也就是常说的 30 万像素；而一张分辨率为 1600 像素×1200 像素的图片，其像素就是 200 万。显示器的图像清晰程度主要取决于显示器的分辨率。不要一味地追求高分辨率，要根据自己的需求来选择。对于普通用户来说，全高清已经足够使用，有能力的可以选择 2K 分辨率。

（4）可视角度：指用户可以从不同的方向清晰地观察屏幕上所有内容的角度。可视角度的大小决定了用户可视范围的大小及最佳观赏角度。如果太小，用户稍微偏离屏幕正面，画面就会失色。一般用户可以选择 120° 的可视角度。现在 IPS 面板显示器的可视角度达到了 178° 的全方位超广视角，无论从哪个方向观看屏幕，看到的画面都和从正面看到的效果一样。

（5）响应时间：显示器响应时间即信号反应时间，是指液晶显示器的每一个像素点从暗到明及从明到暗所需的时间，通常以毫秒（ms）为单位。一般说明书中标示的是上述两者的平均值，但也有厂商会把两个数值都列出来。1ms 响应时间呈现动态画面时无残影和拖尾，无损画质，精细锐利。如果信号反应时间太长，动态画面很容易出现残影，显示效果将大打折扣。如果用户有大量的动态画面需求，如游戏玩家等，最好选择反应时间更短的产品。现在市面上的产品灰阶响应时间最短的已经达到 1ms。

（6）色域：对一种颜色进行编码的方法，也指一个技术系统能够产生的颜色的总和。在计算机图形处理中，色域是颜色的某个完全的子集。颜色子集最常见的应用是用来精确地代表一种给定的情况。显示器常见的色域类型有 NTSC、sRGB、Adobe RGB。目前使用最广泛的 sRGB，代表了标准的红、绿、蓝三种基本色素。当 sRGB 色域值为 100%时，表明该显示器非常专业（现已有达到 120%的显示器）；sRGB 色域值为 96%～98%时为常见水平，即中等水平，表明该显示器不能完全显示所有的颜色，值越小显示能力越差。

3．触摸屏（Touch Panel）的基本要求

（1）绝佳的人机交互装置。①触摸屏是继键盘、鼠标、手写板、语音输入后最为普通百姓所接受的屏幕输入方式。这是一种交互输入设备，用户只要用手指或光笔触碰显示屏上的图符或文字就能实现对主机的操作和查询，摆脱了键盘和鼠标操作，从而大大提高了计算机的可操作性和安全性，使人机交互更为直接，成为极富吸引力的全新多媒体交互设备。②触摸屏技术具有操作简单、使用灵活的特点，是最为轻松的人机交互技术。③这种最为轻松的人机交互技术已经被推向众多领域，除手机外，还广泛用于家电、公共信息（如电子政务、银行、医院、电力等部门的业务查询等）、电子游戏、通信设备、办公自动化设备、信息收集设备及工业设备等。④触摸屏的本质是传感器，它由触摸检测部件和触摸屏控制器组成。触摸检测部件安装在显示器屏幕前面，用于检测用户的触摸位置，然后送触摸屏控制器。触摸屏控制器的主要作用是从触摸点检测装置上接收触摸信息，并将它转换成触点坐标，再送给 CPU，它同时能接收 CPU 发来的命令并加以执行。⑤根据传感器的类型，触摸屏大致可分为红外线式、电阻式、表面声

波式和电容式触摸屏四种。

（2）主要性能要求。①透明特性：它直接影响触摸屏的视觉效果，至少包括四个特性，即透明度、色彩失真度、反光性和清晰度。透明度越高越好，色彩失真度越小越好。②反光特性：主要指由于镜面反射造成图像上重叠身后的光影，如人影、窗户、灯光等。反光是触摸屏带来的负面效果，越小越好。它影响用户的浏览速度，严重时甚至无法辨认图像字符。反光性强的触摸屏使用环境受到限制，现场的灯光布置也被迫需要调整。磨砂面触摸屏也叫防眩型触摸屏，价格略高一些，其反光性明显下降，透光性和清晰度也随之有较大幅度的下降。③绝对坐标：触摸屏是绝对坐标系统，要选哪就直接点哪，与鼠标这类相对定位（光标）系统的本质区别是一次到位的直观性。要求同一点的输出数据是稳定的，如果不稳定，就会产生触摸屏最怕的问题：漂移。目前有漂移现象的只有电容触摸屏。④检测定位：检测触摸并定位，各类触摸屏所用的传感器决定了触摸屏的反应速度、可靠性、稳定性和寿命。

（3）主要人机特性。①操作简便：只需手指轻触计算机屏幕上的有关按钮，便可进入信息界面，大大方便了那些不懂计算机操作的用户。②界面友好：顾客无须了解计算机的专业知识，便可以清楚明白计算机屏幕上的所有信息、提示、指令，其界面适合各层次、各年龄的广大客户。③信息丰富：信息存储量几乎不受限制，任何复杂的数据信息都可以纳入多媒体系统，而且信息种类丰富，可以达到视听皆备、多变的展示效果。④响应迅速：系统采用尖端技术，对大容量数据查询响应速度很快。⑤安全可靠：长时间连续运行，对系统无任何影响，系统稳定可靠，正常操作不会出错、死机；维护容易，系统包括一个与演示系统界面完全相同的管理维护系统，可以方便地对数据内容进行增减、删改等管理操作。⑥扩充性好：具有良好的扩充性，可随时增加系统内容和数据。⑦动态联网：系统可以根据用户需要，建立各种网络连接。

10.2.2　手机、计算机屏幕显示的人机工程要求

（1）手机屏幕显示要求。一般来说，手机屏幕主要看分辨率、亮度、对比度、色彩和材质。①分辨率决定手机屏幕的显示精细度，因为手机屏幕是离眼睛最近的显示器，因此，比计算机和电视显示精细度要求高。分辨率与屏幕大小有关，越小的屏幕、越高的分辨率，就越清晰，画面就越细腻。②和计算机、电视不同，手机显示环境经常在日光下，所以对亮度要求高，一个亮度足够的手机屏保证在阳光下也可以清晰阅读，这对使用体验尤其重要。③对比度为最亮和最暗相差程度，对使用体验影响很大，对比度不足会有灰蒙蒙的感觉，而对比度高会产生更清晰的感觉。④色彩指数越高，屏幕色彩的表现能力越高，在颜色的表达上会更为艳丽一点。拥有高对比度的显示器色彩呈现的层次会更丰富。一般来说，能显示的颜色越多越能显示复杂的图像，画面的层次也更丰富。⑤屏幕材质：在屏幕材质、色彩数、对比度、亮度等指标中显示屏的种类是核心参数，它在很大程度上决定了其他几项参数。手机的彩色屏幕因 LCD 品质和研发技术不同而有所差异，其种类大致有 STN、TFT、TFD、UFB 和 OLED 几种。STN 屏幕是低端机型的首选；显示效果最好的是 TFT，与 STN 相比 TFT 有出色的色彩饱和度、还原能力和更高的对比度，但是缺点就是比较耗电，而且成本也比较高。⑥符合 10.2.1 节中触摸屏的基本要求。

（2）计算机屏幕显示要求。应选取良好的表达方式，使信息易于辨别：①清晰而无闪烁的显示，而实时数值则有恰当的适时修正频率；②有足够的显示空间，并有最佳安排；③显示格式和符号尺寸适当；④具有图画、符号和文字、数字显示功能；⑤采用标准化的、常用的符号和命名；⑥各种安排基于人的因素考虑（如不违反人群公认惯例）；⑦采用编组和编码方法；

⑧采用前后一致的信息流方向；⑨按照不同用户的需要，选取适当的提要水平。

10.3 大型平板显示器的人机工程要求

10.3.1 大屏幕平板显示

（1）平板（flat panel）显示器。①这种显示屏厚度较薄，看上去就像一款平板。平板显示器与传统的CRT（阴极射线管）显示器相比，具有薄、轻、功耗小、辐射低（或无辐射）、没有闪烁、有利于人体健康等优点。平板显示技术已成为显示技术发展的方向。②平板显示器的种类很多，按显示媒质和工作原理分，有液晶显示器（LCD）、等离子显示器（PDP）、发光二极管（LED）显示器、有机电致发光显示器（OLED）、场发射显示器（FED）、真空荧光显示器（VFD）、投影显示器（微机电系统显示器DMD/DLP）、电子油墨（EL）显示器等。③它们各有其适用范围，其中以TFT-LCD（薄膜晶体管液晶显示器）、PDP、OLED等平板显示的技术研究和产品开发作为重点发展的重大项目（2020年发布）。液晶显示技术相当成熟，液晶显示器是相当长时间内最主要的平板显示器件。④手机、笔记本电脑、电视、家用电器等用的平板显示器属于中小型平板显示器。LCD、PDP、OLED、LED、DMD/DLP等适合做大屏幕显示器。OLED是一种可将画面弯曲的"可卷显示器"技术（也称电子纸），将作为有别于液晶的另一种交互式平板显示器，它具有极佳的阅读性能。

（2）大屏幕显示要求。①图像显示效果清晰。屏幕亮度高（满足大量观众的观看要求），显示均匀，色彩丰富，还原真实，图像失真小，显示稳定性高。②视角宽，画质细腻。图像显示高对比度，能更好体现图像的深度和层次感。③高可靠性和高稳定性。支持24h连续运行，停电、短路都不会对整个系统造成损坏和程序的混乱，寿命长。④良好的环境适应性。产品耐热，不受潮湿或振动等环境因素的影响（尤其是户外使用的显示屏），维护量很少。⑤几乎不受环境光的影响，表面吸光能力强，不反光、无重影。⑥不变形，耐冲击。大屏幕以高稳定支架悬挂，不受温差影响，温度敏感性弱，保持平整、不变形。⑦多功能，具备各种信号的接入功能，配有丰富的多媒体接口。显示方式变化多样（图形、文字、三维、二维动画、电视画面等）；能够显示计算机的各种视频信号；通过网络途径，可以实现网络信号、高分辨率应用画面和视频图像的显示；具有输入信号扩展能力，实现一机多用。⑧统一显示和功能分屏显示。整个显示系统可共同显示一个大的图像，也可分为多个功能区，分屏显示不同图像。如监控中心的大屏幕需要分出多个监控画面显示区域，用以显示监控信号图像，方便全局控制。⑨统一控制和分屏独立控制。整个显示系统可作为统一平台进行控制，如在全屏任意位置调用任意信号显示等。同时，各功能分屏区可独立控制，如对所在分屏进行开/关机，在该区域内调用显示信号等。⑩可以同时显示多个窗口，可以看到更多的信息。

10.3.2 大屏幕互动平板显示器

随着信息时代的到来、计算机多媒体技术的迅猛发展、网络技术的普遍应用，大到指挥监控中心、网管中心的建立，小到临时会议、技术讲座的进行，都希望获得大画面、多彩色、高亮度、高分辨率的显示效果。

1. 大屏幕平板显示器的应用类型

（1）程序型信息输出（广告展示型）：按预先设定的程序，以视频或视频加音频方式进行显示，用户被动地接受信息，如一些露天广告屏，展览会、企业展厅、商场等处的大型平板显示屏。

（2）选择型信息输出：信息是预先设置的，用户可以提供屏幕的提示，选择感兴趣的信息，如大量应用于科技馆、规划馆、博物馆、各类展馆、商场、酒店宾馆、娱乐场所的触摸式显示屏。

（3）互动型信息输出：是计算机控制的人机交互式平板显示器，可实现人机间的对话和远程人—人间的视频、音频、文字对话，如远程视频会议、教学、培训、诊疗、维修等。

2. 互动平板显示的远程应用

（1）远程办公、会议：平板集成了各种功能的办公和会议所需的办公设备，可供直接使用，提高工作效率。

（2）远程教学、培训：在教学中，其高清晰显示屏解决了投影机前投光线刺眼的问题，无盲点完全触摸、全程互动使得教学生动有趣，其内置的海量物理、化学、IT 等教学资源及直观形象，既大大节省老师的画图时间，更满足了学生对于知识的渴求。

（3）远程诊疗：对疑难病症可请外地专家进行远程会诊，专家可以根据病人的病态、各种片子和化验数据进行互动交流，确定治疗方案，甚至可对手术进行现场指导。

（4）远程维修：对现场的设备故障，设计师可通过音频、视频，实时进行维修指导。

（5）客户与商家的远程互动沟通：通过及时的互动沟通，有助于提高产品或工程的质量，更加贴合客户的需求。

3. 大屏幕互动平板功能要求

互动平板显示是以可视、交互和协同为根本特征的信息沟通方式。①以高清液晶屏为显示和操作平台，具备书写、批注、绘画、多媒体娱乐、网络会议等功能，融入了人机交互、平板显示、多媒体信息处理和网络传输等多项技术，是信息化时代办公、教学、图文互动演示的优选解决方案。②能够实现点击、互动、查询、放大/缩小、旋转、翻页、手写标注、书写、辅助表格插入、拖动等操作。③支持图文混排，可预览并即时拖入 Word、PPT、Excel、图片等多个文件，将其在一个页面上显示出来，并可保存为同一格式（包括图片格式）。④具有 PC 桌面活动图像录制和回放功能，录像文件采用通用的流媒体文件格式，便于分发和使用。⑤防眩光，不用拉窗帘。例如，在钢化玻璃上有防眩光层，即使在强光条件下，画面依旧逼近自然光。⑥手机、平板电脑、笔记本电脑均可同屏，可设置单屏、双屏、四分屏，轻松对比，实时讨论。⑦内置丰富的软件、高性能 PC（可选）。配备高保真立体声音响系统，支持本机或外接多媒体信号的扩音。带 TV 功能。

4. 大屏幕互动触摸平板技术

（1）功能。①触控平板的结构是将主机、液晶显示器、触摸屏合为一体，是为了操作上的方便，人们用触摸屏来代替鼠标或键盘。其稳定性较好，可以简化操作，更方便、快捷。②多点触控液晶大屏+视频会议系统可实现远程办公、远程会议、异地互动交流等功能，会议交流更丰富，更具人性化，信息分享更容易。同时，还可以帮助商务用户实现文档处理、视频播放、音响、多媒体展示、屏幕书写、远程协同等功能。

（2）要求。①触摸目标应低于肩高，其灵敏面积至少等于第 95 百分位数男子的食指远端关节宽度（例如，可使触摸区域为 20mm×20mm～30mm×30mm），其周围至少应有 5mm 的不灵敏区域。如出现视差，影响操作效果，则灵敏面积需稍扩大。②屏面上字符或符号的大小与对比度应符合上述关于字符或符号的相应规定。③应提供听觉或视觉反馈（如醒目地显示所选选项）。④屏面应经过处理，消除静电。⑤为避免意外启动，重复显示之间应有 500～750ms 的延时，并应提供撤销手段。⑥对于需保证安全的操作，应至少要求两次专心的触摸，其中第一次触摸为第二次触摸打开一个“确认对话元”，而该“确认对话元”可在不出现第二次触摸的数秒之后即自动关闭或去激活。⑦在曳动画面的操作中，对象或光标应随手指或光笔实时、实地移动。⑧一般还应提供同时用键盘选定并执行选项的方法。

5. 大屏幕互动投影（虚拟互动）技术

互动投影系统为融合当今世界最高科技的广告和娱乐互动系统；互动影音系统提供一种不同寻常并激动人心的广告与娱乐交相辉映的效果系统，适用于所有公共室内场所，特别是休闲、购物、娱乐及教育场所。

互动投影方案以舞台展示的形式，应用到各大话剧院、多媒体展厅、各种商场门口、游戏馆、展览馆、文化馆、游泳馆及企业新品发布会等场合，样式多样、应用广泛。

互动投影系统运用的技术为混合虚拟现实技术与动感捕捉技术，是虚拟现实技术的进一步发展。虚拟现实技术是通过计算机产生三维影像，提供给用户一个三维的空间并与之互动的一种技术。虚拟互动技术已可实现人与多种自然景象或虚拟世界的仿真模拟图像在不同展示平台中的互动，使人产生身临其境之感。

（1）互动投影系统平台形式。包括地面互动投影展示平台、立面互动投影展示平台、球面互动展示平台、台面互动展示平台。

（2）互动投影系统的组成。主要分为以下几部分：①信号采集部分，根据互动需求进行捕捉拍摄，捕捉设备有红外感应器、视频摄录机、热力拍摄器等；②信号处理部分，该部分对实时采集的数据进行分析，所产生的数据与虚拟场景系统对接；③成像部分，利用投影机或其他显像设备把影像呈现在特定的位置，除投影机外，等离子显示器、液晶显示器、LED 屏幕等都可以作为互动影像的载体。

（3）大屏幕互动投影原理。互动投影系统的运作原理首先是通过捕捉设备（感应器）对目标影像（如参与者）进行捕捉拍摄，然后由影像分析系统进行分析，从而产生被捕捉物体的动作，该动作数据结合实时影像互动系统，使参与者与屏幕（虚拟现实影像）之间产生紧密结合的互动效果。

10.3.3 大屏幕显示系统

1. 大屏幕显示系统概述

大屏幕显示系统集多种信息接收、处理、显示，多类人员操作、控制于一体，涉及声、光、电多方面的技术问题，也涉及有关部门的管理协调问题，还与显示大厅的整体结构密不可分，必须注重多媒体互动系统，以需求为主，统筹兼顾，运用综合集成技术，使之达到预期效果。

大屏幕显示系统广泛应用于电信、电力、公安、教育、文化、商业、娱乐等机构及监控、通信、安防等领域。在提供共享信息、决策支持、态势显示、BSV 液晶拼接分割画面显示方面发挥着重要作用。

对大屏幕显示系统的要求如下。①信息接收：系统不仅要能接收 VGA、RGB、网络计算机信息，还要能接收宽带语音、视频信号，并能根据需要进行适当的信息转换。②信息显示：系统能以多媒体的形式发布共享信息，能以不同的模式，按照划分区域显示态势、文本、表格和视频图像信息。要求态势显示清晰、分辨率高，文字、图像显示清晰稳定。BSV 液晶拼接技术实现了系统开窗漫游、画中画功能。③预览、摄像与切换：为保证投影显示信息的准确性和质量，系统必须具有预览功能，用于图像的预审。显示大厅内安装摄像机，用以提取管理控制机构工作的视频图像。系统应具有切换显示功能，满足多路信息显示需要。④电视电话会议：系统能利用监控、预览、切换、通信及终端控制设备，保持与有关方面的视讯联系，随时可以召开电视电话会议。⑤控制方式：系统允许领导人员、业务工作人员、保障人员，以集中控制、移动控制、授权控制的方式，对大屏幕进行开/关机、开设窗口、选择信源、投影显示、调整音响和照明等操作。⑥依据标准优化设计：系统设备配置复杂，电缆信号繁多，安装工艺和环境条件要求高，要按照接线标准、电磁兼容性标准和大屏幕安装要求，进行工程布线和设备安装，确保系统能够长期稳定运行。

2. 多功能互动平板设计步骤

多功能互动平板是集投影仪、电子白板、计算机、显示器、音响、电视、广告机等功能于一体的一体化结构。它不仅化繁为简，而且外观整洁，无须纷乱连线，使工作环境更为简洁舒适，还不占用空间；同时由于高清晰度、高亮度、高对比度的显示特性，解决了传统投影仪设备在显示上对光线有过多依赖的不足和限制。更可以通过互联网实现现场音、视频和屏幕书写内容的跨空间传输，完美诠释远程的实时面对面式的互动交流。

多功能互动平板设计步骤如下。①需求分析：包括用户需求分析、使用环境分析、现场情景分析、功能分析、平板可安装性分析、可行性分析等。②方案设计：根据需求分析，确定产品应具备的功能，提出产品解决方案。③选用平板显示器：根据产品解决方案，综合考虑功能性、实用性和经济性，选择平板显示器，并确定其构成（多屏幕拼接）模式和安装方式。④选用可供复用的构件块：根据产品解决方案，从企业软件库中选用可供复用的构件块。⑤设计新的视觉显示格式元素：根据产品新功能的需要，设计屏幕显示用的新的视觉显示格式元素。⑥新功能软件块设计：根据产品新功能的需要，设计新功能软件块。⑦产品联调、联试。

10.4 屏幕的视觉显示格式设计

10.4.1 视觉显示界面信息显示要求

（1）清晰地表述实际信息需求，使操作员易于把握信息。①遵循信息目的（如运行、维修、防护等）；②保证必需的空间大小（如位置、安排等）；③保持一定层次与（或）相互关系；④避免不必要的信息；⑤确保信息是有关的。

（2）选取良好的表达方式，使信息易于辨别。①清晰而无闪烁的显示，而实时数值则有恰当的适时修正频率；②有足够的显示空间，并有最佳安排；③显示格式和符号尺寸适当；④具有图画、符号和文字、数字显示功能；⑤采用标准化的、常用的符号和命名；⑥各种安排基于人的因素考虑（如不违反人群公认惯例）；⑦采用编组和编码方法；⑧采用前后一致的信息流方向；

⑨按照不同用户的需要，选取适当的提要水平。

（3）采用简易而迅速的方法，使操作员易于调用当前感兴趣的专用信息。

（4）采用具有合适可靠性的设计准则。

10.4.2 对象系统分析

1. 屏幕视觉显示的宜人性需求

（1）在重视技术和经济效益的情况下，为人们提供舒适、安全和健康的最佳工作条件。

（2）任务设计要尽可能避免下列情况：①可导致不必要的或过度的紧张或疲劳甚至失误的超负荷或欠负荷；②可导致单调、饱和、厌倦和不满感的不适当重复；③不适当的时间压力。

（3）有助于提高工作绩效，为开发与工作有关的用户技能和潜力提供机会。

2. 目标和任务

1）目标

明确操作员用它来完成何种任务。工作职责（信息和控制需求）可决定目标和任务。

2）良好任务设计的特性

包括：①识别用户群的经验和能力；②提供各种合适的技能、能力和活动的应用；③确保所执行的任务被识别为整体工作单元而不是零碎片段；④确保用户理解所执行的任务对系统总体功能的贡献作用；⑤为用户确定优先次序、操作速度和程序方面的适度自主性；⑥以用户可理解的术语对任务绩效提供足够的反馈；⑦为与任务有关的现有技能的提高和新技能的获得提供机会。

3）预期目的和用途

设计之前必须明确拟定以下各点，并形成文件。

（1）显示屏的预期目的：①明确操作员用它来完成何种任务；②操作员使用显示屏能正确而及时地完成其任务。

（2）显示屏的基本性能要求：①必须考虑其可用性、安全性和可操作性；②必须考虑所显示的信息同有关控制器之间的关系，最好考虑显示器/控制器一体化；③有关信息的表达必须考虑所用显示屏类型的选择；④有的显示屏可以和触摸屏控制系统组合在一起，但有高可靠性要求时，可能还是需要将其分开。

（3）显示屏的安全功能：①必须考虑工厂工艺过程和操作规程的类型（规则型或知识型）；②设计应根据人机工程原则，保证易于操作和减少操作员失误（意图失误或操作失误）。

4）设计要求的确定

在设计特定任务的过程中，宜着眼于预知的未来要求以确定现有条件。当基于当前经验做出决定所需信息不足时，有必要从原型测试、模拟和试验性研究中收集必要的数据。为确保任务设计过程有效，在系统选择和安装之前，宜充分制定设计和评价计划。

3. 主用户

应明确：①设计之前，必须明确该显示屏的用户群，并确定主用户。主用户不同，显示屏的性能也就不同。主用户的思维能力，将决定对所显示信息的理解水平，应从一开始就在主用户的充分合作下制定信息格式。②根据主用户的需要，除显示基本信息外，有时（例如，在较长时间的、延续的、复杂的情景下做分析和决策时）还需要对所显示的信息再加以浓缩或提要。③应为主用户之外的其他用户安排某些专用设施，例如，为运行人员和维修人员显示他们所需要的信息。

4. 可靠性要求或失效准则

信息系统的失效意味着信息变质，或不够充分和不够精确，因而不足以使操作员正确了解并执行安全任务。针对视觉显示屏的三种可能应用，提出以下三种失效准则。

（1）用作与安全无关的显示屏和触摸屏，用于加强对某种情境的了解或使异常情况较易于觉察（例如，告知自动系统的动作、能流或液流平衡状态、放射性的微小释放或泄漏等），此时：①冗余一般是不重要的；②信息系统的偶然失效也是可以接受的。

（2）用作可能与安全有关的显示屏和触摸屏，按照安全有关的规程执行设计内或设计外的控制动作，此时：①必须提供冗余，以保证系统内的单一故障不会妨碍其总体功能的运行；②显示功能应能随时可用，以满足有关的安全需求。

（3）用作与安全有关的显示屏和触摸屏（如专用安全屏），此时：①显示系统的单一故障应不妨碍操作员进行安全所需的操作，为此，可采用信息和控制手段的冗余和多样化；②处理事故所必需的信息，应只采用具有足够冗余并经适当验证的、能不受事故损害的仪器提供的信息，但可以采用其他的信息作为补充；③对任何一个信息功能失效的可能性，应根据有关文件所定的安全要求加以考虑。

5. 系统性能要求

研究了以上 1～4 条，并据此确定相关要求后，设计者就可决定：①计算容量和存储容量的大小和结构；②信息必需的冗余、多样性和复杂性；③环境状况和要求。

6. 针对信息需求而采用不同的设计程序

必须针对不同工程项目（是改造项目还是新设计项目），并根据对操作员和其他用户在不同运行工况下的信息需求所进行的分析，详细地确定要显示的信息。对信息需求的分析可借助以下资料：工厂各系统的设计说明书、各类操作规程；由早已运行的类似工厂提供的调试和运行经验的反馈资料。

（1）改造项目。在改造项目中，应首先同用户一起研究并确定，增设视觉显示器或用它代替常规仪表，可以简明地提供常规仪表难以显示的信息。

（2）新项目。此时，应采用迭代式设计程序，包括以下三个步骤。第一步，采取由上到下的途径，调查研究并提出主要目标的说明书；第二步，采取由下到上的途径，对工厂工况和自动控制系统（包括保护系统）的状态和趋势的信息显示需要进行核对、整理，并形成文件；第三步，确定各种显示格式间的关系，也应形成文件。必要时，根据反馈的修改建议，多次重复以上设计步骤，以改善设计，达到预期目的。

10.4.3 显示格式总体设计

（1）需求分析：必须按 10.4.2 节的对象系统分析来确定用户的信息和控制需求，根据操作员的需求来设计信息显示格式。

（2）技术要求：对一种显示画面或一组显示画面的技术要求，必须通过对被显示数据的预计用途做周密而系统的分析来确定。视觉显示屏的基本要求见 10.2.1 节。

（3）对信息的每一预计项目，设计者必须考虑以下属性：①有多少用户需要该显示，显示格式必须满足每一用户的需求；②为什么需要这些数据（如监测、控制或维修），其可靠性应如何；③是否需要同视觉显示器显示格式的其他数据或其他显示器的数据进行比较；④何时需要这些数据，要多少次、要多快，例如，是否与操作员的操作有关；⑤读出数据所必需的精确度；⑥该数据的变化率、噪声等特性；⑦对数据的解释是否允许有错误，其后果是否可接受；⑧需要怎样的详细程度和提要；⑨是否要记录引起重要瞬变的某一事件的时间。

（4）显示画面的主层次：应只显示供操作员用的，为监测、决策或执行操作所必需的数据。①系统或控制器的概图、状态，以及正在进行的操作；②事故的主要原因和瞬变状态；③给操作员的指导信息。

（5）维修或分析用的其他信息：应也可通过显示系统获得，但可用专用设施在显示主层次之外存取，这类信息包括：①在自动动作时需告知的主动或被动故障；②疲劳监测数据；③设备或部件运行的台数和运行延续时间。

（6）数据显示设备的位置：应考虑预期的运行人员配备情况和功能的分派，以及与每一工作站的人员配备相一致的视觉显示器台数优化的需要，后者必须根据人体测量学因素，诸如视角、视距、与相关控制器和显示器接近的程度，以及所涉及的数据多少来确定。

（7）工作者视觉显示终端台数：由于作业分摊及设备故障与修理等原因，视觉显示终端台数必须是可接受的。

10.4.4 屏幕显示格式要素及其制定要求

从影响用户绩效和舒适性的角度考虑对视觉显示格式的通用要求。

（1）任一显示格式或一组格式内的任何成分的提取时间。通常，任意一个格式帧的显示时间应在以下范围内：①对于任意一个格式帧，提出请求后，2s；②对于向格式帧插入设备测量实际数据，3s；③对于预处理值，10s；④对于历史数据，20s（直至数分钟）。

（2）选定舒适的视距。舒适的视距不仅与所显示的字符大小有关，而且还与人眼的聚焦和调节能力有关，故频繁观察的不同显示屏幕宜安置在相同或相近的视距处。①设计视距一般应不小于 400mm；②对于某些应用，例如，触摸屏上的软键标，视距最小可减至 300mm；③阅读硬复制的典型距离为 300～400mm。

（3）字符和符号的大小。由视觉显示终端提供的字符和符号大小应符合 5.4.1 节的要求。

（4）字符点阵规格。使用的像素数必须足以区分所用符号：①为在单个字符位置内显示上标及分数的分子和分母，字符点阵最小应是 4×5（宽度×高度）；②为显示数字和通篇大写字符，字符点阵最小必须是 5×7（宽度×高度）；③凡需连续阅读上下文或进行对单个字符的清晰度有较高要求（如校对）的作业，其字符点阵最小必须是 7×9（宽度×高度）；④汉字的最小点阵为 15×16（宽度×高度），汉字的笔画宽度宜为字高的 1/16～1/8。

（5）选取适当的视线入射角（视线与显示屏面交点处，法线同视线之间的夹角）。视线入射角必须等于或小于 40°，以保证屏幕上的图像清晰可辨。

（6）选取适当的亮度对比度和亮度。①字符或符号相对于背景的对比度必须在 15 : 1～3 : 1 之间（为避免眩光，取 15 : 1）。②对字符和背景两者的亮度应能进行控制，其中亮度高的一方，其亮度至少应为 35cd/m²。环境照度较大时，宜为 100cd/m²。③从显示器有效画面的中心到边缘上的亮度变化不宜超过中心亮度的 50%。

（7）选择适时修正频率。①显示实时数据时，适时修正频率不得快于每秒 3 次。②在稳定的噪声条件下，若需容易地读出该数据，可以降低适时修正频率。

（8）关于闪光编码。闪光可以引起操作员对重要信息或危险情况的注意。①不应该使用多于两种的不同闪光频率。②指示标、光标或底线的闪光频率应是：正常值 $f(n)$为 1.4～2.8Hz；减慢值 $f(s)$为 0.4～0.8Hz 之间；$f(s)/f(n)$为 2 : 5～1 : 5；图像位于“亮”的时间宜大于或等于它处于“暗”的时间，亮、暗时间相等是最佳的。

（9）闪烁。应避免屏幕上文件或参量的闪烁（闪烁是令人烦恼的）。应使使用者群体中 90% 以上的人感到显示器屏面“无闪烁”。

（10）关于颜色编码。①颜色的数目应限制在 10 个之内，同时应注意颜色对比。②对于文本、细线或高分辨率的信息，宜避免在黑色背景上使用纯蓝色。③纯红色和纯蓝色（以及纯度较小的红色和绿色，或蓝色和绿色）同时显示在黑色背景上，可导致彩色立体视觉，应避免这种情况，除非有意为之。④宜避免使用主波长大于 650nm 的红色，因为红色色盲者对这些波长的敏感性非常低。⑤有色符号与其有色背景间的色差应具有足够的清晰度。但应注意，环境照度若增加，颜色的纯度会减小，从而会降低颜色的可识别度。

（11）屏幕刷新频率。①对于单个屏幕和黑色背景的显示格式，应高于 50Hz。②对于多屏幕和浅色背景的显示格式，必须高于 70Hz。

（12）色谱。应按一定间隔定期核对色谱。

（13）减少屏幕荧光持续时间。视觉显示屏幕的荧光发射强度在刷新后 1ms 时，应减小到低于初始值的 10%。

（14）图像极性。图像正极性是指明亮背景上的深色字符，负极性是指深色背景上的明亮字符，这两种极性的图像只要符合上述第（6）条所规定的要求，就都是可用的。①正极性图像边缘更明锐，容易满足亮度平衡要求，而且它也使分散注意力的光反射效应减弱，但是为了不出现闪烁，这类显示器需有较高的刷新频率。②负极性图像中闪烁较少见，对视力差的人，清晰度较好，字符看起来要比实际的大一些。

（15）眩光防止。必须采取适当的措施防止眩光。例如，采用丝网或滤光屏，在屏幕上涂防反射涂层，使用漫射屏面等。

（16）字符。字符的性状会影响显示的清晰度和可读性，如字符高宽比、笔画宽度（汉字笔画宽度为字高的 1/16～1/8）、字符大小均匀度、字符间距、字间距、行间距等。

（17）图像的线性度和稳定性。显示图像在视觉上应当稳定，并且无任何变形，包括图像的线性度、正交性、符号变形、几何稳定性（晃动）等。

10.4.5　适当选取表达的形式

（1）基本要求。①显示尽可能简单与明确，但不损失重要的细节关系；②在安全方面，必须同时使用颜色和其他类型的编码（如位置、符号、形状或内容），并且可不依靠颜色就能明确地告知操作员；③必须针对被显示的信息选择显示格式，恰当地考虑利用哪一种表达方式，通常，建议使用图画式的显示；④符号必须标准化，使用的符号应易于识别、不会被误解。

（2）关于原理图显示。①可采用适当简化的图形，并将其适当组合，避免显示的混乱；②工艺流程的路径和（或）事件的顺序，按照公认惯例，通常应从左至右、从上至下展开。

（3）关于信息的显示格式。①语句和信息的造句应有良好的措辞；②如有可能，应使用一种标准化的层次信息结构；③信息的显示也应反映使用的顺序；④表格信息的横栏通常不应多于 5 组；⑤表达方式应与同一位置内其他有关信息的显示形式兼容；⑥为增强对被显示信息的感知，应使用编组与编码技术；⑦各种显示格式的例子，其典型用法及优缺点见表 10-1。

表 10-1　格式、典型用法及其优缺点

信息格式	典型用法	优缺点
文字、字母、数字	报警显示、指导用信息、程序文本、操作信息、维修信息	仅需少量解释；可给出较完整信息；显示需占用较多空间，阅读与理解又需较长时间
直棒图	供比较用的归一化指示；指示实际值及其限值（可用不同颜色表示限值）	允许使用标准化的尺度；使比较变得简单；易于迅速地看出实际值距限值有多远
趋势曲线	可采用不同的标准化时间标度（秒、分、小时、天、周、月，其最后的一个时间步长上的长时间显示）	有利于估计对时间的依赖关系（特别是相关联的变量、快与慢的时间标度，高分辨率，重复显示，稳定显示）
	可具有窗口及纠错功能	
	供比较用的相似趋势曲线与相互关联的变量放在一起（如进口流量/液位/出口流量）	易于比较相似行为，并早些发现偏离情况（将实际曲线与参考曲线相互比较）
	具有直接存取的预设安排	允许观察过去情况与预计未来情况，允许与事先计算的或已经历的情况做比较
	自由组合安排	
逻辑框图	概貌图（简化的黑匣子输入/输出）	有利于理解什么原因引起了什么后果；有利于详细查找故障；不可能详细显示细节
模拟图	工艺流程各系统的结构和所有设备概貌图； 系统与设备的实际状态（开启/关闭、合闸/断开、运行/备用、已准备好、受干扰、输入/输出操作、在役/停运、已拆除等）	给出良好的工厂概貌，有利于指示“成功操作途径”
	变量/图表的指示	给出细节的信息
	自动或手动操作的结果	快速反馈结果信息
X-*Y* 图表	两维显示、多维显示	有利于深入理解功能上相互依赖的关系，例如，什么引起什么，为什么在那个时间出现，经历了多长时间，隔多长时间出现一次； 可以由多平面组成：在主平面上显示变量的实际值（有时可包括历史情况），在背景平面上显示具有面积和线条的图表

10.4.6　视觉显示屏的使用和评价

1．视觉显示屏的信息调用方法

（1）显示信息的调用要求。①由信息系统存储和处理的一切信息，都应以合适的方式、良好的安排和恰当的时间显示出来。②有的信息可以自动显示，有的可以根据自动显示的菜单提示的建议显示，然而，大多数的信息是在运行人员的请求或安排下显示的。③有的信息可能要求在选定之后很短时间内，以单独格式或以事件定向格式、事件征兆定向格式显示（这些必须事先清楚地说明）。④由于信息需求和诊断途径是各种各样的，所以对于相关的显示必须提供多重处理方式。

（2）显示信息调用方法举例。①对于单个显示格式，可有以下各种调用方式。使用特定按钮，输入某一数字，调出菜单选用，请求屏幕上的前一个显示格式，在具有选择目标的显示格式上指向所选的图标等。②对于成组显示格式，也可以用类似上述某些方式将所需的一组显示格式同时调出。例如，使用特定按钮，在具有选择目标的显示格式上指向所选的图标等。③对于分析瞬变用的信息，可以调用具有不同时间标度的趋势曲线，向前或向后跟踪显示；调用报警单，并前后翻页；调用随时间变化的模拟图或图表，观察参量的变化。④此外，还可以使用窗口或放大/缩小技术，但这时应注意保证其信息清晰可见。

2. 视觉显示屏的评价

（1）验证。①应当用一组精心确定的运行状态数据（包括正常状态和事故工况）来验证视觉显示终端信息系统，验证过程和一般验证准则必须遵守有关规定的要求。②应特别注意如何保证一种情境的参量同时在数处显示的统一性。③由不同扫描或预处理引起的时间延迟，应就其后果加以审评，并明确写成报告。④采用专用工具进行验证，例如，模拟机可能是有益的。⑤经验证明，某些信息，甚至某些显示格式在任何情况下都是最有用的，可以把它们连续地显示出来，或者作为最重要的一部分包括在一组格式内。对这类关键格式，尤其是关键格式组，必须尽可能地予以验证（以及确认）。

（2）确认。应按照事先确定的关于运行工况、受干扰情况或事故工况的有代表性的演示脚本，按照该系统不同用户的信息目的，来对视觉显示终端信息系统加以确认。采用全范围模拟机作为确认的主要工具是有益的。确认过程和一般确认准则必须依据有关规定的要求。

10.5　人—计算机对话原则和对话方式选择

10.5.1　人—计算机对话原则

1. 总则

（1）设计和评价原则。①任务的适宜性。对话方式和方法要适合所从事的任务。②自我描述性。对话的反馈信息或解释要让用户易于理解。③可控性。对话过程是可控的。④与用户期望的符合性。对话进程符合用户期望。⑤容错性。容许对话出错并易于纠正。⑥适宜个性化。对话方式和方法能适应个别用户的需要。⑦适宜学习。适合用户学会本系统的使用。

（2）原则的应用。在系统设计和评价中运用人—计算机对话的上述原则时，需考虑以下因素。①用户特性，如人的注意广度、短时记忆的限度、学习行为、工作水平和使用系统的经验，以及用户对与之交互的系统的底层结构和用途的主观认识等。②任务特性。因为对话方式和方法会影响任务的完成情况，只有它满足了工作任务的需要，工作的效果才好，效率才高。③原则之间的关系。对话原则是相互关联的，为取得最佳效果，应权衡每项原则的利弊，对它们加以折中、取舍。每条原则的适用范围和相对重要性会随着应用的具体领域、用户群体及所选用对话方式和方法而改变，这就要考虑使用者工作组织的目标、预期最终用户群体的需求、工作任务情况、现有的技术与资源等，必须针对每一具体情况来确定应用这些原则的优先顺序。

2. 任务的适宜性

如果对话方式支持用户有效且高效地完成任务，则此对话方式是适合于任务的，为此应做到以下几点。①对话宜仅向用户提供与任务有关的信息，避免一切不必要的信息。②提供的“帮助”信息要视任务而定，应是与当前任务直接有关的信息。③凡是能交给软件自动执行的任何操作，均宜由软件执行，而不需或尽量减少用户介入。④在设计对话时，宜考虑用户的技能和任务的复杂程度。⑤输入与输出的格式宜适于给定的任务和用户的要求。⑥在执行经常性的任务时，对话宜为用户提供支持。⑦若所定任务有默认输入能力（如标准默认值），则不必由用户输入这类值，而且还应能用其他值或其他适宜的默认值替换该值。⑧在执行有数据变化的任务时，如果任务需要，则原来的数据宜保持可访问性。⑨对话宜避免强加任务中不必要的步骤。

3. 自我描述性

对话的每一步都能通过来自系统的反馈信息使用户即时理解，或在用户请求下给以解释，则对话具有自我描述性。①在用户的任何一个操作之后，对话宜在适当之处提供反馈信息。如用户操作可能引起严重后果，系统应在用户执行该操作之前提供说明并请求确认。②反馈信息或解释宜以前后一致的术语来表达，这类术语应根据任务环境制定，而不是根据对话系统技术制定。一般来说，对话所用技术术语都是该具体应用领域所用的术语。另外，用户可通过输入相应的关键词得到术语解释。③反馈信息或解释作为对用户培训的一种补充手段，宜帮助用户获得对对话系统的总体理解。④反馈信息或解释宜根据预期的典型用户的知识水平制定。⑤反馈信息或解释的类型和长度应能按用户的需求和特点提供。⑥为提高反馈信息或解释对用户的使用价值，对话系统应灵敏地提供响应当前活动的帮助信息，并将这些信息严密地与用户需用信息的情境相联系。反馈信息或解释所提供的内容，应使用户尽量少查“用户手册”或其他外部资料，避免来回翻检。⑦如对于给定任务存在默认值，则该默认应为用户所用。⑧对话系统状态的改变，凡与任务有关的，宜及时通知用户。⑨当请求输入时，对话系统宜为用户提供关于预期输入的信息。⑩提示信息应是可理解的，具有客观的、建设性的文体，而且采取前后一致的结构，它不应含有任何褒贬性论断，诸如“此输入内容毫无意义”之类。

4. 可控性

对话过程应是可控的。用户能启动并控制交互作用的方向和速度，直至达到预期目标。①交互作用的速率和方向，应按照用户的需求和特点始终置于用户的控制之下，不宜由系统运行来决定。②对话系统应将如何继续对话的控制权交给用户。③在任务允许的情况下，如果对话已经被中断，则在重新开始对话时，用户可以确定重新开始的位置。④如交互作用是可逆的而任务又允许，则至少应能还原到对话最后一步命令的状态。对话系统应提供访问“已被删除对象”的可能性。⑤针对用户的不同需求与特点，应采取不同的交互作用方法与水平。⑥输入/输出的表达方式（格式与类型）应由用户控制。⑦如果对显示数据的数量加以控制是对任务有利的，就应让用户能使用这种控制。⑧对话系统应允许用户有选用输入/输出装置的权利。

5. 与用户期望的符合性

当对话是一致的且符合用户特性（如任务知识、教育和经验的水平）和通用惯例时，则对话符合用户的期望。①一个对话系统内的对话操作及其信息的出现应是前后一致的。②改变系统状态的操作方式应始终一致。③使用用户熟悉的词汇，即对话中使用的技术术语都是用户在执行任务中实际使用的。④相似的任务宜使用相似的对话，以便用户能建立共同的任务解决方式。⑤对用户输入的即时反馈宜出现在合乎用户预期之处。它宜基于用户的知识水平。⑥光标应停在输入所期望的位置。⑦应及时将响应时间与预期时间的显著偏离通知用户。

6．容错性

尽管在输入中出现了明显的错误，但在用户无修正动作或有极少修正动作的情况下，仍可达到预期结果，则对话具有容错性。①应用软件宜有助于用户检测和避免输入错误。对话系统宜防止任何导致不确定的对话系统状态或对话系统故障的用户输入。如果要求进行一串操作，则应将界面软件设计成从显示的信息能够决定序列中的下一步操作。②应对错误加以阐释，以帮助用户纠正错误。③根据任务，有必要在呈现技术方面做出特别努力，以改善对错误状况及其后续修正方法的识别。④即使对话系统能自动纠正错误，仍建议用户亲自进行纠正，并可让用户有机会拒绝修正。⑤根据用户的需求与特点，可能要求将错误情境延续一段时间，从而让用户决定何时去处理。⑥在用户请求纠错期间，最好能提供附加的说明。⑦在试图处理输入之前，宜进行确认或证实。对于具有严重后果的命令，宜提供额外控制。⑧在任务许可时，纠错应在不需改变对话系统状态下进行。

7．适宜个性化

当界面软件可被改进以适宜于任务需要、个体偏好和用户的技能时，则对话具有个性化能力。①对话系统应适应用户的语言、文化、个人在作业领域的知识和经验，以及个人的知觉、感觉运动和认知能力等。②对话系统应让用户按照其个人偏好或待处理信息的复杂程度来选用输出的表现形式和（或）格式。③解释的内容可以按照用户的知识水平适当调整。④能让用户引入自己的语汇，以便建立个人对操作和对象的命名法，用户也可增加个性化的命令。⑤为适应个人需求，用户可调整运行时间参数。⑥用户可以为不同的任务选用不同的对话方法。

8．适宜学习

当对话能够支持和指导用户学习如何使用系统时，则对话适宜学习。①宜向用户提供有利于学习的规则和基础概念，以便用户形成自己的分组办法和记忆规则。②提供各种学习办法，如基于理解的学习、在干中学习、按照示例学习。③宜提供再学习工具。④宜提供不同手段以帮助用户熟悉对话要素。

10.5.2　人—计算机对话方式的选择

1．概述

1）人—计算机对话方式

由于用户、任务、作业环境、所用技术的多样性，宜根据不同的工作对象选用不同的对话方式。常用的对话方式有：菜单对话方式、命令对话方式、直接操作对话方式、填表对话方式。

2）人—计算机对话的要求

在ISO 9241系列标准中，提供了人—计算机对话设计和使用中的人机工程学原则，详细阐述了人—计算机对话的策略和实践。这些标准包括：GB/T 18976.10（ISO 9241-10）《对话原则》；GB/T 18976.109（ISO 9241-14）《菜单对话》；GB/T 18976.10（ISO 9241-15）《命令对话》；GB/T 18976.10（ISO 9241-16）《直接操作对话》；GB/T 18976.10（ISO 9241-170）《填表对话》。

2．菜单对话方式的适用范围

具有以下一种或多种情况时，最适合采用菜单对话方式。

（1）涉及用户特点。①欲尽量减少培训要求。②用户打字技能较差，甚至不会打字。③用户对该应用程序缺乏经验或只有很少经验。

（2）涉及任务特点。①系统应用程序不常用，用户通常需别人指导才行。②对某一特定工作，为完成该任务只需不多的选择。③主任务要求采用非键盘的指向设备。④为有效完成任务，必须显示默认的或当前的选项。⑤整个应用程序的命令集太大，无法记忆所有的命令。

（3）涉及系统能力。①系统只有不多的键盘。②激活菜单选项的系统响应时间较短（如在2s以内）。

3．命令对话方式的应用范围

命令对话是用户给系统的指令序列，系统对其处理后，即导致有关的系统动作。这里所说的“命令对话方式”是指，用户根据其记忆而不是按菜单选择，来输入完整的或缩简的命令短语（如助记词、字母、功能键、热键，按照命令语言语法所要求的次序），计算机就执行该命令及其参数所引发的活动。凡不需用户记忆命令的“命令功能”（如通过图标或其他对话方式完成的命令），以及使用“自然”语言的对话原则，都不在考虑之列。本条的一些对话原则适用于命令对话方式，不论是它作为主要的对话方式（如在“哑终端”的情况，或者在需要高速率工作的特殊应用中），还是它与其他对话方式（如菜单、直接操作）结合使用。

1）命令对话的设计

命令对话的设计决定了系统引导用户进行输入和控制对话的方式。命令对话应设计成支持用户的工作而不因系统的特殊性使用户受到额外干扰，而且应使用户及时了解并控制工作进程。这些要求都应在设计对话结构和语法、命令表达方式、命令输入与输出规格书及反馈与帮助机制时加以认真考虑。命令短语可以多种不同方式（如用“命令行”、对话框或语音）输入计算机。命令可以是单独字母或多个字母的缩写词，也可以是完整的词或词串，并可用空格或其他定界符（在语音输入时用停顿）将其隔开，把语法告诉计算机。

2）命令对话的应用

命令对话特别适宜于以下的一种或多种情况，而且同时存在的情况越多，命令对话的可应用性也就越大。①涉及用户特点。用户有很好的打字技巧；用户经常使用该系统；用户将接受使用命令语言的培训；用户熟悉计算机和命令语言。②涉及任务特点。不可能预计用户在对话中该选用的操作；可能以任意次序输入选项和/或数据；要求快速选择或访问系统的特殊功能，如在应急处理中、要求可扩展性。

4. 直接操作对话方式的适用范围

在直接操作对话中，用户在屏幕上直接作用于对象，例如，通过某种输入设备，指向对象、移动对象或改变对象的特性（或数值）。应该指出，直接操作对话的一步一步输入的特点有时使输入太费时间。因此，其他的对话方式（如命令输入或菜单方式）可能更合适，可用作直接操作方式的补充。

直接操作对话方式特别适宜于以下的一种或多种情况，而且同时存在的情况越多，直接操作对话的可应用性也就越大。

（1）涉及用户特点。①用户可能没有相应的阅读或书写技能，但具有直接操纵所必需的感知动作能力。②使用帮助回忆的可视线索，可能使用户工作绩效得到改善。③用户不用文本式描述而使用图像表示，可使其工作绩效好些。

（2）涉及任务特点。①对于现实世界的任务对象，其特性和运行均可被模拟，即在该应用中存在某种合适的隐喻。②对象的属性复杂，难于以单个术语将其转换成普通语言，例如“指向某图案”就比“描绘该图案”要容易些。③任务序列不是预先确定的，完成任务需要灵活性。④任务要求用户能够控制对象。⑤所需输入（某一命令）难于描述和记忆，但易于形象化。⑥用可视对象和直接操作能更容易完成的任务。⑦任务要求将对象转换为它的可视属性。⑧不常执行的任务。⑨任务允许将实物作为单个对象处理，该对象在直接操纵中保持为完整单元，而实物的各个部分（如某图标的像素）一般是不能独立地直接操作的。

（3）涉及系统能力。①屏幕分辨率和输入设备均允许精细而准确的直接操作。在大多数情况下，这意味着在硬件方面要有制图装置和指向设备（虽然在仅有字母、数字显示器和光标键的情况下，也可设计直接操作界面）。②系统有充分有效的技术能力，以产生对象的图形表示。③系统有足够的能力，为用户的直接操作提供及时的反馈。

5. 填表对话方式的适用范围

填表对话是用户在系统提供的“表格”或对话框标记栏内填入字段、选用项目、修改字段的一种对话方式。用户填表项目通常是从可用选项清单中选择，或以打字（缩写词或全名）的形式输入，系统即创建或更新与表格有关的数据库。填表对话方式适合于需要输入或修改多个项目的数据输入任务。它的一个主要用途就是将纸面文件上的信息或从电话听到的信息直接输入计算机，如注册表、登记表等。它也可用于某些复杂的数据检索，因为在表中填参数也许比输入命令语言更容易（特别是对于单调的、重复性的工作，在遇到紧急情况时，这可能是非常重要的）。表格栏目可以是必填的，也可以是任选的，而且还可以是默认值。

填表对话方式特别适宜于以下的一种或多种情况，而且同时存在的情况越多，填表对话的可应用性也就越大。

（1）涉及用户特点。①用户对于纸面表格富有经验，但使用计算机的经验有限；②用户熟悉键盘的使用；③用户有相当好的打字技能（经常使用表格输入数据）。

（2）涉及任务特点。①不需要许多可供选用的方法；②必须根据纸面上的表格输入数据；③输入的数据是客户口述的；④输入只需要有限的灵活性；⑤用户的输入主要是参数值，而不是命令；⑥重要的是显示默认值或当前选择（当前值）。

10.5.3 对话技术的选择和组合

1. 对话方式的选择和应用

设计者需能选择适于支持用户与系统的各种交互要求的对话技术。在某些情况下，一种特定的技术可能适于支持整个任务或关联任务组。但是，对话技术的组合往往更适于支持应用所涉及的各种用户活动。另外，为给定的用户交互提供多种技术支持以便考虑个体差异和偏好是十分有用的。为有助于确定何种对话技术可适于某一特殊任务、用户群和系统配置，表10-2提供了一个对话技术对照表。

表10-2 对话技术对照表（GB/T 18978.1/ISO 9241-1）

对话技术	任务特性				
	动作/参数	灵活性	频次	速度	准确性
菜单	● 从有限数目的选项中做出选择； ● 尽可能大的命令集合； ● 显示默认选项/当前选项	低	从低到高	*	高
命令	● 在选项未预定义之处输入选择； ● 以任意顺序输入选项/数据	高—能扩展至新的情况	高	高	*
直接操作	● 对象控制； ● 对象需代表物理实体； ● 复杂的对象属性； ● 输入命令难以描述； ● 视觉属性的转换； ● 整体操作多个对象	高—任务顺序可变化	低	*	中等（可通过放大达到高准确性）
填表	● 从较小的选项组合中做出选择； ● 需要默认值/当前值； ● 从其他来源（文件、自定义）中导入数据； ● 参数控制输入	低	低到高	高	高

对话技术	用户特性			系统特性		
	经验	技能	训练	输入	输出	响应
菜单	没有应用经验或经验很少	有一些击键或点击技能	没有或很少受过训练	最低限度地使用键盘/定位设备	中等分辨率文本	2s以内
命令	对计算机/命令语言有相当丰富的使用经验	中等至良好的打字技能（若需要击键）	受过一些有关命令语言的训练	键盘，某些情况下的语音识别	中等分辨率文本，语音（若需输出语音）	2s以内
直接操作	具有图形表达的经验	心理运用或动作技能	受过一些有关直接操作的训练	定位设备	高分辨率的图形性能	500ms以内
填表	拥有表格或相同文件的应用经验，以及有限的计算机经验，但熟悉键盘	中等至良好的打字技能	很少受过训练	键盘，某些情况下需要定位设备	中等分辨率文本，某些情况下需要图形输出	可变

注：*表示该表格单元中无法确定一个恰当的值，或者无足够的证据确定一个值。

1）任务特性

包括：①动作/参数。此栏描述了由该特定对话技术所支持的任务活动类型，以及与这些任务活动相关的各种参数。例如，菜单适于从一组数目有限的选项中选定其一的选择活动。典型参数包括命令集合的大小及显示默认值/当前值的需要。②灵活性。此栏表明了对话技术所支持的、就任务步骤和（或）顺序的可变性来说的灵活程度。例如，菜单和填表对话提供低度的灵活性，而命令和直接操作对话则提供高度的灵活性。③频次。此栏表明了对话技术对频繁执行任务的支持程度。④速度。此栏表明了对话技术对需要快速执行的任务的支持程度。⑤准确性。此栏表明了对话技术对需要准确执行的任务的支持程度。

2）用户特性

包括：①经验。此栏描述了适于使用该对话技术的用户经验的多少和类型。②技能。此栏描述了使用该对话技术所要求的用户技能的多少和类型。③训练。此栏描述了当预料到用户不得不使用该对话技术时所需接受训练的多少和类型。

3）系统特性

这里要注意，许多附加的系统特性可能会影响对给定对话技术的选择。①输入。此栏描述了与该对话技术有关的输入设备类型。②输出。此栏描述了与该对话技术有关的输出设备类型。③响应。此栏描述了合理支持该对话技术使用的最长响应时间。

4）对话技术对照表应用实例

（1）假定有关任务、用户和系统特性的信息。①任务要求用户打印一个文件，但在应用软件中这并不是一个频繁执行的任务。②用户受过很少的训练，键盘输入不熟练且应用经验极少。③可以改变系统显示的分辨率和图形性能，系统响应快，并且既可以使用键盘又可以使用鼠标作为输入设备。

（2）根据对话技术对照表的信息（见表 10-2）。①任务特性表明菜单、直接操作和填表是适当的。②用户特性表明菜单和直接操作是适当的。③系统特性表明菜单、命令和填表是适当的。④对于给定的任务、用户和系统特性，由于菜单是唯一同时适于这 3 种特性的对话技术，因此它理应成为设计者的首选。

2．组合对话技术

如上所述，大多数应用中使用多种对话技术以支持用户与计算机之间的交互过程。如果采用组合对话，则宜考虑下述建议。①动作的连续性。如果用户从一种对话技术转换到另一种对话技术，则心理活动性的变化宜自然，且不会造成额外的任务负担。例如，用户使用同一定位设备选取一个对象，并选择对该对象进行操作，然后再从该操作的菜单中选择一个选项。②操作隐喻的兼容性。如果某一操作隐喻运用于某应用软件，则该隐喻适于此应用软件所用的所有对话技术，或者在其不适之处向用户做出明示。③术语的一致性。贯穿于某一应用软件内所使用的各种对话技术中的术语宜保持一致。④句法的一致性。若要适于任务和所用对话技术的特性，对话技术的句法宜保持一致。⑤反馈的一致性。组合对话技术中所用的反馈机制宜尽可能在对话技术间保持一致。⑥对话技术的互换性。如果在某一应用软件内将多种对话技术作为可选项使用，那么这些技术宜产生相同的结果（在系统状态、输出等方面的改变）。⑦速度和准确性。在某一应用软件内，从一种对话技术到另一种对话技术的转换，不宜导致错误的增加，或者不过分放慢用户完成任务的速度。⑧复杂性。不宜要求用户频繁地切换对话技术以完成给定的任务，因为频繁地切换会增加界面的复杂性。⑨适用技术显而易见。对用户来说，何种对话技术适于执行特定的操作或任务宜显而易见。

10.6 多媒体用户界面软件设计原则

10.6.1 概述

多媒体（Multimedia）是指可交互控制并同时呈现在一个应用程序中的静态和（或）动态媒体的组合。例如，多媒体包括文本与视频的组合、音频与动画的组合。

相比仅基于文本和图形格式的传统用户界面，多媒体应用软件用户界面的设计涉及更为广泛的设计和评估问题，有许多不同的技术和设计选项可用。多媒体用户界面使不同媒体（静态媒体如文本、图形和图像；动态媒体如音频、动画、视频或其他感觉形式）得以合并、整合并同步。在每一种媒体内，仍可进一步加以区分。例如，图形可按呈现格式不同分为二维和三维图形；音频可按音质水平或者按单声道、立体声和环绕声予以进一步分类。

人机工程设计可以提高用户操作多媒体应用软件的有效性、效率和满意度。就用户特性、拟执行的任务（如工作、教育培训或绩效支持）及系统应用环境来说，通过精心设计多媒体应用软件就可实现用户上述能力的提高。多媒体用户界面的人机工程学设计也可改善系统操作的安全性（如可同时利用视觉媒体和听觉媒体发出警告）。

就多媒体应用软件的用户而言，在知觉、认知和其他人机工程学含义方面，可资利用的媒体的范围及这些媒体间的交互各有不同。多媒体具有潜在的高知觉负荷、结构和语义的复杂性，以及通过系统传送大量信息的特性。多媒体应用软件常用于通信。处理多媒体应用软件中所呈现的数据或信息也常成为用户活动的一部分。GB/T 20527/ISO 14915 系列标准给出了多媒体用户界面的软件人类工效学要求，它包括如下 3 部分。

（1）第 1 部分：设计原则和框架。该部分建立了多媒体用户界面的设计原则，并提供了多媒体设计的框架。提出设计原则的目的在于为 GB/T 20527 其他部分中所详述的多媒体特定建议提供依据。它还给出了多媒体用户界面设计过程的通用建议。

（2）第 2 部分：多媒体导航和控制。该部分提供了多媒体应用软件中的媒体控制和导航的建议。媒体控制主要涉及控制动态媒体（如音频或视频）的功能；导航涉及多媒体应用软件的概念、结构和为了在此结构下移动所需的用户交互，还包括搜索多媒体素材的建议。

（3）第 3 部分：媒体选择与组合。该部分提供了与通信目的或任务、信息特性有关的媒体选择建议，组合不同媒体的指南，还包括在浏览和阅读次序方面整合多媒体组成部分的建议。

10.6.2 多媒体设计原则

多媒体应用软件宜根据 GB/T 18978.10 和下述原则进行设计。

1. 对话原则

对于多媒体界面的设计和评价来说，宜采用 GB/T 18978.10（见 10.5.1 节）中所述的人—计算机对话一般原则。这些原则是：任务的适宜性、自我描述性、可控性、与用户期望的符合性、容错性及适宜学习。

2. 多媒体特定设计原则

多媒体用户界面的特殊设计原则为：①适宜通信目的；②适宜感知和理解；③适宜探索；④适宜参与。虽然这些原则专门针对多媒体应用软件，但也适用于一般的用户界面设计。对于大多数设计准则而言，实际设计中还可能需联系各项原则的优先级别或重要程度来权衡不同的原则。这种权衡需要在设计过程中做出慎重决策，并加以适当验证。

1）适宜通信目的

多媒体应用软件的主要用途是将信息从提供者传递给接收者。如果多媒体应用软件的设计符合以下要求，则可认为适宜通信目的。①与所传递信息的提供者的目的相匹配；②同时还与该信息的用户或接收者的目的或任务相匹配。

为了达到以上要求，信息的提供者或设计者宜确定预期的通信目的，并据此设计多媒体应用软件。软件也宜根据接收者的目的、任务和信息需求进行设计。

提供者一方的总体预期目的可能是向用户讲授、通知用户或为用户提供娱乐。特定目的可能是在多媒体通信中进行总结、解释、呈现、说服、辩护、打动或激发等。用户需求可能包括了解要求、为执行任务所需的信息或约定设计特征。例如，通过使用设计好的图像（图表）增强总结效果；通过使用丰富或突出的媒体展示令人信服或认为正当合理的观点，以便强调信息中的关键内容。

2）适宜感知和理解

（1）概述。如果所设计的多媒体应用软件所传递的信息易于感知和理解，则可认为其适宜感知和理解。对于多媒体应用软件而言，当呈现复杂易变，且多个媒体同时呈现时，这一点尤为重要。为了便于预期的感知，ISO 9241-12 中所述的以下特性宜为每个媒体所遵循。①可探测性。例如，所用的一套导航按钮与屏幕背景间具有足够的对比度，以使用户易于觉察到这些按钮。②可辨别性。例如，在一个静态图像的描述中，在音乐背景上加入语音。大音量且清晰的语音足以使其能从其他声音中区分出来。③明晰性。例如，在一个引擎的图形动画中，不同的部分用不同的颜色展示，以便于用户对当前任务相关部分的感知。④易读性。例如，为使用户能够易于阅读文本，动画文本横幅以一定速度移动。⑤一致性。例如，对于不同的媒体（如音频、视频或图形动画），播放或停止呈现的控件采用相同的方式设计。⑥简明性。例如，展示如何修理某技术设备的静态图像的语音说明，仅限于传递必要的信息，以便于用户学习。⑦易理解性。例如，一个复杂的生物学结构可从三维模拟的不同透视图来进行探究，以便于使用户能够理解其不同部分之间的空间关系。

（2）避免知觉超负荷。无论在单一媒体上还是在组合媒体上，均不宜同时呈现过多信息而使用户超负荷。例如，难于理解同时播放的多个不同视频的内容。

（3）避免与时间相关的呈现所造成的信息超负荷。为了使用户能有时间从媒体中理解必要的信息，媒体宜予以选择和呈现。例如，采用同步的文本和图像显示给出详细结构，胜于采用视频和语音解说。

（4）避免附加行为所造成的超负荷。定位、导航或操作行为不宜阻碍对与用户目标有关的信息的知觉。例如，如果用户需同时操作控件，则他们可能会错过视频中的重要信息。如果执行一系列操作的建议分散于多个媒体中，而不是仅在单一媒体中呈现，则用户可能会错过重要的信息。

（5）考虑感知差异。人对媒体感知的差异和人对特殊媒体感知的局限性的影响应加以考虑。例如，有特殊需求的用户（如耳聋或色盲者）也有可能使用多媒体应用软件。

（6）支持用户理解。媒体的设计、选择和组合宜支持用户对所传递信息的理解。媒体选择和组合的指南见10.7节。例如，当用音频解释车辆发动机的工作时，关联图表中的相关部分高亮显示。

3）适宜探索

（1）概述。当用户在没有或极少有与软件所提供的信息或功能的类型、范围或结构相关的预备知识的情况下，如果多媒体软件设计能够使用户找到有关或感兴趣的信息，则多媒体软件适宜探索。

（2）支持用户探索。应用软件宜使用户能够对其进行探索。例如，在多媒体技术文件中提供分层导航结构和相关主题之间的链接，以便用户可沿不同导航路径探寻应用软件的内容。

（3）支持用户定位。应用软件宜始终能使用户确定其在多媒体应用软件内所抵达的当前位置，以及至该点的导航。例如，在显示网站的图表或地图的同时，高亮显示用户的当前位置。

（4）提供明晰的导航。应用软件中的导航宜以一致的和明晰的方式来实现。

（5）提供可选的导航路径。宜为用户提供触及所想得到信息的不同可能性，从而使用户能够在可选导航路径中进行选择。有关信息宜通过适当的链接进行访问。例如，可选导航路径用于支持初学者和专家；允许用户既可通过菜单层次也可通过搜索功能来访问信息。

（6）构建信息。就用户处理信息的局限性而言，内容宜予以组织，以便用户易于识别内容的各部分及其相互之间的关系。如果范围结构为用户所知，则可考虑将该结构用于导航。例如，树形结构用于组织内容并使用户易于访问信息内容的不同部分。

（7）便于返回重要位置。应用软件宜能使用户返回先前已访问过的导航结构中的重要位置，以便访问该结构的其他不同部分。例如，当漫游网站时，引导用户通过不同的信息层到达当前可见网页的路径可显示为一个链接表。该链接表拟展示所访问内容的不同层次。

（8）提供搜索和导航帮助。宜为用户提供适当的搜索和导航帮助，以便使用户能快速确定应用软件中是否包含了所想得到的信息及如何访问这些信息。例如，提供网站的站点地图，以图形形式展示在该站点及其结构中可访问的不同主题；提供网站关键词查询的功能，关键词可从所有相关网页中被激活。

（9）不同的媒体视角。多媒体应用软件宜为用户提供呈现相同内容的媒体组合，并使用户能够有选择地访问它们。

4）适宜参与

多媒体应用软件宜设计得吸引人，也即吸引用户的注意力并激发他们与软件进行交互。例如，仿真中的高逼真性及组合高度的可交互性，极可能使其很具吸引力。

10.6.3 设计宜考虑的事项

下面的叙述有助于设计者应用系统的方法设计多媒体应用软件。以下3方面是多媒体界面设计所固有的：①内容设计；②交互设计；③媒体设计。这些方面也可用于确定设计过程中何种模式或表达是合适的。例如，对多媒体应用软件的内容进行精确建模有益于评估应用软件是否能满足通信目的。

1. 内容设计

（1）总则。多媒体应用软件的一个重要方面是其语义信息内容和这些内容的结构。这个方面涉及概念设计问题，而非具体外观（如图形动画的视觉设计）或应用软件的行为。在设计多媒体应用软件时，下述内容的问题宜予以提出。

（2）分析通信目的。内容设计宜考虑通信目的，以便指导对内容及其结构、类型及合适表达形式的开发和选择（见 10.7 节）。

（3）构建内容。对内容及其结构进行设计宜包括通过使用合适的技术（如大纲、情节串联图板或其他信息表达形式）以确定内容的不同部分（如主题和子主题）及其相互关系。

2. 交互设计

（1）总则。交互设计确定了用户可访问内容不同部分的方式，以及用户如何控制或操作不同类型的内容。内容设计中给出了多媒体应用软件交互设计方面所涉及的设计问题。

（2）导航。导航设计问题包括访问所寻找的信息或探索未知信息结构的用户路线。在设计抵达多媒体用户界面中的内容的可用路径时，宜考虑以下方面。①适宜于内容结构、通信目的和用户任务的导航结构的设计。导航结构确定了用户在应用软件中移动的可能路径。②支持用户在多媒体应用软件中定位、探索及使信息检索更为有效的恰当导航帮助的使用。导航帮助包括内容目录、站点地图、索引和指导性游历。③当用户任务需要寻找与已知概念相关的特定信息（尤其在大流量信息中）时合适搜索机制的提供。既要为初学者又要为专家提供合适的导航帮助。GB/T 20527.2 给出了相关建议。

（3）媒体控制和交互。宜提供合适的媒体控件，允许用户控制每个媒体的呈现。GB/T 20527.2 给出了媒体控件设计的建议。例如，动态媒体的控件，如“播放”“停止”“暂停”等。

（4）对话交互。多媒体应用软件通常涉及多种对话交互，如菜单选择或图形交互要素。对于选择或设计对话交互，宜遵循 10.5 节和 ISO 9241-3 中所给出的指南。

3. 媒体设计

媒体设计既涉及单一媒体的设计又涉及不同媒体的选择和组合，宜遵循 GB/T 20527.3 所述的指南。

10.6.4　设计和开发过程

1. 总则

不管是多媒体界面的设计还是通用交互系统的设计，均宜遵循 GB/T 18976（见 1.2 节）给出的以用户为中心的设计过程。以人为中心设计的特点在于：适于获取对用户和任务需求的清楚了解的活动；用户积极参与下的反复设计过程，包括适于设计表达（如过程中适当阶段的原型）的评估。设计也宜考虑与设计问题有关的领域或学科的专家知识。此外，需考虑 10.6.3 节中所确立的能为开发过程设计阶段提供指南的一个结构和潜在（不必按顺序）的设计步骤。

多媒体应用软件的开发过程宜包括下述各阶段。按照上述以人为中心设计的一般特性，这些阶段可以以非连续的或重复的方式来执行，但过程均宜以分析活动为起始。在必要且适当时，某些活动可以省略，或者为过程增加一些活动。

2. 分析

通过分析确定目标用户群的特征、他们的任务及通过传递多媒体应用软件的内容而要实现的目的。宜对可能会潜在影响不同媒体的感知和交互（尤其是动态媒体）的环境因素和使用背景进行分析。例如，在嘈杂环境中，音频输出宜以文本呈现形式作为补充。对通信目的、任务支持和信息需求的清晰认识，对于在设计过程中做出进一步的决定至关重要。设计人员可以利用不同的媒体特性，以实现不同的目的，如教育培训、娱乐、为产品或服务做广告。

3. 概念设计

包括选择用于传递信息的一个特殊策略或多个策略（如借助仿真、游戏、示范或直达探索）和定义多媒体应用软件的高层结构。

4. 内容、交互和媒体的设计

设计提供了一个确定和开发多媒体应用软件不同组成部分的结构化方法。虽然在某些情况下以可利用的特殊媒体组成部分作为开发的起始点，但在一般情况下，内容设计宜先于交互设计和媒体设计。

5. 原型设计

对比惯常的交互系统原型设计，多媒体允许更宽范围的系统不同组成部分的不同质量和逼真程度。在早期开发阶段，复杂的媒体（如视频或动画）可由静止图片所代替。同样，为了测试界面概念，在使用昂贵的媒体产品前，组成部分（如视频剪辑或音频频道）可以是低质量的。

6. 评价

多媒体应用软件的评价宜使用对话设计的通用准则及本节所述的特定准则。评价多媒体应用软件的主要方面是由未来用户采用合适的评价方法（GB/T 18978.11 和 GB/T 18976）对软件进行测试。宜特别关注这些用户的意见和建议。开发和评价原型是一种收集用户反馈的特别有效的方法。如果在原型中媒体被其他东西所代替，或者质量水平不同于最终预期的质量水平，则宜认识到这可能会影响评价的结果。

10.7 多媒体用户界面的媒体选择和组合

GB/T 20527.3 给出了使不同媒体得以整合和同步的交互式用户界面的设计、选择和组合的建议和指南。媒体包括静态媒体（如文本、图形、图像）和动态媒体（如音频、动画、视频或与其他感觉形式相关的媒体）。它适用于：①基于计算机的多媒体应用软件的一般呈现技术，包括单机软件和网络软件；②软件用户界面的设计；③培训和教学多媒体（当本部分的建议与信息的有效传递相关时）。

10.7.1　媒体选择和组合的一般指南

（1）总则。如果两个或多个媒体同时呈现或顺序显示（如果首先呈现一张图片，随后是文本描述），则认为它们被组合。组合媒体有许多优点。①创建的界面能以近似于现实世界的方式呈现信息，可以使用户的任务更为轻松或自然，如一幅有海浪声相伴的海滩图片。②有助于迎合用户对以某一特殊格式呈现信息的偏好，例如，同时呈现文本和图片可以满足用户对两者任一的偏好选择。

（2）支持用户任务。宜选择和组合媒体以支持用户任务。例如，为比较两个视图，可将两幅图像并行呈现；可呈现有助于完成任务的涉及学习或引导用户注意的冗余信息。

（3）支持通信目的。宜选择媒体以实现应用软件的通信目的。例如，运用安全软件警示用户并保护他们远离危险，语音用于引导指示，图表用于显示撤离路线。

（4）确保与用户理解的兼容性。宜选择媒体以与用户现有知识相兼容的方式传递内容信息。例如，建筑学图表用于向建筑师和设计工程师传递建筑物的结构布局。用户对特定媒体所传递信息的理解能力将影响媒体选择。

（5）选择适合用户特性的媒体。选择媒体时，对用户人群特性宜予以考虑。例如，对于老年用户，可用大字体文本并伴以该文本的语音陈述；根据用户特性选择基于图像或语言的媒体。

（6）支持用户的偏好。宜为用户提供可选媒体方案，即用户可选择首选媒体或抑制某个媒体。例如，用户选择在图片上显示文本说明而非语音注解，或在嘈杂环境中抑制音频对话。

（7）考虑使用背景。媒体选择和组合宜适宜于使用背景。例如，用音频和视觉显示器同时呈现银行账户的详细资料有可能泄露用户的隐私，这是一个不合适的组合。处在嘈杂环境中，音频警告可能无法听见。

（8）对关键信息使用冗余。对于重要的信息，同一主题宜用两个或多个媒体呈现。例如，在视觉和听觉上同时呈现闹钟功能；不同媒体的冗余组合呈现相似但不相同的内容。

（9）避免知觉通道间冲突。如果用户需要从两种媒体中提取信息，则不宜在同时呈现的动态媒体中使用相同的知觉通道（如听觉或视觉）。并行呈现两个或多个动态媒体会使用户难以感知各单个信息源的信息。

（10）避免语义冲突。宜避免在任一媒体组合中呈现相互冲突的信息。例如，避免音频提示“请按蓝色按钮”而视频显示黑白图像。

（11）简单化设计。宜采用最小的媒体组合传递用户任务所必需的信息。

（12）组合不同视点的媒体。无论在何种情况下，同一主题的不同视点均宜通过媒体的组合来提供。通过媒体组合呈现不同视点有助于用户吸收与同一论题或主题有关的信息。

（13）选择媒体组合以详细阐述信息。无论何时，只要适宜于任务，均宜选择媒体组合以扩展信息的内容。媒体组合可用于为现有主题增加信息。

（14）防止劣化。当选择媒体传递时，宜考虑技术的限制以避免质量劣化或响应时间不可接受。劣化的结果为低劣的图像质量、无法接受的运动图像帧的低刷新率和低劣的音频质量。

（15）预览媒体选择。在预览工具中，可供选择的媒体宜为用户可见。例如，链接视频的网页允许用户在下载视频前先浏览该视频的缩略图。

（16）对重要信息使用静态媒体。对于重要信息，除了时效性很强的警告外，宜使用静态图像和文本。例如，发动机装配任务中的关键点以静态图像和带着重号的文本展示。但动态媒体可用来警告用户并引导他们注意静态媒体所传递的重要消息。

10.7.2 设计问题和认知背景

1. 知觉和理解

人眼以快速跳跃的方式扫描图像（称为跳视），并交织了眼睛凝视某个特定区域所产生的多个定影。定影允许观察图像的细节，所以，眼球追踪给出了观察到的图像细节的印象。通常，人眼会先注意运动的形状，然后是复杂的、各式各样的和彩色的对象。视觉理解可概述为“你所领会的依赖于你所看到的和你所知道的”。多媒体设计者可以利用显示技术（如使用运动的、高亮的和显眼的图标）控制用户注意力，从而影响用户所看到的内容。但是，设计者应意识到用户从图像中得到的信息也依赖于他们内在的动机，他们想要什么和他们对这个领域的了解程度。视觉内容的选择必须将用户的知识和任务考虑在内。由于视觉感官接收信息是连续的，因此，它会不断覆盖正在工作的记忆区。这意味着，除非给用户时间观察和理解图像，否则，用户对视觉传递的信息的记忆不总是有效的。此外，用户只能从运动图像中提取高层次的信息或要点（一般感觉）信息。通过记忆，视觉信息必须使用记忆来理解。在现实图像中这个过程是自动的；然而，对于非现实图像，必须仔细思考其含义，如一个图表。当从图像中提取信息的速度较快时，所获信息将根据图像的复杂程度和我们对该领域了解的多少而变化。

因为声音属于瞬时媒体，所以除非对它进行快速处理，否则信息可能会丢失。即使人类能够非常出色地理解口语，且可快速地转译为其他声音，音频媒体仍容易相互冲突，因为其他声音会和主要信息冲突。由于声音是瞬时的，用户不能获取语音中详尽的信息，因此，只有要点能被用户记住。

2. 选择性注意

同一时间只能接收有限数量的输入。虽然人类很善于整合通过不同感觉器官接收的信息（如看电影的同时还听声音），但这受限于人类处理信息时的心理状态。我们的注意是有选择性的，并与知觉密切相关。例如，我们可以在一个有许多人说话的聚会中偷听到一段对话（鸡尾酒会效应）。此外，每个人的选择性注意存在差异，并可通过对各种要素的学习来提高。然而，所有用户都有认知资源的限制，这意味着以不同形态传递的信息（如视觉和声音）必定会争夺同一种资源。例如，语音和打印的文本均需要一个语言理解的资源，而视频和静止图像均使用图像理解的资源。

信息处理结构的认知模型表明，某些媒体组合与媒体设计不会达到有效的理解，因为它们争夺同一认知资源，从而形成一个处理瓶颈。我们通过两个主要的知觉通道接收信息：视觉和听觉，进入这两个通道的信息在使用前必须被用户所理解。信息可以基于语言的形式被接收，如语音或书面文本。书面文本也可以与图像或电影一起被浏览。所有这类输入均会争夺语言理解的资源，因此，同时感知语音和阅读文本会非常困难。

恰当处理信息争夺。①用户的工作记忆和认知处理器理解、组合、记忆或使用信息的能力有限，在短期内呈现过多的信息会发生容量溢出，让用户疲于应付。这就要求让用户控制传递信息的速度。②当两种媒体中的信息不相同时，在工作记忆中将难于进行整合，这就产生了主题一致性原则。③争夺问题是由动态媒体间的注意力冲突引起的，当两种媒体争夺同一认知资源时，也会产生争夺问题，例如，语音和文本均需要对语言的理解。④理解一致性问题。我们利用现有的长期记忆来感觉世界，并由此理解世界。因此，如果我们不熟悉多媒体素材，就不能理解它。⑤多任务对我们的认知处理能力提出了更高的要求，为此，将难于体验在执行输出任务的同时还一并关注多媒体的输入。

在一个多媒体呈现中明确地确定一个主题，涉及引导用户跨越不同媒体片段的阅读和观看顺序。而预知用户的阅读或观看顺序则是非常困难的。通常文本和语音顺序播放，但是，观看图像媒体依赖于图像的大小和复杂程度、用户对内容的了解及用户的任务和动机。文本可以利用语言的语法规则强制执行指定的阅读次序，但是，用户在一个静止图像中看到的内容则是难以预知的。最后，静止图像中，对象的观看顺序依赖于用户的任务、动机、专业知识及突出的设计效果。以引导注意力为目的的设计效果则可以提高用户注意图像组成部分的可能性，尽管这并不能确保用户一定可以看到或理解该组成部分。相互引用可建立两个媒体间的联系点，如何设计这样的联系点则取决于源媒体和目标媒体的属性。通常，在基于语言的媒体中比较容易控制注意力，因为语言能提供直接的命令。

3．学习和记忆

在多媒体教程中，学习是主要目的。然而，学习的类型既可能是技能训练，又可能是概念学习。在技能训练的情况下，有效的、无差错的任务操作是其目标；在概念学习的情况下，则需要对知识做深入的理解。在这两种情况下，主要目标均为建立一个丰富的记忆图式，以便将来能较方便地调用。积极地解决问题或实践，可使学习更为有效。该方法是构成主义者学习理论的核心，该理论包含多媒体教程的许多内涵。在互相作用的微观世界里，用户可通过仿真交互，或构造和测试仿真来学习，微观世界可提供更生动的经验从而形成更佳的记忆。通过呈现同一问题的不同方面，多视点可有助于用户建立丰富的图式，因此，可通过集成概念的各部分而得到完整的概念。例如，可用一个例子来解释发电机的结构，首先是如何操作，然后是工作原理模型，最后用整合的图式将孤立的视点联合起来。

4．用户任务

选择和影响用户注意力的建议必须根据用户的任务和设计目的来阐释。如果提供信息是主要的设计目的（如信息咨询系统），那么信息的持续性及引导注意力至特定项目，就不像在教学软件中那样重要。由于我们只能记住动态媒体呈现的信息的要点或概要，所以用动态媒体传递细节信息通常是无效的。然而，如果设计仅为简单地告知用户某个高层次的行动计划，那么电影和语音就能满足需求。

10.7.3　信息类型的媒体选择

1．总则

信息需求可在不涉及传递信息的物理媒体的情况下从逻辑上加以规定，以明确用户需求。在许多情况下，可为一个信息类型选定多个媒体类型。选择时首先应根据任务和用户需求将内容分割成各信息组成部分；然后按下述提供的信息类型和媒体类型，进行媒体整合。

2．考虑信息类型

在选择和组合媒体时宜考虑信息类型，还需考虑用户特征和用户任务。

3. 考虑多种信息类型

信息类型分为物理的和概念性的信息、静态的和动态的信息。如果用户的信息需求由多种信息类型构成，宜考虑媒体组合。例如，一个解释物理任务的程序，首先选择现实图像媒体，然后选择一系列图像和文本。

4. 选择和组合媒体

（1）物理信息。宜考虑现实的静止或运动图像，除非用户或任务的特性拒绝这种选择。例如，照片被用于描绘公园的风景。当需要准确传递物理细节（如建筑的尺寸）时，可以将基于语言的媒体叠加在图像上。当需要提取局部物理信息时，可以用非现实图像（如略图、图表）。

（2）概念性信息。宜考虑基于语言的媒体（文本、语音）与非现实图像媒体。例如，流程图用于描述过程的功能，并伴有描述细节的语音；非现实图像（图形、略图、图表）或内含文本的图像可用来显示具有复杂关系的概念性信息；也可用现实图像和隐喻传递概念性信息。

（3）描述性信息。宜考虑基于语言的媒体（文本、语音）和（或）现实图像媒体。当描述对象的行为或运动时，可以使用现实运动图像媒体。

（4）空间信息。宜考虑现实和（或）非现实静止图像，例如，用图表展示货物在船上的位置。详细的空间信息可以用现实图像呈现，如照片。包含复杂路径的空间信息可以用运动图像传递，如制作路径动画。但是，与运动图像相比，来自静止图像中的位置、方位和路径信息则能更有效地记忆。

（5）值信息。宜考虑基于语言的媒体（数字文本、数字表格）。例如，用 1.80m 和 75kg 表示某人的身高和质量。由于在工作记忆中难于记住很多数字，所以语音不能有效地传递多个数字。

（6）关系信息。显示一组数值的组内关系和组间关系及概念之间的关系，宜考虑非现实图像（如图示、图形、图表）。例如，用直方图显示统计数据。

（7）离散行为信息。宜考虑现实静止图像媒体。用工人维修机器动作的图像，可图解说明该机器维修技术。对于离散行为，使用静态图像媒体可允许检查行为、行为对象和行为主体之间的关系。概念行为（如心理过程）可使用语音或文本来描述。

（8）连续行为信息。对于复杂或连续的行为，宜考虑运动图像媒体。由于利用非现实媒体（动画）可以更好地说明复杂的物理行为，由此可以观察运动行为的协调性。

（9）事件信息。对于所给出的重要事件和问题警告的信息，宜考虑使用音频媒体（如语音或声音）警告用户。抽象事件可以用语言解释。现实或非现实的静止图像可用于传递关于事件背景的信息，例如，火灾警报器响起后，在建筑物图表上显示红色的火灾位置标记。

（10）状态信息。对于状态，宜使用静止图像或基于语言的媒体。可用基于语言的媒体或图表解释抽象状态。如果需要阐明离散状态的顺序，可以用幻灯片显示一段动画或一系列的静止图像。

（11）因果信息。为解释因果关系，宜考虑静止和运动的图像媒体，并与基于语言的媒体相组合。物理现象的因果关系解释可通过如下方式实现：使用基于语言的媒体来介绍主题；通过静止图像与基于语言的媒体注解相组合来展现原因和结果；通过带声音注解的运动图像来整合消息；提供带有着重号的文本概要。

（12）程序性信息。宜选择带文本说明的系列图像。例如，机架装配说明书列出了描述每一操作步骤的一套图像，并配有文本说明。为了解释程序，有必要对媒体进行组合，例如，带有文本的静止图像序列，随后是整个图像序列的动画。非物理程序可用格式化文本显示，如带有着重号或编号的步骤。

10.7.4　媒体整合

媒体的选择仅为设计提供原始素材。所选媒体宜按呈现顺序加以组合和整合，以使呈现传递连贯的消息。在组合或安排呈现顺序时，宜考虑下述问题。

1. 设计问题

媒体的选择提出了如何在用户界面上呈现媒体的问题。该问题尤其影响视觉媒体。例如，文本可与图像在不同窗口内显示，也可以作为标题叠加在图像上。对于前者，用户往往将文本和图像视为单独的实体；对于后者，图像和标题通常会被视为一个完整的整体。这就改变了用户的阅读和（或）浏览顺序。但是，用户往往会顺序地浏览不同窗口内显示的媒体，而同时浏览文本标题及其所叠加的图像。图表叠加于自然图像上时，整合可能更为有效。尽管这种整合具有使图像过于复杂和由此导致的信息更难于提取的缺点，但仍宜予以考虑。

在动态媒体（语音、视频）平行呈现的设计中，时序和同步是重要的问题。GB/T 20527.2 给出了进一步的指南。

2. 媒体整合指南

（1）引导性媒体。宜考虑使用语言媒体来介绍其他媒体所呈现的素材。例如，用语音介绍视频的主题内容，随后播放视频。第一个媒体介绍主题，后续媒体扩展其内容。当用户不熟悉后续媒体的内容时，则可了解第一个媒体（引导性媒体）所呈现的内容。

（2）同步且相关的媒体。同时呈现且内容相关的媒体宜同步，以匹配用户的感知。紧密联系的同步并不总能贯穿网络。

（3）分离音频内容源。当组合两个音频媒体时，每个媒体的感知宜不同，以便区分呈现的来源。

（4）避免音频媒体的冲突。如果背景声音干扰或掩盖了另一个更重要的声音，则两个音频媒体不宜同时呈现。设计者宜确保两种声音的振幅互不干扰。

（5）在音频和基于语言的媒体中限制语音中断。非现实音频造成的中断宜简短并置于语音中的暂停、语句或短语分界处，或者由用户的特定命令所触发，如语音邮件消息间的音调。

（6）整合非现实图像与现实图像。当用非现实图像作为现实图像的补充时，其中一个图像宜简单明了，且图像主题间宜相关。例如，在发动机照片上叠加一个简单的组成部分图表。

（7）图像标题的使用。如果图像非常重要，则宜使用简短的标题而非单独的文本。在场景的文本描述中，配以照片，标题则指出显示在照片中的特定设备。如果需要相互对照，图像和文本可同时呈现，而文本标题则引导用户注意较重要的图像组成部分。

10.7.5　媒体组合模式示例

本节描述常用的媒体组合，并给出各种模式中存在的设计问题的指南，见表 10-3。可同时或顺序组合媒体以实现通信目的。

表 10-3 媒体组合概要和示例

第一媒体	第二媒体	媒体组合示例
现实音频	现实音频	组合飞机和鸟鸣的声音
	非现实音频	带有自然环境声音的音乐
	语音	语音邮件信息间的音调
	现实静止图像	鸟鸣声配以该鸟的照片
	非现实静止图像	用音乐声调阐释图表的各部分
	文本	用环境的声音阐释有关自然研究的文本
	现实运动图像	有声电影
	非现实运动图像	含环境声音音轨的卡通片
非现实音频	非现实音频	盲人专用体重秤中的两个音调
	语音	起强调作用的语音和音调
	现实静止图像	阐释照片的音乐
	非现实静止图像	阐释音阶图示的音调
	文本	用于交互选择单词的音调
	现实运动图像	带有音乐音轨的电影剪辑
	非现实运动图像	卡通片中音乐和声音的效果
语音	语音	以对话为背景的语音
	现实静止图像	照片的语音讲解
	非现实静止图像	语音解释电路图
	文本	演员阅读并朗诵的文本
	现实运动图像	有演员说话声的电影
	非现实运动图像	有角色说话声的卡通片
现实静止图像	现实静止图像	两个场景的对比：夏天和冬天
	非现实静止图像	配有发动机图示的照片
	文本	配有照片的场景描述文本
	现实运动图像	演员的静止图像，配上演员所演的电影
	非现实运动图像	一个人的照片，配上基于其特点的卡通动画
非现实静止图像	非现实静止图像	显示同一对象两个视图的技术图纸
	文本	文本描述图表
	现实运动图像	视频中说明步骤的流程图
	非现实运动图像	带有动画序列的情节串联图板
文本	文本	两种文本的对比：希腊文和拉丁文
	现实运动图像	无声电影的字幕
	非现实运动图像	动画流程图的文本说明
现实运动图像	现实运动图像	与同一主题相关的两部电影：亚伯冈斯的“拿破仑三部曲”
	非现实运动图像	一个人跑步的电影，配上动画解剖图
非现实运动图像	非现实运动图像	与同一主题相关的两个卡通片：对比两种动画的风格

1．运动图像、声音、语音

这种组合可以通过声音通道有效地解释视觉信息，同时利用声音给出关于图像的附加信息。例如，带有语音指令和真实火灾事故声音的灭火视频可以生动地呈现内容。

2. 静止图像、语音、文本

照片或图表可用文本说明来增强，或和解释性文本一起分别呈现。语音可以用于将注意力引导至图像的特定部分，并为文本的重要部分提供参考。在这种组合中，可以用文本传达重要信息，用语音作为补充注解。

3. 静止图像、语音、声音

在这种组合中，音频通道可能相互冲突，所以宜注意将语音和声音进行适宜的组合。声音可以和语音解说一起传递与图像相关的信息。

4. 两种（或更多）静止图像、语音、文本

利用文本说明和语音进行图像的对比，或按一定顺序将图像链接在一起，以引导用户注意力至重要的信息。

5. 两种（或更多）文本、语音

利用语音进行不同文本的对比或将它们链接在一起，将用户注意力引导至重要的词或短语。当需要查询单个词或短语时可以使用这种组合。但是，同一时间只能阅读一段文本，因此，如果用户必须理解全部的文本，则不宜使用这种组合。例如，同时呈现描述同一主题的现代语文本和古文文本，从而可以评估两种书面语言的差异。

关于媒体组合的更详细的设计指南详见 GB/T 20527.3。

Chapter 11

第 11 章 受限空间设计

受限空间是指人自由活动需受到限制或制约的空间。或者说，是指为保证人进行必要的活动所必须提供的最低限度（有限）的空间。其概念泛指各类受限（制的）空间、有限（制的）空间、受制约（或约束）的空间、需受保护的空间等，其中包括各种类型的安全空间和安全距离。在进行系统（如控制室）布局或设备中各零部件布局设计时，除应对主要的作业空间做出合理安排之外，还应考虑与主要的作业空间无直接关系的受限空间问题。

受限空间包括以下几种。

（1）受限作业空间，指人进行必要的作业所需的最小空间，如维修空间。

（2）受限活动空间，指人进行必要的活动所需的最小空间，如通道。

（3）安全空间（距离），指可保障人体或其局部不致受到伤害的必要空间或距离。

（4）个人社会心理空间，指从人的心理需要出发，对社会方面所期望和要求的空间。

11.1 受限作业空间

11.1.1 受限作业空间设计总则

（1）作业及活动的特点。从作业及活动的实际需要和特点出发，考虑体位、姿势及肢体的各个方向活动范围，考虑使用工具的空间，并留有适当裕量。

（2）人体尺寸（见第 2 章）。受限作业空间尺寸应按如下原则确定。①属于包容空间范围的，以男子第 95 百分位数（对安全空间应按第 99 百分位数）尺寸作为设计依据，并应考虑着装的裕量；在寒冷条件下作业时，应考虑穿厚工作服的裕量，即比正常人体测量值大 100～150mm，还应为操作员戴手套（或连指手套）的手留出间隙。②属于被包容空间范围的按男子（或女子）第 5 百分位数（对安全空间应按第 1 百分位数）尺寸作为设计依据。

（3）受限作业空间尺寸的实际应用。本章给出的受限作业空间尺寸是指最低限度的要求，人长时间（或经常）在这种条件下工作或活动，会感到不舒适、易于疲劳，并会影响工作和活动的效率及安全。因此，在实际应用中应留出充分裕量。本章所给出的受限作业空间尺寸是国际通用的。在特殊情况下，允许按特定使用者群体的第 95 百分位数（或第 5 百分位数）进行设计。但安全空间必须满足本章给出的要求。

11.1.2　人体受限作业空间的最小尺寸

人体受限作业空间的最小尺寸见图 11-1 和表 11-1。

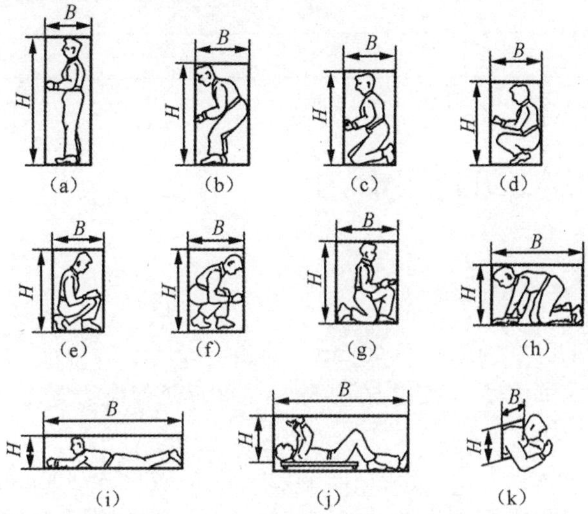

图 11-1　人体受限作业空间的最小尺寸

表 11-1　人体受限作业空间的最小尺寸

(mm)

作业姿势		最小值	选用值（穿普通衣服）	穿厚衣服	图 11-1 中的图号
站立	*B*	—	700	—	(a)
	H	—	1910	—	
屈体	*B*	—	760	—	(b)
	H	—	1500	—	
跪姿	*B*	—	760	—	(c)
	H	—	1370	—	
蹲姿	*B*	—	760	—	(d)
	H	—	1220	—	
蹲坐	*B*	700	920	1000	(e)
	H	1200	—	1300	
屈膝	*B*	900	1020	1100	(f)
	H	1200	—	1300	
蹲跪	*B*	1100	1200	1300	(g)
	H	1450	—	1500	
爬姿	*B*	1500	—	1600	(h)
	H	800	900	950	
俯卧	*B*	2450	—	—	(i)
	H	450	500	600	

续表

作业姿势		最小值	选用值（穿普通衣服）	穿厚衣服	图 11-1 中的图号
仰卧	*B*	1900	1950	2000	（j）
	H	500	600	650	
上身探入	*B*	—	580	690	（k）
	H	460	560	810	

注：*B* 为图 11-1 中的空间宽度或长度；*H* 为图 11-1 中的空间高度。

11.1.3 臂膀作业出入口的最小尺寸

1. 双臂作业出入口的最小尺寸

（1）双手伸入达到的深度为 150～490mm（见图 11-2（a））。①薄工作服：宽度 $B=D$（B 最小为 200mm），D 为达到的深度；高度 H=125mm。②厚工作服：宽度 $B=0.75D+150$mm；高度 H=180mm。

（2）双臂伸入达整个臂长（至肩）（见图 11-2（a））。宽度 B=500mm；高度 H=125mm。

（3）通过手柄抓握箱盒插入（见图 11-2（b））。如果手柄周围有足够的空隙，则箱盒周围应留出 13mm 的空隙。

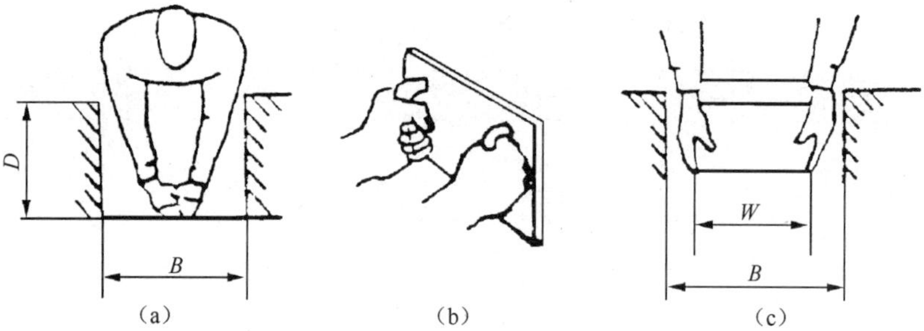

图 11-2 双臂作业的出入口（GJB 2873）

（4）用双手抓握箱盒两侧插入（见图 11-2（c））。①薄工作服：宽度 $B=W+150$mm，W 为箱宽；高度 $H=T+13$mm（H 最小为 125mm），T 为箱厚（箱高）。②厚工作服：宽度 $B=W+180$mm；高度 $H=T+15$mm（H 最小为 215mm）。③当双手抓握箱盒两侧插入时，手指还需弯曲抓住其上、下两面（见图 11-2（c））。这里，薄工作服：开口高度增加 38mm；厚工作服（戴手套）：开口高度增加 75mm。

2. 单臂作业出入口的最小尺寸

（1）单臂伸入至肘关节（见图 11-3（a））。①薄工作服：100mm×115mm（高×宽，下同），或直径 115mm（圆孔，下同）。②厚工作服：180mm×180mm，或直径 180mm。③手持物体：空隙大小按 11.1.4 节的（4）确定。

（2）单臂伸入至肩（见图 11-3（b））。①薄工作服：125mm×125mm，或直径 125mm。②厚工作服：215mm×215mm，或直径 215mm。③手持物体：空隙大小按 11.1.4 节的（4）确定。

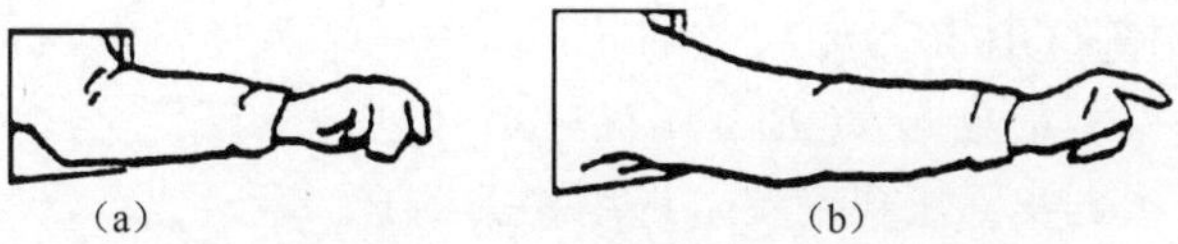

图 11-3　单臂作业的出入口（GJB 2873）

11.1.4　手作业出入口的最小尺寸

1．单手作业出入口（伸入至腕关节）的最小尺寸

（1）空手（见图 11-4（a））。①裸手，转动：95mm×95mm，或直径 95mm。②手掌平展的裸手：55mm×100mm，或直径 100mm。③戴手套或连指手套：100mm×150mm，或直径 150mm。④戴防寒手套：125mm×165mm，或直径165mm。

（2）抓握的手（见图 11-4（b））。①裸手：90mm×125mm，或直径 125mm。②戴手套或连指手套：115mm×150mm，或直径 150mm。③戴防寒手套：180mm×215mm，或直径 215mm。

（3）手握直径为 25mm 的物体（见图 11-4（c））。①裸手：95mm×95mm，或直径 95mm。②戴手套或连指手套：150mm×150mm，或直径 150mm。③戴防寒手套：180mm×180mm，或直径 180mm。

（4）手握直径大于 25mm 的物体（见图 11-4（d））。①裸手：物体周围留出空隙 45mm。②戴手套或连指手套：物体周围留出空隙 65mm。③戴防寒手套：物体周围留出空隙 90mm。

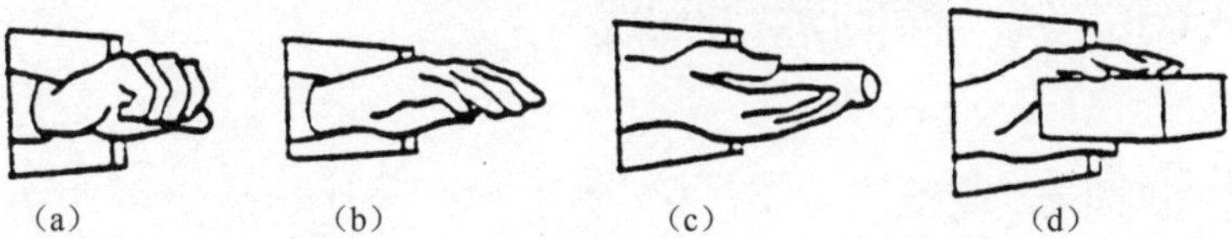

图 11-4　单手作业的出入口（GJB 2873）

2．手指作业出入口（伸入至第一指关节）的最小尺寸

（1）按钮口（见图 11-5（a））。①裸手：直径 32mm。②戴分指手套的手：直径 38mm。

（2）双手指转动口（见图 11-5（b））。①裸手：圆孔直径为物体直径加 50mm。②戴分指手套的手：圆孔直径为物体直径加 65mm。

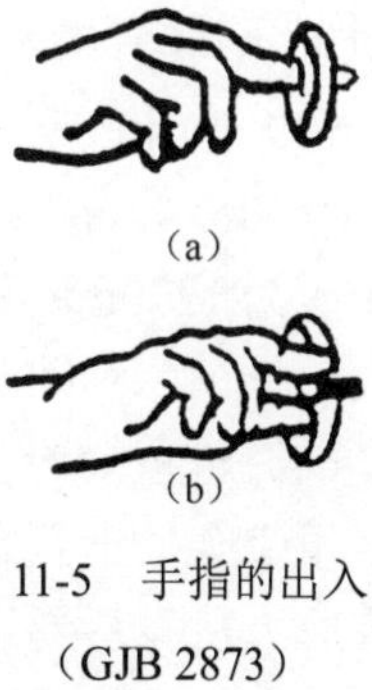

图 11-5　手指的出入口（GJB 2873）

对受限作业空间出入口的处理可考虑：①除可能会危害系统性能或安全外，可采用无遮挡的开口；②需防止灰尘、潮气或异物侵入的开口，可采用滑动或带铰链的罩帽或门，观察口可采用透明窗；③出入口内存在危险因素时，如带有高电压或强电流的外露导体，应采取相应的隔离防护措施，或在入口盖板（或门）上装设联锁装置，以使在盖板（或门）打开时切断电源；④开口应为所进行的操作提供足够大的视区。

11.1.5　用于机械安全的开口尺寸确定原则

GB/T 18717/ISO 15534《用于机械安全的人类工效学设计》系列标准，从安全角度出发，予以规定：①全身进入机械（GB/T 18717.1）的开口尺寸；②人体部分进入机械（GB/T 18717.2）的开口尺寸；③人体尺寸测量数据（GB/T 18717.3）。这些开口尺寸与本章前述的某些开口尺寸有近似之处。设计师可根据实际工作需要，选用相关的开口尺寸。

（1）该系列标准详细规定：①全身进入的通道开口尺寸；②人体局部进入的开口尺寸；③进入开口的配置。

（2）开口尺寸是以预期使用者群体的第 95 百分位数（第 99 百分位数适用于紧急外出通道）数值为基础，而触及距离则是以第 5 百分位数数值为基础，在每一种情况中，均应以预期使用者群体的最不利人体尺寸为基础。该考虑也适用于开口的配置。

（3）影响人员进入方便性的因素。①作业要求，如运动的姿势、性质和速度，视线和施力；②开口相对于人员位置的配置，如地板上方合适的高度，易于达到的范围，允许采取舒适姿势的充足外部空间和可以进行作业的内部充足空间；③作业的频次和持续时间；④是否携带工具，如为了技术保养或修理；⑤进入开口的长度，如是通过薄壁（罐、槽的壁），还是通过管道式的通道或通道式开口；⑥是否有附加的装备，如个体防护装备（包括防护服），携带或佩戴便携式照明灯；⑦考虑到逃离危险运动动态特性时可利用的空间；⑧人身支撑物的位置和尺寸，如脚蹬和把手；⑨服装的类型，如薄或厚，裸手或戴厚手套，免冠或戴头盔。

11.2 受限活动空间

11.2.1 作业人员的纵、横向活动间距

1．作业人员的纵向活动间距

（1）工作台前的坐姿作业人员的向后活动间距（台前缘至限制人体向后活动界面之间）应不小于 760mm，一般以大于 1070mm 为宜，在可能条件下，应提供 1270mm 以上的自由活动区域，如图 11-6（a）所示。

（2）作业人员在坐姿工作时，如允许其他人员（单人）在身后通过，则间距应不小于 1270mm，如图 11-6（b）所示。

（3）作业人员需在机柜（或储物柜）前下蹲操作的情况，其纵向间距最小为 920mm，如图 11-6（c）所示。如需在屈膝状态下移动重物，则应增至 1070mm；如需弯腰或跪姿进行维修，间距应为 1270mm；柜前有人工作，允许有人在身后通过，间距增至 1500mm；如允许身后通过单人手推车，则间距增至 1680mm。

（4）机柜前缘与最近的表面或障碍物之间的距离应不小于 1070mm。两排机柜的间距，应比处于完全抽出状态的抽屉（插箱）或最深机柜的深度大 300mm，以大于 400mm 为宜，如果允许有人从身后通过，则至少应大于 760mm，如图 11-6（d）所示。

（5）如需从背后维修机柜（屏），则机柜后缘与其最近的立面或障碍物之间的间距一般应不小于 1270mm（最小为 920mm），以适应弯腰或跪姿操作的需要，如图 11-6（e）所示。同时，还应考虑开门或回转框架旋出、对通道功能和维修功能的影响。

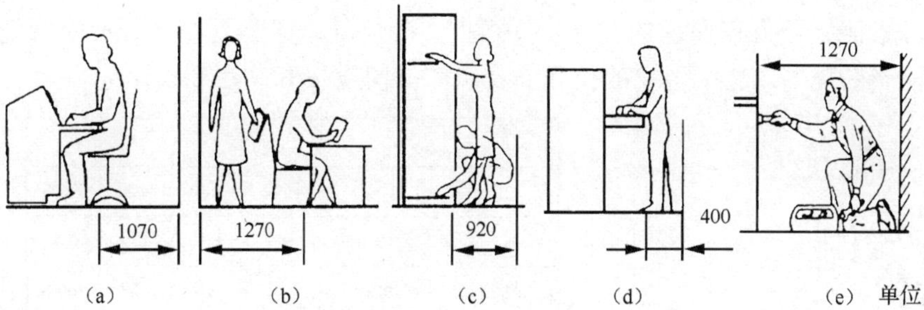

图 11-6　作业人员的纵向活动间距

2．作业人员的横向活动间距

（1）两相邻作业人员之间的横向活动间距应不小于 1000mm，如图 11-7（a）所示。

（2）具有抽屉、插箱（可纵向抽出）或可移动部件的机柜，其侧向最小工作空间（如距墙壁或障碍物的间距）视可移动物的质量选取。①不大于 20kg，一侧为 460mm，另一侧为 100mm；②大于 20kg，每侧各为 460mm，如图 11-7（b）所示。

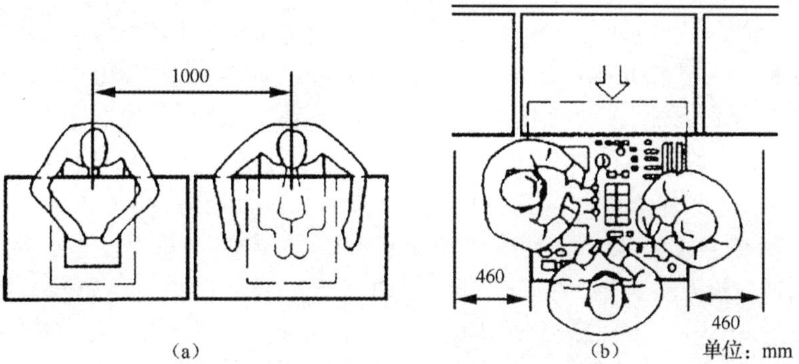

图 11-7　作业人员的横向活动间距

11.2.2　通道尺寸

通道是指限制人体活动的两个界面之间的人通行空间，包括设备之间或设备与墙壁之间的间距及走廊。另一类是属于出入口性质的通道，如全身出入通道口、船舶的舱口、门等。

1．出入口通道

（1）全身出入通道口。①用于通过身体的矩形通道口尺寸，应不小于图 11-8 所示尺寸。②圆形通道口的最小直径为 760mm。③紧凑的椭圆形通道口的尺寸不小于 430mm（短轴）×710mm（长轴）（如装甲车用）。④由于工作场所内环境危险（如有毒的烟雾），而需人员营救的地方，应设置供双人进出的较大的出入口。⑤在从顶面通道向下走的距离超过 690mm 的地方，应提供适当的踏脚板或台阶。

（2）门。①控制中心一般采用铰链门，门向外开启；两个相邻室之间如果有门，则应能向两个方向开启。②紧急事件的安全门是易于打开和通过的，不用手可以开门。③固定设备距铰链门扫及区至少应 76mm；门的内外要留有空地，面积至少 $1.5m^2$，其长宽大致相等。④控制中心一般不使用滑动门，当使用滑动门时，应另有铰链门，不得使用转门。⑤门也是一种人行通道，其最小尺寸参照采用人行通道的尺寸。⑥根据实际情况考虑是否需要装设隔音门，以满足控制室对噪声隔音的需要。⑦配电室的门和安全疏散的门应按有关标准设计。

尺寸	深度 *A*		宽度 *B*	
着装	轻装	重装	轻装	重装
顶面和底面通道口/mm	330	410	580	690
侧面通道口/mm	660	740	760	860

图 11-8 全身出入通道口（GJB 2873）

2. 人行通道（简称通道）

通道尺寸需考虑人体尺寸，一般通道按第 95 百分位数，紧急通道按第 99 百分位数尺寸进行设计，通道尺寸还应考虑单位时间内的人流密度和维修、保洁工作的需要，应考虑为所携带的工具及搬运工具留出适当的裕量。

（1）通道尺寸。①通道高度应不小于 1950mm，如允许弯腰，可取 1600mm，一般应大于 2030mm。②单人通道的间距应为 760mm 以上，不得小于 630mm。如空间有限，则可采用上宽下窄的通道，肩部不小于 630mm，足部允许小至 300mm。单人侧行通道应不小于 480mm。③主道与旁道。主道须比旁道宽，二者宽度均按功能需要确定，但主道的宽度不小于 1270mm，旁道的宽度不小于 760mm。非通道的过道宽度不小于 510mm。④双人通道的间距应为 1370mm 以上，不得小于 1070mm，人穿厚衣服时，则应加大至 1520mm。单人通行、1 人立停的最小间距可取 900mm。允许 2 人侧身通过最小间距为 760mm。⑤三人通道的间距应不小于 1830mm。⑥尽量使门不开向通道，若无法避免，则单侧开门的通道尺寸应为 1680～1830mm，双侧开门的通道尺寸应为 2130～2440mm。⑦轮椅通道宽度不小于 915mm。⑧楼梯也是一种人行通道，其宽度尺寸按上述人行通道尺寸。

（2）通道要求。①在通道侧放置有柜子时应考虑开柜门时对通道通行的影响。②通道的设置应避免死角；要避免通道只限于单向通行，实际上单向通行往往是不现实的。③两级平面间的通路。在工作系统中，由于种种原因（功能的、设备的、建筑面积的分配等），一个工作系统的各个工作场所往往会处在不同高度的平面上。连接两级平面的通路，根据二者间的高度差，采用不同的结构。人从一个平面进入另一级不同高度的平面，需借助坡道、楼梯、阶梯和直梯等固定设施。

3. 与通道相关的标准

下述标准都给出了图例和详尽的数据，可作为设计的依据。

GB 17888.1（ISO 14122-1）《机械安全　进入机器和工业设备的固定设施　第 1 部分：进入两级平面之间的固定设施的选择》；

GB 17888.2（ISO 14122-2）《机械安全　进入机器和工业设备的固定设施　第 2 部分：工作平台和通道》；

GB 17888.3（ISO 14122-3）《机械安全　进入机器和工业设备的固定设施　第 3 部分：楼梯、阶梯和护栏》；

GB 17888.4（ISO 14122-4）《机械安全　进入机器和工业设备的固定设施　第 4 部分：固定式直梯》。

11.2.3　工作岗位的活动面积

（1）最小自由活动面积。①确定工作岗位的活动面积，应以不妨碍作业人员的工作活动为依据。②每个作业人员在工作岗位处的自由活动面积不得小于 1.5m^2，并且自由活动场地的宽度不得小于 1m。③如果由于某些原因不能提供 1.5m^2 的自由活动面积，则应在工作岗位附近提供一个类似大小的活动面积。

（2）最小工作面的面积。①最小个人工作面宽度如图 11-9（a）所示。②两个作业人员相邻工作的工作面面积如图 11-9（b）所示。

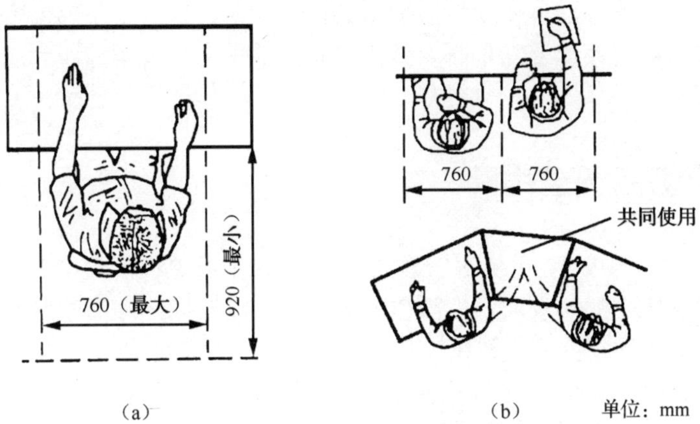

图 11-9　最小工作面的面积

11.3　安全空间（距离）

在人机系统中，“机”的静止或运动部分存在着可能损伤或危及人的生命、健康的危险部位。安全空间是指可保障人体或其局部不致受到伤害的必要空间或距离。安全距离是指防止人体及其局部触及危险部位的最小间隔。

11.3.1　防止触及危险区和免受挤压的安全距离

在 GB 12265.1《机械安全 防止上肢触及危险区的安全距离》中，规定了防止 3 岁以上（含 3 岁）人的上肢触及危险区的安全距离。该标准是强制性标准。对任何危险区均应设置防护结构，用以限制人体和（或）人体一个部位的运动。

（1）上伸可及。这是指手臂上伸触及危险区的安全距离。①如果危险区有低风险，那么危险区的高度 h 应为 2500mm 或更高。②如果危险区有高风险，则要求：危险区的高度 h 应为 2700mm 或更高；或采用其他安全措施。

（2）越过防护结构可及。运用图例和数据，给出了上肢越过防护结构（能有效限制身体运动）触及危险区的安全距离。

（3）通过开口触及。运用图例和数据，给出了手指、手掌、手臂通过规则开口触及危险区的安全距离。

（4）多重防护结构对安全距离的影响。为增大容存危险的区域，应当考虑多重防护结构，使臂可依托于防护结构上，以减少臂、手或手指的运动不确定性。

（5）防止下肢触及危险区的安全距离。在 GB 12265.2《机械安全 防止下肢触及危险区的安全距离》中，规定了 14 岁（含 14 岁）以上的人，防止下肢触及危险区的安全距离和阻止其自由进入的距离。这些安全距离仅适用于根据距离就能获得足够安全，而且经风险评价提示，上肢不可能触及危险区的场合。有时，当人们试图用脚清理进、出料口或是操作用脚控制的机械时，可能出现靠近危险区的情况。阻止自由进入的距离与防护结构的高度有关，并且用限制下肢自由运动的方法，减小人员的风险。该标准是强制性标准。

（6）避免人体各部位挤压的最小间距。在 GB 12265.3《机械安全 避免人体各部位挤压的最小间距》中，规定了人体各部位免受挤压危险的最小间距，以获得足够的安全。该标准是强制性标准。对于任何可能对人体各部位产生挤压危险的地方，其最小间距均应不小于该标准所规定的最小间距。

11.3.2 防止烧伤的安全距离

在 GB/T 18153《机械安全 可接触表面温度 确定热表面温度限值的工效学数据》中，提供了用于确定防止皮肤烧伤的热表面温度限值的数据。当皮肤同热表面接触时，如果未超过标准所规定的烧伤阈值，通常是没有烧伤风险的，但是可能出现疼痛。

皮肤同热表面接触时，导致烧伤的表面温度与组成表面的材料有关，与皮肤同表面接触的时间长短有关。

防止烧伤的安全距离可参照采用“防止触及危险区的安全距离”。

在正常操作中，操作者接触设备表面的温度高于或低于表 11-2 所列的温度应设有适当的防护装置（气候环境引起的表面温度不在此列），以防止热接触危险。

表 11-2 热接触危险温度限值（GJB 2873）

（℃）

接触方式		金属	玻璃	塑料或木制品
高温	暂时性接触	60	68	85
	长时间接触或操作	49	59	69
低温	暂时性接触	0	0	0
	长时间接触或操作	0	—	0

11.3.3 防止有害物质和有害因素的安全距离

人处于有害物质和有害因素的环境中，会影响人的身体健康或导致疾病。此处，有害物质是指物理的、化学的、生物的等能危及人体健康的物质，如强电磁辐射，各类射线辐射，各类化学活性物质、机械活性粒子（如粉尘）等；有害因素是指能影响人体健康的因素，如高温、高湿、强噪声、强光、振动与冲击等。

（1）有害物质和有害因素对人的影响主要取决于两个要素：①暴露时间，有害物质或有害因素作用于身体的实际或等效的持续时间；②与危害源的距离，有害物质的浓度或有害因素的强度，随着距危害源距离的增大而减小，达到安全限值处的距离就是安全距离。

（2）当最大限度地采取了隔离、屏蔽、个人防护等措施后，防止有害物质和有害因素对人危害的手段就是使人与危险源间保持一个安全距离。这种安全距离是非接触型的，其基本特点为：①对各种有害物质和有害因素的防护，专业性很强，没有确定安全距离的统一模式和数据；②安全距离值因防护措施的优劣而异，防护措施水平高，安全距离就小，反之，所需安全距离就大；③各种有害物质与有害因素都有相应的限值标准，对于安全距离，需经现场实际测试、分析，证明是在安全限度内，才能最后确认。

11.3.4　防电击的安全距离

1．防电击的一般原则

1）确定防止触电安全距离的一般原则

防止触电的安全距离，按电压高低可有两种类型。①低压电（对地电压 250V 以下）。对于低压电，需防止人触及裸露的带电体，这与防止触及危险区的安全距离相同。②高压电（对地电压 250V 以上）。对于高压电，人不仅不能接触带电体，而且须保持一定的间距，其安全间距的要求随电压的增高而增大，这种安全距离是非接触型的。

2）系统或设施的应用条件

（1）影响安全距离的因素。①额定电压值。电压越高所需安全距离及电气间隙、爬电距离越大。②防护方式。对同一带电体采取的防护方式不同，安全距离也不同。

（2）带电体的应用场所。①移动式和固定式。移动式电气装置、安装在运输装置中的电气设备，安全距离应尽量紧凑，以减小装置的空间尺寸、降低成本及有利于装置的移动。固定式、永久性装置的通道安全距离则可放宽些，以增大操作者活动空间，适当提高舒适性。例如，GBJ 54 规定的用于固定式、永久性电气装置的安全距离比 GB 9089.2 中的宽松。②户外和户内。在其他条件相同的情况下，户外安全距离可适当加大，操作距离适当放宽；而对于维修距离，由于有效占用时间短可适当减小。

3）电气设备的外壳防护等级

外壳是指能防止设备受到某些外部影响，并在各个方向防止直接接触的设备部件。GB/T 4208《外壳防护等级（IP 代码）》对外壳的防护能力做了规定，该标准适用于额定电压不超过 72.5kV，借助外壳防护的电气设备。该标准规定电气设备下述内容的外壳防护等级：①防止人体接近壳内危险部件；②防止固体异物进入壳内设备；③防止由于水进入壳内对设备造成有害影响。

（1）IP（国际防护，International Protection）代码（IP code）。IP 代码是表明外壳对人接近危险部件、防止固体异物或水进入的防护等级，以及与这些防护有关的附加信息的代码系统。IP 代码由代码字母 IP、第一位特征数字、第二位特征数字、附加字母、补充字母组成。不要求规定特征数字时，该处由字母“X”代替。附加字母和（或）补充字母可省略，不需代替。

（2）防止人体接近壳内危险部件的防护。在 IP 代码中，与防止电击有关的是其中的第一位特征数字，共分 7 级，即 IP0X～IP6X，它可代表对接近危险部件的防护等级和对固体异物（包括灰尘）进入的防护等级。其防护等级及含义见表 11-3。

表 11-3 IP 代码第一位特征数字所代表的防护等级及含义（GB/T 4208）

IP 等级	对设备防护的含义：防止固体异物进入	对人员防护的含义：防止接近危险部件
IP0X	无防护	无防护
IP1X	不小于 50mm，防止直径不小于 50mm 的固体异物	防止手背接近危险部件
IP2X	不小于 12.5mm，防止直径不小于 12.5mm 的固体异物	防止手指接近危险部件
IP3X	不小于 2.5mm，防止直径不小于 2.5mm 的固体异物	防止工具接近危险部件
IP4X	不小于 1.0mm，防止直径不小于 1.0mm 的固体异物	防止金属线接近危险部件
IP5X	防尘，不能全部防止灰尘进入，但不得影响设备运行和安全	防止金属线接近危险部件
IP6X	尘密，无灰尘进入	防止金属线接近危险部件

4）电气间隙和爬电距离

不同带电部分之间或带电部分与大地之间，当它们的空气间隙小至一定数值时，在电场的作用下，空气介质将被击穿。其绝缘将会失效或暂时失效，因此，在不同的带电部分之间，以及在带电部分与大地、外壳或遮栏之间至少应当保持一个不会发生空气击穿的安全距离，这就是电气技术中的电气间隙。

爬电距离又称漏电距离，它是在两个导电部分之间，沿着绝缘材料表面的最短距离要求。爬电距离过小就会在两个导电部分之间的绝缘材料表面产生闪络，即沿着绝缘材料表面产生击穿现象，从而使固体绝缘材料的绝缘性能失效。

在 GB/T 1497《低压电器基本标准》中，对电气间隙和爬电距离做了较详细的规定，其中考虑了额定电压、冲击耐压、安装类别、过电压类别和污染等级的影响。这些数据主要用于电气装置及家用和类似用途电器的设计。

在 GB 9089.2 和 GBJ 60 中，规定了高压配电装置的户内外电气间隙值，在确定安全距离时，必须予以充分考虑。在进行电气设施设计或布局时，如果电气间隙和爬电距离得不到保证，不同带电部分之间或带电部分与大地之间的绝缘就会被击穿，而使绝缘失效或暂时失效，原来不带电的物体（如外壳、遮栏等）就可能成为带电体，从而不能保证操作者的安全。

5）户内外设施操作和维修通道的安全距离

GB 9089.2 对额定电压大于 1kV 的户内外设施操作和维修通道的安全距离所做出的规定较为全面和细致，有一定代表性，所有电气装置均可以借鉴。

2. 利用遮栏或外壳的防护

遮栏和外壳的作用是将带电部分与外部完全隔开，以避免从经常接近方向或任何方向直接触及带电部分。实施这种防护，应注意下列几点。

1）遮栏和外壳的防护等级

采用遮栏或外壳的完全防护装置，应在相应装置标准中规定其防护等级。防护等级的规定取决于电压区段（或额定电压）、带电部分所在操作区域、电气设备的功能和操作人员的素质等。

（1）电气装置的 3 种操作区域。①正常操作区域。系统或电气设备的操作在区域内完成，操作人员不一定具备防触电知识，所以该区域的防护等级要求较高。②电气操作区域。该区域只有专业人员才能进入，且只能打开门或移开遮栏才能进入，所以防护等级较正常操作区域低。

这个区域必须设置危险警告标志。警告标志应符合 GB 2894 的要求。③封闭的电气操作区域。该区域只有使用钥匙或工具才能进入，或设置了联锁装置。通常都是专业人员进入，进入后可能切断供电，并在该区设置了清楚易见的警告标志，所以，其防护等级要求最低。

（2）对带电部分的防护。所有带电部分均必须采用遮栏或外壳防护，防护等级应不低于表 11-4 所示的要求。

表 11-4　用遮栏或外壳对带电部分做直接接触防护时的最低防护等级要求（GB/T 9089.2）

电压范围（交流）	操作区域内	电气操作区域内	封闭的电气操作区域内
$50V<U\leq 1kV$	对易触及的遮栏、外壳或顶表面实行防护等级为 IP2X 或 IP4X 的完全防护。这种防护特别适用于外壳上可能用作站立表面的那些部分	① 当 $U\leq 600V$ 或在伸臂范围内可同时触及的带电部分没有压差时，实行防护等级为 IP1X 的部分防护； ② 对易触及的遮栏、外壳或顶表面，当 $U>600V$ 时实行防护等级为 IP2X 的完全防护，当 $U>660V$ 时实行防护等级为 IP4X 的完全防护； ③ 这种防护特别适用于外壳上可能用作站立表面的那些部分	①当 $U\leq 660V$ 时，不设保护，防护等级为 IP0X； ②当 $U>600V$ 或在伸臂范围内可同时触及的带电部分没有压差时，实行防护等级为 IP1X 的部分防护
$U>1kV$	① 伸臂范围内实行防护等级为 IP5X 的完全防护； ② 伸臂范围外实行防护等级为 IP2X 的部分保护	① 伸臂范围内实行防护等级为 IP5X 的完全防护； ② 伸臂范围外实行防护等级为 IP1X 的部分防护	实行防护等级为 IP1X 的部分防护

注：① 表中给出的电压指设施的线间额定电压，适用于交流。直流电压的范围应乘以系数 1.5。

② 不排除在地面使用插头、插座连接器，但插座在不用时应加以遮盖。

③ 在电气操作区和封闭的电气操作区，当把带电部分放在伸臂范围之外或在带电部分前插入阻挡物时，均可认为达到了等级为 IP1X 的防护（IP 分级见表 11-3）。

2）对遮栏和外壳的要求

（1）遮栏和外壳的固定。必须保持遮栏和外壳有足够的稳定性和持久性，防止相对位置轻易变动；应考虑遮栏和外壳与带电部分之间的电气间隙、爬电距离和安全距离。

（2）遮栏和外壳的机械强度。能承受可能出现的机械压力、碰撞和粗鲁操作的影响。

（3）遮栏、外壳及其部件的开启和拆卸。遮栏、外壳及其部件（如门、盖）的开启和拆卸，必须满足如下条件之一：①使用钥匙或工具；②采用联锁装置，以使在开启或拆卸时，自动切断遮栏和外壳内的供电，而内部供电只有在遮栏、外壳及其部件复位时，才能自动或手动恢复；③在经常开启的部件处（如需要进行某些调整或检测）或需要偶尔更换带电部件（如指示灯、熔断器）的地方，可设置至少为 IP2X 防护等级的中间遮栏，这个遮栏只有用钥匙或工具才能移动或开启，在附近应增设警告标志；④对于遮栏、外壳内的储能设备或部件（如电容器、电缆系统），当打开遮栏或外壳有可能触及这些带电部分时，必须采取能量释放措施，并保证在触及这些部分之前将电压降至 50V 或以下。

3）设置阻挡物的部分防护

阻挡物用于防止无意的直接接触，但不能阻止有意触及带电部件。这种防护通常在成套电气设施中采用，如变配电站、电气试验场所。由于阻挡物的防护功能有限，因此，在采用时应附设警告信号灯、警告信号标志等。为了防止身体无意触及带电部分，可采用遮栏、栏杆、扶手、链绳、隔板等阻挡物；在正常作业场所，则需采用板状、网状、筛状阻挡物。安装在现场的阻挡物，不必采取特殊的固定措施，移动时不必使用工具或钥匙等，但应防止人们无意碰倒或移位。

3．带电部分置于伸臂范围之外的防护

伸臂范围从预计有人的场所的站立面算起，直到人能用手达到的界限为止。置于伸臂范围之外的防护，就是严禁在伸臂范围以内存在具有不同电位的、同时能被人触及的部分。图 11-10 给出了极限伸臂范围，它是按人体测量学给出的人体统计尺寸，并考虑了适当的安全余量规定的。这个极限已被身材高大的美国、加拿大及德国、法国等欧洲国家所接受，所以对我国是可行的。图中 S 为预计有人站立的面，图 11-10（a）所示为正视图，图 11-10（b）所示为俯视图。2.50m 通常为站立时的伸臂范围极限，1.25m 和 0.75m 分别为平伸、蹲坐、屈膝、跪、俯卧等操作姿势的伸臂范围极限。

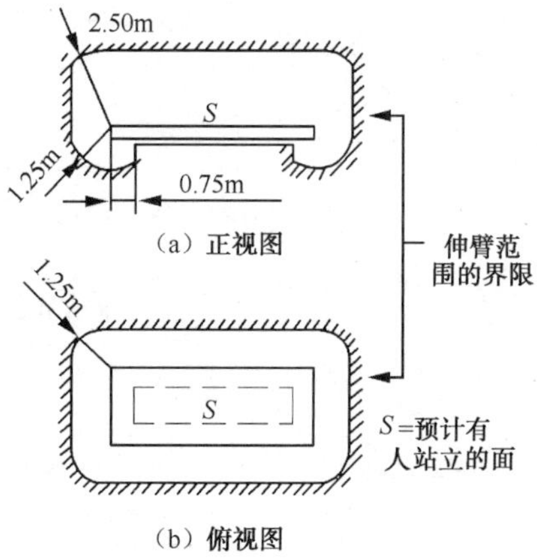

图 11-10　伸臂范围（IEC 364-4-41）

伸臂范围之外的防护需要注意下列几点。①伸臂范围是指赤手伸臂所达到的极限距离。户外的伸臂范围极限还应考虑预计的积雪厚度等。②当人的水平方向正常活动范围或工作面受到一个防护等级低于 IP2X 的阻挡物（如栏杆、网状屏障）的限制时，由于这个阻挡物可能不足以限制手指，甚至手臂无意地超越这个阻挡物而接近带电部分，因此臂伸范围应从这个阻挡物算起。③当带电部分在头顶上方时，阻挡物的防护等级不得低于 IP2X。从地面算起的伸臂范围为 2.50m。某些装置允许例外，例如，移动式工作装置及由专业人员操作的装置等，要求设备结构尽量配置得紧凑，当带电部分实行了部分防护（阻挡物防护和伸臂范围之外的防护均属部分防护）时，从地面算起的最小高度为 2.30m（双臂握拳上举高度）。

11.4 个人社会心理空间

前述受限空间，主要以人体静态尺寸和动态尺寸为依据，是人进行必要活动所必须提供的最低限度的物理空间。然而，人对活动空间的要求还受社会、心理因素的影响，并且人的心理空间要求往往大于人的肢体活动空间。当心理空间要求受到限制或侵扰时，会产生不愉快的消极反应或回避反应。在工作空间设计、布局设计中应充分考虑人的心理空间要求。

11.4.1 个人心理空间

个人心理空间是一个围绕着人体的无形区域，是人心理感受所期望的空间，而非正常工作所需的物理空间。人对心理空间的需求往往大于操作空间。当个人心理空间受到侵扰时，会产生不愉快感、不安感、不舒适感和紧张感，难以保持良好的心理状态，轻则分散注意力，重则影响操作，是一种影响安全生产的潜在因素。

个人心理空间可以粗略地由中心向外分为 4 个区域：紧身区、近身区、社交区、公共区。

其中每一区又可分成近区和远区。在不同的区域内，允许进入的人的类别不同。个人心理空间的尺寸是一个概略值，它因个体而异。进行设备布局和作业空间设计时，在有关工作站布置中多个工作站的组合、主辅操作员和协同作业的安排、维修作业及维修通道的设置、班长位置及人员流动通道的安排、来访者的接待及参观路线的安排等方面，均应考虑个人心理空间因素，以免由于个人心理空间受到侵扰，而对操作、安全和舒适带来消极影响。

1．紧身区

它是最靠近人体的区域，其范围包括人周围距离人身约 45cm 以内的区域。这个区域一般不允许外人侵入，如有陌生人出现，由于感觉刺激的增强，将会影响操作，甚至使人不知所措。这是亲密接触的区域。

（1）近区。距离人体 0～15cm 的区域。其特点是直接接触身体或贴近身体。不容许一般人侵入。

（2）远区。距离人体 15～45cm 的区域。在此区域内，身体接触的可能性减少（手能相握或相碰），但在视觉上仍会感知他人的存在。

2．近身区

近身区为距离人体 45～120cm 的区域。这是友好接触的区域，是同人进行友好交谈的空间区域，是与朋友、同事之间交往时所保持的距离。

（1）近区。距离人体 45～76cm 的区域。这是熟人间交谈接触的距离。陌生人闯入将使人感到为难或想躲避，甚至被认为是一种威胁。

（2）远区。距离人体 76～120cm 的区域。这是两人相对而立时，指尖可接触的距离。它是与一般人进行交谈接触的区域。

3．社交区

距离人体 1.2～3.5m 的区域。这是一般社交活动的心理空间范围，进行没有人身接触的工作联系。在这个区域内，人与人之间互相交谈不会感到距离过远而影响交谈，也不会使人产生疏远感。

（1）近区。距离人体 1.2～2.1m 的区域。这是人们一起工作或上下级说话时保持的距离。临时性的聚会适宜在近区内召集。

（2）远区。距离人体 2.1～3.5m 的区域。这是一般工作联系的区域，有正式社交性质，例如，正式会谈、礼仪等多按此距离进行。它可使人与人之间保持一定距离，在这个区域内，有他人在场时，照常工作也不会被认为是不礼貌。

4．公共区

社交区以外为公共区，指在公共场合所保持的距离，已超出个人之间直接接触交往的空间范围。

（1）近区。距离人体 3.5～7.5m 的区域。这是需提高声音说话并能看清对方活动的距离。

（2）远区。距离人体 7.5m 以外的区域。这是已分不清对方的表情和声音的细微部分，需用夸张的手势、大声呼叫才能交谈的间距，需运用通信手段进行交流。

11.4.2 个人领域

1. 个人领域的含义

领域是指被占有的一个范围。领域可分为公有领域（如各类公共场所）、私有领域、个人领域等。个人领域是一个人为了生活和工作的需要，对社会空间的要求。个人领域有的受到法规保护，有的虽没有明文规定，但已约定俗成，人们一般都会共同遵守。

个人领域和个人心理空间都是属于个体的，一般都不允许别人随意侵入。二者有如下区别。

（1）个人心理空间是无形的，没有明确的边界，也不固定于一地，它像影子一样如影随形。

（2）个人领域是稳定的或相对固定的，它在一定时间内不随领域主是否身在其中而变动，其边界一般是可见的，具有可被识别的标记，如一个人的工作座位等。

2. 个人领域的设计

对设计人员来说，就是解决在公共领域中建立“半私有”领域，并提供避免或减少他人的活动、侵扰个人领域的条件。这里所说的领域设计，既适用于个人领域，又适用于几个人共同的领域。可以通过合理的布局设计来满足工作人员对个人领域的需求。

1）提供足够大的个人可用空间

为满足个人对社会空间的要求，最好的办法是适当增加个人的可用空间，降低人的密度。要通过合理布局，以避免或减少他人活动对个人工作或生活的侵扰，并能保证个人活动所必要的私密性。

2）设置有形的固定边界

对公用场所的空间，在设计中做出有形的分割，明确划分属于个人可占有的领域。

现代企业或一个部门的组织形式或组织机构的规模和职能通常是变化的，传统的墙和门窗分割的封闭式的小型办公室显然难于满足这一变化的需要，所以，现代的办公或工作场所，常设计成大厅式的。然而，众多的人在一个大的公用场所办公或工作，会在视觉、听觉和行动上产生相互干扰，使人们在工作时常难以处于一种良好的心理状态，从而影响工作效率。

间隔式工作场所就是把这一公用领域，按作业组和个人工作的需要，用活动式屏板进行空间分割，形成若干个人用的工作岗位，以满足个人在工作中对私密性和领域性的需求。间隔式工作场所具有很大的机动灵活性，当组织机构或作业内容变化时，通过重新组合活动屏板就可对工作场所进行重新分割（部分或全部）。间隔式工作场所还可加强上下级及不同作业性质人员之间的人际交流。

3）设置无形的固定边界

在布局设计中，以公用通道和办公用具进行分割，形成明确的个人领域。例如，办公室中以办公桌椅为核心，与办公桌旁的人行通道形成确定的个人领域；利用文件柜或休息、接待用的沙发进行空间分割，形成个人（或几个人共用）领域。

4）设置可变动的边界

用活动式的屏板、栅栏、屏风或几个立柱之间的牵绳等，形成可变动的或临时的领域分割。

例如，进行维修作业时临时设立的维修领域；处理紧急工况时设立的临时护栏等，这些浮动的障碍物可视工作的需要随时添加或撤除。

5）设置标志

在上述的领域分割中，均可附加标志，以表明领域间的区别或特征。在无形的边界分割中，有时为节约空间，不便于对个人领域做出明确的物理分割，也可仅用标志加以区别；对于一些临时性的工作任务，需借用某些工作场地，此时也常以标志加以区分或以标志标示该领域的新功能。

Chapter 12

第 12 章

控制室布局和工作站设计

12.1 控制室系统总体布局设计

12.1.1 控制室系统及布局设计的基本原则和步骤

1．系统设计的基本原则

（1）控制室的主要目标。控制室的主要目标是实现系统在其所有运行和事故工况下，安全与有效地运行。控制室为控制室工作人员提供实现系统运行目标所必需的人机接口及有关的信息和设备。此外，控制室为控制室工作人员提供适宜的工作环境，以利于执行任务，而无不适之感和人身危险。

（2）控制室的功能设计目标。①基本目标是及时、准确和完整地向操作员提供关于设备和系统的功能状态的信息。②必须考虑所有运行状态，包括换料和事故工况，使任务最佳化，并将监督与控制系统所要求的工作量减到最少，控制室还必须向控制室外的其他设施提供必要的信息。③必须提供各项功能的最佳分配，以便操作员和系统能最大限度地发挥其能力。④使系统能有效地进行试运行，并允许修改与维护。

（3）安全原则。①在设计中考虑的设计基准事件和事故工况发生之后，仍能使系统恢复到安全状态。②控制设备应尽可能地阻止非安全手动指令的执行，如采用逻辑联锁。③在安全与非安全系统紧密相邻的地方，必须考虑功能的隔离和实体的分隔。④能保障控制室内人员免受可能的危险，例如，闯入未经批准的人，事故工况所产生的辐射、有毒气体，或火灾的后果等。⑤在紧急情况下，有能迅速撤离或到达控制室或其他控制点的通路。

（4）使用性原则。①便于系统按计划运行。②把操作员的错误判断与操作，或因仪表控制系统失灵与故障造成的局部扰动引起的意外工况的概率降到最低。

（5）人机工程原则。为使系统的安全性、使用性效能最好，设计必须特别注意人因原则和人的特性，如人体尺寸，人的感觉、思维、生理和运动机能的反应能力与限度。

（6）营运管理原则。为了使系统最安全与最有效地运行，控制室必须配备数量足够并有专业技能的工作人员；同时，明确在正常和紧急运行期间，每个工作人员的职责。

（7）与其他控制和管理中心的关系。在控制室的安全功能失效时，为使系统保持在安全状态，在控制室外还必须设置相对独立的辅助控制点。

2．控制室布局设计的一般原则

（1）建筑方面。①入口/出口。主要出口和入口不宜设置在操作员的背后或其工作视野之内，除非操作员有检查通过出入口人员的特殊职责。②人员安全。控制室中应设置必要的护栏和扶手等设施。③未来的扩建。控制室的设计，应考虑今后扩建的可能性。扩建的规模可能会受到一些因素的影响，例如，控制室的设计寿命及预计在工作负荷或后勤方面的改变。通常工作位置和设备的扩建裕度可按 25%考虑。

（2）操作方面。①任务分析。控制室布局应以公认的原则为基础，它来源于运行反馈、任务分析及使用者群体。②群体协同作业。布局应有助于协同作业和操作员的交往。③组织因素。布局应能体现出职责的分工和监督的要求。④操作联系。在控制室布局中，应特别注意优化基本的操作联系，包括视线交流或直接的语言交流等。

（3）工作站的布置。①工作站在室内的位置。控制室内的工作位置不应过于拥挤或松散，应适应操作员之间进行直接的语言交流，并避免邻近操作员之间的距离过小。②布局的一致性。同一工厂或控制中心内功能相似的控制室的布局，应采用同样的人机工程原则，以便易于决策和群体协同作业。③姿势变换。在工作站的布局和工作制度中，操作员在工作期间应可变换姿势，也可随时离开工作站。④人体尺寸。控制室和工作站布局的尺寸与人体尺寸有关，布局设计应考虑操作员的人体尺寸。⑤窗户。应防止对使用视觉显示器的眩光。

（4）共享显示屏。操作员用的全部共享视觉显示屏应在各相关工作站均可观察到。

（5）人员流动及维修通道。控制室其他工作人员、维修人员及所有来访者的流动，对控制室操作员工作的干扰应尽可能小。建议将值长位置设置在靠近主要入口处，并采取一定措施限制无关人员进入操作区域。控制室布局要考虑维修通道的要求。

（6）控制室布局的验证和确认。验证和确认是一个交互作用的过程，同时也应是一个向设计者提供反馈的过程，以期得出最佳的控制室布局方案。形成的各类文件应归档保存。

3．控制室布局设计的步骤

图 12-1 所示流程图汇总了控制室布局设计的一般步骤（仅标明主要活动）。它涉及控制室的“功能布局”，包括工作站的数目及其安置。应根据功能联系的方式对工作站进行组合，这些功能联系包括设备共享、直接视线联系和直接语言联系。

对于控制室布局设计，推荐的典型做法是运用功能联系把多个工作站或单个工作站安置在控制室的有效空间内。应准备几种不同的功能布局方案以供选择，布局方案应满足运行规范的要求。功能布局向控制室布局的转换，通过将功能群组转换为适当尺寸大小的工作站，并通过调整布局来保证所要求的流通和维修通道。一旦确定了控制室布局的待选方案，就应由操作员和使用者按运行规范来进行验证，初步确定最佳的布局；然后，根据文件规定的性能准则进行确认，并做好记录。

控制室的布局设计详见 DL/T 575.5、DL/T 575.6 和 DL/T 575.7。

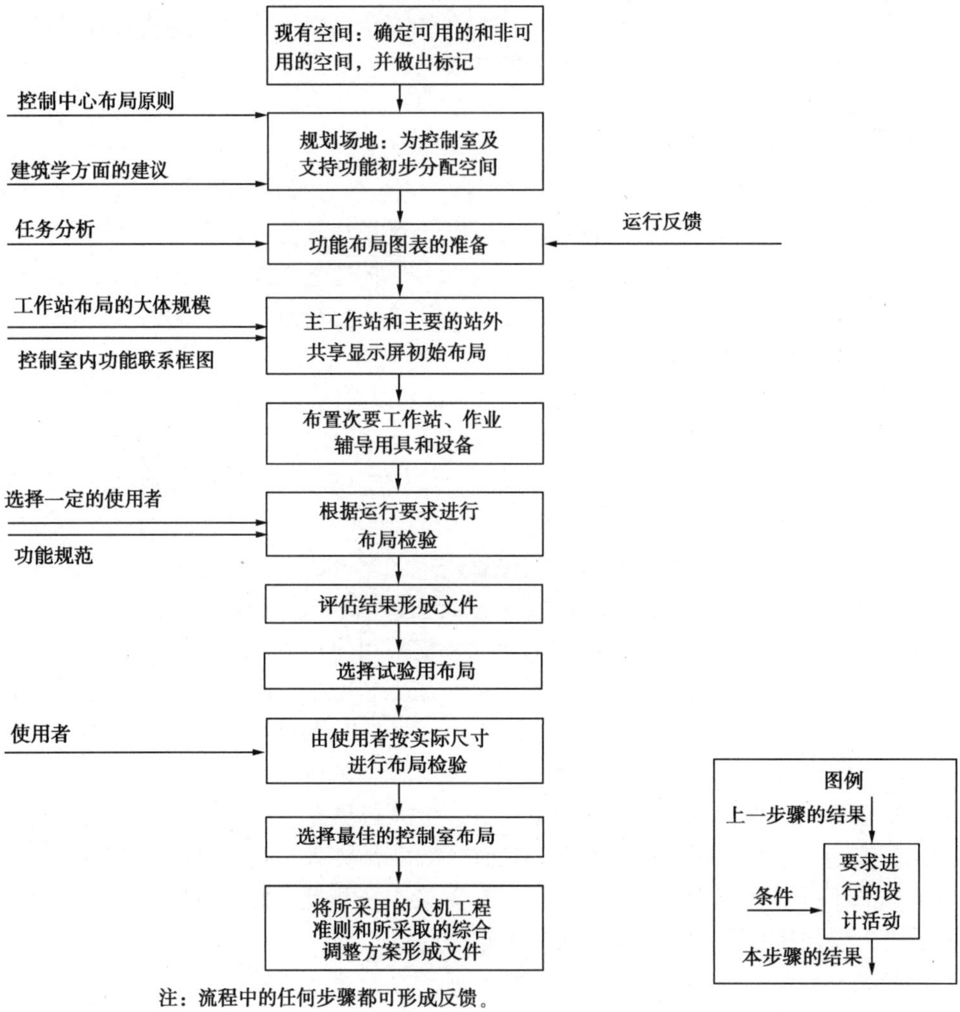

图 12-1　控制室布局设计的一般步骤（流程图）（DL/T 575.7）

12.1.2　控制室的总体布局要求

1．控制室总体布局图要求

在对已建成的控制室或对现有控制室进行技术改造时所进行的总体布局设计，主要应考虑人、机、环境的协调问题。控制室的总体布局一般应提供立面布局图、平面布局图和照明布局图。

1）立面布局图

立面布局图主要用于表达操作者、工作站及共享显示屏之间的关系。立面布局图一般应包括：①设备立面布局图，表达主要设备的立面布局位置及尺寸；②视线、视距分析图，表达操作者（在图中一般以“眼位”表示）与视觉显示系统的视线、视距关系，以便作为确定工作站及模拟屏上显示—控制系统布局的基础。一般宜给出每位操作者（包括值长）与共享显示屏的视线、视距关系。

在图 12-2 所示的某电厂集控室立面布局图中，操作员主要以坐姿（坐姿，*A* 点）通过计算机监控系统运行状况。仪表屏上部是报警显示区，设有全部报警光字牌，操作员抬头就能看到；站立状态（*B* 点）可看到整个仪表屏。当有异常或紧急工况时，除操作员可通过计算机系统进行监控外，其他操作员还可通过对仪表屏的直接监控来控制系统的运行状况。仪表屏的顶部略前倾，其前倾角的大小兼顾了计算机前的操作员和仪表屏前的操作员的观察需要。顶部所示为防直接眩光的嵌入式照明灯组。

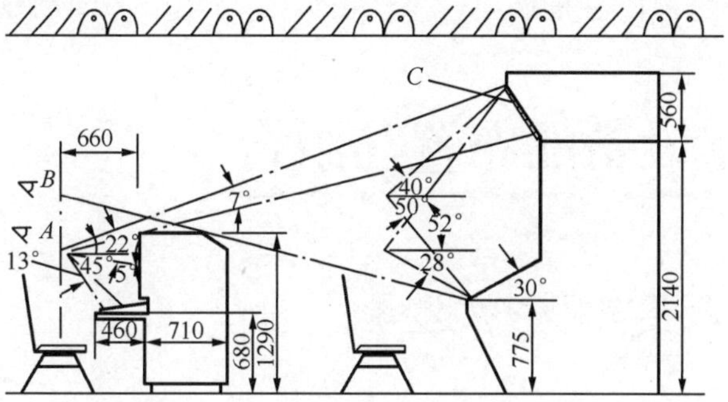

A—坐姿眼位；*B*—立姿眼位；*C*—光字牌　　　单位：mm

图 12-2　某电厂集控室立面布局图

2）平面布局图

主要用以表达各种设施及辅助设施的位置及人的活动范围和通道、人对模拟屏的观察范围。平面布局图一般应包括：①设备平面布局图，表达设备位置及其间距，其中包括工作站的组合图；②共享模拟屏视觉分析图，为每位操作者（包括值长）对共享模拟屏的视线、视角、视距分析图。

3）照明布局图

照明布局图一般包括照明光源位置，以及对各工作站、模拟屏的照度和眩光分析（见 4.3.1 节）。

2．建筑物内的空间分配

（1）平面空间分配。①工作场地的考虑。分配每个工作位置的面积；确定设备、座位和维修用通道的情况；在非正常操作情况下，应为需增加的额外作业人员提供足够的空间；在操作员固定位置的旁边，可提供临时位置供交接班人员使用；方形、圆形和六边形的控制室，对功能群组的布置的灵活性最大，使功能联系的可能性增至最大，但六边形、圆形结构更易于汇聚噪声。②未来的扩建。空间分配还应考虑未来的工作负荷、人员和设备的增加。在设计寿命为 10～20 年的情况下，应按可使用面积的 25%作为未来扩展用的额外预留面积。

（2）垂直空间分配。楼层水泥板之间的高度最低应为 4m，室内天花板和地板之间至少有 3m 的距离。

（3）出口、入口和过道。①出口、入口的位置和数目的确定，应考虑操作员的人数及与控制室外的功能联系等因素，并满足国家有关安全规范（如消防）的要求。②单一的主出口和主入口，有利于保安工作和人员的控制，此外还应设置应急出口。③入口位置的设定，应考虑其与控制室周围的配套设施（如洗手间、休息区、值长办公室）的联系。④出口和入口的尺寸大小，应能使手推车和轮椅通过，并应给操作员和来访者、控制室设备和维修设备的进出提供方便。⑤在进入控制室前需检查证件或文件的地方，应考虑安排通行路线和临时等候区。⑥用于签到或收集诸如“工作许可”之类文件的柜台，通常应设在靠近入口的地方。

（4）窗户。窗户的设置应考虑防止眩光、调节视觉环境的需要和安全等因素。

（5）来访者。①工程项目开始时，就应考虑为来访者设计的设施，并作为控制中心的正常功能。②在显示机密性信息之处，应保证从公共观察区域不可能观察到这些信息。③公共观察区域的设计，还应考虑操作者的某些“非正式活动”（如工间休息时阅读、喝饮料等）不宜被来访者看到，而应设置一定的视线屏障。

12.2 控制室设备的布置与组合

12.2.1 设备的布置要求和形状选择

（1）设备布置的基本要求。①每个操作员有充分的空间，能立即和直接接近与他的任务有关的信息与控制设备。如果控制屏或台多于一横排，后排屏上的指示和控制装置应是不要求立即或连续操作的。②将各操作员之间的通路冲突减到最小。③方便操作员之间的联络与协调。④直射、反射眩光最小。⑤根据任务要求将设备和操作区分组。⑥根据功能和人体尺寸选用控制室、设备（如屏、台、椅等）的形状和尺寸。⑦在正常运行、事故工况和紧急情况下，系统与部件应都易于识别，将由人的失误引起的误操作概率降到最小。

（2）控制室中的设备。控制室主要设备布置示意图如图12-3所示。

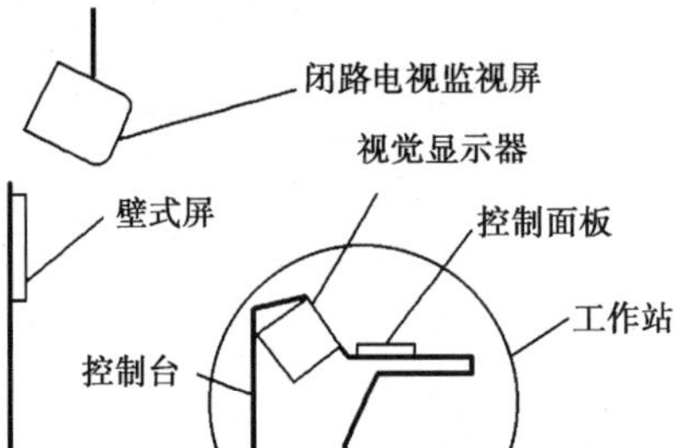

图12-3　控制室主要设备布置示意图（DL/T 575.7）

（3）控制台外形与作业姿势。应按作业姿势选用控制台。①坐姿，要求精确、快速、可靠地读取显示器或操作控制器的任务；②立姿，要求操作员执行他们固定位置的作用距离之外的任务；③坐—立姿，对控制台要求介于上述两种极端情况之间。

12.2.2 共享显示屏的布置

1. 共享显示屏的类型

（1）大型屏幕显示器。由计算机控制的屏幕显示，如LCD（液晶显示器）、PDP（等离子体显示器）等。

（2）闭路电视监视屏。现场过程显示系统由摄像机、显示屏及控制系统组成，有时也使用成排的闭路电视监视屏（如图 12-3 所示），如交通管理监控室、电视台的播放主控室、消防安全监视室等。

（3）模拟屏。将生产流程、工艺流程、生产信息等要素，用形象的图形、标志或数据直接显示出来。①按模拟屏的功能可分为系统模拟屏（模拟系统工作状态）、地理结线屏（用以表明分布在各地的子系统的主要运行情况）、仪表屏（用一系列仪表显示系统运行的实际情况）、静态图屏（以图形方式表达系统的构成）。②按模拟屏结构形式可分为大型屏幕式（它在控制室中常形成一个有边界的墙，按其空间位置可分为落地式和悬挂式，按其布置形式可分为平面形、折线形和圆弧形）、柜式和台式（属中小型模拟屏，台式将显示、记录功能与控制、调节功能集中于一个控制台中）。

（4）投影屏。将所需的信息投射在屏幕上，供多人共享。

2．共享屏布置的一般原则

显示概貌图是控制室内的共享视觉显示屏的主要功能。许多不同的技术都可以用于显示概貌图，包括使用大型屏幕显示器、成排的闭路电视监视屏、投影屏、模拟屏和静态图屏等。进行控制室布局时，应考虑这些不同的技术措施带来的局限性，包括对视角、对比度和图像结构的限制。

（1）基本要求。①需定期或连续使用的工作站外视觉显示屏，其最佳位置是在操作员的正前方。这样的共享显示屏可处于操作员直接视野之内，或仅通过眼动扫视就可进行观察。②需定期或连续使用的大型共享显示屏，为能有效地获取其显示信息，建议再给各操作员配置普通显示器，以较小的示意图来代替大型共享显示屏。③需定期使用的共享显示屏，在控制室的布局设计中，应能确保操作员在正常的工作位置上，从水平和垂直两个方向上都能看到所需的全部信息。④提供次要信息（操作员在操作工作站时，不需读取的信息）的共享显示屏，有时可安置在工作站的一侧，操作员旋转座椅就能读取所需的所有信息。

（2）共享显示屏上显示的所需信息，应当能让使用者群体中从第 5 百分位数至第 95 百分位数的人员，都能从他们的正常工作位置观察到。其最下部的显示信息，应能使第 5 百分位数的操作员在非挺直坐姿时观察到，如图 12-4 所示。可按下式计算（如果 $H_e>H_c$）：

$$H_1=H_e-(D+d)(H_e-H_c)/(D_c+d)$$

式中，H_1 为显示屏的最低可视高度；H_e 为坐姿基准眼位高度（坐姿眼高与椅面高度之和），应按男子第 5 百分位数，取 H_e=1175mm；H_c 为控制台高度；D 为控制台前缘至立式屏表面的距离；D_c 为控制台深度；d 为眼睛至控制台前缘的距离，正直坐姿 d=0mm，后倾坐姿 d=150mm。

（3）共享显示屏与工作站其他设施的关系。① 窗户不应位于共享显示屏的相邻位置或处于同一视野之内。② 控制室内的人工照明不应干扰共享显示屏上任何部分的可见度。③ 共享显示屏周边部分的光洁度应仔细控制，使之不至于影响共享显示屏任一部分的可见度。④ 出入口不应与主要的共享显示屏处于同一视野之内。

3．大型共享视觉显示屏的视区

操作员与大型共享视觉显示屏的视觉关系如图 12-5 所示。

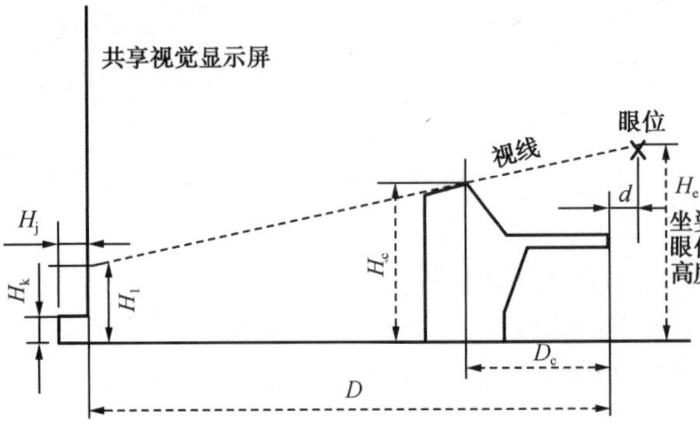

图 12-4　工作站高度及总图（DL/T 575.7）

（1）水平方向监视视区。在图 12-5（a）所示的俯视图中，展示了相同宽度的平面形、椭圆形、圆弧形控制屏的水平视区，平面形控制屏的观察距离最大，但视区范围最小，圆弧形控制屏则相反，椭圆形控制屏在二者之间。水平方向的主要工作视区为 30°～40°，70° 范围内为有效工作视区，200° 范围内为最大观察范围。

（2）垂直方向监视视区。在图 12-5（b）所示的侧视图中，展示了模拟屏的垂直视区，若以视平线为准，在下为负、在上为正，则主要工作视区为-10°～+30°，最大工作视区为-70°～+50°。

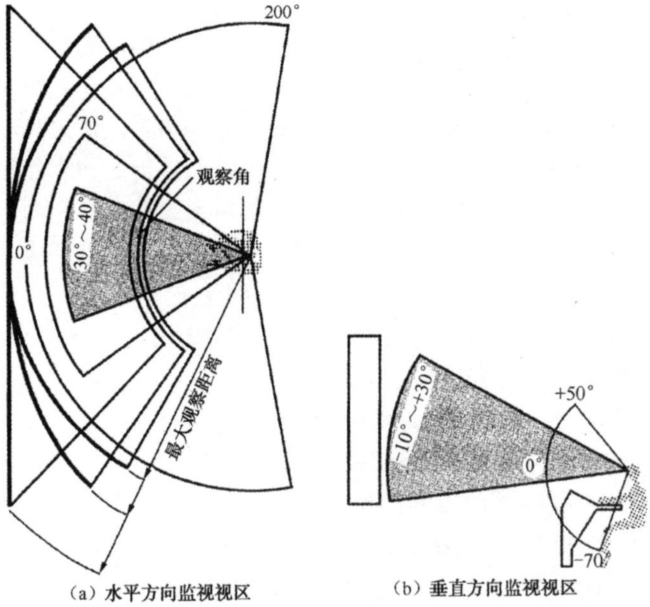

图 12-5　操作员与大型共享视觉显示屏的视觉关系

4．共享视觉显示屏的制约因素

在布置共享视觉显示屏及进行显示、控制器件布局时，会受到诸多因素的制约，需要综合考虑，并提供多种方案以供选择。例如，人的视野与视区范围，与视距有关的显示信号的大小及辨认度，合理安排多人共享问题，受控制台高度制约的视觉盲区问题等。另外，尚需借助转椅及改变坐姿（如后倾坐姿）以扩大视野和减少疲劳。

12.2.3　控制室内工作站的布置要求

（1）基本要求。①方案选择应考虑下列因素。工作站是由一人使用还是多人使用；每个工作站是否完全相同；所有的操作是在单个工作站，还是分散到若干工作站上去执行。②当同一系统的多个控制室位于不同的地区或国家时，这些控制室应采用类似的布局，以便于控制人员从一个场地向另一个场地的流动，并且能够减少培训时间和错误。③应考虑正常和非正常两种运行模式，如采用书面或其他非电子手段的信息传递。④已装有通风系统、窗户和灯具之处，工作站在定位时应避免靠近风口，避免眩光和显示屏上的反射光。⑤在工作人员最多和最少两种情况下，工作站的布置应都能提供一个令人满意的操作环境，并能有效地进行操作。⑥控制室布局应考虑操作员的培训要求，并提供必要空间。⑦应考虑维修要求和移动设备（尤其是含有庞大组件时）所需的空间。⑧控制室布局应防止无关人员通过控制室，但不要设置障碍物。

（2）工作站的布置应便于操作员开展工作。①应尽可能使操作员在操作位置上看不到出入口，以免分散其注意力。②应使操作员能方便地储存和显示所需的参考文件及那些在紧急情况下可能需要的物品。③应特别考虑立姿操作员的工作，满足他们适当的存储、显示和使用参考资料的要求。④控制室内有多个操作员时，操作员之间可进行非正式的谈话。⑤控制室操作员之间的联系，如语言、视线或声音的直接交流等，应在确定工作站布局之前，提供几个可选方案进行评估。⑥多个工作站组合在一起时，相邻操作位置上的操作员不应处于对方的“近身区”（见 11.4.1 节），但偶尔贴近工作是可以的。⑦操作员之间的空间应考虑共享设备、共同使用的区域或噪声干扰所引起的潜在问题等因素。

（3）布局中工作站大致尺寸的确定。应考虑设备尺寸、工作面、工作站上物品的存放要求及患有残疾的操作员等因素，在许多情况下，一个工作台必须包含事务处理、文件编制和个人通信等作业区。即工作台面可用于书写、监视和休息时喝饮料等。在确定最终布局之前，应通过对工作站和控制室的试用，进行一次全面的验证。

（4）工作站的基本形式及其选用原则。在传统的控制室中，监控装置（包括控制屏和控制台）的基本组合形式为直线形、圆形、U 形、翼形和 L 形。其选用原则为：①显示器、控制器的合理组合与布置；②主要的显示—控制区布局要紧凑；③不妨碍监控装置间的视觉和物理联系，如监控装置间的观察和步行距离，以及在操作中不能使用通信工具情况下的联系距离；④便于跨控制台、屏的相关显示器、控制器的联系。

12.3　布局设计中的相关要素

12.3.1　人员流动和维修的通道

通道涉及通常情况下的人员流动、维修和保洁工作所需提供的适当的空间。

（1）人员流动。①为人员流动提供的空间，应使控制室操作不会因受到视觉或听觉上的干扰而影响工作效率；②交接班时应为两个班次的人员提供足够的活动空间；③控制室的布局应能使有关人员有秩序地离开控制室；④流动路线的安排应能避免人员的交叉流动；⑤考虑两个人流动的活动空间和携带工具箱或其他物件所需增加的空间；⑥固定物件的放置应远离铰链式门的活动区以免挤压。在设计门的转动方向时，应考虑人员被火、烟雾或气体击倒的可能性，以及人员在昏迷状态下不会将门阻塞。

（2）维修通道。①应为维修留有适当的空间，以避免无意中启动设备或系统；②由于可见度和维修的原因，安装在模拟屏或操作屏上的设备部件应至少位于地板以上 700mm（见图 12-4 中 H_1）；③维修用通道可设在工作站的后侧，以免中断操作人员的操作；④根据维修作业需要，还应考虑必须使用的梯子、携带的工具箱，甚至升降机等的工作通道和位置。

（3）安全系统通道。必须足以监测与安全限值有关的变量，向相应的安全驱动设施发出信号，并完成实现安全功能所必需的动作。任一安全系统通道，都可用来完成一类或几类事件或后果所要求的安全动作。

（4）保洁。①在保洁过程中，应不可能在无意中触发任何危及安全的控制开关。应为保洁工具和维修提供适当数量的电源插座，以免造成电气干扰或妨碍控制室中的操作；②设备或家具之间的间隙应留适当裕量，以利于清扫；③在进行保洁工作时，控制室中的作业不应被中断；④在某些情况下允许在控制室中用餐，并考虑提供一定的空间；⑤控制室的布局，应考虑保洁工作的姿势或动作的舒适性。

12.3.2 其他要素的考虑

（1）工作站与窗户的位置安排。窗户在工作站侧面，无眩光为首选布局；窗户在后面可能会在显示器上产生反射眩光；窗户在前面会产生直射眩光，不宜采用。

（2）休息室的设置。由于监视控制属精神紧张性作业，易于疲劳，在一个工作日内大多采取轮流值班，控制室布局设计均考虑了休息场地问题。它可以是封闭的休息室，也可以在控制室内圈定一定范围作为休息区，但应避免对操作员的干扰。休息室与控制室间以透明的门和“墙”相隔，便于保持休息者与运行情况及作业者的视觉联系，便于参与紧急情况的处理。休息室还是进入控制室的缓冲区，并可兼作接待室和会议室，一般联系工作者及参观者，透过玻璃就可观察控制室情况而不必入内。优雅、舒适的休息室是一种趋向，可使人充分放松和休息，消除精神疲劳。休息室安装有必要的运行情况的报警设施和通信设施。

12.4 工作站的布局和尺寸

监控工作站（简称工作站）指工作空间中为操作员实施控制和监视功能而设置的工作设备（如计算机、显示器、通信终端、控制面板、控制台、工作座椅等）的组合体。工作站上应考虑包括一个或多个视觉显示终端、通信工具和用于管理及放置文件的空间。

12.4.1 工作站设计的基本因素

1. 工作站设计的步骤

工作站设计应按下述步骤进行。①列出控制室所需工作站和每个工作站的作业区的清单，并包括概念设计阶段的全部要求，如使用者人数、视觉要求及与其他工作站的通信联络。②列出工作站所需使用的显示器、控制器、通信设备和其他材料的清单，以及有关设备的详细说明，如屏幕大小、输入装置的型号和形状等。③确定预期使用者群体（民族、男女、伤残者等），并确定所需的人体尺寸数据。④确定工作姿势（坐、立）要求。⑤工作站布置设计，即作业区和设备的平面布置，可从一个中心操作者的位置开始，在布置中应优先考虑视觉作业。⑥设计工作站不同位置的断面图，由操作者的位置分别观察主要显示器、次要显示器和其他工作空间。⑦评价工作站布局和尺寸的设计方案，并考虑设备的可维护性。

2. 使用者群体

控制室内至少应有一个固定的坐姿工作站。工作站的尺寸取决于使用者群体的人体尺寸和其他的相关数据（如视野）。应考虑使用者群体的类型，男子数据只适用于没有（或很少有）女子工作的控制室，在有女子工作者的情况下，则应考虑兼顾男子、女子的人体尺寸。

3. 人体尺寸的一般使用原则

设计时需考虑：①工作站的尺寸应能适合 90%～95%使用者群体；②如设施不可调节，应以小身材人（第 5 百分位数）确定手动功能可及范围；以大身材人（第 95 百分位数）确定容膝空间尺寸；③如设施是可调节的，其调节范围应在第 5 百分位数至第 95 百分位数之间；④人体尺寸数据的使用应考虑着衣修正量、穿鞋修正量、姿势（自然放松）修正量。

4. 工作姿势及相关要素

（1）坐姿工作站涉及的主要人体尺寸：①坐姿肘高（上臂处于垂直位置）；②坐姿眼高；③坐姿大腿厚；④小腿加足高（腘高）；⑤坐姿臀膝距。

（2）坐姿工作站的主要尺寸涉及下列方面（见图 12-6）：①膝与足在工作面下，腿的垂直、水平和侧向的间隙；②工作面高度与肘同高或略低于肘；③座位高度；④位于正常手功能可及范围内的控制器；⑤仪表和显示器与坐姿操作者正常视觉范围的相对关系。

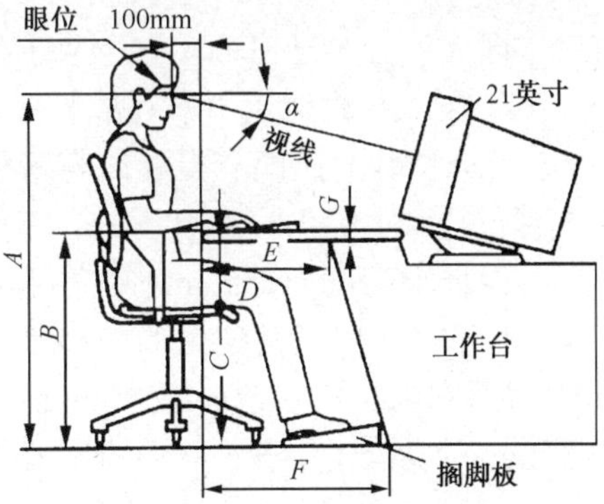

A—眼高；*B*—肘高/工作面高；*C*—腘高；*D*—大腿空间；*E*—上部容膝空间；
F—脚活动空间；*G*—工作台面厚；*α*—视线倾角

图 12-6　坐姿工作站的主要尺寸（DL/T 575.8）

（3）坐姿操作的姿势。坐姿操作有以下姿势，即前倾（精确的监视）、正直（打字、操作控制器）、后倾（监视）和放松（监视），见表 12-1、表 12-2。

坐姿与监控的关系详见 DL/T 575.8 中 A2.4。

表 12-1 控制室内的活动类型和相关工作姿势（DL/T 575.8）

活动类型	典型的工作姿势	坐 姿	持续时间
在控制台监视仪表	坐、立	后倾，放松	长时（主要姿势）
监视立式屏和模拟屏	坐、立	后倾，放松	长时（主要姿势）
在控制台上操纵控制器	坐、立	正直、前倾	不定期-短时
操纵立式屏上控制器	立	—	短时
在控制台上记录数据	坐	前倾	偶然-短时
用书写板记录立式屏上的数据	立	—	—
办理操作票	坐、立	正直、前倾	不定期-不定时
调整、控制仪器	坐、立	前倾	偶然-短时
维修	立、跪、蹲、弯腰	—	不定时

表 12-2 操作者作业和工作姿势（DL/T 575.8）

姿 势	作 业	视线倾角/（°）	附 注
前倾	精确的监视 操纵控制器	20±5	● 肩关节在控制台边缘上方； ● 允许短周期； ● 手动功能可及范围：610mm（第 5 百分位数）
正直	打字 操纵控制器	30±5	● 眼位在台边缘上方； ● 手动功能可及范围：610～100mm
后倾 （主要坐姿）	监视	15±5	● 眼位在台边缘后 150mm； ● 手动功能可及范围：610～200mm
放松	监视、与同事交谈	15±5	● 眼位在台边缘后 300mm； ● 眼位降低 30mm

（4）工作面高度。适应的工作面高度相当于肘高，它取决于坐高。高度可调的工作面仅用于使用者群体有很大的可变性，或工作面频繁地用于书写或打字。高度固定的工作面应提供以下条件：①大身材使用者（第 95 百分位数）的腿有足够的容膝空间；②座椅的高度应是可调节的；③为小身材使用者（第 5 百分位数）提供一个合用的、高度可调的搁脚板：最小使用面为 450mm×350mm（宽×深），正面的最小高度为 50mm，高度可调范围应不小于 110mm，最小倾角为 5°，倾角可调范围应不小于 15°；④经常使用的控制器应置于操作者正直坐姿的手动功能可及范围内，在工程应用中，通常为距控制台前缘 500mm 的范围内（见图 12-7），需要快速和频繁操作的控制器应布置在这个区域内；⑤不应将控制器设置在第 5 百分位数肩高以上的位置；⑥输入装置（键盘、电话）最好能在显示器前的工作面上自由地移动。

5. 视觉作业

（1）眼高。视觉信息显示是监控工作站的主要功能。工作台的设计应考虑使用者采取后倾坐姿时的眼高，这是监视作业的主要工作姿势。通常使用“平均眼高”。

（2）视距。标记等的准确辨认，取决于标记的清晰度（字体和字号大小等）及视角和视距。①对主要显示屏的视距应大于 500mm，使用者的眼睛无法适应较小的视距。②对于已选用的显示器需要了解最大允许视距。对于显示屏，字符最小高度的视角为 15′，合理的范围为 18′～20′。③对显示屏的最大视距，可用公式快速计算。对于高质量视觉显示终端，最大视距=250×（最小字号）字符高度；一般显示器按 200×字符高度。

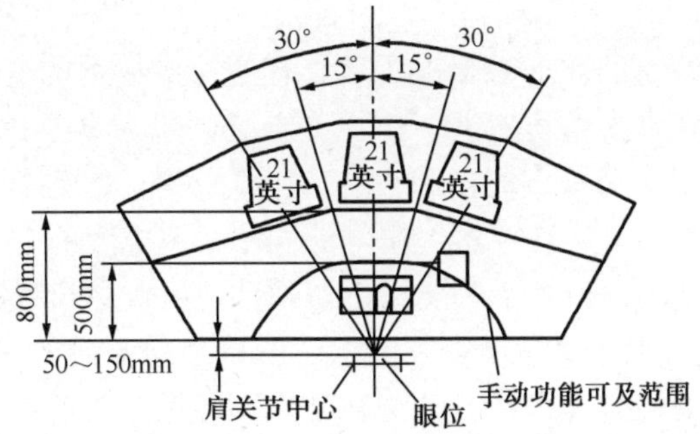

注：①良好（水平）视区：±15°；②有效（水平）视区：±30°（或±35°）。

图 12-7　坐姿操作者手功能可及范围和主要视区（DL/T 575.8）

（3）视觉范围。①处于后倾坐姿执行监视作业时，视线在水平线下约 15° 处（后倾坐姿的自然视线）。②主要工作区（视觉作业）不需移动头部就能看到。这个视觉范围位于垂直面内后倾坐姿自然视线±15°（即在水平线与水平线下 30° 之间，为良好视区）范围内；水平面内是正前方视线±15°（良好视区），监视闪光信号灯可用±30°（有效视区）。

（4）显示器的布置。①频繁使用的显示器应布置在最佳视野范围内（垂直和水平方向正常视线±15° 角）。②次要显示器应布置于有效视区内（必要时可辅以头部转动）。在水平面内，布置于正前方视线±80° 角的范围内，操作者能够发觉亮度的突然变化，或者看到某物的移动。在垂直面内，可用水平视线±45° 角的范围。③工作站后的共享显示屏（如立式屏）上的信息应是可见的。显示器布置的上限取决于矮小操作者（第 5 百分位数）的视线，当其在与显示器最接近的位置时，显示器的位置不超出水平视线以上 45° 的范围。

12.4.2　工作站的尺寸

1. 概述

工作站布局设计应以操作者为中心展开。

（1）优先安排监控作业。①布置主要的 VDT（视觉显示终端）；②布置重要的控制器（键盘、输入装置）；③布置其他手动作业空间（如书写）；④布置控制器和显示器的维修点；⑤布置其他仪器、装置应考虑使用的优先顺序和频繁程度。

（2）设计控制台在不同位置、不同方向的几个截面图。①观察主要显示器（面向主要控制器和显示器）；②观察次要显示器；③面向频繁使用的通信装置和（或）偶然使用的通信装置等；④在次要的工作位置中，如与同事商议问题或进行管理工作。

（3）控制器和显示装置的选择。①根据视觉作业的需要（考虑最差的情况），确定工作站上显示器的数量（主要显示器、次要显示器）。一般一排最多配置 3 台显示器（21 英寸显示器，眼动或头部微动）。通过头和身体的转动，可监视 4～5 台显示器。如果显示器超过 3 台，最好布置成两排。②根据工作任务选择控制器。在工作站设计中，输入装置的尺寸是重要因素。例如，不使用大的键盘，因为许多键并不使用，或文本/数据的输入任务极少（1 次/h）。触摸屏可用作非频繁使用的装置。一位操作者使用的所有显示器，可安装一个共享的鼠标器（不是每个显示器都装一个）。为保证使用的有效性需配备第二输入装置。

2. 坐姿工作站

（1）一般要求。①控制室的作业以坐姿为佳，但需考虑姿势的变换；应考虑某些情况下需立姿处理事务的需要。②在许多情况下，一个工作台必须包含事务处理、文件编制和个人通信等作业区，即工作台面可用于书写、监视和休息时喝饮料等。③进行工作站设计时，除需考虑作业要求外，还应考虑维修的可达性要求、空间的利用率及电缆的合理布置。

（2）显示器清晰度的范围。可按下列要求近似地估出：①建议最小视距取 500mm；②校验最大视距可按（200～250）×字符高度计算。例如，4mm 字符高度的最大视距为 800～1000mm。

（3）显示屏的位置。主要应考虑：①眼位高度；②视距；③视线、视野和识别空间。

12.4.3 工作站的其他要求

（1）工作站的可接近性。工作站及其在控制室内的位置的设计，不应限制或妨碍使用者接近；不应妨碍接近设备部件、导线位置和维护用的插座等；应使维护和清洁作业不致对操作员的工作活动产生过分的干扰。

（2）工作站的稳定性和安全性。装有预期设备的工作面，应能经受一个使用者倚靠或坐在任何一边而不致倾覆。工作面放置预期工作用品及进行预期操作时不致倾覆。工作站如果有抽屉，应该有限位装置，以免被无意识地拉出而跌落。

（3）工作面的表面要求。工作面及其支撑结构应没有尖锐的边角，圆角半径应不小于 2mm。工作面涂覆层应无光泽。工作面及其他支撑件的涂覆层应让使用者接触时不感到寒冷。

（4）显示器的调节。使用者应能够在保持放松的工作姿势的条件下，调节显示器的角度、倾斜度或旋转显示器使之不出现反光和眩光干扰。必要时还应可以调节显示器的高度。调节机构应容易理解、便于操作。有效显示区域的视角不应超过 40°。

（5）文件托架。在操作者根据文件进行工作的任务中，需要设置一个文件托架。文件托架应设置在其高度和视平面接近显示器的地方，其角度和高度应可调节；尺寸应略小于文件，以便于拿取文件；表面应无光泽，以免影响阅读。

（6）电缆。应该根据使用者的需要仔细布置各种导线和电缆（电源线、信号线和电话线等）。电缆管理应遵循以下建议。①安全性。连线应该可靠地固定，在穿过工作面或地板时不应造成危险。在需要处设置水平或垂直导管。②电缆长度。电缆的长度应能有效适应使用者实际和预期的需要。

12.5 控制台设计

12.5.1 概述

1. 控制室的功能及配置

控制室的基本功能是对生产过程进行监视和控制，设有接收信息装置、控制装置和通信设备。典型的控制室工作空间中包括：坐姿控制台、立式屏、屏幕显示器、必要的作业空间及为维修和服务性作业留出的空间。控制室中的主要工作任务是监视装在控制台和屏上的显示器，操纵装在控制台和屏上的控制器，记录显示在控制台和屏上的数据，维修及其他为完成工作任务而做的相关辅助活动。在设计控制台之前，对所有的作业应做出估计和充分考虑。

2．控制台的类型

控制台的基本结构主要由 3 部分组成：台身、台面、台上结构。台身为基础支撑件，台面是主要工作面，台上结构则主要是前仪表板。

按台上结构的特点，控制台可分为 4 类：①无前仪表板的控制台；②有低前仪表板的控制台；③有中前仪表板的控制台；④有分段式高前仪表板的控制台。

按台面结构的特点，控制台可分为 3 类：①薄型台面（控制台），台面不装显示、控制元件，台面上可放置键盘；②厚型台面（控制台），台面上可安装显示、控制元件，台面可以是水平的或向前倾斜的，内部也可装设抽屉；③前置附加台面，指附加在屏、柜类结构体上的台面，台面用以安装显示、控制元件。

按自动化程度，控制台可分为两类：①全自动化（或半自动化）过程控制，控制室运行人员的主要任务是监视，很少使用控制器；②手动过程控制，控制室的运行人员需持续监视和操作控制器。

3．控制台设计的步骤

控制台设计的具体步骤（可结合 12.4.1 节中的 1）为：①进行视觉显示器的布置设计，应优先考虑险情视觉信号的布置，然后布置重要的和使用频繁的显示器；②布置控制器；③合理处理控制/显示关系，充分注意显示器和控制器布置的协调性和编组；④根据使用顺序考虑显示器和控制器的布置，一般的顺序是从左向右、从上向下，但也可按使用者群体的习惯要求布置；⑤在与上述各项不矛盾的情况下，元件的布置应有利于使用；⑥在与上述各项不矛盾的情况下，应与以往的惯例和设计具有一定的连续性。

12.5.2　控制台的人机工程设计原则

1．控制台人机工程设计的基本要求

控制台及相关设备（如屏幕显示器、屏等）的人机工程设计的基本要求如下。①结构体的舒适度：控制台必须按人体尺寸进行设计，各个设计参数的大小必须在使用者群体中第 5 百分位数（P_5）至第 95 百分位数（P_{95}）的人员可接受的范围内；②显示信息的可见度：显示装置的设置位置，应考虑人的视觉几何参数（视线、视野）、观察范围、视距、观察角和入射角等，保证人对显示信息的准确辨认；③控制元件的可操作性：控制元件应设置在人手功能可及范围内；④足够的工作空间：控制台本身及与相关设备的布局，以及工作空间及通道等的设计，应为人的活动留有足够的裕量。控制台的台面应留出放置文件或书写用的水平台面。

2．控制台结构尺寸的构成

控制台的结构尺寸涉及下列 3 个方面：①与人体相关的尺寸；②与产品功能相关的尺寸；③与外观（造型）相关的尺寸。以下所述仅涉及与人体相关的尺寸。

3. 工作岗位尺寸的考虑（详见 2.2 节）

就人与作业的直接关系而言，工作岗位尺寸分为与作业有关的和与作业无关的两类。

（1）与作业有关的工作岗位尺寸。这些尺寸是指与监控作业直接相关的工作岗位尺寸。控制台的主要尺寸应按人体尺寸和监控作业的需要来确定。例如，控制台台面的高度、宽度、深度、厚度，工作台上仪表板的尺寸和倾斜角度等。

（2）与作业无关的工作岗位尺寸。这些尺寸不是监控作业本身的要求，但又是控制台设计中必须予以考虑的。例如，控制台本身或与相关设施间的受限作业空间、受限活动空间、安全空间，以及外观造型相关尺寸等。

4. 监视作业的姿势及基准眼位的确定

根据监视作业特点，应考虑以下几点。

（1）控制室作业应优先选用坐姿；对于立式屏一般采用立姿；为了作业的方便和调节姿势，在坐姿控制台旁，也有可能短时采用立姿执行任务。

（2）基准眼位（简称眼位）是设计视觉条件和确定控制室盲区的基准。

（3）当操作员处于正直坐姿，头部处于放松状态时，眼位在控制台台面前缘的垂直基准线上。其相对于水平基准面的高度，为座椅面高度和坐姿眼高之和。眼位高度按男子 P_{50} 的尺寸设计，若座位参考面高为 420mm，眼位高则为 1175mm。

（4）当采取后倾坐姿时，眼位沿近似圆弧移至垂直基准线之后，此时眼位高为 1165～1175mm，位于垂直基准线之后的水平距离为 150～160mm 处；自然视线的倾角则由相对于水平线-30° 变为-15°，如图 12-8 所示。坐姿眼位高度 1175mm 小于其理论值。人在正常工作时，不是采取人体测量时的正直坐姿，而是处于放松坐姿状态，此时身体坐高可降低多达 60mm。在此考虑了人在放松坐姿时，坐姿眼高降低 44mm（见 2.2.4 节）。

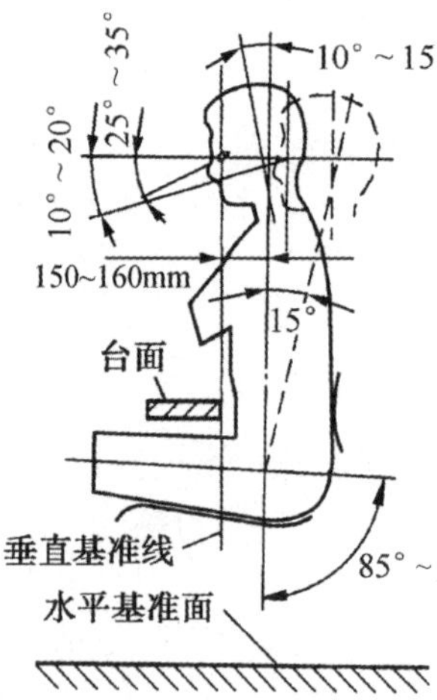

图 12-8　正直、后倾坐姿的基准尺寸（DL/T 575.8）

（5）立姿的眼位相对于水平基准面的高度，为立姿眼高与穿鞋修正量之和，立姿眼位高度按男子 P_{50} 的尺寸设计，取 1590mm。

5. 视觉作业和控制作业

（1）视觉作业。对显示系统的观察是控制室主要的视觉作业，显示系统的设计应保证人对显示信息的感知。常用的、重要的和险情信号的视觉显示器应布置在操作者正直坐姿和后倾坐姿的良好视区或有效视区之内。坐姿操作者与立式屏之间不应存在视线障碍物。

（2）控制作业。操作控制器是控制室的重要作业。①控制器应布置在所有操作员处于正常体位时均能触及的位置。②需频繁、快速和精确操作的控制器，应布置在舒适操作区和精确操作区内，次要的和不经常使用的控制器可布置在有效操作区内，只有不需要立即执行的控制器才布置于有效操作区之外。③为提高控制器布置的合理性，设计时应进行认真的作业分析，确定各个控制器使用的频次和重要性。④对于需要连续操作的控制器，应力求使手在两个动作之间的移动量最小。

（3）视觉作业和控制作业的相互联系。不应孤立地去考虑视觉作业和控制作业，控制室作业中常联合应用显示器与控制器，它们在布置和组合上的协调，可减少人的信息加工和操作的复杂性，缩短反应时间，提高操作速度，缩短操作者培训时间。

12.5.3　坐姿控制台的设计

坐姿控制台是最常用的形式，它适用于所使用的控制器和显示器固定在控制台上，操作者固定在一个位置工作的场合。

1. 工作面高度

（1）设计工作台应首先确定工作面（不一定是控制台的台面）的高度。人在坐姿操作时，上臂自然下垂，前臂接近水平的状态，人最不易疲劳。因此，最适宜的工作面高度基本上与坐姿操作者的肘高一致。固定式台面对各种身材的人应是通用的，一般以男子第 95 百分位数（P_{95}）尺寸来确定工作面高度，小身材人可采用可调式座椅，升高座椅面高度，同时附设高度可调的搁脚板，以获得舒适的操作状态。

（2）工作面的最大高度可按下式确定：$H=A+B+C$。式中，A 为小腿加足高；B 为坐姿肘高；C 为穿鞋修正量，取 C=25mm。

（3）控制台的台面及台身尺寸。厚型台面（见图 12-9（c）和图 12-10（a））的最大高度取 770mm。

（4）以监视作业为主及自动化程度较高的控制台，由于作业者的操作较少，小身材的人即使不升高座椅面（不加搁脚板）也不会引起上臂疲劳。对于不设搁脚板的控制台，也可按男子第 50 百分位数（P_{50}）尺寸设计，工作面高度则为 680mm（有键盘时台面高度取 660mm），但此时应验证容膝空间和台面厚度。

2. 容膝空间尺寸

容膝空间是指人在坐姿工作时，控制台台身留出的人腿（包括脚）自由伸展所需三维空间。容膝空间尺寸应保证大身材人（男子 P_{95}）腿的自由伸展。

工作台台身的最小容膝高度可按下式确定：

$$h=A+C+D+E$$

式中，D 为坐姿大腿厚；E 为台面下沿与大腿上沿间最小间隙，取 20mm；A 和 C 同上式。

容膝空间的高度将影响台面的厚度，设计时应考虑嵌入台面内的显示元件和操纵元件的高度。

受台面厚度的制约，容膝高度较小时，大身材人可降低座椅面高度，采用小腿前伸等姿势，仍可具有舒适感。

控制台的容膝空间的最小尺寸：①最小高度取 630mm；②腿前伸最小空间取 600mm；③容

脚最小高度（见图 12-9（a）、（b）底部的短直线段和图 12-9（c）底部的缺口部分）取 120mm；④容膝空间宽度应不小于 500mm。

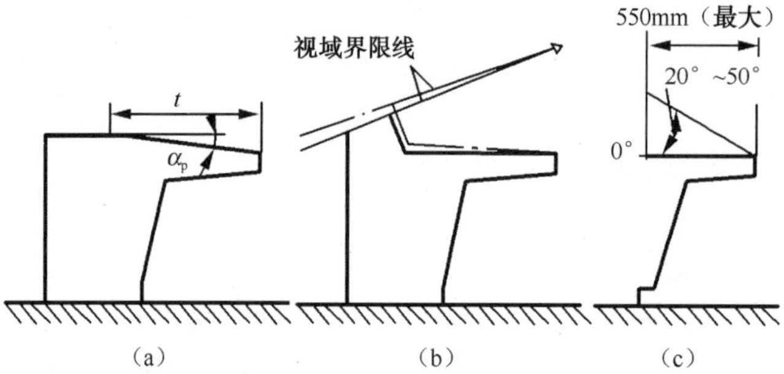

图 12-9　工作面的倾斜度（DL/T 575.8）

3. 控制台台面的倾斜度

控制台的台面上安装显示器和控制器时，为使显示装置易读且操作控制器较舒适，应使台面相对于水平面有一个前倾角 α_p（见图 12-9（a））。前倾角 α_p 一般可取 10°～15°；若 $\alpha_p<10°$，与水平台面相比则无明显优势。

在某些情况下，具有前倾角的台面会使控制台后缘的高度增加，从而使操作者前方的视域界限线升高，导致控制台后边的盲区加大，如图 12-9（b）所示。

对于安装在立式屏上的附加台面，除采用水平台面外，也可采用倾斜台面，台面倾角为 20°～50°，如图 12-9（c）所示。采用较大的倾斜角，就可使操作者在较远的立姿状态下也能看到安装在倾斜台面上的显示装置。

4. 控制台台面的深度

台面深度 t 主要取决于坐姿的手最大功能可及范围，以男子 P_5 尺寸作为设计依据。

对于自动化程度较低，以手动控制为主的控制台，台面深度不大于 500mm，如图 12-10（a）、（b）所示，控制元件可设置在前仪表板或台面上。

对无前仪表板或具有低前仪表板或中前仪表板的控制台，在主要用于全（半）自动化过程控制时，台面深度不大于 790mm，如图 12-9（a）和图 12-10（c）所示。此时，处于立姿的第 5 百分位数（P_5）的男子，可通过躯干向前弯曲、肩部前移，达到前方最远的控制部位。

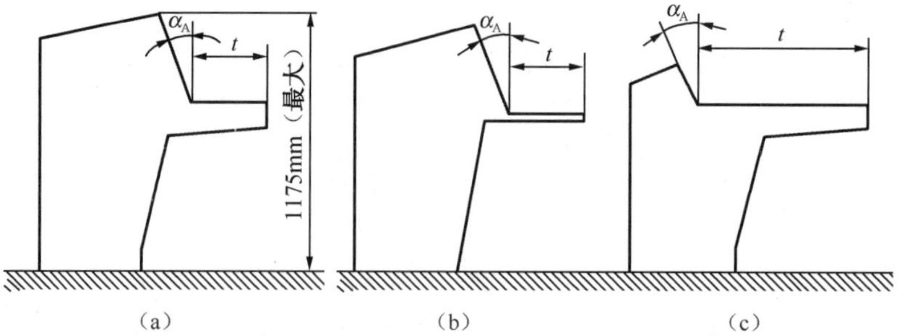

控制方式	手工过程控制(图（a）、(b))	全（半）自动化过程控制(图（c）)
仪表板后倾角 α_A/（°）	25～35	10～20
台面深度 t/mm	≤500	≤790

图 12-10　具有低、中前仪表板的控制台（DL/T 575.8）

5. 控制台台面的长度

对单座位控制台，台面最大长度为 1120mm。当台面长度大于 1120mm 时，可考虑采用两翼式控制台，如图 12-11 所示。这种控制台的中段长度（指台面上仪表板的底部）不超过 1120mm。两翼台面的尺寸，可以操作者的左、右肩关节为转动中心（见图 12-11 中的 O_1、O_2），以 r（$r=t+100$）为半径的弧线来确定。两翼部分的长度一般不宜超过 610mm，即前仪表板的总视角不超过 190°，在可能的情况下，宜通过适当的布置来减小总视角。

对多座位控制台，两相邻工作岗位（中心线）的间距不应小于 1000mm。

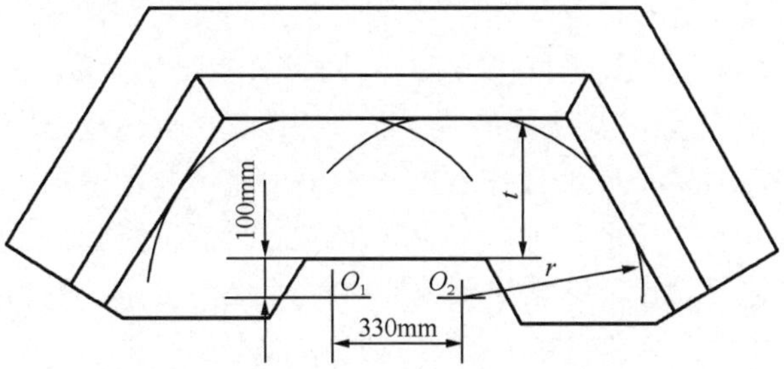

图 12-11　两翼式控制台（DL/T 575.8）

6. 控制台前仪表板的尺寸

（1）具有低、中前仪表板的控制台。①控制台的尺寸见图 12-10。其中α_A分别与图 12-8 的正直坐姿与后倾坐姿相适应，以使仪表板与人的正常视线相垂直。②若需直接观察生产过程或控制台后面有立式屏，也就是需要过顶观察时，坐姿控制台（包括仪表板）的整个高度不应超过 1185mm（此时，如图 12-9（b）所示的视域界限线呈水平状态）。

（2）具有分段式高前仪表板的控制台。控制台的尺寸如图 12-12 所示，整个前仪表板近似地设置在一个半径为 550～600mm 的圆弧上，其中心是正直坐姿时的基准眼位。其各部分的功能如下。①水平前桌面（300～360mm）可用于书写、记录，也可用于安装显示、控制元件。

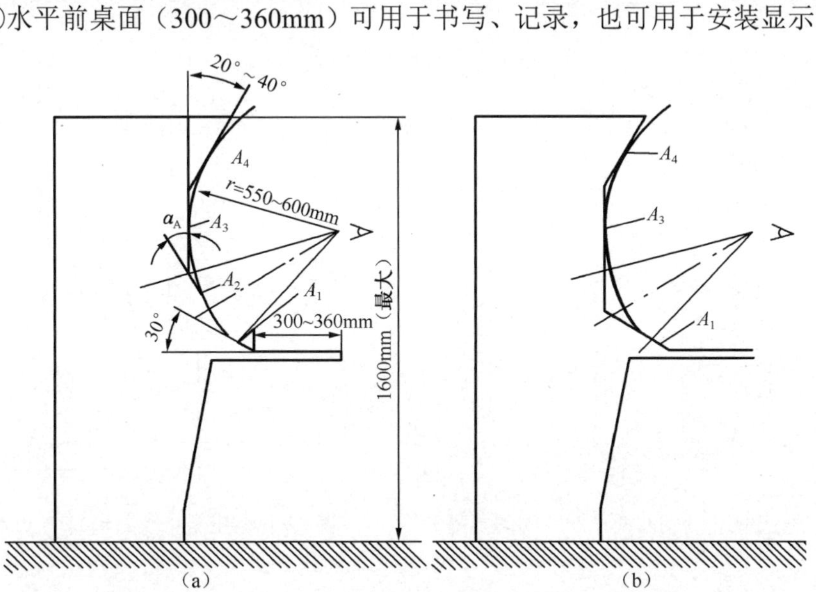

图 12-12　具有分段式高前仪表板的控制台（DL/T 575.8）

②A_1面与水平面成 30° 倾角，适宜于设置控制元件。③A_2面用于需长时间监视的显示装置，其倾角α_A可按图 12-10 确定。④垂直面 A_3 可布置显示、控制元件。图 12-12（b）中的 A_3 面还特别适于布置流程图。使用较频繁的显示器应布置在 A_3 面的下半部分，以便于观察。⑤A_4 面相对于垂直面前倾 20°～40°，也可布置显示和控制元件。这类控制台的高度如不超过 1600mm，则 A_4 面仍可处于最佳观察视野之内。

12.5.4 立姿控制台的设计

立姿控制台适用于操作者有需要频繁离开控制台的工作任务的场合。

（1）立姿作业。①立姿作业是坐姿作业的一种补充作业，也可用于设备的就地控制或局部控制（例如，用于启动和停止控制室外的设备）。立姿作业应是短时的。②立姿作业设计中应考虑下述因素：控制器应设置于立姿操作者的正常手功能可及范围内；仪表与显示器应设置在操作者的有效视区内。③对于立姿作业，其显示器和控制器设置的位置及立姿工作台工作面的高度，应按最佳作业区位置设计，即按男子第 50 百分位数（P_{50}）设计，使多数人能处于舒适、高效的作业状态。④立姿作业（立式屏、立姿控制台）的主要尺寸：立姿肘高与穿鞋修正量之和，取 H_1=1050mm；立姿眼高与穿鞋修正量之和（基准视点高度），取 H_2=1590mm。

（2）立姿控制台尺寸。立姿控制台的结构与坐姿控制台基本相同，其主要特征尺寸应满足图 12-13 的要求。图中 H_1 为台面高度或主要操作部位高度，取 1050mm；T_1 为腿部空间进深（不小于 80mm）；T_2 为脚空间进深（不小于 100mm）；I 为脚空间高度（不小于 120mm）。其他尺寸与坐姿控制台相同。

（3）坐立姿控制台尺寸。坐立姿控制台的结构尺寸基本上可按立姿控制台设计。台面高度 H_1 取 1050mm，台身的容膝空间尺寸也相应加高，其他尺寸按坐姿控制台设计。如图 12-14 所示，坐立姿控制台的坐姿工作，采用加高的可调式座椅，并附加一个加高的可调式搁脚板。坐立姿控制台不宜使用带脚轮的座椅。

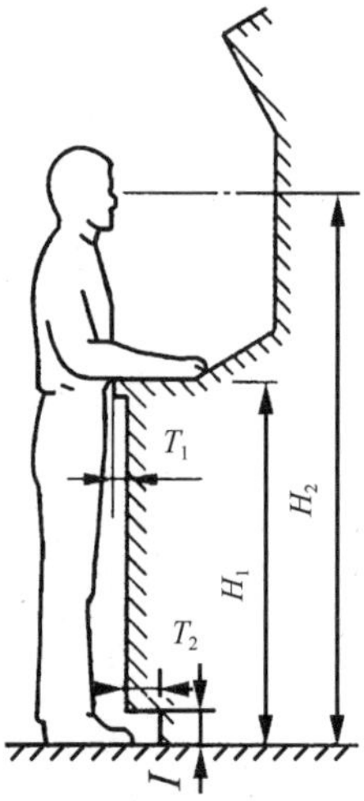

图 12-13　立姿控制台前的立姿作业（DL/T 575.8）

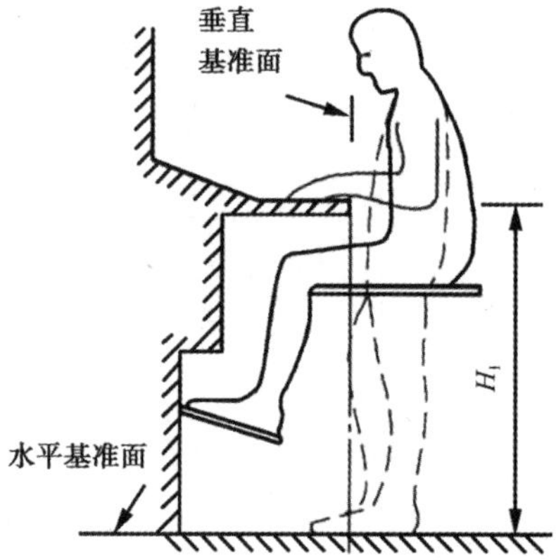

图 12-14　坐立姿控制台尺寸（DL/T 575.8）

12.6 工作座椅设计

12.6.1 座椅设计原理

1. 座椅的类型

（1）按照座椅的使用目的，可将座椅分为 3 类。①工作用椅。这类座椅用于办公室及各种坐姿作业场所。设计时应兼顾舒适性与操作效率。根据工作性质，工作用椅的靠背应可上下调节或前后调节。座面应接近于水平。高度应可以调节，使其能与工作面高度相配。②休息用椅。这类座椅适合作为休息室及各种交通运输工具中的乘客座椅。这类座椅以舒适性作为设计重点。③多功能座椅。适用于多种场所，既可就餐时使用，也可作为工作用椅或备用椅。应突出通用性，并且便于移动和堆储。本节主要阐述适用于一般工作场所（计算机房、控制室等）坐姿操作人员使用的工作座椅。

（2）按照靠背的高度，可以分为 4 种。①低靠背。只支撑腰部，因此又称腰靠。腰靠的高度最好置于第 3 和第 5 腰椎部位，因为坐姿作业时脊柱的这部分最容易疲劳。低靠背的优点是就坐者上肢的自由运动范围较大，缺点是胸背部得不到支撑，用作双手运动范围较大的操作用椅。②中靠背。可以从腰椎一直支撑到胸椎的下半部（第 8 节胸椎）。由于腰背部都受到一定支撑，比较省力，且不妨碍手臂的活动，因而应用比较广泛。一般工作座椅、办公室和会议室用椅、学校课桌椅及一般通用椅常采用这种靠背。③高靠背。高度达到肩部。高靠背的形状可设计成与脊柱自然弯曲形态相似，使就坐者的肩背部自然地靠在靠背上，尤其是因为提供了腰椎与肩胛骨两个支撑点，坐起来特别省力，广泛用作休息椅和车船旅客用椅。④全靠背。高靠背再加上头枕就成了全靠背。它在腰椎、肩胛骨和头枕处 3 点支撑，主要用作长时间使用的休息座椅及车船、飞机的客舱用椅。头枕的支撑点应取在头颅枕骨处。

2. 坐姿的优点

坐姿是工作站操作人员最常采用的工作姿势，与其他姿势相比，坐姿具有以下优点：①减轻循环系统的负担；②减少肌肉的静态做功，减少能量的消耗；③减少无意识的身体摇摆：④可达到更高的工作精度；⑤工作姿势和休息姿势之间可以迅速更换；⑥减轻双腿的负担。

3. 坐姿对人体脊柱的影响

脊柱的作用在于支持身体、保护脊髓并使人体能进行各种运动。人体的脊柱由颈椎、胸椎、腰椎、骶骨和尾骨组成。人类在进化过程中形成的脊柱自然弯曲形状，使得人体椎间盘所受的压力和脊柱各区段的压力分布处于最合理的状态。人就坐时，脊柱如偏离这种自然弯曲状态，各区段的椎骨及椎间盘所受的压力和负荷就会失去平衡，从而使就坐者感到不舒适。由于脊柱中腰椎受力负荷最大，采取不适当的坐姿时间过长，还会引起腰部疼痛。座椅的结构设计，应使就坐者的脊柱尽量接近于正常的自然状态，以减小腰椎和腰背部肌肉的负荷。

4．变换姿势的必要性

操作者在工作中无论采取哪种姿势，若长时间固定不变，都会引起疲劳。必须能交替地采用各种不同的坐姿，以使在不同的负荷之间产生一种平衡，减轻疲劳。进行座椅设计时应该考虑操作者的这种需要，使座椅便于就坐者随时调整和变换姿势。

5．座椅设计的一般原则

①座椅的尺寸应与使用者的人体尺寸相适应，设计中应将使用者群体的人体测量数据作为确定座椅设计参数的重要依据。同时要考虑特殊服装和装备所需要的修正量。②应符合人体生物学原理。座椅结构要有利于人体重力的合理分布，要使人体脊柱尽量接近正常的自然弯曲状态，减轻腰背部的疲劳，使就坐者能保持舒适、自然的姿势。③应使就坐者能方便地变换坐姿，进行身体状态的自我调节。④应牢固稳定，在使用中不致倾翻、滑倒。⑤在长时间不能离开工作岗位的情况下，座椅结构应保证操作人员在座椅上有休息的可能性。

12.6.2 座椅设计

座椅由座面、靠背、扶手和椅脚几部分组成。

1．座面

（1）座面高度。①适宜的座面高度应使就坐者的大腿接近水平，小腿自然垂直，脚掌平放在地面或搁脚板上；座面高度过高，会使就坐者的大腿紧压在座面前缘，时间长了会使腿部肌肉酸痛难忍；座面高度过低，会增加就坐者背部肌肉负荷。②一般座面高度可以使用者群体腘高的第 5 百分位的测量值为依据，考虑鞋跟的高度为 25mm；座面前缘宜略低于腘高，以低于 50mm 较为适宜。③工作座椅的座面高度应该设计成可以调节的，座高调节范围按女性第 5 百分位数至男性第 95 百分位数的“小腿加足高”，即 33～48cm；工作座椅座面高度的调节方式可以是无级的，或间隔 15～25mm 为一挡的有级调节。④休息座椅的高度可稍低，专为休息设计的座椅应使就坐者的腿能向前伸，以使腿部肌肉和关节放松。

（2）座面宽度。①通常应以成年女性臀宽尺寸的第 95 百分位数进行设计，以满足最宽人体的需要。同时要考虑特殊服装和装备所需要的修正量。②一般可取 40～45cm。对肩并肩坐的排座应参考坐姿两肘间宽值，应大于 50cm，如取 53cm。对于扶手椅应不小于 50cm。

（3）座面深度（座面的前后距离）。①座面深度尺寸应使就坐者当腰背倚靠在靠背上时，座面的前缘不致抵到小腿，以保证大腿肌肉不受挤压，小腿可以自由活动。②座面深度可以女性第 5 百分位数的坐深尺寸为依据确定。

（4）座面倾角（座面与水平面的夹角）。①座面应稍向后倾，可以防止就坐者向后倚靠时臀部向前滑动，并使就坐者的体重支撑于大腿和臀部，而腰背部自然地靠向靠背。②不同用途的座椅，座面倾角的要求也不同：对于休息用椅，座面后倾角大些，有利于肌肉的放松，可取 14°～24°；会议室等场合的座椅可取 5°～15°后倾角；对于从事书写等桌面作业，常取前倾坐姿及需要经常变换坐姿的，最好将座面设计成水平的。

2．靠背

靠背的作用是承担一部分体重，减轻就坐者脊柱尤其是腰椎部的负荷，同时使脊柱保持自然的弯曲形态。靠背设计的好坏对于是否能减轻就坐者的疲劳有着很大的影响。靠背是座椅区别于座凳的重要标志。

靠背的纵向形状，应设计成与人体脊柱自然弯曲形态相吻合，特别应该注意在腰椎倚靠的部位要适当隆起，使就坐者靠上时能与腰椎部的弯曲形态一致，并使身体上部前倾，在从事桌面工作时不致使腰椎后凸而增加腰椎间盘间的压力。图 12-15 所示为试验所得的舒适椅的侧面轮廓。其基本特点是靠背顶端平直或稍向前弯凸，胸背部后凹，腰部再向前弯凸，骶尾部处又向后弯凹，座面向后微倾。

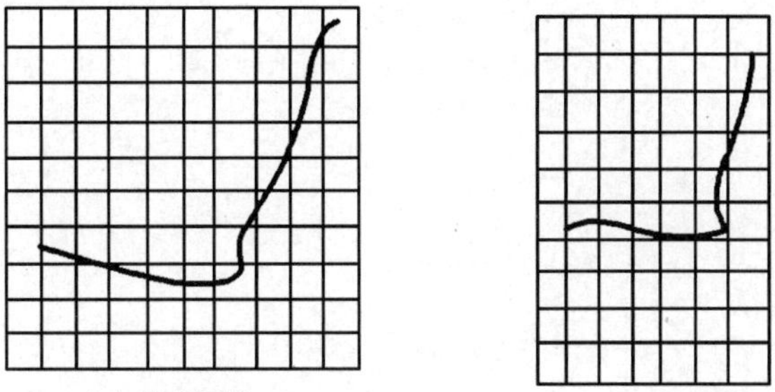

（a）休息用椅　（b）多功能座椅

图 12-15　座椅侧面轮廓（每格 10cm×10cm）

3．扶手

工作座椅一般不设扶手。需要扶手的座椅必须保证操作人员作业活动的安全性。扶手的作用主要是支撑手臂的质量，减轻肩部的负担。在就坐和起坐或变换坐姿时，可以利用扶手支撑身体。在摇摆、颠簸状态下，扶手可以帮助保持身体稳定。

4．搁脚板和脚轮

（1）搁脚板。搁脚板包括可调搁脚板、转式搁脚板（正反面可提供两种高度）、装在工作台架上的搁脚板和转椅的搁脚环。

（2）脚轮。安装脚轮的座椅可以使作业人员在工作站内移动而不离开座椅。应设置 5 个支脚（脚轮），并均匀分布在圆周上，支脚所在圆周直径应不小于 60cm。

12.6.3　工作座椅及其应用

1．工作座椅

在 GB/T 14774《工作座椅一般人类工效学要求》中对工作座椅的结构形式和主要尺寸做出了规定。该标准适用于一般工作场所（包括计算机房、打字室、控制室、交换台等场所）坐姿操作人员使用的工作座椅，不适用于办公室和家庭用椅，也不适用于安装在生产设备上的固定式工作座椅、驾驶员座椅和在窄小作业空间使用的工作座椅。

1）基本要求

（1）工作座椅的结构形式应尽可能与坐姿工作的各种操作活动要求相适应，应能使操作者在工作过程中保持身体舒适、稳定并能进行准确的控制和操作。

（2）工作座椅的座高和腰靠高必须是可以调节的。座高调节范围为 360～480mm。

（3）无论操作者坐在座椅前部、中部还是往后靠，工作座椅座面和腰靠结构均应使其感到安全、舒适。

（4）工作座椅腰靠结构应具有一定的弹性和足够的刚性。在座椅固定不动的情况下，腰靠承受250N的水平方向作用力时，腰靠倾角β不得超过115°。

（5）工作座椅一般不设扶手。需设扶手的座椅必须保证操作人员作业活动的安全性。

（6）工作座椅座面，在水平面内可以是能够绕座椅转动轴回转的，也可以是不能回转的。

2）结构形式

工作座椅的结构要求为：①必须具有的主要构件有座面、腰靠、支架；②视情况而设的辅助构件有扶手；③工作座椅的主要参数数据见图12-16和表12-3。

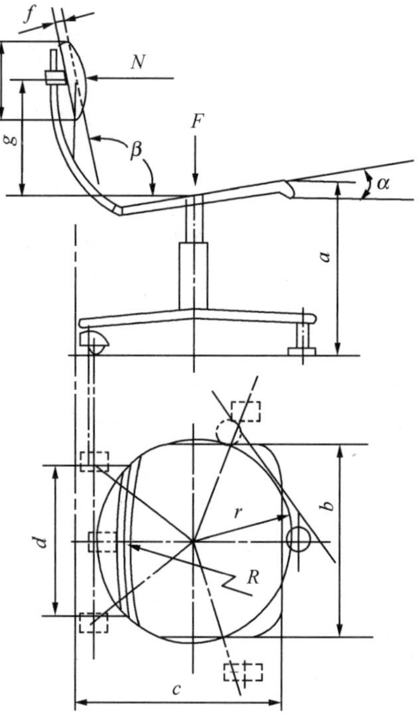

图12-16　工作座椅的主要参数（GB/T 14774）

表12-3　工作座椅的主要参数（GB/T 14774）

参　　数	符号与单位	数　　值	测量要点
座高	a/mm	360～480	在座面上压以60kg、直径350mm半球状重物时测量
座宽	b/mm	370～420，推荐值400	在座椅转动轴与座面的交点处或座面深度方向1/2处测量
座深	c/mm	360～390，推荐值380	在腰靠高g=210mm处测量，测量时为非受力状态
腰靠长	d/mm	320～340，推荐值330	
腰靠宽	e/mm	200～300，推荐值250	
腰靠厚	f/mm	35～50，推荐值40	腰靠上通过直径400mm半球状物，施以250N力时测量
腰靠高	g/mm	165～210	
腰靠圆弧半径	R/mm	400～700，推荐值550	
倾覆半径	r/mm	195	

续表

参　数	符号与单位	数　值	测 量 要 点
座面倾角	α /（°）	0～5，推荐值 3～4	
腰靠倾角	β /（°）	95～115，推荐值 110	

注：① 表中各符号所代表的参数意义如图 12-16 所示。

② 表中所列参数 a、f、g、α、β为操作者坐在椅上之后形成的尺寸、角度。测量时应使用规定参数的重物代替坐姿状态的人。

③ 表中参数的确定，考虑了操作者穿鞋（女性鞋跟高 20mm，男性鞋跟高 25～30mm）和着冬装的因素。

2. 不同用途的工作座椅举例

以下所示为几种有代表性的工作座椅式样。

（1）VDT 用工作座椅。图 12-17 所示为美国贝尔实验室研究设计的一种显示终端（VDT）用工作座椅。

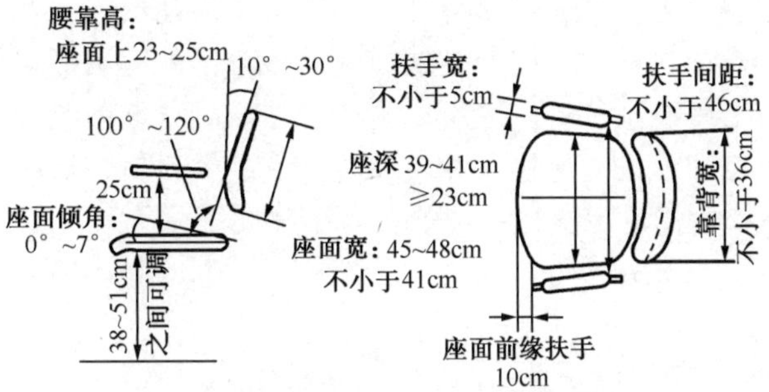

图 12-17　显示终端（VDT）用工作座椅

（2）全靠背座椅。图 12-18 所示为全靠背、有扶手座椅，座面高低和靠背角度均可调节，又称经理座椅，也用于其他长时间采取坐姿工作的场合，便于必要的休息。

（3）坐立姿操作用座椅。图 12-19 所示为适合于工作中在坐姿与站姿间变换的座椅，可以采取半坐半倚的姿势。

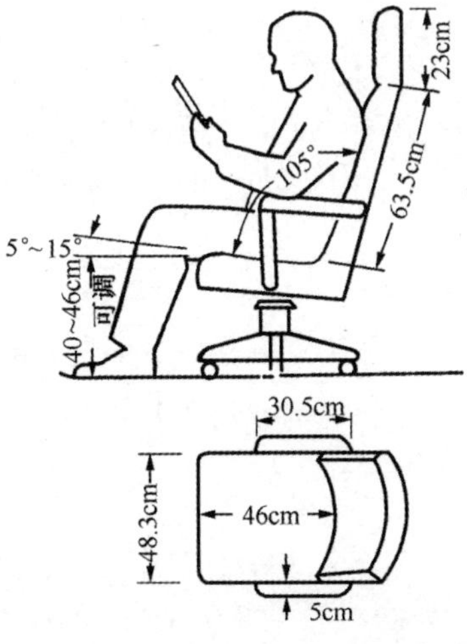

图 12-18　全靠背有扶手座椅

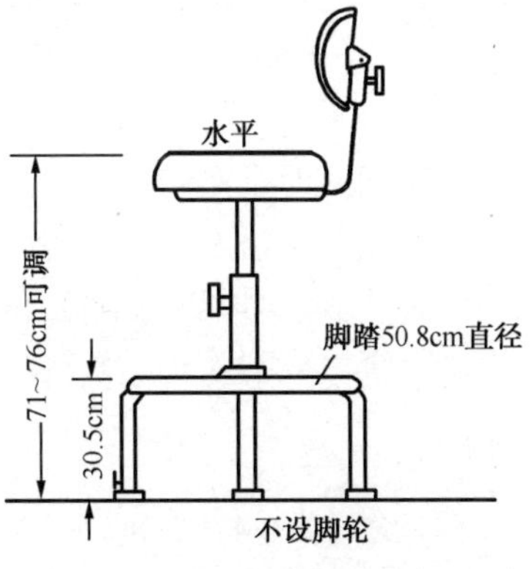

图 12-19　可在坐姿与站姿间变换的座椅

Chapter 13

第 13 章

人机系统的可靠性和维修性设计

在传统的产品设计观念中，产品质量特性主要着眼于产品性能。在产品研制中，往往是先进行性能设计。在现代设计观念中，在产品的方案设计阶段就应考虑可靠性、维修性、安全性等问题，并贯穿于整个工程研制过程。之所以需在产品研制早期就考虑这些因素，是因为它们是设计出来的，它是由设计形成的特性，并且需要在产品的质量、进度、费用之间进行综合考虑和权衡，才可能取得整体优化和最佳的效能、寿命周期。

13.1 人机系统的可靠性和人的失误

13.1.1 人机系统的可靠性

1. 概念

1）可靠性与可靠度

可靠性是指对象在规定条件下和时间内，完成规定功能的能力（广义可靠性包括维修性）。在人—机—环境系统中，可靠性的对象可分别为机器、人、环境。由此可引申出下述 3 方面的可靠度（可靠性的特征量）。

（1）机的可靠度，即指系统、硬件、软件等的可靠度。

（2）人的可靠度，是指人完成任务的成功概率，或者说人在完成任务中不失误的概率。

（3）环境的可靠度，是指完成规定的环境功能的概率，或者维持环境性能稳定性的概率。系统的可靠性是系统组成部分（子系统、部件）可靠性的集合。

2）可靠性基本模型

根据系统中要素（部件或操作人员等）的连接方式的不同，可得出几种基本的可靠性模型。

（1）串联系统。可靠性串联系统最常见也最简单。串联系统是指系统中任何一个单元发生故障，将导致整个系统发生故障。要提高串联系统的可靠度，就应提高单元可靠度，尽可能减少串联单元数目。

（2）并联系统。并联系统是指组成系统的所有单元都失效时才失效的系统；或者说是指只要有一个单元正常工作，系统就能保持正常工作的冗余系统。

（3）备用冗余系统。备用冗余系统通常由 n+1 个单元组成，一个单元在工作，n 个单元做储备，也称旁联系统或（冷）储备冗余系统。

2．人—机—环境系统的可靠度模型

（1）人—机—环境系统的可靠度。系统可靠度由人的可靠度 R_H、机器的可靠度 R_M 和环境的可靠度 R_E 三部分构成，一般情况下视为串联系统。其可靠度为 $R_S=R_H \times R_M \times R_E$。

（2）人—机系统的可靠度。从人—机系统考虑，若将环境作为干扰因素，而且环境是符合指标要求的，设其可靠度 $R_E=1$，则人—机系统的可靠度为 $R_S=R_H \times R_M$。

（3）采用冗余技术是提高系统可靠性的有效方法。

表 13-1 所示为人机系统中人—机的几种典型结合形式及其可靠度。

表 13-1　人机系统中人—机的几种典型结合形式及其可靠度

名　称	框　图	人机系统可靠性计算公式及说明
串联系统	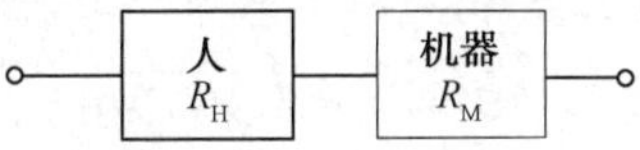	$R_{S1}=R_HR_M$ 例：0.9×0.9=0.81
并联冗余式	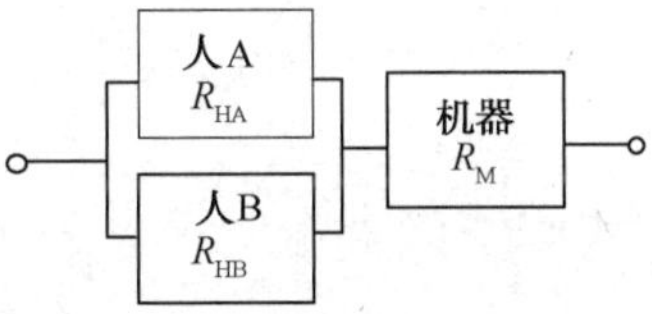	$R_{S2}=[1-(1-R_{HA})(1-R_{HB})]R_M$ 例：0.99×0.9=0.891 两人操作可提高异常状态下的可靠性，但由于相互信赖也可能降低可靠性
待机冗余式	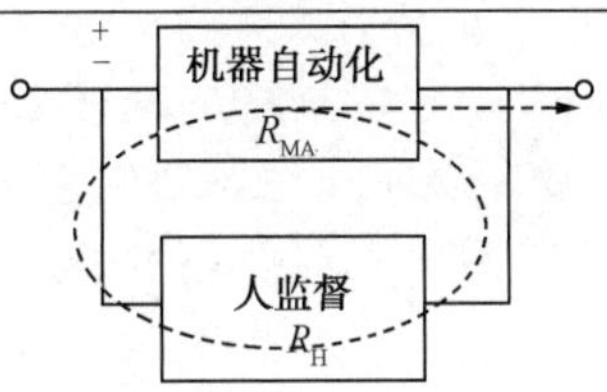	$R_{S3}=1-(1-R_{MA}R_H)(1-R_{MA})$ 例：1-0.019=0.981 人在自动化系统发生误差时进行修正
监督校核式	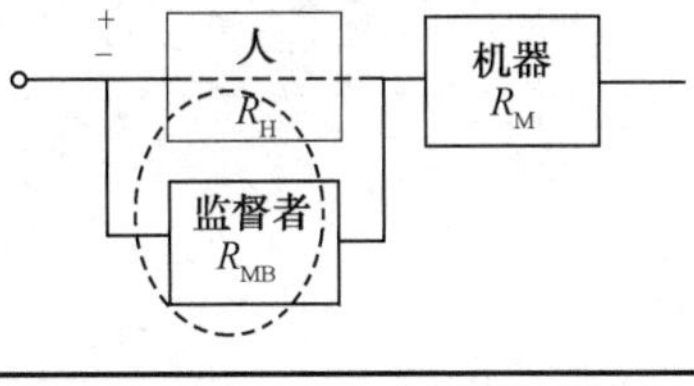	$R_{S4}=[1-(1-R_{MB}R_H)(1-R_H)]R_M$ 例：0.981×0.9=0.8829 将并联冗余式中的一个人换成监督者，人与监督者的关系如同待机冗余式

注：① R_H、R_{HA}、R_{HB} 为人的可靠性；R_M、R_{MA}、R_{MB} 为机械的可靠性；R_{S1}、R_{S2}、R_{S3}、R_{S4} 为系统的可靠性。

② 图中的虚线表示信息流动方向。

③ 例中人、机可靠性数值均以 0.9 计算。

3．人产生失误的原因

人的失误与人的可靠性是同一问题的不同表述。人产生失误的原因很多，从人机工程角度可将人产生失误的原因归纳为以下两类。

（1）系统硬件、软件的缺陷。人机界面设计不符合人机工程要求，系统制造、验收过程中的失误，致使系统本身潜伏着操作失误的可能。

（2）操作者本身的因素。受人的生理（如大脑觉醒水平下降）、心理（如人际关系）因素的

影响，人的认知和技能的限制，人的机能存在着不确切性和随机性等，使之不能与机器系统协调而导致失误。

人的失误是诸多因素相互作用的结果，其结构模型如图 13-1 所示。

- 人的失误
  - 人的
    - 正常状态：正常人的偶发失误、下意识失误
    - 不稳定状态：
      - 生理因素（应力、疲劳、体弱、疾病、残疾等）
      - 心理因素（注意力、情绪、单调、心理紧张、心理疲劳、心理幻觉等）
      - 人际关系不良
    - 错觉失误：（视错觉、听错觉、触错觉、嗅错觉）
  - 环境的
    - 不良环境（空间、照明、温度、湿度、噪声、粉尘、毒物）
    - 紧急事态
      - 异常心理状态（发呆、恐惧、惊慌失措等）
      - 非正规作业
  - 技术的
    - 判断失误
    - 操作失误
      - 信息加工差错（分析、记忆、比较、判断、决策）
      - 信息显示装置差错（信号太弱、太乱，显示不正确、不全等）
      - 人机工程设计失误，布局不当，功能、结构、形式设计不良
      - 经验不足
      - 人员选择不当，培训不力
      - 控制装置差错（灵敏度不够、调节困难、操作不便等）
  - 管理因素方面的
    - 信息传递错误、决策错误
    - 计划不周，劳动组织不严密，法规、制度不健全
    - 监督检查要求不当

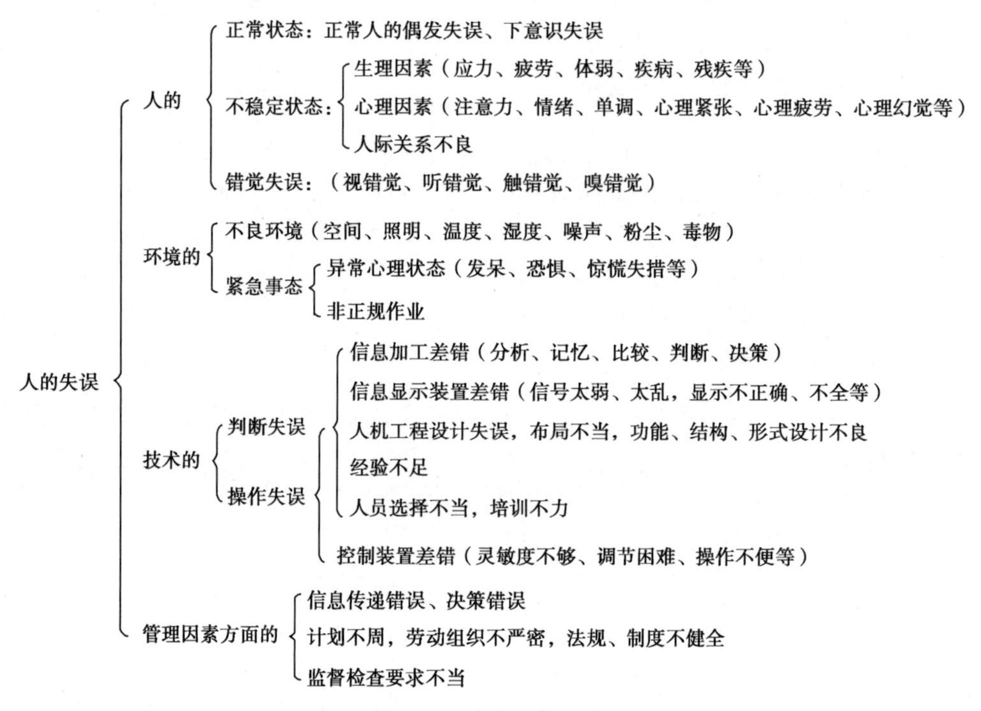

图 13-1　人失误的因素

4．系统开发过程可能发生的人失误

在系统开发阶段，可能产生人失误的环节及失误原因见表 13-2。在系统开发过程中，应根据易发生差错的原因，对这些环节加强检验与监督，并对发现的失误及时进行反馈修正，只有这样才能形成一个具有广泛容错功能的高可靠性的人机系统。

表 13-2　系统开发过程中人失误的分类

系统开发阶段	失 误 类 型	失 误 原 因
设计	设计失误	① 不恰当地分配人机功能； ② 没满足必要的条件； ③ 不符合人机工程设计准则； ④ 设计时过分草率，设计人选不称职； ⑤ 对系统需求分析不当
制造	加工或施工失误 安装失误 组织失误 调试失误	① 说明书和图样质量差； ② 不正确的指示和工作安排； ③ 不合适的工具和工艺； ④ 不合适的环境； ⑤ 设备的安装、调试、维修不正确； ⑥ 不适当的技术监督和培训，未达到人机工程设计要求； ⑦ 作业场所或车间配置不当

续表

系统开发阶段	失误类型	失误原因
检验 评审	检测失误 判断失误 组织失误	① 不适当或不完全的技术数据和技术条件； ② 不适当的检测方法和设备； ③ 检验评审人员选择不当； ④ 评审草率； ⑤ 不适当的检测环境
操作 （试运行）	信息判断失误 操作失误 组织失误 保养失误	① 不适当或不完全的技术数据和操作规程； ② 不适当的设备和保养； ③ 不适当的培训或技术； ④ 人机界面配置不合理； ⑤ 作业场所或车间布局、配置不当； ⑥ 不适合的环境； ⑦ 过负荷的工作状况或过于单调的工作条件； ⑧ 任务的复杂程度太高； ⑨ 不适当的人员配备

5. 人失误的后果

人的失误可能引起人机系统运行和维修中的时间损失、机器损伤、人员伤亡和任务失败。大量的系统失效的分析表明，人的失误占有很大比例，在电子设备和飞机系统中，由人的失误引起的失效占 50%～70%，在核电站和大型化工企业中占 70%～80%。因而，对人的失误因素及防止人的失误措施进行研究，已成为当今可靠性研究的重要课题。

6. 人的可靠性分析方法

人的可靠性分析（Human Reliability Analysis，HRA）是以分析、预测、减少与预防人的失误为核心，以行为科学、认知科学、信息处理和系统分析、概率统计等理论为基础，对人的可靠性进行研究和评价的一门学科。HRA 也可作为一种方法，用来评价人机系统中人的失误可能性、对系统正常功能的影响。因此，它也可视为一种预测的工具。HRA 还可以作为一种设计、改进或再改进系统的工具，以便将重要的人的失误概率降低到系统可接受的最小限度。HRA 方法发展很快，种类也较多。

按人与机器的功能进行分析和评价，分析人机功能分配的合理性、人机界面、工作环境、组织结构及管理机制等对人的生理、心理功能的适合性。将系统的实际情况与人机工程准则（包括许多标准中规定的参数和要求）进行比较，并做出评价。这基本上是功能评价法，也是比较实用和普遍使用的方法（见 4.4 节）。

一些复杂系统，如核工业系统，通过人的失误率预测技术（Technique for Human Error Rate Prediction，THERP）预测人因失误概率，以及评价仅因人的失误或人员与设备功能、运行规程及习惯的结合失误，或其他影响系统行为的系统及人因特性，导致人机系统可能的失效。该预测技术系统还在总结长期、大量的实践的基础上，建立了人的失误概率数据库，以供使用。

13.1.2　人因失误及其防止措施

1. 人因失误的定义

人因失误是指人未能实现规定的任务，可能导致计划中断运行或引起人员伤亡和财产损失，也称人的失误、人的差错，但不宜称为“人为差错”，因为人的失误是指一种无意识的行为。该定义包含 6 种情况：①遗漏了必须做的工作（疏忽）；②做了不需要做的工作（多余）；③未按要求完成某项工作（粗糙）；④未按顺序完成某项工作（颠倒）；⑤未按时完成某项工作（延误）；⑥对意外事件的反映不妥当（迟钝）。

2. 复杂人机系统及其人因的重要性

1）复杂人机系统的特征

复杂人机系统（CMMS）已是一个常用术语，然而，其尚无十分明确的定义。核电站、化工厂、飞机、铁路、电力、电子监控、通信等系统均为典型的复杂人机系统。它们共同的基本特征如下。

（1）人机界面复杂性：人机接口方式多样，人员多元化（多人或多种作业人员类型）。

（2）信息复杂性：信息显示方式多样，信息量大，变化快。

（3）动态特性复杂性：系统的层次性、关联性复杂，异常状态征象组合重叠、复杂多变，控制操作反馈迅速。

（4）环境复杂性：包括物理环境、组织环境、社会环境或内部环境、外部环境。

（5）操作复杂性：系统主要运行特征为监视、确认、控制，应急状态下的操作负荷数倍于正常状况下。

2）复杂人机系统中人因的重要性及其失误的严重性

在 CMMS 中，一方面，大量采用计算机来控制系统，作业人员只需监控计算机的自控动作是否按计划进行，但该计算机控制系统的可依赖性最终还是取决于作业人员，即使这种可依赖性可分摊于作业人员与计算机。另一方面，CMMS 的可靠性依从于系统设备（硬件和软件）、环境和人员 3 方面的可靠性。在风险评价和可靠性技术的早期阶段，设计与安全技术能力不如当今，大多数系统失效均与硬件失效或破坏性环境事件相关联。目前，工程技术已克服早期复杂系统中的许多问题，设备的可靠性不断提高，运行环境得到了明显改善；而对于人，由于其生理、心理、社会、精神等特性，既存在一些内在弱点，又有极大的可塑性和难以控制性，因而人员的可靠性显得越来越重要，对系统风险的注意焦点已转向人因失误。美国、日本、法国、德国、瑞典、瑞士等国最近的联合调查统计资料显示，在核电站中，由于人的因素而导致的事故（事件）占事故总的比例，6 国的平均值超过 60%，最高的竟达 85%，人因失误已成为对系统安全性影响最大的因素。因此，如何分析、预测、减少、预防人因失误，是复杂人机系统亟待解决的关键问题。

3. 影响人失误的因素

造成人失误的原因很多，概括起来是由于人的机能的不确定性与机器或环境等因素相作用而产生的，从人机工程角度可归纳如下。

1）人失误的内在因素

由于操作者本身的因素，使之不能与机器系统相协调而导致失误。受人的生理、心理特点的制约，人的能力是有限的，并往往带有随意性。人失误的内因如下。

（1）生理因素：人体尺度、体力、耐力、视觉、听觉、运动机能、体质、疲劳等。

（2）心理因素：信息传递与接收能力、记忆、注意、意志、情绪、觉醒程度、性格、气质、心理压力、心理疲劳、错觉等。

（3）个体因素：年龄、文化、训练程度、经验、技术能力、应变能力、责任心、个性、动机等。

（4）病理因素：各种慢性病、疾病初起、服药反应等。

2）人失误的外在因素

在进行系统设计（人机界面、工作环境、组织管理等）时，未很好运用人机工程准则，致使系统设计本身潜伏着操作者失误的可能性。从人—机—环境系统着眼，影响人失误的外因有以下几种。

（1）人—机界面。人—机界面是操作者与机器系统之间的实际监控界面，是直接导致人失误的界面，包括人—机功能分配、显示系统、控制系统、报警系统、信息系统、通信系统和工作站等的设计，对人生理、心理特点的适应性。

（2）人—环境界面。在操作者完成规定的任务过程中，环境因素会影响人的安全、健康、舒适、效率，从而影响系统运行的可靠性。主要是指物理环境（例如，微气候环境、照明环境、声环境、空气品质、振动、粉尘，以及作业空间等）设计，对人和作业的适应程度。

（3）人—人界面。除上述的技术性因素外，导致人失误的另一个重要方面就是系统的组织管理工作。例如，作业时间、安排交接班作业、班组结构、工作流程、群体协同作业、操作规程、安全法规、技术培训、人际关系、企业文化、社会环境等，对人和作业的影响。

3）影响人因失误的具体原因

人可以用各种不同的方式去做各种不同的工作，这也导致人因失误的发生。为判明失误原因及采取相应的防止对策，有必要对人因失误进行分类。一般可按处理过程和执行任务性质进行分类。

4．信息处理过程中的人因失误

1）未正确提供、传递信息

如果发现提供的信息有误，那就不能认为是操作员的失误。在分析人的失误时，对这一点的确认是绝对必要的。

2）识别、确认错误

如果正确提供了操作信息，则要查明眼、耳等感觉器官是否正确接收到这一信息，进而是否正确识别了这一信息。如果肯定此过程中某处有误，就判定为识别、确认错误。所谓的识别，是指对眼前出现的信号或信息的识别；确认是指操作员积极搜寻并检查作业所需的信息。

3）记忆、判断错误

进行记忆、判断或者意志决定的中枢神经处理过程中产生的差错或错误属于此类。

4）操作、动作错误

中枢神经虽然正确发出指令，但它未能转化为正确的动作而表现出来。这种情况包括姿势、动作的紊乱所引起的错误，或者拿错了操作工具、弄错了操作方向、遗漏了动作等错误。

表 13-3 给出了差错的直接原因和动机分析参考。

表 13-3 差错的直接原因和动机分析表

直接原因	动机
（1）未正确提供、传递信息： ① 未发出信息、未传递信息； ② 内容不明或易弄错； ③ 显示的场所、传递的方法不当，不能一目了然； ④ 环境条件不完善或受环境的干扰（光线暗、噪声大等）	属人机界面不良，而不是人的失误。但它是人失误的诱因
（2）识别、确认错误： ① 无知觉、误知觉； ② 无识别、误识别； ③ 无确认、误确认	① 对眼前的信号、信息没看见、看错、不关心； ② 嫌麻烦，在检查上偷工； ③ 遇到意外情况，使识别、确认有误； ④ 误解、贸然断定； ⑤ 注意力只集中到眼前突发事件上，忽视其他信息
（3）记忆、判断错误： ① 无记忆、误记忆； ② 无判断（忘记）、误判断，意志抑制失效，意图的判断有误	① 想不起指示、联络事项； ② 已经知道危险，但一瞬间误认不危险； ③ 认为可靠无须确认，因而未检查； ④ 认为以前都成功了，这次也没问题； ⑤ 以为对方已经知道，未联络； ⑥ 以为工作已了结，开始了下一道作业； ⑦ 被其他事分了神，工作顺序失误； ⑧ 想着下一道作业（担心），漏了工序； ⑨ 情况骤变，时间紧迫，被迫立即做出判断； ⑩ 热衷于工作，没发觉时间过去而延误； ⑪ 作业课题太难，沉思； ⑫ 过度紧张、兴奋，致使不能做出判断
（4）操作、动作错误： ① 动作欠缺、省略、误动作； ② 跳过操作程序； ③ 操作程序有误； ④ 姿势、动作紊乱	① 因惊慌、愤怒、恐怖而不能控制动作； ② 看着眼前的状况，漫不经心地动手操作； ③ 感情用事，莽撞从事； ④ 提前停止作业； ⑤ 急不可耐地做其他事，失去时机； ⑥ 不能控制习惯动作的冒出； ⑦ 放射性动作； ⑧ 捷径反应； ⑨ 无目的、无意义地重复操作

5. 执行任务过程中的人因失误

1）设计错误

这是由于设计人员设计不当造成错误，分为以下3种情况。

（1）设计人员所设计的系统或设备，不能满足人机工程的要求，违背了人机相互关系的原则。例如，不恰当的人机功能分配，人机界面配置不合理。

（2）设计时过于草率，设计人员偏爱某一局部设计，导致片面性。

（3）设计人员在设计过程中，对系统的可靠性和安全性分析不够或没有进行分析。

2）操作错误

这是操作人员在现场环境下，执行各种功能时所产生的错误，主要包括：①缺乏合理的操作规程；②任务复杂，而且在超负荷的条件下工作；③人员选择不当，培训不力，经验不足；④操作人员对工作缺乏兴趣，不认真工作，粗心大意，凭经验操作；⑤工作环境太差，作业场所布局、配置不当；⑥违反操作规程。

3）装配、安装、调试错误

这是在制造过程中所产生的错误，主要包括：①有关技术文件质量差，技术文件粗糙，工作指示不正确；②执行有关技术文件，凭经验、凭感觉进行安装和调试；③不适合的工具。

4）检验错误

这是系统交付使用前检验疏漏所产生的错误，主要包括：①不适当或不完全的技术数据；②检验过程中的疏忽，漏验或未把缺陷或毛病完全检测出来，一般情况下检验的有效度约为85%，可能造成合格的被判为不合格，超差的反被认可；③不适当的检测环境、检测方法和设备、数据处理。

5）维修错误

维修错误是指维修保养中发生的错误。例如，维修后检验的疏漏，设备调试不正确，校核疏忽，检修前和检修后忘记关闭或打开阀门，维修后未全面复位等。

6）管理失误

管理失误是指在执行任务过程中，由于管理混乱、不严密、不规范而引发的错误，主要包括：①信息传递错误，决策错误；②计划不周，劳动组织不严密，法规、规范、制度不健全；③监督检查要求不当。

6．防止人的失误的一般措施

引起人的失误的原因很多，但大部分人的失误是可以避免的。关键在于采取经济的防止和控制措施，使设备、用具人性化，并加强管理和训练，改善人的状况，使人处于最佳状态。以下给出一些常见的防止人的失误的一般措施。

1）注意力不集中和疲劳是操作员出现失误的两个重要原因

（1）对注意力不集中的预防措施。在重要的位置上安装能引起注意的装置，提供舒适的工作环境，在各工序之间消除多余的间歇。

（2）对疲劳的预防措施。消除不合理的工作位置和操作方式，缩短精力集中的时间。消除环境造成的应力和疲劳的心理条件等。

2）没有注意一些重要显示造成控制不精确和接通顺序不正确

（1）仅凭指针显示危险情况，易造成人的失误。若采用发声和发光手段引起操作员对问题的注意，则可避免出现忽视重要显示的情况。

（2）对需精确控制的装置，首先要求机构灵活且用力较小；同时利用“咔哒、咔哒”发声来控制装置，则能避免由操作员引起的控制不精确问题。

（3）为避免不按顺序要求接通控制装置，可在关键部位设置联锁装置，并保证功能控制装置按其要求以一定的顺序排列。

（4）要避免采用外形相似或控制标记难以理解的控制装置。

3）读取错误

一般从仪表上读数可能造成错误，可采取以下措施。

（1）消除视觉误差。当仪表位置分散时，读表人可移动身体，合理安排仪表位置，采用竖直排列方式以满足人视觉的要求。

（2）配合合理的照明，并避免眩光。

4）振动和噪声

在不规则的振动和高噪声环境下，操作易发生失误。另外，噪声还会影响操作员交谈，造成对指令不能正确理解。可采用隔振器和吸声装置来克服，最好是从振源和声源上采取措施。加大文字、数字和图形符号的尺寸，避免视认错误。

5）不遵守规定的程序

不遵守规定的程序是操作员产生失误的一个重要原因。其措施是避免太长、太慢或太快的操作程序，以及设置符合人的群体习惯的操作方式等。

6）生理和心理上的应力

消除和减轻生理和心理上的应力，是减少人的失误的重要方面。除加强教育与培训外，还应改善环境条件及创造和谐的氛围。例如，布置工作场所时，除保证操作员能迅速在设备之间活动及与其他操作员进行通信和联系外，还应设法避免其他人员对操作员个人空间的侵犯，保证合理的空间间隔与个人“领域”。这不仅涉及人体尺寸和感觉系统，还涉及人的个性、性别、年龄、文化、感情状态和人际关系等社会因素。

13.1.3 人因事故的纵深防御系统

1. 复杂社会技术系统中人因事故的严重性和特征

复杂社会技术系统特指那些技术和资金密集、积聚能量巨大的大型工业组织，如核电、航空航天、化工、石化、铁路、电力、冶金、矿山等行业。一旦这样的系统发生安全事故，则可能导致社会的巨大灾难，如美国三里岛核电站事故、印度 Bhopal 化工厂毒气泄漏事故、苏联切尔诺贝利核电站事故、日本东海村 JCO 核原料加工厂事故等。造成这些问题的根源在于，系统的安全性不仅取决于它自身的技术水平，还极大地依赖于它与人和环境的协调程度。有资料报导，在当今世界工业企业事故中，有 85%以上直接或间接源于人的因素。由人的因素诱发的事故已成为复杂社会技术系统最主要的事故源之一。这类系统有以下特征。

（1）系统更加自动化。操作人员的工作由过去以操作为主，变为监视—决策—控制。人因失误发生的可能性，尤其是后果及影响变得更大了。

（2）系统更加复杂和危险。大量地使用计算机使得系统内人与机、各子系统间相互作用更加复杂，耦合更加紧密，同时使得大量的潜在危险集中在较少的几个人身上（如中央控制室人员）。

（3）系统具有更多的防御装置。为了防止技术失效和人因失误对系统运行安全的威胁，普遍采用了多重、多样的专设安全装置。然而，这些安全装置仍可能由于人因失误而失效，因而它们也可能就是系统最大的薄弱环节。

（4）系统更加不透明。系统的高度复杂性、耦合性和大量的防御装置，增加了系统内部行为的模糊性，管理人员、维护人员、操作人员经常不知道系统内正在发生什么，也不理解系统可以做什么。

2．系统失效模式

所有的人工系统，在任何一段时间内都存在着潜在失效的因素。这些失效的影响不会立即表面化，但会助长不安全行为，弱化系统防御机制。通过系统的保护性措施，它们中的多数或能被发现、修正、防止。但是有时一系列的触发条件发生，那些表面看来似乎不相关的因素，以非常规的方式相结合并触发，突破系统的防御，从而带来灾难性破坏。这些因素包括：由决策人员、设计人员、管理程序等做出的不当决定的影响，以及潜在的维修错误、常规干扰和人的固有弱点。触发条件包括：部件失效、系统异常、环境条件、运行人员失误和异常干扰等。其中管理决策和组织过程中的失误是诱发系统失效最根本的潜在原因，据此提出了如图 13-2 所示的人因事故原因模型。显然，对于这一类复杂社会技术系统人因事故的防范，必须采取集技术手段、组织手段、文化手段于一体的纵深防御策略，而任何单一的或孤立的措施都将是无效的。

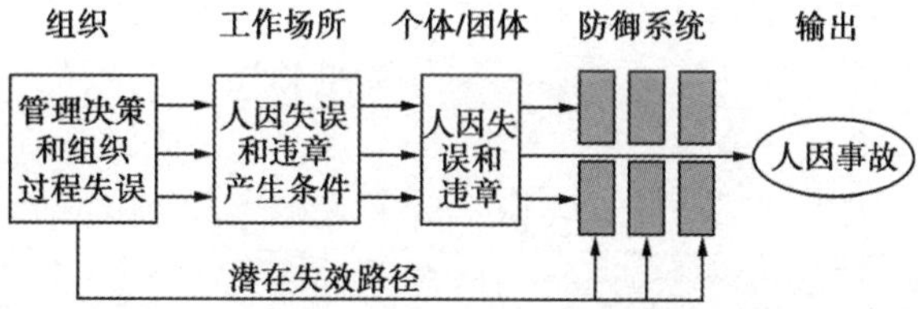

图 13-2　人因事故原因模型

3．人因事故纵深防御系统

纵深防御是国际原子能机构（IAEA）、国际核安全咨询组在《核电厂安全基本原则》中提出的核安全技术最主要和核心的原则，其含义是多层重叠设置安全防护系统而构成多道防线，使得即使某一防线失效，也能被其他防线弥补或纠正。经验与实践证明，这些防线必须通过管理与组织措施去优化而构成一个整体，才能是真正有效的。纵深防御的战略思想，同时也为防范复杂社会技术系统人因事故提供了基本原则和策略。

以往对人因事故的防范与管理基本上立足于技术方面，如使系统尽可能自动应急，提供良好的信息显示、操作规程和训练方法，以便为运行人员提供有效支持。这对大部分可预测的工厂事故效果很好，但却不能对日常运行中的人因失误问题的管理提供充分、完整的支持。那些涉及组织、文化层面的因素可能导致的潜在的失误，仅用技术手段是不可能从根本上解决问题的。应将技术手段与组织手段、文化手段相结合，从管理决策、组织、技术、事故分析与减少、反馈等方面和过程入手，构建“主动型”人因事故纵深防御系统。这与企业所设置的实体防御系统不同，它突出主动去探查与辨识可能的人因事故，并采取技术、组织和文化相结合的措施，去减少和预防。

1）确立失误管理方针

确定在怎样一个水平上管理人因失误，修订并确定启用新管理模式。由于涉及因素的广泛性，任何有效的管理程序都需要上级管理部门长期和大力的支持。

2）技术预测分析

技术预测分析为从根源上消除或减少人因失误的前期工作的一部分。在此阶段，人因工程原理被应用于所有新的设计和重要的人机界面的改造。其中最主要的应用是控制装置、信息显示、操作规程和指令，以及员工培训等的设计和评审。另外，要进行人员任务分析和失误分析，以查明一切潜在的人因失效模式及影响，从而通过修改设计方案或采取某种补救措施，尽早消除或减轻其后果的严重性。一旦特定失误被描述，即可评价其影响。如果影响严重，就考虑一系列减少风险的措施，而所采用的策略，依据成本—效益分析来选择。

3）管理支持系统

技术分析法虽可识别一切潜在技术性人因失效模式，但不能抑制所有潜在因素。例如，所设计的高质量的规程很可能是无效的，除非作业场所的文化精神氛围促使作业者在任何时候都能严守。技术分析法需要通过管理途径来支持补充。在复杂社会技术系统中，这种管理支持系统最重要的 3 个方面为员工参与、安全文化和管理策略。在安全文化建设中，应将重点从注意个体责任转移至广泛了解那些作业人员个体所不能直接控制的外部原因，如管理与组织、程序与规程等方面的原因。有效的参与应建立在所有层次职工对失误的共识之上，需要职工精神、情感的介入，同时需要上级管理者给予创造条件、手段和长期的支持。

4）组织预测分析

安全文化评述可评价职工对失误的态度，识别在实施失误减少策略中需要克服的文化障碍。责、权、利的划分有助于明确安全目标，促进每位员工将自己置于防止人因事故的前沿。管理体制不当造成的通信失效是一大类人因失误的原因，传递网络审查可以辨别设置的合理性和信息传递的有效性。

5）失误减少策略

上述阶段的组织和技术分析完成之后，便可为防止特定失误，减少人因事故或弱化其后果，制定一系列可能的短期和长期策略。然后对它们进行评价。评价标准是成本、可行性和降低风险的潜力等。最后执行一种或多种策略。

6）反馈

将来自运行实践的反馈，用于识别那些在预测分析阶段未能辨识的失误因子。要有效地做到这一点，需要以下两个反馈系统。

（1）包含一个数据收集系统，主要用于大量相对低级层次的常规事件，以对日常管理提供信息。它对事件的描述较粗，仅做直接原因分析，对多数据频繁事件，由此即可识别出导致事故发生的潜在薄弱之处。

（2）此系统是对第一个系统的补充，它力图对人因事故的形成做更广泛、深层次的分析，以找出更基本的原因，从而确定恰当、合理的纠正及补救措施，以防止其再度发生。

该系统需要消耗大量的人力、物力，所以只可能在重要事件的调查中使用。反馈还是双层的：第一层是常规的，起短期作用；第二层是高层次的，用于常规反馈无效时，促使高层管理者修订方针。有关事件信息反馈到早期阶段后，便可针对已被识别出的原因，研制或选择一套新的失误减少策略。该过程持续不断，直至伴有人因失误的事件达到一个可接受的水平。

13.2 人机系统的容错设计

容错是指在出现有限数目的硬件或软件故障的情况下，系统仍可连续、正确运行的内在能力。而容错设计则是根据人、机产生差错的倾向，设置各种支持系统，以容许或自动纠正这类错误的一种设计方法。需要特别说明的是，在人机系统中，既有机出现差错而影响系统运行的可能，也有由于人的失误而影响系统运行的情况。所以，在控制中心系统人机工程设计之始就应考虑两个方面的容错设计问题。

（1）机的容错设计。减少出现系统的异常、紧急工况状态。

（2）“人失误”的容错设计。人失误不致影响系统的连续、正确运行；对机器或人的差错提供提示和报警，经人的及时操作而保证系统的正常运行。

容错技术基本上可概括为 4 类：差错自动控制技术、冗余技术、防错技术、纠错技术。

13.2.1　差错自动控制技术

系统在运行过程中，由于受到各种干扰的影响，各个部分从输入至输出的传输过程中，可能出现错误或差错，而影响系统的正常运行。为了提高过程控制的可靠性，往往采用某种差错控制技术，以便在出现干扰或错误、差错时能自动纠正，保证系统的正常运行。

1. 减额设计技术

减额设计就是对零件或电子元件等减额使用，使其工作于比额定值低的应力（如机械应力、热应力、电应力等）状态，以便能补偿超常的工作应力，以及适应零件或元件因缓慢的物理、化学变化而造成的性能降低和老化。减额设计的途径是：降低使用应力；提高零件或元件的强度。减额系数的确定则依靠试验数据和工作环境因素。

2. 反馈技术

信号在传输过程中，由于受到各种干扰的影响，传输到输出端时，可能出现错误。反馈技术是将系统的输出通过一定方式反送到系统的输入端，从而对系统的输入和再输出产生影响，直到获得正确输出为止。

（1）反馈校验。在信息技术中，将输出端收到的数据信号原封不动地回送给输入端，与原发数据进行比较，如果发现错误，则需重发。

（2）检错重发。在信息传输中，输出端对收到的数据进行差错检测，如果有错，则通知输入端重发，直到收到正确数据为止。为对收到的数据进行差错检测，需在输入端对用户原始数据进行差错控制编码，如奇偶校验码、二维奇偶校验码（方阵码）、恒比码、循环码等。

（3）反馈控制。将系统输出的一部分或全部，通过一定的通道反送到输入端，将被控对象的当前状态与所希望的状态之差转换成控制信号，直到输出状态接近或达到目标值。反馈控制又有自授反馈和测量反馈之分。

（4）自适应控制。具有预先给定的目标，即使环境变化也能按照目标进行工作，达到预期的效果。

3．自动保护技术

在系统运行过程中，有可能在环境干扰下产生瞬时过载而导致系统故障。过载保护设计技术在于，这种过载不致导致系统部件的损坏和影响系统的安全性。主要有以下过载保护措施。

（1）自动切断技术。当系统中出现过载或其他不安全情况时使系统有关部分或全部停止运行，以保护系统的安全。在一般电器中广泛应用熔断器切断电源；在电力系统中则有各类继电保护装置，当设备发生故障时，通过断路器将故障设备从电力系统中切除，以保证系统继续运行；在机械设备中则有安全销等。

（2）阻尼技术。当系统运行中有过载的物理量时，限制其通过或将其衰减，使其不致影响系统的运行或安全。例如，运用电感器抑制过电压，用减振器的阻尼作用减小并部分吸收振动、冲击能量。

（3）旁路技术。把瞬间过载能量或不需要的物理量从旁路泄走。例如，用低阻通路把过载电能旁路到大地；用避雷器将雷电能量旁路到大地；用电路中的旁路电容，滤掉不需要的信号频率等。

4．自动补偿技术

采用特殊结构，如附加装置、线路或特殊材料等，抵消规定工作条件变化所造成的误差源，以保证设备的可靠运行。例如，各种电子设备中的补偿电路；许多机械中的误差补偿装置；运用具有温度补偿作用的材料和元件，如用陶瓷作为电介材料的特种小型电容器，可有几种不同的正或负温度系数，与其他电容器组合使用，可得总温度系数很小的组合电容。

5．软件校错技术

系统硬件常会受到某种干扰而改变系统的控制状态，造成控制失灵，可运用软件控制硬件的差错。

（1）循环采样技术。硬件的控制信息流中，各级的输入是上一级的输出或逻辑运算的结果。由于干扰的侵入会破坏这些条件，造成控制失灵。利用软件的方法，将对控制信号的一次采集改为循环采样，从而避免由于偶然的干扰因素造成控制信号的偏差。

（2）设置系统控制状态单元。通过软件的方法，可以随时查询输出系统运行的状态信息，当干扰破坏了系统控制状态后，可以及时发现、及时纠正。还可在此基础上建立自检程序，使干扰可被实时检测到。

6．软件抗干扰技术

干扰有可能打乱程序正常的执行秩序，使系统运行产生波动或“死机”。对程序运行失常采取的手段是监视系统运行状态，一旦发现失常，及时引导系统回到正常轨道上来。常用的抗干扰措施有：设置软件陷阱；系统运行状态监视；使用“看门狗”监视系统运行状态等。

13.2.2 冗余技术

冗余是指为改善运行可靠性而引入重复或代替的系统元素，以确保该特定元素失效时，系统能继续运行。冗余系统也常称备份系统，当串联系统的可靠性设计不能满足预定要求时，可以采用备份元素或备份系统的方法，提高可靠性。

1．改善机器可靠性的冗余

（1）并联系统。这是最常用的冗余系统。就备份元件而言，是指由几个元件并联组成系统。其特点是，几个元件中只要有一个元件可靠，则系统就可靠；只有当几个元件全部失效时，系统才失效。在计算机控制系统中常采用双主机热备份来保证系统的可靠运行。在这种系统中，冗余的部件在日常工作时分担负载（减额运行），所以也称负载分担冗余。

（2）待机系统。这种系统中的备份元件或系统，在平时处于非工作状态，一旦主要元件出现故障，备份元件即投入工作（属冷储备性质），也称备份冗余。待机系统一般装有报告失效的装置和开关转换装置，在系统发生故障时，就可以转换到备份部分工作，如计算机备用的不间断电源（UPS）。

（3）表决系统。用于有高可靠性要求的系统。例如，为了保证安全可靠，可在飞船上安装 3 台相同的计算机，将输出数据同时加在 2/3 表决开关上，只将两个或 3 个相同的数据送到执行机构，任意一台计算机发生故障都不影响飞行轨道的控制。据此也可组成 3/5 表决系统、4/7 表决系统等。

（4）软件冗余技术。对一些主要的关键程序，如检测、输出控制或系统管理程序，可以设计两套或多套程序，其功能相同，但程序结构、数据区不同。一旦运行的程序出现错误或计算机内存出错，就可自动切换到备用程序，以保证系统脱离故障，恢复正常。

（5）动态冗余。自动或手动重新布局各冗余单元来连续执行系统功能，动态冗余根据被检测出的故障，对系统各组成单元进行重构。动态冗余的成功实现，在很大程度上取决于系统设计的故障检测和隔离能力。

（6）概率设计。采用安全系数法来尽量减少结构或材料的故障是一种经典的方法。它使结构或材料的强度远大于可能承受应力的计算值，目前，该方法已广泛用于各种工程设计中。例如，压力容器结构静强度设计的安全系数为 3～5。

（7）损伤容限。损伤容限是指结构在规定的无维修使用期内，能够耐受由缺陷、裂纹或其他损伤引起的破坏，而不损害使用安全的能力。损伤设计的目标是使系统的关键结构不会产生由于材料、工艺和使用中的缺陷造成的潜在危险。它是通过对材料的选择与控制、对应力水平的控制、采用抗断裂设计、对制造和工艺的控制和采用周密的检测措施等途径来实现的。

2．显示控制系统的冗余配置

（1）关键信息的冗余显示。凡是关键信息，都应当显示足够的冗余信息，以便操作员能够对所显示的信息进行验证。

（2）共享视觉显示装置的设置。对比较重要的显示内容，设置多个工作人员共同使用的显示器，通过多人共同监视实现冗余，如各类模拟屏、闭路电视监视器、投影屏等。在计算机监控系统中，除设有共享显示器外，还给每个操作员配备台式显示器，以便有效进行监视，这是另一个层次的冗余。

（3）控制器的冗余设置。对自动控制的主要功能，设置后备的手动控制，供检查、调整、调试之用；除操作员可实行控制外，值长也可控制；除在控制室实行集中控制外，在各设备及就地工作站上也设有就地控制器。

3．工作组织及场地设置上的冗余

（1）人员职能的冗余配置。设置值长岗位，其职责之一是监控系统，对操作员来说是一种冗余配置。对重要的监控作业有时应为操作员配备副手。

（2）辅助工作站的设置。供负荷高峰时处理超负荷任务的需要，或供处理主要事件之用，也可供辅助操作员之用。

（3）提供备份场地。应为临时工作人员（现场操作员、维修人员）提供适当的工作台面、座位、临时放置有关资料及衣帽之处；为交接班人员提供足够的活动场地。

（4）今后的扩展余地。系统的设计应考虑今后扩展的可能。

4．紧急事件处理的冗余设置

（1）报警信号的冗余设置。除控制室外，在相关设备处、休息室、办公室、会议室等处，均可对同一报警内容设置冗余报警。另外，安全标志的冗余设置也是非常必要的。

（2）险情声光信号的组合使用。即对同一报警内容，既设视觉信号，又设听觉信号。

（3）应急系统的设置。包括自动控制系统的手动应急控制、照明系统的应急照明装置等。

13.2.3 防错、纠错技术

采取防错设计技术，以减少人的误操作或避免误操作产生不良后果；对于系统运行中产生的有限数目的故障，在人对系统的监视和控制（操作）状态下实现人工纠错，即可在人的干预下，保持系统连续运行。

1．防错技术

为防止操作中人的失误，在控制器系统设计中采取防错技术，以减少人的误操作或避免误操作产生不良后果。

1）防误提示技术

（1）提示输出已达到要求，以免进一步输入反而导致差错或延误时机。

（2）通过适当的电路或软件设计，提示各要素的极限及操作约束条件。

（3）通过机械结构设计，对操作是否到位进行提示，例如，到位时的位置指示、声音提示、限位装置或到位时的手感提示等。

（4）对可能发生操作差错的装置，设置操作顺序号码等标记。

2）联锁技术

联锁是在若干个控制动作间进行互锁，可保证错误的操作对系统不起作用。联锁也是一种拒错技术。联锁可通过机械设计、电路设计和软件设计实现。

（1）操作联锁。为控制器的操作提供联锁，如双重操作、许可逻辑操作（一组控制器必须按正确的顺序操作才能被启动）。

（2）集中联锁。对若干项需独立操作的联锁控制内容进行集中控制，使之自动实现联锁。例如，为保证机车安全通过车站，采用技术手段，使信号、道岔和进路在一定条件下按规定程序建立起相互联锁的关系。在非集中联锁中，信号机和道岔在现场由工人通过握柄、导线、导管等机械设备进行分散操作；而电气集中联锁，则采用继电器逻辑电路结构控制系统，在号楼（值班室）内集中控制道岔、信号机和进路，实现自动联锁。

3）误操作防止结构

为防止操作中人的失误（包括无意触动或误操作）而引起意外启动，从而造成伤人、伤机事故，可在控制系统设计中，采用误操作防止结构，以减少对控制器的误操作。

（1）将控制器安装在不易被碰撞的位置上，或陷入控制板的凹槽内，使操作员在任何作业（包括维护和保洁）过程中不会意外地被触动。

（2）使控制器的运动方向向着最不可能发生意外用力的方向。

（3）固定的保护结构，控制器加屏障物或用实物屏障包围。

（4）采用可移动盖板或挡板盖住和挡住控制器，如罩盖、带铰链的屏障物。

（5）控制器加锁定装置，需先解锁才能操作控制器。

（6）给控制器安装联锁装置，使操作时需增加额外的动作；或一组控制器必须按正确的顺序操作才能被启动，使控制器彼此之间具有互锁作用。

（7）适当增大控制器的操作阻力。

（8）将控制器设计成通过旋转动作来操作。

4）防错装、漏装结构

外形相近而功能不同的零件、重要连接部件和安装时容易发生差错的零部件，应从结构上加以区别。

（1）结构上只有装对了才能装得上。在零部件上加定位销或定位槽，当相似零部件的数量比较多时，可通过改变销或槽的尺寸或位置来防止装错。

（2）装错或装反了就装不上。配合部分采用非对称外形。

（3）结构上加导向装置。只有顺着导向件才能正确安装。

（4）结构上加定位装置。零部件到位后立即自动定位（或锁紧），可检查安装是否到位。

5）设置防止差错的识别标记

（1）在设备的连接接头、插头和检测点应标明名称或符号及用途和必要的参数。

（2）需进行日常保养的部位设置永久性标记（或标牌），以免保养时遗漏。例如，在注油嘴、注油孔处应设置与底色不同的红色或灰色标记。

（3）对间隙较小、周围机件较多，且安装定位困难的组件、零部件等，应设有安装位置的标记（如序号、刻线、箭头等）。

2. 纠错技术

1）差错提示技术

通过各种显示手段（视觉的、听觉的、触觉的），提示系统输出的主要参数是否有错或是否达到临界状态；有时甚至提示差错属性及纠正办法的建议，以便采取必要措施，保证系统正常运行。例如，在信息处理系统中提示输出有错，请求重新输入。

2）报警及其处理技术（故障诊断提示技术）

对系统各部分的运行状况进行自动监视，并通过报警器（视觉和听觉显示器）向工作人员通告系统和设备出现故障，或系统和设备运行工况的变化超出允许范围，要求操作员采取行动，予以纠正。报警也是一种提示。根据紧急程度，报警信号可分为预警信号、告警信号、紧急信号，见 14.4.1 节。

3）系统缓冲技术

系统缓冲技术是指当系统出现暂时不可逆转的故障时，为保证系统能安全退出运行而采取的缓冲设计。例如，在突然停电时系统能提供短暂的应急照明，以便操作人员对系统做必要的处理，避免引发其他问题；再如，在突然停电时，为防止运行中计算机数据丢失采取缓冲技术。

4）热维修（热更换）技术

在不中断系统运行的情况下，对系统部件的故障所进行的维修，称为热维修。例如，继电保护装置中的大电流端子，当拔出插件进行检查维修时，端子有关触点自动闭合，装置可连续运行。即在不中断系统正常运行的情况下，更换部件。

在实际应用中还有一种售后服务型的维修，这是一种面向用户的维修。在一些大型企业中往往拥有一支庞大的售后服务型的维修队伍。其工作内容包括：产品的现场安装、调试（包括与相关设备的系统性联试），对用户使用的指导和培训，定期或按需的上门维护，产品故障的排除，产品功能的扩充或性能的提升等。它实际上是上述几种维修形式的综合。在产品的有关技术未定型前，某些工作往往由产品设计者直接进行，定型后则由维修人员执行。

13.3 维修性人机工程设计原则

13.3.1 概述

1. 维修性与可靠性

1）维修的作用

维修是指为使产品保持或恢复到规定状态所进行的全部活动。维修包括修复性维修、预防性维修、保养和在线损伤修复等内容。良好的维修可大大延长产品或系统的寿命周期。现在还往往把改进与维修结合作为产品发展策略中的重要因素，通过维修为新产品研制提供使用与改进的信息。

2）维修性

维修性是指在规定条件下使用的产品，在规定的时间内按规定的程序和方法进行维修时，保持或恢复到规定状态的能力。或者说，维修性是在规定的约束（时间、条件、程序、方法等）下完成维修的能力。维修性是与维修关系最为密切的质量特性，是反映系统是否方便维修（“可”维修）的一种特性，它是由产品设计赋予的使其维修简便、迅速和经济的一种固有特性。它是可达性、可装联性、防差错性、（零件、元器件、部件）可互换性、测试诊断性、安全性、可修复性、可抢修性、维修工具的可使用性、可监控性、可调试性等，是方便维修的技术措施的综合。它取决于产品的结构、连接和安装、配置等因素，是由设计形成的特性。

3）维修性、可靠性和有效性

（1）维修性和可靠性是相关的，二者结合起来决定一个系统的有效性（可用率）。有效性是指可以维修的产品在某时刻具有或维持规定功能的能力；可靠性的作用在于延长系统的“可工作时间”；而维修性的作用，在于减少系统的“不能工作时间”。可靠性加上维修性称为广义可靠性（有效性）。

（2）从系统完好性和寿命周期费用的观点出发，仅提高可靠性不是一种有效的方法，必须综合考虑可靠性及维修性，才能获得最佳结果。

（3）维修性比可靠性更多地涉及人的因素，因为在系统维修过程中，基本上都要求人的参与，因而应在维修性设计中更多地考虑人机工程问题。

（4）贯彻以可靠性为中心的维修思想。根据系统可靠性分析，在系统设计中增加系统预防性维修的设计，以及在线维修设计，减少因维修而导致的系统停运。

4）维修分级

按维修场所及其职能，一般实行三级维修。①现场（基层）级：在使用现场或其附近进行维修，以换件修理为主；②中间（继）级：在维修站或维修机构进行修理；③基地级：在修理工厂或设备制造厂进行修理。

2. 维修性设计的一般准则

下述的这些准则构成具体的维修性目标及设计的各种预期特性：标准化、互换性、模块化、修理与报废、可达性、提升装置等。有些准则可以在通用的设计规范中规定，而另一些则必须按特定工程需要专门规定，这些准则可用定性和定量的形式予以说明，并为设计师实现系统或产品的维修性要求提供指南。

（1）减少维修时间。减少维修时间或减少因维修造成的停机时间，可采取以下办法：①采用“无维修”的设计；②采用标准的和经认证的设计；③采用简单而可靠的设计；④采用标准的和经认证的设备或零部件；⑤采用简单、可靠和耐久的设备或零部件；⑥采用能减轻故障后果的故障保险机构；⑦考虑设备寿命周期内使用和损耗的“最坏情况”，采用相应的技术和容限进行设计；⑧采用模块化设计；⑨采用有效的故障综合诊断装置。

（2）降低维修的复杂程度。可采用以下办法：①使系统、设施和设备具有兼容性；②实现设计、零部件和术语标准化；③使相似零部件、材料和备件具有互换性；④维修工具尽量少而简单，设备及其附件尽量简单化；⑤可达性、工作空间和工作通道适当。

（3）降低对维修人员技能的要求。可采用以下办法：①简化维修工作；②职能岗位和工作分配合理有序；③设备拆装方便、机动灵活，运输和储存方便；④采用简单而有效的维修程序和维修规程。

（4）减少维修差错。除上述有关各条外，在设计中还应尽量减少或避免下述事项：①含混不清的维修标志和编码；②“故障”或“性能退化”难以被检测出来；③可能形成无效维修；④易于疏忽、滥用或误用的事项；⑤危险或难以处理的事项。

（5）便于维修工具的使用。可采取以下措施：①所选用的维修工具、设备与现在已使用的装备属于同类系统；②确保安装和拆卸紧固件所需的力矩不超过所用工具的承受力；③通过确保足够的可达性、工作空间和紧固件周围的工作间隙，使工具固定牢靠，而且旋转力矩均匀。

（6）减少维修费用。保证寿命周期内的维修保障是经济有效的，为减少维修费用，可通过设计实现以下要求：①减少对维修人员的危害；②减少对被维修设备的损害；③减少或避免使用全套专用维修工具；④减少不必要的维修；⑤减少对维修人员的技能要求；⑥减少备件和材料的消耗；⑦使一切具有相同编码的修理零部件，在功能或实体上都是可以完全互换的；⑧提供维修用孔口，使在打开或移开口盖时能接近任何待维修的零部件，而且不要求事先拆卸或移动其他零部件。

另外，通过专门设计使以下各维修环节迅速可靠：①预测或检测故障，预测或检测性能退化；②判断、确定“排除故障”与“保养”的适用性；③故障定位；④识别零部件、测试点或连接点；⑤隔离到某个可更换或可修复的模块或零部件；⑥为排除故障而进行的更换、调整或修理；⑦校准、保养或测试。

3. 维修性核查表

核查表是一种用以检查某一事或物是否符合规定要求的文件。核查表的制定通常以维修性的基本原则及过去设计中出现的维修方面的问题为基础。它是设计师的备忘录。有些问题非常简单和实际，但在设计中往往又最容易忽视。标准核查表通常包括在设计部门的设计规范和公开出版的有关文件中，核查表也可用来作为设计评审的指南。

维修性核查表可包含如下内容：①可达性与提升、校准与统调、润滑、支承、连接、液压等系统；②功能组件包装、快速交付能力、耗损监控、标准化；③小型化与模块化、电缆与连接器、设备闭锁、操纵台（仪表面板）、支架与组装、控制显示、测试点、可达性；④环境保护、预定的维修要求、保障要求、工作期间的维修、安全保护措施、人机接口。

13.3.2 维修中的人机工程一般要求

维修性人机工程设计是为了在保证维修人员安全的前提下，减轻维修人员疲劳，减少维修失误，提高维修工作绩效，达到提高维修质量和维修效率的目标。具体来讲，应满足以下要求：①设计的系统、设施或设备应按照维修时人员所处的位置和使用工具的状态，并根据人体静态、动态尺寸，提供适当的操作空间，使维修人员有个比较合理的工作姿势，尽量避免以跪、卧、蹲、趴等容易疲劳或致伤的姿势进行操作。②环境噪声不得超过规定标准。如高噪声难以避免，则对维修人员应有保护措施。③避免维修人员在超过标准规定的振动条件下工作。④维修人员在举起、推拉、提起及转动时所花力气不应超过人的体力限度。⑤使维修人员的工作负荷和工作难度适当，以保证维修人员的持续工作能力、维修质量和效率。⑥进行防错、容错设计，以保证维修人员即使操作失误也不导致事故。

通常，在进行维修性人机工程设计时，宜制定并执行维修性人机工程设计大纲（尤其是对大型工程项目），针对具体系统、设施或设备的技术设计目标，制定一些维修性人机工程设计的具体细则以指导设计工作。

13.3.3 可达性设计

1. 概述

（1）可达性的概念。①可达性是指维修或操作时，接近产品不同组成部分的相对难易程度。如果维修部位“看得见”“可接触到”，容易到达维修部位，同时具有为检查、修理或更换所需要的空间，并且不需要多少拆装、搬动，维修人员在正常姿态下就能操作，就称为可达性好。

②可达性的好坏还会产生不同的心理效应，维修人员总是自觉不自觉地首先去做那些容易接近、操作方便的维修工作。对于那些接近困难、操作费时的维修工作往往会推迟甚至忽略。因而，最大限度地提高可达性是维修设计的重要目标。③合理地设置维修孔口和维修通道。④合理的结构设计是提高维修可达性的途径，为此需统筹安排、合理布局。例如，对于故障率高、维修空间需求大的部件，应尽量将其安排在系统的外部或容易接近的部位。

（2）为解决维修过程中的“可达”问题，须从下述三个方面入手。①视觉可达：看得见。②实体可达：可接触到。③足够的操作空间。

（3）可达性设计原则。①产品的配置应根据其故障率的高低、维修的难易、尺寸和质量的大小及安装特点等统筹安排，凡需要维修的零部件，都应具有良好的可达性；对故障率高而又需要经常维修的部位及应急开关，应提供最佳的可达性。②为避免产品维修交叉作业（特别是机械、电气、液压系统维修中的互相交叉）与干扰，可采用专舱、专柜或其他适当形式的布局。管线系统的布置应避免管线交叉和走向混乱。③产品特别是易损件、常拆件和附加设备的拆装要简便，拆装时零部件进出的路线最好是直线或平缓的曲线。在拆卸时最好无须拆掉其他部分。④产品的检查点、测试点、检查孔、润滑点、加注口及燃油、液压、气动等系统的维护点，都应布置在便于接近的位置上。⑤维修用孔口及其周围要有足够的操作空间；维修口盖应尽量采用拉罩式、快锁式和铰链式等不用工具、快速开启的设计；其孔口除能容纳维修人员的手或臂外，还应留有供观察的适当间隙。⑥应充分考虑需多人同时进行维修时的共同作业空间。

2. 维修中的视觉可达性

（1）欲感知视觉信号，应该：①放置在人们的视野内，并且在维修操作时也能看到；②与背景相比有合适的视亮度和颜色反差；③图形符号应简单、明晰、合乎逻辑，便于理解和释义明确；④不良环境会影响视觉准确度和对信号的判别。

（2）视觉显示器必须具备以下三个基本要求。①能见性：显示目标易被觉察；②清晰性：显示目标不易被混淆；③可懂性：显示目标意义明确，易被迅速理解。

3. 维修场所的可达性

（1）维修作业的空间能满足不同姿势、体位、着装、使用工具等的要求（见 11.1 节）。

（2）通道设计需充分考虑：①通向各维修点的需要；②为所携带的工具备件及搬运工具留出适当的裕量；③是否使用个人防护装备；④是否需设置扶手等。

4. 设备和设施的外部可达性

外部可达性是指维修所需的开口部位尺寸、位置、门或盖的设置。孔口（窗口）是指那些供观察和工具零件、组件及人的肢体进入的开口通路，如检查口（窗）、测量口、加注口、进出口等。

1）外部可达性的影响因素

（1）开口部分的尺寸。在确定尺寸时应考虑：①进行维修时，通过的物体最大尺寸有多大；②通过开口部分进行维修时，用一只手还是两只手；③通过开口部分进行操作时，所使用的工具；④进行维修时，是否要目视。

（2）开口部分的位置。开口部分的位置应同机器的安装方法和布置情况相适应。应考虑开口部分的位置对人的维修姿势及维修空间的适应性。

（3）开口部分的设置方法。可分为以下三种方法。①可拆卸箱盖：卸掉箱盖进行维修；②面板上装有铰链：旋转面板，从面板后维修；③拉出式底盘：把整个部件（模块）从机器中拉出，呈敞开式，进行维修。

2）维修孔口的要求

（1）维修孔口的类型。通常有以下三种维修用孔口。①查看孔口：用于目视或触摸；②测试孔口：用于工具和检测设备进出；③修理孔口：用于零部件调整、修复或更换时，工具、人的肢体、零件的进出。

（2）设计孔口需了解的信息。①产品的位置和周围环境；②使用的频度；③维修任务及所要求的时间；④通过的工具和零件；⑤所需维修空间；⑥人员的着装；⑦维修中的目视要求；⑧待维修部件的安装情况；⑨使用孔口的安全程度。

3）维修孔口设计

对于机器整体上的开口部分应考虑的因素是：尺寸、位置、口盖启闭方法、门或盖的装联方法等。①孔口不宜过多，能用一个大孔口解决问题的，不要用两个或更多的孔口。应尽量利用一些功能性孔口作为维修孔口使用。②孔口能直接达到，并便于操作，方便频繁调整或维修的作业使用。③孔口要远离高压或危险的运动部分，或在这些部分的周围加适当的绝缘、遮蔽物等，以防伤人。④使笨重的部件能从孔口中拉出而不是提出。⑤使孔口后面的零部件不会受到油滴、液滴或产品产生的其他污染物的影响。⑥孔口大小必须考虑通过该入口的身体某一部分的尺寸及其活动时需要的空间。⑦从地面算起，孔口下缘不低于600mm，上缘不高于1500mm。

5. 设备和设施的内部可达性

（1）底盘结构形式的考虑。这里所说的底盘是指零部件的载体，在机器外壳的形状确定之后，内部的框架和底盘可以大致分为下面几种形式。①整体型：最简单的是将外壳或框架也当作底盘使用。其优点是简单，只要有空间，就看得见整个结构。缺点是手难以伸到里面，不管怎样都要停机才能维修，而且修理或更换时要以零部件为单位来进行。②单一底盘型：除外壳外，在外壳内可直接装入一个或几个底盘。与整体型相比，优点是易拆卸底盘而检查内部。缺点是在事后维修时只能更换单个零部件或整个底盘。③小底盘（模块）型：将零部件装在可更换的小底盘上，然后把它装到整个底盘上。优点是可更换单个小底盘，而且由于容易判明哪个小底盘发生故障，因而可迅速诊断故障。在电子设备中，大多把小底盘做成插入式。缺点是小底盘本身的可达性不好，修理也困难，因而只能坏了就扔掉或送专门工厂进行修理。

（2）零部件布局的一般原则。①所有的零部件都应在不拆卸其他零部件的情况下也能直接看到或碰到，待维修的零部件应满足视觉可达的要求。②更换零部件时间：把故障出现频数多的零部件、更换时间长的零部件放在可达性好的部位；熔丝、滤清器等的更换应不要求使用工具。③对于大的、重的零部件等，应尽可能放置在开口部分的近旁，并且在更换时不致损坏其他零部件。④最好是不用打开机器就能检查或调整机器。即使机器内有调整处，也必须使其不停机就能进行调整。⑤更换零部件时，应不受其他零部件的妨碍，并要有放手或放工具的空间。⑥零部件布局应避开高温区或高电压区的危害。⑦在设备断电后，仍残留有热量和电荷的元器件，应当配备泄放电路和（或）将它们布置到使用人员或维修人员进行维修活动时不可能碰到的地方。⑧零部件如安装在箱子内侧的顶部、侧面、后板或前板上，则其顶板、侧板、后板、前板等最好能安装铰链，以便打开维修。

（3）诊断的难易。机器内零部件配置应考虑进行诊断的程序，即维修人员一边直接检查零部件，一边判定故障位置。一般来说，零部件的配置方法可分为下面四类。①标准配置：配置零部件时，要考虑其质量、热分布、工作性能等方面，也要考虑其强度、耐久性和制造工艺性。②零部件的分类配置：把同类的结构单元、零部件（如继电器）等安装在一起，这种方法对定期的预防维修（定期检查、定期更换等）是方便的；而对于事后维修来说，可以对每组零部件从故障率高的开始逐一检查，也是方便的。③电路的分类配置：这是电子设备中常用的一种方法，它把由多个零部件组成的结构单元（用途不同也可以）集中在一处。这样有利于实现元部件的标准化，并可简化测试程序和缩短测试时间。④逻辑式配置：按照功能框图的各方框来进行配置。维修人员在理解了工作原理之后，就能很容易地对照框图来寻求故障位置。

13.3.4　可操作性设计

对维修性的基本要求，就是维修时间尽可能短，上述可达性设计是从维修空间和布局着眼来提高维修性的措施，而可操作性设计则是从具体操作（拆卸、组装、调整）入手，使维修方便、快捷。

1．基本要求

（1）符合人的生理特点（详见第 6 章）。①维修作业中所需操作力（包括拆卸、搬运等）应在人的体力限度内，并不易迅速引起疲劳，还应考虑到作业效率的需要（费力的作业、动作慢）。②应考虑维修作业时人的体位和姿势，不良的体位和姿势将严重影响维修效率。③零部件的结构应便于人手的抓握，以便于拆卸、组装。④维修作业如能在人的舒适操作区内进行，则效率最高。为此，常将待维修部位设计成可移出式或将其拆卸下来维修。

（2）便于控制的操作系统（详见第 8 章）。①操作器的运动方向应符合人的习惯，即符合有关标准的规定，如果违反这一规定，则在操作中极易出现错误。例如，螺纹顺时针旋转为前进（用于紧固、锁紧），开关向上为开通、工作等。②操作器的运动应与被控对象（或显示器）的运动相应。③操作器的操纵阻力应适度。④操作器的布局应符合操作程序逻辑，并有足够的操作空间。⑤对众多的操作器应进行编码，以便区别其不同的功能，防止操作失误。

（3）易于维修的结构形式。①采用简化设计，尽量简化机器结构。②采用组装式结构，而不是整体式结构：整机分解为分层次的模块，便于拆下来检修，维修作业以不同层次的模块为单位展开，简化维修操作和诊断测试作业。③散件集装化：把各种零件、元器件，以适当的原则进行集中安装，形成模块，模块可单独制造、测试、调整，直接参与整机组装，使模块成为维修的基本单元。④选用通用的仪器设备、零部件和工具，并尽量减少其品种，使易损件具有良好的互换性和必要的通用性。提高标准化程度不仅可提高维修效率，并可减少对维修人员的技术水平要求，减少培训。⑤采用快卸、快锁式结构，简化拆卸、组装操作，提高工作效率。⑥采用移出式结构，不是将部件拆下来，而是将部件从整机移出来，使之便于维修操作。例如，采用拉出式结构和旋转式结构，将待维修面暴露在维修人员面前。

2．简化设计

“简化”是产品设计的一般原则。装备构造复杂，将会使使用、维修复杂，随之而来的是对人员技能、维修用设备、技术资料、备件器材等的要求提高，以致造成人力、时间及其他各种保障资源消耗的增加，维修费用的增长，同时降低了装备的可用性。因此，简化产品设计及维修是最重要的维修性要求。简化应当作为每个设计人员在维修性设计中追求的主要目标。

（1）简化功能。消除产品不必要乃至次要的功能。采用价值工程（VE）的分析方法，通过逐层分析每一产品功能，找出并消除某个或某些不必要或次要的功能，从而简化结构。

（2）合并功能。把相同或相似的功能结合在一起来执行，从而简化构造与操作。①把执行相似功能的硬件适当地集中在一起，以便于使用人员操作。例如，把大量的监控用数字显示功能集中在一个或几个面板（显示屏）上。②把几种功能集中在一个硬件产品上或加以集中控制，即 “一物多用”。最常见的如打开个人计算机电源开关时，不只接通电源，同时还启动自检程序，完成检查设备状况、状态标志初始化等功能。③将有关机械的和电气的功能合并到一起，由一个启动器或控制器（操纵杆、开关、元器件）来执行。但功能的合并应适度、便于使用。

（3）减少元器件、零部件的品种与数量。①采用集成电路。②使“一物多用”，尽量减少执行同一或相近功能的零部件或元器件。用多芯插头代替多个单、双芯插头；用尺寸稍大的紧固件代替多个小紧固件等。③功能相近的功能块，经典型化集成为一个多动能块（通用模块）。

（4）产品与其维修工作的协调设计。①把产品的功能设计与维修性设计有机地结合起来，并合理确定现（外）场可更换单元（LRU）、车间可更换单元（SRU）。②尽可能使产品或部件在使用或储存期间无须进行维修，即按“无维修设计”准则进行设计。③应以中等（平均）能力的人员作为设计维修工作的依据；在产品设计中应吸取维修、人机工程和人员培训方面的专家的意见，使之易于维修。④采用简单、成熟的设计和惯例，以及各种能简化维修的结构措施。⑤产品应尽量设计简便而可靠的调整机构，以便于排除因磨损或漂移等原因引起的常见故障。

3. 便于维修的组装方式

1）便于手工组装的设计准则

（1）手工组装的基本程序。手工组装的基本程序是：抓取、入位、固定。拆卸程序则是组装的逆过程。手工组装设计的基本原则是便于装、拆。

（2）便于抓取的设计准则。抓取是一个获得和搬运零部件、元器件的过程。①避免零部件太大、太重，这类零部件上应有便于抓握的部位或便于提取的把手等。②避免零部件、元器件太滑、太细软、太柔顺、太小，如用手抓取有困难，则其结构应便于使用相应的工具。③当众多零件堆放在一起时，零件的结构应保证零件易于分离，而不致纠缠在一起。④零件上不应有尖刺或尖锐的棱边，以避免伤及操作者。

（3）便于入位的设计准则。①零件尽可能具有对称性结构，组装时可以不必特意辨别零件结构的方向性。②如零件结构不宜对称，应突出其不对称性，以快速辨明方向，迅速入位。③零部件上应有导向结构，如轴端和孔口倒角，在零部件上设导轨、导柱、导销、导向孔、导槽、导向板等，使待装配件迅速入位。④零部件上设定位、限位结构，如轴和孔上的台阶，具有定位、限位功能的凸台或凹坑，设置定位件、定位销、定位孔等，以便使待装配件迅速准确到位。⑤适当的配合间隙，间隙太小，装配困难；导向、定位处如间隙太大，则难以起到导向、定位作用。

（4）便于固定的设计准则。①对于需经常拆卸维护（如预防性维修）的部位，应尽量采用快卸、快锁机构固定。②对于不需经常拆卸的部位，可以采用螺纹连接固定，但螺钉数量应尽量少。

2）整机的组装结构

（1）整机的层次结构。系统应采用分层次的模块化结构。将各种元器件、零件按一定原则（按功能、结构特点或按维修需要）集装为模块，小模块再按一定原则集成为大模块，再由大模块组成整机。模块层次的多少视整机的规模而异。

（2）模块或零件的组装方式。①螺钉固定：固定牢固，应用很广，拆装费力、费时，主要用于大型件和不常拆卸件的固定。螺钉固定应具有防松结构，以保证连接可靠，应考虑防锈措施，螺钉锈蚀会给维修带来很大困难。②快锁固定：不用工具就能快速夹紧和松开，拆装省力、省时，但是其夹持能力较低，一般用于需常拆卸的零部件的固定。其安装位置应考虑避免偶然无意触碰而导致开锁的情况。③转动式连接：两个零部件间通过转轴或铰链连接。此类结构在机器工作时，通过非转轴侧的紧固装置予以固定；需要维修时，可打开紧固装置，通过相应零部件（如门、口盖等）的绕轴旋转，将维修界面展现在维修者面前，以便于维修。④移动式连接：两个零部件间可通过导轨（或滑轨）做相对移动，在维修时，将需维修的部件（或模块）拉出或取下来，以便于维修操作。修复后推入工作位置，并予以紧固。

3）定位、限位机构

（1）定位机构：使运动件快速而准确地停留在预定工作位置上的装置，这种装置有助于操作的快速准确（如多位转换开关）和维修后的准确复位。

（2）限位机构：限制活动件的活动范围，如挡块和各类限位器。

4．快锁机构

1）快锁对维修的意义和技术要求

（1）快锁机构对维修的意义。①定义：快锁机构是具有快速锁紧和快速解锁功能的一种机械结构。它是产品上用来将活动件锁紧在固定件上的可拆卸的、高效的连接机构，是具有快速锁紧与解锁、快速开启与闭合、快速连接与接插、快速夹持等功能的快速机构。②功能：快锁机构的两个基本功能就是快速锁紧与快速解锁，锁紧是机构的使用状态（常锁状态），解锁是为了开启、分离、拆卸。③应用价值：目前快锁机构被作为产品上新技术的标志之一而被广泛采用。它越来越多地取代着常规的螺纹连接。④优点：操作方便、灵活，省力、省时，便于装卸。它对维修具有特殊意义，可加快拆装速度，大幅提高维护、修理的效率，改善维修作业条件。

（2）快锁机构技术要求。①能正确实现锁紧功能，锁紧应牢靠；锁紧力适度，应能保持被锁紧物件正确的相互位置，不产生变形与位移。②结构简单、紧凑，操作简便、轻巧。③机构动作灵活，反应迅速、准确，锁紧过程及锁紧后不应损坏被锁紧件相应部位的表面。④外观美观大方，造型风格协调，在产品上布局合理。⑤操作件的形状及活动方式应符合人的生理与心理特征，符合人的操作习惯，操纵力适度。⑥在额定机械负荷及规定的振动、冲击条件下，不影响锁紧与解锁性能。⑦快锁机构应具有高的可靠性和环境适应性（寿命周期内应不产生腐蚀与锈蚀），其寿命应大于产品的寿命。

2）快锁机构的构成

快锁机构由经典的杠杆机构、四连杆机构、斜面机构、凸轮（曲线槽）机构、螺旋机构、弹性机构等组合而成。

快锁机构的结构方案和形式极其繁多，典型的快锁机构由下述 5 部分组成。①操作件：人执行锁紧及解锁功能的构件，如锁把、按键（钮）、把手、手柄、扳机等。在较复杂的快锁机构中，操作件常是一个部件。②锁紧件：执行锁紧功能的末端构件，如锁闩、锁栓、锁舌、锁钩等。在较复杂的快锁机构中，锁紧件常是一个部件。③弹力件：提供锁紧力或复位力的构件，常用的有压簧、扭簧、片簧、拉簧及弹簧钢丝等。在较复杂的快锁机构中，常设有多个弹力件。④传动件：将对锁把的操作动作转化为锁紧件相应动作的构件，如连杆、推杆、杠杆等。对较复杂的快锁机构，传动件则往往是一种传动机构部件。⑤锁体：将上述各部分组装成快锁整体，并将快锁安装于产品的构件。锁体常由几部分组成，分别安装在产品的固定件和活动件上，根据不同快锁结构有不同的名称，如锁壳、锁盒、锁座、支架等。

图 13-3（a）所示快锁机构由上述 5 部分组成，按压锁把部件上的按钮 1，通过杠杆 7 推动锁舌 6 转动而解锁；将门 3 推入，扭簧 4 控制锁舌自行锁紧。

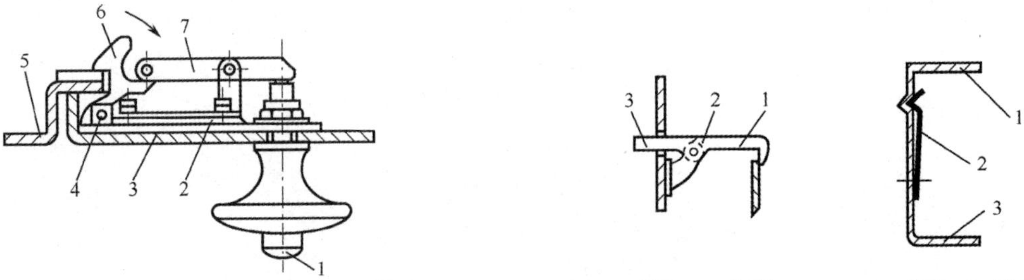

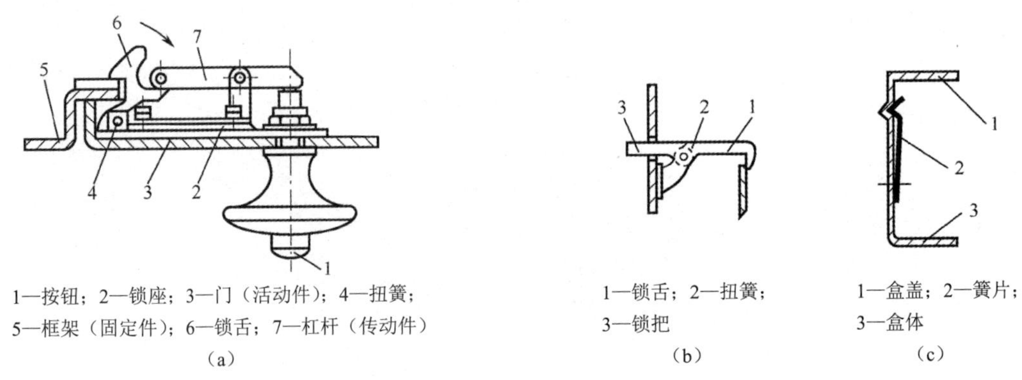

1—按钮；2—锁座；3—门（活动件）；4—扭簧；
5—框架（固定件）；6—锁舌；7—杠杆（传动件）
（a）

1—锁舌；2—扭簧；
3—锁把
（b）

1—盒盖；2—簧片；
3—盒体
（c）

图 13-3 快锁机构的构成

由于快锁机构的结构千变万化，各有不同，在实际的快锁机构中，上述 5 个组成部分的界限常常是不清晰的。①有的快锁没有传动件。②图 13-3（b）所示杠杆式快锁中，锁把 3 与锁舌 1 是一个构件。③图 13-3（c）所示快锁机构将弹性件与锁舌做成一个构件，直接由簧片 2 锁紧盒体 3 与盒盖 1，这种快锁机构实际上只有簧片这一个零件，没有锁把，盒盖即为锁把。④碰撞式快锁机构，通过待锁紧的活动件与固定件的碰撞，就能自行锁紧，它没有锁把，活动件就是锁把，是一种典型的弹性锁紧机构。此类快锁操作方便，应用面广，但锁紧牢靠度较差。⑤在形变式锁紧结构中，其锁舌与锁孔（槽）分别制作在固定件与活动件上，靠薄壁构件（工程塑料制件或钣金件）的弹性变形进行锁紧或解锁。这种快锁机构实际上没有专设的快锁构件，或者说是没有快锁零件的快锁机构。⑥在磁力锁紧、重力锁紧、摩擦力锁紧、机械性扣紧等机构中，则往往没有弹性构件。事实上，快锁机构的定义是由其具有快速锁紧与快速解锁功能界定的，至于如何实现锁紧与解锁，则没有一种固定的模式，因而也就为快锁机构的构思提供了可自由驰骋的天地。

快锁机构的类型众多，可查阅相关资料，了解快锁机构的类型、典型快锁机构示例和快锁机构的设计方法。

13.3.5 测试诊断性设计

1. 测试诊断是维修作业中的重要环节

1）测试诊断对维修的意义

一个产品或系统不可能总是工作在正常状态，使用者和维修者要掌握其“健康”状况、有无故障或何处发生了故障。为此，需对其进行监控、检查和测试。性能测试和故障诊断的难易程度直接影响产品的修复时间，产品越复杂，这种影响越明显。

（1）概念。①测试诊断是指为确定产品或系统的性能、特性、适用性或能否有效、正常地工作，以及查找故障原因及部位所采取的措施及操作过程或活动。②故障检测：发现故障存在的过程。③故障定位：一般可分为粗定位和精定位两类，前者是确定故障的大致部位和性质的过程，后者则是把故障部分确定到需进行修理范围的过程。而故障隔离一般特指后者。④故障诊断：使用硬件、软件和（或）有关文件规定的方法，确定系统或设备故障、查明其原因的技术和进行的操作。故障诊断也可认为是故障检测和故障定位（包括故障隔离）活动的总称。

（2）测试诊断对维修的重要性。①机器的测试诊断（性能测试、故障诊断）是否准确、快速、简便，对维修有重大影响。尤其是现代设备的功能多样化、结构复杂化，性能测试、故障诊断已经成为维修工作中的关键问题。特别是对于电子设备和复杂系统，运用传统手段的故障诊断时间往往占整个维修时间的 60%以上。因此，通过设计使测试诊断简便、迅速、准确，是对机器设计的重要要求。②测试诊断设计，就是在设计中，使系统具有自我故障诊断、定位、追踪的功能，提供足够的输出信息给维修人员做判断，并作为维修的依据。③在机器研制早期就应考虑测试诊断问题，包括测试方式、测试系统、测试点配置等。应把测试诊断性纳入机器研制范围，在与其他性能综合权衡的基础上，测试系统与主设备同步研制、选配、试验与评定。诊断测试性是评价系统或产品维修性的主要内容之一。

2）测试诊断设计的目标、任务和应用要求

（1）目标。测试性的直接目标是使系统具有以下 3 种功能。①性能监控能力：实时监测和显示系统运行状态，必要时告警，存储故障信息；②工作检查能力：检查系统是否可投入正常运行，有无故障，并给出相应指示，以及维修后检验等；③故障定位能力：把检测到的故障定位到规定的可更换单元上。

（2）任务。①识别固有失效和随机失效；②根据失效的功能或 LRU（现场可更换单元），确定故障的位置；③为维修提供数据，并运用维修数据。

（3）应用要求。①在系统运行之前，要进行功能和安全检查；②在系统运行期间，要进行功能监控；③对现场的维修诊断，应通过附加技术措施加以保障，以防不测事故发生。

3）测试诊断的基本方法和故障诊断的基本方式

（1）测试诊断的基本方法。①外部测试：借助测试设备，从机器外部进行测试。测试设备有人工测试设备、半自动和自动测试设备（ATE）。②内部测试：也称机内测试（Built-in Test，BIT），是指通过安装在产品内部（作为产品的一部分）的测试装置，对产品进行测试。

（2）故障诊断的基本方式。根据系统内部结构和参数特性的区别，诊断故障的基本方式有以下 4 种。①由小到大逐点寻迹：从起始电路开始，逐级逐点检测，顺序前进，直到检测到故障部位为止；②由大到小逐步收缩：检测方式与上述相反，依次收缩检测范围，到发现故障部位为止；③交叉覆盖：以两个或两个以上区域交叉检测故障，从指示故障的覆盖区域内确定故障部位；④边缘检测：适用于因元器件老化而引起参数偏移的故障检测。这种检测往往通过改变系统的直流电压和时钟频率等方法进行。

2. 测试诊断系统的构成及设计要求

1）测试诊断系统的构成

（1）测试诊断系统的组成要素。①激励的产生和输入：产生必要的激励并施加到被测试单元（Unit Under Test，UUT）上，以便得到要测量的响应信号。必要时还要模拟产品运行环境，或把 UUT 置于真实工作条件下。②测量、比较和判断：对 UUT 在激励输入作用下产生的响应信号进行观察测量，与标准值比较，并按规定准则或判据判定 UUT 的状态及何处发生了故障。③程序控制：对测试过程中每一操作步骤的实施和顺序进行控制。最简单的情况下，“程序控制器”是操作者或维修人员；复杂的程序控制器是计算机及其接口装置。

（2）测试诊断系统的构成要素。测试诊断系统由内部测试、外部测试用的硬件和软件构成，其组成可包括下述任意几项或全部的组合。①传感器：用以获得系统运行性能信息，并以电信号形式输出。②显示装置：用于指示系统及其组成部分的状态和测试结果，如指示灯、仪表、数字显示器、屏幕显示器等。③报警装置：对系统及其组成部分的故障向操作者发出告警，如声响报警、灯光报警等。④测试点：包括用于连接测试设备的内部和外部测试点、检测插座、人工检测点。⑤计算机：用于测试控制、数据处理、故障判断、状态评定等。⑥诊断程序：包括故障检测、故障定位、状态评定和置信度测试等计算机程序。⑦机内测试电路（BIT）和机外测试设备。⑧故障数据的存储和记录装置。⑨有关维修、测试诊断的规定、方法的技术文件和手册。

2）测试诊断系统的设计要求

最基本的要求就是测试诊断应准确、迅速、简便。

（1）对测试点配置的要求。①测试点的种类与数量应适应各维修级别的需要，并考虑到测试技术不断发展的要求。②测试点的布局要便于检测，并尽可能集中或分区集中，且可达性良好。其排列应有利于进行顺序的检测与诊断。③测试点的选配应尽量适应原位检测的需要。产品内部及需修复的可更换单元还应配备适当数量供修理使用的测试点。④测试点和测试基准不应设置在易损坏的部位。

（2）对测试方式和设备的要求。①应尽量采取原位（在线，实时与非实时的）检测方式。

重要部位应尽量采用性能监测（视）和故障报警装置。对危险的征兆应能自动显示、自动报警。②对复杂的设备系统，应采用机内测试（BIT）、外部自动测试设备、测试软件、人工测试等，形成高的综合诊断能力，保证能迅速、准确地判明故障部位。要注意被测单元与测试设备的接口匹配。③在机内测试、外部自动测试与人工测试之间要进行费用、效能的综合权衡，使系统的诊断能力与费用达到最优化。④测试设备应与主装备同时进行选配或研制、试验、交付使用。研制时应优先选用现行系统中适用的或通用的测试设备；必要时考虑测试技术的发展，研制新的测试设备。⑤测试设备要求体积和质量小，在各种环境条件下可靠性高、操作方便、维修简单和通用化、多功能化。

（3）故障诊断的一般要求。对于一个系统来说，故障诊断应该满足以下要求。①在各种方式和状态下均能对系统进行可靠的检测，并能指出系统在各种方式下是处于正常工作、发生故障还是性能退化的状态。②能检测显示 95%的系统故障，并能把其中 90%的故障定位到更换单元。③避免或尽少使用外部测试仪器。④故障检测和定位电路的失效率，不超过系统总失效率的 5%。⑤错误告警概率应小于 1%，错误告警包括：虚警（监控电路指示有故障，而实际上并不存在功能性故障)；故障没有被发现（发生了故障，但未显示出来)；故障识别错误（故障部位或性质显示错误）。

（4）测试性设计一般准则。测试性是指产品（系统、子系统、设备或模块）能及时准确地确定其状态（可工作、不可工作、性能下降）和隔离其内部故障的一种设计特性。也就是须在产品设计时就考虑测试要素，使产品方便测试和（或）产品本身就能完成某些测试功能。①合理划分功能单元：只要有可能，应根据结构表示物理和电气的划分。因为实际维修单元是结构分解所得的模块。②应为诊断对象配备内部和外部测试装置，并应确保 BITE（内部测试装置）性能的修复和校准。③测试过程（程序）和外部激励源对部件本身及有关设备或整个系统不产生有害效果，尤其需注意检查会否构成影响安全的潜在通路。④所有的总线系统对各种测量应都是可访向的。⑤对于通用功能，应设计和编写诊断应用软件，以便维修人员可以迅速进行检测。⑥应考虑维修中所需使用的外部设备及其测量过程，应考虑与外部设备的兼容性和配备必要的测试点。⑦诊断系统应能通过相应的测量，对产品的使用功能、设计单元的状态和输出特性做出评价。⑧测试方式的转换：每个诊断系统都不可能是完美无缺的，有时会造成对被测件（UUT）的测试不准。此时，可应用常规的、功能定位的测试方法，在可替换模块级确定故障位置，这些维修接口（测试点）也可用来检测模块的运行数据。

3）测试诊断性设计内容和要点

（1）测试诊断性设计内容。①固有测试性设计：系统硬件的测试性设计，指的是仅取决于系统或设备的硬件设计，不受测试激励数据和响应数据影响的测试性。固有测试性设计至少应包括系统硬件设计的测试性考虑和与外部测试设备的接口两个方面。②机内测试（BIT）设计：指设备的自检系统设计。为提高测试性，在系统或产品内部设计了专门的硬件和软件，对故障进行测试和定位，使系统或产品自身就可检查是否运行正常或在什么地方发生了故障。这种检查测试就是机内测试。③测试点配置设计：为测试被测单元（UUT）而设置的接口。测试点应作为产品的一部分来设计，所提供的测试点应允许进行定量测试、性能监控和调整及校准。④机外测试装置设计：包括自动测试装置的设计。

（2）测试诊断设计要点。①系统实用情况和需求分析：根据预期的测试效果、自动测试的程度，对系统的实际要求予以阐明。②系统工作的初步设计：着重分析系统的工作方式和测试环境。③系统维修初步设计：通过对维修初步设计的分析，导出测试中需考虑的维修和维修支援条件的要求。④测试诊断的目的、任务和应用的考虑：在此，应得出要考虑的基本测试功能（故障识别、故障定位和故障预测）及有关的测试水平要求。⑤适用的测试诊断方法的选择：确定各个测试功能和测试水平的相应测试方法（外部的、内部的)。⑥待测参数的表示法：确定测试诊断所使用的传感器、信号传输、数据处理、信号显示及接口的要求。⑦测试诊断的可供选择方法的分析：为了满足测试诊断任务要求，对需优先的步骤的要求进行综合比较，并要对照不同的初步设计进行评价，并由此做出最终选择。

13.3.6 标准化、模块化设计

1. 标准化对维修的意义

1）标准化对缩短维修时间、保证维修质量的意义

（1）维修的各个环节几乎都离不开标准：维修人员需了解被维修设备的质量标准、标准件标准、测试试验标准等，离开这些标准，维修将无从下手。

（2）维修的目的是要使产品保持或恢复到规定状态，标准是维修后进行调试检验、验收的依据。

（3）产品标准及其相关标准，是制定维修规程的依据。

（4）按一系列标准化原则设计的产品，有助于简化故障诊断和规范维修操作。

（5）易于同功能件的互换替代，减少维修备件的品种，消除或减少自制配件。

（6）减少维修工具的品种，有助于提高维修效率和简化维修管理。

2）有助于维修的标准化设计的一般原则

（1）优先选用标准化的产品和工具。设计时应优先选用标准化的装置、元器件、零部件和工具等产品，并尽量减少其品种、规格。

（2）提高互换性和通用化程度。①在不同的设备中最大限度地采用通用的组件、元器件、零部件，并尽量减少其品种。元器件、零部件及其附件、工具等，应尽量选用能满足或稍加改动即可满足使用要求的通用品。②设计时，必须使故障率高、容易损坏、关键性的零部件或单元，具有良好的互换性和通用性。③能安装互换的产品，应具备功能互换；能功能互换的产品，也应实现安装互换，必要时可另外采用接口装置来达到安装互换。④采用不同工厂生产的相同型号成品件，必须能实现安装互换和功能互换。⑤功能相同且对称安装的部、组、零件，应设计成可以互换的。⑥修改零部件或单元的设计时，不要任意更改安装的结构要素，破坏互换性；产品需做某些更改或改进时，要尽量做到新老产品之间能够互换使用。

2. 模块化是标准化的高级形式

模块化用来描述某种事物的构成模式（整体式结构或模块式结构）。在模块式结构中，整体可以分解（拆散）为若干具有独立功能的单元（模块），不同模块可以通过通用的接口组合成具有不同综合性能的整体（产品或系统）。其中的模块可以通用和重复使用。模块化就是研究模块结构及其组合艺术的学问。

模块化系统（产品）的构成模式可用一个简单的公式表达：新系统（产品）=通用模块（不变部分）+专用模块（变动部分）。①由于新产品是以现有模块为基础构成的，可大大缩短设计、研制周期，增强企业对市场变化和用户需求的快速应变能力；②产品虽是多品种、小批量的，但模块是通用部件，仍可取得批量生产的效率和效益；③模块的设计制造已定型，其性能和质量已经过实践的考验，可提高整机的可靠性。

标准件、通用件是在零件级进行通用互换，而模块则是在部件级甚至子系统级进行通用互换，由模块可以直接构成整机以至大的系统，从而在更高层次上实现了简化。所以说，模块化是标准化的高级形式。

3．模块化对维修的价值

在整体式产品结构中，失效的零部件或元器件是分立而离散分布的，判明故障点比较困难，在维修中往往需大拆大卸，并受工具、测试设备、操作空间等维修条件的限制，不仅修复和更换速度慢，而且易影响维修后的质量，并且对维修人员的技术和技能要求比较高。

模块是将一个单元体、组件、部件或零部件，设计成一个可以单独处理的单元，使其便于供应和安装、使用、维修。由于整机中的模块便于拆装、测试，所以模块化对维修有特别重大的意义，它使维修工作产生了革命性的变化，或者说，模块化带来了维修工作的革命。其对维修的意义如下。

（1）简化维修，缩短维修时间：从维修着眼，模块是能从整机上整个拆下的设计部件，维修是以模块为单位进行的。由于模块易于从整机中拆卸和组装，简化了维修工作，缩短了维修时间。

（2）易于测试诊断：模块间有明确的功能分割，能单独调试，且常有故障指示，出现故障后易于判断，并能迅速找到有故障模块，缩短了故障诊断、定位时间。

（3）降低对维修人员水平的要求：由于维修方式和维修条件的改善，可大大降低对维修人员的技术水平和技能的要求，并易于保证维修质量。如有备用模块，甚至设备的操作者都可及时进行快速更换。

（4）减少预防性维修工作量：由于模块易于拆卸、组装，便于日常或定期测试、维护，模块的质量和可靠性高，可大大减少预防性维修工作量。

（5）改善修复性维修条件：由于模块易于与产品剥离，许多模块可以拆下来，拿回到维修室进行维修，维修环境良好，维修工具齐全，可减少或避免现场维修；有时由于机器已装上备用模块而正常运转，对损坏模块可从容不迫地进行维修，有助于保证修复性维修的质量。

（6）有助于实施改进性维修：由于模块是“黑箱”型部件，有确定的功能和输入、输出接口，新技术模块只要功能与接口能相互兼容，就可方便地用于改造老产品。

（7）有助于售后服务（维修）：现代企业都有一支数量不小的售后服务队伍，以便让用户满意。模块化产品不仅易于测试、诊断，并且由于模块通用性强、寿命长、生产批量大，大多数备件都是新产品上还在使用的零部件，易于获得，甚至可在市场上购得，大大提高了售后服务的效率和质量。

（8）模块化设计对维修除有上述的技术性好处外，还可大大简化维修管理。

13.4　各种维修方式的设计要点

13.4.1　预防性维修设计

1．预防性维修的类型及工作内容

为防止产品性能退化或降低产品失效概率，按事前规定计划或相应技术条件的规定所采取的各项措施，又称维护或保养。它是通过对产品的系统检查、检测发现故障征兆，并采取措施以防止故障发生，使其保持规定状态所进行的全部活动。须把预防性维修工作制度化。

预防性维修的类型和工作内容如下。①常规性保养：包括监控系统运行状况，润滑、(涂油)防锈，有关液体的加注和排放，保洁和清洗等。②定期维修：指到达规定的周期即进行维修，而不管这一周期内设备发生故障和修复次数的多少。定期维修内容包括：定期检查、清洗、调整、拆修和更换（事前更换）。③按需维修：又称条件性维修，主要通过对系统的日常运行进行经常性的连续监视或通过对各种特性的测定，来发现异常现象或故障征候，在出现不合规定要求的情况下，才采取针对性的维修措施。按需维修在预防性维修中越来越受重视。④校正性维修：对作为测量基准的有关仪器、仪表，定期进行校正；对系统运行参数产生局部的永久性的改变进行调整和校正。

2. 预防性维修的作业范围及要求

1）预防性维修的作业范围

（1）观察：检查或监视。进行定期检查的目的如下：①发现故障征候；②证实冗余部分；③发现只有通过定期检查才能发现的故障（测量仪表的精度）；④发现用户忽视的那种故障；⑤查明机器的运行经历，明确责任。

（2）操作：调整、修理或更换。定期更换和修理应考虑下述事项：①加油、涂油、清理、调整；②根据定期检查结果，更换不合标准的组成部分；③事前更换：在机器发生故障前就按一定的规程进行更换，可以分为全部更换和事前个别更换。

2）预防性维修的设计原则

采用以可靠性为中心的维修分析（RCMA）方法：它是以最少的维修资源消耗保持设备固有可靠性和安全性的原则，应用逻辑决断的方法，确定设备预防性维修要求的过程。采用RCMA可以在确保可靠、安全的前提下，减少和简化预防性维修的项目和内容。在GJB1378中对此有详细说明。①对于确定的产品预防性维修工作项目，尤其是间隔期较短的工作项目，要从产品设计上或维修工具、设备方面采取措施，使其简便、迅速、经济。②预防性维修的设计因素与便于修复性设计的因素基本相同，如检查和更换作业的通道和孔口，被维修处的可达性和可操作性，故障诊断的易测试性等。

3）预防性维修的实施要求

与修复性维修不同，预防性维修的实施者，既有专业维修人员，又有使用操作人员，而由使用操作人员所实施的维护对延长机器的寿命有特别重要的意义，因而应重视对使用操作人员的有关预防性维修的培训。①使用操作人员进行的维护：包括常规性的保养和对人机界面的监控、对报警的处理等。②专业维修人员进行的维修：包括清洗、检查调整、更换和维修后的检验等。

3. 常规性保养作业范围及要求

1）一般要求

包括：①工作场所的布局应考虑常规性保养的需要，设备之间和墙壁之间应有足够的间距，以能从设备各个（相关）方向接近保养部位；②对需经常定期（如每天保洁）或不定期维修（如更换损坏的照明灯具），以及需经常调控、关系到工作环境舒适和安全的设备（如火警和瓦斯检测系统、采暖通风系统等），应易于接近；③常规性保养活动对操作人员的干扰尽可能小；④电缆敷设需隐蔽，但要易于接近，以便随时维护和修理；⑤应为常规性维修提供支持区：应在工作场所附近设置放置维修文件、维修工具和备件的储藏区（室），保洁工具存放区，以及洗手处等；⑥工作场所的布局应考虑保洁和维修工作的姿势或动作的舒适性。

2）作业范围

常规性保养的作业范围包括润滑、流体的加注和排放、保洁、设备清洗等。

13.4.2　校正性维修设计

许多设备在其使用寿命期内要求进行调整和校正（简称调校），以保证系统运行在最佳状态。

1．调校的必要性和基本要求

（1）产生调校需求的因素。①用于测量运行参数的仪器仪表需定期校正；②调整由机械磨损产生的误差；③机械平衡的调整，零位漂移的调整、校正；④机械运行参数的调整、校正，如行程、速度、精度的调整、校正；⑤电气设备运行参数的调整、校正，对可调元件，如电位计、可变电容器、可变电感器、变压器等进行调整，以校正设备运行参数；⑥报警参数点（门限值）的调整，对信号的正常瞬态变化太敏感，有轻微的瞬间偏移就发出报警，形成假报警，通过调整消除假报警；⑦系统受外界强力干扰，引起系统运行参数局部变化，需调整、校正；⑧系统局部性能减退（在允许范围内），通过调整使系统性能匹配；⑨系统某些设备或组成部分的更换或更新，引起运行参数的变化，通过调整、校正，使系统进入良性运行。

（2）系统调校性的基本要求。①应使得要求定期调校的部位最少，调校作业应尽量简化，便于操作；②调校对象应有良好的可达性；③不需要专用工具，如需专用工具，应保证能及时获得；④调校用的仪器、工具的精度应高于被调校对象的精度；⑤在调校规程设计中，应明确说明调校对象、测试点位置、调校操作要求、调校工具和仪器、调校参数的精度要求等，还应明确规定对调校档案和存储的要求，如调校前参数值、调校后参数值、调校时间、调校人员等要素，以备查考。

2．机械结构的可调校性设计

（1）一般要求。①零部件设计应尽量减少磨损，易磨损处应采用耐磨材料，并采取相应润滑措施，应减少需定期调整的支点和支撑面的数量；②应考虑采用机内自调整装置；③应能在不拆卸机壳、外罩或屏蔽结构的条件下进行调校，若必须拆卸，在复原时应不影响调整精度；④调整效果应能通过有关的仪表、量规或其他显示器容易地做出判断；⑤应避免过分灵敏的调整，以免对零部件的轻微调整（或操作时稍有变化），就会引起有关参数很大的变化。

（2）可操作性要求。①调整装置应具有适当的调整范围，但不应要求过高；各项调整应具有相对独立性，一项调整不应取决于其他的调整。在维修中调整不当不会导致设备在短时间运行中（比如 5 min 以内）损坏任何零部件。②在调校进行到后面各步骤之后，应没有必要返回重新调整和调校先前的步骤。③调校装置应设置在维修人员能观察到有关的显示器且便于操作的位置。在一个操作位置上应能对相关控制器进行调整。④应能对系统的各个单元进行分别的检查和调整。⑤易受振动和冲击影响的调校装置，应具有可靠的锁定装置，以确保装定的位置不变。锁定装置应易于锁定和解脱，锁定和解脱时，应不影响已装定的位置。⑥设置点动装置，在机器进行连续运行之前，用点动的方式使机器做短暂的试运行，对机器进行检查和调整，在确认正确无误后，再正式开机投入运行。

3．电气设备的可调校性设计

（1）一般要求。①系统应具有监控和工作检查功能，检查系统是否可投入正常运行，有无故障，并给出相应指示；②对需调校的部位应设置相应的测试点（直接测试点或间接测试点）；③调校操作结果应能在相应显示器上读出，以保证调校的准确性；④系统（及其部件）调校后，应进行检验，即进行试运行，看其是否达到预期要求。在试运行中，应保证调校误差不致造成系统新的故障。

（2）调校处的可达性要求。①相关控制器应在调校人员的一个调校位置处均可触及；②显示器应在调校人员的视野范围内，并且其显示值有足够的视认度；③如达不到上述要求，则应配备两人以上共同进行调校；④如需采用外部测试设备，调校处应有放置测试设备和相应设施（如支架、电源插座等）的空间。

13.4.3 便于战场抢修的设计

1．战场抢修的特点

在战场环境下，迅速对武器装备的损伤部位（包括战斗损伤和非战斗损伤）进行修复，恢复其使用功能。战场抢修与平时维修的区别如下。①时间紧迫：战场抢修主要是指“靠前抢修”，特别指连、营防区装备的修理。由于装备数量多、损伤严重，允许的维修时间短，成为抢修的难点。②环境恶劣，保障条件差：战场的维修环境差，维修资源消耗多、供应困难；战场环境下，维修人员心理压力大，维修中的差错增多，需有平时的严格训练才有可能完成抢修任务。③允许恢复状态的多样性：平时维修的目标是使装备恢复到规定状态，而战场抢修则是要求在最短时间恢复到基本功能，即恢复到能满足大多数任务要求、战斗应急或能够自救等某一状态。④抢修方法的灵活性：战场修理可采用一些临时性的应急快速修理方法，如粘接、捆绑、焊接、拆拼等修理手段。这些修理常常是临时性的修理。

2．抢修性设计基本原则

抢修性与维修性要求有许多共同之处，如可达性、模块化、标准化与互换性、防差错、人机工程等要求。但抢修设计更侧重于应急抢修。这些设计特征可以归纳为如下几点。

（1）容许取消或推迟预防性维修的设计措施。①如取消预防性维修工作，不应出现安全性故障后果。②推迟到什么程度，应在设计中予以考虑和说明，例如，通过设计报警器和指示器等途径，告诉操作人员在什么程度下装备仍可安全使用；对大型、复杂装备应有对损伤或故障危害的自动判断报告系统。③采用并联（或多重）结构，有利于提高可靠性和推迟预防性维修，例如，对于铰链门，从抢修角度设计，采用三个较小的铰链（而不用两个较大的铰链）来固定门，当一个铰链损坏时仍可维持使用。④对电子产品等的某些关键部分可采用冗余设计，并努力缩短系统重构时间。⑤把装备的非关键部件安装在关键部件的外部，保护关键部件不被弹片击中，保护装备的关键作战性能。

（2）便于人工替代的设计措施。①大型产品在拆卸时除使用起重设备外，在设计上还允许使用人力和绳索等，应设置起吊的系点；②自动装置失灵时，允许进行人工操作；③尽量减少专用工具，只需用起子、钳子和活动扳手等普通工具就可维修；④可修单元的质量应尽量限制在一个人就可以搬动的程度，并设置人工搬动时所需的把手；⑤配合和定位应尽可能放宽，使产品在分解结合时无须使用起吊和定位等工具。

（3）便于截断、切换或跨接。主要用于电气、电子、燃油和液压系统中。设计时应考虑战损后可以临时截断（舍弃）、切换成跨接某些通路，使局部功能能够继续下去，其特点是：①对于流程或某种运动提供允许替代的（备用的）途径；②设计附加的接线端子、电缆、管道、轴、支承物等；③对于各个线路、管道应在全长或适当位置加标志，使其能够简便而准确地追踪其流向；④设法使被截断、切换或跨接的部分能方便地与系统对接或从系统中分离出去。

（4）便于置代。置代不是互换，用本来不能通用互换的产品去替换损坏的产品，以便使装备恢复主要作战能力。例如，用较小功率的发动机代替大功率发动机工作，虽性能有所下降，但尚能应急使用和撤离。为了实现置代，设计时应考虑相关接口（机械接口、电气接口、安装接口等）的兼容性。

（5）便于临时配用。用粘接、矫正、捆绑等办法，或利用现场临时找到的物品来代替损坏的产品，使装备功能维持下去。为此，设计时应尽可能放宽配合公差、降低定位精度，以适应这种抢修方法。另外，应提供较大的安装空间，以便于手工制作与安装。

（6）便于拆拼修理。拆卸同型或不同型装备上的相同单元替换损伤的单元，设计中应考虑：①采用标准件、通用件和模块是实施拆拼修理的前提，使同一功能的零部件在同类或不同类的装备上可以互换。例如，对冲锋枪和轻机枪进行集中设计，使某些零部件可以互换，在战场上就有可能将两把坏枪修复成一把好枪，甚至将 3 把坏枪变成两把好枪。②电气、电子和流体系统参数的标准化，如电压与压力的标准化。

（7）使装备具有自修复能力。对装备上易遭损伤的关键产品，设计时应考虑使之具有自修复能力，以维持最低功能要求。例如，油箱具有损坏后的自动补漏功能，车辆轮胎具有自充气（或充填其他材料）功能。

（8）选用易修材料。如有可能，产品设计应选用修复简便，不需要或很少需要专门设备、工艺或要求严格的材料，以便于在战场上修补或矫正。

（9）使损伤的装备便于脱离战斗环境。装备损伤后，若不能现场修复，应使损伤的装备立即撤离战斗环境，以避免进一步的损伤，并尽快实施抢修。例如，使损伤的装备能自行撤离或提供拖曳等接口，由其他车辆牵引，离开战场。

13.4.4　便于在线损伤修复的设计

1. 设计特点

某些大型系统，由于其服务对象的特殊需求，对系统某环节的损伤，常常不允许系统停下来进行修复，而是在保证系统基本运行的状态下，进行修复工作。①“在线”是指在现场不脱离生产线的修复性维修。②时间紧迫：许多大型系统的局部故障会影响其他系统的工作和广大人民群众的生活，如电力系统、通信系统、自来水系统等，对它们的维修要求是“越快越好”，即修复时间越短越好。③现场抢修情况复杂、环境恶劣，尤其是野外的设施，则常会遇到严寒、酷暑、降雨等恶劣环境，并且可能需连续工作十几小时，要求维修人员有吃苦耐劳的精神和训练有素的操作技术。但它的后勤保障条件比战场抢修要好一些。

2. 设计原则

（1）现场抢修的基本步骤。①第一步：制止事故状态的扩大。例如，对于自来水或煤气管道破裂，应先关闭有关阀门，避免事态扩大。②第二步：应急处理，采用一切可行的“土办法”，如粘接、矫正、捆绑等措施，尽快使系统临时性地恢复基本功能。③第三步：按相应规范进行修理，使系统恢复规定的功能。

（2）现场抢修性设计的基本原则。现场抢修中的应急修理措施与战场抢修有共同之处，上述战场抢修的设计准则大多适用于现场抢修。

（3）恶劣环境的考虑。①现场抢修环境恶劣，常需在穿戴各种防护用具（如厚手套、厚的防护服等）的条件下进行修理，设计时应为相应修理部位留出足够的维修空间。②对恶劣维修环境可采取局部改善措施，例如，寒冷条件下的局部取暖、潮湿地面的防潮垫等。

（4）相关要素的考虑。①为迅速控制事故的状态，在设计中应考虑到可能发生事故的类型，以及为制止事故状态及其扩大所应设置的各类关停装置的数量和位置（例如，按功能设置、按距离分段设置）。②某些现场事故的状态具有一定危险性，设计中应在分析的基础上，考虑相应的防护用品的配置，如头盔、面罩、防毒面具、护耳器、防护服等防护用具，以便在保证维修人员安全的基础上迅速控制事故状态。③备件和工具的准备。应在对可能发生的故障或事故的维修分析的基础上，对所需的备件和工具做好充分的准备，只有具备充足的备件和得心应手的工具，才能提高在线损伤修复的效率，最大限度减少由故障带来的各种损失。

（5）系统不停运的考虑。①冗余配置：为系统或易出故障部件设置冗余系统，当系统的局部出现故障时，启动相应冗余设施，保证系统的正常运转，如计算机的双机系统、计算机的防停电 UPS 电源、一些绝对不允许停电行业（如医院、冶金系统）的自备发电机等；另一种办法是设置冗余接口，例如，一个企业的电能主要来源于某一变电站，也可与另一变电站连接，以保证电能供应不致中断。②为避免某工位的故障有可能导致整条流水线停运，可在故障工位处设置临时性的并联旁路工位，保持流水线的畅通。③局部隔离维修：在保证系统基本连续运行的基础上，将有故障的部分进行隔离（停止运行）维修时，应特别注意“复位”（重新启动）时的联锁控制，以免由于误操作而将隔离部分接通运行，导致对维修人员的伤害。

（6）电子设备的在线损伤修复。电子设备应采用国际标准 IEC297 所规定的模块化模式，其维修的最大特点，就是更换插件（标准化结构的印制板组件）。通过诊断测试，在故障定位、故障隔离后，如有备件，几分钟就可更换完毕。对某些必须保持通路的插件印制板，可采用一种在插件拔出的同时就立即短接的连接器（如电力二次设备中的大电流端子），即系统暂时减少某一种（由拔出的印制板插件提供的）功能，但仍保持继续运行。更换新的备用插件或将故障插件修复后再插入，使系统恢复这种功能的运行。

（7）制定维修规程。针对特定的对象系统制定维修方法规程和维修管理规程，以保证维修的有序、高效和质量。

13.4.5 非工作状态维修

1. 非工作状态维修的意义

许多产品在制造后并不立即使用，在产品使用前和两次使用之间，通常会处于一种非工作状态，包括以下几种模式：储存状态、运输状态、备用冗余、战备警戒（或备份）状态或其他非工作状态。对此类产品，设计者需考虑：①产品处于非工作状态一段时间后投入使用时，不应带有影响功能的故障。对某些军用装备，如导弹和弹药，非工作状态是一个特别值得关心的问题，因为这些装备大部分时间处于非工作状态。②非工作状态维修性设计除通用维修性设计准则所包括的内容（如可达性、简单化、安全性等）外，重点应考虑减少和便于预防性维修的设计，要求产品在非工作期间尽量免除基层级的预防性维修，达到“无维修储存”，或使预防性维修的时间间隔足够长，如 5 年以上。

2．无维修储存设计准则

为使产品在整个储存期间不需要进行检测、维修，应遵守以下准则。①电子和机械产品的元器件、零部件或分系统应 100%进行老炼（磨合）、筛选和预处理。②电子和机械产品的整机或部件应进行严格的储存和运输环境适应性试验。③产品的运输环境是相对比较恶劣的环境，应针对不同产品特点，在运输包装中采取诸如防震包装、防水包装、防潮包装、防锈包装、防霉包装设计等措施，以避免由于运输而引起产品的损伤。在产品储存期间，也应采用防护包装措施，避免直接暴露在环境中。④避免采用短储存寿命的元器件和原材料，尽量不采用在储存期间可能发生损坏性故障的元器件和材料，如电解电容、天然橡胶和矿物油等。⑤对元器件、零部件表面进行必要的防护处理，将腐蚀、老化降到最低限度。机械产品应在储存前进行防腐封存处理。⑥对电气、电子产品系统的冗余（备份）系统，应定期切换使用，以验证它是否处于正常状态（这可代替对它的检测、维修），一旦需正式使用，就可无故障地投入运行。

3．非工作状态维修的设计原则

对于较为复杂的产品，往往难以实现无维修储存的要求。如果不定期进行检测，并排除发现的故障或潜在的故障，其可靠性将较快降低。因此，需对非工作状态的产品进行定期检测、修复。除一般的维修性设计准则外，应特别注意以下各点。①产品包装应便于检测，最好能在不破坏包装的条件下检测；若必须破坏包装，则应能在检测后方便地恢复包装。②当有可能存在潮气或灰尘侵入的孔口时，供外部测试用的机上测试点的数量应尽量减少。③储存状态的薄弱件应安排在易于检修、更换的位置。④尽量使用不需进行现场调整的电路和数字产品。⑤尽量采用机内测试方案或便携式测试设备。⑥如有必要，采用冗余设计。

13.4.6　售后服务型维修

售后服务型维修常是企业售后服务部门的任务之一，是一种面向用户的维修。在一些大型企业中往往拥有一支庞大的售后服务型的维修队伍。其工作内容包括：产品的现场安装、调试（包括与相关设备的系统性联试），对用户使用的指导和培训，定期或按需的上门维护，产品故障的排除，产品功能的扩充或性能的提升等。在产品的有关技术未定型前，某些工作往往由产品设计者直接进行，定型后则由维修人员执行。

Chapter 14

第 14 章 人机系统的安全性设计

安全性设计是指通过各种设计活动来消除和控制各种危险，防止所设计的系统在研制、生产、使用和保障过程中发生导致人员伤亡和设备损坏的各种意外事故。它包括进行消除和降低危险的设计，在设计中采用安全和告警装置，以及编制专用规程和培训教材等活动。

14.1 安全性设计的基本途径

14.1.1 安全性设计要求

1．安全性设计的一般要求

系统研制的初期，在审查有关标准、规范、设计手册、安全性设计核查表及其他设计指南对设计的适用性之后，应规定安全性设计要求。安全性设计要求包括定性和定量要求。定性要求是安全性设计的基础，对某些安全性关键的系统或设备还应规定定量要求，做到定性与定量要求相结合。①通过设计（包括器材选择和代用）消除已判定的危险或减少有关的风险。②危险的物质、零部件和操作应与其他活动、区域、人员和不相容的器材相隔离。③设备的位置安排应使工作人员在操作、保养、维修、修理或调整过程中，尽量避免危险（如危险的化学药品、高压电、电磁辐射、尖锐部分等）。④尽量减少恶劣环境条件（如温度、压力、噪声、毒性、加速度、振动、冲击和有害射线等）所导致的危险。⑤系统设计时应尽量减轻事故中人员的伤害和设备的损坏；尽量减少在系统的使用和保障中，人的失误所导致的危险。⑥为把不能消除的危险所形成的风险降到最低程度，应考虑采取补偿措施，这类措施包括：联锁、冗余、故障—安全设计、系统保护、逃逸、灭火和防护服、防护设备、防护规程等。⑦采用机械隔离或屏蔽的方法，保护冗余分系统的电源、控制装置和关键零部件。⑧当不能通过设计消除危险时，应在装配、安装、使用、维护和修理说明书中给出警告和注意事项，并在危险零部件、器材、设备和设施上标出醒目的标记，以使人员、设备得到保护。⑨设计由软件控制或监测的功能，以尽可能减少危险事件或事故的发生。⑩对设计准则进行评审，找出对安全性考虑不充分或限制过多的准则，根据分析或试验数据，推荐新的设计准则。

2. 系统安全分析

系统安全分析是一种在系统研制的初期开始进行的系统性的检查、研究和分析技术，它用于检查系统或设备在每种使用模式中的工作状态，确定潜在的危险，预计这些危险对人员伤害或对设备损坏的严重性和可能性，并确定消除或减少危险的方法，以便能够在事故发生之前，消除或尽量减少事故发生的可能性，或降低事故有害影响的程度。

3. 采取安全措施的优先顺序

为了满足系统安全要求和纠正已判定的危险，应按以下优先顺序采取措施。①进行最小风险设计；②采用安全装置；③采用告警装置；④制定专用规程和进行培训。

4. 系统安全性设计步骤

系统安全性设计步骤如下。①收集和审查经验教训；②明确系统的定义；③进行危险分析；④进行危险的分类和风险评价；⑤采取消除或控制危险的措施；⑥系统组成部分的更改；⑦措施有效性评价；⑧偶然事故或差错分析；⑨安全性验证；⑩记录成文。

14.1.2　危险控制的技术原则与要求

可通过下述技术，控制危险的产生。

（1）控制能量。确定可能发生最大能量的失控释放的环节，考虑防止能量转移或转换过程失控的方法。

（2）通过设计消除危险。①选择适当的设计材料和结构，来消除某些危险；②通过容错设计，减少人的失误可能带来的危险；③通过减少对操作者涉入危险区的需求，限制人们面临危险。

（3）控制危险严重性。在完全消除危险成为不可能或不实际的情况下，可以通过控制潜在危险的严重性，使危险不致造成人员受伤或设备损坏。为控制危险的严重性，设计时应确定：①哪些危险可能存在；②每种危险的严重性等级；③应规定的最终限制，减少事故造成的后果；④自动保持这种限制的方法。

（4）采用安全防护装置。防止设计中不能充分避免或限制的危险危及人身安全。

（5）通过使用的信息，将遗留风险通知和警告使用者。

14.1.3　距离、方位控制和隔离

1. 距离

使作业的人员（包括其活动范围）与危险源隔开足够的距离（安全距离见 11.3 节），使危险源不致危及作业人员的健康和安全。这些危险源包括运动部件和飞射物、电源和热源、爆炸和毒气、辐射源、化学侵蚀源等。

2. 方位

使危险作业的位置避开潜在的危害方向，或者采取措施改变潜在的危险方向。

3．隔离

隔离是采用物理分离、护板和栅栏等，将已确定的危险同人员和设备隔开，以防止危险或将危险降到最低水平，并控制危险的影响。这种方法是最常用的安全性措施。

隔离可用于分离接触在一起会导致危险的不相容器材。例如，着火需要燃料、氧化剂和火源 3 个要素同时存在，如果将这些要素中的一个与其他隔离，则可消除着火的可能性。隔离也可用于控制失控能量释放的影响。隔离还用于防止放射源等有害物质等对人体的伤害。

护板、栅栏和外壳常用于隔离以下等危险的工业设备。①各种旋转部件、热表面和电气设备等，常用护板和外壳防止人员接触到危险；②将高压部件和电路安装在保护罩、屏蔽室或栅栏中；③在热源和可能因热产生有害影响的材料或部件之间采用隔热层；④电连接器的封装可避免潮气和腐蚀性物质的有害影响；⑤使用止动器来限制机械装置运动到对人员或装备有危险的区域；⑥采用护板和外罩以防止外来物卡住关键的操纵面，堵塞小孔或活门；⑦在激光器、X 射线设备和核装置上采用防辐射罩以抑制有害射线的射出；⑧采用带锁的门、盖板来限制接近运行的机械或高压配电设备。

14.1.4 闭锁、锁定和联锁

闭锁、锁定和联锁是一些最常用的安全性设计措施。其功能是防止不相容事件接连在不正确的时间或以错误的顺序发生。

1．闭锁和锁定

闭锁是防止某事件发生或防止人、物等进入危险区域；反之，锁定是保持某事件或状态，或避免人、物等脱离安全的限制区域。例如，将开关锁在开路位置，防止电路接通是闭锁；类似地将开关锁在闭路位置，防止电路被切断称为锁定。例如，①螺母和螺栓上的熔断器和其他锁定装置：防止振动使紧固件松动；②电气开关闭锁杆：防止电路误接通；③电源开关锁定装置：防止重要设备（如安全排气扇、警告灯、应急灯和障碍灯等）断电。

2．联锁

联锁是最常用的安全措施之一，特别是电气设备经常采用联锁装置。在下述情况下常采用联锁安全措施。①在意外情况下，联锁可大大降低某事件 B 意外出现的可能性。它要求操作人员在执行事件 B 之前要先完成一个有意的动作 A。例如，在扳动某个关键性的开关之前，操作人员必须首先找到保护开关的外罩，并将其打开。②在某种危险状态下，为确保操作人员的安全，采用联锁装置。例如，在高压设备舱的检查舱门上设置联锁装置，打开舱门时联锁装置切断电路。③在预定事件发生前，按操作顺序执行是重要的或必要的，而且错误的顺序将导致事故发生，则要求采用联锁装置。例如，在启动会发热的系统之前，必须先接通冷却装置。

3．联锁的形式

联锁有多种形式，一种联锁装置的设计可采用不同的原理及工作方式。例如，将前面板或设备柜打开或卸下进行修理时，使危险的电气设备不工作的联锁装置，可以是一个限制开关、一个解扣装置或一个钥匙联锁器。下述示例中的许多安全装置，都具有在安全装置被旁路时，使设备不工作的联锁，其他联锁装置的作用是防止一个组件或系统意外地进入不安全状态。

（1）限制开关（包括快动开关、触动开关、接近开关）。可用于联锁，在某些情况下，限制开关是电路的一部分，本身可断开或闭合电路；在另一些情况下，限制开关发出一个信号（或无信号）可断开或闭合继电器，继电器进而断开或闭合电源电路。

（2）解扣装置。其动作释放一个机械挡块或启动装置，以启动或停止运动。

（3）钥匙开关。在机械锁中插入并转动钥匙便可动作。

（4）信号编码。发射机发出特殊编码的脉冲序列必须与适当的接收机中的脉冲序列相匹配，当这些序列匹配时，接收机便开始或允许工作。

（5）运动联锁。被保护的机构运动时，可防止防护罩或其他通道被打开。

（6）参数敏感。当压力、温度、流量或其他参数出现、消失、过高或过低时，便允许或停止动作。

（7）位置联锁。当两个或多个部件未对准时将防止进一步动作。

（8）双手控制。要求操作人员双手同时动作，有时还要求在一定时间内双手动作。

（9）顺序控制。必须按正确顺序进行活动，否则不能工作。

（10）定时器和延时。设备仅在规定的时间后才能工作。

（11）通路分离。拆除一个电路或一条机械通路就不能工作。

（12）光电装置。光电管上光的中断或出现，将产生一个中止或启动动作的信号。

（13）磁或电磁敏感。磁性材料中磁场的出现，将中止或启动设备的工作。

（14）无线电频率感应。各种导电材料（特别是钢或铝）受感应时，使设备工作。

（15）超声装置。当材料移到控制区时，感应到微控材料的出现，并使某些电路动作。

（16）水银开关。水银和触点密封在开关内，水银提供了两个金属触点间的电流通路，当开关倾斜时，水银就流出一个触点，使电流通路中断。

14.1.5　故障—安全设计

故障—安全设计是确保故障不会影响系统安全，或使系统处于不会伤害人员或损坏设备的工作状态。在大多数的应用中，这种设计在系统发生故障时便停止工作。

（1）故障—安全设计的基本原则。①保护人员安全；②保护环境，避免引起爆炸或火灾之类的灾难事件；③防止设备损坏；④防止降低性能使用或丧失功能。

（2）故障—安全设计包括以下 3 类。①故障—安全消极设计（也称故障—消极设计）。当系统发生故障时使系统停止工作，并且将其能量降到最低。系统在采取纠正措施前不工作，而且不会由于不工作而产生更大的危险。用于电路和设备保护的断路器或熔断器属于故障—消极装置。当系统达到危险状态或出现短路时，断路器或熔断器断开，于是系统断电，处于安全状态。②故障—安全积极设计（也称故障—积极设计）。在采取纠正措施或启动备用系统之前，使系统保持接通并处于安全状态，采用备用冗余设计通常是故障积极设计的组成部分。③故障—安全工作设计（也称故障—工作设计）。这种设计能使系统在采取纠正措施前继续安全工作，这是故障—安全设计中最可取的类型。

14.1.6　设置薄弱环节

薄弱环节指的是系统中容易出现故障的部分（设备、部件或零件）。它将在系统的其他部分出现故障并造成严重的设备损坏或人员伤亡之前发生故障。设计师和系统安全技术人员可利用薄弱环节来限制故障、偶然事件或事故所造成的损伤。

常用的薄弱环节如下。①电薄弱环节。在电路中采用的熔断器是最常用的电薄弱环节，它用于防止持续过载而引起的火灾或其他损坏，但熔断器不能防护电击。②热薄弱环节。易熔塞是常见的一种热薄弱环节，用于安全保险。③机械薄弱环节。靠压力起作用的安全隔膜是最常用的机械薄弱环节。④结构薄弱环节。结构设计中某些低强度的元件就是结构薄弱环节。它设计成在某个特定的点或沿着某个特定的线路破坏，如主动联轴节中的剪切销。

当薄弱环节发生故障后，只有等到更换了薄弱环节后，设备才可以再次工作。为克服这一缺点已发展了无损的安全装置，自动保护开关（或断路器）和热敏开关就是这类无损安全装置。前者用于各种电气线路中，可多次重复使用，并能自动切断过电流的电路；后者是一种可重复使用的热保护装置。薄弱环节可与无损的安全装置联用，但它仅作为辅助的和最后的安全措施。例如，压力容器的减压阀用于控制暂时的少量超压；若减压阀故障，则薄弱环节（隔膜）可用于防止容器的高压破裂。

14.2 损伤防止设计

进行安全性设计时应全面顾及使用、存储、运输和维修的安全。①使设施在故障状态或分解状态下进行维修是安全的。②在可能发生危险的部位应提供醒目的标记、警告灯或声响警告等辅助预防手段。③在严重危及安全的部分应采取自动防护措施。不要将损坏后容易发生严重后果的部分布局在易被损坏的（如外表）位置。④凡与安装、操作、维修安全有关的地方，都应在技术文件资料中提出注意事项。⑤对于盛装高压流体、弹簧、带有高电压等储有很大能量，且维修时需要拆卸的装置，应设有备用释放能量的结构和安全可靠的拆装设备、工具，保证拆装安全。

14.2.1 防机械和电气损伤

1. 防机械损伤

设计时应考虑以下几点。①运行部件应有防护遮盖。对通向转动、摆动机件的通道口、盖板或机壳，应采取安全措施，并做出警告标记。②工作和维修时肢体必须通过的工作舱口的开口或护盖等的边缘，都必须制成圆角或覆盖橡胶、纤维等防护物，舱口应有足够的宽度，便于人员进出或工作，以防损伤。③需要移动的重物，应有合适的提把或类似的装置；需要挪动但并不完全卸下的机件，挪动后应处于安全稳定的位置；铰接在设备壳体的护罩或盖板，在其打开位置上应有固定装置（如设置支撑杆），以防发生偶然关闭事故而伤人。

2. 防电气损伤

设计时应考虑以下几点。①设备各部分的布局应能防止作业人员接近高压电。带有危险电压的电气系统的机壳、暴露部分应接地。人不应接触 36V 以上的电压。接地回路的阻抗应小于 0.25Ω。②对于高压电路（包括阴极射线管能接触到的表面）与电容器，断电后 2s 以内电压不能降到 36V 以下者，均应提供放电装置。③为防止超载过热而损坏器材或危及人员安全，电源总电路和支电路应设置保险装置。④对于复杂的电气系统，应在便于操作的位置上设置紧急情况下的断电、放电装置。⑤生产活动中，在物料、装置、人体、工具和工作场地产生和积累起来的电荷集团，往往可产生上万伏的电压，静电放电可能造成引信和电气、电子元件损坏，甚至引起火灾或爆炸，使系统产生危险，须对室内环境和设备进行防静电设计。应采取静电消散措施，在维修电子设备时应佩戴防静电腕带。⑥对电气电子设备、器材产生的可能危害人员与设备的电磁辐射，应采取防护措施，防护值应达到有关安全标准的规定。

14.2.2　防火、防爆、防毒及防辐射

设计时应考虑以下几点。①使作业人员不会接近高温、有毒性的物质和化学制剂、放射性物质，以及处于其他有害的环境。否则，应设置防护与报警装置。②对系统中易着火的部位应采用防火或耐火材料，并应安装有效的报警器和灭火设备。③对于对热、电磁波、辐射、机械冲击、电流、静电、电火花、电弧或其他点火方式敏感的爆炸物，应采取有效的防护措施。④装有毒性材料的容器应有告警标志，毒性气体应加入添加剂，使之具有嗅觉告警功能。⑤辐射包括电离辐射（如 X 射线、γ 射线等）和非电离辐射（如红外辐射、电磁辐射等），当其可能危害人员与设备时，应采取防护措施，防护值应达到有关安全标准的规定。应设置报警装置，在标牌上标明辐射类型的特性，以便能正确地选用防护眼镜、防护服和其他防护装置。

14.2.3　防其他各类损伤

1．防热损伤

人员或设备所受的热特性（包括热和冷）的影响应是可接受的，如果达不到，则在设备和人员之间应设置隔热层或热辐射屏蔽。如果上述措施还不够，就要准备防护服装（带隔热层和防辐射层的服装）。

2．防压力系统（液压及气压系统）损伤

设计时应考虑以下几点。①需要由操作人员操作的压力系统设计的最低安全系数（材料的极限强度与许用应力之比）不得小于 4.0。②压力系统的管路、导管、接头和阀等其他部件的最低可接受的安全系数（设计爆破压力与最大预期工作压力之比）为 4.0。③流体系统中应装有过滤器，以防止堵塞、发生故障或其他有害影响。④流体系统应设置减压阀、排泄口或安全隔膜等过压保护装置。⑤对于可能导致事故发生的关键液压系统，应在显著位置设置警告灯。

3．防振动损伤

振动危险包括影响人员安全的振动危险和使设备产生故障的振动危险。为防止振动损伤，应考虑以下几点。①如果振动环境超过了规定的水平，应给操作人员的座椅加装带有阻尼的减振安装架。②如果操作人员必须长时间（每次超过几分钟）握住有振动的控制器，应给控制器加装泡沫塑料之类的隔振层以消除振动。③机械设备的质量分布不构成悬臂梁，以免发生自由振动。④流体管道应牢固地支撑和紧固，避免运行时产生振动。⑤安全关键部件的螺栓及其紧固件应采取防松措施，保证在振动环境下不松动。

4．防加速度和冲击损伤

设计时应考虑以下几点。①明确定义可预见到的有关部件的加速过程，以及操作人员和非操作人员可能承受的冲击情况。②操作人员与设备某部分可能相撞的部位，应考虑填塞衬垫以减少危险。③应使用防护罩、限动带或其他的操作人员限动吊带装置，使操作人员的身体和携带物在可预见的情况下与危险区域隔开。

5．防噪声损伤

设计时应考虑以下几点。①使产生的振动噪声保持在可接受的极限值之内。②如果预期噪声不可避免地会超过允许的水平，则应设计隔音罩、隔音壁和隔音垫来控制将传到操作人员那里的噪声。③如果不可能使噪声降到可接受的水平，则应给操作人员配备听力保护装置。

14.3 防护装置的设计和选用

通过设计不能适当地避免或充分限制的危险，应采用安全防护装置对人们（尤其是维修人员）加以防护。有些安全防护装置可以用于避免面临多种危险。

14.3.1 机器正常运转时不需要和需要进入危险区的场合

1．机器正常运转时不需要进入危险区的场合

这种场合下安全防护装置的选择如下。①固定式防护装置：保持在应有位置（即关闭）的防护装置，包括送料和取料装置、辅助工作台、适当高度的栅栏、通道防护装置等。防护装置的开口尺寸应符合有关安全距离标准的要求。固定式防护装置比较简单，应首先考虑使用。②联锁防护装置：与联锁装置联用的防护装置（另一种是带防护锁的联锁防护装置，其特点是具有防护锁紧装置），要求在防护装置关闭前，被其“抑制”的危险机器功能不能执行；当有危险的机器功能在执行时，如果防护装置被打开，就给出停机指令；当防护装置关闭时，被其“抑制”的危险的机器功能可以执行，但防护装置关闭的自身不能启动它们的运行。③自动关闭防护装置。④自动停机装置：当人或其身体的某一部分超越安全限度时，使机器或其零部件停止运动（或保持别的安全状态）的装置。它可以是机械驱动的（如触发键、可伸缩探头、压解装置等），也可以是非机械驱动的（如光电装置、电容装置、超声装置等）。

2．机器正常运转时需要进入危险区的场合

当需要进入危险区的频次增加，需经常打开固定防护装置会带来不便时，安全防护装置应在以下形式中选用。①联锁防护装置。②自动停机装置。③可调防护装置：整个装置可调或带有可调部分的固定式或活动式防护装置。在特定操作期间调整件保持固定。④自动关闭防护装置。⑤双手操纵装置：至少需要两个手动操作器同时动作才能启动，并保持机器或其元件运转的止一动操纵装置。在选用这种装置时应注意，它只能对人操作操纵装置起防护作用，对危险区附近的其他危险不能防护。⑥可控防护装置：具有自动控制的联锁装置（有或无防护锁）的防护装置。由此，在防护装置关闭前，其被“抑制”的危险机器功能不能执行；关闭防护装置，

危险的机器动作开始运行。

14.3.2　机器常规性维护时需要进入危险区的场合

这种场合下防护装置的选用如下。①应使所提供的安全防护装置能保证生产操作者的安全，也能保证负责设定、示教等人员的安全，而不妨碍他们执行任务。②当不能做到上述要求时（如当机器还可能运转时就需要移开固定防护装置），对机器应尽可能提供减小风险的措施，并采用适当的手动控制。③当执行不需要机器与其动力源保持联系的任务（尤其是维护和修理任务）时，应将机器与动力源断开，并将残存的能量泄放，以保证最高程度的安全。

14.3.3　对防护装置的要求

1．对防护装置的基本要求

防护装置应满足：①结构坚固耐用；②其位置离危险区应有足够的距离，对生产过程的视线障碍最小；③不容易产生旁路或变得无法操作；④可防止随意进入被防护装置包围的空间；⑤容纳或接收可能由机器抛出、掉下或发射出的材料、工件、切屑、液体、放射物、灰尘、烟雾、气体、噪声等；⑥应能对电、温度、火、爆炸物、振动等具有特别防护作用。

2．对固定防护装置的要求

固定方式分为：①永久固定（通过焊接等）；②借助紧固件（螺钉、螺栓、螺母等）固定，不用工具就不能使其移动或打开，可能时，没有紧固件它们应不能保持关闭。

3．对活动防护装置的要求

防止由移动活动件产生危险的活动防护装置应符合以下要求。①打开时尽可能与机器保持相对固定（一般通过铰链或导轨连接）；②有和没有防护锁的联锁防护装置用于防止运动件只要可能被触及就启动，并且只要联锁防护装置没有关闭就给出停机指令。

4．对防止运动件危险的防护装置的要求

防止由其他运动件产生危险的防护装置应按以下要求设计，并应与机器的操纵系统相联系。①运动件位于操作者可达范围时，它们不能启动；一旦它们启动，操作者不会触及运动件。这可通过采用有或没有防护锁的联锁装置来达到。②它们只有通过有意识的动作（如使用工具、钥匙等）才能调整。③当它们缺少一个零件或一个零件出现故障时，仍可防止运动件的启动或停止运动，这可以通过自动监控达到。④通过适当措施，防止抛出危险。

5．对可调防护装置的要求

危险区不能完全封闭的地方，对采用的可调防护装置的要求如下。①根据所涉及的工作类型，可采用手动或自动调整；②不使用工具就很容易调整；③尽可能减小抛出风险。

6．对可控防护装置的要求

可控防护装置只能用于：①当防护装置关闭，操作者或其身体的某一部分不能停留在危险

区或危险区与防护装置之间时；②当打开防护装置或联锁防护装置是进入危险区的唯一途径时；③当与可控防护装置联用的联锁装置有可能达到最高可靠性（因为其失效可能导致不可预料的或意外的启动）时。

14.3.4 个人用防护装置

个人用防护装置（也称人员防护用品）向使用人员提供一个有限的可控环境，将使用人员与危险的有害影响隔离开。人员防护用品由穿或戴在身上的外套或器械组成，从简单的耳塞到防护服等。①人员防护用品主要用于在危险区域进行各种操作，特别是在应急情况下，为了尽量减少危险的发生和伤害与损坏，人员防护用品的设计应简单且穿戴迅速，并不会过度限制使用人员的灵活性和能见度，本身的可靠性高，不会产生危险。②能量缓冲装置是一种防护用品，它可以保护人员、器材和灵敏设备免受冲击的影响，如安全带、缓冲衬垫等。

人员防护用品的设计和试验应确保最大限度地满足下列要求。①在储存或在所防护的环境中不会迅速退化；②不会因正常移动中的弯曲、极限温度、阳光照射或其他有害环境而变脆、开裂；③易于清洗和净化；④为防毒或防腐蚀性液体、气体而设计的服装应是密封的；⑤用于防火的外套应是不可燃的或可自动熄火的；⑥储存应急防护用品的设施，应尽可能地靠近应用场所，储存点在应急情况下应易于达到、易于取出，并有便于识别的标志；⑦应有简单、清晰的说明书，以说明防护用品的装配、测试和维修的正确方法。

14.4 报警系统

在生产过程中，由于各种原因，机器设备常会发生故障，由此可进而引发对人或机器的安全事故。故障可由生产系统的内部因素引起，例如，物流系统的质量及供应状况，机器质量不好或部件老化而出现的故障等，故障也可由外部因素引起，例如，不良的或突变的环境条件，误操作或管理不善导致系统失调等。在现代化工业生产中，为保证系统的安全，对系统各部分的运行状况，均有自动监视和报警设施及紧急控制系统，以阻止不良事态的发展。

14.4.1 报警系统及其技术要求

1. 报警系统的构成及功能

对系统各部分的运行状况进行自动监视，并通过报警器（视觉和听觉显示器），向工作人员通告系统和设备出现故障，或系统和设备运行工况的变化超出允许范围，要求操作员采取行动，予以纠正。

1）报警系统的构成

在一些复杂系统（如控制中心）中，报警已不是一些孤立的要素，而是构成一个报警系统，并作为一个相对独立的实体，而成为整个监控系统的一个重要组成部分。如图 14-1 所示，它由 3 个子系统构成：①音响报警系统；②视觉报警系统：图中所示为光字牌组；③操作员响应系统：也即报警控制系统。

2）工业控制系统中的报警系统

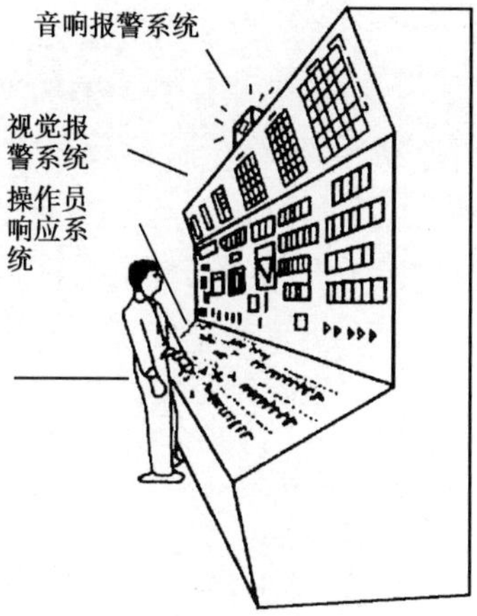

图 14-1　报警系统构成

工业控制系统中的报警系统通过音响报警系统和视觉报警系统显示工厂运行中的异常和故障状态；通过操作员响应系统，对相关参数进行调整，排除故障，使系统恢复正常运行状态，如图 14-1 所示。

（1）报警的功能。告诫作业人员，工厂出现不希望或不安全的工况，这些工况包括：①以超过物理参数阈值（如过程超出允许极限）或工厂异常状态表示的故障；②操作员未觉察的事故而产生的自动动作；③动作未实现或未完全实现；④工厂指令状态与工厂的真实情况不符。

（2）报警信号的类型。报警信号根据其紧急程度可分为以下几种。①预警信号。标示有故障的可能性和先兆。当机器处于“超常运行”状态时，应引起注意，并根据情况由操作员做出适当调整。②告警信号。标示故障即将或开始发生。对于机器，要求操作员立刻做出反应，采取干预措施，予以控制或消除。③紧急信号。标示故障已开始出现或正在发生，可能对系统或机器造成损害或危及人身安全。应立即采取果断措施，中断系统或有关设备的运行，如果涉及人身安全，还应命令人员离开危险区。由于对紧急信号的处理已不可能保证系统或设备的连续、正确运行，因而这已不属于容错范围。

2．报警信号要求

对报警信号的基本要求为：①在危险事件出现前发出；②含义确切；③能被明确地觉察到；④容易被使用者识别。

在复杂系统（尤其是控制室）中经常出现大量的报警信号，而且很可能有大批报警信号同时进来，应运用某种逻辑优先次序，以使操作员把重要的或严重的报警信号与不太重要的报警信号区分开来。应对不同优先级进行编码。下面是 3 级优先报警的例子。①第一优先级报警：系统停止运行；系统工况偏离规定值，如不立即纠正，将导致系统自动（或要求手动）停止运行。②第二优先级报警：违反技术规范，若不纠正，将要求系统停运；系统工况偏离规定值，若不纠正，可能导致系统停运。③第三优先级报警：系统出现问题（如系统性能降级），影响系统运行性能，并将导致系统停运或违反技术规范。

表 14-1 给出了 4 种报警源排序的判据和报警特点。

表 14-1　报警源排序的判据和报警特点

优先权分类	判　据	报 警 特 点
告警	要求立即进行调整性操作的工厂状态，以防止人员伤害、设备损坏、运行故障	高注意力获得的听觉/视觉报警代码，对现有信息迅速采取行动
预警	要求立即识别的工厂状态，并且可能需要后续操作	高注意力获得的听觉/视觉报警代码，直接注意显示信息
劝告	反映自动控制系统运转状态，要求识别前后关系；如果工厂状态改变为预警和告警，可能需要采取行动	中等注意力获得的视觉报警代码，要求注意显示信息的后续情况
信息	可能影响显示信息判读或以有效的校正操作进行约束的工厂状态，但是它不要求迅速操作	低注意力获得的视觉报警代码，把注意力引向显示信息

3．报警显示的要求

在报警屏幕显示器上的报警显示应满足以下要求。①报警必须显示在控制室中操作员执行纠正动作的部位上。②任何新出现的报警必须启动音响装置，并使报警指示器上的灯光或屏幕显示器上的标记闪动。③操作员确认某一报警后，可以手动停止报警指示灯的闪动。④音响和报警指示灯的闪动停止后，仍必须有报警显示，以保证报警不被忘记。⑤当引起报警的原因消除之后，报警显示必须手动或自动地恢复到正常状态。⑥在电力系统中广泛采用光字牌（一种带说明文字的矩形灯光指示器）作为视觉报警显示器。对光字牌的要求详见参考文献[1]。

4．报警系统的技术要求

1）报警系统的功能要求

控制室报警必须提供监视工厂或系统偏离正常运行工况所需的全部信息。报警系统必须具有以下功能。①显示报警信息。使操作员了解事故发展状态，又不因信息过多使操作员负担过重。②使操作员能删去无关的信息，又保证有关的和重要的信息以操作员易懂的方式显示出来。③使操作员能区分两种不同性质的报警。一是操作员做出纠正操作但尚未结束的报警；二是没有维修工作的介入不可能消除的报警。④处理功能。向操作员提供异常工况最有代表性的信息。⑤显示功能。使得操作员易于辨别某个报警及其严重性。

2）报警系统需考虑的技术措施

为保证报警系统正常运行，需考虑下述问题。①为了向操作员说明报警的可能原因和所需的纠正动作，必须为每个报警提供一份规程性文件，如报警卡或相应操作规程。②整定值的确定应考虑使操作员具有适当的时间，在发展成为系统的严重问题之前，对告诫的工况做出反应。不应频繁地出现报警，以免使操作员感到厌烦。③当在一个控制室操作某一公用设备时，所有可控制这台设备的其他控制室都有其状态显示信号。④报警消除装置。已经消除的报警应引发一个特定的声频信号（并持续一定时间），并触动光字牌（视觉信号），以确认报警的清除。确认报警清除的视觉信号应具有下述特征：特殊的闪光频率（正常闪光的两倍或1/2，以便区别）；减小亮度；显示不同的颜色。

在下列情形下，必须考虑具体技术措施：①报警要求迅速动作；②性质不同的信息也可向操作员发出报警，如监督移动的模拟信息；③报警来自自动系统的监视部分。

建立操作员支持系统。为提高工厂及系统的安全性、可用性和可操作性，应通过计算机提供各种操作员支持功能。①安全参数显示与监视功能；②提示和阐明报警信号及其特殊组合的含义及其重要性；③工厂各层次故障的诊断功能；④基于征兆与基于事件的操作指导功能；⑤运行时的自动测试功能。

5．报警处理

（1）报警处理功能。为了给出每个事件的最具代表性的报警，报警处理应完成下列功能。①如果逻辑数据仅代表某些状态下的故障，那么必须只在这些状态下才报警；②必须显示报警的被抑制和被旁通的状态；③确认后的报警状态，在请求后必须是可利用的；④如果某个事件有规则地导致一系列伴随故障，而伴随故障是该事件的结果，若有可能，应只发出主事件的报警；⑤如果某个事态的发展，导致通报该事态发展的信息接连出现，则重要性较高的信息应抑制重要性较低的信息。

（2）注意事项。①为了事后分析的目的，所有对安全重要的报警必须记录或打印，在引起重大暂态过程的某个事件发生的时刻，尽可能只通告起始事件或自动动作期间各种失灵的报警；②必须使操作员能够区分下述两种报警：其纠正操作没有结束的报警和没有维修工作介入不可能消除的报警；③报警应按照事故的重要性或操作员不干预对工厂的影响及对操作员操作的需要来分类。

6．报警系统设计中易出现的问题

报警系统的效能是至关重要的。审视现有控制室中报警系统的设计，常常存在许多不符合人机工程准则的现象，这是影响工厂安全运行的潜在因素。

（1）人员负荷过重。对于一个复杂系统的控制室，有数量众多的报警信号，有的甚至超出 1000 个，在主系统事件期间，大量的报警信号平行地被触发，使操作员无所适从或抓不住主要矛盾，以致延长了判断和决策时间，甚至会做出错误的判断。信号面板充当了一个信息宿主的杂物箱的角色，而没有区分主次。

（2）不适当的信号设计。报警信号与有关信号未按功能编组或编组不当，使用的缩略语不规范、不一致，字符格式不标准化，字符偏小，导致认读性降低，造成对任务执行的混乱和延误。

（3）报警指示不规范、不统一。①音响报警响度不一致，以致一种报警掩盖了对另一种报警的注意；报警声音强度过大，干扰控制室工作人员的语言通信。②报警灯（光字牌）的亮度、闪光频率和操作程序不一致导致误判和误操作。

（4）不适当的控制器的位置和编码。用于报警系统的控制器位置不当，未采用不同的编码，致使延误操作时机，甚至形成误操作。

（5）令人讨厌的假报警。报警点的设定，对信号的正常瞬态变化太敏感，以致轻微的瞬间偏移就发出报警；另外，维护或校准操作，甚至正常运行也会出现报警。假报警的消极作用在于：①会产生“虚假报警”，导致对系统信任的缺乏；②对确实存在的报警采取不在意的态度；③操作者在没有核对信号面板的情况下，就进行了对报警的抑制或确认操作。

7．报警系统设计程序

报警及信号系统设计过程框图如图 14-2 所示。根据企业过程系统和自动控制系统的功能和作业人员的任务特点，依次选择报警源及排序；确定逻辑方法；确定操作程序；确定显示器和相关的媒介等。

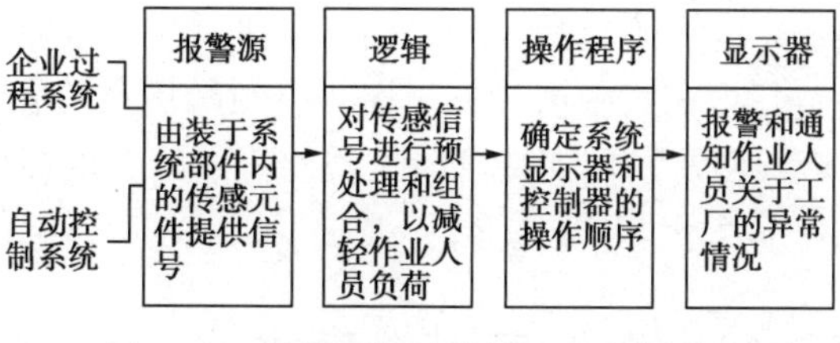

图 14-2　报警及信号系统设计过程框图

1）选择报警源及排序

报警源是来自装在系统部件中的传感元件的信号，这些信号用以发现事件的出现，并且其后果能够通过人的活动而减轻。人同时处理来自各种报警源的信息的能力是有限的，因此竞争控制室作业人员注意力的报警和呈现信息的总数应是最少的。一般不相关的报警应不多于 5～9

个。应制定和应用报警源规范。

一个潜在报警源应要求操作者做出操纵，以消除异常状态。①根据人机功能分配和作业分析结果，确定作业人员为满足工厂安全和生产效率所需的监控功能；②确定那些与工厂异常状态有关的信息要求；③确定传感元件可提供的测量参数；④评估作业人员处理信息的能力。

报警源排序。在辨别工厂的各种异常状态时，对选定的报警源应根据其后果的严重性进行排序，制定3～4个优先权等级规范（见表14-1）。

最后把报警源选择、判定和相应的使用写成文件，可为以后的工作提供一个参考框架，以保证设计的一致性。

2）确定逻辑方法

报警源选定和排序后，考虑如何在报警信息显示之前，处理或组合传感信号，以减轻作业人员的工作负荷。处理报警信息的基本逻辑方法可表示为系统异常、部件异常或参数异常。在考虑系统、部件或参数异常逻辑优缺点的基础上，把3种方法有效地结合应用于报警和信号系统设计中。

3）确定操作程序

操作程序用于确定报警显示与相应控制操作的相互关系。例如，一种典型报警的操作顺序为：以一个伴有快速闪光信号的音响报警开始，提醒作业人员，存在一个工厂异常状态，并将注意力吸引到相关显示信息。操作员操纵适当的“操作程序控制器”（见图14-3），认可听到的报警和识别的信息（然后由闪光变为一个稳定光）。当不正常的参数返回设定值范围内（清除），则转为快速闪光，并且发出一个谐音。当操纵复位控制器后，闪光和谐音都消失。操作程序的设计应能反映工厂状态出现的重大变化。

操作程序设计步骤如下。首先检查和评估通用操作程序的主要特征；然后制定其他可用的设计选项；最后确定操作程序。应考虑有关操作员对报警响应的处理策略、操作员响应的排序、控制室和面板的布局，确保信息有效传递及避免不必要的显示和操作等。

4）确定显示器和相关的媒介

典型的报警是听觉和（或）视觉显示，它提醒作业人员关于工厂状态的改变。

（1）对一个有效报警的基本要求。不管作业人员可能正在做什么，都能充分吸引他们的注意力；保持足够长的时间，以理解报警的状态。

（2）确定显示器的步骤。①适当选用具有提醒作用、便于识别的听觉和视觉报警技术；②考虑使用听觉代码传递信息；③确定是否应采用光字牌或屏幕显示器，作为呈现工厂异常状态信息的主要方法；④确定是否在某些情况下采用具有熟知优点的固定的语音信息；⑤考虑需要的报警打印机和报警响应程序，以便支持诊断呈现的或回应的报警状态。

参考文献[1]中，给出了各个步骤的详细设计要求。

14.4.2 报警控制系统——操作员响应系统

1. 系统一般特征

当一个报警出现时，操作员识别和回应异常状态，并按操作程序操纵控制器，直至系统恢复正常。用于操作员响应系统的控制器有消音、认可、复位和试验4种。①消音。当某一内容的报警被确认后，应及时撤销该音响报警信号，以便继续接收新的音响报警信号。②认可。终止光字牌的闪光，并使其继续稳定地亮着，一直到报警消除。③复位。如果没有自动撤除报警的设施，应设置一个控制器，以便在报警状态撤除后，使系统复位。复位操作应消除任何音响信号，熄灭光字牌的灯光。④试验。在一个屏中应该设置用于检验音响信号和所有报警灯（光字牌）闪光的控制器。应对报警装置进行定期试验，并受到管理程序的控制。

2. 制定操作程序控制器规范

（1）控制器的位置规范。①应将消音、认可、复位和试验控制器作为一个功能组进行布置，并各有确定一致（整个控制中心一致）的位置，如图 14-3 所示。这可大大减少操作控制器时人的失误。应对使用消音控制器的职责加以规范。②各组控制器应靠近特定的信号器面板，可减少控制失误，并提高整个操作程序的效率。③应根据有关管理程序规定，对报警和信号系统做周期性的试验。

（2）控制器编码方案和配置规范。为防止对不同功能的控制器的误操作，可对控制器组进行编码（整个控制中心应一致）。①控制器的形状编码。使各控制器具有不同的形状。②位置编码。例如，各控制器分置于上、下、左、右，其间间距较大，操作时不需手的精确定位。

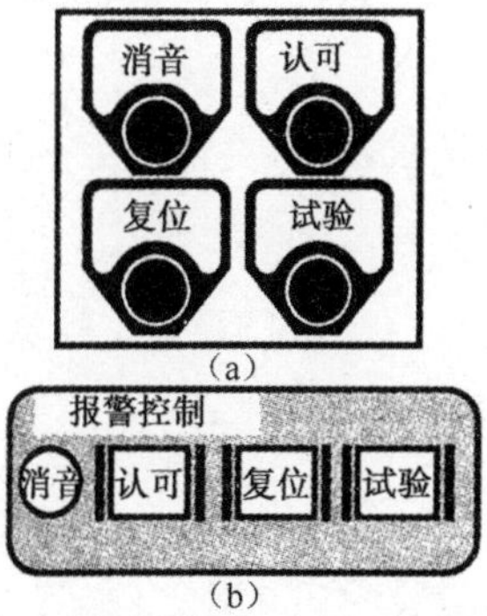

图 14-3　操作员响应系统的操作程序控制器示例

3. 紧急操纵装置要求

（1）重复组的定位。在各种工作台上的报警控制器重复组的布置和相对位置应相同，这样可易于找到。

（2）报警控制器编码。为了易于辨别，使报警控制器与一般控制器有一定区别，应运用下列方法对报警响应控制器进行编码。但一个系统的所有报警控制器的主要物理特征应一致，以便于辨识。①颜色编码；②用彩色覆盖报警控制器组；③划定报警控制器的范围；④形状编码，特别是消音控制器。

（3）防止控制器的失效。报警控制器设计应非常可靠，即使操作不当也不应使其失效。例如，不致由于一枚硬币落入按钮外圈而使其保持压下状态。

（4）误操作防止。为了防止人的失误，避免对报警控制器的误操作（包括无意触动），应采取防范措施。①适宜的位置。报警控制器应正确定位与定向，应易于触及，并与其他控制器保持一定距离，使操作员不会无意（或意外）地触动它们。②固定的保护结构。报警控制器可安装在凹处、加装屏障物或用实物屏障包围。③可移动的盖板或挡板。报警控制器可以用能移动的屏障物盖住或挡住，如控制盖、带铰链的屏障物。

（5）报警控制器的冗余设置。对于一些影响系统安全的主要控制器，一般应有冗余系统（备份系统），必要时可平行设置多套报警控制器。例如，既安装在控制室，也安置在休息室、就地控制站或机器的相关部位。当然，对装在非控制室的紧急控制器的操作，应由控制室统一指挥。

（6）紧急开关。每台机器都应装备一个或多个急停装置，急停装置必须是清楚可见、便于识别，并可迅速接近的手动操作器；能尽快停止危险过程而不产生附加危险。对紧急开关的要求详见 14.5 节。

（7）意外启动的预防。对于在安装、调整、检查、维护时，需要察看危险区或人体局部（手和臂）需要伸进危险区域的生产设备，设计上必须采取防止意外启动（这种意外启动可能是由于其他人的误操作，也可能是由于碰撞和振动造成的）措施。①应能强制切断设备的启动控制和动力源系统。②在“断开”位置采用多重闭锁的总开关，只有全部开启闭锁时才能合闸。③控制或联锁元件应直接位于危险区域，并只能由此处启动或停车。④具有可拔出的开关钥匙。⑤设备上具有多种操纵和运转方式的选择器，应能锁闭在预定的操作方式所选择的位置上。选择器的每一位置仅能与一种操纵方式或运转方式相对应。⑥使设备势能处于最小值。⑦生产设备因意外启动可能危及人身安全时，必须配置起强制作用的安全防护装置。必要时，应配置两种以上互为联锁的安全装置，以防止意外启动。⑧当动力源因故偶然切断又重新自动接通时，控制装置应能避免生产设备产生危险运转。

14.4.3 险情和非险情声光信号体系设计

1．险情听觉、视觉信号设计

1）险情听觉信号设计

在 GB 1251.1《工作场所的险情信号 险情听觉信号》中，规定了险情听觉信号的技术要求、测试方法和设计准则。它适用于工作场所，特别是高声级环境噪声工作场所。

2）险情视觉信号设计

在 GB 1251.2《险情视觉信号 一般要求 设计和检验》中，规定了险情视觉信号技术要求、设计准则和测试方法。它适用于工作场所，特别适用于高噪声环境下配合听觉信号传递险情。

3）紧急撤离听觉信号设计

在 GB 12800《声学 紧急撤离听觉信号》中，规定了紧急撤离听觉信号的使用原则和两个参数：瞬时图和预定的信号接收区内所有各点的声级。该标准适用于提醒信号接收区内的人员注意紧急险情（如可燃气体或有毒气体的泄漏、爆炸、核辐射、地震和房屋倒塌等），并告诫人们必须立即撤离建筑物或工作场所的场合使用。在特定场合下，该瞬时图也适用于标示立即撤离的视觉信号或触觉信号。该标准也适用于昼或夜有人的学校、旅馆、居民区、公共机构和工作场所（如工厂、矿山和办公室等）。该标准不适用于警告信号、组成专用信号系统，室外交通工具、船舶警报系统和国家法规所涉及的场所。

2．险情和非险情声光信号体系

为降低对视觉和听觉险情信号误解的危险，在 GB 1251.3《险情和非险情 声光信号体系》中，规定了一个包括不同紧急程度在内的险情和非险情信号体系，并规定了具体的声光信号特征，见表 14-2～表 14-5。

表 14-2 按紧急程度排列的一般用途信号（GB 1251.3）

信息分类	声信号	光信号	备注
危险：用于救援或警戒的紧急行动	①扫频声；②猝发声；③交变的音调：用于必须遵守的或优先采取的动作（2 或 3 个频程）（快节奏或不谐和音能激发紧迫感）	①通常红色； ②蓝色：必须遵守的动作	必须做到任何险情信号都应有和紧急撤离信号明显不同的瞬时图；如果打击频率是 4～8Hz 钟声可以认为是猝发声

续表

信息分类	声信号	光信号	备注
注意：必要时的行为	固定音调片段图，最短的至少 0.3s。明显地区别于紧急撤离信号	①黄色；②蓝色：必须遵守的动作	瞬时图中最大的两个不同片段长度；最好第一个长。当所有的片段相等时，重复频率至少是 0.4Hz
通知信息：有线广播	双音谐音，高低不循环（继之以有通知或文电）	①正常状态，无灯光信号；②如需要：黄色呈双闪光	
警报解除：安全	连续声，固定音调至少持续 30s	绿色	为解除前述报警信号发出的信号

注：通常不限定声和光间的同步，但是同步能改善察觉性。

表 14-3 声光紧急撤离和警报信号分类表（GB 1251.3）

信息分类	声信号	光信号	备注
紧急撤离	3 个短片段为一组，重复周期 4s；每个发声片段 0.5s，可以是固定频率、扫频或是分裂的（GB 12800）	与声片段同步的红色闪光	
公共警报：用于人们安全的重要行动	①延长的连续扫频声；②复现相同的声音，周期 4～20s	在发出声信号时，红色间歇光	① 用于室内或掩蔽所的保护装置；② 随之给予无线电信息

注：通常不限定声和光间的同步，但是同步能改善察觉性。

表 14-4 险情声信号分类表（GB 1251.3）

声音	颜色	含义	备注
扫频声：频率以 5Hz/s～5Hz/ms 的比率滑动增大或减小（在一周期内容许的变化）	红色	危险，紧急行动	最高扫频率基本上用于高音频率，反之亦然。最低扫频率用于短于 5s 的声片段，不用于高于 400Hz 的频率
猝发声：快脉冲成组时，每组中至少有 5 个脉冲。脉冲频率 4～8Hz（脉冲宽 60～100ms）	红色	危险，紧急行动	脉冲频率高于 5Hz 时，混响可能引起察觉障碍；一个固定的音叠加在脉冲信号上，其声压级不超过脉冲的声压级
交变声：2 或 3 个特殊音的阶式序列，每片段 0.15～1.5s	红色、蓝色	危险，优先强制性行为	声片段的强度及长度相等
恒定音调片段：周期性的或成组的片段，长度 0.3s 或更长	黄色	注意，命令警戒	在一组中用不同长度的声片段时，推荐用 1∶3
拖延声：恒定的音调	绿色	正常状态，安全	为解除“公共警报”发出的信号，在 30s 之内不应当中断

表 14-5 险情信号颜色分类表（GB 1251.3）

颜色	含义	目标		备注
		注意	表示	
红色	①危险；②异常状态	①警报；②停止；③禁令	①危险状态；②紧急使用；③故障	红色闪光应当用于紧急撤离
黄色	注意	①注意；②干预	①注意的情况；②状态改变；③运转控制	
蓝色	表示强制行为	反应、防护或特别注意	按照有关的规定或提前安排的安全措施	用于不能明确由红、黄或绿色所包含的目的
绿色	①安全；②正常状态	①恢复正常；②继续进行	①正常状态；②安全使用	用于供电装置的监视（正常）

14.4.4 监控、告警和标志

1. 监控

（1）监控装置。作为尽量减少故障发生的一种方法，应持续地对诸如温度、压力等参数进行监控，以避免可能急速恶化为事故的意外事件。监控装置通常可以指示下述状态。①系统或其某一分系统或部件是否准备好投入工作，或正在按规定计划良好地工作；②是否提供所要求的输入；③是否产生所要求的输出；④是否存在规定的条件；⑤是否超过规定的限制；⑥测量的参数是否异常。

（2）监控过程。监控过程通常包括检测、测量、判断和响应等功能。①监控器必须能够检测足够低的危险信号，以便在要求采用应急措施之前采用纠正措施。②监控装置有两类。其一是对两种状态一个状态敏感，如“开”或“关”；其二是对参数的现时的和预先规定的安全性水平进行比较。这两类监控装置的工作都要求进行测量，指示器是一种可确定是否存在异常的简单方法。③监控装置发出必须采取纠正措施，以避免意外事故的告警。④当要求采取纠正措施时，操作人员应尽快做出判断、决策和响应，以确保在可预见的情况下，有足够的时间来采取纠正措施。如果要求立即采取纠正措施，以避免危险的或灾难的状态，监控装置应采用联锁，以便能自动启动危险消除或损坏抑制装置。

（3）监控装置的特点。①监控装置的工作必须具有很高的可靠性，以免给出错误的指示而误导操作人员的动作。在关键应用中，监控装置必须设计成能够指出其电路的故障，并定期对电路进行快速检查。②监控装置或电路的故障必须不会将其他的危险状态或损坏影响引入系统中。③监控装置必须易维修、检查和校准，并具有相应的操作规程。④如果系统故障可能导致监控装置的电源中断，则应具有独立的电源向监控装置供电。⑤监控所用能量水平不得对所监控的系统造成危险。⑥监控装置的电路时，不得构成会引起工作中的系统退化或故障的通路（潜在通路）。监控装置不应在其他电路中产生射频干扰。⑦监控用的电源线路铺设通过系统电路时，不应导致不安全状态，不应产生不利影响。

2. 告警

告警通常用于向有关人员通告危险、设备问题和其他值得注意的状态，以便使有关人员采取纠正措施，避免事故发生。目前，有许多方法可用于告警。按人的感觉可分为视觉、听觉、触觉、嗅觉和味觉等多种告警。在某些关键情况下，常同时采用视觉和听觉等类告警。

（1）视觉告警。视觉告警的方法和装置有下述各类，它们可以单独或组合使用。①发光。它使危险处发出更明亮的光信号，以引起人的注意，如高电压标志发光、障碍物发光等。②辨别。运行的结构及设备或可能被车辆碰撞的固定物体可涂上明显的、易辨别或亮暗交替的颜色。例如，在有毒、易燃或腐蚀性气体或液体的管路和气瓶上涂上色码，以表示危险。③信号灯。着色的信号灯是一种指示存在危险的常用方法。这种信号灯可以是固定的或移动的、连续发光的或闪光的。信号灯所用的颜色可表示特定的意义。

（2）听觉告警。听觉信号在其作用范围内可能比视觉信号更为有效，例如，警报器比闪光灯更有效。听觉信号用来表明紧急情况的类型和必须遵循的应急程序。听觉告警有时与视觉告警配合，提醒人员注意视觉告警提供的详细信息。下述情况适用于采用听觉告警。①需要传递的信息为简短的、简单的、瞬时的，也需要马上响应的。②操作人员还有其他目视要求、光线变化或受限制、操作人员需走动或可能疏忽其环境限制的场合。③需要有补充告警或冗余告警的某些关键的应用场合。④需要警告、提醒或提示操作人员，注意后续的附加信息或做出后续的附加响应。⑤习惯于采用听觉信号的场合。⑥语音告警是必需的或是希望有的场合。目前，常用的听觉告警装置有报警器、蜂鸣器、铃；或报告规定时间已到、需采取下一步动作的定时告警装置；语音告警装置等。

（3）嗅觉告警。某些气体是无味的，有些气体却气味极强。对气味的敏感能力随着不同的人及习惯变化很大，这些因素减少了嗅觉告警的作用，然而，在下述情况下，可成功地采用嗅觉告警。①某些毒气具有特殊的气味，它可给出告警并可据此确定气体的类型；②在本身无味的易燃和易爆气体中加入有味的气体；③设备过热通常会产生告警性气味；④通过对燃烧后所产生的气体气味的探测可发现火灾的部位。

（4）触觉告警。①振动敏感是触觉告警的主要方法。设备过度振动表明设备运行不正常并正在发展成故障，振动幅值的大小可表示问题的严重性。有时可通过操纵杆或脚蹬的振动，感受问题的严重性。②温度敏感是另一种触觉告警方法，维修人员通过手的感觉可确定设备是否工作正常。温度升高意味着设备已有故障需要维修，或设备性能满足不了要求，或设备承受异常的载荷。这种方法对于检查在有空调设施空间中安装的设备特别有用。

3．标志

标志是一种很特殊的目视告警和说明手段。它是一种最常用的告警方法。传统上，标志在设计师的指导下进行设计，并标在设备的特定位置上。它包括文字、颜色和图形符号，以满足告警的要求。在产品设计中，不能提供合适的告警，被认为是一种设计缺陷；制造厂或设计部门不能提供对可能导致人员伤亡的危险的警告是一种失职。

（1）告警标志必须包括的基本信息项目。①引起可能处于特定危险下的使用人员、维修人员或其他人员注意的关键词。②对防护危险的说明。③对为避免人员伤害或设备损坏所需采取措施的说明。④对不采取规定措施的后果的简要说明。⑤在某些情况下，也要说明对忽视告警造成损伤后的补救或纠正措施，例如，中毒的解毒剂、电击事件中的急救说明。

（2）标志设置的一般要求。①应设置有关的标志以提醒维修及操作人员，在设备开始工作之前必须先参考有关的技术手册。②如果人员有可能受到毒性气体、噪声或压力变化、激光光束、电磁辐射或核辐射的影响，应设置醒目的警告标志。③对需要提供专用的防护服装、工具及设备的工作区域或维修区应设置标志。④所有电气插座都应标出其相应的电压、相位及频率的特性参数。⑤必要时应采用“止步”标志来防止人员受伤或设备受损。⑥在提重作业中，应清晰而明确地标出重物的质量及提升的着力点，并应对这些作业的特殊操作要求进行说明。⑦应根据需要分别标明设备的重心及质量。⑧应标明各种台架、起重设备、吊车、升降设备、千斤顶及类似承重设备的承重能力，以防产生过载。

（3）标志的信息。设置标志时，应尽可能给出以下有关信息。①为什么存在这种危险；②应避开的场所；③应避开的行为；④避开某一危险所需遵循的程序。

14.4.5 操作规程

规程是指为设备、结构或产品的设计、制造、安装、维修或使用而规定的操作或方法文件。操作规程是人正确操作“机”（包括多人的协同作业）的一个指导性文件，是人—机间的桥梁，它源于功能分配、作业分析和作业设计，它又是编写培训大纲和培训教材的基础，作业人员必须按照规程的规定进行操作。尤其当系统出现故障而进入应急状态时，则操作员必须遵循应急运行规程来进行处理，使系统返回并保持在安全状态。具体来说，一个运行中的系统就是一个“人—规程—机”的接口体系。

操作规程一般可分为以下 3 大类。①运行规程：用以规定稳态运行、正常瞬变运行（启动、停机）中的操作或方法的标准化的文件。②维修规程：规定各类设备的维修操作或方法的标准化的文件。③紧急（运行）规程：用以规定紧急（异常）运行、紧急情况后的运行中的操作或方法的标准化的文件。

1. 紧急（运行）规程

（1）基本要求。①设计紧急规程可以使受过培训的操作员，预知事件的预期进程，并且将识别一个紧急事件和阻止或减轻事件后果所需采取的行动。②紧急事件程序应基于征兆。观察处于非正常运行状态的设备和系统，将有关征兆同一个特定的紧急事件程序相联系，通过一个排除故障过程，纠正非正常状态，并使系统恢复正常运行。③程序应具有足够的弹性，以适应变化，因为所有的紧急事件不可能都遵循预期的模式。④应准备对付所有潜在的紧急事件的程序，并且指出对付这些紧急事件需直接采取的行动。⑤对每一紧急事件程序，应分别列出需采取的直接动作和辅助动作。⑥使用与众不同的标记，以便清楚地将紧急规程同其他各种规程区分开来，使用彩色封面、大字的字母标签，或为这些规程指定一个特定的和显眼的位置。

（2）紧急规程各组成单元的说明和基本原理。紧急规程除有封面目录外，由下述单元组成。①范围：规程欲实现的意图。②开始征兆或进入启动条件：列出需要操作者执行紧急规程的启动条件的开始征兆。列出最少的报警、显示、运行状态、自动系统动作和大概的参数变化大小；列出在考虑中的与紧急事件联系最密切的、最重要的那些工况。③操作动作：列出操作者应采取的主要操作动作，以阻止工况恶化，减轻后果，并给操作者留下评估的时间。④核实自动动作：包括对自动动作的一个最低限度的验证，这一措施警告操作者，预期的自动动作失败，并且接受了不适当的自动动作；这些动作保证设备处于安全状态；这些动作包括验证确认有足够的电源可供使用。⑤动作步骤：使系统取得安全稳定状态所需的简化的诊断工作程序，以及延伸出来的关机或启动。⑥核实立即执行的操作动作：列出待核实的需操作员立即采取行动的动作步骤，并且通知与紧急事件有关的固有的工作人员。⑦诊断：列出诊断步骤的动作，以指引操作者进入正确的子程序或后续程序。⑧子程序：使用的子程序是各动作步骤的一个汇集，这些动作步骤是应付一套特定的征兆或执行一项特定功能所必需的；设计子程序的标题，以阐述该任务的主要目的；每一项任务由动作步骤构成；设计任务的标题，以阐述其目的；识别在每一项任务结束时，所出现的工厂状态。⑨附加资料：包括所有支持紧急事件程序，但不包括在程序主体当中的操作性文件。操作性文件包括曲线图、表格、工作单、缩略语清单、术语定义和参考资料。对不是执行紧急事件程序所需的资料个别装订，给每一个附件编号，并标明总页数。

2. 操作规程内容表述的一般原则

（1）警告的表述。①在规程的开头，应概述所有的警告。②为避免人身伤亡或设备损坏，应使用警告语句表述那些必须遵守的条件、做法或程序。③应限制警告语句的使用，只用在对工作人员和公众的健康与安全，或对设备构成威胁的那些情况。④在警告语句中不应包括操作步骤。⑤按照下面的顺序表述警告的内容：“警告”字样；危险的具体特性；为避免或减少危险必需的预防措施；危险源的位置；不注意该警告可能导致的后果；危急时刻对时间的考虑。⑥警告语句应尽量简明、清楚且直截了当。⑦警告的内容是完整的。

（2）警告和突出重点的安排。①把所有的警告语句放在通栏（从一边到另一边）的方框中（有花边的方框更好）。②用黑体字打印“警告”，并将它居中置于方框上部。③警告语句应放在其适用的作业或操作步骤之前。④规程中应用于某一完整程序或子程序的警告语句，应放在其适用程序的第一个操作步骤之前。⑤一切警告语句均应放在其适用的操作步骤同一页上。⑥警告语句所有文字应放在同一页上。

（3）注释的表述。①使用“注”来说明特别重要的或要引起注意的信息，或说明完成作业所需的辅助手段。②提供那些能增加对规程的理解、便于决策，而用其他方法又难于查找也难于编入规程的信息。③不要有特殊内容的要求，在“注”中不要包括操作步骤。

（4）操作员决策的提示。最大限度地提供决策提示或诊断决策提示。①决策提示：使用决策提示来帮助操作员弄清楚程序操作中要进行的下一步骤的工作；制作能用来决定进行下面哪一步工作的决策表、流程图或其他设备。②诊断决策提示：用来帮助操作员弄清楚其必须响应的征兆的具体原因，并指导操作员选用适当的子程序或章节。

14.5 应急系统

14.5.1 设备的急停系统

1. 紧急开关的设置要求

如遇下列情况，必须装设紧急开关。①发生事故或出现设备功能紊乱时，不能迅速通过停车开关来终止危险的运行；②存在几个可能造成危险的部分，作业人员不能快速地操纵一个公用的操作开关来终止可能造成的危险；③切断某个部分可能引起其他危险；④在控制台处不能看到所控制的全貌（或全套设备）。

每台机器都应装备一个或多个急停装置。①急停装置必须是清楚可见、便于识别，并可迅速接近的手动操作器；能尽快停止危险过程而不产生附加危险；需要时，触发或允许触发某类安全装置动作。②冗余设置。应配备足够数量的紧急开关，应在所有控制点均能迅速而无危险地触及到。例如，设置在控制室、机器的相关部位、就地控制点、休息室、会议室，以便在现场或相关位置及时切断危险源。

2. 紧急开关的功能要求

①无论是被接通还是被切断电源的设备，都不允许由于操作紧急开关而造成危险；②生产设备由于紧急开关停车后，当其残余能量可能引起危险时，必须设置与之联动的减缓运行或防逆转装置，必要时应设有能迅速制动的安全装置；③除非紧急开关用的操作器件和重新通电用的操作器件由同一人控制，否则紧急开关用的操作器件应能自锁住或被限位在“断”或“停”的位置上。

3. 紧急开关的编码要求

①紧急开关的物理特征与一般开关应有一定区别。但一个系统中的所有紧急开关的物理特征应一致，以便于辨别。②形状偏码。其形状应便于操作使用，如手柄、按钮等。③颜色编码。

紧急开关应用红色或有鲜明的红色标记，红色应衬以反差较强的底色。④位置编码。紧急开关的安装位置应与一般开关分离，并保持较大距离，以补偿由于心理紧张、动作过快而对操作定位准确性的影响；其安装位置及标志应显眼并容易识别。

4. 紧急开关的控制要求

①手动控制。紧急开关应优先选用手动操作的开关电器，直接断开主电路；在控制（辅助）电路中可采用按钮或类似控制器；紧急开关应该用手动复位。②误操作防止。为防止误操作或意外触及，可将紧急开关安装在凹处并加装屏障物，或用带铰链的盖盖住，最好再采用联锁控制，即只有由相关负责人先行解锁，对紧急开关的操作才是有效的。③紧急开关的启动，应在统一指挥下进行，应制定相应的规程予以规定，以免随意操作而影响系统的正常运行。④紧急开关被驱动后必须保持接合状态，只有通过适当操作才能使其脱开，脱开操作器不应使机器重新启动，而只有允许启动时才能启动。⑤紧急开关应有足够的强度、刚度，以免在紧急状态中由于紧张、用力过猛导致紧急开关损坏，从而丧失功能。

14.5.2 应急声系统

1. 概述

应急声系统是指在危急的情况下，为保护生命及财产安全，能在被保护区域内进行广播的声系统。当有危险时，可以迅速有序地疏散危险区域内（室内或室外）的人员。在 GB/T 16851《应急声系统》中，对应急广播声系统的特性及其技术参数的测量方法做了规定。该标准适用于扩声及分布式系统。在无险的情况下，不排除将该系统用于一般的扩声。用于紧急目的时，为了控制险情，建议该系统应成为一套完整的设施（设备、操作步骤及训练程序）的一部分。应急声系统由有关主管部门认可。

应急声系统应具有以下功能。①能在覆盖区域内广播有关保护生命财产的措施的信息。系统应达到下述要求：能随时以及在可能预计到的危险条件下持续工作；危险情况发生后，系统至少能广播一次危险信号和至少 30s 的有关语言信息；系统应有保护措施，以防止广播错误的危险信号；系统根据疏散过程需要，应能够分区域进行寻呼。②系统应具备一个对其自身功能的正确性进行连续检测的自动化装置。③当系统输入报警信号时，应立即取消与应急任务无关的任何其他功能，保证报警信号正常传输。④接通电源以后，系统应在 10s 内即能进行广播。⑤系统应能在一个或多个区域同时广播引起注意的信号和语言信息，并要求系统至少应能交替使用一种或多种语言信息播送。⑥单个放大器或扬声器线路出现故障，不引起扬声器作用区域所覆盖的范围内的总体损失。⑦所有广播的信息应该清楚、简短、不含糊，并按实际可能预先设定好；若使用预录信息，则应使这些信息不易丢失；系统的设计应使信息的储存或它的内容不可能被外界源讹误和扰乱；系统所使用的语言应由购置者规定。

2. 应急声系统的总体要求

①如该系统除应急用途外，还用于其他方面，则应急信号及应急通知应自动拥有优先权。必要时，在辅助端输入信号时，自动优先开关能自动接通，并驱动应急系统。②系统中也可以增加音频记录设备，合成语言发生器或危险与警告信号发生器。③中央处理器对信号进行必要的处理。系统操作员在任何时候均可收到监视系统关于系统有关部分工作是否正常的指

示。④如果扬声器用作传声器，则应能从寻呼区向控制中心传回信息。⑤大系统最好设置一个控制中心。

3．应急声系统组成部分要求

①电源要求：在电网电源供电中断的情况下，紧急备用电源开关接通后，系统应在 1.5s 内可供使用；同时还须指明紧急备用电源可供电的时间；电网电源和备用电源与使用有关的参数应予以标明。②自动监视设备须有下述功能：指示哪个寻呼区正在工作；表示电源工作情况；指示系统各部分的工作状况。③自动优先开关：应具有高可靠性（最少开关次数为 20000），紧急情况下，开关应能快速、可靠地将有关寻呼区的开关切换到应急输入端。

4．应急声系统的使用要求

①操作说明：控制站应备有使用说明书。②记录：对系统工作情况进行记录，包括操作人员的姓名，系统使用的日期、时间、次数和情况，系统测试和常规检验的日期、时间和情况，系统出现故障的日期及原因，系统维修保养的情况等。系统应能自动记录在紧急状况处理过程中全部的声音信号。③维护：为保证系统正常工作，应按系统制造厂家的规定，定期进行维修。

14.5.3　应急照明系统

1．应急照明系统要求

（1）安全照明。安全照明是指在正常照明供电发生故障时，出于安全的原因（一般的安全、预防事故）所需要的照明。①疏散（通道）照明。这类照明用于确保疏散标志能有效地被识别，并在正常照明或需要应急照明的所有时候都能安全地使用。②具有特殊危险的工作场所的安全照明。具有特殊危险的工作场所是指当照明中断时会直接存在着意外的危险，或者是对于别人可能产生特别危险的那种场所。这种安全照明能保证将一些必要的活动进行到结束，并且离开工作场所时能不发生危险。

（2）备用照明。正常照明供电发生故障时，该照明能够使正常活动继续进行或安全地终止。

（3）应急灯。①安全灯。这是应用于安全照明的一种自己具有（或者没有）电源的灯。②疏散信号灯。在它上面有一个疏散的信号或在上面写字。这种灯是用来识别疏散通道的一种标志，以及指明由此通往通道的标志。③备用照明灯。这是一种自己具有或没有电源的灯，它是用来作为备用照明的。

（4）工作时间。①接通延迟。接通延迟指从普通人工照明的电源发生故障，到应急照明达到所需要的照度为止，这一段时间的间隔。②额定工作时间。这是为应急照明设备设计而规定的时间。③极限工作时间。这是所要求的最少时间，在这段时间里，应急照明设备仍必须保证所要求的照度最小值（这个概念对于用电池启动的设备是很需要的）。④使用时间。这是指从开始工作的那个时刻起，直到它只能维持极限工作时间的时刻止的一段时间。

2．应急照明的技术要求

（1）一般要求。①安全信号和安全色在应急照明下应都能清楚地辨认。②最小照度值。在正常老化条件下，至少应乘以 1.25 的系数。③维护。除非另有规定，最少须 2 年检查一次，并做记录。如果低于规定的最小值，则必须进行维修。④如果同一个灯既用于普通照明，又用于事故照明，那么当照度大于 10lx 时，必须遵守有关的眩光限制条件。⑤应急照明灯具上应具有内容比较完整（GB 7000.2）的和清晰可辨的标记。⑥灯具应具有防尘、防固体异物和防水的功能。⑦备用照明的技术要求。对正常照明的各项照明技术上的要求也适用于备用照明。为了能继续进行工作，一般来说，照度要求最少为额定照度值的 10%。⑧应急照明的光源和灯具要求。具体见 GB7000.1、GB 7000.2 和 GB 7000.12。

（2）疏散通道的安全照明技术要求。必须确保人们在离开房间或设备时不发生危险，用足够的照明将疏散通道和疏散标志照亮。①照度。用于疏散通道的安全照明的照度不得低于 1lx（距地面高 0.2m 处的照度）。②接通延迟最多不得超过 15s。③额定工作时间最少必须等于规范所要求的工作时间。④极限工作时间必须为额定工作时间的 3/4（在 1h 的情况下）和 2/3（在 3h 的情况下）。⑤安全灯首先须安装在疏散通道的出口附近，以及能看清可能发生障碍情况的地点。例如，在过道中断和方向改变的附近，在疏散通道内现有楼梯的第一级踏步附近，以及在可能发生危险的走道高度改变的地点附近，均应安装安全灯。

（3）具有特殊危险的工作场所的安全照明技术要求。这取决于工作活动的方式及房间的类型。①照度。这种安全照明的照度与额定照度 E_n（按活动方式及房间类型规定）有关，$E=0.1E_n$，但不得小于 15lx；一般平台的照度至少应为 3lx。②安全照明的接通延迟不允许超过 0.5s；对于平台，接通延迟最大为 1s。③额定工作时间。至少相当于结束必要活动所要求的工作时间（按相应规范所做的规定）。④安全照明的布置。应满足在具有特殊危险的整个活动范围内所要求的照度。

对应急声系统和应急照明系统更详细的设计要求，见参考文献[1]的 7.6.5 节和 7.6.6 节。

14.5.4 逃逸、救生和营救

1）概念

逃逸和救生是指人们使用本身携带的资源、自身救护所做的努力；营救是指其他人员救护在紧急情况下受到危险的人员所做的努力。从意外事件发生直到从紧急情况下恢复，消除危险和可能的损坏，隔离不利的影响和恢复正常的状态等努力都失败后，逃逸、救生和营救便是不可缺少的，因为性命攸关。

2）场地设计要求

在可能使操作者陷入各种危险的设施或场所中，应有畅通的撤离通道、紧急出口和屏障。

3）逃逸、救生和营救设备

（1）逃逸和救生设备对于确保操作人员在事故发生后的安全都是必不可少的。逃逸设备用于使操作人员逃出危险区；救生设备确保逃出危险区的操作人员仍处于安全状态。

（2）营救设备通常由不同类型的营救人员来操作，它的设计和标志适当与否，可能意味着营救的成功或失败。营救设备主要有专用和通用两类。

4）逃逸、救生和营救设备设计要求

（1）这类设备对于所需的场合来说是极为重要的，但只能作为最后依靠的手段来考虑和应用。系统设计应尽量采用安全装置和规程，以避免采用这类设备。然而，在危险不可能完全消除时，必须采用逃逸、救生和营救设备。

（2）这类设备的故障所造成的影响，可能比不采用这类设备的后果更糟。因此，逃逸、救生和营救设备必须作为系统的关键项目来处理，必须进行全面的分析、试验和维护，确保以极低的故障概率满足其预期的目标。

（3）这类设备的要求必须根据各种事故分析来确定，为保证设备在预期的环境条件下、按规定要求正常工作，必须制定试验大纲。此外，还应在最坏情况下进行试验，以确定各类人员能否正常操作，并达到使用规程中的要求。为了保证这些设备能够保持良好的工作状态，必须制定适当的使用及维修规程，必要时进行定期检查和更换耗损部件。

（4）为了保证营救安全，营救设备的设计必须简单、可靠、操作方便且省力，在紧急情况下不会发生差错、误用和设备故障。设备的说明书应简单明了并附有标志，使得思想紧张的人员可迅速地找出、识别和理解这些标志。在设备采购的早期，应进行紧急情况分析，以确定营救设备及其规程是否满足要求，是否需要进行修改。

14.6　电气和电子系统的安全性设计

14.6.1　一般原则

设计时应遵循以下原则。①系统设计应采用各种防护方法，使操作人员在整个设备的正常工作期间不会意外接触超过 30V 交流（均方根值）或直流电压。②控制器的设计和安装位置，应能防止可能造成人员伤害或设备损坏的意外动作。③应规定当安装、拆换或互换整套系统、分系统或任何其他产品时，切断电源的方法。④设备上的主电源转换开关，应安装在易接近的地方，并应清楚地标明其功能。电源开关的输入端和电源引线的接头应采用物理防护，以防操作人员意外接触。⑤当设备工作在与空气形成的爆炸性气体混合物大气中时，不应使这种混合物引燃起火。⑥当设备工作要求两种以上电源时，应采取充分措施防止电源错接。⑦结构上相似但电气上不能互换的部件，应采用键销固定以防误插。⑧在设计上考虑要求相似配置的插头及插座的地方，配对的插头及插座应有适当的编号及标志。⑨设备上所使用的各类绝缘材料，应能满足该处对绝缘强度的要求。⑩设计时应重视并全面考虑各类元器件（元件、导线、电缆、连接器、开关、继电器、熔断器、断路器等）的合理选用和配置，以保证系统的安全。

14.6.2　接地与搭接

（1）一般要求。①设备的设计和结构应保证所有外部零件、表面和壳体（天线和传输线终端除外）在正常工作期间始终处于接地电位的状态。②设计应注意到接地故障和按危险位置确定的电压极限。③用于金属外壳手提式工具和设备的插头和方便插座，应采取措施在插头与插座配对接触时，能使工具和设备的金属构架或壳体自动接地。④除非控制按钮或控制杆与轴之间装有绝缘，否则控制轴与衬套应接地。⑤所有产生电磁能的电气和电子组件或部件，都应设有从设备外壳到结构件的低阻抗连续通路（搭接线）。试验应证实所推荐的搭接方法将使从外壳到结构件的直流阻抗低于 2.5mΩ。除用于超越隔振装置的跨接线之外，从设备壳体到设备安装架之间的搭接线，也应符合这些技术要求。⑥组件应搭接或接地，以供静电放电之用。⑦接地线用下列机械方法固定连接到机壳或机座上：钎焊到点焊焊接的连接片上，或钎焊到构成钎焊连接片的机壳或机座的一部分上，或利用接地线上的接线端连接，然后用螺钉、螺母和锁紧垫圈将其固紧。

（2）从设备到接地线的通路要求。①连续和永久性的。②有足够的载流能力，以便安全地传导加在通路上的任何工作电流或故障电流。③具有足够低的阻抗，以限制对地电位，同时便于电路中的过载电流保护装置动作。把安装在长管路（管道或电缆）内的非工作导线接地，以供杂散电源或静电放电用。④具有足够的机械强度，使接地线不可能断开。

（3）其他附加规定。如果在 2s 或更短时间内，高压电路和电容器的放电没有把电压降低到 30V，则应设置保护装置。①当外壳或机架打开时，这些保护装置自动动作。②当舱门或盖打开时，应当用机械释放装置或电磁开关使短路棒动作。

14.6.3 防电击

（1）电压（均方根值或直流）大于 30V、小于或等于 70V 时。①在整个设备正常工作期间和当更换熔断器和电管子时，要防止意外接触。②应能从电容器电路自动放电，以便在 2s 内放电到 30V 以下的电压。

（2）电压大于 70V、小于或等于 500V 时。①在此电压范围内的所有触点、接线端和类似装置应设有挡板或防护罩，挡板或防护罩应标有一旦拆除就可能碰上高压电的标志。②如果不满足上一项预防措施要求，主要装置的隔舱舱门、盖板应装有联锁装置，在打开此联锁装置时能切除外露接头上的所有大于 70V 的电压；联锁装置可以是旁路型或非旁路型的。③在 2s 内放电达不到 30V 以下电压的电容器电路或装置，其入口应是联锁的，或装有合适的接地棒和接地线。④当设备在工作和维修时，使用电压超过 300V 峰值可能要求测量此电压，为此，设备应设置测试点，使得所有高电压能够在较低的电压级上测量。⑤电压绝不超过 500V 峰值（相对于接地而言）。⑥在设备说明书或维修手册中应详细规定在设备测试点上测量电压的方法。⑦电缆连接器绝不应设计成在断开过程中使导体外露，例如，一条延长导线应装有隐蔽式内孔插针。

（3）电压大于 500V 时。①除非在 500V 以上电压下工作的组件或设备本身完全密封外，在 500V 以上工作的设备的舱门、盖板应设置无旁路的联锁装置。②在 500V 以上的电压下工作的全封闭组件或装置，如果安装在设备上后还能打开，则应单独联锁。③在 2s 内放电达不到 30V 以下电压的电容器电路或装置，其入口应是非旁路型联锁的或装有合适的接地棒和接地线。④在此电压范围工作的全部触点、接头和类似装置及其入口应清晰地标出“高压危险（最高可用电压×××V)”。标志应具有所标设备的正常使用年限，并应尽可能靠近危险点的地方。此要求是针对设备接线提出的，不适用于设备内的个别接线点。⑤无其他入口的封装高压组件无须采用联锁来防止电击伤害。⑥除上述情况外，电压超过 500V 的电缆接头应单独联锁。⑦采取其他措施，确保在电缆断开之前切断供电。⑧小尺寸的连接器不能采用联锁装置。

14.7 机械系统的安全性设计

14.7.1 防护和安装

①当设备处于运转状态时，应提供防护装置，保护操作人员免受运动部件（如齿轮、风扇

或皮带、支架或运行中的其他装置）造成的伤害。②防护装置不应妨碍对那些发生故障后可能引起危险状态的机械进行检查。③由于维修、调整、校准或其他理由需要接触设备内部的部件，或需要拆除或旁路任何保护装置时，应设有可靠的锁定装置、联锁装置或禁止装置，以防止有危险的装置运转。④旋转设备的安装架应具有足够的刚度，以防止安装架的运行而损坏设备。⑤在不容许零件倒装或转向安装的地方，应采用非对称安装布局（包括键和销）；沿任意方向安装都能正常运转的零件更合乎要求。⑥设备工作时所产生的振动不应达到使人产生不舒适的感觉，并应避开共振频率。⑦一个系统中可能因跌落或松动的物体、维修工具、碎片或移动的设备而损坏或压坏的关键活动组件或零件，应采用隔板、防护装置、保护罩等进行保护。⑧由陶瓷或其他脆性材料制成的脆性铸件或零件应加减震垫，以防在拧紧时破裂。

14.7.2　使用、维修和起重

①大型或重型的部件应是可拆装和更换的，拆换时不损坏部件、不对人员造成伤害。②当机壳、部件或其他大型装置能够从其正常的机架位置或机座上拆下维修或修理时，它们应设计成能够在平滑的平面上进行而不损坏其零件。③人员需接近的金属制品、机械结构和组件上应避免出现锐角、凸出部和锐边。④铰接在设备壳体的护罩，在其打开位置上应有固定装置，以防偶然关闭而伤人。⑤需用机械起吊的制品，应标志起吊点位置，或配备适用的起重吊耳或吊环螺栓并标有被吊组件的质量。⑥质量的分布应有利于设备的搬运、装卸或定位。质量大的部件应尽可能靠近承载结构并尽可能安置在低处。⑦提举用把手设置的位置应不会卡住其他装置、导线或凸出部位，在危险的场合下，把手应做成埋入式的而不是拉伸式的。⑧应严格遵守如表 14-6 所示的设计质量限制。质量大于表中一个人举起限制值的产品，应在显著位置上标出质量指示值和提起方法的限制，如采用机械吊起或两人抬起。

表 14-6　设计质量限制（一人举起）

距地举起高度/m	1.5	1.2	0.9	0.6	0.3
产品（部件）最大质量/kg	16	23	29	36	38

Chapter 15

第 15 章 通信网络的仿真设计

15.1 仿真技术

15.1.1 概述

1. 仿真概念

仿真（Simulation）泛指以实验或训练为目的，为原本的真实或抽象的系统、事务或流程建立一个模型，以表征其关键特性（key characteristics）或者行为、功能，予以系统化与公式化，以便可对关键特征做出模拟。模型表示系统自身，而仿真表示系统的时序行为。

仿真是对现实系统的某一层次抽象属性的模仿。人们利用这样的模型进行试验，从中得到所需的信息，然后帮助人们对现实世界的某一层次的问题做出决策。仿真是一个相对概念，任何逼真的仿真都只能是对真实系统某些属性的逼近。仿真是有层次的，既要针对所要处理的客观系统的问题，又要针对提出处理者的需求层次，否则很难评价一个仿真系统的优劣。

一个通俗的系统仿真的基本含义是指：构建一个实际系统的模型，对它进行实验，以便理解和评价系统的各种运行策略。而这里的模型是一个广义的模型，包含数学模型、物理模型等。显然，根据模型的不同，有不同方式的仿真。

在中国，自动控制领域把 simulation 翻译为仿真，emulation 翻译为模拟，如核电站仿真、电厂仿真等。而 2002 年全国科学技术名词审定委员会公布出版的《计算机科学技术名词》（第 2 版）把 simulation 翻译为模拟，emulation 翻译为仿真。这造成了极大的混淆。

仿真技术是应用仿真硬件和仿真软件通过仿真实验，借助某些数值计算和问题求解，反映系统行为或过程的仿真模型技术。仿真技术在 20 世纪初已有了初步应用。20 世纪 40～50 年代，航空、航天和原子能技术的发展推动了仿真技术的进步。20 世纪 60 年代计算机技术的突飞猛进提供了先进的仿真工具，加速了仿真技术的发展。

为了建立一个有效的仿真系统，一般都要经历建立模型、仿真实验、数据处理、分析验证等步骤。为了构成一个实用的较大规模的仿真系统，除仿真机外，还需配有控制和显示设备。

利用模型复现实际系统中发生的本质过程，并通过对系统模型的实验来研究存在的或设计中的系统，又称模拟。这里所指的模型包括物理的和数学的、静态的和动态的、连续的和离散的各种模型。所指的系统也很广泛,包括电气、机械、化工、水力、热力等系统,也包括社会、经济、生态、管理等系统。当所研究的系统造价昂贵、实验的危险性大或需要很长的时间才能了解系统参数变化所引起的后果时，仿真是一种特别有效的研究手段。仿真的重要工具是计算机。仿真与数值计算、求解方法的区别在于它首先是一种实验技术。

通信网络仿真是一种利用计算机软件对通信系统的特征进行描述，模拟其运行，从而获取网络设计及优化所需要的网络性能数据的技术。与虚拟现实技术（Virtual Reality，VR）相比，通信网络仿真技术更趋向是一种实验技术，通过仿真实验获得系统中各变量之间的关系；而虚拟现实技术通过计算机软硬件及各种传感器件构成三维信息的人工环境——虚拟环境，用户投入这种环境中可以与计算机系统进行交互，达到一种“身临其境”的效果。

典型的通信网络仿真系统可以分为数字仿真、半实物仿真和实物模拟 3 种模式，本章主要介绍数字仿真和半实物仿真的人机工程设计，以及在此基础上的“人在环”仿真设计。

2．仿真工具

仿真工具主要指的是仿真硬件和仿真软件。

1）仿真硬件

仿真硬件中最主要的是计算机。用于仿真的计算机有以下 3 种类型。

（1）模拟计算机主要用于连续系统的仿真，称为模拟仿真。在进行模拟仿真时，依据仿真模型将各运算放大器按要求连接起来，并调整有关的系数器。改变运算放大器的连接形式和各系数的调定值，就可以修改模型。仿真结果可连续输出。因此，模拟计算机的人机交互性好，适合于实时仿真。改变时间比例尺还可实现超实时的仿真。

（2）现代的数字计算机已具有很高的速度，某些专用的数字计算机的速度更高，已能满足大部分系统的实时仿真的要求，由于软件、接口和终端技术的发展，人机交互性也已有很大提高。因此，数字计算机已成为现代仿真的主要工具。

（3）混合计算机把模拟计算机和数字计算机联合在一起工作，充分发挥模拟计算机的高速度和数字计算机的高精度、逻辑运算和存储能力强的优点。但这种系统造价较高，只宜在一些要求严格的系统仿真中使用。除计算机外，仿真硬件还包括一些专用的物理仿真器，如运动仿真器、目标仿真器、负载仿真器、环境仿真器等。

2）仿真软件

仿真软件是面向数字计算机的用于仿真目的的软件系统，包括为仿真服务的仿真程序、仿真程序包、仿真语言和以数据库为核心的仿真软件系统。仿真软件的种类很多，在工程领域，用于系统性能评估，如机构动力学分析、控制力学分析、结构分析、热分析、加工仿真等的仿真软件系统 MSC Software 在航空航天等高科技领域已有 40 余年的应用历史。

3．仿真实验

通过实验可观察系统模型各变量变化的全过程。为了寻求系统的最优结构和参数，常常要在仿真模型上进行多次实验。在系统的设计阶段，人们大多利用计算机进行数学仿真实验，因为修改、变换模型比较方便和经济。在部件研制阶段，可用已研制的实际部件或子系统去代替部分计算机仿真模型进行半实物仿真实验，以提高仿真实验的可信度。在系统研制阶段，大多进行半实物仿真实验，以修改各部件或子系统的结构和参数。在个别情况下，可进行全物理的实物模拟实验，这时计算机仿真模型全部被物理模型或实物所代替。实物模拟具有更高的可信度，但价格昂贵。

4. 仿真分类

仿真可以按不同原则进行分类。

（1）按所用模型的类型（物理模型、数学模型、物理－数学模型）分为实物模拟、计算机仿真（数字仿真）、半实物仿真。

① 数字仿真通过计算机仿真软件建立虚拟网络场景，建模并编程实现各层协议功能，并加入各种情况网络参数，完成对不同规模、复杂度的网络性能评估。

② 实物模拟全部采用真实的硬件设备构建经过一定简化的，与实际系统最接近的网络结构，从而可以从实际的网络中获得可靠、直观的数据。

③ 半实物仿真介于数字仿真和实物模拟之间，将仿真系统中的一部分用与实际系统相同或相近的实物设备替代，其他部分则采用计算机仿真形式。

（2）按仿真对象中的信号流（连续的、离散的）分为连续系统仿真和离散系统仿真。

（3）按仿真时间与实际时间的比例关系分为实时仿真（仿真时间标尺等于自然时间标尺）、超实时仿真（仿真时间标尺小于自然时间标尺）和亚实时仿真（仿真时间标尺大于自然时间标尺）。

15.1.2 仿真方法

1. 概述

仿真的基本方法是建立系统的结构模型和量化分析模型，并将其转换为适合在计算机上编程的仿真模型，然后对模型进行仿真实验。

仿真方法的一个突出优点是能够解决用解析方法难以解决的十分复杂的问题。有些问题不仅难以求解，甚至难以建立数学模型，当然也就无法得到分析解。仿真可以用于动态过程，可以通过反复试验（Trial-and-error）求优。与实体实验相比，仿真的费用是比较低的，而且可以在较短的时间内得到结果。

仿真方法是建立系统的数学模型并将它转换为适合在计算机上编程的仿真模型，然后对模型进行仿真试验的方法。由于连续系统和离散事件系统的数学模型有很大差别，所以仿真方法基本上分为两大类：连续系统仿真方法和离散事件系统仿真方法。

在以上两类基本方法的基础上，还有一些用于系统（特别是社会经济和管理系统）仿真的特殊而有效的方法，如系统动力学方法、蒙特卡洛法等。

仿真方法还包括进行仿真实验的方法，主要是指为了对系统做深入的分析和综合研究，在计算机上对仿真模型进行多次运行仿真，包括交叉效应、迭代寻优和统计实验等。

2. 连续（时间）系统仿真方法

连续系统的数学模型一般是用微分方程来描述的，模型中的变量随时间连续变化。根据仿真时所采用的计算机不同，可分为模拟仿真法、数字仿真法和混合仿真法3类。①模拟仿真法：采用模拟计算机对连续系统进行仿真的方法，主要包括建立模拟电路图，确定仿真的幅度比例尺和时间比例尺，并根据这些比例尺修改仿真模型中的参数。②数字仿真法：采用数字计算机对连续系统进行仿真的方法，主要将连续系统的数学模型转换为适合在数字计算机上处理的递推计算形式。③混合仿真法：采用混合计算机对连续系统进行仿真的方法，还包括采用混合模拟计算机的仿真方法。除上述仿真方法的内容外，还需要解决仿真任务的分配、采样周期的选择和误差的补偿等特殊问题。

3. 离散事件系统仿真方法

离散事件系统的状态只在离散时刻发生变化，通常用“离散事件”这一术语来表示这样的变化。离散事件系统中的实体依其在系统中存在的时间特性可分为临时实体（或称顾客）和永久实体（或称服务台）。临时实体的到达和永久实体为临时实体服务完毕，都构成离散事件。描述这类系统的数学模型一般不是一组数学表达式，而是一幅表示数量关系和逻辑关系的流程图，可分为 3 部分：到达模型、服务模型和排队模型。前两者一般用一组不同概率分布的随机数来描述，而包括排队模型在内的系统活动则由一个运行程序来描述。对这类系统，主要使用数字计算机进行仿真。仿真方法解决的问题是：产生不同概率分布的随机数和设计描述系统活动的程序。

15.1.3　仿真与人机工程

1. 传统的人机系统的评价方法

1）评价的基本程序

评价是验证和确认相结合的过程。

（1）验证。验证是对照人机工程准则、操作和功能要求，对系统的组成要素（如显示器、控制器、其他设施等）进行一系列分析、检查的过程。

（2）确认。确认是指对检验结果进行评审，进而分析设计是否有利于运行人员最大限度地发挥其能力，并最后对评价对象认可的过程。确认可以有通过、不通过或修改设计后通过 3 种结果。

2）一些常用的传统评价方法

（1）常用的评价方法有：书面评价法、专家意见法（向有关专家和部门征求意见）、观察法（观察操作员在被评价系统上的操作情况），这些评价方法的缺点是有效性不真实、不够精确（是定性的）及对专家素质具有依赖性。

（2）试验法：用试验手段统计测量各种人机系统的设计数据。需有实验设备，并且在人机系统中可用试验法得到定量数据的项目不多。

2. 信息时代“人机工程”概念的演进

传统的人机工程要求人—机—环境应满足人的心理、生理特点，其中的“机”是指物理系统；“环境”是指人和机所处的工作、生活环境。

在信息社会，人的工作对象除传统的机之外，还有数字系统。在这里，人—机—环境系统中的“机”就演变为数字技术和诸如通信、网络、数据、软件、信息等看不见、摸不着的场景。或者说，所设计的数据系统应满足人的心理、生理特点。

3. 仿真为人机工程提供了一种新的验证方法

（1）仿真实验没有普通意义上实验的必备器材，而是在计算机上用仿真软件模拟现实的效果，用软件模拟实验条件是一种可行性非常高的方法。

（2）仿真是一种描述性技术，是一种定量分析方法。通过建立某一过程或某一系统的模式，来描述该过程或该系统，然后用一系列有目的、有条件的计算机仿真实验来刻画系统的特征，从而得出数量指标，为决策者提供关于这一过程或系统的定量分析结果，作为决策的理论依据。

（3）对物理系统的定量评价方法是实验验证；对数字系统则是仿真验证；而半实物仿真技术也可对物理系统进行验证。

4. 仿真的人机工程设计要求

仿真的表现形式是软件，仿真软件的设计需满足“软件的人机工程设计”要求。

15.2 通信系统的仿真软件界面

15.2.1 概述

通信网络仿真技术是以相似原理、系统技术、信息技术及仿真应用领域的有关专业技术为基础，以计算机系统、与应用有关的物理效应设备及仿真器为工具，利用模型对系统（已有的或设想的）进行研究的一门多学科的综合性的技术。

现代通信系统的飞速发展直接促进了对通信系统仿真技术的研究。由于实际的通信系统功能结构相当复杂，对它做出的任何改变（如改变某个参数的设置、改变系统的结构）都可能影响到整个系统的性能和稳定。因此，在对原有的通信系统做出改进或建立一个新系统之前，通常需要对这个系统进行建模和仿真。通过仿真结果衡量方案的可行性，从中选择最合理的系统配置和参数设置，然后再应用于实际系统中，以降低网络投资风险，减少不必要的投资浪费。

自 20 世纪 80 年代中期以来，计算机仿真已经开始较多地应用于通信网络的分析与设计，并陆续出现了一些专门用于通信网络仿真的软件包。这些软件包主要分为两大类，一类是商业仿真软件，如 OPNET、COMNET 和 QualNet 等；另一类是开源仿真软件，如 NS2、SSFNET 和 GloMoSim 等。商业仿真软件价格昂贵，虽然不具有开放性，但提供了较为全面的建模和协议支持。开源仿真软件免费且具有开放性，可作为网络研究的共享资源，但软件结构松散，且功能不如商业仿真软件完善。以上仿真软件均通过建立虚拟的网络场景来模拟网络行为，从中获取某些特定的网络性能参数，为复杂网络性能的分析及网络的设计规划提供重要依据。

典型的系统仿真过程包括系统模型建立、仿真模型建立、仿真程序设计、仿真实验和数据分析处理等，它涉及多学科、多领域的知识与经验。

15.2.2 仿真软件界面的要求

数字仿真的表现形式是软件，作为一种软件系统，除需满足“软件的人机工程设计”外，还应该具有以下特点。

（1）友好的图形界面和可视化的建模环境：减少编程时间，方便用户快速、准确地建立网络模型。

（2）仿真过程的动态演示及仿真结果的多种表现：方便用户监控仿真运行的过程，并对仿真结果进行分析和评价。

（3）网络仿真建模方法的多元化：每个通信网络仿真系统根据需要均有其特定的网络建模方法，如排队网络、FSM、Petri 网和模块图等。当前网络仿真建模方法的发展目标是更准确、简洁地描述实际网络，同时方便用户学习掌握建模方法以建立特定网络的仿真模型。

（4）丰富多样的模型库和类库：对现有的典型网络级协议进行建模，将所建模型和定义的类分别存储在模型库和类库中，供用户调用或参考。

15.2.3　人机交互方式

仿真软件的人机交互主要实现对仿真的初始配置和进程管控功能，包括场景设置、初始化配置、时间推进设置、状态改变、策略调整、业务触发等。人机交互的方式主要有离线人机交互方式、非实时在线人机交互方式和实时在线人机交互方式。

1. 离线人机交互方式

在仿真开始前，用户预先设置好通信仿真的进程及通信网络事件队列，定义相应的业务触发条件和时间参数等。在通信仿真的过程中，用户无法对通信仿真进程进行动态干预，或动态获取、配置通信网络参数。离线人机交互一般把配置信息写入一个文档，或在仿真软件提供的界面上直接配置信息，再由仿真软件在仿真开始后读取配置信息，设置通信仿真的场景和进程等。

2. 非实时在线人机交互方式

非实时在线人机交互方式有两种实现方式：静态断点交互方式和动态断点交互方式。

（1）静态断点交互方式。在仿真开始前，用户需初始化仿真系统，预先定义通信仿真的进程、相应的业务触发条件和时间参数、通信网络事件队列等，并依据仿真时间设置中断仿真进程的断点。在仿真开始执行后，当仿真软件运行到预定的时间时，通信仿真的进程暂时中断，用户可以获取当前的配置和网络参数，对仿真进程进行干预和重新配置，或在通信网络事件队列中插入或删除事件，从而实现用户对网络仿真进程的动态干预。

（2）动态断点交互方式。用户通过定义通信仿真的全局事件轴，在事件轴上设置中断仿真进程的断点。当仿真开始执行后，仿真软件根据在全局事件轴上设置的断点，在某一事件发生前或发生后暂停仿真进程，用户可以对仿真进程进行干预。相比于静态断点交互方式，动态断点交互方式可以选取在仿真系统空闲时中断仿真进程的运行，从而减小对仿真进程的影响。

3. 实时在线人机交互方式

实时在线人机交互方式实现用户在仿真运行的过程中，不中断仿真进程，实时在线对仿真进程进行调整，其功能主要包括仿真事件队列控制和网络模型实时控制。通过实时在线人机交互方式可以实现通信仿真过程中对仿真进程的干预；通过对通信网络事件队列的控制与插入，实现用户对通信仿真进程的动态干预，动态获取、动态配置网络参数等。实时在线人机交互方式的实现步骤如下。

（1）建立第三方交互软件与通信仿真程序之间的连接，即仿真动态控制接口发送端与接收端之间的连接。

（2）实现第三方交互软件与通信仿真程序之间的数据传递，即仿真动态控制接口发送端与接收端之间的报文交互。

（3）将第三方交互软件上的操作映射到对通信仿真程序中指定节点的操作，动态控制仿真队列顺序，即能修改仿真模型中的参数，动态加载控制指令。

实时在线人机交互接口设计框架如图15-1所示。

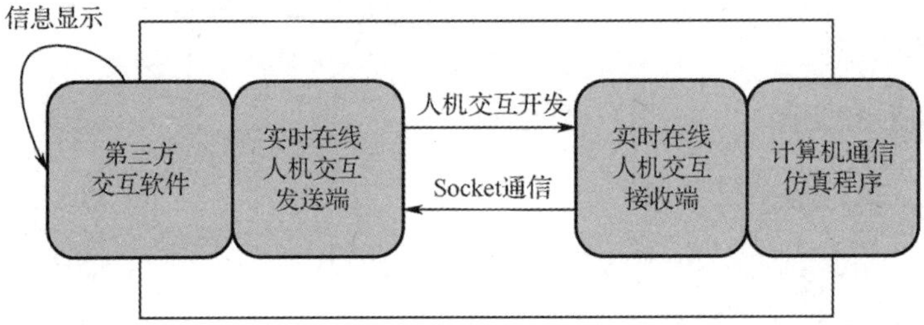

图15-1　实时在线人机交互接口设计框架

15.3 电网和通信网的综合（数字）仿真平台

15.3.1 概述

在智能电网和能源互联网中，通信的可靠性、延时及误码等因素对电网安全稳定的影响很大，有必要研究通信系统和电力系统的交互作用。

现代电力系统已经发展为由物理电力系统和通信信息系统构成的复杂耦合网络系统。已有的研究表明，无论是电力系统本身，还是通信系统中的部件发生故障或是被攻击，都可能导致整个耦合网络系统的联锁故障。

电力系统和通信系统组成的是一个连续动态和随机离散耦合的混合系统，综合仿真可以成为最有效的手段之一。电网和通信网的综合仿真，可以刻画和分析电力和通信混合系统中联锁故障的发生过程，为系统安全控制策略研究提供有效的校验和测试工具。

下面在对支撑电网稳控业务的SDH（Synchronous Digital Hierarchy）通信网络的特点和动态特性进行分析的基础上，提出了电网和通信网综合仿真的整体框架和关键技术，并用电力仿真软件FASTEST和通信仿真软件SSFNET开发了电网和通信网综合仿真平台，以研究通信对电网稳控系统的影响。

15.3.2 仿真平台的功能和架构

在电网稳控系统中一般采用基于SDH的点对点通信。SDH为用户提供2 Mbit/s业务通道，根据SDH数据的传输特性，该通道为点对点的专线通道，带宽固定，通信数据流量固定，当通信业务确定后其延时和误码指标变化小。

由于电力系统的控制信号通过通信网络传输，因此通信通道的状态决定了控制信号的传输状态。例如，通信通道中断时，控制信号随之中断或延时增大（有备用通道时）；通信通道延时增大，控制信号的控制延时也会增大；通信通道误码率增大，控制信号的准确率降低，控制延时增大的可能性变大，所以通过综合仿真平台可以分析通信通道的状态，得出其对电力系统控制的影响。

面向 SDH 通信的电网和通信网综合仿真平台的整体框架如图 15-2 所示。

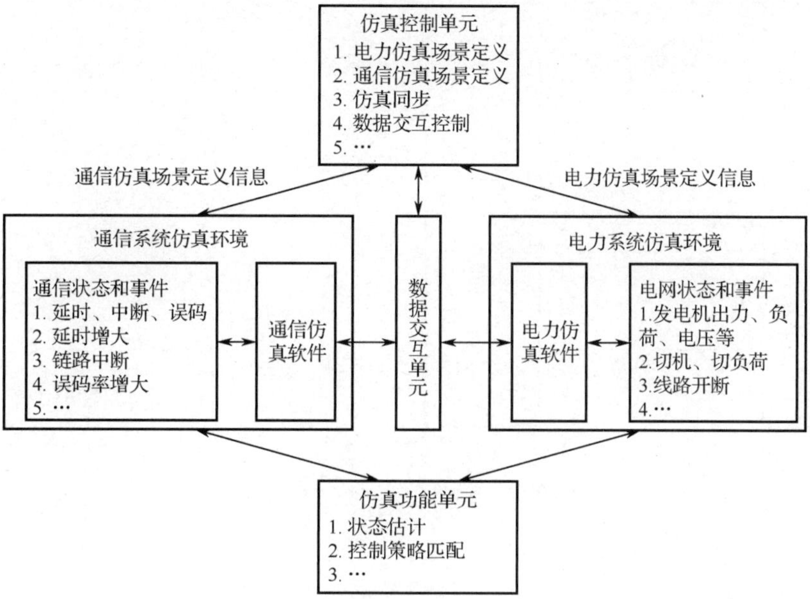

图 15-2 电网和通信网综合仿真平台的整体框架

图中主要包括通信系统仿真环境、电力系统仿真环境、数据交互单元、仿真功能单元和仿真控制单元 5 部分。仿真控制单元是仿真的总体控制部分，实现仿真场景的设置、通信仿真软件与电力仿真软件间的同步和信息交互的控制。

仿真场景的设置包括：

① 电力仿真场景选择，如潮流稳定文件、故障类型、故障时间和切除时间等。

② 通信仿真场景选择，如通信网络拓扑选择、仿真时间、故障信息等。

仿真功能单元主要实现所需仿真的分析和控制功能的模拟，并将相应的信息发送到电力系统和通信系统仿真环境中。这些分析和控制功能可以包括 AGC、状态估计、稳控装置等。

通信系统仿真环境包括了通信仿真软件及仿真配置和仿真结果的输入/输出接口；电力系统仿真环境包括了电力仿真软件及仿真配置和仿真结果的输入/输出接口；电力系统仿真和通信系统仿真间的数据交互通过数据交互单元实现。

上述综合仿真框架不仅可以对电力系统和通信系统的复合故障进行仿真再现，还可以对电网的控制策略进行分析和修正，同时也可以为电力通信网络的规划设计提供客观、可靠的定量分析依据。

15.3.3 数据交互模式

电力仿真软件与通信仿真软件之间的数据交互采用 SOCKET UDP 模式。其中电力仿真软件作为 SOCKET 服务端，通信仿真软件作为 SOCKET 客户端，分别输入服务端和客户端的 IP 地址及端口号，在两者之间搭建 SOCKET 接口以实现数据传递。

图 15-3 给出了数据交互和仿真同步过程。图 15-3（a）所示为数据报文信息的交互过程；图 15-3（b）所示为电力与通信仿真软件间的同步过程。

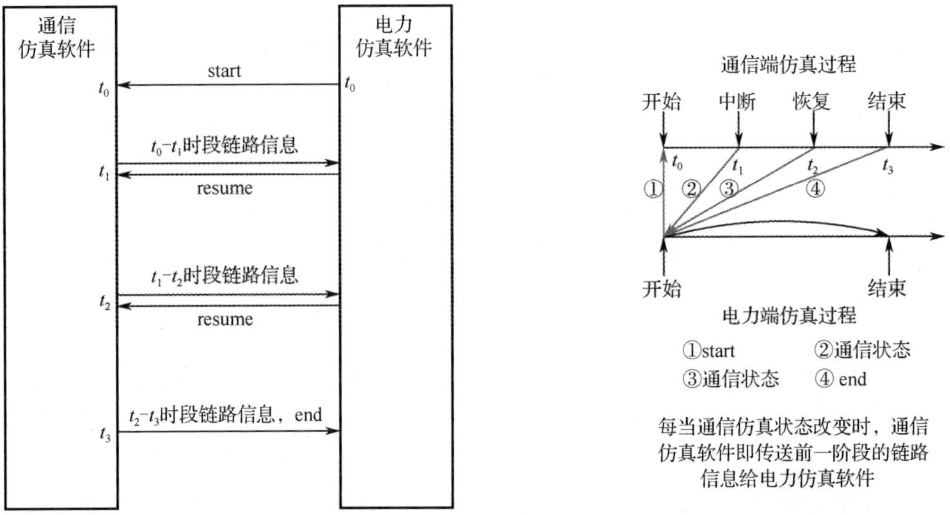

（a）数据报文信息的交互过程　　（b）电力与通信仿真软件间的同步过程

图 15-3　数据交互和仿真同步过程

数据报文信息的交互过程如下。

（1）首先启动通信仿真软件，使其处于等待状态，接着启动电力仿真软件。

（2）当通信仿真软件接收到从电网仿真软件传来的“start”信号时开始进行通信仿真，每当通信仿真过程中发生状态改变（如链路中断等）时，通信仿真软件将挂起，并将前一阶段的链路信息传给电力仿真软件。

（3）电力仿真软件接收到该信息后发送“resume”信号，通信仿真软件继续仿真。

（4）电力仿真软件接收到全部控制策略和控制执行的时标信息后按对应的时标加入电网仿真的事件列表中，然后再对新增的事件重新进行电网的仿真计算。

15.3.4　综合仿真平台的实现

综合仿真平台所包含的仿真软件主要由国网电力科学研究院开发的机电暂态仿真软件 FASTEST 和基于 SSFNET 开发的通信仿真软件构成。其中，SSFNET 是一种开源的面向对象的可扩展建模的通信仿真软件。SSFNET 中的 SDH 模型可以进行基于光纤网络的 SDH 仿真，实现自愈环保护、GMPLS 重路由、通信故障模拟功能，提供各通信通道的时延和状态信息。

综合仿真平台采用分布式仿真结构，通信仿真和电网仿真分别运行于不同的计算机上，两者通过交换机连接，如图 15-4 所示。

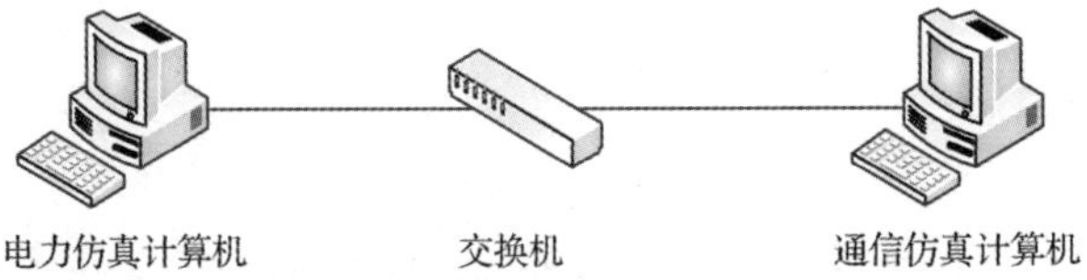

图 15-4　硬件环境示意图

综合仿真平台的软件总体框架如图 15-5 所示。除电力和通信仿真软件外，综合仿真平台还包括：SOCKET 交互接口、综合仿真控制、控制策略匹配、用户配置界面等模块。其中：

（1）“用户配置界面”用于定义电力场景和通信场景，根据控制策略匹配模块选取的通信通道生成相应的通信仿真配置文件，并将该文件传给“通信仿真配置接收端”。

（2）“控制策略匹配”模块模拟稳控装置，根据定义的电力场景，进行控制策略搜索和匹配，根据匹配到的策略，完成电力仿真配置，并将配置文件发送给电力仿真软件。

（3）“综合仿真控制”模块用于在通信和电力仿真都启动后控制电力仿真的进程，并可通过交互 SOCKET 报文控制通信仿真的进程。“综合仿真控制”模块还用于控制电力仿真和通信仿真的数据交互。

（4）SOCKET 交互接口不仅用于交互仿真的中间状态和中间结果等数据，还可用于同步控制信息的传输。

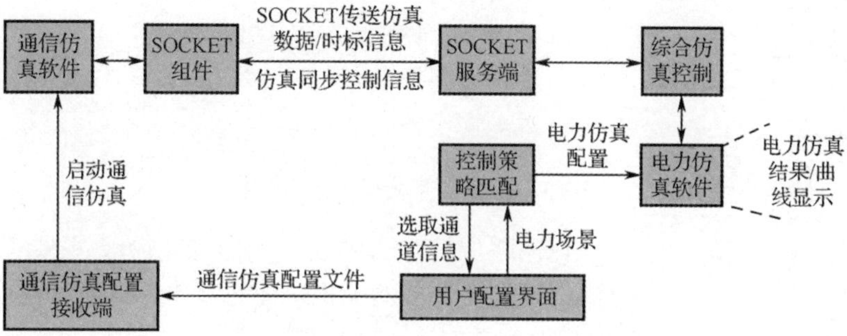

图 15-5　综合仿真平台的软件总体框架

15.3.5　综合仿真功能的拓展前景

这种面向 SDH 通信的电网和通信网综合仿真方法和总体框架，对其他通信方式和仿真功能的交互式综合仿真具有普适性，并用电力仿真软件 FASTEST 和通信仿真软件 SSFNET 开发了电网和通信网综合仿真平台，以研究通信对电网稳控系统的影响。但该仿真平台只实现了初步的综合仿真功能，还可在以下方面做进一步的拓展。

（1）设计灵活的综合仿真框架，能基于输配电网不同的分析和控制功能及不同的通信方式（SDH、EPON、无线等），灵活选择不同的通信仿真软件与电力仿真软件，实现多种仿真软件的灵活搭配和组合，满足不同仿真场景的需求。

（2）实现半实物仿真，用通信设备实物代替某些通信仿真模型，并与电力仿真软件组成一个混合仿真系统。

15.4　半实物（硬件在环）仿真设计

15.4.1　概述

半实物仿真又称硬件在环仿真或硬件在回路仿真（Hardware in the Loop Simulation），是指将数学模型与物理模型或实物模型相结合，建立计算机仿真与实物设备/系统的集成运行环境进行实验的过程。

1）半实物仿真系统的构建

（1）对系统中比较简单的部分或对其规律比较清楚的部分建立数学模型，并在计算机上加以实现。

（2）对比较复杂的部分或对其规律尚不清楚的部分，则直接采用物理模型或实物。

（3）当需要准确模拟设备性能或设备间通信性能时，将部分物理设备接入计算机仿真回路，构建半实物仿真系统，实现更接近于实际情况的仿真。

2）半实物仿真的系统结构

可以归纳为以下几部分（见图15-6）。

（1）仿真计算机系统与接口。

（2）环境模拟设备。

（3）实物设备/系统。

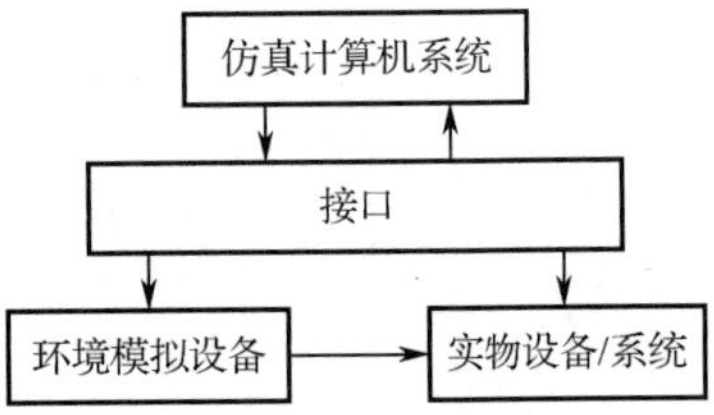

图15-6　半实物仿真系统框图

3）采用半实物仿真的优势

在网络通信仿真领域，采用半实物仿真主要有以下4个优势。

（1）设备性能的模拟。纯数字仿真只能对通信系统的功能进行仿真，半实物仿真可以实现对通信设备性能的准确模拟。

（2）提高仿真精确度。对于非线性、随机性特征很难建模的设备或系统，通过将其接入仿真系统，可以提高网络仿真的精确性。

（3）降低成本。将部分实物设备构成的通信网络用仿真系统的虚拟网络替代，避免了全部采用实物验证，可有效降低成本。

（4）提高可信度。在大型网络仿真中，实物的加入和集成将使得整个仿真过程更加可信。

15.4.2　硬件实物的接入原则和方法

半实物仿真系统属于实时仿真系统，它利用计算机接口将实物嵌入软件环境中去，并要求系统的软件和硬件都要实时运行。其硬件实物的接入原则、连接方式及仿真软件与实物设备/系统间的接口方式如下。

1. 硬件实物的接入原则

（1）运行于实时仿真系统中的模型可以被实物所替代。由于半实物仿真是将实物接入数字仿真的回路中，并替代仿真回路中的某个数字模型，因而要求数字仿真的仿真时间标尺与实物的时间标尺相同，数字仿真系统可以实时仿真。

（2）支持多类型通信规约的通信网仿真。通信系统中存在很多特殊的、自定义的通信规约，而这些规约往往与通用的通信系统不兼容，与一般的仿真模型也有一定的区别。这就要求由采用特殊通信规约的设备替代仿真系统中的模型，并且还要考虑设计规约转换设备，满足特殊通信规约的接入要求。

（3）通信物理层的仿真。一般的通信仿真模型往往难以准确描述环境或工况对通信线路、通信设备的影响，而通信物理层的变化会对仿真结果产生重大的影响。通过设计半实物仿真系统，将通信实物接入仿真系统中，通过改变通信实物的工况和环境，可以精确模拟环境和工况的改变对通信系统的影响。

（4）设计接口支持实物设备与仿真软件的连接。在半实物仿真的过程中，仿真计算机输出的驱动信号经接口变换后驱动相应的物理效应设备。接口设备同时将操作人员或实物系统的控制输入信号输入仿真计算机。因此，接口设计是实现系统实时性和信息交互的转换与控制的关键环节。

（5）半实物仿真的接口主要有两类：

① 仿真软件与外部系统（软件系统）的数据接口，主要对应于 OSI 7 层模型网络层及以上的 4 层。

② 仿真软件与实物系统的协议转换接口，主要对应于 OSI 7 层模型的物理层和链路层。

2．半实物仿真的连接方式

半实物仿真实现模式主要有以下 3 种：实物-仿真系统模式、实物-仿真-实物系统模式和仿真-实物-仿真系统模式。

1）实物-仿真系统模式

在实际系统和计算机仿真系统间进行信息交互，可以实现单台套设备/简单系统的半实物串联连接，一般适用于单台实物设备与简单网络的半实物仿真。图 15-7 所示为实物-仿真系统连接模式。

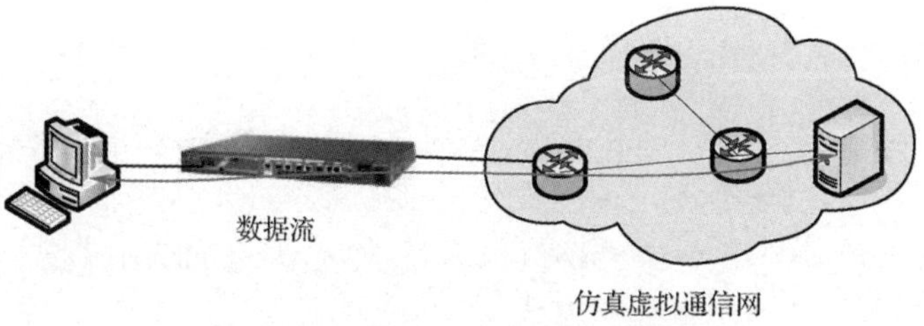

图 15-7　实物-仿真系统连接模式

2）实物-仿真-实物系统模式

两个或多个实际系统通过计算机仿真环境相互连接，如图 15-8 所示。在计算机仿真环境中，提供多个实时网关节点用于连接各个外部设备，真实数据包在仿真环境中被路由转发，受到虚拟网络的时延、丢包、协议等影响，再经实时网关传输到真实网络中。在这种方式中，仿真环境实际上只充当了传输网络，数据包经过虚拟网络的处理和转发，作用同经过真实网络一样。因此，这种实现模式较适用于对仿真网络的规模扩展，或者对物理设备构成的系统进行综合检测与验证。

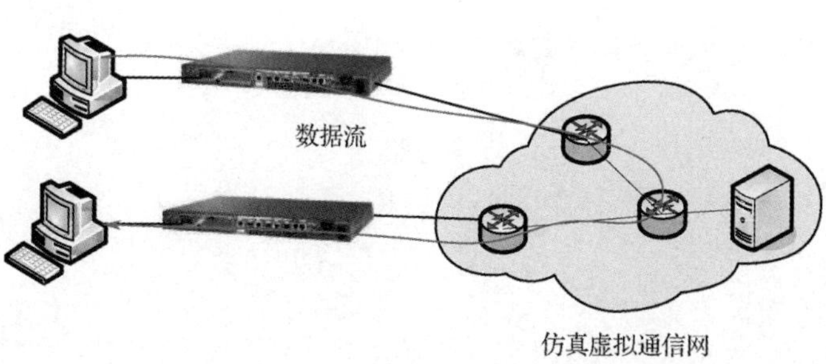

图 15-8　实物-仿真-实物系统连接模式

3）仿真-实物-仿真系统模式

一个计算机仿真环境中的数据包经过一个外部实物系统到达另外一个计算机仿真环境。这种实现模式主要适用于计算机仿真的分布式扩展，也可用于检测实物系统的数据处理能力。如图 15-9 所示为仿真-实物-仿真系统连接模式。

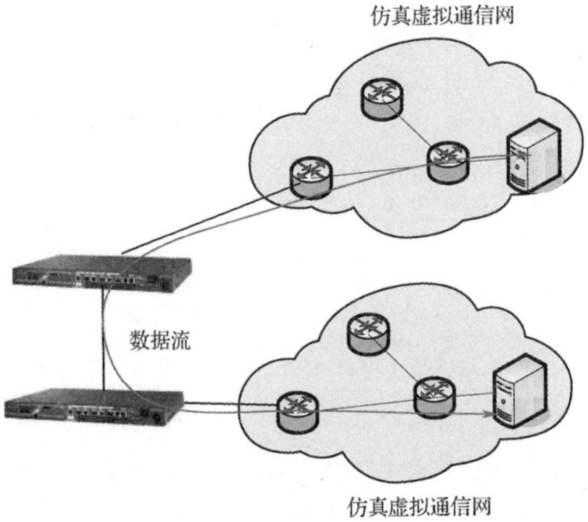

图 15-9 仿真-实物-仿真系统连接模式

3. 仿真软件与实物设备/系统间的接口方式

对于通信半实物仿真系统，通信仿真软件与通信实物设备/系统间的信息交互主要通过数据包的形式实现。由于半实物仿真还没有一种完全通用成熟的接口模式，往往需要用户根据实物系统的不同特点定制相应的半实物仿真接口。目前较为常用的仿真接口主要有以下两种：HLA/RTI 数据交互方式、实时数据交互方式。

1）HLA/RTI 数据交互方式

（1）仿真的高层体系架构（HLA）已成为 IEEE 的标准建模与仿真方式，通过运行时间支撑环境（Run-Time Infrastructure，RTI），HLA 将仿真应用同底层的支撑环境分开，解决了仿真系统的灵活性和可扩充性问题，并且可以将实物设备和仿真软件集成到一个综合的仿真环境中，满足复杂大系统的仿真需要。

（2）使用 HLA 架构，需建立各系统的仿真联邦（仿真联邦是指仿真系统中各仿真子系统既能独立运行，又能按照统一的信息交互规范进行交互），由 RTI 接口的机制完成同其他仿真环境或者外部设备的信息交互。

（3）基于 HLA/RTI 的数据交互方式如图 15-10 所示，整个联邦中可以同时存在多个 HLA 接口，它具有以下主要作用。

① 在联邦运行开始时，执行联邦成员的初始化。

② 联邦仿真时间推进时，控制联邦时间使其与联邦时间同步。

③ 联邦成员创建和发生信息交互时，把由进程模型产生的交互信息进行格式转换并发送。

④ 其他联邦成员接收交互信息时，把接收进来的交互信息进行转换并发到对应的进程模型。

⑤ 在其他联邦成员发现对象实例时，在 HLA 对象与相应的联邦对象之间进行映射。

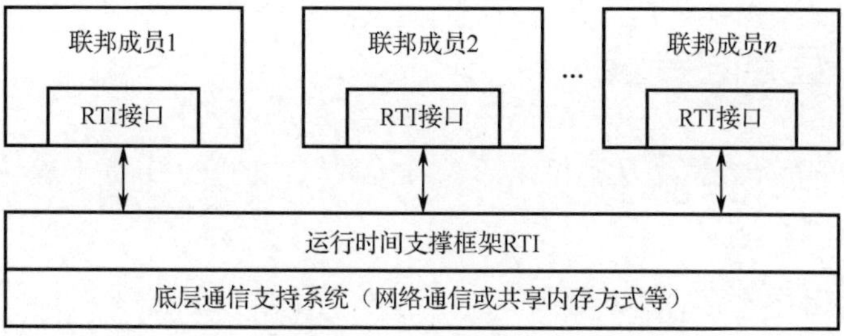

图 15-10　基于 HLA/RTI 的数据交互方式

- 在联邦成员更新自身属性时，把联邦中的更新数据转换成 HLA 中的更新数据；
- 在其他联邦成员得到更新时，使接收到的更新属性生效。

（4）在 HLA/RTI 体系结构下构建基于联邦的半实物仿真的基本过程如下。

① 通过以太网分别将联邦仿真主机、外部实际网络设备与 RTI 环境连接起来。

② 运行支撑软件（RTI）的设置。

③ 仿真软件的设置，包括使用 HLA 体系结构专用属性配置仿真，创建用于传输联邦成员信息交互的数据包、数据间的映射关系，以及交互数据包输入/输出模型。

④ 对外部实际设备进行相应的转换工作后，将其与仿真系统作为联邦成员加入联邦中。

2）实时数据交互方式

实时数据交互方式可以将多个物理网络接口映射到虚拟网络中不同的网络地址，从而使物理设备和仿真软件能进行交互，成为统一的整体，实现协同半实物仿真的方式。基于实时数据交互方式的半实物仿真框图如图 15-11 所示。

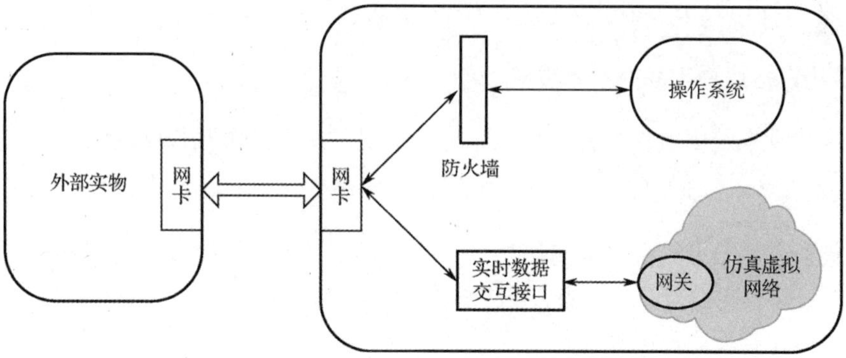

图 15-11　基于实时数据交互方式的半实物仿真框图

仿真计算机网络接口接收到数据包，通过可选的软件防火墙转发至操作系统（防火墙替操作系统阻挡发给仿真计算机的无用数据包，从而降低系统开销）。

同时，对于发送给仿真软件的数据包，实时数据交互接口组件把它们直接从网卡转发至仿真进程，仿真软件的核心去除这些数据包的以太网帧头，将剩余的 IP 数据报部分，通过仿真虚拟网络的网关节点，传递给仿真虚拟网络的其他部分。

当仿真的数据报文需要输出时，仿真软件的核心又会通过虚拟网络的网关节点，获取 IP 数据报部分，并将该部分加上以太网帧头，通过仿真计算机的网卡输出到真实的网络设备。

15.4.3 人机交互界面要求

半实物仿真系统中，人机交互不仅包括人与仿真软件的交互，也包括人与半实物仿真系统中实物设备的交互。

1. 对仿真软件用户界面的基本要求

对仿真软件用户界面的基本要求是直观性和响应性，为用户提供通俗易懂的信息，帮助用户理解信息，并为用户使用信息提供指导；使用户的精神集中于当前任务，并指导用户进入下一部分。

1）直观性

（1）简明性。防止人的信息超载，提高工作效率。输出信息应简洁、易理解，多用图形化结果输出；需输入的信息尽量简单，设置默认，降低击键频度和难度，最大限度地减少用户短时记忆和操作负担。

（2）一致性。整个系统用统一的风格与用户对话；所有的命令语言有相同的结构，命令语言用词所代表的意义相同；应保证数据输入处理的一致性，数据输入与显示兼容。

（3）完整性。用尽可能少的文字给出必需的信息，文字应切中主题。

2）响应性

用户界面应对用户的所有输入都能立即做出响应。当用户输入后，等待计算机响应的时间是有限度的：正常的人机对话，系统延迟不要超过2s；松散方式会话，延迟为2～4s；当延迟大于4s时，用户界面应提供等待信息及运行状态信息。

2. 对实物设备用户界面的基本要求

对半实物仿真系统中实物设备用户界面的基本要求是可操作性和直观性。

1）可操作性

（1）考虑到实物设备往往不具备直接的用户界面，因此，需为用户提供相应的实物设备操作界面，界面可以提供操作流程，并为用户操作提供指导。如果实物设备具备直接的用户界面，则应提供用户操作手册指导用户操作实物设备完成半实物仿真工作。

（2）实时性。硬件设备与仿真系统应实现实时同步，用户的操作结果可以实时反映在仿真进程中。由于仿真系统是与真实世界同步的，因此实时性要求比较高。

2）直观性

（1）简明性。设计的半实物仿真系统中所需用户操作的实物设备应尽可能少，其操作步骤应尽量简化；应可以显示操作的结果；需输入的信息尽量简单，设置默认，降低击键频度和难度，提高用户操作速度，减轻操作负担。

（2）一致性。提供相应的用户手册，手册中所有的操作方式都有相同的结构，操作命令语言用词所代表的意义相同。

（3）完整性。提供相应的用户手册，对实物设备的输出结果给出必需的说明信息，用户手册中的文字应切中主题。

15.5 人在环的半实物仿真设计

15.5.1 概述

人在环仿真也可以称作人在回路仿真、人机闭环系统或人机互助系统。人在环仿真是一种交互式仿真，是人和虚拟的模型与仿真系统交互。

人作为仿真系统的一部分实时参与仿真，将人对实物设备的操作过程放在仿真环境中进行分析、研究，以提高仿真数据的可靠性，也为研究人的因素对系统的影响提供了良好的手段和工具。

与虚拟现实技术不同，人在环仿真一般仅用到常规的工业标准接口，不考虑人的各种动作、手的姿态、语言或者表情等实现人机交互的信息。

人在环的仿真方法对有人参与实时控制的系统或人机交互系统，能更好地反映仿真数据的真实性，弥补数字仿真或半实物仿真数据可靠性问题，为研究人的因素对系统产生的影响提供良好的研究方法和工具。

15.5.2 人一仿真系统间的信息交互

1．概述

人在环仿真需要采用动态网络仿真方法，允许用户在仿真过程中动态读取、配置网络参数，设置故障，参与仿真进程的更新，并直观展示对网络仿真干预的效果。

人（操作者）在不影响当前仿真进程的情况下，通过直接与仿真软件实时进行人机交互，对仿真的事件队列和网络模型等进行管理，实现对仿真网络的动态干预。

目前关于人在环仿真模式，其载体应用较多的是虚拟现实技术，比如飞行仿真中的虚拟座舱、驾驶模拟器仿真等。而面向通信网络的人在环仿真主要目标不是追求“人”身临其境的观感，而是通过这种仿真模式，研究人的因素对通信网络的影响，如网络攻击对通信系统的影响，以及网络安全管理者如何防御网络攻击行为等。

2．人与仿真系统间交互方式的特点

面向通信网络的人在环仿真中“人”与仿真系统间的交互方式应具有以下特点。

1）直观性

（1）动态特性展示。通信网络仿真应具有图形生成技术，具备对当前仿真场景进行动态展示的功能。

（2）操作界面。需提供相应的操作界面，操作界面可以是软件，也可以是硬件设备。操作界面需输入的信息尽量简单，设置默认，降低击键频度和难度，最大限度地减少用户短时记忆和操作负担。

2）可操作性

（1）操作装置。操作装置需提供相应的操作平台和操作界面，操作装置应采用现场实际使用的装置，或与之具有相同的外形和功能的装置。

（2）操作实时性。用户的操作与仿真系统应实现实时同步，考虑到人的反应“较慢”，仿真系统的实时性要求可以稍低。

（3）操作环境。应提供良好的操作环境，如合理的空间、照明，操作设备应能方便接触到等。

（4）操作文档。包括装置的操作手册、操作流程说明、仿真的预案等。

3）人—仿真系统间信息交互的媒介

面向通信网络的人在环仿真，主要考虑人的操作结果对通信网络的影响。操作的结果主要通过传输的数据和网络中的设备体现，如传输数据流量的变化、传输路径的变化、传输数据本身的变化，以及设备的变化等。

在仿真中，人的状态不会作为输入的参数，不用对人的状态进行感知和跟踪。

15.5.3 人的因素对仿真的影响

1. 人对仿真结果的影响因素

人在环的半实物仿真系统引入了“人”这一不确定因素，而人的加入将不可避免地影响最终的仿真结果精度和可信度。人（操作者）对仿真结果可信度和精度的影响主要有以下几个方面。

1）操作技能

参与仿真的操作者，其操作技能的高低会直接影响仿真的结果。因此，操作者应具备熟练操作设备的能力。

2）决策水平

人在环的半实物仿真过程中，往往需要对当前的仿真状态或虚拟通信网络的状态做出及时的决策，各种决策的合理性会直接影响最终的仿真结果。

3）协同能力

当人在环的半实物仿真需要由多个操作者协同完成时，人员之间的默契程度和相互间交流的有效性就非常重要。这就要求参与仿真的操作者应相互熟悉，最好经过长期训练，配合默契；或者在仿真实验前先对操作者进行必要的协作训练。

4）疲劳程度

人在精力充沛的状况下，具备随机应变和正确的决策能力；而当处于疲劳状态时，工作容易失误。因此，人在环的半实物仿真持续时间不应很长，实验环境也要比较舒适。当需要多次仿真或延长仿真时间时，还需要考虑对不同时间段的实验数据进行有意识的取舍。

5）主观意识

当人处在仿真环境中时，会与处于真实环境有较大差别，操作人员难以产生相应的“沉浸”感或强力的责任感。通过操作者的主观努力，可以使操作者产生一种“沉浸”感，从而提高仿真的逼真度。

6）心理压力

当人处于某种高度精神压力的环境中时，容易失误增多、反应迟钝，而心理压力在仿真的过程中难以复现，因此可以通过多次仿真、降低仿真过程中操作者的响应及时性或适当调整操作人员的心理压力等方法来解决。

2. 提高人在仿真中可靠性的措施

为提高人在环的半实物仿真的精确性和可靠性，需要在操作人员的选择、培训及实验组织这 3 个环节采取措施。

（1）操作人员的选择。操作人员应具备相关通信和网络方面的知识，具备熟练操作相关设备的能力，并熟悉仿真软件的使用。

（2）对操作人员的培训主要侧重于仿真系统的使用。另外，如果操作人员之间不熟悉，还要进行必要的协作性训练。

（3）实验组织是指为完成仿真实验而进行的培训、管理、协调，以及预案准备工作。

15.5.4　设备检测的应用设计

基于人在环的半实物仿真系统可以对通信设备进行校验分析和检测。在这类应用中，操作人员作为被测设备的调试或检验人员，在仿真系统的虚拟环境中，通过操作和控制通信设备检验其性能和可靠性。

相比于直接对设备的测试，将设备置于仿真环境中，将能够更加全面地反映设备是否能满足系统整体性能指标的需要。

在产品出厂并用于现场前，构建基于人在环的半实物仿真系统，通过操作人员在线仿真设置一些极端现场条件，可以校验相关设备的极限工作能力及系统的可靠性。

通信设备面临着越来越多网络攻击的风险，通过基于人在环的半实物仿真系统，在线模拟网络攻击行为，可以检测设备的抗攻击能力和安全性设置。

15.5.5　人员培训的应用设计

1. 概述

为操作人员的操作技能训练或指挥/决策人员的能力训练建立的有人操纵的系统是人在环仿真系统的一个重要应用。在这类应用中，人作为仿真系统中不可缺少的环节，通过从仿真软件的界面上获取虚拟通信系统的状态，经过人的判断后，在实物设备上做出操作或进一步的决策，以应对仿真系统模拟的各类通信故障，以此达到培训操作人员的目的。

与前两节的数字仿真和半实物仿真不同，由于引入了操作者，这种仿真除要将仿真的通信网络和实物设备的动态特性通过仿真的方式实现外，还要求具备人对通信网络状态的实时感知能力，以及对通信网络动态配置管理的能力，实时参与仿真的进程，最后还需要对人的操作行为在仿真过程中的作用进行评估。

基于人在环的半实物通信仿真平台，可以培训操作人员、管理人员应对通信故障及网络攻击的能力。

2. 通信系统管理的培训

在通信系统的仿真中设计通信网故障，由培训人员根据预案或自己的经验判断，更新半实物仿真平台中硬件设备的配置，处理通信故障。

也可以在实际的通信网发生故障后，通过在该平台上模拟故障情况，再由操作人员反复操作演练，找出处理故障的最佳方案。

3. 网络安全的培训

目前，通信网络面临着越来越多的网络攻击威胁，因此培训网络管理人员或网络安全人员，提升他们应对网络攻击的能力显得尤为重要，而人在环的半实物仿真系统提供了一个很好的训练平台。

（1）在线安全防御的培训。通过仿真软件设计不同的网络攻击场景，由操作者通过实时配置硬件设备应对预设的网络攻击行为，最后对操作者的处理结果进行评估。

（2）安全策略评估。通过预先设定安全策略的方案，在半实物仿真系统中配置相应的网络仿真模型，通过在仿真中模拟网络攻击者的攻击行为，分析网络仿真模型应对攻击行为的能力，从而对安全策略进行评估。

（3）在线攻防演练。由模拟的攻击者和网络安全培训人员协作，在平台上实时在线进行通信网络的攻防演练。

Chapter A

附录 A

国际标准和国外先进标准

ISO 7250：1996	Basic human body measurements for technological design
ISO 8995：1989(E)	Principles of visual ergonomics—The lighting of indoor work systems
ISO 9241：	Ergonomic requirements for office work with visual display terminals (VDTs)
ISO 9241-1：1997	Part 1: General introduction
ISO 9241-2：1992	Part 2: Guidance on task requirements
ISO 9241-3：1992	Part 3: Visual display requirements
ISO 9241-4：1998	Part 4: Keyboard requirements
ISO 9241-5：1992	Part 5: Workstation layout and postural requirements
ISO 9241-6：1999	Part 6: Environmental requirements
ISO 9241-7：1998	Part 7: Requirements for display with reflection
ISO 9241-8：1997	Part 8: Requirements for displayed colours
ISO 9241-9：2000	Part 9: Requirements for nonkeyboard input devices
ISO 9241-10：1996	Part 10: Dialogue Principles
ISO 9241-11：1998	Part 11: Guidance on usability
ISO 9241-12：1998	Part 12: Presentation of information
ISO 9241-13：1998	Part 13: User guidance
ISO 9241-14：1997	Part 14: Menu dialogues
ISO 9241-15：1997	Part 15: Command dialogues
ISO 9241-16：1999	Part 16: Direct manipulation dialogues
ISO 9241-17：1998(E)	Part 17: Form filling dialogues
IS0 9355-1：1999	Part 1: Human interactions with displays and control actuators
ISO 9355-2：1999	Part 2: Displays
ISO 9355-3：2004	Part 3: Control actuators
ISO/IEC 9995-1：1994	Information technology—Keyboard layouts for text and office systems—Part 1:General principles governing Keyboard layouts
ISO 11064-1：2000	Ergonomic design of control centres—Part 1：Principles for the design of control centres
ISO 11064-2：2000	Ergonomic design of control centres—Part 2：Principles for the arrangement of control suits

ISO 11064-3：2002　Ergonomic design of control centres－Part 3:Control room layout

ISO 11064-4：2004　Ergonomic design of control centres－Part 4: layout and dimensions of Workstation

ISO/WD 11064-5：1997　Ergonomic design of control centres－Part 5:Displays, Controls, Interactions

ISO/CD 11064-6: 2003　Ergonomic design of control centres－Part 6: Environmental requirements

ISO/WD 11064-7：1998　Ergonomic design of control centres－Part 7：Principles for the evaluation of control rooms

ISO 13407：1999　Human centred design processes for interactive systems

（注：ISO——国际标准化组织）

IEC 60073：1996　Coding of indicating devices (display units)and actuators by colors and supplementary means

IEC 60447：Actuating Principles for man machine interface

IEC 60964：1989　Design for control rooms of nuclear power plants

IEC 61227：1993　Nuclear power plants — control room — operator controls

IEC 61310　Safety of machinery — Indication,marking and actuation

IEC 61310-1：1995　Part 1:　Requirements for visual, auditory and tactile signals

IEC 61310-2：1995　Part 2:　Requirements for marking

IEC 61310-3　Part 3：Requirements for the location and operation of actuators

IEC 61771：1995　Nuclear power plants—main control room—Verification and validation of design

IEC 61772：1995　Nuclear power plants—Main control room—Application of visual display units(VDU)

（注：IEC——国际电工委员会）

ANSI ASHRAE 55：1981　Thermal environmental conditions for human occupancy

ANSI/HFS 100：1988　Human factors engineering for visual display terminals workstations

ANSI X3.154：1998　Alphanumeric machines—keyboard arrangement

BS EN 894-2：1997　Safety of machinery—Ergonomics requirements for the design of displays and control actuators Part 2:Displays

DIN 5035-5：1979　室内人工照明　应急照明

DIN 31001-1：1974　符合安全要求设计工业产品的防护设施概念，对成人和儿童的安全距离

DIN 31003：1981　位置固定的工作平台，包括通道、概念、安全技术的要求、检验

DIN 33400-2：1979　根据劳动科学知识设计劳动系统　可调的工作椅的应用

DIN 33401：1977　调节部件，概念、适用范围、设计说明

DIN 33402-2：1981　人体尺寸，数值

DIN 33402-2（附件 1）：1979　人体尺寸，数值　采用百分位工作的原则

DIN 33402-2（附件 2）：1979　人体尺寸，数值　人体尺寸在实践中的应用

DIN 33402-2（附件 4）：1980　人体尺寸，数值　人在各种姿势下的自由活动空间

DIN 33408-1：1981　人体模板　用于坐位的侧视图

DIN 33408-1（附件 1）：1981　人体模体　用于坐位的侧视图应用举例

DIN 33410：1980　工作场所在干扰声下的语言通信（概念、条件及要求）

DIN 33412：1981　办公——工作位置的工效学设计 概念、面积的确定、安全技术要求

DIN 33413：Ergonomic aspects of devices Types, observation tasks, subtability

DIN 33414-1：1985　Ergonomic design of control rooms Seated workstations Terms and definitions, principles, dimensions

DIN 66234 Teil7：1984　Bildschirmarbeitsplatze Ergonomische Gestaltung des Areitsraumes Beleuchtung und Anordnung

（注：ANSI——美国国家标准；BS——英国国家标准；DIN——德国国家标准）

Chapter B

附录 B

国家标准和行业标准

GB 935　高温作业允许持续接触热时间限值

GB 1251.1（ISO 7731）　工作场所的险情信号　险情听觉信号

GB 1251.2（ISO 11428）　人类工效学　险情视觉信号　一般要求　设计和检验

GB 1251.3（ISO 11429）　人类工效学　险情和非险情声光信号体系

GB/T 1252（ISO 4196）　图形符号　箭头及其应用

GB/T 1988（ISO/IEC 646）　信息技术　信息交换用七位编码字符集

GB/T 2428—1998　成年人头面部尺寸

GB/T 2681　电工成套装置中的导线颜色

GB/T 2682　电工成套装置中的指示灯和按钮的颜色

GB/T 2887　电子计算机场地通用规范

GB 2893（ISO 3864）　安全色

GB/T 2893.1（ISO 3864-1）　图形符号　安全色和安全标志　第 1 部分：工作场所和公共区域中安全标志的设计原则

GB 2894（ISO 3864）安全标志

GB/T 3222（ISO 1996-1）　声学　环境噪声测量方法

GB/T 3239（ISO 131）　空气中声和噪声强弱的主观和客观表示法

GB 3869　体力劳动强度分级

GB/T 4026（IEC 445）　电气设备接线端子和特定导线线端的识别及应用字母数字系统的通则

GB 4053.3　固定式工业防护栏杆安全技术条件

GB/T 4064　电气设备安全设计导则

GB/T 4205（IEC 60447）　人机界面（MMI）——操作规则

GB 4208（IEC 60529）　外壳防护等级（IP 代码）

GB/T 4364—1984　电信设备人工控制机构操作方向的标记

GB/T 4728（IEC 60617:1996）　电气简图用图形符号

GB 5083　生产设备安全卫生设计总则

GB/T 5700　室内照明测量方法

GB/T 5701　室内空调至适温度

GB/T 5703　人体测量方法

GB/T 5845　城市公共交通标志（系列标准）

GB 5959.1（IEC 60519-1） 电热设备的安全 第 1 部分：通用要求

GB 7000.1（IEC 60598-1） 灯具一般安全要求与试验

GB 7000.2（IEC 60598-2-22） 应急照明灯具安全要求

GB/T 7027 信息分类编码的基本原则与方法

GB/T 7159（IEC 60204-2） 电气技术中的文字符号制定通则

GB/T 8196（ISO 14120） 防护装置 固定式和活动式防护装置设计与制造 一般要求

GB 8197 防护屏安全要求

GB/T 8417（CIE DS 004.4/E） 灯光信号颜色

GB/T 8566 信息技术 软件生存周期

GB/T 8567 计算机软件产品开发文件编制指南

GB 9089（IEC 60621） 户外严酷条件下的电气装置

GB/T 9385 计算机软件需求说明编制指南

GB/T 10000—1988 中国成年人人体尺寸

GB/T 10001.1（ISO 7001）标志用公共信息图形符号 第 1 部分：通用符号

GB/T 8417（CIE DS 004.4/E） 灯光信号颜色

GB/T 12504 计算机软件质量保证计划规范

GB/T 12505 计算机软件配置管理计划规范

GB 12265.1（EN 249） 机械安全 防止上肢触及危险区的安全距离

GB 12265.2（EN 811） 机械安全 防止下肢触及危险区的安全距离

GB 12265.3（EN 349） 机械安全 避免人体各部位挤压的最小间距

GB/T 12454 视觉环境评价方法

GB 12800（ISO 8201） 声学 紧急撤离听觉信号

GB/T 12984 人类工效学 视觉信息作业基本术语

GB/T 12985 在产品设计中应用人体尺寸百分位数的通则

GB/T 13379（ISO 8995） 视觉工效学原则 室内工作系统照明

GB/T 13423 工业控制用软件评定准则

GB/T 13442（ISO 2631-1） 人体全身振动暴露的舒适性降低界限和评价准则

GB/T 13446 信息交换用汉字 256*256 点阵 仿宋体字模集及数据集

GB 13495（ISO 6309） 消防安全标志

GB/T 13547—1992 工作空间人体尺寸

GB/T 13630（IEC 60964） 核电厂控制室的设计

GB/T 13631（IEC 60965） 核电厂辅助控制点设计准则

GB/T 13846 图形信息交换用矢量汉字 仿宋体字模集及数据集

GB/T 14079 软件维护指南

GB/T 14394 计算机软件可靠性和可维护性管理

GB/T 14476（IEC 60268-16） 客观评价厅堂语言可懂度的“RASTI”法

GB/T 14543 标志用图形符号的视觉设计原则

GB/T 14573.1（ISO 7574-1） 声学 确定和检验机器设备规定的噪声辐射的统计学方法 第 1 部分：概述与定义

GB/T 14774 工作座椅一般人类工效学要求

GB/T 14775 操作器一般人类工效学要求

GB/T 14776—1993（DIN 33406） 人类工效学 工作岗位尺寸 设计原则及其数值

GB/T 14777—1993（ISO 1503:1977）几何定向及运动方向

GB 14778 安全色光通用规则

GB/T 14779（DIN 33408） 坐姿人体模板功能设计要求

GB/T 15241（ISO 10075） 人类工效学 与心理负荷相关的术语

GB/T 15241.2（ISO 10075-2） 与心理负荷相关的工效学原则 第 2 部分：设计原则

GB/T 15508 声学 语言清晰度测试方法

GB 15539 集群移动通信系统技术体制

GB/T 15566 图形标志 使用原则与要求

GB 15630（ISO 7239）消防安全标志设置要求

GB/T 15706.1（ISO 12100-1） 机械安全 基本概念与设计通则 第 1 部分：基本术语和方法

GB/T 15706.2（ISO 12100-2） 机械安全 基本概念与设计通则 第 2 部分：技术原则与规范

GB/T 15759（DIN 33416） 人体模板设计和使用要求

GB/T 15936.1（ISO 8613-1） 信息处理 文本与办公系统 办公文件体系结构（ODA）和交换格式 第 1 部分：引言和总则

GB 16179 安全标志使用导则

GB/T 16251（ISO 6385） 工作系统设计的人类工效学原则

GB/T 16252—1996 成年人手部号型

GB/T 16260 信息技术 软件产品评价 质量特性及其使用指南

GB/T 16273.1（ISO 7000） 设备用图形符号 通用符号

GB/T 16680 软件文档管理指南

GB/T 16851（IEC 60849） 应急声系统

GB/T 16855.1（ISO 13840-1） 机械安全 控制系统有关安全部件 第一部分：设计通则

GB/T 16856—1997（EN 1050） 机械安全 风险评价的原则

GB 16895.2（IEC 60364-4-42） 建筑物电气装置 第 4 部分：安全防护 第 42 章：热效应保护

GB/T 16900（ISO/IEC 81714） 图形符号表示规则 总则

GB/T 16901.1（ISO/IEC 81714-1） 技术文件用图形符号表示规则 第 1 部分：基本规则

GB/T 16901.2（IEC 81714-2） 技术文件用图形符号表示规则 第 2 部分：图形符号（包括基准符号库中的图形符号）的计算机电子文件格式规范及其交换要求

GB/T 16901.3（IEC 81714-3） 技术文件用图形符号表示规则 第 3 部分：连接点、网络及其编码的分类

GB/T 16902.1（ISO80416-1） 设备用图形符号表示规则 第 1 部分：符号原图的设计原则

GB/T 16902.2（ISO80416-2） 设备用图形符号表示规则 第 2 部分：箭头的形式和使用

GB/T 16902.3（ISO80416-3） 设备用图形符号表示规则 第 3 部分：应用导则

GB/T 16902.4（ISO80416-4） 设备用图形符号表示规则 第 4 部分：屏幕和显示器用图形符号（图标）的设计指南

GB/T 16903.1 标志用图形符号表示规则 第 1 部分：公共信息图形符号的设计原则

GB/T 16903.2 标志用图形符号表示规则 第 2 部分：理解度测试方法

GB/T 16903.3 标志用图形符号表示规则 第 3 部分：感知性测试方法

GB/T 17045（IEC 61140） 电击防护 装置和设备的通用部分

GB/T 17244（ISO 7243）　热环境　根据 WBGT 指数（湿球黑球温度）对作业人员热负荷的评价

GB/T 17245　成年人人体惯性参数

GB/T 17249.1（ISO 11609-1）　声学　低噪声工作场所设计指南　噪声控制规划

GB/T 17544　信息技术　软件包　质量要求和测试

GB 17888.1（ISO 14122-1）　机械安全　进入机器和工业设备的固定设施　第 1 部分：进入两级平面之间的固定设施的选择

GB 17888.2（ISO 14122-2）　机械安全　进入机器和工业设备的固定设施　第 2 部分：工作平台和通道

GB 17888.3（ISO 14122-3）　机械安全　进入机器和工业设备的固定设施　第 3 部分：楼梯、阶梯和护栏

GB 17888.4（ISO 14122-4）　机械安全　进入机器和工业设备的固定设施　第 4 部分：固定式直梯

GB/T 18048（ISO 8996）　人类工效学　代谢产热量的测定

GB/T 18049（ISO 7730）　中等热环境　PMV 和 PPD 指数的测定及热舒适条件的规定

GB 18083　以噪声污染为主的工业企业卫生防护距离标准

GB/T 18153（EN 563）　机械安全　可接触表面温度　确定热表面温度限值的工效学数据

GB 18209.1（IEC 61310）　机械安全　指示、标志和操作　第 1 部分：关于视觉、听觉和触觉信号的要求

GB 18209.2（IEC 61310-2）　机械安全　指示、标志和操作　第 2 部分：标志要求

GB/T 18717.1（ISO15534-1）　用于机械安全的人类工效学设计　第 1 部分：全身进入机械的开口尺寸确定原则

GB/T 18717.2（ISO15534-2）　用于机械安全的人类工效学设计　第 2 部分：人体局部进入机械的开口尺寸确定原则

GB/T 18717.3（ISO15534-3）　用于机械安全的人类工效学设计　第 3 部分：人体测量数据

GB/T 18883　室内空气质量标准

GB/T 18976（ISO 13407）　以人为中心的交互系统设计过程

GB/T 18977（ISO10551）　热环境人类工效学　使用主观判定量表评价热环境的影响

GB/T 18978.1（ISO 9241-1）　使用视觉显示终端（VDTs）办公的人类工效学要求　第 1 部分：概述

GB/T 18978.2（ISO 9241-2）　使用视觉显示终端（VDTs）办公的人类工效学要求　第 2 部分：任务要求指南

GB/T 18978.10（ISO 9241-10）　使用视觉显示终端（VDTs）办公的人类工效学要求　第 10 部分：对话原则

GB/T 18978.11（ISO 9241-11）　使用视觉显示终端（VDTs）办公的人类工效学要求　第 11 部分：可用性指南

GB/T 20527.1（ISO 14915-1）　多媒体用户界面的软件人类工效学　第 1 部分：设计原则和框架

GB/T 20527.2（ISO 14915-2）　多媒体用户界面的软件人类工效学　第 2 部分：多媒体导航和控制

GB/T 20527.3（ISO 14915-3）　多媒体用户界面的软件人类工效学　第 3 部分：媒体选择与

组合

GB/T 20528.1（ISO 13406-1） 使用基于平板视觉显示器工作的人类工效学要求　第1部分：概述

GB/T 20528.2（ISO 13406-2） 使用基于平板视觉显示器工作的人类工效学要求　第2部分：平板显示器的人类工效学要求

GB/T 22188.1（ISO 11064-1） 控制中心的人类工效学设计　第1部分：控制中心的设计原则

GB/T 22188.2（ISO11064-2） 控制中心的人类工效学设计　第2部分：控制室的布局原则

GB/T 22188.3（ISO11064-3） 控制中心的人类工效学设计　第3部分：控制室的布局

GB/T 22188.4（ISO 11064-4） 控制中心的人类工效学设计　第4部分：工作站的布置和尺寸

GB/T 22188.5（ISO 11064-5） 控制中心的人类工效学设计　第5部分：显示和控制

GB/T 22188.6（ISO 11064-6） 控制中心的人类工效学设计　第6部分：控制中心的环境要求

GB/T 22188.7（ISO 11064-7） 控制中心的人类工效学设计　第7部分：控制中心的评定原则

GB 50325　民用建筑室内环境污染控制规范

GBZ2　工作场所有害因素职业接触限值

GJB/Z 99　系统安全工程手册

GJB 2873（MIL-STD-1472D） 军事装备和设施的人机工程设计准则

GJB 1102　中国人民解放军战士身体发展测量及评价

GJB 1337　士兵体能的测量和评价

GJB 2125　部队健康综合评价

DL/T 575.1—1999　控制中心人机工程设计导则　第1部分：术语和定义

DL/T 575.2—1999　控制中心人机工程设计导则　第2部分：视野与视区划分

DL/T 575.3—1999　控制中心人机工程设计导则　第3部分：手可及范围与操作区划分

DL/T 575.4—1999　控制中心人机工程设计导则　第4部分：受限空间尺寸

DL/T 575.5—1999（ISO/DIS 11064-1） 控制中心人机工程设计导则　第5部分：控制中心设计原则

DL/T 575.6—1999（ISO/WD 11064-2） 控制中心人机工程设计导则　第6部分：控制中心总体布局原则

DL/T 575.7—1999（ISO/DIS 11064-3） 控制中心人机工程设计导则　第7部分：控制室的布局

DL/T 575.8—1999（ISO/WD 11064-4） 控制中心人机工程设计导则　第8部分：工作站的布局和尺寸

DL/T 575.9—1999（ISO/WD 11064-5） 控制中心人机工程设计导则　第9部分：显示器、控制器及相互作用

DL/T 575.10—1999（ISO /WD 11064-6） 控制中心人机工程设计导则　第10部分：环境要求原则

DL/T 575.11—1999（ISO/WD 11064-7） 控制中心人机工程设计导则　第11部分：控制室的评价原则

DL/T 575.12—1999　控制中心人机工程设计导则　第12部分：视觉显示终端（VDT）工作站

EJ/T 798（IEEEstd845） 核电厂控制室人机特性评价

（注：GB——国家标准；GJB——国家军用标准；DL——电力行业标准；EJ——核工业行业标准）

参 考 文 献

[1] 童时中．人机工程设计与应用手册．北京：中国标准出版社，2007.

[2] 朱祖祥．人类工效学．杭州：浙江教育出版社，1994.

[3] 曹琦．人机工程．成都：四川科学技术出版社，1991.

[4] （英）D.J.奥博尼．岳从风，等译．人类工程学及其应用．北京：科学普及出版社，1988.

[5] 日本造船学会．田训珍，等译．人机工程学舣装设计基准．北京：人民交通出版社，1985.

[6] （美）EPRI NP-3659，Research Project 1637-1,Human Factors Guide for Nuclear Power Plant Control Room Development. Prepared for Electric Power Research Institute, 1984.

[7] （美）EPRI CS-3745，Research project 1752-1,(Final Report,1984),Enhancing Fossil Power Plant Design,Operating,and Maintenance:Human Factor Guidelines,Volume2:Process and Design Guidelines, Prepared for Electric Power Research Institute.

[8] （美）EPRI EL-1960，Research Project 1354-1,(Interim Report,1981),Human Factors Review of Electric Power Dispatch Control Centers,Volume1:Survey Results Summary, Prepared for Electric Power Research Institute.

[9] WOODSON W E. Human factors design handbook. New york:MeGraw-Hill book Company, 1981.

[10] M. 施密德．朱有庭，译．人机工效参数．北京：化学工业出版社，1988.

[11] 中国标准化综合研究所．西德人类工效学译文集．1985.

[12] （荷）F. 克拉曼．张福昌，译．人类工程学知识．北京：轻工业出版社，1986.

[13] 符文琛，李志光，等．劳动安全与心理．北京：中国标准出版社，1995.

[14] 孟昭兰．普通心理学．北京：北京大学出版社，1994.

[15] 马义爽．消费心理学（修订版）．北京：北京经济学院出版社，1995.

[16] 董锡健．CIS：中国企业形象战略．上海：复旦大学出版社，1995.

[17] 汪应洛．系统工程理论、方法与应用（第2版）．北京：高等教育出版社，1998.

[18] 李习彬．系统工程——理论、思想、程序与方法．石家庄：河北教育出版社，1991.

[19] （美）NUREG-0700．核安全法规译文 HAF • Y0011，控制室设计审查导则．国家安全局（电力部苏州热工所），1993.

[20] 庞蕴凡．视觉与照明．北京：中国铁道出版社，1993.

[21] 日本照明学会．照明手册．北京：中国建筑工业出版社，1985.

[22] （日）计量管理协会．宋永林，译．噪声与振动测量．北京：中国计量出版社，1990.

[23] 张福昌．视错觉在设计上的应用．北京：轻工业出版社，1983.

[24] 杨行峻，迟惠生，等．语音信号数字处理．北京：电子工业出版社，1995.

[25] 易克初．等，语音信号处理．北京：国防工业出版社，2000.

[26] （美）Gary B S，等．程相利，等译．数据通信教程．北京：电子工业出版社，1998.

[27] （美）Francois F．冯博琴，等译．网络多媒体开发与应用．北京：机械工业出版社，1997.

[28] 宗蔚．实用编码技术．北京：人民邮电出版社，1983.

[29] （英）A.苏克利夫．陈家正，龚杰民，等译．人—计算机界面设计．西安：西安电子科技大学出版社，1991.

[30] （美）Roger S P．软件工程——实践者的研究方法．黄柏素，梅宏，译．北京：机械工业出

版社，1999.
[31] 张海藩．软件工程导论（第三版）．北京：清华大学出版社，1998.
[32] 周苏，王文．软件工程学教程．北京：科学出版社，2002.
[33]（美）ROGER S P．黄柏素，梅宏，译．软件工程——实践者的研究方法．北京：机械工业出版社，1999.
[34] 陈镐缨．高级软件设计与开发技术．天津：南开大学出版社，1994.
[35] 徐士良，朱明方．软件应用技术基础．北京：清华大学出版社，1994.
[36] 李武军．数据库界面设计技术与实例．北京：海洋出版社，1992.
[37] 甘茂治．维修性设计与验证．北京：国防工业出版社，1995.
[38] 丁定浩．可靠性与维修性工程——系统与电路结构的分析和设计．北京：电子工业出版社，1986.
[39]（英）J.莫布雷．石磊，等译．以可靠性为中心的维修．北京：机械工业出版社，2000.
[40] 吴当时，盛菊芳，童和钦．以人为本的维修——人类工效学在维修中的应用．北京： 中国电力出版社，2005.
[41]（日）坪内和夫．江一，等译．可靠性设计．北京：机械工业出版，1983.
[42] 王胡兰，等．电气安全技术手册．北京：兵器工业出版社，1990.
[43] 核安全译文，单位安全文化自我评价和国际原子能机构安全文化评价组审评导则（ASCOT 导则，1996 年修订版）．国家核事故应急办公室，中国核学会，1997.
[44] 香山科学会议（北京）第 144 次学术讨论会筹备组，复杂社会技术系统的安全控制（文集），2000.
[45] 佟旭，冯玉琢．工业生产安全技术概要与实用数据手册．北京：电子工业出版社，1994.
[46] 李世林．电气安全标准应用手册．机械工业标准化技术服务部，1992.
[47] 罗宏昌，等．静电实用技术手册．上海：上海科学普及出版社，1990.
[48] 李春田．工业企业标准化．北京：中国计量出版社，1992.
[49] 童时中．模块化原理、设计方法及应用．北京：中国标准出版社，2000.
[50] 龙升照．人—机—环境系统工程研究进展（第 1 卷）．北京：北京科学技术出版社，1993.
[51] 龙升照．人—机—环境系统工程研究进展（第 2 卷）．北京：北京科学技术出版社，1995.